LUFTFAHRT

Menschen, Mythen und Maschinen: Die Geschichte des Fliegens

von
RICCARDO NICCOLI

GeraMond

Inhalt

Herausgeber:
Valeria Manferto De Fabianis
Laura Accomazzo

Projekt und grafische Gestaltung:
Maria Cucchi

Bildredaktion:
Claudia Zanera

Übersetzung:
Marlena Maciejkowicz

Produktmanagement:
Michael Dörflinger

Schlusskorrektur:
Thilo Kreier

Umschlaggestaltung: Jarzina
Kommunikationsdesign, Holzkirchen
Gesamtherstellung:
GeraNova Bruckmann Verlagshaus GmbH

GeraMond Verlag
Lektorat
Postfach 40 02 09
D-80702 München
E-Mail: lektorat@verlagshaus.de

Die Deutsche Nationalbibliothek verzeichnet diese Publikation in der Deutschen Nationalbibliografie; detaillierte bibliografische Daten sind im Internet über http://dnb.d-nb.de abrufbar.

ISBN 978-3-95613-400-5

Titel der Originalausgabe "La Storia de'l Volo"
Erschienen im White Star Verlag

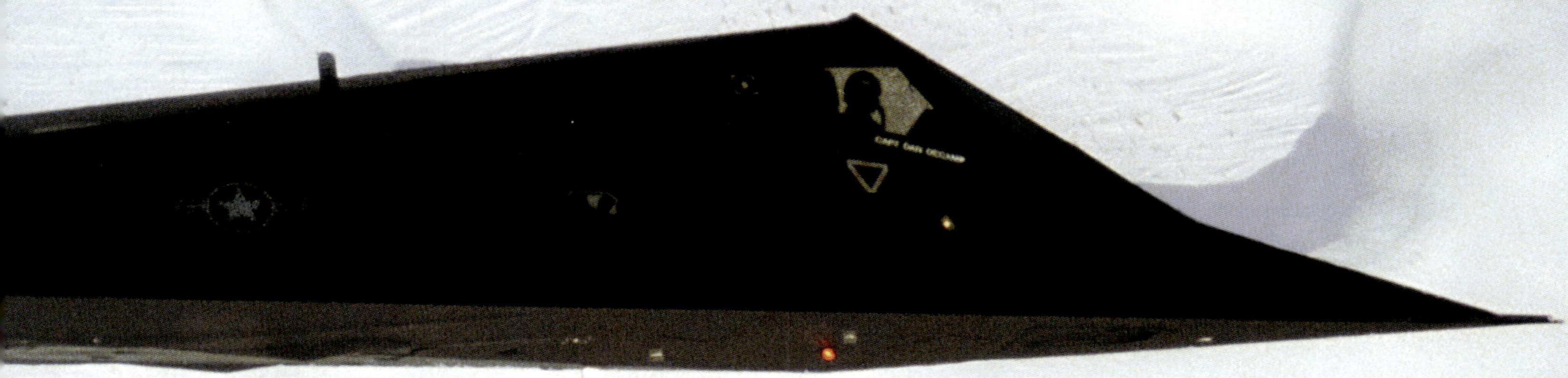

1 oben *Das NASA Space Shuttle „Challenger" mit geöffneter Ladeklappe während des Umlaufbahnflugs der STS-7-Mission.*

1 unten *Zeichnung eines verstärkten Flügels von Leonardo da Vinci (1452–1519), der sich als erster von einer technischen Seite her dem Problem des menschlichen Flugs zu nähern versuchte.*

2-3 *Ein aggressives Bild des Jagdflugzeugs Panavia Tornado F.3 der Royal Air Force. Der Tornado war das erste Projekt einer europäischen Luftfahrt-Kollaboration.*

4-5 *Die futuristischen Formen des Jagdbombers Stealth F-117A kommen in dieser Aufnahme eines Tiefflugs über den White Sands – der Wüstenregion Mexikos – gut zum Ausdruck.*

5 unten *Eine phantasievolle, aber nicht realisierbare Luftschiff-Zeichnung aus dem 19. Jahrhundert.*

6-7 *Abschuss der Space-Shuttle-Weltraumfähre aus dem Kennedy-Zentrum der NASA in Florida.*

8-9 *Ein Caudron Gleitflugzeug-Doppeldecker wird von einem Karren gezogen. Verschiedenste Versuche bildeten die Anfänge auf dem Gebiet der Luftfahrt.*

Vorwort

Es war einmal an einem eiskalten Wintertag vor hundert Jahren: An jenem 17. Dezember des Jahres 1903 erbrachte ein motorisiertes „Schwerer-als-Luft"-Flugzeug der Gebrüder Wright den Beweis, dass die Fliegerei für den Menschen beherrschbar ist. Zwar waren es nur einige große "Hüpfer" – der erste gerade mal 36 Meter weit, der längste immerhin schon 258 Meter –, aber für die Menschheit war es ein riesiger Fortschritt. Kaum einer der Zuschauer konnte sich wohl vorstellen, dass der Mensch binnen weniger Jahre den Luftraum durch den Bau immer schnittigerer, schnellerer, stärkerer und leichter beherrschbarer Flugzeuge erobern würde.

Seit dem 19. Jahrhundert entwickelte sich der technische Fortschritt rasant – ganz im Gegensatz zur vorangegangenen Epoche. Das lag vor allem an dem Aufwand, mit dem man nun Forschung und Entwicklung in der Luft- und Raumfahrt vorantrieb. Kaum ein Jahrzehnt nach dem ersten Flug der Gebrüder Wright überschritt die Geschwindigkeit der Flugzeuge bereits die Marke von 200 Stundenkilometern. Sie konnten nun auch atemberaubende Kunstflugmanöver ausführen. In den 1920er-Jahren kamen die ersten zivilen Flugzeuge auf, mit denen Passagiere wesentlich schneller über größere Distanzen befördert werden konnten als mit Schiffen oder mit der Eisenbahn. Der Ausbruch des Zweiten Weltkriegs sorgte für eine deutliche Beschleunigung bei der Entwicklung. Bei herkömmlichen Propellerflugzeugen wurden Kapazität und Leistung verdoppelt. Viel mehr Bedeutung kommt jedoch der Erfindung des Strahltriebwerks und den ersten einsatzfähigen Hubschraubern zu. Nur 44 Jahre nach dem Flug der Gebrüder Wright mit 20 Stundenkilomentern wurde mit einem Strahltriebwerk die Schallmauer durchbrochen. Immerhin nur 60 Jahre später flog der Mensch ins All. Diese Liste könnte man beliebig verlängern, aber das ist nicht notwendig: Der Fortschritt aus über 110 Jahren Fliegerei wird uns schließlich jeden Tag vor Augen geführt.

Die Luftfahrt ermöglicht heute jedermann, innerhalb weniger Stunden zu erschwinglichen Preisen um die Welt zu reisen. Gleiches gilt auch für die Beförderung von Luftfracht. Flugzeuge beschleunigen außerdem Such- und Rettungseinsätze und helfen so, Menschenleben zu retten: Wir sind durch sie in der Lage, Kranke und Verletzte in weit entfernte Krankenhäuser mit der besten medizinischen Versorgung oder in Transplantationszentren zu verlegen. Opfer von Naturkatastrophen oder Kampfhandlungen können leichter erreicht und versorgt werden. Auch das Löschen lebensbedrohlicher Flächenbrände wird durch die Fliegerei erst ermöglicht.

Flugzeuge sind in der Land- und Seekartografie sowie für die Beobachtung der Natur und die Überwachung der Umweltverschmutzung nicht mehr wegzudenken. Auch für Wissenschaftler sind sie ein wichtiges Hilfsmittel. Außerdem können auch zu unserer Sicherheit beitragen: So können Verbrechen und Schiebereien, auch mit terroristischem Hintergrund, aufgedeckt und zuverlässig bekämpft werden. Sehr oft können Verbrechen sogar verhindert werden.

Beim Militär hat die Luftfahrt nicht nur die Spielregeln bei der Bekämpfung von Luftzielen regelrecht revolutioniert, sie ist auch für den Sieg bei Kampfhandlungen am Boden entscheidend und hat sogar bei der eigentlichen Konfliktlösung Gewicht. Bei den jüngsten Kriegen im Persichen Golf, im Kosovo, in Afghanistan und Libyen hat sich gezeigt, dass allein die Luftstreitmacht über den Ausgang einer regionalen Krise entscheiden kann. So leistet sie ihren Beitrag dazu, die Gewalt und die Zahl der Opfer deutlich zu reduzieren.

Mit optischen und elektronischen Überwachungsmöglichkeiten haben Flugzeuge und Satelliten weltweit für mehr Sicherheit und Frieden gesorgt, den Großmächten gegenseitig mehr Wissen übereinander vermittelt und die Möglichkeiten zur strategischen Geheimhaltung reduziert.

Für die Wissenschaft hat die Raumfahrt neue Horizonte eröffnet, und nicht nur das: Sie bringt auch Nutzen für Jedermann. Die Shuttleflüge und die Projekte auf den Raumstationen lieferten in vielen Bereichen der Naturwissenschaften Erkenntnisse. So trieben Satelliten den technischen Fortschritt in der Telekommunikation und bei der Präzisions-Navigation voran.

Dieses Werk ist der Geschichte der Luftfahrt gewidmet. In 27 Kapiteln sei die Gesichte der Luftfahrt seit 1903 grob skizziert. Es dreht sich alles um Berühmtheiten, wichtige Ereignisse und Epochen sowie die wichtigsten motorisierten Luftfahrzeuge. Obwohl sie technisch von Interesse sind, müssen Prototypen außen vor bleiben. Das Hauptaugenmerk soll auf den Flugzeugen liegen, die tatsächlich und auch häufig zum Einsatz kamen – sowohl im zivilen als auch im militärischen Bereich. Die Geschichte der Luftfahrt ist ein unermesslich weites und tiefgründiges Feld. Aus Platzgründen konnten aberdutzende Flugzeuge, die es eigentlich verdient hätten, erwähnt zu werden, nicht berücksichtigt werden.

In diesem Buch wird die Verwirklichung eines der ältesten und sehnlichsten Wünsche der Menscheit zelebriert: Den nämlich, die physikalischen Grenzen des erdgebundenen Lebens zu sprengen.

Kapitel 1

Die ersten Versuche

Der Wunsch zu fliegen begleitete den Menschen schon seit den frühesten Zeiten. Wie die antiken Legenden erzählen, strebten sogar die mächtigsten Männer nach diesem unermesslichen Gefühl der Freiheit und Überlegenheit. In einer aus Persien überlieferten Erzählung wird von einem Flug des Königs Kai Kawus berichtet, der im Jahre 1500 v. Chr. in einem von Adlern getragenen Karren gereist sein soll. Eine andere Legende griechischen Ursprungs erzählt von Alexander dem Großen, der in einem von Gänsegeiern gezogenen Korb in den Himmel flog. In jedem Fall

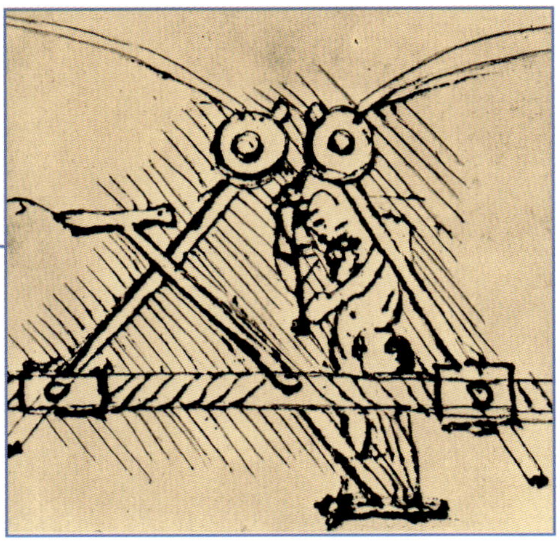

zählen Tiere mit einer gewissen Machtsymbolik – wie Adler, Falken und andere Raubvögel – zu den Herrschern des Himmels. In der Antike wurde das Fliegen als ein Vorrecht der Götter angesehen. Tatsächlich – verfolgt man die Legende von Daedalus und Ikarus und deren aus Federn und Wachs gebautem Fluggerät – erfährt man, dass sich nur Daedalus durch seinen vorsichtigen Tiefflug retten konnte. Ikarus dagegen näherte sich – mehr und mehr berauscht durch seinen Flug – immer dichter der Sonne, dem göttlichen Kraftsymbol, bis seine Wachsflügel durch die Hitze schließlich schmolzen: Sein gotteslästerlicher Akt wurde bestraft. Außer diesen fantastischen Zeugnissen gibt es andere, Tausende von Jahren alte Berichte über die Bemühungen des Menschen, die dritte Dimension zu besiegen. Es wird angenommen, dass die Chinesen schon zweitausend Jahre vor Christus imstande waren, für militärische Zwecke Drachengebilde aufsteigen zu lassen. In Cordoba verlor im Jahre 852 n. Chr. ein arabischer Sektenführer beim Versuch eines Gleitflugs sein Leben, während sich 1020 Oliver von Malmesbury, ein englischer Benediktinermönch, ausgerüstet mit einem Flügelpaar aus Federn von einem Turm stürzte; leider schlug er am Boden auf und brach sich die Beine. Von permanenten Misserfolgen waren auch die in den darauf folgenden Jahren unternommenen Flugversuche gezeichnet: 1496 in Nürnberg, 1503 der Mathematiker Giovan Battista Danti aus Perugia und 1628 Paolo Guidotti aus Perugia – sie und andere wurden von demselben, unwiderstehlichen Wunsch angetrieben und fanden letztendlich ein ähnlich vernichtendes Ende. Mit der Zeit wurden die Forschungen jedoch immer ausgefeilter.

Die Chronik von 1630 berichtet von einem gewissen Hezarfen Ahmet Celebi, der mithilfe eines einfachen Flügelpaars vom Galata-Turm in Istanbul bis zum anderen Ufer des Bosporus schwebte. 1670 beschrieb der Jesuit Francesco Lana Terzi eine Flugmaschine aus vier ausgehöhlten Kupferkugeln sowie einem Segel, das zur Überwachung des geradlinigen Fluges dienen sollte. Anfang des 18. Jahrhunderts entwarf der Brasilianer Laurenco de Gusmo, ebenfalls Jesuit, ein Segelflugzeug in Vogelform, das er für seine Experimente benutzte. Er konzipierte außerdem ein Fluggerät,

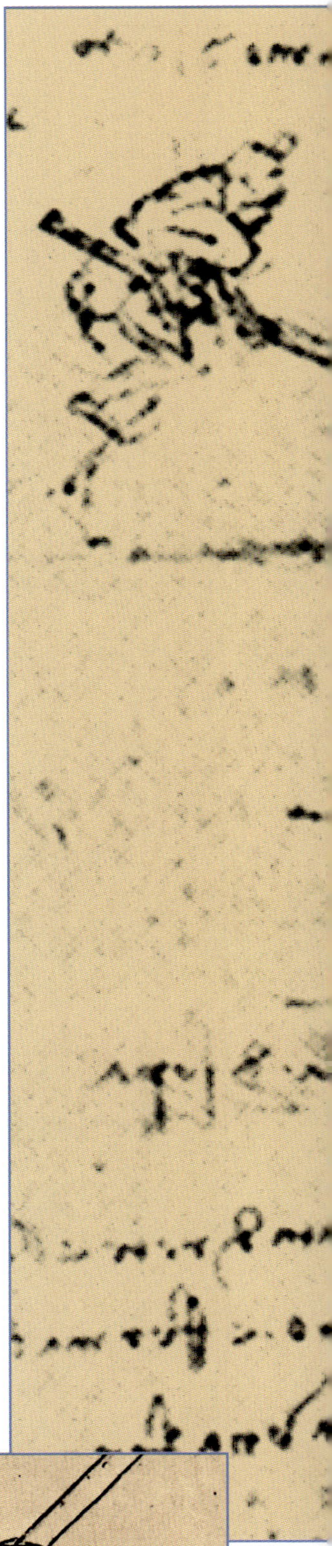

10 Leonardo da Vinci war der erste Wissenschaftler, der sich dem Flug von der wissenschaftlichen Seite her näherte. Er übertrug seine Forschungen auf Skizzen und Zeichnungen, die viele weitere Denker in späteren Jahrhunderten inspirierten. Auf dieser Seite sind zwei Beispiele abgebildet.

10-11 Umrandet von Leonardos charakteristischer Spiegelschrift zeigt, die Skizze ein Experiment, bei dem die Tragfähigkeit eines Flügels erprobt werden sollte. Die berühmten Kodizes von Leonardo wurden erst 1797 veröffentlicht und waren eine große Offenbarung für die Fliegerei.

das als primitives Luftschiff bezeichnet werden könnte und das de Gusmo 1709 erfolgreich dem König von Portugal vorführte. In den Jahren 1764 und 1781 entwarfen der Deutsche Bauer und der Franzose Blanchard ebenfalls Flugmaschinen, um Experimente durchzuführen. Es scheint, dass in früheren Zeiten auch in China und Kambodscha Ballons und andere Leichter-als-Luft-Flugapparate geflogen wurden.
Doch erst im Jahre 1797 eröffnete sich der Luftfahrt-Wissenschaft mit dem Erscheinen von Leonardo da Vincis überlieferten Kodizes eine neue, unglaubliche Perspektive. Da Vinci, das Genie aus der Toskana – geboren 1452 in Vinci und 1519 verstorben in Amboise, in der Loire-Region –, war, soweit bekannt ist, der Erste, der sich dem Flugproblem von einer wissenschaftlichen und rationalen Seite her

11 rechts Ein Selbstporträt Leonardo da Vincis. Der geniale Lehrer, der sich in den bildenden Künsten, der Architektur und im Ingenieurwesen auszeichnete, wurde 1452 in Vinci in der Toskana geboren. Er starb 1519 in Amboise, Frankreich.

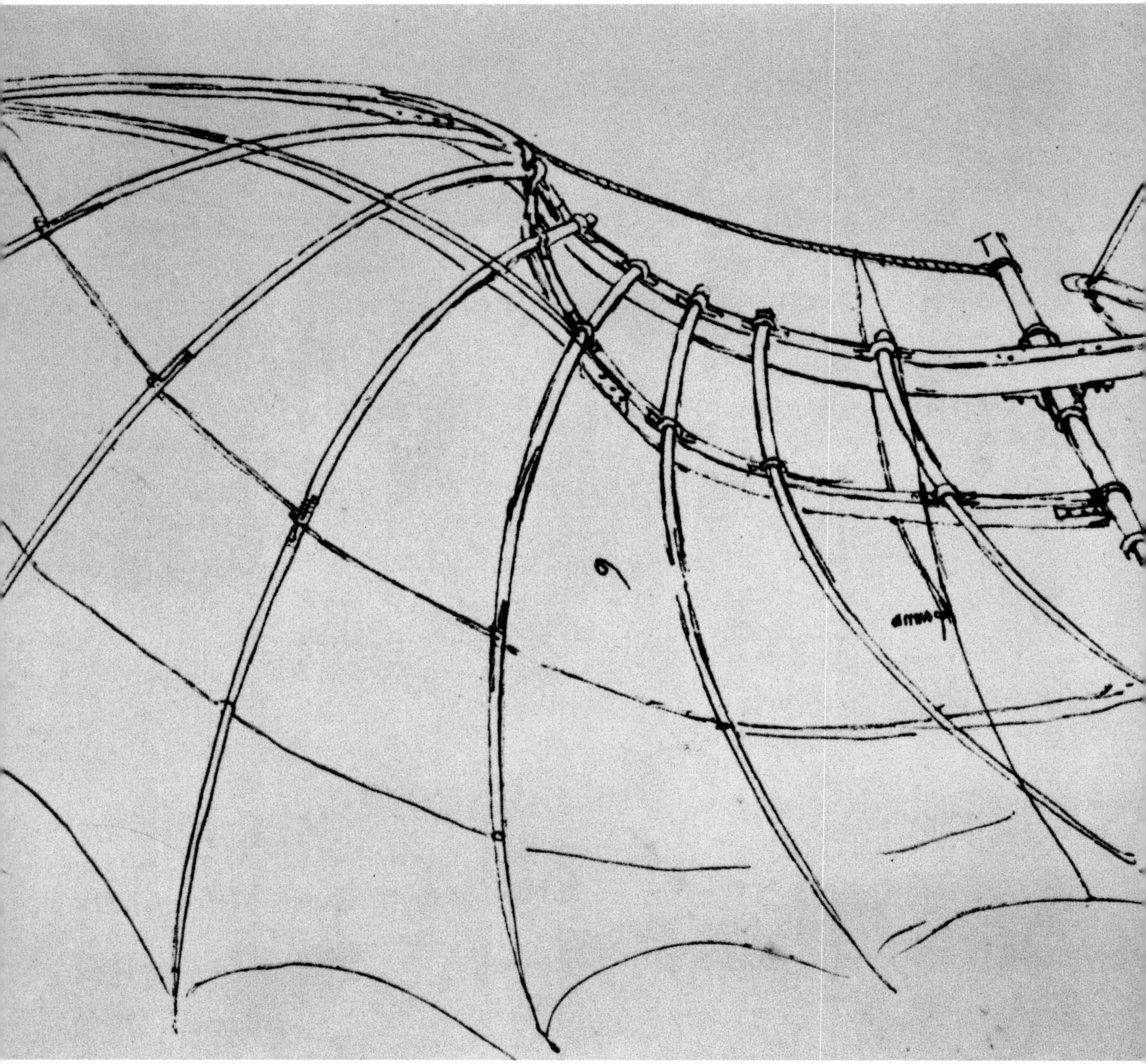

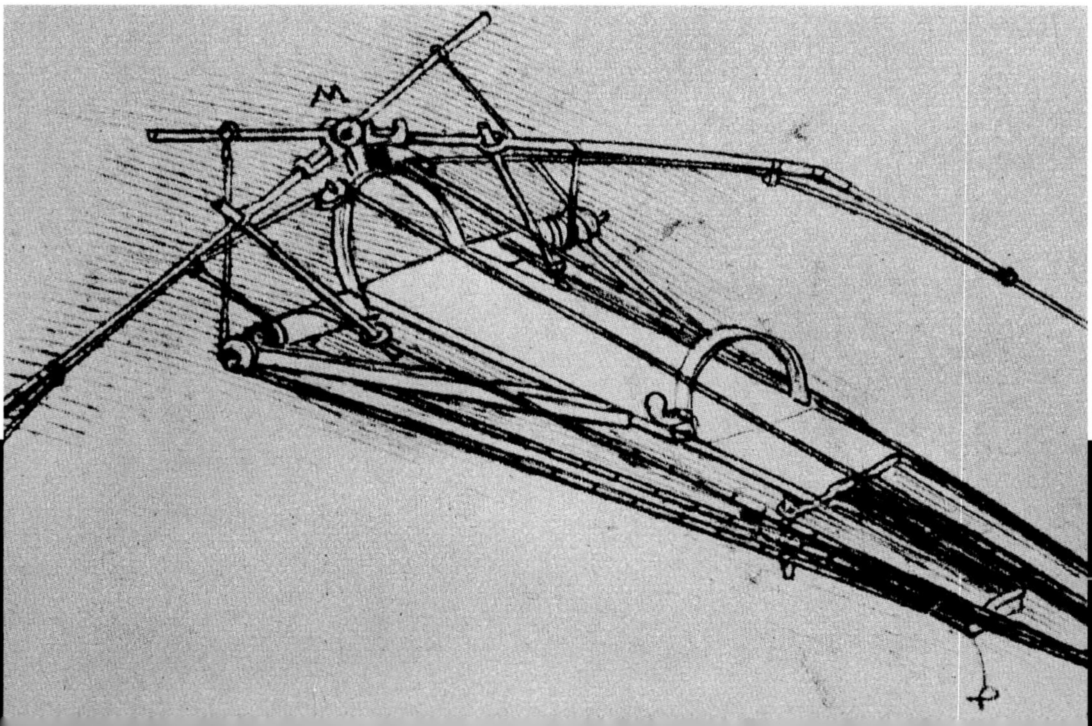

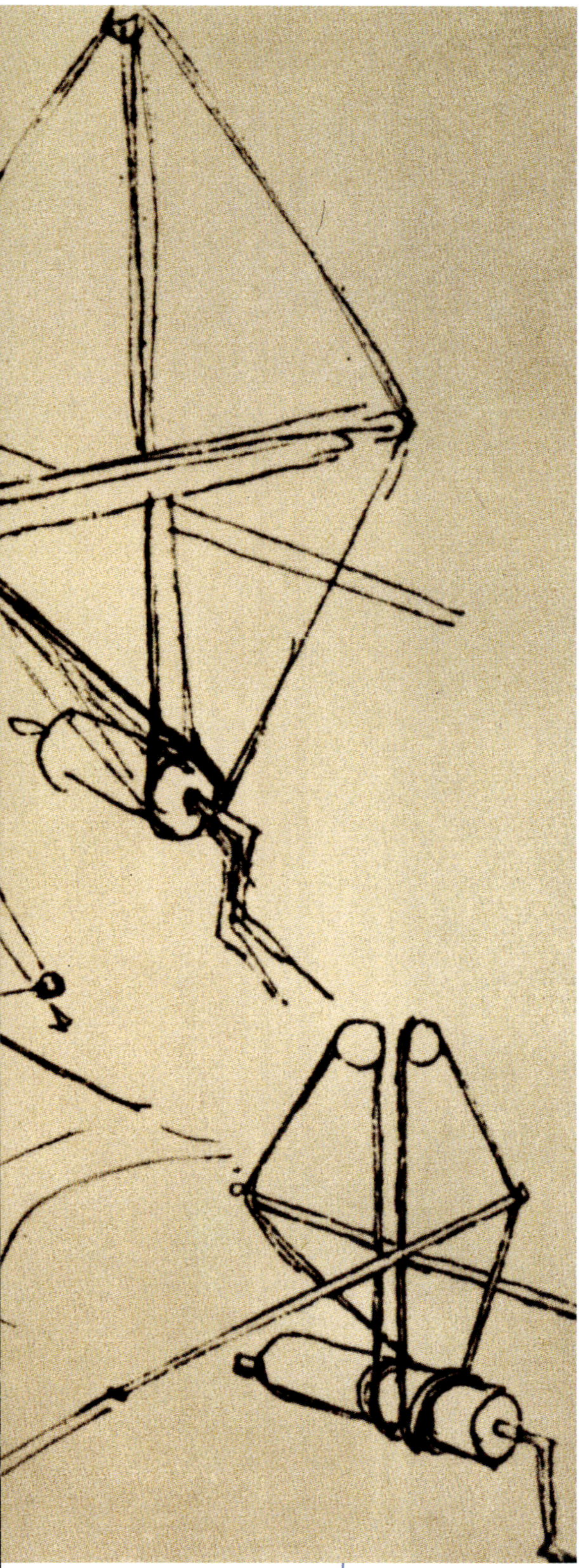

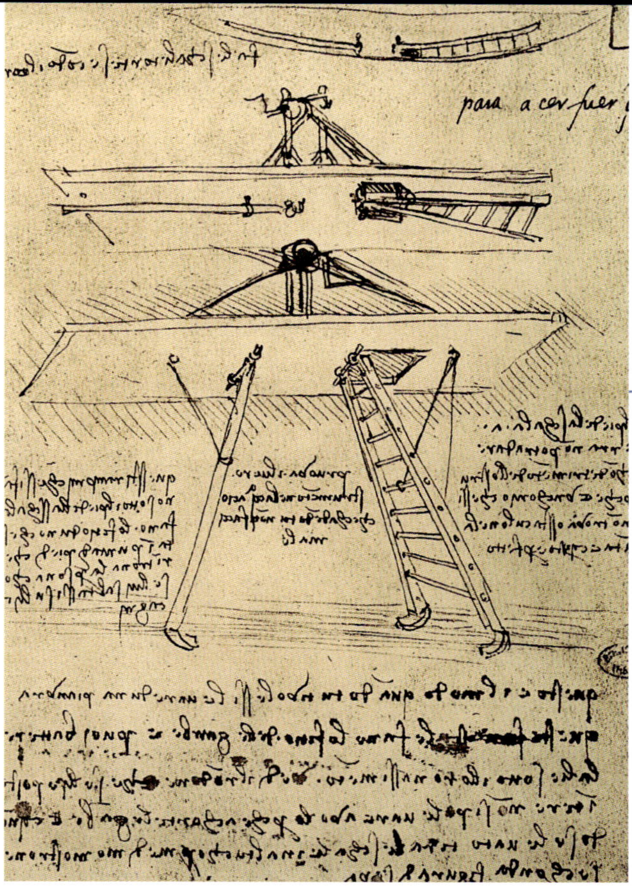

13 *Zwei weitere komplexe Projekte, die von Leonardo da Vinci entworfen wurden. Oben ist ein Flaschenzug-Antriebsmechanismus abgebildet, der durch Seile betätigt wird. Unten dagegen ein Ausschnitt eines Flugmaschinen-Modells mit vier Flügeln, die von einem innerhalb des Gerüsts stehenden Mann betätigt werden. Die komplizierte Anordnung der Rollen und Stangen, welche die Flügelbewegungen ermöglichen, ist hier gut sichtbar.*

näherte. Die Kodizes enthalten gut 150 Maschinenentwürfe oder Einzelteile von Maschinen verschiedener Art – unter anderem den Fallschirm, die „vite aerea" (erstes Beispiel eines Helikopters) sowie den Propeller. Auch Leonardo blieb jedoch noch längere Zeit an dem Konzept der Vogelflug-Imitation haften und entwarf eine Maschine mit dem Namen Ornithopter; bei dieser Erfindung sollte das Gewicht des Piloten durch die Bewegung zweier mechanischer Flügel getragen werden. Ein großer Mangel dieses Projekts war jedoch die benötigte Flugkraft, welche viel höher war als von Leonardo berechnet wurde; nach seiner Meinung sollte die Muskelkraft des Menschen ausreichen. Dennoch war sich Leonardo gegen Ende seines Lebens über diese Einschränkungen im Klaren und erahnte die Notwendigkeit eines die Kräfte vervielfachenden Antriebs sowie eines fest eingebauten Flügels. Diese Einsichten hätten seinen Studien sicherlich eine völlig neue Wendung gebracht. Leonardo schaffte es nicht, die neuen Ideen in die Praxis umzusetzen, doch seine allumfassenden Schriften und Zeichnungen lassen die Einzigartigkeit seiner Gedanken und Beobachtungen zum Vorschein kommen. Heutzutage wird er allgemein als geistiger Vater des der Fliegerei angesehen.

12-13 *Eine der zahlreichen Zeichnungen Leonardos, die dem Flug gewidmet waren: ein Flügel, der durch einen Kurbelmechanismus betätigt wird. Sowohl die Form als auch die Bewegung des Flügels ist vom Vogelflug inspiriert.*

12 unten *Was wir heutzutage als den Rumpf einer Flugmaschine bezeichnen, hat Leonardo in dieser Zeichnung dargestellt – bereits vollständig mit Seilkabeln und Verbindungsstangen für die Bewegung der Flügel.*

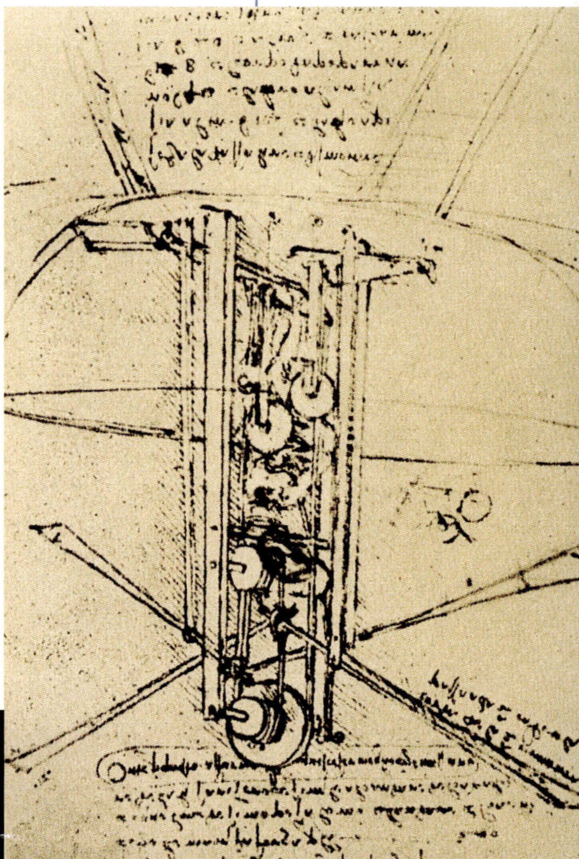

14 links Ein Stich, der den Ballon Vinzenzo Lunardis darstellt, mit welchem der Italiener am 13. Mai 1785 aufstieg.

14 rechts und 15 links
In diesen anonymen Zeichnungen aus dem späten 18. Jh. sind zwei Entwürfe dargestellt: ein großer, aerostatischer Ballon, der von Vögeln gezogen wird, sowie ein zweiter, mittels Segeln angetriebener Ballon. Die Naivität dieser und ähnlicher Einfälle ist offensichtlich; die Entwürfe jener Zeit gründeten sich eher auf der Fantasie als auf technischen Forschungen.

Wie es häufig geschieht, kam auch der erste wirksame Beitrag zur Lösung des Flugproblems aus einer unerwarteten Richtung und in Form eines einfachen und natürlichen Gegenstands: dem Ballon. Den im besten Wortsinne zündenden Einfall, der diese Errungenschaft möglich machte, hatten die beiden französischen Brüder Joseph Michel und Jacques Etienne Montgolfier, Inhaber einer Papierfabrik in der Nähe von Lyon. Ihre Beobachtungen bezogen sich auf die Steigkraft warmer Luft über dem Feuer und wie jene es möglich machte, umherliegende Papiertüten aufsteigen zu lassen. Sie machten sich also ans Werk und führten 1782 eine Reihe von Experimenten durch, bei denen sie mit warmer Luft gefüllte, große, leichte Umhüllungen benutzten.
Am 4. Juni 1783 wurde ein großer Ballon von zehn Metern Durchmesser getestet und am 19. September stieg dieses Gerät mit einem Schaf, einer Gans und einem Hahn an Bord über Versailles in die Lüfte. Der Versuch war erfolgreich und nachdem der Ballon eine

15 Mitte Diese Grafik stellt den Flug von Jean-Pierre Blanchard und John Jefferies vom 7. Januar 1786 dar. Die beiden überquerten als Erste den Ärmelkanal von Dover bis zum Guines-Forst in der Nähe von Andrei.

15 rechts Der erste Ballon der Brüder Montgolfier, der am 5. Juni 1783 in Annonay erfolgreich getestet wurde. An Bord befanden sich keine Passagiere, der Ballon stieg knapp 2000 Meter auf.

15 unten Zwei Porträts der Mongolfier-Brüder aus der Bibliotèque Nationale in Paris. Links Etienne de Montgolfier (1745–1799) und rechts Joseph de Montgolfier (1740–1810).

Strecke von drei Kilometern zurückgelegt hatte, setzte er seine Passagiere wohlbehalten auf der Erde ab.

Die Zeit war nun reif für den ersten Flug des Menschen. Am 21. November 1783 war Paris Zeuge dieses großen Ereignisses: Jean François Pilatre de Rozier (ein Chemieprofessor) und Francois d'Arlandes (ein Armeeoffizier) nahmen Platz an Bord eines 22 Meter hohen und 15 Meter breiten Ballons. Um 13:54 Uhr erhoben sie sich unter allgemeinem Jubel von der Erde: Der Mensch flog!

16 oben Diese bunte und fantasievolle Zeichnung illustriert ein anonymes Projekt für einen aerostatischen Ballon mit einem Durchmesser von 120 Fuß (Carnevalet Museum, Paris).

16 unten Das militärische Potenzial des Ballons wurde von vielen Armeen erkannt. Hier sieht man den Aufstieg eines Militär-Ballons während der Belagerung von Paris 1870 im deutsch-französischen Krieg.

Der Weg war damit vorgezeichnet und von nun an wurden immer mehr Experimente unternommen. Zu dem Heißluftballon (nach dem Namen der Erfinder Montgolfière genannt) gesellte sich bald der von dem Franzosen Jacques Alexandre César Charles erfundene Wasserstoffballon (folglich Charlière genannt). Am 1. Dezember 1783 startete Charles von den Tuilerien in Paris und legte eine Gesamtstrecke von nicht weniger als 43 Kilometern zurück. Die Neugier und Abenteuerlust waren enorm und in vielen Ländern stieg die Zahl der „Himmelaufsteiger". Italien berichtete über den Flug von Andreani und Gerli in Mailand am 25. Februar 1784, in London startete am 15. September 1784 Vincenzo Lunardi mit einer Charlière und am 9. Januar kam in Philadelphia die Überfahrt des Franzosen Blanchard zustande. Die erste Überquerung des Ärmelkanals mit einem Ballon ereignete sich am 5. Januar 1785.

Seine Reife bewies der Ballon 1794 mit dem Einsatz in der französische Armee, bei der er zur Beobachtung des Artillerieschießens verwendet wurde. Das erste Mal wurde er am 26. Juni 1794 in der Schlacht von Fleures in Belgien benutzt, als die Franzosen die österreichischen Streitkräfte besiegten. Fünf Jahre später löste Napoleon Bonaparte jedoch die erste Luftstreitkraft der Welt wieder auf. Der

16-17 und 17 unten
Die Herstellung eines Ballons war zu jener Zeit eine delikate und schwierige Aufgabe. Das untere Bild von 1794 zeigt die von Jacques Cont (1755–1805) ausgeführte Schnitttechnik zur Ausarbeitung eines Militärballons.

Wie man sieht, wurde das Schneiden unter freiem Himmel und unter Anwendung primitiver Methoden ausgeführt.

Oben: Cont beim Lackieren des Ballons – diesmal in einem geschlossenen Raum.

18 links oben Die Dampf-Flugmaschine von William Henson (1805–1888) war das erste Flugzeug Schwerer als Luft. Henson beschloss, seinen „dampfbetriebenen, fliegenden Wagen" zu patentieren und gründete 1842 die erste Flugtransport-Gesellschaft. Sein Vehikel flog jedoch nie.

18 links unten Der deutsche Ingenieur Otto Lilienthal (1848–1896) war einer der größten Flugpioniere des 19. Jahrhunderts. Bereits im Alter von 15 Jahren begann er sich für dieses Gebiet zu begeistern. Diese Zeichnung eines Gleitflugzeugs zeigt einen 1895 patentierten Entwurf.

Einsatz des Ballons zu Militärzwecken wurde erst in der zweiten Hälfte des 19. Jahrhunderts wiederholt.

Zwischen dem 17. und 18. Jahrhundert trug der Engländer George Cayley (1773–1857) entscheidend zur Weiterentwicklung der Flugtechnik bei. Er vermutete bereits 1799, dass eine Flugmaschine sich nur mit Hilfe von Einzelteilen, welche jeweils die Auf- und Antriebsfähigkeit garantierten, in die Lüfte erheben könne; das bedeutete, dass man die Idee des Ornithopters aufgeben musste. Ohne Leonardos Kodizes studiert zu haben, begann Cayley ein für die damaligen Zeiten revolutionäres Konzept zu entwickeln: das Prinzip „Schwerer als Luft". 1804 entwarf er ein Luftschiff mit Propellerantrieb und setzte seine Studien in Aerodynamik fort. 1809 veröffentlichte er seine Forschungen in dem Buch „Über die Luftschifffahrt" (On Aerial Navigation). Er stellte dort auch einige Thesen zur Lenkbarkeit eines fliegenden Luftschiffs auf und riet sogar zum Gebrauch eines Motors als Antrieb. Cayley schreibt: „Das ganze Problem (des Motorflugs) besteht in der Herstellung einer Tragoberfläche mit einem bestimmten Gewicht, welche die Anbringung einer Kraft gegen den Luftwiderstand möglich macht." Diese fortschrittlichen Ideen wurden jedoch nicht sofort in die Tat umgesetzt, und im Laufe des 19. Jahrhunderts kamen noch viele fantastische und gleichzeitig wirkungslose Entwicklungen ans Licht. 1842 wurde von dem Engländer William Samuel Henson ein weiteres interessantes Flugmodell entworfen und patentiert: das „Aerial Steam Carriage". Es war ein mit Starrflügel ausgestattetes Flugzeug, dessen Propeller von einer 25-PS-Dampfmaschine angetrieben werden sollte. Doch flog es nie. Andere Konstruktionen folgten ähnlichen Prinzipien und man war sich darüber einig, dass zum Fliegen ein Motor und folglich ein Propeller notwendig sein würden. Das Problem bestand darin, ein geeigneteres Triebwerk als die Dampfmaschine sowie wirklich leistungsstarke Flügel zu finden. Bis zu der Erfindung des Verbrennungsmotors, der endlich die Konstruktion eines wahren Flugzeugs möglich machen würde, beschäftig-

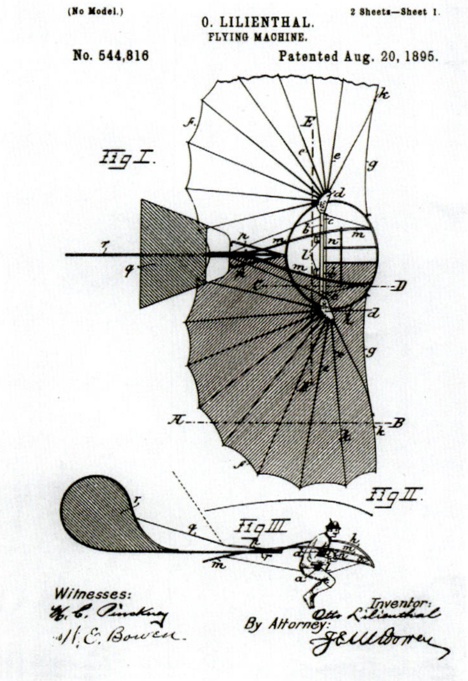

18 rechts Diese Fotografien zeigen Otto Lilienthal auf dem Fliegerberg im August 1894. Es ist offensichtlich, dass der deutsche Ingenieur zu jener Zeit noch von Gleitern mit vogelartig geformten Flügeln überzeugt war. Man kann erkennen, dass die Flügel bereits fest und nicht mehr beweglich waren. Auf dem großen Foto sind die ersten Schwanzflächen zu sehen. Auf dem letzten Bild ist Lilienthal 1896 mit einem Doppeldecker-Gleitflugzeug zu sehen. Der Ingenieur, der Erfahrungen auf mehr als 2000 Probeflügen gesammelt hatte, kam bei einem Gleitflug ums Leben, als sich eine seiner Doppeldecker-Maschinen aus einer Höhe von 15 Metern überschlug.

19 oben Der erste Flugversuch Lilienthals im Jahr 1894.

19 Mitte Ein von Otto Lilienthal 1895 gebauter Gleiter mit Doppelflügeln. Diese im Oktober 1895 auf dem Fliegerberg unternommenen Flugversuche zeigen, dass Lilienthal sich von der primitiven Vogelflügelform entfernt hatte und sich aerodynamischen Lösungen näherte: Doppeldecker-Maschinen mit Schwanzflächen.

19 unten links Der Engländer George Cayley machte 1804 diese Skizze eines Gleitflugzeugs. Die Flugmaschine wurde erst 49 Jahre später Wirklichkeit, als sie einen kurzen Flug in der Nähe von Scarborough durchführte.

19 unten rechts Die Idee des „Schwerer als Luft" – ein Flugzeug, das aus Teilen besteht, um Tragfähigkeit zu ermöglichen – stammte von George Cayley.

te man sich also weiterhin mit dem Auftriebsproblem.
Einer der am meisten gefeierten Forscher war der Deutsche Otto Lilienthal (1848–1896). Bereits im Alter von 15 Jahren begann er, sich für das Fliegen zu interessieren und baute zusammen mit seinem Bruder einen zwei Meter langen Ornithopter, der jedoch flugunfähig war. Der entschlossene, technisch begabte Lilienthal behielt die Leidenschaft für das Flugstudium bei – obwohl ihm aufgrund seiner Arbeit für intensivere Forschungen keine Zeit zur Verfügung stand. Nachdem er in den Ruhestand getreten war, veröffentlichte er 1889 seine Studien in dem Buch „Der Vogelflug als Grundlage der Fliegekunst" und machte sich daran, seine Theorien in die Praxis umzusetzen. Da ihm geeignete Motoren fehlten, fertigte Lilienthal Gleitflugzeuge an, die die Auftriebskraft ausnutzten. Er war damit der erste Mensch, der sich mit diesen Gebilden in die Lüfte emporschwang.
Nachdem er sich von den Vogelmodellflügeln entfernt hatte, begann Lilienthal 1892 strahlenförmige Segelflächen und später Doppeldecker zu konstruieren, die leichter zu steuern waren. Am 9. August 1896 stürzte er jedoch mit einem seiner Gleiter aus einer Höhe von 15 Metern zu Boden und erlag am darauf folgenden Tag seinen Verletzungen.

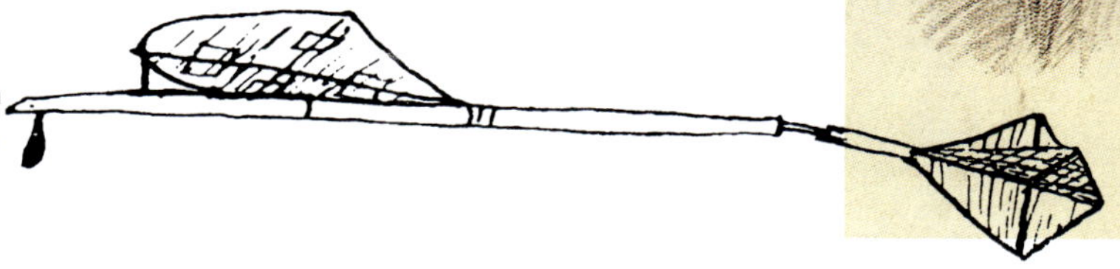

Seine über zweitausend Gleitflüge waren jedoch eine große Inspiration für etliche weitere Pioniere, unter denen sich auch Rumpler und Octave Chanute hervortraten.
Chanute wurde 1832 in Paris geboren, emigrierte jedoch im Alter von sechs Jahren in die USA, wo sein Vater, ein Wissenschaftler, zum Vizedirektor des Jeffersons College berufen wurde. Chanute wurde Ingenieur und begann eine glänzende Karriere bei der Eisenbahn, wo er viele großartige Zivilbauten realisierte und sich damit beachtliche Anerkennung erwarb. Ab 1874 begann Chanute sich für das Problem des Fliegens zu interessieren, doch jegliches ernstes Studium musste er aufgrund seiner Berufsverpflichtungen aufschieben. Er legte seine Entwürfe also beiseite und begann seine Dokumentationen erst 1889 zu vervollständigen; er berief sich darin auch auf die Experimente Lilienthals und anderer Forscher. 1894 publizierte er sein Buch „Die Fortschritte der Flugmaschinen“ (Progress in Flying Machines), worin er alle bis dahin durchgeführten Versuche im Bereich der Schwerer-als-Luft-Maschinen aufzählte. Schließlich baute er selbst Gleitflugzeuge nach seinen eigenen Entwürfen, zunächst den Lilienthal-Gleitern nachempfunden, die er mit beweglichen Flügeln an einem zentralen Rahmen besser steuerbar und weniger anfällig gegen Windböen machen wollte, später nach dem Prinzip des Doppeldeckers mit starren Flügeln. Er verfolgte die Studien Lilienthals zu den Gleitflugzeugen sehr aufmerksam und wurde sich der Gefahren bewusst, die in dessen Maschinen lauerten. Doch leider kam ihm diese Einsicht erst eine Woche vor dem Unfall des deutschen Erfinders, der somit nicht rechtzeitig gewarnt und gerettet werden konnte. Chanutes Gleitflugzeug-Entwürfe und seine 1897 in Amerika und Frankreich veröffentlichten Forschungen erweckten die Aufmerksamkeit der aus den USA stammenden Brüder Orville und Wilbur Wright. Diese Flugpioniere nahmen drei Jahre später Kontakt zu dem französischen Ingenieur auf, um detaillierte Informationen zu erhalten. Chanute wurde zum Berater der Brüder Wright, der sie immer wieder ermutigte. Und schon kurze Zeit später – im Jahr 1903 – bewiesen sie der Welt die Durchführbarkeit des kontrollierten Motorflugs. Octave Chanute konnte den Erfolg nicht lange mit den Brüdern genießen – er starb sieben Jahre darauf am 23. November 1910 in Chicago.

Diese Aufzählung der wichtigsten Wegbereiter des menschlichen Flugs soll nicht enden, ohne den Franzosen Clement Ader (1841–1925) und den Amerikaner Samuel Pierpont Langley (1834–1906) zu nennen. Ader konstruierte die Éole oder Avion III, die von einer mit einem Propeller verbundenen Dampfmaschine angetrieben wurde. Langley realisierte hingegen das Aerodrom – einen Eindecker mit Tandemflügeln, dessen zwei Propeller von einem Benzinmotor angetrieben wurden. Beide Projekte waren jedoch nicht mit Glück gesegnet (im Jahre 1890 startete die Éole zu einem Flugversuch, Langleys Maschine endete 1903 durch Absturz). Damit endete eine Epoche von improvisierten Versuchen. Mit den Forschungen der Brüder Wright begann eine neue Ära.

20 links Die Éole oder Avion III wurde von Clément Ader gebaut und war ein Flugzeug mit zwei Dampfmaschinen, die zwei große vierblättrige Propeller antrieben. Ader war als Konstrukteur nicht erfolgreich, aber seine Theorien über die Militär-Luftfahrt hatten Bestand, auch wenn sie zu jener Zeit nicht gewürdigt wurden.

20 oben rechts Octave Chanute entwarf und testete mehrere Gleitflugzeuge, wie diese Maschine mit fünf Tragflächen aus dem Jahr 1896. Chanutes Arbeit inspirierte die Brüder Wright, die sich an den Konstrukteur wandten, um weitere Informationen zu erhalten, die letztendlich auch zu ihrem eigenen Erfolg beitrugen.

20-21 Die Avion III von Clément Ader, hier mit zusammengefalteten Flügeln. Die Flugmaschine versagte bei einem Demonstrationsflug vor einer Militärkommission im Oktober 1897, u. a. aufgrund des starken Winds. Das französische Verteidigungsministerium lehnte den Entwurf ab.

21 oben Léon Delagrange (links) war ein Pionier der Luftfahrt. Im März 1908 nahm er als erster Europäer einen Passagier, Henri Farman, mit auf den Flug. Im Mai desselben Jahres saß er am Steuer des ersten Flugzeugs, das von italienischem Boden aus startete.

22-23 Ballons wurden mit Erfolg sogar noch Anfang des 20. Jahrhunderts benutzt. In dieser Fotografie vom 15. Mai 1913 wird ein Ballon von den „Eclaireurs de France" auf einem Feld von St.-Cyr in Frankreich manövriert.

22 unten Zwei Zeitschriften, die sich auf den im Juni 1931 aufgestellten Ballon-Höhenweltrekord des schweizerischen Wissenschaftlers Auguste Piccard beziehen. Piccard war zusammen mit seinem Kollegen Kipfer in Augsburg gestartet und landete in den österreichischen Alpen in Tirol – dabei hatte der Abenteurer eine Flughöhe von 16 000 Metern erreicht. Obwohl der Ballon zu jener Zeit bereits ein veraltetes Flugtransportmittel war, fand der Rekord ein lebhaftes Echo in der Öffentlichkeit.

23 rechts oben Um 1900 wurden Ballons noch hoch geschätzt. Auf dieser Seite sind einige Exemplare abgebildet, die bei der Ersten Internationalen Luftfahrt-Messe im Grand Palais von Paris im September 1909 ausgestellt wurden.

23 unten Die Startlinie des Gordon-Bennett-Pokals von 1907. Sechs verschiedene Ballontypen warten auf das Aufstiegsignal für den Wettbewerb.

LE PETIT JOURNAL

HEBDOMADAIRE - 42e Année
61, rue Lafayette, Paris

ILLUSTRÉ

7 Juin 1931 - N° 2111
PRIX : 50 CENTIMES

LE MAGNIFIQUE EXPLOIT DU PROFESSEUR PICCARD

ILLUSTRAZIONE DEL POPOLO

Domenica 14 giugno 1931 (I.
Supplemento della "GAZZETTA DEL POPOLO„
Anno XI - Numero 24

L'ascensione del prof. Piccard. — Dopo essere rimasto per molte ore nella stratosfera, ad un'altezza non mai raggiunta dall'uomo, il pallone dell'audace scienziato è disceso sul ghiacciaio del Gurgler, nelle Alpi tirolesi, dove la navicella sferica dell'aerostato rimarrà a ricordo della memorabile impresa.

(Disegno di Aldo Molinari).

In questo numero: Confidenze di Virgilio Brocchi

CHELIN

RESS
ENC

Kapitel 2

Die Luftschiffe

Das erste Flugtransportmittel war der Ballon, der bis Ende des 18. Jahrhunderts sowohl für zivile als auch für militärische Zwecke benutzt wurde. Der Ballon alleine war jedoch nicht ausreichend, da er mehr den Naturgewalten – besonders dem Wind – als dem Willen seiner Besatzung unterworfen war. Die Fortschritte, die im Bereich des Antriebs gemacht wurden, führten jedoch nach einigen Jahrzehnten zur Geburt eines kompletteren und flexibleren Fluggeräts: dem Luftschiff. Das erste dieser Fluggebilde konstruierte der Franzose Henri Giffard und brachte es am 24. September 1852 zum Fliegen. Sein Luftschiff wurde von einem Propeller, der über eine kleine Dampfmaschine in Bewegung gesetzt wurde, angetrieben. Dieser Motortyp besaß jedoch weder die erforderlichen technischen Eigenschaften noch die Kraft, die im Endeffekt benötigt wurde. Erst die Entdeckung des Verbrennungsmotors führte zur Weiterentwicklung und schließlich zu den ersten Erfolgen des Luftschiffs. Die N.1 des Brasilianers Alberto Santos-Dumont (1873–1932) war das erste dieser Fluggebilde. Am 28. November 1898 startete das Luftschiff zu seinem Jungfernflug über Paris. Der in Frankreich lebende, wohlhabende Santos-Dumont hegte eine Leidenschaft für das Fliegen und begann Ballons und Luftschiffe zu bauen. Von Letzteren entwarf er 18 verschiedene Typen, bevor sich sein Interesse 1907 den Motorflugzeugen zuwandte.
Drei große Kategorien von Luftschiffen wurden entwickelt: Da waren zunächst die Prall-Luftschiffe, bei denen allein der Innendruck der Gasfüllung die Außenumhüllung formte; die Halbstarrluftschiffe, die sowohl aufgrund des Gasdrucks als auch dank eines längs unter dem Luftschiff befestigten Metallbalkens ihre Form behielten; und schließlich die Starrluftschiffe, bei denen ein komplexes Metallgerüst die Hülle trug und die Außenform unverändert bleiben ließ. Ausschließlich die letzte Struktur war für die Konstruktion großer Luftschiffe geeignet.

24-25 oben Alberto Santos-Dumont (Mitte) vor einem seiner Luftschiffe. Im Oktober 1901 gewann er den Deutsch Preis von Henri Deutsch de la Meurthe als erster Pilot, der die Strecke St. Cloud–Eiffelturm und zurück in weniger als einer halben Stunde vollführte.

24 Mitte Das erste moderne Luftschiff wurde von Alberto Santos-Dumont gebaut, der einen Ballon mit einem Verbrennungsmotor verband. Auf der Fotografie ist das mit einer weiten Gondel ausgestattete Luftschiff Santos-Dumont 9 zu sehen.

24-25 unten Ab 1906 entfernte sich Santos-Dumont langsam von der Luftschiff-Konstruktion und begann, sich für Flugzeuge zu interessieren. Die Fotografie zeigt die „14bis", ein Flugzeug, mit dem er 1906 am französischen Grand Prix teilnahm.

14bis

Das Land, welches am meisten zur Entwicklung und zum Ruhm der Luftschiffe beitrug, war Deutschland. Das erste motorisierte deutsche Starrluftschiff wurde 1875 von Paul Haenlein gebaut. 1888 konstruierte Kurt Wolfert ein Luftschiff, das mit dem ersten Daimler-Benz Luftfahrt-Motor (mit 2 PS Leistung) ausgestattet war. Der Mann, der im Allgemeinen als Vater aller Luftschiffe angesehen wird, war der 1838 in Konstanz geborene Ferdinand Adolf August Heinrich Graf von Zeppelin. Er war Kavallerieoffizier der württembergischen Armee und nahm, beurlaubt, am amerikanischen Bürgerkrieg teil. In Amerika unternahm er auch seinen ersten Ballonflug. Er kämpfte 1866 im österreichisch-preußischen sowie 1870 im deutsch-französischen Krieg und wurde 1888 zum General ernannt; doch 1890 beendete Zeppelin seine Militärkarriere, um sich ganz der Entwicklung von Luftfahrzeugen nach dem Prinzip „leichter als Luft“ widmen zu können. 1898 gründete er in Friedrichshafen die Firma Zeppelin. Von Beginn an versuchte Zeppelin, das Interesse des deutschen Militärs an seinen Luftschiffen zu erwecken, stieß dabei jedoch auf die Konkurrenz zweier weiterer Pioniere: den Major von Parseval, der ein Prallluftschiff anbot, sowie den Kapitän Gross, der ein Vertreter der Halbstarrluftschiffe war. Diese beiden Modelle kamen vor den Zeppelin-Luftschiffen zum Einsatz, da sie von der Armee als geeigneter für den Einsatz in Militäroperationen befunden wurden: Sie konnten problemlos zerlegt und transportiert werden. Die Einzigartigkeit und der Erfolg von Zeppelins Entwürfen gründeten auf der Tatsache, dass zum ersten Mal Starrluftschiffe von großen Ausmaßen konstruiert werden konnten.

Die LZ 1, das erste Modell des Grafen, war 128 Meter lang, 11,66 Meter breit und besaß ein Volumen von 11 300 Kubikmetern. Der Schwachpunkt lag bei der dürftigen Leistung der beiden eingebauten Daimler-Benz-Motoren von 16 PS, die eine Fluggeschwindigkeit von nur 45 km/h ermöglichten. Am 2. Juli 1900 startete die LZ 1 zu ihrem Jungfernflug über dem Bodensee. Trotz der guten Qualität des Entwurfs sollten weitere acht Jahre vergehen, bevor die deutsche Armee die ersten Zeppeline in Auftrag gab: die Modelle LZ 3 und LZ 5. 1909 bestellte auch die deutsche Marine die ersten vier Luftschiffe, die für Erkundungsflüge eingesetzt werden sollten. Im gleichen Jahr gründeten die Zeppelin GmbH und die Hamburg-Amerika Reederei die DELAG, die erste kommerzielle Fluggesellschaft für den Betrieb von Luftschiffen. Am 28. Juni 1910 wurde der Jungfernflug der LZ 7 „Deutschland“ mit 24 Passagieren an Bord durchgeführt. In den vier Dienstjahren bis zum Ausbruch des Ersten Weltkrieges transportierte die DELAG über 10 000 Passagiere in 3193

26 oben und unten Ferdinand Graf von Zeppelin wird allgemein als Vater der Luftschiffe angesehen. Er gründete 1898 in Friedrichshafen seine eigene Firma. Auf den Bildern sind zwei seiner Luftschiffe zu sehen; bei dem unteren handelt es sich um das Militär-Luftschiff L 2, das während des Ersten Weltkriegs von der deutschen Marine benutzt wurde.

27 oben Die Passagierkabine der LZ-7 „Deutschland" von 1910. Das Verkehrsluftschiff konnte bis zu 24 Reisende befördern. Das Luftfahrzeug wurde von der DELAG eingesetzt, die bis 1914 aktiv war.

Flugstunden, die einer Gesamtstrecke von 172 535 Kilometern entsprachen. Beim Kriegsausbruch im August 1914 verfügte die deutsche Armee über zwölf Luftschiffe, während die Marine sich mit lediglich einem begnügen musste. Nachdem der Kaiser sein Einverständnis gegeben hatte, begann man, die Zeppeline ab 1915 auch für die Bombardierung Londons und anderer Gebiete Englands einzusetzen. Doch im weiteren Verlauf des Krieges wurden auch die Flugabwehrkräfte stärker und die Zeppelin-Verluste, namentlich duch gegnerische Jagdflugzeuge, nahmen zu. Am 25. September 1916 führte die Luftschiffeinheit des deutschen Heeres ihren letzten Einsatz über London durch. Die deutsche Marine dagegen, die im weiteren Kriegsverlauf 74 Luftschiffe erwarb, benutzte sie noch bis zum Waffenstillstand im Jahre 1918.

27 Mitte Die Gondel des ersten Zeppelin-Luftschiffs, das von der deutschen Armee akzeptiert wurde. Es handelte sich um das Modell LZ 3; die Maschine wurde 1908 unter der Militärbenennung Z1 in Dienst gestellt. 1909 hob das Luftschiff von Metz ab und blieb vier Tage lang ohne Unterbrechung in der Luft.

27 unten Ein großes Zeppelin-Luftschiff – umringt von einer neugierigen Menschenmenge – bei der Landung in Konstanz im April 1909. Man beachte die zahlreichen Stabilisierungsflächen am Heck des Luftschiffs.

Nach dem Krieg nahm die DELAG ihre Tätigkeit wieder auf, doch ihre beiden Luftschiffe „Nordstern“ und „Bodensee“ gingen 1921 als Reparationsleistungen an Italien und Frankreich. Die Luftschiffbau Zeppelin GmbH entwickelte nun neue, größere und leistungsfähigere Starrluftschiffe. Am 18. September 1928 stieg die LZ 127 „Graf Zeppelin“ auf – ein riesiges Luftschiff von 236 Metern Länge und mit einem Volumen von 110 000 Kubikmetern Wasserstoff: Vier Motoren von jeweils 550 PS brachten es auf eine Geschwindigkeit von 128 km/h.
Man beabsichtigte, dieses Luftschiff zum Hauptverkehrsmittel für Interkontinentalflüge zu machen, denn es war schneller als Schiffe und sicherer als Flugzeuge, die damals noch über eine begrenzte Reichweite verfügten und nur ein Drittel der Passagiere der „Graf Zeppelin“ aufnehmen konnten. Im August 1929 wurde mit diesem Luftschiff, das seinen 38 Passagieren eine luxuriöse Ausstattung bieten konnte, der Transatlantikservice nach Nord- und Südamerika eröffnet. 29 Tage dauerte die Weltreise, mit Zwischenstopps einzig in New York, Los Angeles und Tokio.

28 Drei Fotografien vom „Graf Zeppelin“ aus dem Jahr 1928. Dieses bis dahin größte Luftschiff – mit der offiziellen Baunummer LZ 127 – war ein interkontinentales Verkehrsmittel mit riesigen Ausmaßen: 236 Meter lang und mit 111 000 Kubikmetern Volumen. Oben eine Kommandobrücke; die beiden Fotografien unten zeigen Bauphasen in den großen Firmenhallen.

29 oben Das Luftschiff „Graf Zeppelin“ während einem der Probeflüge über dem Bodensee; es wird begleitet von zwei Jagdflugzeugen der Schweizer Armee.

29 unten Zwei Fotografien, auf denen die Bauarbeiten an der „Hindenburg“ zu sehen sind – das größte Luftschiff, das die Zeppelin-Werke in Friedrichshafen gebaut hatten. Der Jungfernflug fand am 1. Mai 1936 statt. Links die Herstellung der großen, als Strukturstützen benötigten Metallringe, während rechts das Luftschiff beinahe fertig gestellt ist – die Maschine trägt bereits das Hakenkreuz des Dritten Reichs auf den Leitwerken.

30-31 *Die LZ 129 „Hindenburg" bei einem Flug über Manhattan 1936. Dieses Luftschiff – der Stolz des nationalsozialistischen Deutschlands – war für die interkontinentalen Passagierflüge bestimmt und hatte eine Länge von 245 Metern sowie ein Volumen von 200 000 Kubikmetern.*

30 unten links *Die Rundfunkkabine der Hindenburg. Dank dieser Apparaturen konnte das Luftschiff rechtzeitig Wetterberichte erhalten und mit Radiosendern auf der Erde Kontakt halten.*

30 unten rechts *Passagierleben auf der Hindenburg. Das Luftschiff verfügte über große Glasscheiben für eine gute Aussicht und bot den bis zu 38 Reisenden ein buntes Unterhaltungsprogramm.*

Das größte und berühmteste Zeppelin-Luftschiff war die LZ 129 „Hindenburg". Es war 245 Meter lang, erreichte eine Höchstgeschwindigkeit von 135 km/h und verfügte über eine Reichweite von 14 500 Kilometern; die Größe des Passagierraums blieb unverändert. Seinen Erstflug machte LZ 129 am 1. Mai 1936 und führte insgesamt 63 Flüge (darunter 37 transatlantische) durch. Am 6. Mai 1937 legte das Luftschiff in Lakehurst, New Jersey an und fing aus unbekannten Gründen Feuer: Die „Hindenburg" wurde komplett zerstört und zwölf der 36 Passagiere sowie 22 der 61 Besatzungsmitglieder starben bei der Katastrophe, die von Kameras mitgefilmt wurde. Die Tragödie war der Schwanengesang der Luftschiffe und brachte ihr Ende als Verkehrsmittel: In dieser Funktion waren sie bereits zu jener Zeit in technischer Hinsicht von den Flugzeugen weit überholt worden.
Das letzte Zeppelin-Luftschiff war die LZ 130 „Graf Zeppelin 2", die zum ersten Mal im September 1939 geflogen wurde. Auf Befehl des Oberbefehlshabers der Luftwaffe, Hermann Göring, wurde das Luftschiff jedoch zusammen mit dem LZ 127 im darauffolgendem Jahr verschrottet.

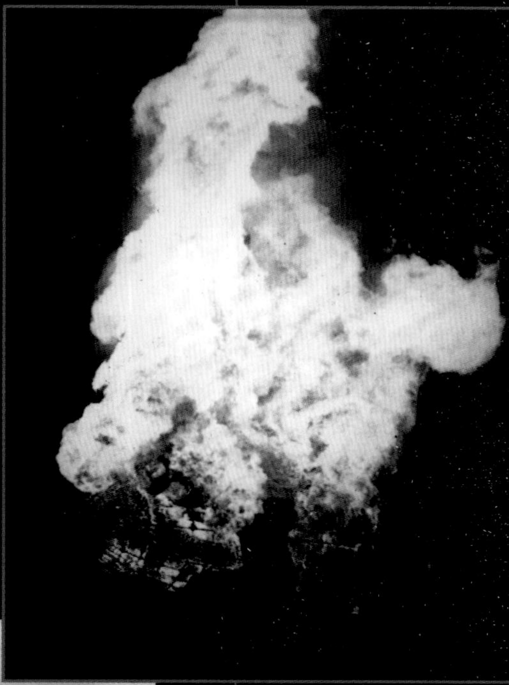

31 Drei Bilder der Hindenburg-Katastrophe. Am 6. Mai 1937 fing die LZ 129 während der Anlegephase in Lakehurst, New Jersey, auf mysteriöse Weise Feuer. Die ungeheure Gasexplosion wurde von den Filmkameras auf dem Flugplatz eingefangen. Bei dem Feuer kamen zwölf Passagiere und 22 der 61 Besatzungsmitglieder ums Leben.

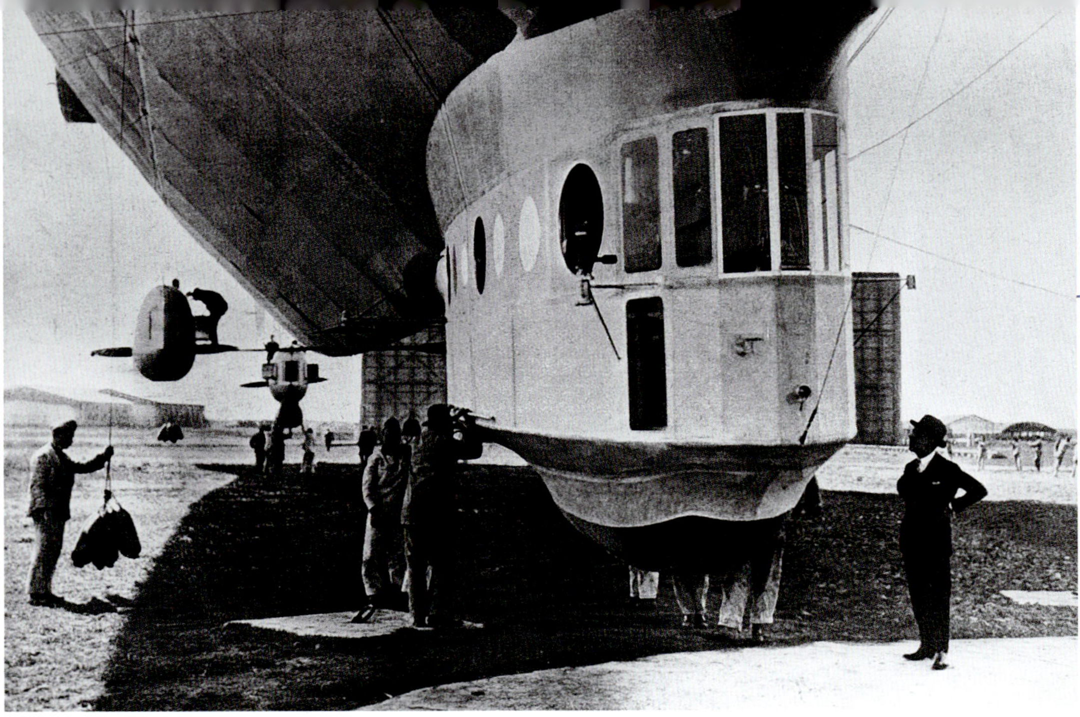

32-33 Die Norge-Expedition wurde auf der ganzen Welt verfolgt, obwohl das Luftschiff bereits von einem Flugzeug geschlagen worden war: Zwei Tage vor der Norge flog Richard Byrd mit seiner Fokker über den Nordpol.

33 oben General Nobile mit dem Gouverneur Cremonesi bei der Ankunft in Rom am 3. August 1926. Die große Fotografie zeigt die Norge bei der Anlegephase; das Luftschiff war 107 Meter lang und besaß ein Gesamtvolumen von 18 500 Kubikmetern.

32 unten rechts 11. Mai 1926: General Nobile (links) mit einem weiteren Besatzungsmitglied auf der Norge-Gondel, kurz bevor die Anker vor der Königsbucht gelichtet wurden und der historische Flug über den Nordpol begann.

32 oben, Mitte und unten links Die erste Polarexpedition mit einem Luftschiff wurde 1926 von Norwegen durchgeführt. Die von Umberto Nobile entworfene N-1 wurde zu dem Zweck in Norge umbenannt. Die Expedition leitete der norwegische Forscher Roald Amundsen, der die Norge unter das Kommando Nobiles stellte. Oberhalb das Luftschiff während der Unternehmung; unten, Nobile mit dem Kronprinzen von Norwegen und dem englischen Luftfahrt-Minister Sir Samuel Hoare, die zusammen mit der Luftschiffbesatzung in Pulham fotografiert wurden.

Italiens Luftschiffprogramm war besonders dem Einsatz des Generals Umberto Nobile, eines Offiziers der Königlichen Luftwaffe, zu verdanken. Die italienischen Streitkräfte benutzten die Luftschiffe bereits seit vielen Jahren, als Nobile – geboren 1885 in der avellinischen Provinz – im Jahre 1915 in das technische Büro der Luftfahrtfabrik in Rom eintrat. Dort erregte Nobile mit seinen verschiedenen Entwürfen von Luftschiffen Aufmerksamkeit; darunter befand sich auch der Typ „O", der für die Marine konstruiert und auch im Ausland verkauft wurde. 1919 wurde Nobile zum Fabrikdirektor berufen und arbeitete weiterhin an Entwürfen von Luftschifftypen. In Zusammenarbeit mit anderen entwickelte er das T34, welches das größte je in Italien gebaute Halbstarrluftschiff bleiben sollte. Die 125 Meter lange Flugmaschine wurde „Roma" benannt, besaß ein Volumen von gut 34 000 Kubikmetern und konnte mit einer Nutzlast von bis zu 19 Tonnen abheben. 1921 wurde die „Roma" an die USA verkauft, wo sie einen starken Eindruck hinterließ. 1932 entwarf Nobile alleine die N-1, sein erstes eigenes Luftschiff. Vom Typ her handelte es sich um ein Halbstarrluftschiff, das von drei Motoren angetrieben wurde; die Länge betrug 107 Meter und das Volumen ca. 18 500 Kubikmeter. Drei Jahre später wurde das Luftschiff von Norwegen erworben und auf den Namen „Norge" getauft. Unter dem Kommando Nobiles und mit dem norwegischem Forscher Roald Amundsen an Bord vollzog die „Norge" den ersten Flug über die arktische Polarkappe – von Spitzbergen über den Nordpol hinweg bis nach Alaska. Nobile war so begeistert, dass er die Abenteuertat mit einem italienischen Luftschiff sowie italienischer Mannschaft an Bord wiederholen wollte und sogar eine

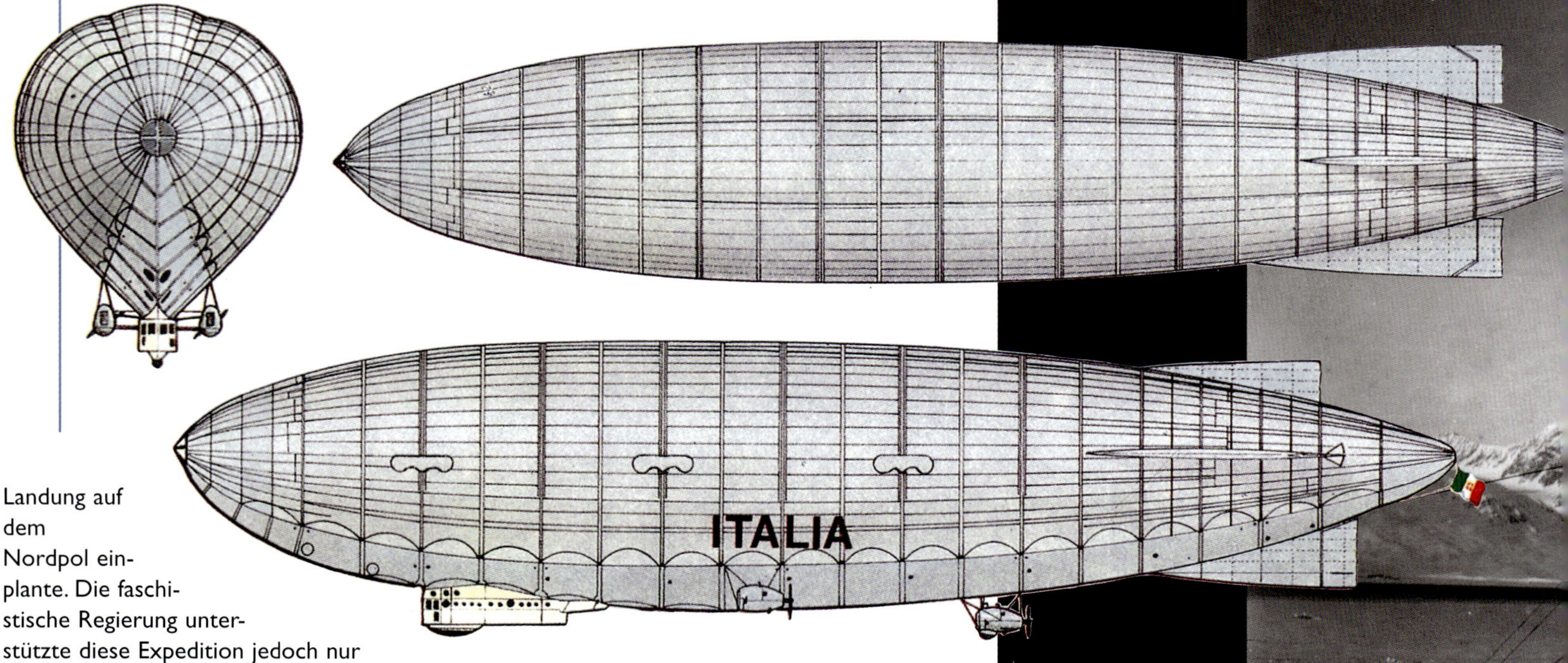

Landung auf dem Nordpol einplante. Die faschistische Regierung unterstützte diese Expedition jedoch nur zögerlich, und die Vorbereitungen entsprachen wahrscheinlich nicht den erschwerten Bedingungen. Man startete am 15. April 1928 von Mailand aus mit dem Luftschiff N-4 „Italia“, das fast identisch mit der „Norge“ war. Nach einigen technischen und wetterbedingten Problemen schien es nach dem 11. Mai, als die „Italia“ eine Reihe von Packeiserkundungen begann, aufwärts zu gehen. Am 23. Mai brach das Luftschiff zum Nordpol auf und erreichte das Ziel gegen Mitternacht. Das Wetter begann jedoch schlechter zu werden und auf den Landeanflug auf den Pol musste man verzichten. Auf dem Rückweg wurde die „Italia“ von starkem Gegenwind und einem heftigen Sturm überrascht: Am 25. Mai prallte das von Eis bedeckte Luftschiff auf das Packeis, und die Gondel mit den neun Besatzungsmitgliedern wurde von der Außenhülle gerissen. Die erleichterte Hülle stieg mit den übrigen sechs Männern wieder in die Höhe und verschwand – sie wurde nie mehr gesichtet. Sechs der insgesamt neun Überlebenden harrten ungefähr einen Monat aus, bis endlich Hilfe anrückte. Als einziger Schutz stand ihnen ein kleines Zelt zur Verfügung, das rot gefärbt wurde, um besser sichtbar zu sein. Die übrigen drei Männer machten sich gen Nordosten auf den Weg und wurden schließlich geborgen, doch nur zwei von ihnen überlebten.

Während der Suchaktion kam auch der Forscher Amundsen an Bord eines Flugboots ums Leben. Nach dem Unternehmen und seinem verheerenden Ende folgte ein riesiger Streit, zum Teil wegen der Tatsache, dass Nobile sich als Erster in einem Rettungsflugboot in Sicherheit gebracht hatte.
1929 zog sich der verbitterte Nobile von der Königlichen Luftwaffe zurück und übersiedelte 1932 nach Moskau. Dort arbeitete er noch bis 1936 an sowjetischen Luftschiffen. Von 1939 bis 1943 lehrte er in den Vereinigten Staaten Luftfahrt-Ingenieurwesen, kehrte jedoch in der Nachkriegszeit wieder nach Italien zurück, wo er zum Abgeordneten der konstituierenden Versammlung gewählt wurde. Er starb 1978 in Rom.
Ein weiteres Land führte interessante Experimente mit Luftschiffen durch, indem sie zu fliegenden Flugzeugträgern umgebaut wurden.

34 Das Luftschiff Italia, das bei Nobiles zweiter Expedition zum Nordpol 1928 benutzt wurde, während einer Anlegeaktion in Slupsk, Polen. Die Italia hieß ursprünglich N-4 und war technisch beinahe identisch mit der Norge.

34-35 Die Italia beim Anlegen in der Königsbucht. Das Luftschiff verließ am 15. April 1928 Mailand und erreichte nach einigen Pausen und Erkundungsflügen über dem Packeis am 23. Mai den Nordpol. Kurz darauf ereignete sich die Tragödie.

35 Mitte Einige Besatzungsmitglieder der Italia während einer Pause. Die Expedition bestand aus 15 Männern, von denen nur zwei – der Meteorologe Malmgren (Schwede) und der Physiker Behounek (Tscheche) – keine Italiener waren.

35 unten In der einen Hand das Sprachrohr: General Umberto Nobile, der größte Luftschiff-Experte in Italien, während einer Übung vor der Abreise der Italia.

In der ersten Hälfte der 1930er-Jahre verfügte die U.S. Navy über zwei Luftschiffe – die USS Akron und die USS Macon. Letztere konnte eine Höchstgeschwindigkeit von 135 km/h fahren und vier einsitzige Jagdflugzeuge Curtiss Sparrowhawk transportieren. Diese Flugzeuge wurden an der Unterseite des Luftschiffs angekuppelt und konnten während des Flugs sowohl abgeworfen als auch wieder geborgen werden. Leider stürzte die Akron 1933 ins Meer, und auch der Macon widerfuhr dasselbe Schicksal im Februar 1935 durch Materialverschleiß.

In den 1930er-Jahre begann jedenfalls der Niedergang der Luftschiffe als Verkehrsmittel, da sie bereits von den Flugzeugen in puncto Schnelligkeit, Robustheit und Zuverlässigkeit überholt worden waren. Die tragischen Unfälle der „Italia“ und der „Hindenburg“ beschleunigten nur das Ende. Während des Zweiten Weltkrieges konstruierte die Firma Goodyear eine Reihe von Halbstarr-Luftschiffen für die U.S. Navy, die sich beim Einsatz in der U-Boot-Abwehrstaffel als nützlich erwiesen. Nach dem Krieg behielten die USA und die Sowjetunion einige ihrer Luftschiffe für leichtere See-Aufklärung im Dienst. In jüngerer Zeit wurden die einzigen zivilen Luftschiffe – einige Goodyears – als Werbeträger in den Vereinigten Staaten und Europa eingesetzt.

36 oben Die U.S. Navy war ebenfalls an den Luftschiffen interessiert und führte Anfang der 1930er-Jahre zwei Flugzeugträger-Typen ein. Auf der Fotografie die USS Macon im Innern ihres Hangars mit der Besatzung, die sich vor der Gondel aufgestellt hat.

37 unten Ein Jagdflugzeug Curtiss Sparrowhawk während des Anlegens auf dem Luftschiff USS Macon. Dieser Luftschiff-Typ konnte fünf solcher Flugzeuge aufnehmen und sie während des Flugs absetzen und wieder einfangen.

Die Entwicklung neuer Technologien (wie zum Beispiel der Elektronik) rückte die Luftschiffe in den Neunzigerjahren wieder ins Rampenlicht. Eingesetzt für touristische Zwecke, Überwachungsaufträge, Werbung und Fernsehaufzeichnungen sowie als zukunftsweisendes Frachttransportmittel, stellt das Luftschiff noch heute ein brauchbares Luftfahrzeug dar. 1993 wurde zudem die Zeppelin Lufttechnik GmbH gegründet, die sich mit dem Entwickeln von Halbstarrluftschiffen, die das nicht entflammbare Heliumgas verwenden, beschäftigt. Mithilfe moderner Computertechnik wurde bei den neuen Luftschiffen der Serie NT auch das Sicherheitsproblem beim Starten und Landen gelöst, indem drei 200-PS-Kolbenmotoren mit einem dreiblättrigen Propeller angebracht wurden, wovon zwei sich um 90 Grad drehen lassen und einer am Heck angebracht ist, um das Gieren besser kontrollieren zu können. Der Zeppelin NT LZ N-07 flog zum ersten Mal am 18. September 1997 und das erste Serienmodell wurde 2000 fertig gestellt. Auch andere Gesellschaften, wie die deutsche Cargolifter, die amerikanische ABC und die englische ATG, haben sich seither damit beschäftigt, neue Luftschiffe zu entwerfen.

36 unten Eine spektakuläre Aufstellung von elf Luftschiffen der U.S. Navy kurz vor dem Ausbruch des Zweiten Weltkriegs.

37 oben Die USS Macon der U.S. Navy über der Bucht von San Francisco. Dieses Luftschiff konnte vier an der Unterseite eingehakte Jagdflugzeuge vom Typ Curtiss Sparrowhawk transportieren. Im Februar 1935 stürzte das Luftschiff in die See.

37 Mitte Der große Unterschied in den Ausmaßen zwischen dem interkontinentalen „Graf Zeppelin“ und einem kleinen amerikanischen Goodyear-Luftschiff wird auf dieser Fotografie aus den späten 1920er-Jahren deutlich.

Kapitel 3

Schwerer als Luft

Am Ende des 18. Jahrhunderts hatte sich der Traum des Menschen, zu fliegen dank des Ballons und des Luftschiffs in gewisser Weise verwirklicht. Doch das war nicht die Art von Flug, die die Pioniere wirklich interessierte und antrieb. Wonach man sich wirklich sehnte, war das Fliegen auf steuerbaren Flugmaschinen, die aus Flügeln und einem Motor zusammengesetzt waren. Die Forschungen mit den Gleitflugzeugen erwiesen sich somit als sehr nützlich und es wurde endlich möglich, sie mit einem zur Luftfahrt geeigneten Triebwerk auszustatten. Dabei handelte es sich um einen Vergaser-Verbrennungsmotor mit Luftkühlungssystem. Der Erfinder war der deutsche Ingenieur Nikolaus Otto, der 1877 als erster einen Viertakt-Wärmemotor – bekannt als Ottomotor – vorstellte. Gottlieb Daimler entwickelte das Prinzip weiter und konstruierte 1883 den ersten starr eingebauten Motor mit einer hohen Drehzahl (800 U/min). Dank der Fortschritte, die im Bereich des Zündungssystems gemacht wurden, erwies sich der Vergasermotor sowohl für das Automobil als auch für die Luftfahrt als anwendbar.

Die Brüder Wilbur und Orville Wright waren die Ersten, die es schafften, eine geeignete Außenhülle mit einem Verbrennungsmotor zusammenzusetzen; sie schufen damit das erste steuerbare Motorflugzeug der Geschichte. Wilbur wurde 1867 in Millville (Indiana) und Orville 1871 in Dayton (Ohio) geboren. Ihr Vater, ein protestantischer Pfarrer, schenkte ihnen eines Tages einen Spielzeughelikopter, der durch ein Gummiband angetrieben wurde. Für die damals elf und sieben Jahre alten Brüder wurde dieses Modell zu einer Offenbarung, die ihnen die Tür zur Welt der Mechanik und des Fliegens öffnete. Nachdem die beiden eine Fahrrad-Reparaturwerkstatt eröffnet hatten, wurden sie 1896 von der Arbeit Otto Lilienthals (der im selben Jahr verstarb) inspiriert und versuchten, seine Experimente mit Gleitflugzeugen nachzustellen. Sie betrachteten dies als Zwischenschritt auf dem Weg zur Erschaffung eines Motorflugzeugs. Die Brüder begannen mit der Herstellung eines Drachenmodells: ein Doppeldecker, dessen Flügeldrehungen vom Boden aus durch vier Kabel gesteuert werden konnten. Im Jahre 1900 begannen sie schließlich mit Hilfe von Octave Chanute, der sie beriet, mit der Her-

38-39 *Die Wright-Brüder unternahmen viele Versuche mit Gleitflugzeugen. Auf dieser Fotografie von 1903 ist eine schwierige Landung von Orville Wright zu sehen, während Wilbur seinem Bruder zur Hilfe kommt.*

38 unten *Wilbur Wright an der Steuerung des „Flyers", dem ersten Flugzeug „Schwerer als Luft", das erfolgreich mit einem Verbrennungsmotor flog. 17. Dezember 1903.*

stellung und dem Betrieb kleiner Gleitflugzeuge. Die Ergebnisse waren jedoch nicht sehr befriedigend und veranlassten die Brüder dazu, ihre Flugtheorien noch einmal zu überdenken. In ihrer Werkstatt in Dayton konstruierten sie daraufhin eine Art Windkanal, indem sie eine zwei Meter lange, quadratische Röhre mit einem Ventilator verbanden. Mit dieser simplen Struktur schafften sie es, wirkungsvolle Flügelprofile zu entwickeln, und bauten 1902 ein Gleitflugzeug mit zufriedenstellenden Flugeigenschaften. Der nächste Schritt war nun also die Konstruktion des ersten Motorflugzeugs.

Das erste Hindernis lag in der Auffindung eines geeigneten Triebwerks. Nach einigen ergebnislosen Anfragen bei der Automobilindustrie wandten sich die Wrights an den Mechaniker Charles Taylor. Gemeinsam stellten die drei schließlich einen Vierzylinder-Reihenmotor mit 12 PS her. Der Motor wurde in Zentralposition eingebaut und trieb mithilfe eines doppelten Kettenantriebs zwei gegenläufige Propeller an. Bei dem Fluggerät selber handelte es sich um einen Doppeldecker mit Canard-Tragflächen. Die Flügelspannweite betrug 12,28 Meter, die Länge 6,43 Meter und die Flügeloberfläche maß 47,38 Quadratmeter. Die Brüder nannten die Maschine „Flyer".

39 oben links und rechts Zwei Bilder der Wright-Experimente mit Gleitflugzeugen. Links eine Fotografie von Wilbur Wright in Bauchlage bei der Steuerung der „Wright Nr. 1" während eines Probeflugs im Oktober 1902 in Kill Devil Hills, nahe Kitty Hawk in North Carolina. Rechts ein Flug von Orville Wright in demselben Ort, aber auf einem ausgefeilteren Typ eines Gleitflugzeugs.

39 Mitte und unten Zwei Bilder aus dem Anfang des 20. Jahrhunderts, auf denen Versuche der ersten Motorflug-Pioniere dargestellt sind. In der Mitte ein zweimotoriger Pean-Eindecker, unten ein wunderliches Flugzeug mit sieben ovalförmig eingegliederten Flügeln. Wie viele Projekte zu jener Zeit waren auch diese beiden nicht erfolgreich.

40 oben In den ersten Jahren des 20. Jahrhunderts blieb der Flyer der Brüder Wright ein Fixpunkt für die entstehende Welt der Luftfahrt. Hier befand sich das Flugzeug auf einem Flugfeld in Auvours, Frankreich, im September 1908 während einer Flugvorführung.

40 unten Die Armee der Vereinigten Staaten zeigte ebenfalls Interesse am Flyer. 1908 führte Orville Wright eine Reihe von Vorführungen in Fort Meyer, Virginia, durch; im darauf folgenden Jahr wurde das Flyer-Modell A zum ersten Militärflugzeug der Welt.

40-41 Von 1908–1909 brachte Wilbur Wright den Flyer nach Europa und unternahm mit der Maschine eine Demonstrations- und Werbe-Tournee. Hier ist das Flugzeug während eines Vorführflugs in Frankreich zu sehen, der anlässlich eines Besuchs des Königs von Spanien organisiert wurde.

41 unten Die Amphibienversion des Flyers. Wilbur Wright während eines Flugs über der Bucht von New York. Unter dem Flugzeug wurde ein Kanu angebracht, so dass die Maschine im Falle einer Wasserlandung geborgen werden konnte.

Die Montagearbeiten wurden erst im Dezember beendet, doch die Wrights waren ungeduldig und entschieden sich, am 14. Dezember 1903 trotz Schlechtwetters den ersten Probeflug zu unternehmen. Der Versuch wurde am Strand von Kitty Hawk in North Carolina durchgeführt, fand jedoch ein schnelles Ende: Der von Wilbur gesteuerte Flyer – noch mit Kufen ausgestattet – senkte sich unmittelbar nach dem Abheben wieder und stürzte schließlich zu Boden.

Drei Tage später verliefen die Versuche jedoch schon ganz anders. Nachdem der Flyer wieder flugfähig gemacht worden war, transportierte man die Maschine erneut nach Kitty Hawk und bereitete sie an der Abflugbahn vor. Das Steuer führte diesmal Orville. Um 10:35 Uhr dieses historischen Morgens erhob sich der Flyer mit einer Geschwindigkeit von 16 km/h vom Boden. Das Ereignis wurde von einem anwesenden Fotografen unvergänglich festgehalten. Nur zwölf Sekunden blieb das Flugzeug in der Luft und legte dabei eine Strecke von 36 Metern zurück. Doch die beiden Brüder unternahmen noch am selbem Tag weitere Flüge, von denen der längste 59 Sekunden dauerte.

Um die größtmöglichen Vorteile aus diesem Ereignis zu ziehen, hielten die Brüder ihren Erfolg zunächst geheim und nahmen stillschweigend die Arbeit an der Verbesserung des Flugzeugs wieder auf. Nach dem ersten Modell folgte bald darauf der Flyer 2 mit einem 15-PS-Motor, und 1905 der Flyer 3, welcher am 5. Oktober über 39 Minuten lang flog und eine Strecke von 38 Kilometern zurücklegte. Doch die Nachricht über die Arbeit der Wrights verbreitete sich schnell, was nicht zuletzt dem Enthusiasten Chanute zu verdanken war – und schließlich erhielten die Brüder ein Angebot aus Frankreich von 500 000 Francs für eine zweistündige Flugvorführung. Die beiden teilten sich sodann die Arbeit: Orville leitete eine Reihe von Vorführungen für die amerikanische Armee, während Wilbur im Juni 1908 nach Frankreich ging. Nach dem Erfolg seiner Flugvorführungen gründete Wilbur in Pau nahe Bordeaux die erste Pilotenschule der Welt. Die beiden Wrights setzten dann ihre Europa-Tour fort und präsentierten ihre Flyer im März 1909 erst in Rom, dann in Deutschland. Ende 1909 gründeten sie die Wright Company, an die sich bald andere Gesellschaften in Frankreich, Deutschland und England anschlossen, um deren Flugmaschinen herzustellen. Im selben Jahr wurde der Flyer Modell A – das erste Serienexemplar – an die amerikanische Armee verkauft und wurde zum ersten Militärflugzeug der Welt.

Im Jahr 1912 starb Wilbur Wright an Typhus und Orville Wright reduzierte allmählich seine Arbeit als Konstrukteur. Schließlich verkaufte er 1915 den größten Teil seines Aktienpakets, um sich ausschließlich der Forschungsarbeit zu widmen. Er starb 1948 in Dayton. Die Nachricht des Erfolgs der Wrights gab zusammen mit der Veröffentlichung einiger einiger Fotos ihres Flugzeugs einen erneuten Anstoß zu Flugexperimenten in Europa. Die französischen Pioniere Ferdinand Ferber, Robert Esnault-Pelterie und Gabriel Voisin begannen, mit schwerfälligen Kopien der Flyer Versuche durchzuführen.

42 oben links und rechts Der Luftfahrtpionier Alberto Santos-Dumont. Bereits berühmt für seine Experimente mit Luftschiffen, widmete er sich seit 1906 der Konstruktion von Motorflugzeugen. Sein erstes Flugzeug war die „14 bis", ein Doppeldecker, der am 12. November 1906 beim französischen Aero Club Grand Prix eine Strecke von 200 Metern bei einer Flughöhe von sechs Metern erfolgreich bewältigte. Dies war der erste offizielle Motorflug in Europa.*

42 Mitte rechts und unten Zwei Abstürze Louis Blériots mit Flugzeugen, die er selber konstruiert hatte. Aufgrund der Häufigkeit seiner Flugzeugunfälle wurde Blériot zu jener Zeit als „der Mann, der immer fällt" bekannt.*

Der Brasilianer Alberto Santos-Dumont – bereits ein Pionier der Luftschiffe – führte den ersten kontrollierten Motorflug in Europa durch. 1906 konstruierte er seine „14 bis", einen sperrigen Canard-Doppeldecker mit 24-PS-Levavasseur-Antoinette-Motor. Nach einigen Flugversuchen, die nicht über wenige Dutzend Meter hinausgingen, nahm der Brasilianer am 12. November 1906 am Grand Prix de France teil: ein Wettkampf, der vom Aero Club in Frankreich organisiert wurde und den ersten Über-100-Meter-Flug belohnen sollte. Santos-Dumont, der sein Flugzeug mit einem 50-PS-Motor ausgestattet hatte, überflog eine Strecke von über 200 Metern in 21 Sekunden, ohne ein Abschusssystem benutzt zu haben. Sein berühmtestes Flugzeug wurde jedoch die „19", bekannt als „Demoiselle". Die Maschine verfügte über einen 20-PS-Motor und einige Exemplare davon wurden verkauft. Auch das zukünftige Fliegerass Roland Garros erwarb ein Modell und unternahm damit seine ersten Flugversuche.

Eine der führenden Persönlichkeiten in der Pionierphase der europäischen Luftfahrt war zweifellos der Franzose Louis Blériot. Er wurde 1872 in Cambrai geboren, studierte Ingenieurwesen und widmete sich dann der Konstruktion von Automobil-Scheinwerfern in seiner Werkstatt in Neuilly-sur-Seine. Der berufliche Erfolg brachte ihm ökonomische Sicherheit, doch ab 1900 begann sich sein Interesse stärker der Welt des Fliegens zuzuwenden. Trotz allem brachte er es nur fertig, einen Ornithopter mit Schlagflügeln zu konstruieren, der sich natürlich als totales Fiasko erwies. Nachdem sein Traum vom Fliegen damit fast gestorben war, lernte Blériot jedoch den Luftfahrtpionier Gabriel Voisin kennen, der bereits ein Wassergleitflugzeug entwickelt hatte. Erneut fasziniert von der Luftfahrt, gründete Blériot zusammen mit seinem neuen Freund die Firma Blériot-Voisin, um einen neuen Wassergleiter zu konstruieren. Die Ergebnisse entsprachen jedoch nicht den hohen Erwartungen und 1906 trennten sich die beiden wieder. Blériot entschloss sich daraufhin, allein weiterzuexperimentieren, doch ein von ihm entworfener Canard-Eindecker stürzte 1907 ab. Vielleicht wurde sich Blériot seiner Grenzen als Konstrukteur bewusst und vertraute somit die Konstruk-

43 oben Im Juli 1909 nahm der Franzose Louis Blériot an einem Wettkampf teil, der von der englischen Tageszeitung „Daily Mail" ausgeschrieben wurde. Er gewann den Wettbewerb und überquerte dabei im 32 Minuten langen Flug von Dover nach Calais den Ärmelkanal. Links: Der Pionier auf seinem Flugzeug; auf dem rechten Foto wird dem Sieger von der jubelnden Menge in Paris ein triumphaler Empfang bereitet.

43 unten Blériot und sein Flugzeug, eine Blériot XI mit 28-PS-Motor, während des Flugs von Dover nach Calais von einem Schiff auf dem Ärmelkanal aus fotografiert. Mit seinem erfolgreichen Überflug gewann der Pilot den Preis in Höhe von 25 000 Francs in Gold.

tion der Bleriot V – einem Eindecker mit konventionellen Tragflächen, der mit einem 25-PS-Antoinette-Motor ausgestattet war – seinem Werkstattchef Louis Peyret an. Das Projekt hatte diesmal Erfolg und die darauffolgende Blériot VI war in der Lage, eine Höchstgeschwindigkeit von 80 km/h sowie eine Flughöhe von 25 Metern zu erreichen, was zu jener Zeit herausragend war. Doch die Flüge des französischen Pioniers endeten zu häufig mit Unfällen, so dass man ihm im Dezember 1907 den Beinnamen „der Mann, der immer fällt" gab. Die erlittenen Misserfolge erschöpften nach und nach auch das Vermögen Blériots; er nahm sich sodann seine schmerzlich gewonnenen Erfahrungen zu Herzen und setzte alles, was ihm geblieben war, auf seine letzte Konstruktion – die Blériot XI. Dieser schlanke Eindecker war mit einem vorn angebrachtem 28-PS-Motor REP mit Zugpropeller ausgestattet. Der erste Flug wurde im Januar 1909 durchgeführt. Nach einigen erfolgreichen Teilnahmen an Luftfahrttreffen meldete sich Blériot im Juli zu einem Wettbewerb an, der von der englischen Tageszeitung „Daily Mail" ausgeschrieben worden war. 25 000 Francs wurden jenem Piloten angeboten, der als Erster den Ärmelkanal überqueren würde. Am 25. Juli startete Louis Blériot mit seinem Modell XI von Calais und landete nach 32 Minuten unter allgemeinem Jubel in Dover. Dieser Erfolg bescherte dem Pionier Ruhm und vor allem Geld, welches er auch dringend benötigte, um den Zusammenbruch seines Unternehmens zu verhindern. Nach einigen Monaten und ungezählten Flugunfällen beendete Blériot seine Fliegerkarriere und widmete sich ganz der Konstrukteurstätigkeit. 1913 hatte seine Firma bereits über 800 Flugzeuge verkauft – ein für die damalige Zeit unglaublicher Erfolg. Blériot wurde 1914 auch Gründer der „Societé pour l'aviation et ses dérivés", die berühmte SPAD, welche Tausende von Kampf-, Aufklärungs- und Übungsflugzeugen für die alliierten Luftstreit-

44 oben Unter den Pionieren der französischen Luftfahrt befanden sich auch die Brüder Voisin und Farman. Auf der Fotografie erscheint die Voisin-Farman Nr. 1, die von den Voisins für Henri Farman entworfen wurde und im Jahr 1907 flog. Es handelte sich um einen Canard-Doppeldecker mit einem 50-PS-Motor in Schub-Position.

44 unten 1908 gründete Henri Farman die Farman Flugzeug-Gesellschaft und begann, seine eigenen Flugmaschinen herzustellen. Hier befindet sich der französische Pionier mit seinem Flugzeug in Reims, am 28. August 1909 – dem Tag, an dem er einen neuen Streckenrekord aufstellte: 180 Kilometer in 3 Stunden und 40 Minuten.

kräfte herstellte. In der Nachkriegszeit begann jedoch der Niedergang seiner Aktivitäten. Blériot produzierte Flugzeuge noch bis in die 1930er-Jahre hinein, bis er schließlich wegen einer Finanzkrise seine Betriebe schließen musste. Louis Blériot verstarb 1936 im Alter von 64 Jahren.

Weitere Pioniere waren die Brüder Charles und Gabriel Voisin, die bereits Anfang des Jahrhunderts kastenförmige Doppeldecker und Gleitflugzeuge konstruiert hatten. 1906 gründeten die beiden die Firma Frères Voisin und machten sich daran, zwei ziemlich ähnliche Flugzeugtypen herzustellen: beides Doppeldecker mit Heckleitwerk und Druckpropeller. Doch mit diesen Entwürfen konnten die Brüder zunächst nicht viel Erfolg ernten. Größeres Glück war hingegen einem 1907 für Henri Farman realisierten Projekt beschert. Das Ergebnis, die Voisin-Farman I, war mit einem 50-PS-Antoinette-Motor ausgestattet und ähnelte strukturell den anderen Voisins.

Henri Farman war der ältere der beiden Brüder, die für ihre sportlichen Rad- und Automobilunternehmungen bekannt waren; er war ein Flugenthusiast, und kurz nachdem er sich mit der Steuerung des neuen Flugapparats vertraut gemacht hatte, entschloss er sich, am Grand Prix der Luftfahrt teilzunehmen. Dieser Wettbewerb wurde seit 1904 ausgetragen und sollte jenen Piloten auszeichnen, der es schaffte, eine bestimmte Strecke in einem vorgeschriebenen Rundkurs zu absolvieren. Obwohl Henri nichts von der Technik des Fliegens verstand, absolvierte er am 13. Januar 1908 auf dem Platz von Issy-les-Moulineaux einen erfolgreichen Flugversuch. Der Franzose sah sich gestärkt durch diesen Erfolg; er beschloss daraufhin, sich nun ernsthaft mit dem Flugwesen zu beschäftigen und machte sich daran, sein Flugzeug zu verbessern. In einem Hangar in Issy-les-Moulineaux wurde so 1908 die Flugzeugbau-Gesellschaft Farman geboren. Henri Farman gewann am 30. Oktober 1908 einen Städteflug von Mourmelons nach Reims und war damit der erste Pilot, der eine Flugverbindung zwischen zwei Städten herstellte.

Aufgrund seiner Erfolge tat sich Henri mit seinem Bruder Maurice zusammen und errichtete einen neuen Betrieb in Billancourt. Während des Ersten Weltkriegs blühte das Unternehmen auf und belieferte die französische Luftwaffe sowie die Luftstreitkräfte anderer alliierter Länder mit Land- sowie Wasserflugzeugen. Die Fabrik in Billancourt wurde auf einer Fläche von 90 000 Quadratmetern ausgebaut und schaffte eine Monatsproduktion von durchschnittlich 300 Flugzeugen. In der Nachkriegszeit gelang es Farman, sich an die neue Wirtschaftslage anzupassen, indem er zur Herstellung von Passagierflug-

45 oben links Henri Farman am Steuer eines seiner Flugzeuge.

45 oben rechts Ein Voisin-Doppeldecker ohne Stoffverkleidung und vorn ausgestattet mit einem Maschinengewehr. Eine Aufnahme während einer Ausstellung 1910.

45 unten Henri Farman flog am 13. Januar 1908 als erster über eine Strecke von einem Kilometer. Hier ist er am Landeziel.

zeugen wechselte. Mit der „Goliath“ wurde 1919 schließlich die Lignes Farman für den Passagierverkehr gegründet. Die Fluggesellschaft wurde 1936 verstaatlicht und die beiden Brüder zogen sich ins Privatleben zurück. Henri starb 1958, während Maurice, der noch bis zum Alter von 85 Jahren Sportflugzeuge steuerte, im Jahre 1964 verstarb.
Ein weiterer berühmter Pionier dieses Zeitalters war Léon Levavasseur. Er hatte bereits einige Experimental-Entwürfe entwickelt, bevor er am 9. Oktober 1908 sein erstes wirkliches Flugzeug zum Fliegen brachte. Im Februar 1909 führte er das verbesserte Modell Antoinette IV ein. Es handelte sich um einen Eindecker mit großen Flügelflächen und Querrudern, dreieckigem Rumpf, kreuzförmigem Heckleitwerk sowie einem Vordermotor mit Zugpropeller. Bemerkenswert ist, dass die Firma auch die dazugehörigen Motoren herstellte, die – wie bereits erwähnt wurde – auch von anderen Flugpionieren benutzt wurden. Mit so einer Antoinette IV versuchte auch der Brite Hubert Latham, die erste Ärmelkanalüberquerung durchzuführen. Doch aufgrund eines Motorschadens musste er am 19. Juli 1909 Louis Blériot bei diesem Unternehmen den Vortritt lassen. Mit der verbesserten 60-PS-Antoinette VII sammelte Latham jedoch zahlreiche Auszeichnungen. Darunter war ein Sieg im Höhenflug bei der Grande Semaine d’Aviation de la Champagne in Reims. Latham erreichte dort 155 Meter und errang – mit 68,9 km/h – auch den zweiten Platz in der Geschwindigkeitskategorie. Zwischen 1909 und 1911 wurden die von Latham und anderen Piloten geflogenen Antoinette-Eindecker auf die ersten Plätze sämtlicher Luftfahrt-Wettbewerbe gestuft. 1912 stellte der Betrieb jedoch die Produktion ein und schloss seine Pforten.
Auch Italien besaß seine Pioniere, unter denen besonders Gianni Caproni hervorsticht: Er wurde zum Gründer eines Unternehmens, das Weltruhm erlangen sollte. Er wurde 1886 in Massone d’Arco nahe Trento geboren, studierte am Polytechnikum in München und erhielt 1907 den Titel des Diplomingenieurs. Nach einiger Zeit begann er sich für die Flugwelt zu interessieren und entwarf sein erstes Flugzeug, die Ca.I, einen Doppeldecker, den er 1910 trotz wirtschaftlicher Schwierigkeiten fertig stellte. Caproni ließ sich im Heideland von Malpensa nieder und begann, mit seinem Flugzeug einige Flugtests zu unternehmen: Die Ergebnisse waren nicht sehr zufriedenstellend. Der entschlossene Caproni gründete daraufhin zusammen mit Gherardo Baraggiola und dem Ingenieur Agostino De Agostini in Vizzola Ticino den Betrieb Caproni-De Agostini. Das erste Flugzeug wurde die Cm.I, ein Eindecker, der am 15. Juni 1911 einen erfolgreichen Flug bestritt. Caproni war als Konstrukteur erfolgreich und hatte ebenfalls Glück mit seiner Flugschule, die sich auch in Vizzola befand. Doch dann begann eine weniger schöne Zeit für Caproni: Er war gezwungen, das Unternehmen mit De Agostini aufzulösen, gründete jedoch ein anderes mit Carlo Comitti und danach ein wei-

teres mit Luigi Faccanoni. Capronis Hauptproblem war das Ausbleiben der erwarteten Flugzeugkäufe des Militärs, welches der Firma zudem mit der Gründung eigener Flugschulen wichtige Einnahmequellen abschnitt. Nachdem Caproni 1913 seine Firmen an den italienischen Staat verkauft hatte, setzte er die Arbeit an seinen Entwürfen fort. Besonderes Interesse fand sein dreimotoriges Bombenflugzeug Ca.1 (nach dem Krieg Ca.31 genannt). Italiens und Frankreichs Streitkräfte waren die Ersten, die das Flugzeug orderten, und im Januar 1915 gründete Gianni Caproni erneut eine Gesellschaft mit Niederlassungen in Vizzola und Taliedo in der Nähe Mailands. Von da an begann eine Blütezeit für die Firma; sie sollte noch bis 1945 andauern. Nicht weniger als 170 Flugzeuge wurden entwickelt; darunter viele Serienmodelle, die in die ganze Welt exportiert wurden. Nach der Katastrophe des Zweiten Weltkriegs versuchte Gianni Caproni, seine Firma auf die Automobilherstellung umzustellen – jedoch ohne Erfolg. Er starb 1957 in Rom und sein Betrieb wurde durch den Erwerb der Aviamilano, von der die gelungene und erfolgreiche Serie von Calif-Segelflugzeugen stammte, wieder neu belebt. Letztlich ging die Firma in der Unternehmensgruppe Agusta auf.

46 Eindrucksvolles Bild von Hubert Latham auf seiner Antoinette IV während eines seiner Versuche, mit der Ärmelkanalüberquerung den „Daily Mail"-Preis zu gewinnen. Lathams Unternehmen endete zweimal im Wasser.

47 oben Hubert Lathams „Antoinette IV" wird im Juli 1909 für den Flug vorbereitet – noch vor seinen Versuchen, den Ärmelkanal zu überqueren.

47 Mitte Nahaufnahme von Hubert Latham am Steuer seiner Antoinette IV. Schließlich wurde Latham von Blériot geschlagen, doch nur um zwei Tage.

47 unten Der italienische Pionier Gianni Caproni neben seinem ersten Flugzeug, dem Doppeldecker Ca.1; die Maschine wurde 1910 gebaut und über der Heidefläche von Malpensa, in der varesischen Provinz, getestet.

Fortschritte in der Luftfahrt wurden jedoch nicht nur in Europa gemacht: In den Vereinigten Staaten waren außer den Brüdern Wright noch andere Pioniere am Werk. Einer der brillantesten und berühmtesten war zweifellos Glenn Hammond Curtiss. 1878 wurde er in Hammondsport (New York) geboren. Im Alter von fünf Jahren verlor er seinen Vater und war gezwungen, seit frühester Jugend zu arbeiten, um der Familie zu helfen. Mit zwanzig Jahren machte Curtiss sich selbständig und stellte zusammen mit seinem Partner Tank Waters eine Reparaturwerkstatt für Fahrräder auf die Beine. Die Entwicklung des Unternehmens, das bald auch Fahrräder konstruierte, ging gut voran und ermöglichte es Curtiss, seiner Leidenschaft für Motoren nachzugehen: 1902 baute er sein erstes Moped. In der Folgezeit war er mit Motorrädern erfolgreich und errang verschiedene Auszeichnungen. Curtiss erhielt schließlich einen Auftrag zur Konstruktion eines Motors, der auf dem Luftschiff „California Arrow“ von Thomas Scott Baldwin installiert werden sollte. Der Erfolg dieses 5-PS-Zweizylinders führte 1905 zur Gründung der Curtiss Manufacturing Company. In demselben Jahr wurde Curtiss von Graham Bell, dem Erfinder des Telefons, kontaktiert, um die Entwicklung eines gemeinsamen Flugzeugbau-Projekts zu vereinbaren. Curtiss willigte erst 1907 in das Angebot ein und wurde zum Planungsdirektor sowie Motorexperten der Bell-Gesellschaft AEA. Nachdem fünf Flugzeuge hergestellt worden waren, von denen das letzte nicht startfähig war, verlor Bell das Interesse an der Luftfahrtforschung und die Firma wurde aufgelöst. Curtiss übernahm jedoch die Projekte, die sich in Entwicklung befanden, und gründete im Juni 1909 zusammen mit Augustus Herring die Herring-Curtiss Company – die erste Flugzeugbaugesellschaft in den Vereinigten Staaten. Die neue Firma begann zu prosperieren, was vor allem Curtiss zu verdanken war, der auf vielen Luftfahrtveranstaltungen aktiv war. Es gelang ihm schließlich, drei angesehene Trophäen des Scientific American zu gewinnen. Die Preise trugen zum Ruhm und Ansehen der Firma mit bei.
Anfang 1911 gelangen Eugene Ely, einem Schüler und Kunden von Curtiss, erstmals Start und Landung auf dem Flugdeck eines Schiffes, des Panzerschiffs Pennsylvania. Curtiss begann sich daraufhin an den Erfordernissen der Streitkräfte – und besonders der U.S. Navy – zu orientieren und widmete sich der Entwicklung von Wasserflugzeugen. 1912 wurde von der Firma das Modell F mit einem zentralen Bootskörper vorgestellt. Die amerikanische Marine bestellte 150 Exemplare des Modells F. Bei Kriegsausbruch 1914 arbeitete Curtiss auch für die U.S. Army und entwarf den legendär gewordenen Übungs-Doppeldecker JN bzw. „Jenny“; über 6000 Exemplare wurden gebaut und bis Ende der 1950er-Jahre benutzt. Nach dem Krieg widmete sich Curtiss hauptsächlich den Rennflugzeugen und entwarf über viele Jahre hinweg hervorragende Modelle. Ende der 1920er-Jahre jedoch, nachdem er alles in seinem Beruf gegeben hatte, zog sich der erschöpfte Curtiss nach Florida zurück, wo er 1930 starb.

In nur zehn Jahren hatte das Flugzeug seit dem ersten Motoren-Erfolg der Brüder Wright bemerkenswerte Fortschritte in aerodynamischer sowie im motortechnischer Hinsicht gemacht. Die Flugzeuge konnten bereits gut gesteuert werden und waren in der Lage, Fracht und oft auch Passagiere zu transportieren. Während des italienisch-türkischen Kriegs 1911 in Libyen warfen italienische Piloten Handgranaten auf die feindlichen Truppen: Zum ersten Mal wurde das Flugzeug als Kriegswaffe eingesetzt. Der psychologische Effekt war dabei bedeutender als der physische Schaden; doch der Einsatz bewies, dass die Zeit für das Flugzeug als Protagonist auf der Weltbühne bereits reif war. Diesmal handelte es sich jedoch nicht um kühne Sportwettkämpfe, welche die Luftfahrt-Entwicklung vorantrieben, sondern um den Ersten Weltkrieg.

48 oben Einer der brillantesten amerikanischen Pioniere war Glenn Hammond Curtiss, der 1898 als Fahrradmechaniker begann. Auf dieser Fotografie sitzt Curtiss am Steuer seines Doppeldeckers „Gold Bug".

48-49 und 49 oben Zwei Bilder des Curtiss-Doppeldeckers „June Bug" mit Glenn Curtiss selbst als Pilot. Die Herring-Curtiss Company, die erste Flugzeugfabrik in den Vereinigten Staaten, wurde im Juni 1909 gegründet. In den darauf folgenden Jahren spezialisierte sich die Firma auf Wasserflugzeuge und wurde 1912 zur Lieferantin der U.S. Navy.

Kapitel 4

Der Erste Weltkrieg

Die unsichere, wankende und faszinierende Welt der Luftfahrt hatte in den zehn Jahren nach dem ersten Flug der Brüder Wright bemerkenswerte Fortschritte gemacht. Es handelte sich nicht um gigantische Entwicklungssprünge, doch die Flugzeuge von 1913 – so rudimentär sie auch gewesen sein mögen – waren bereits mit allen grundlegenden Eigenschaften ausgestattet: ein die Propeller antreibender Verbrennungsmotor, zwei oder mehrere Flügel, stabilisierende Hecktragflächen, vom Piloten steuerbare Höhen- und Seitenruder sowie ein Rumpf zur Aufnahme der Besatzung. Die ausschlaggebende Wendung beim Entwurf und der Produktion von Flugzeugen riefen die Bedürfnisse eines bis dahin nicht dagewesenen Konflikts hervor. Mit dem Ersten Weltkrieg erfuhr die Entwicklung der Luftfahrt innerhalb weniger Jahre einen einzigartigen Aufschwung.

Bereits vor 1914 wurde das Motorflugzeug in Kampfeinsätzen benutzt, wie zum Beispiel 1911 im italienisch-türkischem Krieg, 1912 bei der mexikanischen Revolution von Pancho Villa sowie 1913 im Balkankrieg. Es handelte sich dabei jedoch um einzelne Operationen, die mit provisorisch zum Militärgebrauch angepassten Zivil- oder Sportflugzeugen durchgeführt wurden. Die alliierten Streitkräfte hatten zu diesem Zeitpunkt noch keine klaren Vorstellungen, wozu man das Flugzeug – über den Rahmen der Beobachtungs- und Erkundungsflüge hinaus – einsetzen könnte.

Doch es stimmt, dass es einige weitblickende Personen gab, die bereits die verborgene Macht der Luftwaffe erahnten. Giulio Douhet, ein italienischer Armeeoffizier, brachte seine klaren Vorstellungen vom Militärgebrauch des Flugzeuges zum Ausdruck: „Der Himmel beginnt, ein neuer Kampfplatz zu werden, nicht weniger bedeutend als der Boden oder die See", schrieb er 1909. Auch Bertram Dickson, ein englischer Offizier, vermutete 1911, dass die Flugzeuge eine enorme Wichtigkeit in Erkundungs- und Verfolgungsaufgaben erlangen würden und sich damit die Vorherrschaft über den Luftraum aneignen könnten. Andere Visionäre waren der Franzose Ferdinand Ferber, der Amerikaner Billy Mitchell und der Deutsche Helmuth von Moltke. Doch all diese Männer wurden mit ihren Vermutungen nicht ernst genommen, und da sie sich gegen den Traditionalismus ihrer Militärvorgesetzten stellten, wurden sie sogar abgelehnt und bestraft. Doch schon wenige Jahre später sollte die Geschichte ihnen Recht geben.

50 links Der Kriegseinsatz von Flugzeugen machte die Entwicklung von Gegenmaßnahmen erforderlich. Hier selbstfahrende Scheinwerfer der französischen Armee, die genutzt wurden, um am 21. Februar 1916 ein Zeppelin-Luftschiff abzuschießen.

50 unten Fliegerabwehrstreitkräfte entstanden – bewaffnet mit Kanonen und Maschinengewehren; auf der Fotografie sind einige deutsche Maschinengewehrschützen, die eine Luftabwehrstellung an der Westfront vorbereiten, zu sehen.

50 rechts Jegliches Mittel wurde benutzt, um feindliche Flugzeuge abzuschießen. Hier ein Soldat der englischen Kavallerie, während er mit einem tragbaren Maschinengewehr auf ein deutsches Flugzeug schießt, Sommer 1916.

51 oben In den ersten Monaten des Ersten Weltkriegs waren die eingesetzten Flugzeuge noch ziemlich primitiv und besaßen wenig Ausrüstung, wie dieser französische Eindecker Morane Saulnier.

51 Mitte Anfangs gab es noch keine Jagdflugzeuge. Um die feindlichen Flugzeuge abzuschießen, wandte man die verschiedensten Lösungen an; bei diesem französischen Zweisitzer ist das Maschinengewehr überhöht aufgestellt, um zu vermeiden, dass der eigene Propeller getroffen wurde.

51 unten links Die logistische und technische Mobilität begann, an Bedeutung zu gewinnen. Dieser Lastkraftwagen war dazu bestimmt, einzelne Flugzeugteile zu befördern.

51 unten rechts Diese Fotomontage illustriert den neuen Krieg in der Luft, wie man ihn sich während des Ersten Weltkriegs vorstellte.

Der Große Krieg von 1914 bis 1918 veränderte vollständig die Flugwelt. Enorme technische und operative Fortschritte wurden realisiert, die zur Entwicklung spezieller Flugzeuge – wie Jäger, Bomber und Aufklärungsflugzeuge mit fotografischer Ausrüstung – führten. Mit den militärischen Luftstreitkräften wurden sogar völlig neue militärische Formationen gebildet, die die Führung der verschiedenen Flugzeugtypen übernahmen.
Zu Beginn des Krieges handelte es sich bei den eingesetzten Flugzeugen um unbewaffnete Abwandlungen einfacher Sportmodelle. Die französische Armee verfügte über mehr als 30 Staffeln, in denen verschiedene Flugzeugtypen, wie zum Beispiel die Bleriot XI, Morane-Saulnier 14, Maurice Farman MF.7 und MF.11 sowie die Caudron G.3, aufgestellt waren. Die britischen Army Air Corps und der Royal Naval Air Service benutzten ebenfalls diese Modelle, zusammen mit staatseigenen Konstruktionen wie der Sopwith Tabloid, der Bristol Boxkites, der RAF B.E.2 und der Avro 504. Gemeinsam verfügten die Franzosen und Engländer über ca. 250 Front-Flugzeuge. Doch auch die Deutschen besaßen annähernd 250 Flugzeuge; darunter waren vor allem die Doppeldecker Aviatik B.I und B.II, die Albatros B.II sowie der Eindecker Taube LE-3. Keine der Streitkräfte hatte Pläne zum Einsatz der Flugzeuge als Kampfmittel gemacht; die ersten Offensivaktionen bestanden aus vereinzelt unternommenen Versuchen: Am 13. August 1914 warf der Oberleutnant Franz von Hiddeson von seiner „Taube“ zwei Handgranaten über Paris ab.

52 oben Mit dem Einsatz von Militärflugzeugen begannen auch die ersten schrecklichen Bombardierungen: hier auf das belgische Dorf Poperinge im Mai 1916.

52-53 Die Besatzung eines russischen Bombers führt das zu jener Zeit üblichste Visier-System vor: Ein zweites Besatzungsmitglied schätzt die Zielentfernung nach Augenmaß und wirft die Abwurfwaffen ab.

53 unten links Auch die Industrien mussten sich schnellstens an die neuen Kriegserfordernisse anpassen. In dieser Ansaldo-Fabrik wurden statische Festigkeitsproben an einer vollständigen Flügelstruktur durchgeführt.

52 unten Frühling 1916: Arbeiter in einer französischen Munitionsfabrik, die eine Reihe von Flugzeugbomben vorbereiten.

53 unten rechts Der französische Erfinder G. Fabre zeigt seinen Bomben-Mechanismus, der eine größere Präzision im Luftkampf ermöglicht.

54 oben Während des Ersten Weltkriegs wurde weiter Gebrauch von Beobachtungsballons gemacht. In diesem Bild von 1916 ist ein großer Ballon der französischen Armee zu sehen, der für den Aufstieg vorbereitet wird.

54 unten Ein weiterer Beobachtungsballon der französischen Armee wird für den Aufstieg aufgeblasen. Die Beobachter in den Ballons erfüllten eine äußerst gefährliche Aufgabe.

55 oben links Ein Beobachter im Korb eines Fesselballons (im Jargon „Bratwurst" genannt) teilt der Erde telefonisch die feindlichen Positionen mit.

Seit Beginn der ersten Kriegswochen trafen gegnerische Flugzeuge über der Front zusammen, doch viele Piloten dachten nicht einmal daran, gegeneinander ankämpfen zu müssen. Umso weniger war dies ein Wunsch der Kommandanten; aus Sicherheitsgründen war es den Piloten oft verboten, Waffen an Bord zu tragen und zu benutzen. In den ersten Begegnungen feindlicher Flugzeuge beschoss man sich aus Jagdflugzeugen mit Pistolen – ganz als trüge man Duelle zu Pferde aus.
Dem Grad der eigenen Unternehmungslust folgend, arrangierte sich anfangs jeder so gut, wie er konnte. Da waren Piloten, die sich entschlossen zeigten, geradewegs gegen das feindliche Flugzeug zu fliegen, und dabei Gefahr liefen, die eigene Maschine sowie das eigene Leben zu verlieren. Einige warfen Handbomben oder befestigten Haken am gegnerischen Flugzeug, mit denen sie versuchten, dem Gegner die Flügel abzureißen, während andere Seile herabhängen ließen in der Hoffnung, sie würden sich im Propeller der Feindflugzeuge verfangen.
Doch wie dem auch sei, die Mehrheit war sich darüber einig, dass das Problem nur mit Hilfe eines in fixer Position installierten oder schwenkbaren Maschinengewehrs gelöst werden konnte. Und damit wurde schließlich das wahre Zeitalter des Luftkampfs eingeleitet. Die ideale Gestaltung eines Jagdflugzeugs bestand in der Anbringung des Maschinengewehrs in fester Position vor dem Piloten, der so direkt auf einen Zielpunkt schießen konnte. Dafür mussten die Geschosse jedoch durch den eigenen Propellerkreis fliegen, wobei früher oder später die Kugeln mit Sicherheit die eigenen Propellerblätter absägen würden.
Eine Lösung für dieses Problem fanden die Franzosen bei Morane-Saulnier: Man brachte an der Rückseite der Propellerblätter Panzerungen an, so dass die das Blatt treffenden Kugeln daran abprallten. Dank dieser Erfindung wurde die Morane-Saulnier Typ L zum ersten wirklichen Jagdflugzeug und am 1. April 1915 wurde Roland Garros zum ersten Piloten, der mit seinem „auf Jagd" eingestellten Maschinengewehr ein feindliches Flugzeug abschoss. Die 1913 entworfene Morane-Saulnier wurde von einen 80-PS-Gnome-Umlaufmotor angetrieben, besaß eine maximale Startmasse von 680 kg und erreichte eine Höchstgeschwindigkeit von 115 km/h auf Seehöhe.
Der Weg war damit vorgegeben, und die künftigen Jagdflugzeuge – seien es Ein-, Zwei- oder Dreidecker – beruhten vorerst alle auf dieser Grundlage.

55 oben rechts Auf einem englischen Poster von 1915 werden den britischen Bürgern die Unterschiede zwischen alliierten und feindlichen Flugzeugen gezeigt; die Öffentlichkeit sollte mit den Flugmaschinen vertraut gemacht werden und somit Gefahren besser erkennen.

55 unten Ein französischer Fachmann montiert eine Aufklärungskamera auf eine zweimotorige Caudron. Der Erste Weltkrieg führte auch zur Entwicklung der Luftaufklärung.

56 links, drittes Bild 1915 erschien der französische Jäger Nieuport 11 Bébé – der erste einer erfolgreichen Flugzeugserie. Er war ausgestattet mit einem 80-PS-Motor und konnte 156 km/h erreichen.

56 links, viertes Bild Der Erste Weltkrieg zwang die kriegführenden Länder dazu, eine enorme Anzahl von Kampfflugzeugen zu produzieren. Auch deren Zerbrechlichkeit und Verletzlichkeit waren Gründe, dass die Maschinen häufig ersetzt werden mussten. Hier eine französische Nieuport-Reihe in Abwehraufstellung.

56 unten rechts Einer der gelungensten Jäger des Kriegs war die SPAD VII, die auch von der italienischen Luftwaffe eingesetzt wurde. Auf dem Foto vom Juni 1917 ist der Major Chiappirone mit seinem Flugzeug auf dem Villaverla-Flugplatz zu sehen.

Im Jahre 1915 waren die bedeutendsten Flugzeuge, die von den verschiedenen Luftstreitkräften eingesetzt wurden, die RAF (Royal Aircraft Factory) F.E.2b, die Bristol Scout D, die Fokker E.III und die Nieuport Bébé. Das bis dahin modernste Jagdflugzeug war die im Sommer 1915 eingeführte Fokker E.III. Es handelte sich dabei um einen Eindecker, der mit einem 7,92-mm-Maschinengewehr Spandau ausgerüstet war und dank eines 100-PS-Umlaufmotors Oberursel auf eine Höchstgeschwindigkeit von 140 km/h angetrieben wurde. Die Überlegenheit der E.III kam vor allem aufgrund der Anbringung eines revolutionären, mechanischen Geräts zustande: dem Synchronisierer. Dank diesem ebenfalls von Anthony Fokker entwickelten Mechanismus konnte der Propeller den Maschinengewehrabschuss steuern und jeweils beim Vorbeiziehen eines Propellerblatts das Feuer einstellen. Außerdem war der Einsitzer E.III leichter und gewandter als die schwerfälligen Zweisitzer, die noch zahlreich von den Alliierten benutzt wurden. Der Überlegenheit der Fokker war im Winter 1915/1916 so deutlich zu spüren, dass die geschlagenen, alliierten Streitkräfte ihm den Beinamen „die Fokker-Plage" gaben. Anfang 1916 befahl das Royal Flying Corps, dass jedes Aufklärungsflugzeug beim Flug über Feindgebieten von jeweils drei Jagdflugzeugen begleitet werden sollte.
Die Antwort der Alliierten auf die E.III ließ nicht lange auf sich warten und die Engländer produzierten bald darauf die RAF F.E.2b; ein zweisitziger Doppeldecker mit Druckpropeller, der über zwei Maschinengewehre und einen 160-PS-Motor verfügte; die Höchstgeschwindigkeit betrug 146 km/h. Schon im Sommer 1915 kam dagegen das erste Modell einer gelungenen Jagdflugzeugserie zum Einsatz: die französische Nieuport 11 Bébé, ein wendiger und schneller Doppeldecker (156 km/h Höchstgeschwindigkeit), der von einem 80-PS-Motor Le Rhone 9C angetrieben wurde und

56 links, erstes Bild Eine Fotografie aus dem Jahr 1916. Diese Nieuport 17 der französischen Luftwaffe verfügte über eine doppelte Bewaffnung. Bei dem Piloten handelte es sich um einen amerikanischen Freiwilligen – den Unteroffizier Lufberry.

56 links, zweites Bild Eines der berühmtesten deutschen Jagdflugzeuge war die Albatros D.V mit einem 180-PS-Motor und einer Geschwindigkeit von 187 km/h. Die Maschine, von der über 1800 Einheiten gebaut wurden, befand sich seit Sommer 1917 im Dienst.

mit zwei 7,7-mm-Maschinengewehren ausgerüstet war. Mit diesem Flugzeug fügten Guynemer, De Rose und Nungesser in der Schlacht von Verdun im Februar 1916 den Deutschen schwere Verluste zu. Kurz danach wurde eine verbesserte Version der Bébé eingeführt – die Nieuport 17. Dieses Modell war größer, robuster, schneller und besser ausgerüstet als seine Vorgänger. Die Nieuport 17 war mit einem 110-PS-Motor ausgerüstet und erreichte in 2000 Metern Höhe eine Höchstgeschwindigkeit von 177 km/h. Die Waffenausrüstung bestand aus zwei 7,7-mm-Maschinengewehren. Dieses Flugzeug wurde von vielen Meisterfliegern, u. a. Guynemer, Nungesser, Fonck, Navarre sowie den Engländern Ball und Bishop bevorzugt.

1916 hatte sich der Luftkrieg schon beträchtlich verändert und die neu eingeführten Flugzeuge waren technisch ausgefeilter und tödlicher. Die Deutschen schafften es, verlorenes Terrain zurückzuerobern; sie verdankten das zu einem beträchtlichen Teil der Einführung des Doppeldeckers Albatros D.I, der im Herbst an die Front gebracht wurde. Unmittelbar darauf folgte die D.II, deren 160-PS-Mercedes-motor D.III eine Höchstgeschwindigkeit von 175 km/h ermöglichte. Die Waffenausrüstung enthielt wieder zwei Maschinengewehre. Ein weiteres Flugzeug mit bemerkenswerten Eigenschaften war die Hansa-Brandenburg D.I, ein österreichisches Flugzeug, das mit einem 160-PS-Austro-Daimler-Motor ausgestattet war und eine Höchstgeschwindigkeit von 187 km/h erreichte. Dieses Jagdflugzeug erwies sich jedoch als ziemlich instabil und bot dem Piloten nur eine begrenzte Sicht. Außerdem war es von Beginn an Auslöser zahlreicher Unfälle, so dass ihm die Piloten den Beinamen „die Totenbahre" gaben. Im Herbst 1916 erschien schließlich auch ein neues, hervorragendes Flugzeug der Alliierten. Es handelte sich dabei um die französische SPAD VII – das wohl beste Jagdflugzeug der ersten Kriegshälfte. Man entwarf das Flugzeug um den neuen Achtzylinder-Motor „Hispano-Suiza 8 aa" mit 150 PS. Dies war der Zukunftsmotor, der bald das überholte System des Umlaufmotors ersetzten sollte. Die Flugzeugzelle war sehr aerodynamisch, wobei der Motor in eine Metallverkleidung eingeschlossen war; die Waffenausrüstung bestand aus einem Vickers-Maschinengewehr 7,7 mm. Das Jagdflugzeug flog zum ersten Mal im April 1916 und seine Leistungen erwiesen sich sofort als herausragend: eine Höchstgeschwindigkeit von 196 km/h sowie die Eigenschaft, in weniger als 15 Minuten auf 3000 Meter Flughöhe steigen zu können. Frankreich bestellte sofort 268 Exemplare des Flugzeugs auch seitens der anderen alliierten Länder hagelte es Bestellungen. Die SPAD VII wurde offiziell am 2. September 1916 in Dienst gestellt. Das Flugzeug wurde von den Piloten sehr geschätzt; unter ihnen war auch der italienische Meisterflieger Francesco Baracca, der im März 1917 zum ersten Mal den neuen Jäger flog. Am 4. April 1917 fand der Jungfernflug der verbesserten Version SPAD XIII statt. Das Flugzeug war ausgestattet mit zwei Maschinengewehren und einem 220-PS-Motor; die Höchstgeschwindigkeit betrug nun 224 km/h. Doch das neue Modell war auch größer und weniger gut manövrierbar als sein Vorgänger, so dass viele Piloten (darunter auch Baracca) die alte Version VII bevorzugten. Trotzdem war die XIII weit verbreitet, besonders unter den Luftstreitkräften Frankreichs, Großbritanniens, der Vereinigten Staaten, Bel-

57 oben Eine Aviatik B.I der deutschen Fliegerkräfte beim Abflug. Dieses Aufklärungsflugzeug aus dem Jahr 1914 besaß einen 100-PS-Motor und erreichte eine Höchstgeschwindigkeit von 100 km/h; die Besatzung bestand aus zwei Mann.

57 unten links Ein englisches RAF-Aufklärungsflugzeug vom Typ F.E.2b, fotografiert in St. Marie Chapelle, Frankreich, im Winter 1916/17. Es war ein zweisitziger Jäger mit einem 160-PS-Motor und Druckpropeller; die Maschine wurde 1915 in Dienst gestellt.

57 unten rechts Ein deutscher Eindecker Fokker E.III wird in einem Wald instandgesetzt. Es war das erste Flugzeug mit Propeller-Synchronisierer (erfunden von Anthony Fokker), einem Mechanismus, der das Schießen durch den Propellerkreis erlaubte.

giens und Italiens. Insgesamt wurden 8472 Exemplare gebaut. 1917 bestimmten weitere hervorragende und berühmte Flugzeuge das Kampfgeschehen. Darunter waren die britischen Sopwith F.1 Camel, Sopwith Triplane und RAF S.E.5, die französische Hanriot HD.1 sowie die deutschen Fokker Dr.I, Pfalz D.III, Albatros D.III und D.V. Nach dem gelungenen Flugzeug Pup entwarf die Sopwith ein neues, kleines Jagdflugzeug, das eine hervorragende Wendigkeit besaß und mit zwei synchronisierten Maschinengewehren bewaffnet war.
Innerhalb eines Jahres schossen Piloten mit der Pup 1294 feindliche Flugzeuge ab. Die F.1, die aufgrund ihrer höckerförmigen Waffenverkleidung „Camel" genannt wurde, flog das erste Mal am 22. Dezember 1916. Im Mai 1917 begann man, die Front-Geschwader mit dem Flugzeug auszurüsten. Die Camel wurde von einem 130-PS-Rotationsmotor Clerget 9B angetrieben und erreichte eine Höchstgeschwindigkeit von 185 km/h. Doch aufgrund des vom Motor erzeugten heftigen Drehmoments war das Flugzeug schwer zu steuern; einige erfahrenere Piloten konnten dagegen diese negative Eigenschaft nutzen, um das Jagdflugzeug noch manövrierfähiger werden zu lassen. Insgesamt wurden fast 5500 Camel-Exemplare gebaut und von verschiedenen alliierten Luftstreitkräften eingesetzt.
Das beste britische Jagdflugzeug war jedoch die RAF S.E.5a. Die Maschine wurde bereits im Sommer 1916 entworfen, doch aufgrund von Strukturproblemen – die auch zum Verlust eines Prototyps führten – wurde die Produktion aufgeschoben. Die S.E.5a enthielt einen Achtzylinder-V-Motor Wolseley W.4a mit 200 PS, der eine Höchstgeschwindigkeit von 222 km/h ermöglichte; das Flugzeug war außerdem sehr wendig und verfügte über zwei synchronisierte Maschinengewehre. Ab Juni 1917 wurde die S.E.5a von Spitzenpiloten wie Mannock, Bishop und McCudden geflogen und erwies sich gegenüber fast allen deutschen Jagdflugzeugen als überlegen. Zwischen Ende 1916 und 1918 wurden über 5000 Exemplare dieses Flugzeugs angefertigt.
1917 schien sich die Luftfahrttechnologie immer mehr der Dreidecker-Struktur zuzuwenden. Tatsächlich erschien im Februar selben Jahres die Sopwith Triplane an der Front – ein schnelles und wendiges Flugzeug, das sich als wirkungsvoll erwies; doch vor allem versetzte die Triplane die Deutschen in Panik, die sich eiligst daran machten, diesen – ihrer Meinung nach beträchtlichen – technischen Rückstand aufzuholen. Trotz der zweifellos guten Qualität wurden jedoch nur 144 Triplanes hergestellt und im Juli 1917 wurde das Flugzeug bereits durch die traditionellere, aber wirksamere Camel ersetzt. In der Zwischenzeit hatte die deutsche Forschung 14 Firmen angestellt. Von den daraufhin entwickelten Prototypen erlangte ein Dreidecker von Fokker schließlich die beste Beurteilung. Nach den Testflügen wurde das Modell als Dr.I sofort in Serie produziert und im August 1917 bereits in Dienst gestellt. Trotz der schwierigen Steuerung wurde die Dr.I von den Piloten aufgrund ihrer hervorragenden Wendigkeit und Steigfluggeschwindigkeit sehr geschätzt.
Unter den besonders bekannten Meisterfliegern, die dieses Flugzeug benutzten, waren Werner Voss und Manfred von Richthofen – der berühmte „Rote Baron." Bis Mai 1918 wurden 318 Exemplare der Dr. I gebaut; danach wurde das Flugzeug von der modernen Fokker D.VII abgelöst.

58-59 Der beste britische Kriegsjäger war die S.E.5a. Das Flugzeug stand seit Juni 1917 im Dienst und war mit einem 200-PS-Motor ausgestattet; die Höchstgeschwindigkeit betrug 222 km/h.

59 rechts, erstes Bild Die Sopwith Triplane war ein Versuch der Briten, ein schnelleres und wendigeres Jagdflugzeug zu konstruieren.

59 rechts, zweites Bild Die Sopwith F1 Camel wurde im Mai 1917 in Dienst gestellt. Sie war mit einem 130-PS-Motor ausgestattet und erreichte 185 km/h. Den Namen erhielt das Flugzeug aufgrund des Buckels, der durch die Maschinengewehr-Verkleidung zustande kam.

59 rechts, drittes Bild Die Fokker Dr.I – seit August 1917 im Dienst – war die deutsche Antwort auf die Sopwith Triplane. Das Flugzeug ging als bevorzugtes Flugzeug von Manfred von Richthofen, dem „Roten Baron", in die Geschichte ein.

59 unten Fotografiert während eines Kampfmanövers; die Fokker D.VII stand seit 1918 im Dienst und wurde von vielen als bestes Jagdflugzeug des Krieges angesehen. Sie erreichte 190 km/h und blieb bis in 6000 Meter Höhe leistungsstark.

Ein weiterer berühmter deutscher Jäger erschien ebenfalls im Jahr 1917, die Albatros D.III und D.V. Dieses Flugzeug wurde aus dem Modell D.II entwickelt. Die D.III besaß sechseckige Flügelflächen mit V-förmigen Stützen und war mit einem Sechszylinder-Reihenmotor Mercedes D.IIIa (176 PS) ausgestattet. Die Höchstgeschwindigkeit betrug 175 km/h. Ab Januar 1917 wurden fast alle Jagdstaffeln mit der D.III ausgerüstet, die es unter der Steuerführung von Spitzenpiloten wie von Richthofen, Voss und Udet den Deutschen ermöglichte, ihre Überlegenheit auf dem Luftkriegsschauplatz zurückzuerlangen. Im April erreichte diese Periode der deutschen Vorherrschaft ihren Höhepunkt und für die Engländer wurde der Monat aufgrund der erlittenen Verluste zum „Bloody April", dem blutigen April. Schließlich erschien im Sommer 1917 das Modell D.V, welches ausgestattet mit einem 180-PS-Motor eine Höchstgeschwindigkeit von 187 km/h erreichte; außerdem besaß das Flugzeug robustere Flügel als sein Vorgänger (der die „Angewohnheit" hatte, beim verlängerten Sturzflug die Unterflügel zu verlieren). Über 1800 D.V-Modelle wurden gebaut, das Flugzeug blieb bis Ende 1918 im Einsatz. Als sich während des letzten Kriegsjahres die Niederlage Deutschlands immer offensichtlicher abzeichnete, aber der Kriegsausgang dennoch in der Schwebe hing, begann das Land, einige seiner besten Jagdflugzeuge zu produzieren: die Fokker D.VII sowie die Siemens-Schuckert D.III/IV. Die Fokker erschien im April 1918 an der Front und war vielleicht das beste Jagdflugzeug, das im gesamten Krieg zum Einsatz kam. Anfang 1918 gewann das Flugzeug einen vom Kriegsministerium ausgerufenen Wettbewerb zur Entwicklung eines neuen Jägers; auch von Richthofen zeigte sich von der neuen Fokker beeindruckt. Die D.VII besaß die herkömmliche Außenform eines Doppeldeckers, verfügte über den 160-PS-Mercedes-Motor D.III und flog eine Höchstgeschwindigkeit von 190 km/h in 1000 Metern Flughöhe. Das Kriegsministerium bestellte sofort 400 Exemplare, mit denen die besten Jagdstaffeln – als erstes das Richthofen-Geschwader – ausgestattet wurden. Die Piloten waren von den Eigenschaften der D.VII beeindruckt, besonders von der Steigfluggeschwindigkeit sowie den Höhenflugleistungen. Im August 1918 kam das Modell F zum Einsatz; das Flugzeug war mit einem 185-PS-BMW-IIIa-Motor ausgestattet, der als Höhenmotor beste Leistungen in bis zu 6000 Metern Höhe erbrachte. Man vergleiche: Die Fokker D.VII stieg auf 5000 Meter in 38 Minuten, während die D.VII.F für dieselbe Höhe nur 14 Minuten brauchte. Vor dem Waffenstillstand wurden ungefähr 1000 Exemplare des Modells F hergestellt. Ein weiteres, bemerkenswertes Jagdflugzeug war die Siemens-Schuckert. Das Modell D.III besaß einen 160-PS-Motor; die Höchstgeschwindigkeit betrug 180 km/h.

Gegen Ende des Ersten Weltkriegs hatte sich die Luftfahrt-Technologie bereits enorm fortentwickelt. Alle Flugzeuge waren nun mit Reihen- statt mit Rotationsmotoren ausgestattet und auch die Flugleistungen waren ständig angestiegen: Die italienische Ansaldo A.1 Balilla von 1918 konnte sich mit ihrem 220-PS-Motor einer Höchstgeschwindigkeit von 220 km/h rühmen, während die britische Martinsyde F.4 Buzzard desselben Jahres einen Hispano-Suiza-8F-Motor mit 300 PS besaß und eine Höchstgeschwindigkeit von 215 km/h erreichte. Ebenfalls 1918 wurde auch die Junkers D.I eingeführt, das erste vollständig aus Metall gebaute Eindecker-Jagdflugzeug.
Auch bei den Entwürfen von Bombenflugzeugen wurden riesige Fortschritte gemacht. Zu Beginn des Krieges im Jahr 1915 wurde diese Kategorie von Flugzeugen wie der Caudron G.4 (zwei 80-PS-Motoren, 132 km/h und 113 kg Bomben), der Farman F.40 (ein 160-PS-Motor, 135 km/h sowie 50 kg Bomben) und der Caproni Ca.32 (drei 100 PS-Motoren, 116 km/h und 350 kg Bomben) vertreten. Im Laufe der Jahre erschienen immer größere und leistungsstärkere Flugzeuge. Gegen Kriegsende trugen die Bomber bereits eine beeindruckende Waffenlast: die Vickers Vimy (zwei 360-PS-Motoren, 165 km/h und 2180 kg Bomben) und die Handley Page V/1500 (vier 375-PS-Motoren, 145 km/h sowie 3390 kg Bomben).
Der Erste Weltkrieg steigerte nicht nur die Faszination, die das Flugzeug ausübte, und schuf Legenden über Maschinen und Piloten; vor allem anderen förderte er in großem Ausmaß die Entwicklung und Verbreitung der Luftfahrttechnologie. Innerhalb der fünf Kriegsjahre produzierte Deutschland insgesamt 48 537 Flugzeuge, Großbritannien baute 58 144 und Frankreich nicht weniger als 67 987. Italien, die Vereinigten Staaten, Russland und Österreich bauten insgesamt noch weitere 45 000 Exemplare. Die Luftstreitkräfte hatten sich während des Krieges in beachtlicher Weise vergrößert: 1914 besaß Frankreich etwa 138 Flugzeuge in der vordersten Linie, 1918 waren es bereits 4511. Großbritanniens Anzahl wuchs von 113 auf 3300 und Italiens von 150 auf 1200 Stück.
Die Größe und Wichtigkeit der neuen Kampfmaschine brachten Großbritannien sogar dazu, eine dritte bewaffnete Streitkraft zu formen: die Royal Air Force, in welche im Jahre 1918 Maschinen und Männer der Armee und Marine aufgenommen wurden. Auch andere Staaten sollten bald diesem Beispiel folgen. Alle Flugzeugtypen waren bereits viel zuverlässiger, robuster und kontrollierbarer geworden als vier Jahre zuvor. Dank der technologischen Fortschritte sowie des Überschusses an Maschinen, Motoren und Piloten sollte sich das Flugzeug in der Nachkriegszeit auch als ziviles Transportmittel bewähren. Am Ende des Kriegs wurde die Weiterentwicklung der Luftfahrt auch durch den Durst nach Abenteuer und Ruhm seitens der Piloten und Konstrukteure gefördert; es war der nämliche Ehrgeiz, der sich nach dem Krieg auf den Bereich der Rekorde, Wettbewerbe und großen Flugunternehmungen richten sollte.

61 Mitte Auch Frankreich produzierte einige Bomber-Typen. Auf der Fotografie eine Caudron G.4 aus dem Jahr 1915. Die Maschine verfügte über zwei 80- bzw. 100-PS-Motoren und konnte 113 kg Bomben tragen.

61 unten Die Vickers Vimy war ein weiterer erfolgreicher Bomber der britischen Luftwaffe. Das Flugzeug wurde 1918 eingeführt, war mit zwei 360-PS-Motoren von Rolls-Royce ausgestattet und trug bis zu 2180 kg Bombenlast. Wie die Handley Page V/1500 wurde auch diese Maschine in der Nachkriegszeit zivil genutzt.

60 Der britische Bomber Handley Page V/1500 erschien 1918 auf der Bildfläche und war für jene Zeit ein hervorragendes Flugzeug. Die Maschine wurde von vier 375-PS-Motoren angetrieben, besaß eine maximale Startmasse von über 13 Tonnen und war für sechs Stunden flugfähig. Die Waffenlast betrug bis zu 3390 kg Bomben.

61 oben Eine Caproni Ca.3 der italienischen Luftwaffe während eines Flugs 1915. Dieser Doppeldecker-Bomber mit drei 150-PS-Motoren von Isotta Fraschini konnte bis zu 1500 kg Bomben laden. Es war eine erfolgreiche Maschine, die auch in Frankreich in Lizenz gebaut wurde.

Die Ritter der Lüfte

Während der Erste Weltkrieg Blut, Leiden und Tod für Millionen von Menschen bedeutete, die zu einer Art anonymem Schicksal im Schlamm der Schützengraben verurteilt waren, wurde der neue Luftkrieg – wo Mut, Stolz und Heldentum mittelalterlicher Ritter erneut zum Leben erweckt wurden – bald von der begeisterten Masse verherrlicht. Die Kampfpiloten erlangten einzigartigen Ruhm und genossen große Bewunderung. Oft wurden sie von den hohen Befehlshabern benutzt, um eine gute Stimmung unter der Bevölkerung aufrecht erhalten zu können. Doch auch die Piloten selber taten ihr Bestes, um die Legenden zu nähren, indem sie oft außerhalb der Kampfarena ein kühnes, überhebliches und dreistes Verhalten an den Tag legten. Sie wurden von Ehrungen überschüttet, wie es seit Jahrhunderten in solchem Ausmaß nicht gesehen wurde – sowohl zu ihren Lebzeiten als auch nach ihrem Tod. Trotz der Härte der Luftkämpfe war es im Vergleich zum Landkrieg eine andere Kampfart, bei der für die Piloten die Regeln des Rittertums und des gegenseitigen Respekts galten.

Die besten Piloten wurden als „Asse" berühmt – ein Titel, mit dem man ursprünglich jemanden mit herausragendem Können benannte, doch dann auf jene angewandt wurde, die sich damit rühmen konnten, fünf oder mehr Feindflugzeuge abgeschossen zu haben. Der Berühmteste darunter war zweifellos Manfred von Richthofen – der legendäre „Rote Baron", so genannt wegen der Farbe, mit der er seine Flugzeuge anstrich. Bevor er von australischer Flak am 9. April 1918 getötet wurde, erreichte von Richthofen einen unübertroffenen Rekord von 80 Siegen.

Es folgt eine in Nationen aufgeteilte Liste der führenden Asse des Ersten Weltkriegs mit der Anzahl der jeweils abgeschossenen Feindflugzeuge:

Deutschland: M. von Richthofen (80), E. Udet (62), E. Loewenhardt (53), W. Voss (48), F. Rumey (45), O. Boelcke (40).

Österreich-Ungarn: G. Brumowski (40), J. Arigi (32), F. Linke-Crawford (30).

Belgien: W. Coppens (37).

Vereinigte Staaten: E. Rickenbacker (26), W. Lambert (22), F. Gillette (20).

Frankreich: R. Fonck (75), G. Guynemer (54), C. Nungesser (45), G. Madon (41).

Großbritannien: E. Mannock (73), W. A. Bishop (72), R. Collishaw (60), J. T. B. McCudden (57).

Italien: F. Baracca (34), S. Scaroni (26), P. R. Piccio (24), F. T. Baracchini (21),

Russland: A. A. Kazakow (17).

63 oben links Das deutsche Fliegerass Manfred von Richthofen. Aufgrund der Farbe, mit der er seine Flugzeuge anstrich, war er besser bekannt als der „Rote Baron". Er kommandierte die Jagdstaffel 11 (Jasta 11) und das erste deutsche Jagdgeschwader. Am 9. April 1918 wurde er hinter den englischen Kampflinien getötet.

62 oben Der Major Francesco Baracca war Italiens erfolgreichstes Fliegerass. Er schoss 34 feindliche Flugzeuge ab, bevor er selbst von gegnerischem Feuer getötet wurde. Sein Wappen – ein auf den Hinterbeinen stehendes Pferd – wurde auf einige italienische Jäger-Geschwader übertragen; Baraccas Mutter schenkte es außerdem dem Autohersteller Enzo Ferrari. Auf dem Foto posiert Baracca neben einem erbeuteten, feindlichen Flugzeug.

62-63 unten Das zweite Ass der französischen Luftwaffe war Georges Guynemer; er schoss 54 feindliche Flugzeuge ab, bevor er selber zum Opfer wurde.

63 oben rechts Bei dem berühmten Flug des Serenissima-Geschwaders am 9. August 1918 über Wien wurden Bomben und Flugblätter abgeworfen. Auf der Fotografie sind der General Bongiovanni und der Major Gabriele D'Annunzio zusammen mit weiteren Piloten zu sehen, die an dem Luftangriff beteiligt waren.

63 Mitte Die Beerdigung von Richthofens in Berlin 1925. Sieben Jahre lagen seine sterblichen Überreste auf einem französischen Friedhof.

63 unten rechts Albert Ball war eines der berühmtesten britischen Fliegerasse. Er starb im Kampf, nachdem er sein 43. Opfer abgeschossen hatte.

Kapitel 5

Die Geburt der Zivilluftfahrt

Bis zum Ersten Weltkrieg wurde das Flugzeug in der allgemeinen Vorstellung als ein Mittel sportlicher Kühnheit sowie als Waffe furchtloser Krieger angesehen; in beiden Fällen jedoch ein Elite-Vehikel, das nur wenigen Mutigen vorbehalten war.

Der Erste Weltkrieg hatte die Situation jedoch radikal verändert – wenn schon noch nicht im allgemeinen Bewusstsein, so doch wenigstens hinsichtlich der Zahlen und Fakten: 1918 gab es bereits Tausende von ausgezeichneten, erfahrenen Piloten und auch Tausende von Flugzeugen, die als Restbestände aus dem Krieg zu Niedrigpreisen verkauft wurden. Die Luftfahrt hatte sich verbreitet, und man begann, auch ihr ziviles Potenzial zu schätzen. Die Geburt und Ausdehnung der zivilen Luftfahrt fand nicht durch Zufall im Europa der Nachkriegszeit statt: Der Krieg hatte viele Bahnverbindungen zerstört und Transportstrecken, welche die Seeüberfahrt mit einschlossen (wie zum Beispiel die viel benutzte Verbindung London–Paris) waren am Boden zu langsam und zu umständlich. In Amerika dagegen war das Eisenbahnnetz hervorragend ausgebaut und nicht zerstört, so dass die Bahn deshalb – und aufgrund der damaligen Flugzeugeigenschaften – bevorzugt wurde.

Um 1919 konnte man in Frankreich, Großbritannien und Deutschland im Verlauf weniger Monate die Entstehung der ersten zivilen Fluggesellschaften beobachten. Die erste reguläre Verkehrsverbindung wurde in Deutschland eingeführt: Mit den Zeppelin-Luftschiffen zwischen der Haupstadt Berlin und Weimar. Bald darauf folgten die Strecken Paris–Brüssel sowie Paris–London, die von französischen und englischen Gesellschaften unter dem Einsatz von Flugzeugen eröffnet wurden.

64 oben links In der Nachkriegszeit entstanden viele Verkehrsluftfahrt-Projekte, wie z. B. das für seine Zeit hochentwickelte Wasserflugzeug Caproni Ca.60 Transaereo. Trotz der acht 400-PS-Motoren war dieses riesige Flugschiff zu schwer, um fliegen zu können, und wurde während der Erstfluges zerstört.

64 unten links *Eine große Menschenmenge drängt sich um den Doppeldecker De Havilland DH.86 während der Eröffnung des Londoner Flughafens Gatwick durch den britischen Luftfahrt-Minister.*

64 rechts *Zwei Werbeplakate der holländischen Luftfahrtgesellschaft KLM (Royal Dutch Air Service).*

65 links *Ein großartiges Poster, das für den „Pfeil des Ostens"-Dienst der Air France wirbt.*

65 oben rechts *Eine zweimotorige Bloch 220 der Air France bei einem Flug über Frankreich. Die Fluggesellschaft wurde 1933 aus einer Fusion von Aèropostale, Farman und Air Orient gebildet.*

65 unten rechts *Die spartanische Innenausstattung der Kabine der Caproni Ca.60 Transaereo, die für die Aufnahme von 100 Passagieren entworfen wurde.*

Die ersten britischen Fluggesellschaften waren Aircraft Transport, Handley Page Transport, Instane Air Line und Daimler Airway. Es folgten die 1919 in Holland gegründete KLM, in Belgien die SNETA, in Frankreich die Farman, Latécoère und Aéropostale sowie in Deutschland schließlich die Junkers und die Deutsche Aero Lloyd. Im Laufe der Jahre verschwanden viele Gesellschaften wieder oder fusionierten aufgrund der Marktverhältnisse und wegen übergeordneter Regierungsinteressen. 1924 wurden die englischen Gesellschaften in der Imperial Airways vereinigt, die direkte Unterstützung von der Regierung erhielt und unter anderem damit beauftragt wurde, die Verbindungen mit den Kolonien aufrechtzuerhalten. Zwei Jahre später wurden auch alle deutschen Fluggesellschaften auf Beschluss der Regierung in einem einzigen Unternehmen vereinigt: der Deutschen Luft Hansa Aktiengesellschaft, besser bekannt als Lufthansa. 1933 entstand aus einer Fusion von Aéropostale, Farman und Air Orient die Air France.

Weitere Gesellschaften formten sich in ganz Europa: Det Danske Luftfartselskab in Dänemark, die Linee Aeree in Italien, die Sabena in Belgien, usw.

Über die einzelnen Geschäftsinteressen, die Marktsituation und deren Entwicklungspotenzial hinaus war das Grundelement und gleichzeitig die Hauptschwierigkeit der neuen Zivilluftfahrt das Flugzeug selbst: In der unmittelbaren Nachkriegszeit gab es noch keine Passagierflugzeuge, die speziell für den zivilen Luftverkehr entworfen und gebaut wurden.

66 links Auf der Anzeigetafel der SAS-Gesellschaft in Bodo, Norwegen, sind die Flugzeiten für verschiedene Ziele vermerkt. Mit dem Flugzeug begann die Welt kleiner zu werden.

66 oben rechts Ein „Luft-Diener" der deutschen Fluggesellschaft Lufthansa hilft einem Passagier an Bord der Fokker F.II. Dieses Passagierflugzeug wurde 1926 in den Dienst der gerade gegründeten Lufthansa gestellt.

66 unten rechts Die luxuriöse Passagierkabine im viermotorigen Langstreckenflugzeug Handley Page HP.42. Die Maschine wurde ab 1930 von der britischen Imperial Airways eingesetzt.

67 oben links 1928. Passagiere steigen aus der Junkers G.24 der Lufthansa auf dem Flughafen Berlin-Tempelhof aus. Ein Zubringerdienst begleitete die Reisenden bis zur Stadtmitte.

67 Mitte links Ein Werbeplakat für das Flug-Turnier in Köln 1927, an dem nur Zivilflugzeuge teilnehmen durften.

67 unten links Die Lufthansa war die erste Fluggesellschaft der Welt, die Speisen und Getränke an Bord servierte. Auf dieser Fotografie von 1928 bedient ein Steward Reisende in der Passagierkabine der dreimotorigen Junkers G.31.

67 rechts Mit dem Erscheinen neuer und größerer Flugzeuge stieg auch der Service an Bord der Maschinen. Diese Fokker F.XXXVI war mit Liegewagenkabinen ausgestattet – die holländische Gesellschaft KLM hatte diese Einrichtung für die Nachtflüge (1935) vorgesehen.

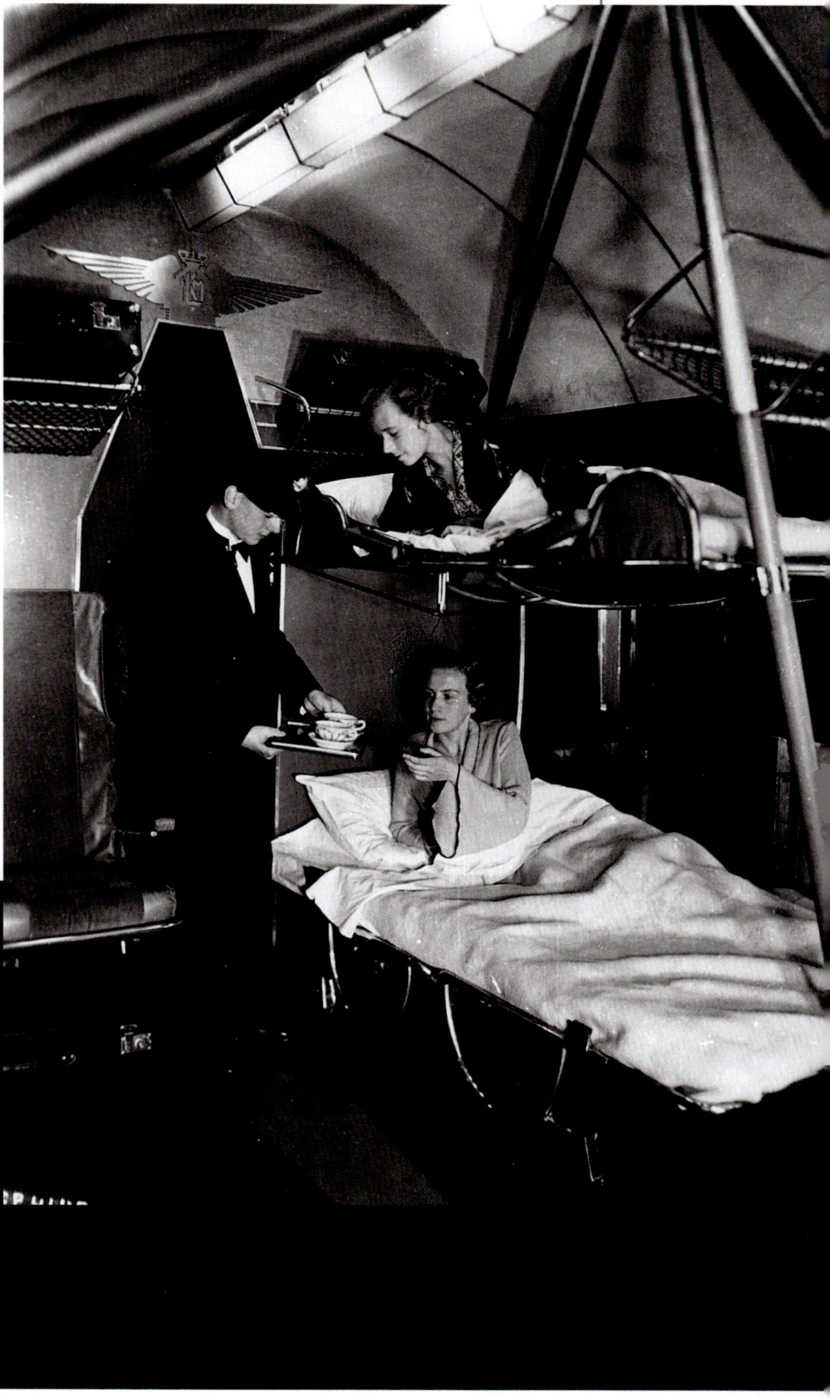

Die ersten Linienflugzeuge waren tatsächlich grob modifizierte, mehrmotorige Bomber oder zwei- oder dreisitzige einmotorige Maschinen; dabei mussten alle Unbequemlichkeiten, die diese beiden Flugzeugtypen enthielten, in Kauf genommen werden: Lärm, Vibrationen, Stöße und eisige Temperaturen. Unter den am meisten benutzten Flugzeugen in dieser Epoche waren die Vickers Vimy, die Farman F.60, die Airco D.H.4, die Breguet Br.14 sowie die Bomber Handley Page, O/10 und O/11, die aus der Militärversion O/400 hervorgingen. Die Vickers FB.27 Vimy – nach einer Schlacht des Ersten Weltkriegs benannt – startete am 30. November 1917 zum Erstflug. Bei diesem Flugzeug handelte es sich um einen Doppeldecker, bei dem die beiden Motorblöcke der 203-PS-Motoren von Hispano-Suiza jeweils zwischen den beiden Flügeln montiert waren. Das Flugzeug war bereits früher bestellt worden, um das Royal Flying Corps mit neuen schweren Bombern auszurüsten. Die Vimy besaß ein Doppelleitwerk und ein Vierrad-Fahrwerk, das mit Außenkufen versehen war. Die Besatzung bestand aus drei Mann, als Waffenlast konnten zwölf 50-kg-Bomben mitgeführt werden. Die Entwicklung des Flugzeugs ging ziemlich mühselig voran und der zweite und dritte Prototyp gingen bei Unfällen verloren. Bei Kriegsende im November 1918 hatte die Royal Air Force erst drei Serienflugzeuge erhalten. Die übrigen 232 Vimy wurden erst nach Kriegsende gebaut und geliefert. Das Flugzeug blieb bis 1933 im Einsatz, als das letzte Exemplar in Ägypten schließlich ausgemustert wurde. Die maximale Startmasse betrug mehr als fünf Tonnen und die Höchstgeschwindigkeit lag bei ca. 160 km/h. Die Forderungen der Zivilluftfahrt veranlassten Vickers schließlich, eine entsprechende Zivilversion der Vimy zu produzieren. Das neue Modell wurde „Vimy Commercial" genannt und flog erstmals am 13. April 1919. Es besaß einen größeren Rumpf, der bis zu zehn Personen in komfortablen Korbsitzen aufnehmen konnte. Hinter der Kabine gab es ein Gepäckabteil, in dem bis zu 1134 kg Zuladung untergebracht werden konnte. Auf den ersten Prototyp – eingetragen als G-EAAV – folgten unmittelbar drei Serienexemplare, die mit dem 456-PS-Motor von Napier Lion bzw. dem 406-PS-Lorraine Dietrich ausgestattet waren. Eine der Vimy Commercials wurde von der französischen Gesellschaft Grands Express Aériens erworben, während die anderen beiden Exemplare an die englische Instone und später an die Imperial Airways gingen. Vierzig dieser Flugzeuge wurden für China gebaut, doch nicht alle wurden geflogen. Insgesamt baute Vickers 336 Flugzeuge der Serie Vimy.

Die französische Farman F.60, genannt Goliath, war das bedeutendste Transportflugzeug der frühen Nachkriegszeit. Auch dieses Flugzeug wurde ursprünglich als Bomber entworfen, doch der Krieg endete, bevor die ersten Prototypen fertig gestellt werden konnten. Mit bemerkenswerter Weitsicht machte sich die Gesellschaft sofort daran, die Bomber in

68 oben In der Nachkriegszeit wurde der britische Bomber Vickers Vimy für Zivilflüge eingesetzt. Das für diesen Zweck eingeführte Modell Commercial – hier auf dem Foto – verfügte über eine geschlossene Passagierkabine.

Passagierflugzeuge zu transformieren: Der originale Rumpf wurde durch einen neuen ersetzt, in welchem durch den Einbau von Kabinen in der Nase und im Hauptteil insgesamt zwölf Passagiere Platz fanden. Der Jungfernflug des ersten Exemplars fand im Januar 1919 statt. Gleichzeitig wurden auch die Entwürfe der Militärversion weiterentwickelt, so dass die fertigen Exemplare ab 1922 schließlich in Dienst gestellt werden konnten. Die Zivilversion F.60 startete am 29. März 1920 mit der Compagnie des Grands Express Aériens auf der Strecke Paris–London zu ihrem ersten Linienflug. Kurze Zeit später wurde von Farman die Strecke Paris–Brüssel eröffnet und 1921 bis Amsterdam und Berlin ausgeweitet. Die Goliath wurde bald von verschiedenen Fluggesellschaften in Frankreich, Rumänien, Belgien und der Tschechoslowakei (wo sie auch in Lizenz gebaut wurde) erworben. Es wurden über 60 Goliaths in der Zivilversion hergestellt. Zu den Charakteristiken dieser Ausführung gehörten das Doppeldecker- und Zweimotorensystem, das Räderfahrgestell sowie das kreuzförmige Leitwerk am Heck. Die beiden 260-PS-Sternmotoren vom Typ Salmson C.M.9 brachten das Flugzeug auf eine Höchstgeschwindigkeit von 140 km/h; die Reichweite betrug 400 km. Die F.60 besaß eine Flügelspannweite von 26,5 Metern, eine Länge von 14,33 Metern sowie eine maximale Startmasse von 4770 kg.

69 links Herstellungstechniken im Flugzeugbau nach dem Ersten Weltkrieg, der die Massenproduktion von Flugzeugen enorm angetrieben hatte. Die Fotografien wurden in der Farman-Fabrik in Billancourt gemacht und zeigen die verschiedenen Phasen der Flugzeugherstellung – von der Montage und Verkleidung der Flügel bis zum Zusammenbau größerer Komponenten am Flugzeug.

69 rechts Innenraum einer Passagierkabine des Doppeldeckers Farman. Die Korbsitze sind kurioserweise vom Fenster abgewandt angeordnet und orientieren sich zum Gang hin.

68 unten Auch die französische Gesellschaft Farman passte ihre Produktion an die neuen Erfordernisse der Zivilluftfahrt an. Diese beiden Passagierflugzeugversionen der Farman F.60 Goliath standen ab 1919 im Dienst.

Die Airco DH.4 – entworfen von Geoffrey De Havilland – war ein übrig gebliebenes Aufklärungs- und Bombenflugzeug, das 1916 eingeführt worden war. Es handelte sich um einen großen zweisitzigen Doppeldecker, der anfangs mit einem 200-PS-Motor ausgestattet war. Die Besatzung bestand aus dem Piloten und einem Maschinengewehrschützen. Die DH.4 erreichte eine Höchstgeschwindigkeit von 160 km/h in 4570 Metern Flughöhe und konnte mit einer Bombenlast von über 300 kg beladen werden. Das Flugzeug bewies sofort bemerkenswerte Flugeigenschaften und konnte sogar ohne ein Geleit von Jagdflugzeugen operieren. Während des Kriegs wurden 1450 Exemplare hergestellt. Auf der Grundlage der Militärversion DH.4 wurden nach dem Kriegsende zahlreiche Zivilflugzeuge entwickelt. Aircraft Transport benutzte die DH.4 bis 1919 für die ersten Linienverbindungen mit dem europäischen Kontinent; später wurde von derselben Fluggesellschaft auch die DH.4a eingesetzt, eine Version mit geschlossener Kabine für zwei Passagiere. Auch Handley Page, SNETA und Instone flogen die DH.4. Die besten Exemplare davon waren mit einem 380-PS-Motor Eagle VIII bestückt und erreichten eine Höchstgeschwindigkeit von 230 km/h; die maximale Startmasse betrug über 1800 kg. Die größte Anzahl dieser Flugzeuge war jedoch mit den billigeren und üblicheren 203-PS-Zwölfzylindermotoren RAF 3A ausgestattet, die viel niedrigere Leistungen erbrachten.

Ein besonders bekanntes Flugzeug jener Zeit war die deutsche Junkers F 13 – der erste für den Zivilgebrauch konstruierte Ganzmetall-Eindecker. Das Flugzeug ging aus dem Modell J 10 (eingesetzt für taktische Luftunterstützung) hervor und flog zum ersten Mal am 25. Juni 1919 mit einem Mercedes D.IIIa 160-PS-Motor. Diese Erstversion besaß eine geschlossene Kabine für vier Passagiere sowie ein offenes Front-Cockpit, in dem die beiden Piloten Platz fanden. Später veränderte man den Rumpf, um die Besatzung in einem geschlossenen Cockpit aufnehmen zu können. Der Mercedes-Motor wurde erst gegen den 185-PS starken BMW IIIa ausgetauscht, später dann gegen den 210 PS starken Junkers L-5. Das kleine Flugzeug (die Länge betrug 9,6 Meter, die Spannweite 17,7 Meter und das Höchstgewicht 2000 kg) wurde ein für die damalige Zeit beachtlicher Verkaufserfolg: Annähernd 350 Exemplare wurden gebaut und die Produktion endete erst 1932. Es gab außerdem über 60 Varianten mit einem Fahrgestell aus Rädern, mit Kufen oder Schwimmern. Junkers leitete von der F 13 außerdem erfolgreich die zwei Transportflugzeuge W 33 und W 34 ab, die im Jahre 1926 zum ersten Mal geflogen wurden. Von der Struktur her ähnelten die neuen Maschinen sehr der F 13 und wurden auf derselben Montagelinie gebaut. Die Hauptunterschiede lagen in der vergrößerten Flügelspannweite (18,4 Meter) sowie der maximalen Startmasse, die auf 3200 kg erhöht war. Die W 33 wurde vom 314-PS-Motor Junkers L-5 angetrieben, während die W 34 anfangs mit einem 425 PS starken Gnome-Rhone Jupiter VI ausgestattet war. Später führte man einen längeren und

71 oben Personal der Lufthansa, das für die Instandhaltung und Reinigung der Flugzeuge zuständig war – hier bei einer Junkers F13. Auffällig ist die Wellblechbeplankung des Rumpfes; dadurch war das Flugzeug insgesamt robuster.

71 Mitte Ein britischer Doppeldecker des Typs Airco DH.4 während des Fluges. Die geschlossene Passagierkabine befand sich vor dem Piloten; das Cockpit war offen.

71 unten Eine KLM Fokker F.VII auf einem holländischen Flugplatz. Dieses Flugzeug wurde 1924 konstruiert und konnte bis zu zehn Passagiere aufnehmen. Die Leistung der 355-PS-Motoren wurde auf 530 PS erhöht.

schlankeren Rumpf ein, so dass die Gesamtlänge 10,3 Meter erreichte. Während die W 34 als Passagierflugzeug eingesetzt wurde, benutzte man die W 33 im Allgemeinen für den Fracht- oder Posttransport, auch wenn der Einbau von sechs Passagiersitzen möglich gewesen wäre.
Insgesamt wurden 1990 Exemplare dieser Flugzeugfamilie (eingeschlossen der Militärversion K43) gebaut.
Eine weitere bekannte deutsche Firma, die erfolgreich von der Militär- zur Zivilkonstruktion wechselte, war Fokker (gegründet von dem Holländer Anthony Fokker). 1924 realisierte die Firma das Modell F VII, einen Eindecker, der als freitragender Hochdecker ausgelegt war. Der Rumpf wurde in Metallrohr-Struktur gebaut und mit einem 364-PS-Reihenmotor Rolls-Royce Eagle ausgestattet. Nachdem fünf Exemplare dieses Modells gebaut worden waren, wechselte die Fokker im März 1925 zur Version F VIIA. Bei ihr wurde die Zelle des vorhergehenden Modells beibehalten, jedoch in vielen Details verbessert. Die F VIIA wurde von verschiedenen Stern-Motortypen angetrieben, bei denen die Leistungen von 355 bis 530 PS reichten. Die Spannweite betrug 21,7 Meter, die Länge 14,5 Meter und die maximale Startmasse

70-71 Eine Wasserflugzeugversion der Junkers F-13. Das kleine Flugzeug wurde 1919 entworfen, um die besonderen Erfordernisse des Zivilluftfahrt zu befriedigen. In der Maschine konnten nur vier Passagiere befördert werden.

70 unten Die konventionelle Junkers F-13 während eines Flugs in Afrika. Die Maschine – der erste Ganzmetall-Eindecker – wurde ein großer kommerzieller Erfolg; sie wurde in 350 Exemplaren hergestellt.

5300 kg. Das Flugzeug konnte eine Last von zehn Passagieren (oder ca. 1000 kg Fracht) aufnehmen und erreichte eine Höchstgeschwindigkeit von 210 km/h. Um den Zuverlässigkeitswettbewerb von Ford gewinnen zu können, transformierte Fokker eine seiner F VIIA in ein dreimotoriges Flugzeug mit 243-PS-Whirlwind- Triebwerken. Diese Version hatte besonders viel Erfolg und wurde schließlich als F VII-3m in Serie produziert. In den 1930er-Jahren war das Flugzeug zusammen mit dem Modell F VIIB-3m (mit vergrößerten Tragflächen) bei den europäischen und amerikanischen Fluggesellschaften stark verbreitet. Fokker produzierte insgesamt 74 Exemplare beider Flugzeugmodelle; zahlreiche weitere Exemplare wurden in

72 oben *Die Handley Page H.P.42 war das größte Landflugzeug der 1930er-Jahre; acht Exemplare wurden für die britische Imperial Airways gebaut. Trotz des veralteten Aussehens war die Maschine eine Ganzmetallkonstruktion und flog zum ersten Mal im Jahr 1930.*

72 Mitte links *Zwei einmotorige Hamilton-Eindecker in den Vereinigten Staaten Ende der 1920er-Jahre. Auch diese Transportflugzeuge entstanden in Ganzmetallbauweise.*

72 Mitte rechts *Werbung für einen Luftwettkampf in Miami – wahrscheinlich in den Dreißigerjahren.*

72 unten *Eine TWA Douglas DC-3 über Manhattan im Jahr 1935. Zu jener Zeit war der Passagiertransport in den USA dank der berühmten, zweimotorigen Douglas bereits gut entwickelt .*

Lizenz in Belgien, Großbritannien, Italien und Polen gebaut.
In der Zwischenzeit begann sich die Zivilluftfahrt auch in Amerika immer mehr zu verbreiten. Das war vor allem der von der Regierung finanzierten Privatisierung des Luftpostverkehrs zu verdanken – dadurch wurde den ersten Fluggesellschaften unter die Arme gegriffen. Aufgrund dieser 1925 im Kelly Act manifestierten Maßnahmen entwickelte sich der amerikanische Lufttransport, innerhalb kurzer Zeit sollten die USA Europa auf diesem Gebiet überholt haben.
Das erste amerikanische Lufttransportunternehmen der Nachkriegszeit war die Aeromarine West Indies Airways, die 1920 gegründet wurde, jedoch aus finanziellen Schwierigkeiten ihre Tätigkeit bereits 1923 einstellte. Nach 1925 bildeten sich dagegen zahlreiche Gesellschaften; sie konkurrierten hauptsächlich um die Postlinien, die bequem mit dem Passagiertransport verbunden werden konnten. Zwischen 1925 und 1926 wurden unter anderem die Gesellschaften Stout

73 oben Zwei Werbeplakate – ein englisches und ein amerikanisches – informieren über den wachsenden Luftverkehr in den 1920er- und 1930er-Jahren.

73 unten Auf dieser Fotografie von 1930 ist die erste Gruppe von Stewardessen zu sehen. Die Damen arbeiteten für die amerikanische Fluggesellschaft United Airlines.

Air Services, Florida Airways, Western Air Express und Pacific Air Transport gegründet. Auch Henry Ford, der gefeierte Automobilhersteller, wollte sich in den Bereich der Luftfahrt wagen. Er gründete die Ford Air Transport Services und entwickelte ein modernes Transportflugzeug: die Ford Tri-Motor. Die Maschine sollte bald den amerikanischen Himmel beherrschen und wurde zur Legende. Die Ursprünge der Tri-Motors gingen auf ein Projekt des Jahres 1922 zurück: die Stout 2-AT Pullman, einen Schulterdecker mit acht Sitzen, der von einem einzigen Liberty 406-PS-Motor angetrieben wurde. Auf Anfrage Fords entwickelte Stout 1926 aus jenem Modell die 3-AT, doch das Projekt hatte keinen Erfolg und führte zur Entlassung Stouts. Im selben Jahr erschien jedoch noch die 4-AT, ein dreimotoriger Ganzmetall-Hochdecker mit Wellblechbeplankung, der mit acht Passagiersitzen ausgestattet war. Das Flugzeug ähnelte der 4-AT und startete am 11. Juni zu seinem Jungfernflug. Der erste und wichtigste Kunde der 4-AT war die Maddux Air Lines aus Los Angeles, die 16 Exemplare erwarb. 1928 wurde das Modell 5-AT eingeführt, das größer und robuster war sowie ein breiteres Flügelprofil besaß. 17 Passagierplätze waren in dem Modell eingebaut. Die Flügelspannweite betrug 23,7 Meter, die Länge 15,3 Meter und die maximale Startmasse erreichte bis zu 6125 kg. Ausgestattet mit drei 425-PS-Motoren vom Typ Pratt & Whitney Wasp SC-1, konnte die 5-AT bis zu 230 km/h schnell fliegen. Die Reichweite betrug über 880 km. Zwischen 1929 und 1931 wurden 117 Exemplare der 5-AT hergestellt. Dagegen wurden 198 Ford Tri-Motors in 30 Versionen an zahlreiche Fluggesellschaften verkauft, wie die American British Columbia, Curtiss Flying Service Eastern, Northwest und Transcontinental. Die Militärversion wurde außer von den amerikanischen Streitkräften auch in Australien, Kanada, Kolumbien und Spanien eingesetzt. Das Flugzeug erwies sich als sehr robust und zuverlässig und einige Exemplare wurden noch in den 1980er-Jahren für Touristenflüge eingesetzt.

74 oben Eine der ersten Ford Tri-Motors. Die Maschine flog zum ersten Mal im Juni 1926 und war eine Weiterentwicklung der wenig erfolgreichen, einmotorigen 3-AT.

74 Mitte Die Passagierkabine einer Ford Tri-Motors 4-AT, die neben den zwei Piloten bis zu zwölf Reisende aufnehmen konnte.

74 unten Die Ford/Stout 2-AT Pullman von 1922 war das erste Modell der Flugzeugserie, die zur erfolgreichenTri-Motor 5-AT aus dem Jahr 1928 führte. Die Maschine konnte 17 Passagiere befördern.

75 oben Eine dreimotorige Fokker F.VII mit französischer Kennzeichnung kurz nach der Landung auf einem europäischen Flughafen. Die F.VII war die Hauptkonkurrentin der Ford Tri-Motors.

75 unten Ein wunderbares Flugbild der Ford Tri-Motors 5-AT der American Airways.

In Europa begann sich unterdessen eine neue Generation von Transportflugzeugen zu verbreiten, zu deren wichtigsten Vertretern die Handley Page H.P.42, die Junkers Ju 52 und die Doppeldecker De Havilland Dragon gehörten.
In Deutschland nahm Junkers kurz nach der geglückten Serie W33/34 die Arbeit an einem neuen großen, einmotorigen Flugzeug auf, das vorrangig für den Frachttransport bestimmt war. Das Ergebnis war die Ju 52, die eine Wellblechverkleidung besaß und an den Flügelhinterkanten mit den patentierten, steuerbaren Junkers-Doppelflügeln versehen war, die als Klappen und Querruder wirkten. Der erste Flug der Ju 52 wurde am 13. Oktober 1930 durchgeführt. Aufgrund einer Motorenleistung von 800 PS konnte die Ju-52 bis zu 17 Passagiere befördern. 1931 beschloss das technische Büro jedoch, das Flugzeug in eine Dreimotorige zu transformieren, und man installierte zu diesem Zweck 530-PS-Triebwerke von Pratt & Whitney. Der Prototyp dieser schnelleren Version (303 km/h) – genannt Ju 52/3m – startete im April 1932 zu seinem Erstflug und wurde sofort zu einem Verkaufserfolg. Die Flügelspannweite der Ju 52/3m betrug 29,2 Meter, die Länge 18,9 Meter und die maximale Startmasse lag bei 10 500 kg. Die ersten beiden Exemplare wurden bereits Ende 1932 an die Lufthansa geliefert; insgesamt hatte die Fluggesellschaft 230 Flugzeuge bestellt, die später geliefert wurden. Auch nach Finnland, Schweden und Brasilien wurden weitere Modelle exportiert. Die Ju 52/3m wurde in mehr als 25 Staaten in Europa, Afrika, Asien, Australien sowie Südamerika geflogen. Auch nach dem Zweiten Weltkrieg konnte das Flugzeug noch erfolgreich operieren: Zahlreiche Modelle wurden in Frankreich (als AAC 1 Toucon) und in Spanien (als C-352-L) gebaut und noch für viele Jahre im Militär- und Zivilsektor eingesetzt. 1934 erschien dagegen die Militärversion Ju 52/3mg3e, von der Tausende von Bomber- und Transportexemplaren gebaut wurden.

Die Handley Page H.P.42 war dagegen ein Flugzeug von veralteter Struktur. Sie wurde in Hinblick auf die besonderen Anforderungen der Imperial Airways realisiert, welche die Verbindungen zu den weit entfernten britischen Kolonien bedienen wollte. Bei dem Flugzeugentwurf wurde mehr auf die mechanische

76 unten Eine De Havilland DH.89 Dragon Six der britischen Gesellschaft Olley Air Service. Insgesamt wurden 930 Exemplare der Dragon gebaut – sowohl in Zivil- als auch in Militärausführungen.

77 oben Innenraum der Handley Page H.P.42 „Heracles" der Imperial Airways. Das Transportflugzeug wurde normalerweise auf der Strecke London–Paris eingesetzt und konnte bis zu 38 Passagiere befördern.

Zuverlässigkeit sowie den Passagier-Komfort geachtet als auf Schnelligkeit und große Nutzlasten. Das Ergebnis war ein viermotoriger Ganzmetall-Doppeldecker mit einem charakteristischen Kastenleitwerk, bestehend aus doppeltem Höhen- und dreifachem Seitenleitwerk. Bei den Motoren handelte es sich um den Typ Bristol Jupiter XIF mit einer Leistung von 500 PS, die das Flugzeug bis zu einer Höchstgeschwindigkeit von 204 km/h antrieben. Die Flügelspannweite betrug 39,6 Meter, die Länge 27,3 Meter und die maximale Startmasse erreichte 13 380 kg. Das erste Exemplar flog im November 1930. Die Produktion wurde jedoch auf nur acht Flugzeuge begrenzt: vier E-Versionen für die asiatischen Flugstrecken (Passagierkapazität: 24) und vier W-Versionen (mit 560-PS-Motoren) mit 38 Passagierplätzen für die europäischen Routen.

Die zweimotorigen Doppeldecker der Dragon-Serie von De Havilland, die für Kurzstreckenflüge bestimmt waren, erwiesen sich dagegen als weitaus erfolgreicher. Das erste Serienmodell, die DH.84, wurde auf die Anfrage einer Zivilluftfahrt-Gesellschaft hin konstruiert, die ein leistungsstarkes, zweimotoriges Passagierflugzeug für die Verbindung England–Paris forderte. Die Dragon besaß elegante, holzartige Außenflächen, ein festes Fahrgestell sowie zwei De Havilland Gipsy Major 132-PS-Motoren. Sechs Passagiere konnten aufgenommen werden. Der Jungfernflug des ersten Exemplars fand am 12. November 1932 statt. 1934 wurde aus dem Modell die DH.89 Dragon Six abgeleitet, die mit zwei 203-PS-Motoren Gipsy Six ausgestattet war. Das Serienflugzeug wurde dagegen Dragon Rapide benannt und konnte bis zu zehn Passagiere transportieren. Insgesamt wurden 782 Exemplare der DH.89 gebaut, von denen eine Vielzahl während des Zweiten Weltkriegs eingesetzt wurde. In der Nachkriegszeit bildete die DH.89 das Rückgrat vieler Fluggesellschaften, darunter unter anderem der Jersey Airways, KLM und Iraqi Airways. Einige Exemplare wurden noch bis in die 1980er-Jahre hinein benutzt.

76-77 Eine De Havilland DH.84 Dragon der Fluggesellschaft Misr Airwork bei einem Flug über den ägyptischen Pyramiden. Die Dragon wurde 1932 ursprünglich entworfen, um Passagiere auf der Route London-Paris zu befördern.

77 unten links Die Junkers Ju 52 (Werksnummer 4014) mit finnischer Kennung. Die erste Ju 52 wurde 1930 als einmotoriges Transportflugzeug entworfen; das Modell wurde erfolgreich, als man ab dem siebten Exemplar damit begann, drei Motoren einzubauen.

77 unten rechts Eine schöne Ansicht der Handley Page H.P.42 „Heracles" beim Start. Dieses viermotorige Flugzeug erreichte eine Höchstgeschwindigkeit von 200 km/h und verfügte über eine Reichweite von ca. 800 km.

In den Vereinigten Staaten begann sich unterdessen dank des Watres Act von 1930, der das Luftpost-Vertragssystem völlig erneuert hatte, der Horizont des Lufttransports zu erweitern: Die großen Monopolgesellschaften, wie zum Beispiel die United Air Lines, mussten Marktanteile abgeben, um den Markt für den Wettbewerb zu öffnen. In diesem rationalisierten Umfeld wurde aus einer Fusion zwischen Transcontinental und Western Air Express die TWA gegründet. Die American Airways erwarb daraufhin den Southwest Air Fast Express, während im Westen die Eastern Air Transport den Platz der Ludington Air Lines einnahm. 1933 dominierten vier große Fluggesellschaften den amerikanische Markt: American, TWA, Eastern und United. Die internationalen Fluglinien waren dagegen Monopol der Pan American.

Der technische Wendepunkt der Vorkriegszeit wird gegen Mitte der Dreißigerjahre angesetzt, als die ersten wirklich modernen Flugzeuge erschienen. Damit sollte die Zivilluftfahrt vollkommen verändert werden. Vorreiter dieser neuen Flugzeugkategorie war die Boeing 247, die gegen Ende 1932 entworfen wurde. Das Flugzeug wurde ursprünglich von dem Bomber-Modell 215 abgeleitet, war jedoch ein völlig neuer und innovativer Entwurf. Zu Recht wird die 247 als erstes modernes Passagierflugzeug angesehen. Sie besaß eine ausgeprägte aerodynamische Form mit freitragenden Flügeln und kreuzförmigem Leitwerk. Die beiden Motorengondeln waren in die Tragflächen integriert. Außerdem war das Flugzeug in Ganzmetallbauweise gefertigt und besaß ein Einziehfahrwerk. Entlang sämtlicher Flügel- und Leitwerkskanten war eine pneumatische Enteisungsanlage installiert worden. Die Flügelspannweite betrug 22,5 Meter, die Länge 15,7 Meter und die maximale Startmasse 6200 kg. Angetrieben von zwei 600-PS-Motoren von Pratt & Whitney konnte das Flugzeug zehn Passagiere über Entfernungen bis 1200 km mit einer Höchstgeschwindigkeit von 322 km/h transportieren; vor allem jedoch konnte eine konstante Reisegeschwindigkeit von 304 km/h beibehalten werden.

Der Prototyp flog erstmals am 8. Februar 1933, woraufhin sofort 60 Exemplare der 247 von den vier Gesellschaften der United Air Lines bestellt wurden; andere Firmen orderten weitere 15 Flugzeuge. 1934 erschien eine verbesserte Version – die 247D. Diese Version enthielt die neuen Verstellpropeller, neue NACA-Motorenverkleidungen sowie aerodynamisch geformte Windschutzscheiben.

Trotz ihrer fortschrittlichen Technologie litt die Boeing 247 jedoch an einer zu klein ausgelegten Passagierkapazität, um wirtschaftlich operieren zu können, und der Produktionsausstoß von Boeing war zu niedrig, um die Nachfrage rechtzeitig befriedigen zu können.

1932 war Jack Frye von der Trans World Airlines (TWA) auf der Suche nach einem Flugzeug, das die Fokker TriMotor ersetzen konnte – doch Boeing konnte ihm die 247 nicht vor zwei Jahren Wartezeit liefern. Er wandte sich also an andere Konstrukteure und unter den Angeboten fiel seine Wahl schließlich auf Donald Douglas. Obwohl die Spezifikationen der TWA schwierig waren, wollten die Ingenieure von Douglas ein Flugzeug bauen, das die Boeing 247 in seinen Leistungen übertraf und die letzten technologischen Neuerungen enthielt: Einziehfahrgestell, die NACA-Motorhaube sowie Klappen, die die Landegeschwindigkeit reduzierten, ohne die Fluggeschwindigkeit zu beeinträchtigen – eine technische Eigenschaft, die der Boeing 247 fehlte. Der Prototyp des neuen Flugzeugs, genannt DC-1 (die Abkürzung stand für Douglas Commercial 1), war bereits am 1. Juli 1933 flugbereit. Damals mutete das Flugzeug enorm groß an: 26 Meter Flügelspannweite, 18,3 Meter Länge und 7875 kg maximale Startmasse. Als Motoren dienten zwei 710-PS-Wright Cyclone, die mit den neuen Verstellpropellern bestückt waren. Das Flugzeug war in der Lage, mit nur einem Motor nicht nur sicher zu fliegen, sondern sogar zu starten.

Die TWA zeigte sich zufrieden und bestellte 25 Exemplare. Um den Innenraum noch zu vergrößern, wurden einige Veränderungen gegenüber dem Prototyp vorgenommen: Der Rumpf wurde um 60 cm verlängert, wodurch zwei weitere Passagierplätze gewonnen wurden (insgesamt waren es jetzt 14); auch die Motoren hatte man neu eingestellt. Das Flugzeug wurde DC-2 genannt und beeindruckte die gesamte Luftfahrtwelt. Anthony Fokker erwarb die Lizenzrechte für Europa und stellte sofort die ersten Exemplare für die holländische KLM her.

78 oben Eine Douglas DC-2 der American Airlines. Die DC-2 war 60 cm länger als die DC-1 und konnte 14 statt 12 Passagiere aufnehmen.

78 unten links Die TWA war die erste Gesellschaft, die im Jahr 1933 die revolutionäre Douglas DC-1 einführte. Hier ein Exemplar auf einem amerikanischen Flughafen kurz vor dem Abheben.

79 oben links Die Passagierkabine der revolutionären, zweimotorigen Boeing 247. Trotzdem konnte das Flugzeug nur zehn Passagiere aufnehmen und besaß keine Landeklappen. Es wurde bald von der erfolgreicheren DC-3 übertroffen.

79 oben rechts Eine flugbereite Boeing 247. Sie war der erste freitragende Tiefdecker in Ganzmetallbauweise, mit Einziehfahrwerk und einer Enteisungsanlage. Der erste Flug fand 1933 statt; in demselben Jahr wurde auch die DC-1 eingeführt.

79 unten Eine spektakuläre Sicht auf die DC-3 mit laufenden Motoren. Dieses Flugzeug wird als das erste moderne Verkehrsflugzeug angesehen und bildete für viele Jahre die Basis des zivilen Luftverkehrs. Während des Zweiten Weltkriegs wurde auch eine Militärversion gebaut.

Um eine Anfrage der American Airlines nach einem Flugzeug mit Liegeplätzen zu befriedigen, wurde 1934 die Douglas DST konzipiert. Diese Maschine erhielt einen breiteren Rumpf, der mit 14 Kojen ausgestattet wurde. 1936 nahm die Maschine den Flugbetrieb auf. Statt der Liegeplätze konnten jedoch auch 21 Sitze eingebaut werden. Diese Version wurde DC-3 genannt und wies bedeutende Unterschiede zur DC-2 auf. Das neue Modell war mit einem hydraulisch einziehbaren Fahrgestell, neuen Propellern, Fahrgestellstoßdämpfern ausgestattet; bei einem dünneren Flügelprofil war die Spannweite um drei Meter vergrößert worden.
Die DC-3 war weitaus leichter zu steuern als ihre Vorgängerin; doch was die Gesellschaften wirklich überzeugte, war die Kapazität für die Aufnahme von 21 Passagieren.
Damit wurde die DC-3 zur ersten Maschine, deren Betriebskosten allein von den verkauften Passagiertickets gedeckt wurden. Eine Fluggesellschaft, die mit der DC-3 ausgestattet war, konnte sicherlich eher Gewinne als Verluste erzielen. Innnerhalb kurzer Zeit wurde das Modell zum Standard des amerikanischen Luftverkehrs: Im Jahre 1939 flogen 75 Prozent der amerikanischen Passagiere in einer DC-3.
Während des Zweiten Weltkriegs setzte eine Massenproduktion dieses Modells ein – sowohl für die amerikanischen Streitkräfte (bei der U.S. Army C-47 Skytrain genannt, bei der Navy R4D) als auch für sowjetischen Luftstreitkräfte und die englische RAF, wo es unter dem Namen Dakota bekannt wurde. Von vielen wurde angenommen, dass die C-47 einen der Hauptfaktoren für den Sieg der Alliierten bildete; sie war ein vielseitiges und im wahrsten Wortsinn unverwüstliches Transportflugzeug, das auch für Fallschirm- und Luftlandeunternehmen genutzt wurde. Gerade ihr verbreiteter Einsatz im Krieg bewirkte, dass in der Nachkriegszeit unzählige C-47 in verschiedenen Versionen und Motorenausstattungen auf der ganzen Welt erfolgreich benutzt wurden – bis in die heutigen Tage hinein.

78 unten rechts Eine Douglas DC-3 der British European Airways. Das definitive Modell der DC-Serie wurde aus dem DST-Modell entwickelt. Die Maschine besaß 21 Passagierplätze und wurde 1936 in Dienst gestelllt.

Kapitel 6

Wasserflugzeuge und große Überflüge

Im Zeitraum zwischen den beiden Weltkriegen trug das Wasserflugzeug in besonderer Weise zur Entwicklung und Verbreitung der weltweiten Luftfahrt bei. Gerade aufgrund der Tatsache, dass dieser Flugzeugtyp keine besonderen Start- und Landeeinrichtungen benötigte, sondern von beinahe jedem beliebigen Wasserspiegel Gebrauch machen konnte, erschien das Wasserflugzeug als ein ideales Mittel für die Entwicklung des Flugwesens, für die Erkundung ferner Länder sowie für die Handelsverbindungen zwischen den Kontinenten.

Das erste Wasserflugzeug der Geschichte wurde von dem französischen Ingenieur Henri Fabre konstruiert. Fabre, der aus einer Reeder-Familie stammte, wurde 1882 in Marseille geboren und begeisterte sich schon von klein auf für das Fliegen. Ab 1906 begann er sich ernsthaft diesem Hobby zu widmen: Er setzte sich mit den französischen Luftfahrtpionieren Voisin, Blériot und Farman in Verbindung und begann, Schleppgleitflugzeuge zu konstruieren, die er dann im Berre-See erprobte. Im Jahr 1909 – nachdem er Modelle entwickelt hatte, die zum Start und zur Landung auf dem Wasser geeignet waren – baute Fabre ein Wasserflugzeug mit drei Schwimmern und drei 125-PS-Anzani-Motoren. Aufgrund des übermäßigen Gewichts und der schlechten aerodynamischen Form war der Entwurf jedoch nicht flugfähig. Fabre machte sich also an die Konstruktion eines neuen, kleineren Flugboots mit Canard-Aerodynamik, bei der sich Flügel und Motor in Heckposition und das Leitwerk am Bug befanden. Das neue Modell besaß wiederum drei Schwimmer, wurde aber von einem einzigen 50-PS-Gnome-Motor angetrieben. Am 28. März 1910 startete es zu seinem ersten Flug: Die Ära der Wasserflugzeuge hatte begonnen. Schon nach kurzer Zeit begann man, vor allem bei der militärischen Nutzung bedeutende Erfolge mit dem neuen Flugapparat zu erzielen. 1911 erschienen in Italien zwei neue Wasserflugzeuge, die von den Marineoffizieren Alessandro Guidoni und Mario Calderara gebaut wurden. Doch auch in Frankreich, Belgien und den Vereinigten Staaten erzielte man bemerkenswerte Fortschritte. Der Amerikaner Glenn Curtiss war besonders erfolgreich auf diesem Gebiet und ließ am 26. Januar 1911 sein erstes Wasserflugzeug fliegen. Durch

80 unten Mario Calderara, ein Offizier der italienischen Luftwaffe, war einer der ersten Piloten von Wasserflugzeugen. Hier befindet er sich in Brescia – vor dem Beginn des Olofredi-Wettbewerbs 1909.

81 oben Das erste Wasserflugzeug der Welt wurde von dem Franzosen Henri Fabre gebaut. Auf dem Foto vom 28. März 1910 ist er bei einem Testflug mit seinem Flugzeug auf dem Berre-See zu sehen.

81 Mitte Nach dem unglücklichen Versuch von 1909 befindet sich Henri Fabre hier knapp über der Wasseroberfläche an der Steuerung seines ersten erfolgreichen Wasserflugzeugs.

81 unten links Fabre, der Flugpionier auf dem Wasser, steht hier neben dem Propeller eines seiner Flugzeuge. Er wurde 1882 in Marseille geboren und starb 1984 im Alter von 102 Jahren.

81 unten rechts Eine weitere Fotografie von Fabres Wasserflugzeug – diesmal bei einem Flug auf dem Mittelmeer in der Nähe von Monte Carlo, 1914.

die Erfahrungen gestärkt, nahm Curtiss 1912 mit seiner Triad bei einem Flugtreffen in München teil. Im selben Jahr baute er auch das Modell F, ein Flugzeug mit zentralem Bootsrumpf. Die Curtiss-Company verkaufte 150 Exemplare des Modells F an die U.S. Navy sowie eine ziemlich große Anzahl davon auch an andere Marinen, darunter unter anderem an die italienische.
Auch dank der 1912 begründeten Schneider-Trophäe wurden die Fortschritte vorangetrieben. Bei dieser Veranstaltung handelte es sich um ein Wettfliegen, das Wasserflugzeugen vorbehalten war. Der erste Wettkampf wurde 1913 in München ausgetragen. Sieger wurde das Deperdussin-Wasserflugzeug mit einem 160-PS-Motor, das mit einer Durchschnittsgeschwindigkeit von 98 km/h die geforderte Rennstrecke flog.
Beim Ausbruch des Ersten Weltkriegs war das Flugboot bereits ein gängiger Flugzeugtyp. Während des Krieges wurden weltweit Tausende von Exemplaren gebaut; sie waren bei den verschiedenen Marineluftwaffen in

großer Zahl verbreitet. Als besonders nützlich erwies sich das Wasserflugzeug bei Aufklärungs- und Patrouilleeinsätzen, vor allem in den Zonen der Nordsee und der Adria. Die am häufigsten eingesetzten Typen waren die österreichischen Lohner E und L, die Macchi L.1 (konstruiert auf der Grundlage einer erbeuteten Lohner L) sowie die französisch-englische F.B.A.C. Später erschienen auch Kampf-Wasserflugzeuge wie die Hansa-Brandenburg KDW, W.12 und W.29, die Sopwith Baby und die Macchi M.5. Weitere erfolgreiche Flugboote waren die Curtiss H-12 und H-16, das Schulmodell N-9, die Macchi M.9 sowie die britische Felixstowe F.2A.
In der Nachkriegszeit bot der beendete Konflikt keinen Antrieb mehr für die Luftfahrtentwicklung. Die Streitkräfte machten sich nun daran, große Flugunternehmungen zu fördern und durchzuführen, um die Eignung, die Leistungen und die hervorragende Qualität des Wasserflugzeugs vorzuführen. Vor dem Krieg waren die Möglichkeiten der Flugzeuge sehr eingeschränkt und Pionierleistungen der Luftfahrt wie Blériots Ärmelkanal-Überflug 1909 oder die Mittelmeer-Überquerung von Roland Garros 1913 (von der Cote d'Azur bis nach Tunesien) wirkten relativ harmlos. Der Erste Weltkrieg gab der Luftfahrt-Entwicklung jedoch einen enormen Antrieb und bereits 1919 gab es Boden- und Wasserflugzeuge, die in der Lage waren, eine der elementaren Grenzen des Weltverkehrs zu überwinden: den Atlantischen Ozean.
Am 15. Mai 1919 startete die amerikanische Marine die erste Atlantiküberquerung. Drei Curtiss-Wasserflugzeuge hoben von Neufundland ab, um ein koordiniertes Schiffsmanöver mit 41 Zerstörern, die im Ozean als Orientierungshilfen Position bezogen hatten, durchzuführen. Das Ziel lag im Erreichen der

82-83 oben Während des Ersten Weltkriegs wurden auch Wasserflugzeuge in großem Umfang eingesetzt. Hier wird ein französisches Modell für den Überseetransport auf ein Militärschiff geladen.

82-83 unten Das erste erfolgreiche amerikanische Wasserflugzeug war die Curtiss Hydroaeroplane, entwickelt im Jahr 1911.

83 oben Eines der am meisten bekannten Militär-Wasserflugzeuge war die deutsche Arado Ar.196, die zum ersten Mal 1937 flog. Mehr als 600 Exemplare wurden gebaut und im Zweiten Weltkrieg eingesetzt.

83 Mitte *Auf der Basis eines erbeuteten österreichischen Lohner-Wasserflugzeugs konnte auch Italien während des Ersten Weltkriegs Hydroplane konstruieren; darunter war unter anderem diese Macchi M.5.*

83 unten *Die Hansa-Brandenburg W.12 war eines der ersten Jagd-Wasserflugzeuge und wurde während des Ersten Weltkriegs eingesetzt.*

Azoren und dann Portugals. Wegen eines Sturms konnte jedoch nur ein Flugzeug unbeschädigt die Azoren erreichen. Es flog von dort aus nach Lissabon, wo es am 27. Mai wasserte. Die nächste große Unternehmung mit dem Wasserflugzeug war die Reise um die Welt, die 1923 vom Air Service der amerikanischen Armee organisiert wurde. Eigens zu diesem Anlass baute Douglas vier Modelle, die World Cruiser (DWC) genannt wurden und von dem Torpedoflugzeug DT-2 abgeleitet waren. Diese zweisitzigen Doppeldecker besaßen einen Liberty 420-PS-Motor und waren mit Schwimmern ausgestattet; für die Landung auf dem Festland konnte aber ebenso ein Räderfahrgestell angebracht werden. Am 6. April 1924 hoben die vier Flugzeuge von Seattle ab und folgten einer Route über Alaska, Japan, China, Indien, Frankreich, Großbritannien und Neufundland. Zwei von ihnen erreichten am 9. September Washington und dann die Westküste – nach einer Reise von fast 43 000 Kilometern.
Ein noch größeres Unternehmen wurde 1925 von Francesco De Pinedo durchgeführt. Er war Offizier der italienischen Marine und Veteran des italienisch-türkischen sowie des Ersten Weltkriegs. Mit der Gründung der königlichen Luftwaffe 1923 verließ De Pinedo die Marine und wurde zum Verfechter des Flugboots bei der neuen Streitmacht. Um die Möglichkeiten und Vorzüge des Wasserflugzeugs vorführen zu können, begann er 1924, ein Abenteuer vorzubereiten, das noch spektakulärer sein sollte als das von den Amerikanern gerade verwirklichte. De Pinedo arbeitete also eine Flugstrecke aus, die über Rom, Melbourne und Tokio führte und rund 40 000 km Flug entlang der Küste, 8000 km über offenes Meer und nicht weniger als 7000 km über Festland mit einschloss. Nachdem ihm die Durchführung seines Plans bewilligt worden war, wählte De Pinedo zum Fliegen das gewöhnliche Modell Savoia Marchetti S.16ter – einen Doppeldecker mit Druckpropeller und einem Lorraine 400-PS-Motor. Er taufte sein Gefährt auf den Namen „Gennariello." Am 20. April 1925 startete der Oberstleutnant De Pinedo in Begleitung seines Gehilfen, des Feldwebels Ernesto Campanelli (einem Mechaniker) vom Wasser des Lago Maggiore. Der Flug ging nicht ohne Schwierigkeiten vonstatten – vor allem aufgrund von Problemen in der Schmieranlage –, doch am Ende wurden alle Flugabschnitte von Bagdad nach Java, Melbourne, Sidney und Tokio bewältigt. Die „Gennariello" wasserte am 7. November 1925 unter großer Anteilnahme und Begeisterung glücklich auf dem Wasser des Tibers in Rom.
Am 13. Februar 1927 startete De Pinedo in Begleitung des Kapitäns Carlo De Prete und des Mechanikers Vitale Zacchetti erneut zu einem Flug mit seinem Wasserflugzeug Savoia Marchetti S.55 „Santa Maria". Diesmal sollte die Reise bis nach Südamerika und Amazonien gehen und von dort wieder nordwärts hinauf in die Vereinigten Staaten. In Phoenix, Arizona, fing das Flugzeug während einer Betankung Feuer und musste ersetzt werden. Nach einer Flugstrecke von fast 45 000 km erreichten die drei Abenteurer am 16. Juni schließlich Ostia. Nachdem er zum General befördert worden war, organisierte De Pinedo noch 1928 und 1929 zwei großangelegte Flüge mit Militär-Wasserflugzeugen über das westliche und östliche Mittelmeer.
Doch der Erfolg und die Popularität, die De Pinedo genoss, wurden von den italienischen Militärspitzen der Luftfahrt nicht gern gesehen und er wurde nun von den angesehenen Stellungen ferngehalten.
Das letzte große Unternehmen mit dem Wasserflugzeug in der Hauptrolle fand im Jahr 1933 statt und beruhte auf einer Initiative des damaligen Luftwaffen-Unterstaatssekretärs General Italo Balbo. Dieser hatte bereits 1930 mit Erfolg einen Flug von Italien nach Brasilien unternommen. 1933, aus Anlass des zehnjährigen Bestehens

84 oben Eines der drei dreimotorigen Curtiss NC-4 der U.S. Navy, die im Mai 1919 versuchten, den Atlantik zu überqueren, jedoch ohne Erfolg.

84 unten Zwei FBA-Wasserflugzeuge der italienischen Marine während des Ersten Weltkriegs. Auf dem linken Flugzeug sitzt Francesco De Pinedo, der 1925 als interkontinentaler Überflieger berühmt werden sollte.

84-85 1923 plante die amerikanische Armee eine Weltreise mit vier Douglas DT-2 World Cruisern. Zwei davon schafften es, das Unternehmen zwischen April und September 1924 erfolgreich auszuführen.

konventionellem Fahrgestell für das Festland als auch mit Schwimmern für Wasserlandungen ausgerüstet werden.

„Gennariello" Savoia Marchetti S.16ter; die Maschine wurde 1925 für den Wettflug Rom–Melbourne–Tokio–Rom benutzt.

der königlichen Luftwaffe wollte Balbo einen prunkvollen Flug von Italien in die Vereinigten Staaten und zurück organisieren – unter Einbeziehung eines gesamten Geschwaders von Kriegsflugzeugen. Damit war die Absicht verbunden, der ganzen Welt die technischen und militärischen Möglichkeiten der italienischen Luftwaffe vorzuführen und zu beweisen, dass sie in der Lage war, nicht nur ein einzelnes, sondern eine Vielzahl von Flugzeugen in weit entfernte Gebiete zu entsenden. Nach monatelangen Vorbereitungen in der Navigationsschule von Orbetello konnte die Expedition am 1. Juli 1933 mit 25 Savoia Marcchetti S.55X-Flugbooten von Orbetello aus starten. Die Gesamtmannschaft bestand aus mehr als 100 Personen. Trotz eines tragischen Unfalls bei der ersten Zwischenlandung in Amsterdam, wo ein Flugzeug verloren ging und ein Besatzungsmitglied starb, verlief der Rest des Überflugs perfekt. Dank der im engen Formationsflug hervorragend ausgebildeten Männer konnte auch ein Unwetter über dem Atlantik glänzend überstanden werden. 24 Flugzeuge erreichten am 15. Juli Chicago – Stätte der Weltausstellung – und flogen dann weiter nach New York. In beiden Städten wurden Balbo und seine Männer mit einzigartigen Feierlichkeiten empfangen. Am 12. August kehrte die Expedition mit 23 Flugzeugen – ein weiteres ging bei den Azoren verloren – nach Rom zurück. Die Angelsachsen zeigten sich derart beeindruckt von der Flugexkursion, dass von da an der Begriff „Balbo“ in der englischen Flugfachsprache als Synonym für Großformationen von Flugzeugen benutzt wurde.

Doch in den 1920er- und 1930er-Jahren blieb das Wasserflugzeug nicht nur dem Militär vorbehalten, sondern wurde auch zu zivilen Zwecken verstärkt eingesetzt. Die S.55 hatte im Juli 1923 ihren ersten Flug als Militärflugzeug durchgeführt, doch da das Luftfahrtministerium wenig Interesse an allzu innovativen Flugzeugen zeigte, baute man das Militärmodell kurze Zeit später für die Nutzung im zivilen Luftverkehr um. 1926 wurde die S.55 – nun mit zehn Passagierplätzen ausgestattet – in Dienst gestellt und nahm den Flugbetrieb bei der Aero Espresso Italiano auf. In der Folgezeit wurde die Maschine in verschiedene Länder exportiert. Das Flugzeug fand schließlich doch noch das Interesse der Luftwaffe, die ca. 100 Exemplare erwarb und bis 1939 einsetzte. Der S.55 vorausgehend, wurde 1919 die SIAI S.16 gebaut. Dieser einmotorige Doppeldecker war eigens für den Passagiertransport entworfen worden. Er hatte beachtlichen Erfolg und wurde in Lizenz auch in Frankreich und Spanien zu Hunderten von Exemplaren hergestellt.
Dornier war eine weitere Gesellschaft, die sich in der Flugboot-Herstellung hervortat. Im November 1922 fand der erste Flug des Flugboots Dornier J Wal statt. Das Modell galt vielen als bestes Transport-Wasserflugzeug der 1920er-Jahre; es war sowohl für den Zivil- als auch für den Militärgebrauch ent-

86 oben Nordamerika war das Ziel der Luft-Kreuzfahrt zur Zehnjahresfeier der italienischen Luftwaffe. Auf der Fotografie sind einige der 24 Savoia S.55X zu sehen, die Amerika erreichten und hier vom Sankt-Lorenz-Strom in Montreal aus starteten.

86 unten links Eine Formation von S.55X fliegt im Juni 1933 über die Freiheitsstatue von New York.

86 unten rechts Italo Balbo hob die italienische Luftwaffe aus der Taufe und wurde Unterstaatssekretär; er war ein großer Anhänger von Flugturnieren, die dazu dienten, das Ansehen der italienischen Regierung, Luftwaffe und Industrie auf der ganzen Welt zu steigern.

87 oben links Die Savoia S.55 war das wichtigste Flugzeug, das die italienische Luftwaffe für die großen Langstreckenflüge benutzte. Bei diesem Wasserflugzeug handelte es sich um einen Eindecker mit doppeltem Rumpf; die beiden 930-PS-Motoren Isotta Fraschini Asso ermöglichten eine Höchstgeschwindigkeit von 280 km/h und eine Reichweite von 3500 km.

87 oben rechts Das Ziel des Überfluges war die Weltausstellung in Chicago. Hier wird Italo Balbo mit einer offiziellen Feier von Einwohnern dieser amerikanischen Stadt begeistert begrüßt.

87 unten Auf dieser Fotografie sind einige verankerte S.55 während einer Rast zu sehen.

88 oben Die deutsche Dornier Do X, gebaut 1929, war zu ihrer Zeit das größte Flugzeug der Welt. Das riesige Flugboot besaß zwölf Motoren und wurde für Passagierflüge auf den Atlantikstrecken gebaut.

88 unten links Auf dieser Querschnitt-Zeichnung der Dornier Do X kann man die Innenausstattung des Flugboots betrachten.

einen zweistufigen Bootsrumpf mit zwei Stabilisierungsflossen sowie Parasol-Flügel, in die zwei Tandemmotoren eingebaut waren. Die Besatzung bestand aus vier Personen. Im Hinterabteil – das je nach Anforderung der Kunden unterschiedlich gestaltet werden konnte – stand Platz für Passagiere oder Fracht zur Verfügung.
Da in einer Klausel des Friedensvertrags von Versailles Deutschland die Konstruktion von Schwerflugzeugen verboten worden war, wurde die Serienproduktion der Società Costruzioni Meccaniche in Pisa anvertraut. Mit der Do.J Wal erzielte man sofort einen großen Verkaufserfolg und das Flugzeug wurde in Lizenz auch in der Schweiz, in Holland und Japan gebaut. Der Wal wurde auch für einige Forschungsreisen benutzt: 1925 erwarb der Forscher Roald Amundsen zwei Exemplare, um eine Reise zum Nordpol durchzuführen, während 1932 einige Wale für Weltreiseflüge benutzt wurden. 1934 weihte verbindung zwischen Europa und Südamerika ein – eine Vier-Tages-Flugstrecke, die über Stockholm bis nach Natal in Brasilien führte und einen Tender mitten im Ozean erforderte. Im Jahr 1926 wurde als Nachfolgemodell die Do R Super Wal konstruiert: Das Flugzeug wurde von zwei 660-PS-Motoren vom Typ Rolls-Royce Condor angetrieben und verfügte über einen verlängerten Rumpf sowie eine größere Flügelspannweite. Wie die J Wal enthielt auch die Super Wal eine vierköpfige Besatzung, während die Passagierkapazität auf 19 Sitzplätze erweitert wurde. Die Weiterentwicklung der Flugzeugserie führte schließlich zur Do R4, die 1927 konstruiert wurde. Dieses Modell besaß vier 525-PS-Bristol-Jupiter-Motoren sowie eine um ca. 30 Prozent vergrößerte Ladefähigkeit. Das letzte Modell der vom Wal abgeleiteten Wasserflugzeuglinie war die Do X – zum Zeitpunkt ihres Jungfernflugs am 25. Juli 1929 war sie das größte Flugzeug der Welt. Die Idee, die das Projekt angetrieben hatte, bestand in der Realisierung eines Flugzeugs, das 100 Passagiere quer über den Ozean transportieren und ihnen dabei eine Bequemlichkeit bieten konnte, die sonst nur auf Überseedampfern oder Luftschiffen anzutreffen war. Das Flugzeug besaß einen einzigen zentralen Bootskörper mit drei Decks und war sogar mit Schlafkabinen, Salons, Baderäumen und Speisezimmern ausgestattet. Der Rumpf hatte eine Länge von 40 Metern und die Flügelspannweite betrug über 48 Meter. Die ursprünglichen zwölf 500-PS-Siemens-Jupiter-Motoren konnten dem Flugzeug, das eine maximale Startmasse von über 50 Tonnen erreichte, nicht genug Flugsicherheit bieten. Daher tauschte man sie später gegen zwölf 640-PS-Motoren Curtiss-Conqueror aus, die der Do X einen Probeflug mit nicht weniger als 170 Passagieren an Bord ermöglichten. Der Einweihungsflug startete am 2. November 1930; die Do X wurde jedoch wiederholt von Unfällen und mechanischen Problemen heimgesucht, so dass man nach Zwischenstationen in Amsterdam, den kanarischen Inseln und Brasilien erst zehn Monate später am 27. August 1931 endlich New York erreichte. Die Do X wurde daraufhin zur Zielscheibe vieler Journalisten, die die Unternehmung kritisierten und verspotteten.
Die für jene Zeiten übermäßig große und anspruchsvolle Do X wurde nie mehr als Linienflugzeug eingesetzt, doch das sollte nicht heißen, dass die Epoche der großen Transport-Wasserflugzeuge beendet war. Im Gegenteil – in den USA der 1930er-Jahre wurde die Entwicklung verschiedener neuer

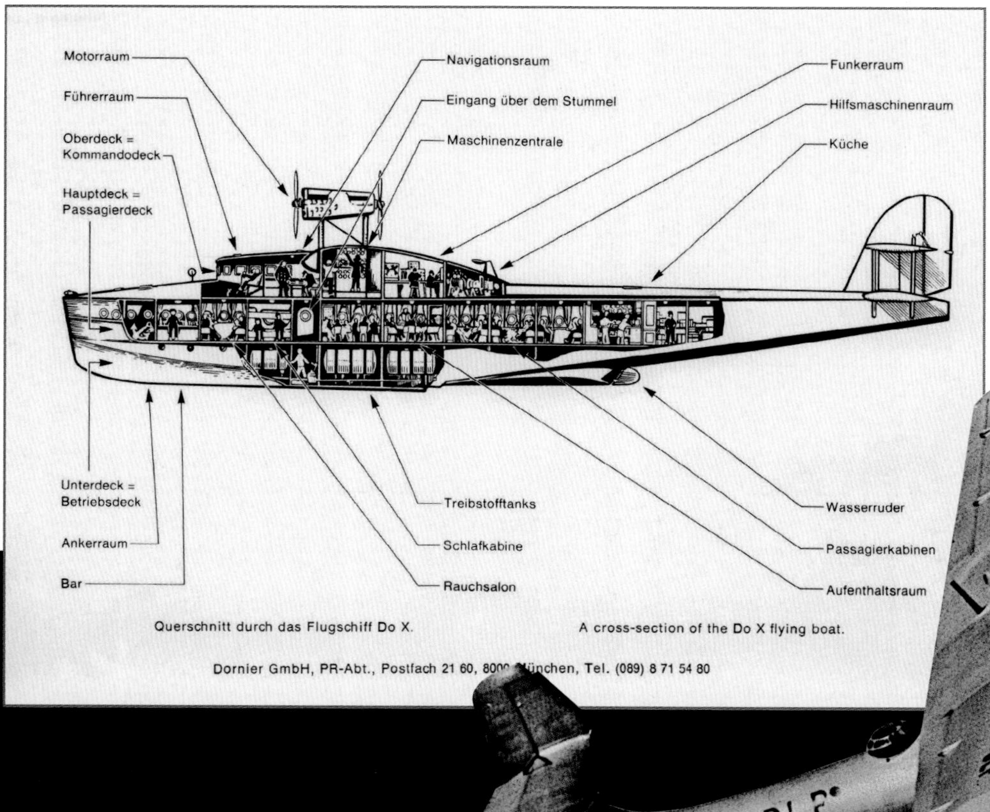

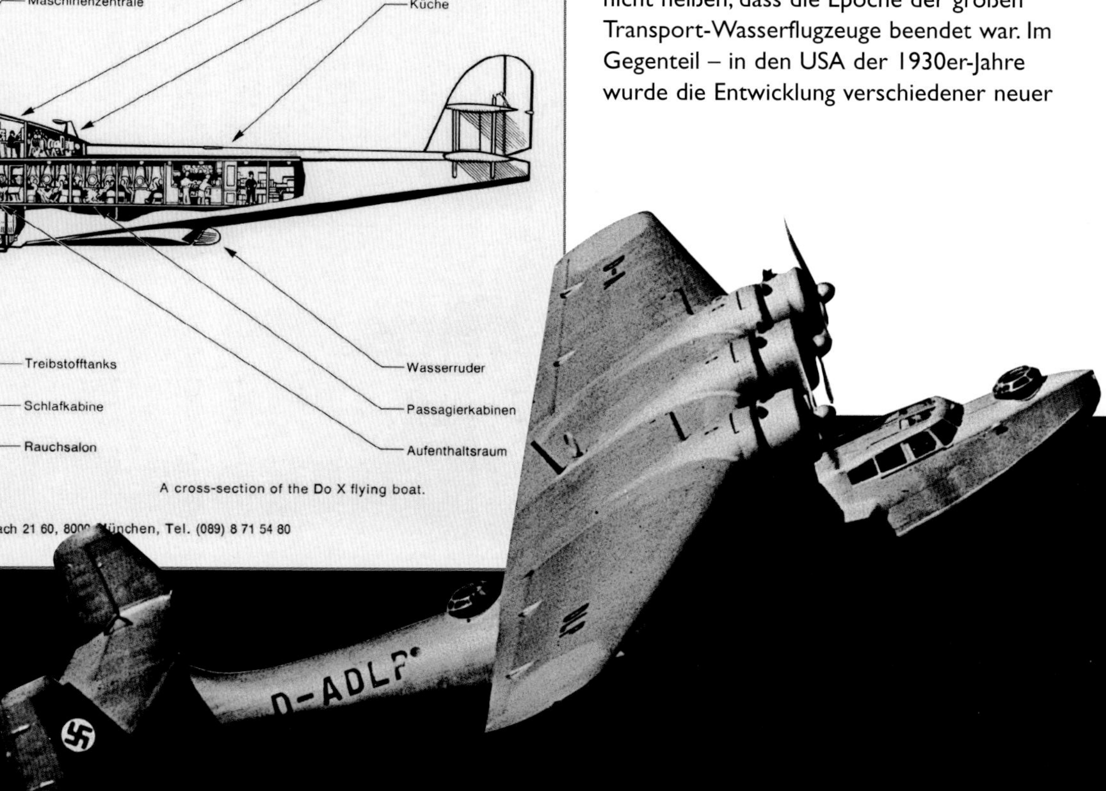

88 unten rechts 1935 wurde eine Aufklärungsversion der Dornier Do 24 entworfen und im Zweiten Weltkrieg eingesetzt. Die Luftstreitkräfte in Deutschland, Holland, Spanien und Frankreich benutzten dieses Flugzeug.

89 oben links In den eleganten Passagierkabinen der Do X sollte den Reisenden der größtmögliche Komfort geboten werden.

89 oben rechts Die Dornier Do J Wal war wahrscheinlich das beste Transport-Flugboot der 1920er-Jahre. Die Maschine flog zum ersten Mal 1922 und wurde in ca. 500 Exemplaren hergestellt. Dieses Modell wird auf dem deutschen Schiff „Westfalen" zum Katapultstart vorbereitet.

89 unten Die Ankunft der Dornier Do X in New York während ihres Einweihungsfluges. Aufgrund einiger Schwierigkeiten verlängerte sich der Flug – vom 2. November 1930 bis 27. August 1931 – und gab damit Anlass zu allerlei Kritik.

90 oben Die Boeing 314 Clipper war das größte Passagier-Flugboot der Geschichte. Es wurde ab Februar 1939 von der Pan American auf den Trans-Pazifik und -Atlantikstrecken eingesetzt. Das Flugboot konnte bis zu 74 Passagiere aufnehmen und besaß eine maximale Reichweite von 5600 km.

90 Mitte Die Innenräume der Boeing 314 waren geräumig und komfortabel. Hier eine der Besatzungskabinen mit dem Funker und dem Bordingenieur.

90 unten Die Sikorsky S-42 war eine der Vorgängerinnen der B-314. Pan Am setzte die S-42 ab August 1934 auf den Karibik- und später auch auf den Pazifikstrecken ein.

90-91 Die Martin M-130 wurde im September 1935 in Dienst gestellt und war Konkurrentin der S-42; die Pan Am erwarb das Flugzeug für die Pazifikstrecken. Hier ein Exemplar beim Start über der Bucht von San Francisco. Darunter die Golden Gate Bridge, die sich damals noch in Bau befand.

geschaffen wurden, um die Bedürfnisse der Pan American zu befriedigen, jenem Transportunternehmen, das dank eines amerikanischen Regierungsvertrags die Monopolstellung für die internationalen Postflüge genoss. Juan Trippe, Manager der Fluggesellschaft, erkundigte sich bei Sikorsky (wo man bereits einige hervorragende Amphibien-Transportflugzeuge konstruiert hatte) nach einem größeren und leistungsfähigeren Flugzeug. Das Ergebnis dieses Auftrags wurde die 1929 eingeführte S-40. Das Modell bestand aus einem einfachen Bootskörper mit doppeltem Leitwerk und wurde von vier Pratt & Whitney Hornet-Motoren mit 580 PS angetrieben. Die S-40 konnte 40 Passagiere auf Langstrecken von bis zu 1600 Kilometern transportieren. Das erste Exemplar wurde „American Clipper" genannt und begann im November 1931 seinen Einsatz im Flugverkehr. Der Berater der Pan Am, Charles Lindbergh, machte sich bereits daran, ein besseres Flugzeug zu empfehlen: Sikorsky realisierte daraufhin die S-42, während die Martin mit der M-130 antwortete. Die Pan Am erwarb beide Modelle. Im August 1934 war die S-42 fertig und wurde sofort auf den Karibikstrecken eingesetzt. Da die Pan Am jedoch auch die Pazifikstrecken fliegen wollte, nahm man an der S-42 einige Veränderungen vor, um sie auch auf diesen Strecken nutzen zu können. 1935 wurden von der Fluggesellschaft die Arbeiten zum Bau von Landeflächen an der Hauptstrecke des Pazifiks eingeleitet: in Honolulu, Midway, Wake und Guam. Im Oktober selben Jahres begann auch die Martin M-130 ihren Flugdienst. Es war ein großes, elegantes, viermotoriges Flugboot, das eine Strecke von mehr als 5100 km mit einer Geschwindigkeit von 240 km/h fliegen konnte. In dieser Zeitspanne erhielt die Pan Am die letzten Bewilligungen, die für den Ausbau der Flugnetze erforderlich waren, und begann, die Linienflüge im Pazifik und nach Neuseeland durchzuführen. Doch zwei Unfälle im Jahr 1937, die zum Verlust der M-130 und zahlreicher Menschenleben führten, brachten die Gesellschaft in Schwierigkeiten. Juan Trippe reagierte entschlossen und brachte eine neue Strategie hervor: die Nutzung der Atlantikstrecke mit dem neuen Flugboot, das er vor einem Jahr bestellt hatte – der Boeing 314. Zweifellos handelte es sich dabei um eines der schönsten und attraktivsten Verkehrsflugzeuge jener Zeit und bis Ende der 1960er-Jahre blieb die Boeing 314 sogar das größte Transportflugzeug, das im Einsatz war. Es war als freitragender Hochdecker ausgelegt und besaß vier 1520 PS starke Motoren vom Typ Wright R-2600 Cyclone. Die B-314 wurde aus dem Entwurf des Bombers XB-15 abgeleitet, von dem die Flügelspannweite von 46,3 Metern beibehalten wurde, während man einen neuen Rumpf von 32,3 Metern Länge, der zwei Decks umfasste, entwarf. Ebenfalls auf den Namen „Clipper" getauft, konnte dieses Flugboot 40 Passagiere in bequemen Schlafkabinen oder 74 Reisende auf Sitzplätzen aufnehmen und über Flugstrecken von bis zu 5600 km Länge mit einer Reisegeschwindigkeit bis 300 km/h befördern. Die maximale Startmasse betrug 37 420 kg. Ab 22. Februar 1939 wurde die B-314 auf den Fluglinien des pazifischen und atlantischen Ozeans eingesetzt.

92 oben Zwei britische Amphibienflugzeuge Supermarine Walrus werden von weiteren Wasserflugzeugen eskortiert. Die Walrus stand seit 1935 im Dienst und wurde während des gesamten Zweiten Weltkriegs von der RAF und der Fleet Air Arm als Seenotrettungsflugzeug eingesetzt.

92 unten Eine Cant CRDA Z.501 im Tiefflug. Das Wasserflugzeug mit dem Spitznamen „Möwe" flog zum ersten Mal im Februar 1934 und blieb bis 1948 bei der italienischen Luftwaffe im Dienst.

93 oben Flugfotografie einer englischen Short S.25 Sunderland. Dieses viermotorige Aufklärungsflugzeug war besonders wirksam und flexibel; es wurde außerdem bei der U-Boot-Bekämpfung und und gegen Schiffsziele eingesetzt.

93 unten Die amerikanische Consolidated Catalina PBY war vielleicht das berühmteste Amphibienflugzeug der Geschichte und flog zum ersten Mal 1935. Es wurden über 4500 Exemplare gebaut. Anfangs war es nur ein Wasserflugzeug, doch nach mehreren Versionen konstruierte man 1940 schließlich die amphibische PBY-5A.

Doch schon kurze Zeit später sollte der Ausbruch des Zweiten Weltkriegs jegliche Weiterentwicklung des zivilen Transportflugzeugs zum Stillstand bringen.
Im Militärsektor wurden die Flugboote und Amphibienflugzeuge jedoch weiterhin benutzt – wenigstens für die Aufgaben, in denen ihre Eigenschaften besonders vorteilhaft waren: Aufklärung, Patrouillieren sowie Rettungsdienste zur See. Zu den Flugzeugen, die sich im weiteren Kriegsverlauf besonders hervortaten, gehörten die Modelle Heinkel He 115, Dornier Do 18 und Do 24, Supermarine Walrus, Arado Ar 196, Kawanishi H6K und H8K, Blohm und Voss Bv 138; die berühmtesten waren dagegen die CANT Z, die Short Sunderland sowie die Consolidated PBY Catalina.
Dank der Fähigkeiten des Ingenieurs Filippo Zappata konstruierte die Fluggesellschaft Cantieri Riuniti dell'Adriatico (CRDA) in den 1930er-Jahren zwei erfolgreiche Serien von Militär- und Zivil-Wasserflugzeugen, die in Hunderten von Exemplaren produziert wurden. Am 7. Februar 1934 flog zum ersten Mal das Flugboot Cant Z.501, ein Eindecker mit zentralem Bootsrumpf, Parasol-Flügeln und einem 900-PS-Motor Isotta Fraschini Asso XI. Das Flugboot war ursprünglich als Langstrecken-Aufklärungs- und Bombenflugzeug entworfen worden, erreichte eine Höchstgeschwindigkeit von 275 km/h und verfügte über eine Reichweite von 2400 km. Die Z.501 nahm 1937 in den Flugbetrieb auf und wurde sowohl im spanischen Bürgerkrieg als auch während des gesamten Zweiten Weltkriegs eingesetzt, wobei sie bis 1948 im Dienst der italienischen Luftwaffe blieb. Kurze Zeit nach der Z.501, am 19. August 1935, flog die Cant Z.506 zum ersten Mal. Abgeleitet von dem Postflugzeug Z.505 war die Z.506 dagegen als Passagierflugzeug für die Fluggesellschaft Ala Littoria entworfen worden. Die Z.506 war ein dreimotoriger Tiefdecker mit konventionellem Leitwerk sowie zwei großen, unter den Flügeln befestigten Schwimmern. Seine 750-PS-Sternmotoren Alfa Romeo 126 RC 34 verliehen dem Flugzeug eine Geschwindigkeit von 365 km/h und eine Reichweite bis zu 2750 km. Es besaß eine maximale Startmasse von über 12 Tonnen und konnte bis zu 14 Passagiere befördern. Die königliche italienische Luftwaffe bestellte 1937 die ersten 32 Exemplare und modifizierte sie für den Gebrauch als Bombenflugzeuge. Doch mit Ausbruch des Krieges wurde die Z.506 für weniger riskante Aufgaben bestimmt, wie Aufklärungs-, Such-, Rettungs- und Evakuierungseinsätze. Das Flugzeug blieb bis 1960 im italienischen Dienst.
Die Short S.25 wurde im Jahre 1937 auf eine Spezifikation des britischen Verteidigungsministeriums für ein neues, viermotoriges Seeaufklärungsflugzeug hin entworfen. Der erste Flug fand am 16. Oktober 1937 statt, und im Frühjahr 1940 erschien das Serienmodell Sunderland Mk.I. Es handelte sich dabei um einen großen Schulterdecker mit einem Hauptrumpf, wobei in den Flügeln vier 1024-PS-Sternmotoren vom Typ Bristol Pegasus XXII eingebaut waren. 13 Männer bildeten die Besatzung und die Waffenausrüstung aus acht 7,7-mm-Maschinengewehren brachte dem Flugzeug den Beinamen „fliegendes Stachelschwein" ein. Angesichts der hervorragenden Eigenschaften dieses Modells entwickelte man im weiteren Verlauf des Krieges immer bessere Versionen, die auch zur U-Boot-Abwehr sowie für Angriffe gegen Schiffsziele eingesetzt wurden. Die letzte Version Mk.V war mit einem Anti-Schiffsradar ausgestattet und verfügte über vier 1217-PS-Motoren Pratt & Whitney Twin Wasp, mit denen das Flugzeug eine Höchstgeschwindigkeit von 340 km/h erreichen konnte. Die Reichweite betrug über 4300 km. Die Waffenlast, bestehend aus Bomben oder Minen, konnte bis zu 2250 kg betragen, während die maximale Startmasse ca. 30 Tonnen betrug. Die Sunderland blieb bis 1945 in Produktion, wobei ca. 740 Exemplare gebaut wurden.
Das vielleicht berühmteste Flugboot bzw. Amphibienflugzeug der Geschichte war die

Consolidated PBY Catalina, die 1933 als Antwort auf eine Anforderung der U.S. Navy nach einem neuen Aufklärungshydroplan konstruiert wurde. Der erste Prototyp flog am 28. März 1935; das Flugboot war ein Eindecker mit Parasol-Flügeln, zwei darin eingebauten Sternmotoren, schlankem Rumpf und erhöhten Leitwerksflächen. Ebenfalls 1935 bestellte die Marine die ersten 60 Exemplare des Serienflugzeugs PBY-1. Vor dem Zweiten Weltkrieg schuf Consolidated bereits weitere drei weitere Versionen mit einigen Verbesserungen, die vor allem die Motoren sowie die Bewaffnung betrafen. 1940 erschien das Modell PBY-5A, das durch seine Amphibien-Fähigkeiten besonders flexibel war. Diese Version war mit 1217 PS starken Twin-Wasp-Motoren bestückt und flog mit einer Höchstgeschwindigkeit von 288 km/h; die Reichweite betrug über 4000 km.

Ausgerüstet mit fünf Maschinengewehren und einer bis 1800 kg schweren Ladung, besaß die PBY-5A eine maximale Startmasse von über 16 Tonnen. Man konstruierte die Catalina in größter Eile, um die Anforderungen der Amerikaner und Alliierten zu befriedigen (700 Stück wurden allein an die RAF geliefert); die Maschine wurde vorwiegend in U-Boot-Abwehreinsätzen, als Aufklärungs- und Patrouillenflugzeug, Bomber, Such- und Rettungsflugzeug benutzt; sie bildete das amphibische Rückgrat der alliierten Marinefliegerkräfte. Insgesamt wurden über 4500 Exemplare produziert (davon ca. 1000 in Lizenz in der Sowjetunion). Die Catalina war ein hervorragend robustes und überaus verlässliches Flugzeug und viele Exemplare wurden in einigen Ländern noch bis in die 1960er-Jahre hinein eingesetzt. Noch heutzutage gibt es einige Catalinas, die in gutem, flugtauglichem Zustand erhalten geblieben sind.

Das Ende des Zweiten Weltkriegs markierte jedoch den unvermeidbaren Niedergang des Wasserflugzeugs. Bereits in der Vorkriegszeit waren im Segment der Transportflugzeuge die Hydroplane von den kostengünstigeren, viermotorigen Landflugzeugen ersetzt worden, die aufgrund der besseren Aerodynamik und des leichteren Gewichts besser zu manövrieren waren und schneller flogen. Außerdem wurden wegen der Kriegserfordernisse Flughäfen in großer Zahl gebaut, so dass kein Bedarf mehr an Flugzeugen bestand, welche die ökonomischen Wasserflächen für Start- und Landeoperationen nutzen konnten. In der Nachkriegszeit wurden jedoch noch viele Wasserflugzeug-Typen für spezielle Einsätze hergestellt, um vor allem in Gebieten wie Kanada, Alaska und den Pazifikinseln zu operieren.
Ein auffallendes Beispiel ist die Canadair CL-215, ein zweimotoriges Hochdecker-Amphibienflugzeug, das Mitte der 1960er-Jahre für Feuerlöscheinsätze entworfen wurde. Ausgestattet mit zwei 2129-PS-Sternmotoren vom Typ Pratt & Whitney R-2800, die eine Höchstgeschwindigkeit von 305 km/h ermöglichen, kann die CL-215 bis zu 5450 Liter Wasser aufnehmen und über dem nächstliegenden Brand abwerfen – darum werden solche Flugzeuge auch „Wasserbomber“ genannt.
1989 erschien die aktualisierte Variante CL-215T, in der die alten Kolbenmotoren durch Propellerturbinen ersetzt wurden. Schließlich wurde 1993 die Serienversion CL-415 eingeführt, die außer den Propellerturbinen auch verschiedene Neuerungen hinsichtlich Aerodynamik und Avionik aufweist. Von der Amphibienflugzeug-Serie der Canadair, die noch immer in Produktion ist, wurden weltweit etwa 200 Exemplare verkauft.

94 oben 14. Juni 1919: Der historische Abflug von Alcock und Brown mit der Vickers Vimy vom St.-John-Flugfeld, Neufundland, um 16:13 Uhr.

94 unten Das wenig glorreiche Ende der Vimy von Alcock und Brown. Nach ihrem erfolgreichen Transatlantikflug landeten sie in einem irischen Rieselfeld, welches den Piloten von oben als ein geeigneter Landeplatz erschienen war.

Auch mit Landflugzeugen wurden Marathonflüge und wichtige Expeditionen unternommen, die in bemerkenswerter Weise dazu beitrugen, den Horizont der Menschen zu erweitern und die Entwicklung des Flugzeugs voranzubringen. Die beiden berühmtesten Flugunternehmungen waren vielleicht die Exkursion von John Alcock und Arthur Whitten Brown im Jahr 1919 sowie der Alleinflug von Charles Lindbergh 1927.

Ab 1913 bot die britische Tageszeitung Daily Mail die beachtliche Summe von 10 000 Pfund Sterling als Preisgeld, die derjenige Pilot erhalten sollte, der es schaffte, in maximal 72 Stunden und mit nur einer Zwischenlandung den atlantischen Ozean zu überqueren. Während des Ersten Weltkriegs geriet der Preis in Vergessenheit, doch unmittelbar nach dem Kriegsende begann der Wettlauf um den Gewinn: 1918 waren Piloten und Flugzeuge bereits den Erfordernissen gewachsen. Im Frühjahr 1919 klopften zwei Personen – beide ehemalige Offiziere der RAF – im Abstand von drei Wochen an der Tür von Vickers, um sich als Kandidaten zu bewerben. Bei dem einen handelte es sich um den Flugexperten und -lehrer John Alcock; der andere war Arthur Whitten Brown – ein Beobachter, der sich auf moderne Techniken der Astro- und Blindnavigation spezialisiert hatte. Vickers besaß ein für jene Anforderungen geeignetes Flugzeug, den zweimotorigen Bomber Vimy, bei dem die Motoren Rolls-Royce Eagle VIII sowie ein größerer Tank (für bis zu 3500 Liter Treibstoff) eingebaut wurden. Nach einem einzigen Probeflug beschlossen die beiden, von Neufundland aus zu starten, so dass man die dort vorherrschenden Atlantikwinde, die von West nach Ost wehten, zu seinem Vorteil nutzen konnte. Nach der Schiffsreise, dem Wiederzusammenbau des Flugzeugs auf einem Feld in St. John und schließlich dem Warten auf günstigere Wettervorhersagen bereiteten sich Alcock und Brown am 14. Juni 1919 zum Abflug vor. Nach einem atemberaubenden Anlauf, bei dem sich das Flugzeug im letzten Augenblick vom Boden erhob, nahm die Vimy, von Nebel umhüllt, Kurs auf Irland. Der Flug ging nicht ohne Probleme vonstatten: Erst setzte das Funkgerät aus, dann löste sich das Auspuffrohr von einem der Motoren und zuletzt fiel

Die großen Unternehmungen mit Landflugzeugen

95 oben John Alcock und Arthur Whitten Brown – die beiden mutigen Piloten, die am 14. Juni 1919 nach einem Flug von 16 Stunden und 27 Minuten als Erste den Atlantischen Ozean überflogen.

95 unten Die von der Landung in Irland übel zugerichtete Vickers Vimy. Den beiden Piloten erging es zum Glück besser.

die Heizung der Fliegeranzüge der Piloten aus. Nach zehnstündigem Flug trafen die beiden auf eine Gewitterfront – doch es blieb ihnen nichts anderes übrig, als geradeweg hindurchzufliegen. Die Vimy fand sich den Luftströmungen im Innern der Wolken ausgesetzt und begann spiralförmig zu trudeln; knapp fünfzig Meter über den Ozeanwellen schaffte es Alcock schließlich, die Kontrolle über das Flugzeug wiederzuerlangen. In Dunkelheit und Regen begannen sie wieder an Höhe zu gewinnen, doch kam es dort diesmal zu Vereisungen am Flugzeug. Als die beiden es endlich schafften, über die Wolken ans Sonnenlicht vorzubrechen, lag Irland bereits weniger als 200 km vor ihnen. Der Flug wurde allerdings wenig heldenhaft beendet, da die Vimy sich mit der Nase in ein Rieselfeld bohrte, das von oben herab wie eine zur Landung geeignete Grasfläche ausgesehen hatte. Wie dem auch sei – das Unternehmen wurde in 16 Stunden und 27 Minuten ausgeführt! Die beiden Piloten wurden im ganzen Land gefeiert; außer den 10 000 Pfund Sterling wurde ihnen auch noch die Ehre des Ritterschlags zuteil.

Der Alleinflug von Charles Lindbergh

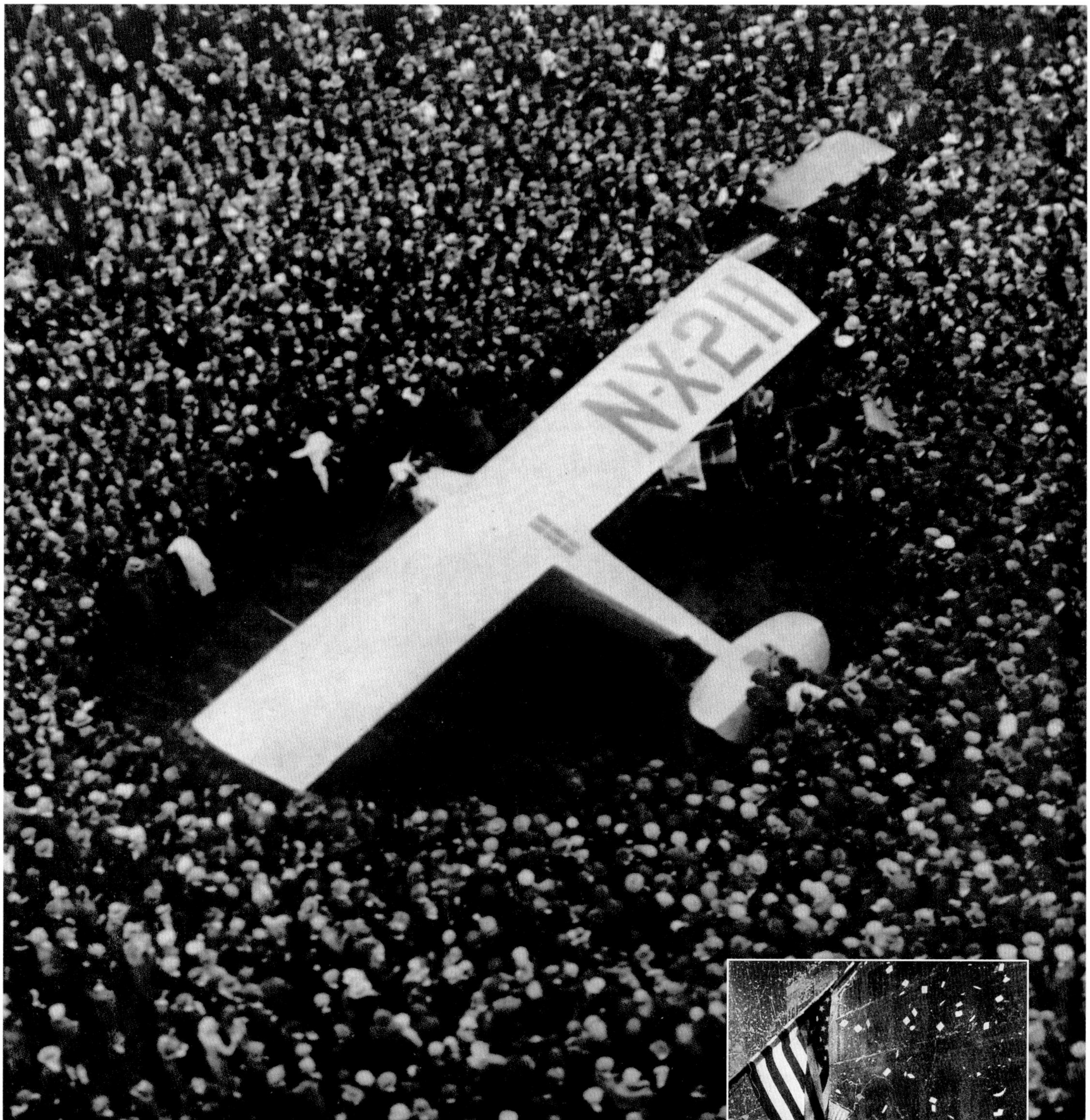

Acht Jahre später war der Amerikaner Charles Lindbergh Hauptdarsteller eines weiteren heldenhaften Flugs. Auch in diesem Fall trieben der Geldpreis ebenso wie die Aussicht auf Ruhm den Ehrgeiz des Piloten an. Der französische Unternehmer Raymond Orteig aus New York schrieb einen Preis von 25 000 Dollar aus, der demjenigen Piloten zufallen sollte, der als Erster einen Nonstop-Flug von New York nach Paris erfolgreich absolvierte. Lindbergh, ein 25 Jahre alter Pilot, hatte bereits Erfahrungen in Flugzirkussen, der Armee sowie im Postdienst gesammelt und beschloss, dass die beste Lösung ein spezielles Flugzeug mit einem einzigen Piloten und ohne Funkgerät sei. Die Firma Ryan aus San Diego baute Lindberghs Flugzeug, die NPY: Es war ein kleiner, einmotoriger Hochdecker mit einem riesigen Behälter für 1700 Liter Kraftstoff, der zwischen dem Motor und der winzigen Pilotenkabine angebracht war. Die Stadt des Sponsors lieferte den Namenspatron für das Flugzeug: „Spirit of St. Louis". Nach einer gewissenhaften Vorbereitung startete Lindbergh am 20. Mai 1927 um 7:52 Uhr morgens vom Curtiss Field in New York; er hatte die Nacht beinahe schlaflos verbracht. Der Flug verlief ohne besonders dramatische Momente – sieht man von den ständigen Schlafattacken ab, die den Piloten während des 33,5-stündigen Flugs überfielen. Nach einer zurückgelegten Strecke von 5700 km landete Lindbergh am 21. Mai um 22:22 Uhr in Paris Le Bourget. Mit diesem Flug erlangte Lindbergh höchstes Ansehen und einen unbestrittenen Platz in der Geschichte der Luftfahrt.

97 oben rechts Charles Lindbergh mit seinem Flughelm. Der 25 Jahre junge Amerikaner überquerte als Erster allein den Atlantik und sicherte sich damit einen ehrenvollen Platz in der Geschichte.

97 unten links Das Titelblatt eines berühmten Lieds mit einer Illustration von Charles Lindberghs Ryan NYP.

97 unten rechts Die „Spirit of St. Louis" war ein Experimental-Flugzeug. Es hatte keine Funkanlage, besaß aber einen riesigen Tankbehälter für 1700 Liter Kraftstoff und ein einsitziges Cockpit, das jedoch keine direkte Vordersicht bot.

96 oben Nach der Ankunft in Paris machte Lindbergh auch in London halt: hier die von der jubelnden Menge eingeschlossene „Spirit of St. Louis" auf dem Flughafen Croydon.

96 unten Die Stadt New York bereitete Lindbergh einen einzigartigen Empfang, wie auf dieser Fotografie vom Broadway zu sehen ist.

97 oben links Die Ryan NYP im Flug. Lindbergh benötigte für die 5700 km lange Strecke von New York nach Paris 33,5 Stunden.

Die Schneider-Trophäe

Der 16. April 1913 war das Datum, an dem zum ersten Mal das Wettfliegen um die Schneider-Trophäe für die Coupe d'Aviation Maritime Jacques Schneider veranstaltet wurde; es war ein 10 km langer Rundkurs, der 28-mal zurückgelegt werden musste.
Ausgelobt wurde die Trophäe von Jacques Schneider, dem Sohn des Industriellen und Inhabers der gleichnamigen Rüstungsfabrik. Er wollte mit der Trophäe die Entwicklung der Wasserflugzeuge fördern, die seiner Meinung nach unter allen Flugzeugtypen die meiste Beachtung verdienten, da doch sieben Zehntel der Erdoberfläche mit Wasser bedeckt sind.
Der Wettstreit um die Trophäe sollte jährlich jeweils an einem Ort ausgetragen werden, den der Sieger des Vorjahres bestimmen durfte. Hatte eine Nation die Trophäe dreimal im Verlauf von fünf Jahren gewonnen, würde ihr der endgültige Sieg zugesprochen werden.
Die erste Veranstaltung wurde im Fürstentum Monaco ausgetragen. Gewinner war der Franzose Maurice Prévost mit seinem 160-PS-Hydroplan Deperdussin. Das zweite Wettfliegen – organisiert von Frankreich – fand am 20. April 1914 erneut in Monaco statt und wurde diesmal von dem Engländer Howard Pixton gewonnen. Er flog eine Sopwith Tabloid mit einer Durchschnittsgeschwindigkeit von 139,66 km/h. Der Erste Weltkrieg hatte die regelmäßige Austragung des Wettbewerbs unterbrochen, doch in der Nachkriegszeit waren der Wettkampfgeist sowie das Interesse an der Veranstaltung höher denn je. Die dritte Austragung des Luftrennens fand am 10. September 1919 in Bournemouth, England, statt. Aufgrund eines Unwetters schaffte es jedoch nur ein Flugzeug – die italienische SIAI S.13 – den Rundflug auszuführen. Da aber die richtige Ausführung wegen des Nebels nicht geprüft werden konnte, beschlossen die Veranstalter, keinen Preis zu vergeben, doch die Organisation des nächsten Wettbewerbs den Italienern anzuvertrauen. 1920 wurde das Wettfliegen also in Venedig ausgetragen – mit der Teilnahme von vier italienischen Flugzeugen. Sieger wurde der Kapitänleutnant Luigi Bologna mit seiner SIAI S.12. Auch im darauf folgenden Jahr waren es drei Italiener und ein Franzose, die wieder in Venedig um die Trophäe wetteiferten. Sie wurde am 11. August von dem Italiener De Briganti gewonnen, der mit seiner Macchi M.7 eine Durchschnittsgeschwindigkeit von 189,67 km/h flog. Das sechste Rennen wurde in Neapel ausgetragen, doch die Dinge verliefen diesmal

nicht in den gewohnten Bahnen: Der Brite Henry Biard besiegte die italienischen und französischen Mannschaften. Er flog die Supermarine Sea Lion II, die von einem 456-PS-Motor zu einer Durchschnittsgeschwindigkeit von 234,51 km/h angetrieben wurde. Am 28. September fand man sich auf der Isle of Wight zusammen, wo zum ersten Mal ein Amerikaner den Sieg davontrug: Rittenhouse schlug die Engländer und Franzosen, indem er mit seiner Curtiss CR-3 eine Durchschnittsgeschwindigkeit von 285,45 km/h flog. Aufgrund fehlender Teilnehmer wurde das Wettfliegen 1924 nicht ausgetragen. 1925 siegte der Leutnant Doolittle vor den Engländern und Franzosen. Doolittle besaß eine Curtiss R3C-2, die, ausgestattet mit einem 600-PS-Motor, die beeindruckende Durchschnittsgeschwindigkeit von 374,27 km/h fliegen konnte. 1926 beschlossen die Engländer und Franzosen, nicht an dem Wettkampf teilzunehmen. Sie hatten nur ein Jahr, um neue Flugzeuge zu entwickeln, und hielten es somit für unmöglich, die Amerikaner schlagen zu können. Dies galt jedoch nicht für die höchst engagierten Italiener; sie wurden vom faschistischen Regime angetrieben, das einen eindrucksvollen Sieg erwartete. Die Firma Macchi entwickelte also die M.39, während Fiat den neuen 800-PS-Motor A.S.2 konstruierte. Der Wettkampf wurde in Norfolk, Virginia, ausgetragen und war ein italienisch-amerikanischer Zweikampf. Die Macchi schien der Curtiss überlegen zu sein und die Italiener gewannen den ersten – mit De Bernardis Fluggeschwindigkeit von 396,68 km/h – und dritten Platz.

1927 fand das Wettfliegen in Venedig statt. Diesmal war England mit einem hervorragenden Flugzeug vertreten: der Supermarine S.5. Die Maschine wurde aus dem Modell S.4 entwikkelt, welches 1926 aufgrund eines Unfalls nicht beim Wettbewerb benutzt werden konnte. Trotz der von den Italienern auf die Macchi M.52 gesetzten Erwartungen war es der Kommandant S. N. Webster, der mit seiner S.5 siegte – mit einer beeindruckenden Durchschnittsgeschwindigkeit von 453,28 km/h. Nach dieser Niederlage gründeten die Italiener in Desenzano die Flugschule Scuola di Alta Velocità della Regia Aeronautica mit dem Ziel, die begehrte Trophäe zu gewinnen. Von nun an wurde der Wettkampf zweijährlich ausgetragen, da das Entwerfen neuer Flugzeuge immer komplexer wurde. 1928 jedenfalls – allerdings außerhalb der Schneider-Trophäe – stellten die Italiener in Venedig einen Fluggeschwindigkeits-Weltrekord auf: Mario De Bernardi war es, der mit seiner Macchi M.52R eine Höchstgeschwindigkeit von 479,29 km/h erreichte. 1929 fand das Wettfliegen im englischen Calchot statt, wo das Heimteam mit der neuen Supermarine S.6 ohne Schwierigkeiten den Sieg errang – die beiden italienischen Macchi MC.67 mussten sich schon im zweiten Durchgang zurückziehen. Italien plante nun eine Revanche mit einem fabelhaften Wasserflugzeug, der Macchi MC.72; doch leider war es zum 12. Wettflug am 13. September 1931 noch nicht fertig gestellt. Nur Großbritannien nahm in jenem Jahr teil: mit J. N. Boothman, der eine S.6B (mit 2332-PS-Motor Rolls-Royce R) flog. Er gewann und England wurde endgültig die Schneider-Trophäe verliehen.

Da den Italienern nun schon die Trophäe entgangen war, trösteten sie sich mit dem Sieg der Coppa Blériot 1933. Außerdem stellte das Land 1934 den Geschwindigkeits-Weltrekord auf, als Francesco Agello die Marke von 709,20 km/h erreichte. Der Rekord wurde bis 1939 nicht geschlagen und besteht in der Kategorie der Wasserflugzeuge noch heute.

Schneider-Trophäe Siegerliste

1913	*Frankreich*
1914	*Frankreich*
1919	*nicht vergeben*
1920	*Italien*
1921	*Italien*
1922	*Großbritannien*
1923	*Vereinigte Staaten*
1924	*nicht ausgetragen*
1925	*Vereinigte Staaten*
1926	*Italien*
1927	*Großbritannien*
1929	*Großbritannien*
1931	*Großbritannien*

98 oben Die erste Schneider-Trophäe wurde in Monte Carlo ausgetragen. Sieger wurde Maurice Prévost, der dieses 160-PS-Deperdussin-Wasserflugzeug flog.

98 unten Die außergewöhnliche Macchi MC.72 war das wichtigste Flugzeug, das im Jahr 1931 bei der Schneider-Trophäe fehlte; die Maschine war zu jenem Zeitpunkt noch nicht fertig. 1934 stellte die MC.72 mit 709,20 km/h den Geschwindigkeitsweltrekord für Wasserflugzeuge auf - dieser ist bis heute noch unübertroffen geblieben.

99 oben Ein Reklameplakat der Gloster, die den Sieg ihres Modells VI bei dem King's Cup Race von 1929 verkündet.

99 unten Der französische Geschäftsmann Jacques Schneider gründete den gleichnamigen Wettbewerb mit dem Ziel, die Entwicklung der Wasserflugzeuge voranzutreiben.

Kapitel 7

Der Zweite Weltkrieg: die Alliierten

Der Ausbruch des Zweiten Weltkriegs war keinesfalls eine Überraschung; tatsächlich waren die Militärplaner bereits seit geraumer Zeit an der Arbeit. Über Jahre hinweg zogen die Kriegswolken über Europa, Afrika und Asien, wo bereits in den 1930er-Jahren verschiedene Konflikte durchlebt wurden. Alle besaßen einen gemeinsamen Ursprung: den extremen Nationalismus einiger totalitärer Regierungen, deren Expansions- und Machtpolitik zwangsläufig zu Kriegen führten. Der chinesisch-japanische Krieg, der spanische Bürgerkrieg und der Krieg in Äthiopien demonstrierten dem Rest der Welt, dass die Regimes in Italien, Deutschland und Japan entschlossen waren, ihre Expansionsgelüste durch Gewaltanwendung zu befriedigen.
Ende der 1930er-Jahre fand in Europa ein wahres Wettrüsten statt –ein Prozess, der zum Erscheinen von Flugzeugen führte, die weitaus moderner und leistungsfähiger waren als die nur wenige Jahre jüngeren Vorgänger. Die Vereinigten Staaten nahmen an diesem Rüstungswettlauf erst nach 1938 teil, als der Kongress – alarmiert durch die militärischen Erfolge Japans und die bedrohliche Politik Hitlers in Europa – wirtschaftliche Vorkehrungen traf, um die Modernisierung der Streitkräfte, besonders 1939 der Armee-Luftwaffe (U.S. Army Air Corps), konkret in Angriff zu nehmen. Diese Waffengattung hatten bis dahin mit spärlichen Mitteln, wenigen Piloten und nur ca. 1100 veralteten Kampfflugzeugen existiert.
Auf jeden Fall gehörten Frankreich und Großbritannien zu jenen Großmächten, die durch die Kriegsereignisse am meisten beunruhigt und betroffen wurden; 1939 – unmittelbar nach Hitlers Invasion in Polen – erklärten beide Staaten Deutschland förmlich den Krieg. Im Winter 1939–40 blieben die französische Luftwaffe und das britische Flugexpeditionskorps in Frankreich ziemlich untätig, doch als am 10. Mai 1940 die Deutschen ihre große Offensive im Westen begannen, setzte die wahre militärische sowie technologische Konfrontation zwischen den Achsenmächten und den Alliierten ein.
Die französische Armée de l'Air konnte den deutschen Angriffen mit einer Serie von technisch überzeugenden Jagdflugzeugen antworten, die jedoch vor allem in der Einsatztaktik den feindlichen Flugzeugen unterlegen waren. Von den Franzosen wurden die Bloch MB.151 und 152 sowie die Curtiss H75 Hawk – die Exportversion des P-36 des USAAC – aufgeboten. Zu den besten Jagdflugzeugen der Franzosen zählten jedoch die Morane-Saulnier MS-406 und die Dewoitine D-520. Die MS-406 war am zahlreichsten vertreten und 1940 mit elf Jagdflugzeug-Gruppen im Einsatz. Die Ursprünge der Morane-Saulnier gingen auf die MS-405 zurück, einen modernen Ganzmetall-Tiefdecker mit geschlossenem Cockpit und Einziehfahrwerk, der 1934 auf eine Spezifikation des Kriegsministeriums hin konstruiert wurde. 15 Exemplare der MS-405 wurden 1937 bestellt, doch danach wechselte die Produktion zur MS-406, die mit leichteren Flügeln sowie mit dem stärkeren Hispano-Suiza-Motor ausgestattet war. Der drohende Krieg führte zur Bestellung von 1000 Exemplaren der MS-406, die es jedoch nicht schafften, den deutschen Jagdflugzeugen – beson-

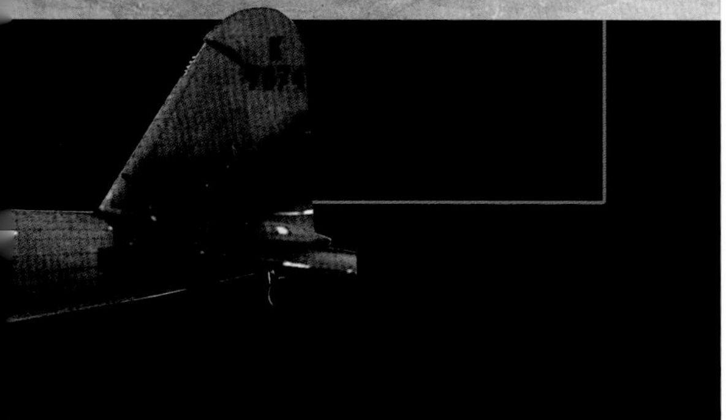

ders der gewandteren und stärkeren Messerschmitt Bf 109E – wirksam entgegenzutreten. Die MS-406 wurde massiv an der französischen Front eingesetzt und auch von anderen Ländern – wie der Schweiz und Finnland – erworben; die Finnen setzten das Jagdflugzeug erfolgreich im Winterkrieg gegen die Sowjetunion ein.

Der beste Jäger der französischen Luftwaffe war ohne Zweifel die D-520, ein Flugzeug, das 1936 als Rivale der MS-406 eingeführt wurde. Die Dewoitine war eine Maschine mit modernen Konturen, die hervorragende Leistungen erbrachte. 1939 beschloss die französische Regierung, eine Serie von 710 Exemplaren zu bestellen, doch diese Entscheidung fiel bereits zu spät: Obwohl beim Kriegsausbruch an der Westfront 400 Exemplare geliefert worden waren, war nur eine Jägergruppe mit dem neuen Flugzeug ausgerüstet, und die befand sich außerdem noch in der Trainingsphase. Somit konnte die D-520 – obwohl sie der Bf 109 in keiner Hinsicht unterlegen war – die Luftkämpfe nicht mehr entscheidend beeinflussen. Nach dem Waffenstillstand wurden zahlreiche D-520 in die deutsche und italienische Luftwaffe eingegliedert, wo sie überwiegend als Fortgeschrittenen-Trainer sowie Reserve-Jäger verwendet wurden.

Auch Großbritannien befand Mitte der 1930er-Jahre, dass die eigene Luftwaffe, die RAF, verglichen mit dem Standard der Zeit nicht ausreichend bewaffnet war. 1940 setzte die RAF noch veraltete Flugzeuge ein wie zum Beispiel den Jäger Gloster Gladiator oder den Bomber Fairey Battle. Doch dank des neuen Aufrüstungsprozesses wurde auch eine erhebliche Anzahl moderner Flugzeuge benutzt, zum Beispiel der Jäger Hawker Hurricane und der Bomber Bristol Blenheim. Die Hurricane war zweifellos eines der berühmtesten und meistgelobten britischen Jagdflugzeuge. Das Projekt wurde 1933 in Angriff genommen – nachdem Sydney Camm (Konstrukteur bei Hawker) an einem Nachfolger des Fury-Doppeldeckers zu arbeiten begann. Das Flugzeug war als freitragender Tiefdecker ausgelegt und war dank des geschlossenen Cockpits sowie des Einziehfahrwerks extrem fortschrittlich. Zudem war die Hurricane mit acht Maschinengewehren vom Kaliber 7,7 mm bewaffnet und besaß einen 1039-PS-Motor vom Typ Rolls-Royce Merlin. Der erste Flug wurde am 6. November 1935 durchgeführt, die ersten Tests bestätigten, dass es sich um ein wahrlich exzellentes, schnelles und wendiges Flugzeug handelte. 1936 bestellte das Luftfahrtministerium 600 Exemplare. Die Serienflugzeuge begann man im Dezember 1937 in Dienst zu stellen und bildete mit ihnen das Rückgrat des RAF-Jägerkommandos.

Nach Frankreichs unglücklichem Feldzug waren es gerade die in 32 Gruppen aufgeteilten Hurricanes, die sich 1940 während der Schlacht von England gegen die deutschen Angriffe am besten behaupten konnten: Sie schlugen erfolgreich die Attacken der Zerstörer, Bomben- und Jagdflugzeuge der deutschen Luftwaffe zurück. Ab 1941 wurde die Hurricane in technischer Hinsicht nach und nach von den besten englischen und deutschen Jägern überholt. Doch dank der Einführung neuer, stärkerer Flügel setzte das Flugzeug seine Kriegskarriere erfolgreich als Jagdbomber fort – bei Einsätzen in England sowie im Mittelmeerraum. Die Mk.IIC war mit vier 20-mm-Kanonen bewaffnet, während die Mk.IV außer den 40-mm-Kanonen noch die Möglichkeit besaß, Bomben und Raketen abzuwerfen. Es wurden ca. 20 Versionen der Hurricane entworfen – darunter auch die Sea Hurricane, eine Marineversion für Flugzeugträger. Die Gesamtproduktion zählte über 14 200 Exemplare, die bis 1947 während des gesamten Kriegs von der Royal Air Force eingesetzt wurden. Aber außer den Briten benutzten noch weitere 14 Luftwaffen diese Maschine, darunter mit 3000 Exemplaren die sowjetischen Luftstreitkräfte, bei denen die Hurricane sehr beliebt war. Der Niedergang der Hurricane als Jagdflugzeug stellte für die RAF kein großes Problem dar, da sie bereits seit langem über einen Nachfolger verfügte.

100 oben Der britische Bomber Fairey Battle flog zum ersten Mal 1936. Die RAF setzte zu Beginn des Zweiten Weltkriegs über 1000 Exemplare ein, doch die Maschine war vom technischen Standpunkt aus bereits überholt.

100 unten Den Großteil der britischen Luftverteidigung von 1939–1940 bildete die Hawker Hurricane. Das Jagdflugzeug stand seit 1937 im Dienst und erwies sich noch während der Schlacht um England als nützlich. Auf der Fotografie sieht man die Flugzeuge des 71. „Eagle"-Geschwaders der RAF, das aus amerikanischen Freiwilligen gebildet war.

101 erstes Bild Der französische Jäger Morane-Saulnier MS-406 war 1940 bei der französischen Luftwaffe am häufigsten vertreten; die Maschine konnte dem Vergleich mit der deutschen Messerschmitt Bf 109 jedoch nicht mehr standhalten.

101 zweites Bild Die Armée de l'Air bot auch den Jäger Bloch MB.151 und die Nachfolgeversion MB.152 auf, aber beide Flugzeuge konnten die zugewiesenen Aufgaben nicht zufriedenstellend ausführen.

101 drittes Bild Der Doppeldecker Gloster Gladiator war ebenfalls eines der RAF-Jagdflugzeuge bei Kriegsbeginn und wurde auf Nebenkriegsschauplätzen eingesetzt, wie zum Beispiel an der Mittelmeerfront.

101 viertes Bild Hawker Hurricanes Mk.I der 111. Squadron im Formationsflug über Northolt, Middlesex. Diese Jagdflugzeuge verteidigten London in den ersten Phasen der Schlacht um England.

Es handelte sich um die Supermarine Spitfire – ein schönes und leistungsfähiges Flugzeug, das von den gegnerischen Piloten Bewunderung und Neid erntete.
Die Spitfire – einer der besten Jäger in der gesamten Luftfahrtgeschichte – wurde kurz nach der Hurricane fertig gestellt und hob zum ersten Mal am 5. März 1936 ab. Das Flugzeug entstammte der Arbeit des Konstrukteurs Reginald Mitchell, der bereits mit der Realisierung der schnellsten Flugzeuge der Welt (Gewinnern der Schneider-Trophäe) ein solides Ansehen erlangt hatte. 1931 begann Mitchell, an einem neuen Jagdflugzeug zu arbeiten – der Supermarine Type 224, doch wahrscheinlich hatte er die Komplexität des Projekts unterschätzt; die Type 224 wurde ein Misserfolg. Mitchell beschloss daraufhin, die Flügelspannweite sowie den Rumpf zu verkürzen und gleichzeitig ein Einziehfahrwerk einzubauen. Das Ergebnis war die Type 300, doch das Modell war noch zu langsam beim Steigen. Eine Lösung für das Problem wurde 1934 gefunden, nachdem Supermarine mit Rolls-Royce ein Abkommen für die Lieferung eines neuen Merlin-Motors vereinbart hatte; so wurde die Type 300, die künftige Spitfire, noch mit diesem stärkeren Triebwerk ausgerüstet. Nach dem Erstflug verkündete der Testpilot Joseph Summers: „Es soll nichts mehr daran angerührt werden".
Die Spitfire war ein schlankes, elegantes Flugzeug, das auch effiziente und innovative Eigenschaften besaß, wie zum Beispiel die Ellipsenflügel und die Beschichtung, die bei Produktionsbeginn noch einige Probleme verursachte. In der Waffenausrüstung unterschied sich die Spifire nicht von der Hurricane, wurde jedoch von einem stärkeren Motor angetrieben, der eine hervorragende Manövrierfähigkeit ermöglichte. Das erste Serienmodell wurde 1938 in Dienst gestellt und bis 1939 hatte das Ministerium bereits 4000 Exemplare der Spitfire bestellt, so dass mehrere Firmen mit dem Bau beschäftigt werden mussten. Bei Kriegsbeginn waren nur neun Geschwader mit der Spitfire Mk. I ausgestattet, doch die Anzahl wuchs in rasendem Tempo. Schon im März 1941 erschien die verbesserte Version Mk.V, die schwerere Bewaff-

102 oben links Das berühmteste britische Jagdflugzeug im Zweiten Weltkrieg war die Supermarine Spitfire, deren Erfolg auch den bei der Schneider-Trophäe erlangten Erfahrungen ihrer Konstrukteure zu verdanken war.

102 oben rechts Eine Spitfire Mk.XII mit „abgeschnittem" Flügel während eines Übungsflugs über England im Jahr 1944. Die Spitfire blieb bis 1948 in Produktion, es wurden fast 23 000 Exemplare produziert.

nung und einen leistungsfähigeren Motor (den 1440-PS-Merlin) besaß. Diese Version erreichte über 600 km/h auf 4000 Metern Höhe und wurde auch als Jagdbomber eingesetzt. Schließlich wurde im Juli 1942 das Modell Mk.IX eingeführt – als Antwort auf Deutschlands neue Focke-Wulf 190. 1943 begann man, die Spitfire mit dem 2050-PS-Griffon-Motor auszustatten, der – zusammen mit einem fünfblättrigen Propeller – die Spitfire zu einem der schnellsten Flugzeuge der Welt machte. Bis 1948 wurden über 22 800 Exemplare der Spitfire in ca. 30 Versionen hergestellt. Mehr als 20 Luftstreitkräfte – darunter die sowjetischen und amerikanischen – benutzten das Flugzeug. Zahlreiche Fliegerasse flogen die Spitfire, unter denen besonders der RAF-Pilot James „Johnny" Johnson hervorstach: Er schoss 38 feindliche Jäger ab. In sage und schreibe 515 Einsätzen wurde er nur ein einziges Mal getroffen, überlebte den gesamten Krieg und leistete auch in der Nachkriegszeit bei der RAF weiter seinen Dienst. Anders erging es dem Schöpfer der Spitfire, Reginald Mitchell, der sich nie über den Erfolg seiner Maschine freuen konnte: Er starb 1937 an Krebs, ein Jahr, bevor das Flugzeug in Dienst gestellt wurde. Zwei weitere wichtige britische Jagdflugzeuge des Krieges waren die Hawker Typhoon und die Tempest. Die Typhoon wurde Ende der 1930er-

102 unten Die Serienproduktion der Spitfire in Southampton, 1941. Einige der fortschrittlichen technischen Charakteristiken des Flugzeugs bereiteten anfangs Probleme bei der Serienfertigung.

103 oben Diese Fotografie wurde 1939 auf dem Flughafen von Duxford gemacht und zeigt ein Geschwader Spitfire Mk.I bei einer Übung zum Alarmstart.

103 unten Eine Formation von Spitfire Mk.XII während eines Flugs im Mai 1944 vor der Landung in der Normandie. Dieses Modell verfügte über den stärksten 2050-PS-Motor Rolls-Royce Griffon.

Jahre konstruiert, als Antwort auf eine Ausschreibung des Ministeriums für einen Nachfolger des Jägers Hurrricane. Hawker entwarf zwei Prototypen, die jeweils mit einem der beiden neuen Motoren ausgestattet wurden: dem Rolls-Royce Vulture bzw. dem Napier Sabre, die beide in der Spezifikation aufgelistet waren. Der Entwurf für die Tornado mit dem ersten der erwähnten Motoren wurde fallengelassen, während das Typhoon-Projekt trotz zahlreicher Schwierigkeiten beim Instandsetzen des Motors fortgesetzt wurde. Der Prototyp flog am 24. Februar 1940, aber zu den Problemen mit dem Motor kamen nun noch andere, strukturelle Schwierigkeiten: Die Typhoon, die im September 1941 in Dienst gestellt wurde, lief – nach einigen tödlich verlaufenen Unfällen – Gefahr, zurückgezogen zu werden. Nachdem man den Entwurf einigen Verbesserungen unterworfen hatte, beschloss das Luftfahrtministerium 1942, das Flugzeug nicht mehr als Abfangjäger, sondern als Jagdbomber einzusetzen.

Die neue Karriere der Typhoon begann also im August 1942 und schon ab 1943 erwies sich das Flugzeug als ausgezeichnete taktische Unterstützungswaffe, da es gerade beim Tiefflug die besten Leistungen erbrachte. Jedenfalls wuchs der Ruhm der Typhoon – die trotz allem nicht leicht zu steuern war – ab dem Sommer 1944, als sie bei den Landungsoperationen in der Normandie sowie am Vormarsch der alliierten Truppen in Westeuropa bis ins Herz Deutschlands teilnahm. Mit den vier 20-mm-Kanonen und 908 kg Bomben oder Raketen wurde sie zu einem tödlichen Gegner der feindlichen Truppen. Die Typhoon wurde der 2. Tactical Air Force zugeteilt und konnte von Flugplätzen aus operieren, die oft nur aus hinter der Front angelegten Feldern mit improvisierten Pisten, Abstellplätzen und Hangars bestanden. Dadurch waren die Flugzeuge ständig einsatzbereit und konnten ohne Schwierigkeiten den Bodentruppen als Rückendeckung dienen. Unter diesen Bodentruppen befand sich ein Luftwaffenoffizier (der sogenannte FAC, Forward Air Controller), der bei Bedarf die Flugzeuge anforderte und sie gegen die feindlichen Streitkräfte, die das Vordringen der alliierten Panzerwagen behinderten, lenkte. Besonders mit dem Jagdbomber Typhoon, von dem über 3300 Exemplare gebaut wurden, hatte man diese besondere Strategie des Close Air Supports bzw. der Luft-Nahunterstützung begründet und entwickelt.

Nachfolger der Typhoon wurde die Tempest, die – zunächst als Typhoon Mk.II bezeichnet – ursprünglich als Abfangjäger operieren sollte. Am 21. Juni 1943 flog die Tempest Mk.I zum ersten Mal, doch fortwährende Probleme mit dem Motor Sabre IV brachten eine Fortentwicklung dieses Modells zum Stillstand – zugunsten der Mk.V, die mit einem Sabre-II-Motor ausgestattet war. Die Tempest Mk.V wurde das erste Mal am 21. Juni 1943 geflogen und bewies eine bei jeglicher Flughöhe zufriedenstellende Stärke und Schnelligkeit: Die Serienproduktion wurde somit unmittelbar eingeleitet. Danach führte man die Tempest Mk.II ein, die über einen Centaurus-Motor sowie verbesserte Aerodynamik verfügte – dank Anbringung eines ringförmigen Kühlers, der die Nase schlanker werden ließ. Insgesamt wurden über 1500 Tempest-Exemplare gebaut und auch in der Nachkriegszeit noch bis 1951 eingesetzt.

Der letzte berühmte Jäger der RAF im Zweiten Weltkrieg war die Gloster Meteor, die als erstes und einziges Düsen-Jagdflugzeug der Alliierten im Krieg eingesetzt wurde. Die Ursprünge der Meteor gingen bis zum Jahr 1940 zurück, als man beschloss, Forschungen zu Düsentriebwerken in Angriff zu nehmen. Das erste Düsenflugzeug war die experimentelle Gloster E.28/39, die ausgestattet mit einem Whittle-W.1-Triebwerk am 15. Mai 1941 zum ersten Mal flog. Gloster baute daraufhin einen zweimotorigen Meteor-Mitteldecker, bei dem die Triebwerke in die Tragflächen integriert wurden; das Flugzeug wurde von dem Whittle W.2B/23 mit 770 kp Schubkraft angetrieben. Acht Prototypen wurden gebaut. Als Erstes flog am 5. März 1943 das fünfte Modell der kleinen Meteor-Serie. Von der Produktionsversion Meteor F Mk.I wurde eine erste Kleinserie von 20 Exemplaren bestellt, die im Juni 1944 in Dienst gestellt wurden. Die Flugzeuge wurden sofort in England eingesetzt, um Deutschlands Raketen V 1 abzufangen. Von der darauffolgenden Version F Mk.III baute man ca. 200 Exemplare, mit denen verschiedene Fliegergruppen ausgerüstet wurden. Sie waren 1945 an der belgischen und deutschen Front im Einsatz. Die Meteor war jedoch kein besonders schnelles Flugzeug und im Allgemeinem der Messer-

104 Das erste britische Düsenflugzeug war die Gloster Meteor; sie flog zum ersten Mal im März 1943. 1945 wurde das Flugzeug nach Belgien und Deutschland an die Front gesandt, war jedoch der Messerschmitt Me.262 nicht gewachsen.

105 oben links Eine Formation von Typhoon Mk.IA bei einem Übungsflug über England. Anfangs sollte das Flugzeug als Abfangjäger eingesetzt werden, es hatte jedoch ein zu unsicheres Steuerverhalten.

105 oben rechts Ein Jagdbomber des Typs Hawker Typhoon, ausgerüstet mit vier 20-mm-Kanonen und acht Luft-Boden-Raketen unter den Flügeln, die auch bei Angriffen gegen feindliche Panzerwagen tödlich waren.

105 Mitte Nahaufnahme einer Gloster Meteor der RAF; gut zu sehen ist die zentrale Position der Flügel und der zwei Düsentriebwerke. Die vier 20-mm-Kanonen befinden sich am Bug.

105 unten *Nachfolger der Typhoon war die Tempest Mk.V, die als Jäger und Jagdbomber eingesetzt werden konnte. Sie besaß dieselbe Bewaffnung wie die Typhoon, doch der 2550-PS-Motor Centaurus verlieh ihr eine Höchstgeschwindigkeit von gut 708 km/h.*

schmitt 262 unterlegen, mit der sie jedoch nie direkt im Kampf zusammenstieß. Erfolgreicher war die Meteor dagegen in der Nachkriegszeit, als über 25 Versionen entworfen wurden; insgesamt wurden 3800 Exemplare gebaut, die von 14 Ländern erworben wurden. Die RAF setzte die Meteor bis 1961 ein – sowohl bei Kämpfen im Korea-Krieg als auch in den arabisch-israelischen Konflikten.

106 oben Der viermotorige Bomber Halifax stand seit 1940 im Dienst der RAF. Es wurden über 25 Versionen entwickelt und mehr als 6000 Exemplare gebaut. Auf dem Bild ist eine Handley Page HP.57 Halifax Mk.III zu sehen.

106 Mitte Die Short S.29 Stirling war Zeitgenosse der Halifax. Sie flog zum ersten Mal im Mai 1939 und wurde im August 1940 in Dienst gestellt. Das Flugzeug erwies sich jedoch schon bald als überholt und wurde ab 1943 für zweitrangige Aufgaben verwendet.

106 unten Ein Tagesangriff auf Köln am 18. August 1941. Die RAF brauchte nicht lange, um den Luftkrieg direkt in das Herz der feindlichen Gebiete zu bringen.

107 Kalt, unbequem und laut war es in diesem Rumpf eines Halifax-Bombers während eines Angriffs auf Deutschland im Oktober 1941. Die Maschinengewehrschützen suchen den Himmel nach feindlichen Jägern ab.

Im Zweiten Weltkrieg setzte die RAF auch erfolgreich Bombenflugzeuge ein, darunter waren die schweren Bomber Short Stirling, Handley Page Halifax und Avro Lancaster sowie die leicht bewaffneten Bristol Blenheim, Beaufighter und De Havilland Mosquito. Die Stirling und die Halifax machten fast parallel Karriere: Beide wurden 1936 entworfen, nachdem das Luftfahrtministerium einen neuen mittelschweren Bomber gefordert hatte. Mit je vier Motoren ausgestattet, flogen beide Flugzeuge zum ersten Mal im Jahr 1939 – die Stirling am 15. Mai und die Halifax am 25. Oktober. Die Gemeinsamkeiten endeten jedoch schon hier. Die Halifax war ein weitaus moderneres Flugzeug, das auch deutlich höher fliegen konnte als die Stirling.
1943 wurde die Halifax Mk.III in Dienst gestellt; die Maschine war mit den Sternmotoren Hercules ausgestattet, die zur Verbesserung der Flugleistungen beitrugen. Zusammen mit der Lancaster wurde die Halifax während des gesamten Kriegs in vorderster Linie eingesetzt. Neben dem Gebrauch als Bomber wurde die Halifax nun auch für Transporte, für das Absetzen von Fallschirmspringern sowie als Schleppflugzeug für Lastensegler benutzt. Insgesamt wurden 6176 Exemplare gebaut.
Die Stirling wurde dagegen ab Mitte 1943 nur noch für Transporteinsätze sowie den Schleppflug von Lastenseglern verwendet.
Der wichtigste britische Bomber während des Krieges war jedenfalls die Lancaster, die kurioserweise aus einem misslungenen Projekt entwickelt wurde. Einer vom Ministerium aufgestellten Spezifikation folgend hatte Avro den zweimotorigen schweren Bomber Manchester entworfen. Die beiden Rolls-Royce-Vulture-Motoren der Maschine besaßen jedoch keine ausreichende Leistung und waren zudem wenig zuverlässig.
Nach diesem Misserfolg machten sich die Konstrukteure von Avro im Sommer 1940 eiligst daran, die Pläne vollständig zu überarbeiten und gingen schließlich zur Klasse der Viermotorigen. Das Flugzeug wurde daraufhin mit vier Rolls-Royce-Merlin-Triebwerken, vollkommen veränderten Leitwerken sowie einer größeren Flügelspannweite ausgestattet. Das Ergebnis konnte sich sehen lassen: Die Lancaster wurde zum besten britischen Bomber des Kriegs; neun Fabriken bauten über 7300 Exemplare in 23 verschiedenen Versionen.

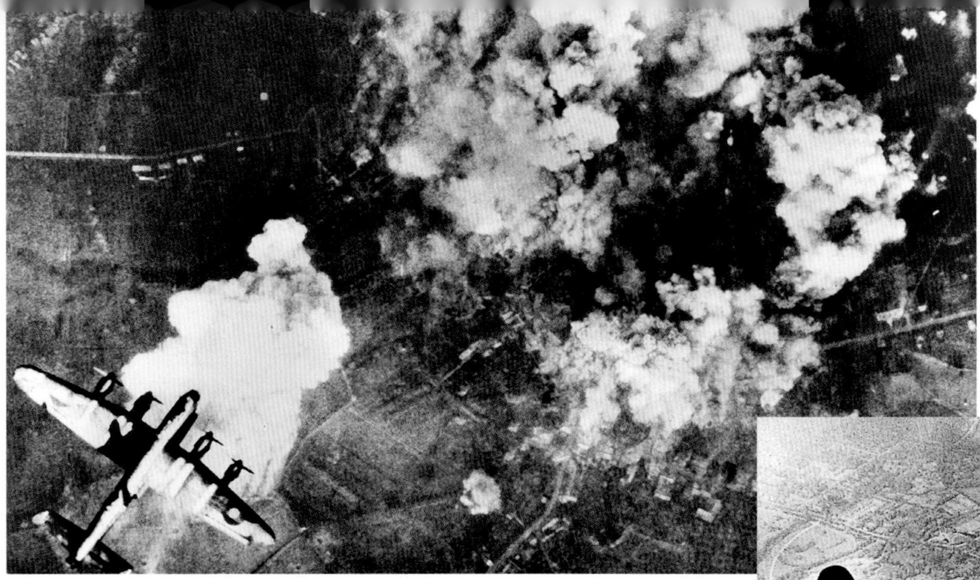

108 unten Alarmstart einer leichten Bristol Beaufighter Mk.VIC, einer Anti-Schiffs-Version mit Torpedo. Die Beaufighter wurde 1940 in Dienst gestellt, fast 6000 Exemplare wurden gebaut.

109 oben links Ein Jagdbomber De Havilland Mosquito Mk.IV 1942. Aufgrund der Holzkonstruktion und der hervorragenden Leistungen wurde die Maschine „Wooden Wonder" – das Wunder aus Holz – genannt.

108 oben links Auf der Fotografie eines RAF-Angriffs auf eine deutsche Stadt ist eine viermotorige Avro Lancaster zu erkennen.

108 oben rechts Die Lancaster – vielleicht der beste englische Bomber des Kriegs – wurde im Januar 1942 in Dienst gestellt. Die Maschine wurde in 23 Versionen produziert und konnte bis zu 6350 kg Bomben tragen.

Die erste Lancaster flog am 9. Januar 1941, der operative Einsatz des Bombers erfolgte im Januar 1942. Bis in die 1950er-Jahre hinein wurde der RAF-Bomber für verschiedene Aufgaben benutzt: Radar-Gegenmaßnahmen, Aufklärung und Überwachung zur See. Mit den größten und schwersten Bomben ausgerüstet, übernahm die Lancaster einen Großteil der nächtlichen Luftoffensive über Deutschland und den besetzten Gebieten Europas. Unter den Spezialbomben befanden sich der „Tallboy", eine Luftmine mit einem Gewicht von 5443 kg, die unter anderem bei der Versenkung des Schlachtschiffs Tirpitz benutzt wurde; ferner die über 9980 kg schwere „Grand Slam" mit Überschall-Fallgeschwindigkeit sowie die zylinderförmige Spezial-Rollbombe „Wallis Dambuster" mit 4200 kg; letztere wurde zur Zerstörung der Staudämme, die den Elektrizitätswerken der Ruhr dienten, eingesetzt. Diese schwierige und vielleicht sogar berühmteste von der RAF durchgeführte Kriegsmission wurde dem 617. Geschwader „Dam Busters" anvertraut; die Gruppe wurde von Oberstleutnant Guy Gibson geleitet und speziell für diesen Einsatz gebildet. Die Mission war schwierig, da sie äußerste Präzision erforderte. Die Bombe wurde vor dem Abwurf mit Hilfe eines Hydraulikmotors in einen Rückwärtsdrall von 500 Umdrehungen pro Minute versetzt; sie sollte dann aus einer Höhe von 18 Metern über dem Wasserspiegel sowie zwischen 365 und 410 Metern Entfernung vom Damm abgeworfen werden. Nur so konnte die Bombe über die Schutznetze springen, auf die Dammwände treffen und bis auf 12 Meter Tiefe sinken, bevor sie schließlich explodierte. Nur sechs Wochen standen dem 617. Geschwader für die Vorbereitungen zur Verfügung. In der Nacht des 16. Mai 1943 startete man zum Angriff. Das Ergebnis entsprach den erhofften Erwartungen: zwei der drei Dämme wurden zerstört. Doch der Sieg hatte auch seinen Preis: acht der insgesamt 18 Mannschaften kehrten nicht zum Stützpunkt zurück. Guy Gibson selber starb im September 1944; beim Rückflug von einem nächtlichen Angriff auf Deutschland wurde sein Flugzeug abgeschossen.

Der erste unter den berühmten, leichten Bombern war die Bristol Blenheim, die ursprünglich als schnelles, zweimotoriges Passagiertransportflugzeug entworfen wurde. Der erste Flug der Blenheim erfolgte am 12. April 1935, wobei das Flugzeug sofort einen guten Eindruck machte: Es war schneller als alle damals eingesetzten Jagdflugzeuge. Natürlich wurde daraufhin auch ein Militärmodell entwickelt; es flog zum ersten Mal am 25. Juni 1936. Etwa 6400 Exemplare der Blenheim wurden gebaut und das Flugzeug blieb während des gesamten Kriegs im Einsatz – obwohl seine Leistungen nicht mehr ganz an der Spitze lagen. Am 17. Juli 1939 flog dagegen das erste Exemplar der Bristol Beaufighter, ein zweimotoriges, schwerbewaffnetes Flugzeug. Im September 1940 wurde die Beaufighter als Nachtjäger in Dienst gestellt. Aufgrund der guten Qualität des Entwurfs entwickelte man später auch Tagjäger- sowie Küstenkommando-Angriffs-Versionen. In den Versionen Mk.VI und Mk.X wurde die Leistungsfähigkeit des Flugzeugs vollständig ausgeschöpft; es wurde schließlich mit Raketen und Torpedos ausgerüstet und zur U-Boot-Bekämpfung und gegen Schiffsziele eingesetzt. Insgesamt baute man ca. 6000 Beaufighter in 22 Versionen; das Flugzeug blieb während des gesamten Krieges aktiv im Dienst.

Fast so berühmt wie die Spitfire wurde die Mosquito von De Havilland, die zusammen mit der Supermarine Spitfire und Avro Lancaster ein RAF-Symbol des Zweiten Weltkriegs wurde. Die Mosquito erschien 1938 als Ergebnis eines privaten Entwicklungsprogramms von De Havilland. Anfangs hielten Experten das Flugzeug für zu fortschrittlich, so dass das Ministerium den Entwurf nicht akzeptierte und dreimal aus

109 oben rechts Eine zweimotorige Bristol Blenheim Mk.IV während eines Abdrehmanövers in den ersten Monaten des Krieges. Bei ihrer Einführung 1935 war die Maschine der schnellste RAF-Bomber.

109 unten Bombenverladung auf eine Lancaster der RAF. Die Luftoffensive gegen deutsche Städte und Industrieanlagen war einer der Schlusssteine des Erfolgs der Alliierten im Zweiten Weltkrieg.

den RAF-Projekten ausschloss. Seine Realisierung verdankt das Flugzeug schließlich der Hartnäckigkeit des Ford-Managers Patrick Hennessy, der zur Entwicklungsarbeit der englischen Luftfahrtproduktion delegiert worden war. Nachdem die Mosquito endlich flog und somit ihre Qualitäten unter Beweis gestellt hatte, wurden ihre Leistungen von niemanden mehr infrage gestellt. In der Tat waren sich die Autoritäten unmittelbar nach dem Kriegsausbruch darüber einig, dass dieser Flugzeugtyp (der außerdem aus Holz, einem damals nicht als strategisch wichtig eingestuften Rohstoff, gebaut war) extrem nützlich gewesen wäre. Die ursprünglich als leichter Bomber konzipierte Mosquito absolvierte ihren Erstflug am 25. November 1940 und wurde 1941 in Dienst gestellt. Dank ihrer erstaunlichen Leistungen (Geschwindigkeit von 640 km/h, gute Manövrierfähigkeit, vorzügliche Steigleistung, 454 kg Waffenlast sowie ein Reichweite von ca. 2400 km) und der ökonomischen Bauweise – sie erhielt den Beinamen „das Wunder aus Holz" – wurde die Mosquito bald darauf auch zum Aufklärungsflugzeug und Nachtjäger weiterentwickelt. Am 17. September 1941 führte die Mosquito ihre erste Kriegsmission durch. Wegen ihrer enormen Schnelligkeit handelte es sich um einen Aufklärungsflug, der bis nach Bordeaux ausgeweitet wurde. Mehr als 7700 Exemplare in über 40 Versionen wurden gebaut und von Luftstreitkräften aus 18 Ländern benutzt. Die RAF behielt die Mosquito bis Anfang der 1960er-Jahre im Dienst.

29629
48
48

110 oben links Die Bell P-39 Airacobra hatte ziemlich viele Mängel und wurde von den amerikanischen Piloten nie sonderlich geliebt. Die Sowjets dagegen schätzten den Jagdbomber und setzten ca. 4800 Exemplare ein, die sie von den Vereinigten Staaten erworben hatten.

110 Die Curtiss P-40 Warhawk wurde 1940 in Dienst gestellt. Der Jäger ermöglichte es der amerikanischen Luftwaffe, während der ersten Kriegsmonate den Japanern entgegenzutreten; doch die Leistungen waren schwach, so dass die Maschine ab 1942 für kleinere Operationen eingesetzt wurde.

111 oben Der japanische Angriff auf Pearl Harbor am 7. Dezember 1941 zwang die Vereinigten Staaten zum Kriegseintritt. Auf dem Bild die NAS-Basis auf Ford Island, die unter feindlichem Beschuss liegt; im Hintergrund stehen die Schiffe USS Shaw und USS Nevada in Flammen.

Ebenso wie die britische musste auch die Luftfahrtindustrie der Vereinigten Staaten in den 1930er- und 1940er-Jahren die Aufholarbeiten beschleunigen, um den technischen Stand der eigenen Gegner überholen zu können. Beim Kriegsausbruch in Europa gehörten die Bell P-39 Airacobra und die Curtiss P-40 Warhawk zu den modernsten Flugzeugen des USAAC – beides waren keine unbedingt erstklassigen Jäger. Die Airacobra erregte mit ihrem Erscheinen 1937 große Begeisterung; sie war ausgestattet mit einer 37-mm-Kanone, einem in Zentralposition hinter dem Cockpit angebrachten Turbokompressor-Motor sowie erstmalig mit einem Dreirad-Einziehfahrwerk mit Bugrad. Nachdem jedoch militärische Veränderungen am Flugzeug vorgenommen wurden – darunter auch das Entfernen des Turbokompressor-Motors zugunsten des traditionelleren P-39 – entpuppte sich die Airacobra als ein schweres Flugzeug mit beschränkter Steuerbarkeit, das sich somit weniger zum Einsatz als Jäger eignete. Trotzdem wurde die Serienproduktion eingeleitet und das Flugzeug im Januar 1941 in Dienst gestellt. Während die Amerikaner die Maschine nicht schätzten und die Engländer sie gar ablehnten, waren die Sowjets die Einzigen, die das Flugzeug als robusten Jagdbomber schätzten und fast 4800 Stück der insgesamt 9558 gebauten P-39 erwarben.

Die Curtiss P-40 dagegen führte ihren ersten Flug am 14. Oktober 1938 durch und wurde sofort in die Serienproduktion überführt. Die ersten Exemplare konnten bereits 1940 in Dienst gestellt werden. Zu den Vorzügen der P-40 gehörten neben ihren beachtlichen Leistungen auch die sofortige Verfügbarkeit, die in Krisenmomenten eine Großproduktion ermöglichte. Die RAF holte die P-40 als „Tomahawk" sofort in ihren Dienst und von Dezember 1941 bis Juli 1942 wurde das Flugzeug auch von den amerikanischen Freiwilligen der „Fliegenden Tiger" in China benutzt. Bis zum Erscheinen der neuen P-38 und P-47 war die P-40 das beste amerikanische Jagdflugzeug des Kriegs, aber auch später blieb sie – den Anforderungen der Alliierten folgend – noch in Produktion. Bis Dezember 1944 wurden insgesamt über 13 700 Exemplare hergestellt.

Als die Vereinigten Staaten nach dem japanischen Angriff auf Pearl Harbor am 7. Dezember 1941 in den Krieg eintraten, wurden zwei neue, bedeutend bessere Jagdflugzeuge eingeführt. Bei dem ersten handelte es sich um die Lockheed P-38 Lightning, die auf eine 1937 vom USAAC erlassene, schwierige Ausschreibung hin konstruiert wurde. Darin wurde ein Höhen-Abfangjäger gefordert, der in der Lage wäre, 580 km/h auf 6000 Meter zu fliegen und innerhalb von sechs Minuten auf die optimale Höhe zu steigen. Viele Firmen hielten die Realisierung dieser Eigenschaften für unmöglich – doch Lockheed entschloss sich dazu, einen Versuch zu unternehmen. Der daraus folgende Entwurf wies zwei Turbo-Motoren aus, die in zwei vom Flügel und dem Heckleitwerk miteinander verbundenen Leitwerksträgern eingebaut waren; das Cockpit und die Waffenausrüstung befanden sich in einer Rumpfgondel in der Flügelmitte. Es handelte sich auf jeden Fall um eine innovative Struktur. Die Leistungen des Prototyps, der am 27. Januar 1939 erstmals flog, beeindruckten die Armeeführung so stark, dass daraufhin – ungeachtet aller Vorbehalte gegen die unkonventionelle Form – die Serienproduktion anordnete. Die P-38, von der über 9900 Exemplare gebaut wurden, konnte seit Ende 1941 in den Dienst übernommen werden. Aufgrund ihrer großen Reichweite bewährte sie sich besonders im pazifischen Raum.

Das Flugzeug wurde von den besten amerikanischen Assen geflogen – wie McGuire und Bong. Richard Bong wurde im November 1942 an die Front gesandt und der 35. Fighter Group zugewiesen, die im Pazifik kämpfte. Bis Dezember war Bong dort in zahlreichen Einsätzen vertreten und wurde zum Major befördert; für die USAAF erreichte er den absoluten Rekord von insgesamt 40 Luftsiegen. Nachdem er vom Kongress mit der

111 unten Mit ihren innovativen und unverwechselbaren Formen war die Lockheed P-38 Lightning ein Jäger mit außergewöhnlichen Flugleistungen, der außerdem über einen weiten Operationsbereich verfügte. Die Maschine wurde von den besten amerikanischen Piloten geflogen; ca. 10 000 Exemplare wurden hergestellt.

Ehrenmedaille – der höchsten amerikanischen Militärauszeichnung – dekoriert worden war, setzte Bong seine Karriere als Testpilot fort. Doch am 6. August 1945, während eines Testflugs mit einer Lockheed P-80, stürzte sein Flugzeug zu Boden und ging Flammen auf – Bong war auf der Stelle tot. Mitte 1942 begann man, die P-38 auch in Europa sowie in Nordafrika einzusetzen, doch dort erwies sich ein anderes Flugzeug als überlegen: die Republic P-47 Thunderbolt. Dieser Jäger war das Ergebnis umfangreicher Überarbeitungen eines Grundprojekts, die von dem Konstrukteur Kartveli sowie von einigen Technikern der Armee vorgenommen wurden. Die Maschine wurde als ein leichter Jäger (AP-10) eingeführt, aber schließlich vergrößert, verstärkt und mit dem 2000-PS-Motor Pratt & Whitney Double Wasp (damals der stärkste erhältliche Motor) ausgestattet. Im Juni 1940 billigte man das Modell als XP-47B. Mit einer maximalen Startmasse von fast neun Tonnen war es der schwerste einmotorige Jäger des Zweiten Weltkriegs. Die P-47 vollbrachte am 6. Mai 1941 ihren ersten Flug und wurde im Februar 1942 in die Serienproduktion überführt. Die 56. Fighter Group in England war die erste operative Abteilung, welche die P-47 im Kampf einsetzte und sie ab Januar 1943 als Begleitjäger der Bomber flog. Trotz ihrer etwas plump anmutenden und wuchtigen Erscheinung handelte es sich bei der P-47 um einen schnellen, stabilen Jäger mit guter Waffenausrüstung, der sowohl bei Luftduellen als auch als Jagdbomber hervorragende Eigenschaften aufwies. Bis Dezember 1945 wurden über 15 600 Exemplare gebaut und auch in der Nachkriegszeit blieb das Flugzeug noch lange im Dienst zahlreicher, alliierter Luftstreitkräfte.

Der berühmteste und beste Jäger der U.S. Army Air Force (so wurde ab 1942 das Air Corps benannt) war jedoch die North American P-51 Mustang – ein wahres Vollblut der Lüfte. Dieses Flugzeug war das Ergebnis einer engen Zusammenarbeit zwischen den Vereinigten Staaten und Großbritannien. Im April 1940 war England auf mühseliger Suche nach neuen Waffen, mit denen die deutschen Offensiven zurückgeschlagen werden konnten; man beriet sich also mit der Firma North American und definierte gemeinsam ein Projekt, bei dem man den Allison V12 – denselben Motor, die die P-40 hatte – benutzen wollte, der jedoch in eine bessere Zelle eingebaut werden sollte. Die einzige von den Engländern geforderte Bedingung war, dass das Flugzeug in 120 Tagen fertig gestellt sein sollte. Tatsächlich brauchte North American sogar drei Tage weniger und brachte ein extrem fortschrittliches Flugzeug mit Laminar-Tragflächen heraus. Der neue Jäger wurde von der RAF Mustang Mk.I benannt und flog zum ersten Mal am 26. Oktober 1940. Die Tiefflug-Eigenschaften waren sehr gut, doch in größeren Höhen gingen sie bedeutend zurück. Dennoch setzten die Engländer die Mustang ab April 1942 als Aufklärungs- und Bodenangriffsflugzeug ein. Schließlich beschlossen Engländer und Amerikaner jedoch, die Leistungen des Flugzeugs zu erhöhen, in dem sie den Allison-Motor durch den stärkeren Rolls-Royce Merlin ersetzten, der in den USA in Lizenz von Packard gebaut wurde. Die neue Version – die P-51B – war allen anderen Jägern entscheidend überlegen und wurde sofort zur Serienherstellung freigegeben. Im Dezember 1943 erschien die Mustang auf dem europäischen Kriegsschauplatz. Anfang des Jahres 1944 startete die Endversion des Flugzeugs, die P-51D, deren Rumpfdimensionen durch das neue, tropfenförmige Kabinendach verkleinert wurden. Die Amerikaner nutzten den Abfangjäger außerdem als Begleitflugzeug ihrer Bombergeschwader auf dem gesamten deutschen Territorium. 1944 war die Mustang das schnellste Jagdflugzeug der Welt – schließt man die ersten, noch selten eingesetzten Düsenflugzeuge aus. Wie dem auch sei, die Mustang war sogar ein ernst zu nehmender und gefürchteter Rivale der Messerschmitt 262: Am 7. Oktober 1944 stürzte sich der Oberleutnant Urban Drew von der 361. Fighter Group auf zwei Me-262, die sich gerade im Abflug befanden, und schoss sie ab. Am 25. Februar 1945 griff die Formation der 55. Fighter Group einen deutschen Flugplatz an, während gerade eine ganze Gruppe von Me-262 zum Start abhob; die Fighter Group schaffte es, sechs Flugzeuge abzuschießen. Die amerikanischen Piloten waren sich ihrer P-51 sicher und ließen sich von den neuen, deut-

112 oben Eine North American P-51 Mustang wird vor dem Start für eine Mission von einem Einweiser der USAAF geleitet; das Flugzeug sollte amerikanische Bomber über Deutschland eskortieren.

112 unten links Trotz des massigen Aussehens war die Republic P-47 Thunderbolt eines der schnellsten Flugzeuge des Kriegs (690 km/h). Auf der Fotografie ist eine restaurierte P-47D zu sehen, die mit den Farben der 366. Fighter Squadron, 358. Fighter Group bemalt wurde. Frankreich 1944.

112 unten rechts Die ersten Serien der P-47D besaßen noch den alten, kleinen Kabinendach-Buckel. Dieses Exemplar wurde restauriert und bemalt in den Farben der Flugzeuge des Hauptmanns Cameron Hart, 63. Fighter Squadron, 56. Fighter Group, in Boxted im Dezember 1944.

113 links Eine P-51D Mustang bei akrobatischen Flugübungen. Dank der zwei abwerfbaren Zusatztanks unter den Flügeln zeichnete sich die Mustang als hervorragender Langstrecken-Begleitjäger aus, der die Bomber bis an zentral gelegene Ziele in Deutschland begleiten konnte.

113 rechts Die North American P-51 Mustang war wahrscheinlich das beste Jagdflugzeug des gesamten Zweiten Weltkriegs. Es blieb von 1943 bis 1957 im Dienst der USAF. Über 15 400 Exemplare der Mustang wurden gebaut und weltweit von mehr als 50 Luftwaffen benutzt.

schen Jets nicht mehr verängstigen. Der Erfolg der Mustang lässt sich leicht durch die Statistiken beweisen: Über 15 400 Exemplare wurden gebaut und bis in die 1960er-Jahre hinein von mehr als 50 Ländern benutzt. Tatsächlich wurde das Flugzeug auch in der Nachkriegszeit in zahlreichen Kriegen und Konflikten eingesetzt. Natürlich musste die amerikanische Luftfahrtindustrie auch die Bedürfnisse der Marine nach neuen Trägerflugzeugen befriedigen. Der Löwenanteil in diesem Segment wurde von der Firma Grumman gedeckt, die eine ganze Serie von ständig verbesserten Jagdflugzeugen herausbrachte. Der erste moderne Jäger der U.S. Navy – unter anderem auch deren erster Ganzmetall-Eindecker – war die Grumman F4F Wildcat. Das Flugzeug wurde 1936 entwickelt und führte seinen ersten Flug am 2. September 1937 durch. Nachdem verschiedene Verbesserungen vorgenommen worden waren, führte man den Jäger ab 1940 bei der Truppe ein – zuerst bei der britischen Marine (wo er Martlet genannt wurde) und im Dezember bei der U.S. Navy. Die Wildcat, von der über 7800 Exemplare gebaut wurden, war der japanischen Zero nicht überlegen, aber dank der Gefechtstaktiken, die von den amerikanischen Piloten entwickelt worden waren, konnte das Flugzeug bis 1943 dem Vergleich mit dem japanischen Jäger standhalten: Danach wurde die Wildcat von der F6F Hellcat ersetzt. Die Entwicklung der F6F ergab sich aus den Kriegserfahrungen, die den Bedarf nach einem stärkeren Motor, einem gepanzerten Cockpit, vermehrter Bordmunitionen sowie einer leichteren Steuerung laut werden ließen. Die erste Hellcat flog am 26. Juni 1942. Aufgrund der ernsten Kriegslage wurde die Entwicklung des Flugzeugs rasch vorangetrieben und seine ersten Operationseinsätze wurden unmittelbar gefordert. Ab Januar 1943 wurde der Jäger bereits in Dienst gestellt. Die Hellcat, von der man bis November 1945 mehr als 12 200 Exemplare baute, wurde auch von der britischen Marine genutzt. Die U.S. Navy setzte die F6F im ganzen Pazifikraum ein, wo das Flugzeug seine Überlegenheit gegenüber den verschiedenen japanischen Jägern – darunter auch der Zero – bewies. Ungefähr in demselben Zeitraum wie die Hellcat erschien ein weiterer Marine-Jäger an der Front – die Vought F4U Corsair. Diese hatte eine mühseligere Entwicklung erfahren, bewies jedoch letztendlich bessere Flugleistungen als die Hellcat. Der Entwurf der Corsair wurde schon 1938 fertig gestellt, der Prototyp flog erstmals am 29. Mai 1940. Im Laufe des Jahres kamen sofort die hervorragenden Eigenschaften der F4U zum Vorschein; es war das erste Flugzeug, das die 400-Meilen-Grenze (643 km/h) im Horizontalflug überschritt. Dennoch waren einige Änderungen erforderlich, wie zum Beispiel die Anbringung einer schwereren Waffenausrüstung und das veränderte Positionieren der Tankbehälter; das verursachte jedoch ein Zurücksetzen des Cockpits und damit eine Verschlechterung der Pilotensicht nach vorn. Dieser letzte Faktor führte wegen

114 unten Die Grumman F4F Wildcat (ab 1941 im Dienst) ermöglichte es der U.S. Navy in den ersten Kriegsmonaten, den Japanern entgegenzutreten. Obwohl sie später bereits überholt war, blieb die Wildcat bis 1943 im Einsatz. Auch die britische Marine benutzte die Maschine und nannte sie Martlet.

115 oben Nachfolger der Wildcat auf den amerikanischen Flugzeugträgern war eine weitere Grumman-„Katze" – die F6F Hellcat, die im Januar 1943 in Dienst gestellt wurde. Auf dem Foto ist eine Hellcat beim Starten auf der USS Yorktown zu sehen. Die aerodynamischen Effekte am Propellerende zeigen die Luftfeuchtigkeit an.

115 unten Ein Hellcat-Jäger, fotografiert bei der Trägerlandung auf der USS Lexington am 13. Juli 1944 während der Schlacht von Saipan auf den Marianen-Inseln.

114 oben Die Vought F4U Corsair war ein ausgezeichneter Jäger und Jagdbomber, der sich ab 1943 im Dienst der U.S. Navy und der Marines befand. Auf der Fotografie von 1944 ist eine F4U-1A zu sehen, die von dem Navy-Leutnant Ira „Ike" Kepford vom VF-17-Geschwader geflogen wird.

114 Mitte Die Grumman F8F Bearcat war der modernste U.S.-Navy-Jäger während des Zweiten Weltkriegs. Mit seinem 2129-PS-Motor konnte das Flugzeug eine Höchstgeschwindigkeit von 689 km/h erreichen.

der erhöhten Unfallgefahr zu beträchtlichen Problemen beim Einsatz auf den Flugzeugträgern, so dass die ersten Exemplare zunächst den Marines zugewiesen wurden, die das Flugzeug ab Februar 1943 von Bodenstützpunkten aus gegen die Japaner flogen. Erst im April 1944 wurde die Corsair für Decklandeoperationen zugelassen. Wie dem auch sei – die F4U erwies sich als ebenso ausgezeichneter Jäger wie Jagdbomber. Die Produktion wurde bis 1952 weitergeführt, wobei insgesamt über 12 500 Einheiten fertig gestellt wurden. Das beste Jagdflugzeug der U.S. Navy war jedoch die F8F Bearcat – sie gilt sogar als bester trägergestützter Jäger mit Kolbenmotor aller Zeiten. Tatsächlich entstand die F8F 1943 als Ergebnis von Grummans Verfeinerungen an vorhergehenden Flugzeugen und absolvierte

ihren ersten Flug am 21. August 1944. Es handelte sich um ein kompaktes, schnelles und wendiges Flugzeug, das außerdem über eine ausgezeichnete Steigleistung verfügte. Die Serienproduktion der Bearcat wurde sofort eingeleitet, doch das Ende des Krieges bewirkte, dass ein Großteil der bestellten Flugzeuge nicht mehr abgenommen wurde. Ca. 1260 Exemplare der Bearcat wurden gebaut, das Flugzeug blieb bis 1952 bei der Marine im Einsatz. Bis Ende der 1950er-Jahre wurde die Maschine auch in anderen Ländern geflogen – so in Frankreich, Süd-Vietnam und Thailand. Die Luftmacht der Vereinigten Staaten behauptete sich nicht nur mit der Produktion großer Jagdflugzeuge, sondern vor allem mit der Herstellung schwerer Bomber, die wesentlich zum Sieg über Deutschland und Japan beitrugen. Der berühmeste Typ war ohne Frage die Boeing B-17 Flying Fortress („Fliegende Festung"). Die B-17 war ein viermotoriger, schwerer Bomber, der 1934 auf eine zukunftsorientierte Spezifikation der U.S. Army hin entworfen wurde: Man forderte einen Bomber mit einer Fluggeschwindigkeit von 320 km/h, einer Waffenlast von 900 kg Bomben sowie einer Reichweite von über 3000 km; eine Maschine mit diesen Eigenschaften sollte das Staatsgebiet gegen mögliche feindliche Flotten verteidigen können. Der Prototyp – für seine Zeit ein wahrhaft riesiges Flugzeug – flog zum ersten Mal am 28. Juli 1935. Trotz eines Unfalls mit dem ersten Prototyp ordnete die Armee 1938 die Serienproduktion einer beschränkten Anzahl von nur 39 Exemplaren an. Diese Begrenzung war unter anderem aufgrund der Opposition der Marine zustande gekommen, die sich in ihrer Rolle zurückgesetzt sah. Bei Kriegsausbruch war die B-17 das einzige wirklich moderne Flugzeug der USA. Die Massenproduktion erlaubte die Aufstellung von zahlreichen strategischen Bombergruppen, denen vor allem Einsätze im europäischen Gebiet zugewiesen wurden. Mit der B-17 entwickelten die Amerikaner ihre Taktiken der Langstrecken-Tagesbombardements, wobei sie die „Schachtel"-Formation anwandten, um die enorm starke Abwehrbewaffnung der „Fliegenden Festungen" zu bündeln: Damit bildeten sie einen wahrhaften Feuerschutzwall gegen die feindlichen Abfangjäger. Diese Technik brachte die Amerikaner anfangs zu der Überzeugung, bei den Einsätzen auf die Jäger-Eskorte verzichten zu können – ein folgenschwerer Irrtum, der sehr hohe Verluste verursachte. Die USAAF beschloss außerdem – ungeachtet der englischen Ratschläge – die eigenen Missionen tagsüber durchzuführen, so dass ein präziserer Bombenabwurf gesichert wäre und die deutsche Abwehr in einer 24-Stunden-Zeitspanne in Anspruch genommen würde. Die Amerikaner erlitten ständig hohe Verluste, aber die Wirksamkeit der Angriffe, die von immer größeren Formationen ausgeführt wurden, war beeindruckend. Nach und nach wurden Motoren, Panzerung und Waffenausrüstung verbessert,

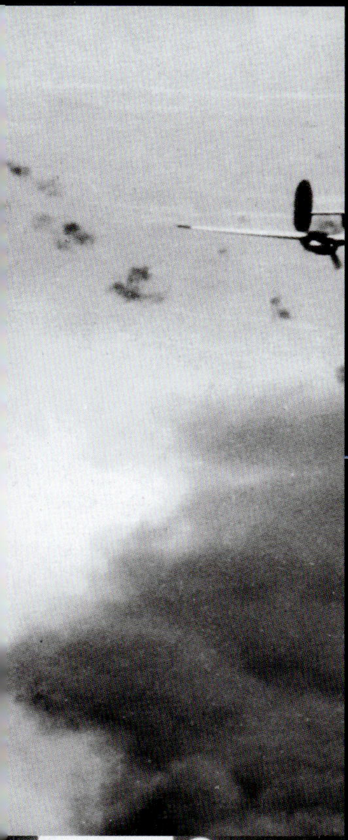

und die Modelle F und G bildeten die definitiven Versionen der B-17. Die beiden Modelle wurden in über 12 000 Exemplaren hergestellt und zwischen 1943 und 1945 zum Großteil für die Bombenangriffen auf Deutschland eingesetzt, wobei sie jedoch schwere Verluste erlitten. Die B-17 war ein ausgezeichnetes Flugzeug, das von den Besatzungen vor allem aufgrund seiner unglaublichen Robustheit geschätzt wurde, die trotz schwerer Beschussschäden eine Rückkehr zur Basis ermöglichte. Ein weiteres berühmtes Flugzeug jener Zeit – die Consolidated B-24 Liberator – genoss nicht denselben Vorzug und galt sogar als instabil; trotzdem wurde diese Maschine in einer größeren Anzahl als jegliches anderes alliierte Flugzeug hergestelllt: Es waren am Ende 18 188 Exemplare, deren Produktion auf Ford, Douglas und North American verteilt werden musste. Die Liberator – ebenfalls ein viermotoriges Flugzeug – begann im April 1942 ihren Luftkampf-Einsatz und wurde besonders im Mittelmeerraum sowie auf dem Pazifik-Schauplatz benutzt. Mit Erfolg konnte das Flugzeug für verschiedene Rollen verwendet werden: Aufklärung und Überwachung zur See, U-Boot-Abwehr, ebenso wie Transport und Schulung.

116 oben Eine Formation von Bombern Consolidated B-24 Liberator während eines Angriffs auf eine Ölraffinerie in Ploesti, Rumänien 1944.

116 unten Foto eines Katastrophenmoments: Irrtümlich flog diese B-24 zu nahe an einem anderen Flugzeug derselben Einheit; durch eine abgehängte Bombe verlor die B-24 einen Teil des rechten Flügels.

117 oben Eine Formation von Bombern Boeing B-17 Flying Fortress im Flug über Deutschland. Die Begleitflugzeuge duellierten sich mit den deutschen Abfangjägern und bildeten tödlich dichte Angriffskombinationen.

117 Mitte links Die Stellung eines Maschinengewehrschützen im Rumpf eines britischen Bombers.

117 Mitte rechts Eine B-17G mit geöffneten Klappen des Bombenschachtes – einen Augenblick vor dem Abwurf. Dieses Flugzeug konnte bis zu 8000 kg Bomben laden.

Als der fortschrittlichste Bomber der Alliierten galt die Boeing B-29 Superfortress („Superfestung“), die am 21. September 1942 ihren Erstflug absolvierte. Die Armee forderte einen Bomber mit enormer Reichweite, der bei strategischen Einsätzen im asiatischen Raum verwendet werden konnte. Boeing antwortete mit einem wirklich fortschrittlichen Flugzeug, das bereits vor dem ersten Flug 1500 Bestellungen erzielte. Die B-29 besaß eine druckdichte Besatzungskabine, ein einziehbares Dreiradfahrgestell und vier riesige Turbo-Motoren, von denen jeder 2231 PS leistete. Doch gerade diese komplexen Triebwerke verursachten die größten Probleme im Hinblick auf die Zuverlässigkeit und reduzierten anfangs drastisch die Wirksamkeit der B-29-Geschwader. Trotzdem bildete die B-29 den Schlussstein, der zu einem schnellen Kriegsende gegen Japan führte: Ein Bombardierungsfeldzug, der im März 1944 begann und seinen Gipfel im Abwurf der zwei Atombomben auf Hiroshima und Nagasaki am 6. und 9. August 1945 erreichte – Missionen, die von zwei B-29 ausgeführt wurden. Die USAAF vervollständigte ihre eigenen Angriffskräfte mit verschiedenen zweimotorigen Maschinen, mittelschweren und leichten Bombern für taktische Einsätze und Erdkampfunterstützung. Die berühmtesten Modelle waren die North American B-25 Mitchell, die Douglas A-20 Havoc, die Martin B-26 Marauder und die Douglas A-26 Invader. Das beste unter diesen Flugzeugen war zweifellos die Invader, die im April 1944 in Dienst gestellt wurde. Es handelte sich um ein extrem schnelles (570 km/h Höchstgeschwindigkeit), leistungsstarkes (zwei 2028-PS-Motoren) Flugzeug, das außerdem schwer bewaffnet war (bis zu zehn 12,7-mm-Maschinengewehre und 1815 kg Bombenlast). Die Qualität der Invader wird durch die Tatsache bestätigt, dass das Flugzeug lange über den Zweiten Weltkrieg hinaus bis zum Vietnamkrieg bei der USAF im Dienst blieb und auch von verschiedenen, anderen Ländern eingesetzt wurde; die Gesamtproduktion belief sich auf über 2400 Exemplare.

Unter den wichtigsten Flugzeugen der Alliierten befanden sich jedoch nicht nur Kampfflugzeuge. Eine fundamentale Rolle bei den Kriegseinsätzen spielten auch die Transportflugzeuge. Diese Maschinen waren nicht nur für die ständige Versorgung der Truppen in den verlorensten Winkeln der Welt verantwortlich, sondern spielten auch eine wichtige Rolle bei einigen großen Lufttransport-Missionen – allen voran der D-Day-Einsatz im Juni 1944 in der Normandie. Das führende Transportflugzeug der damaligen Zeit war die zweimotorige Douglas C-47 Skytrain – die Militärversion der berühmten DC-3. Das Ziviltransportflugzeug flog zum ersten Mal am 1. Juli 1933. Als die Maschine 1940 zum militärischen Standard-Transporter der amerikanischen Streitkräfte wurde, war es das marktführende Passagierflugzeug und befand sich außerdem bereits im Dienst der amerikanischen Armee und Marine.

Während des Kriegs wurden über 10 700 Exemplare der Skytrain gebaut; dazu kamen weitere 2000 Stück, die als „Lisunov Li-2“ als leicht modifizierter Lizenzbau in der Sowjetunion hergestellt wurden. Die Skytrain war ein einfaches und sehr robustes Flugzeug, dessen Leistungsmerkmale es jedoch damals in eine Spitzenposition brachten. Von der RAF wurde die Skytrain „Dakota“ genannt und noch bis heute werden verschiedene Versionen des Flugzeugs sowohl von Zivil- als auch Militärfliegern auf der ganzen Welt geflogen.

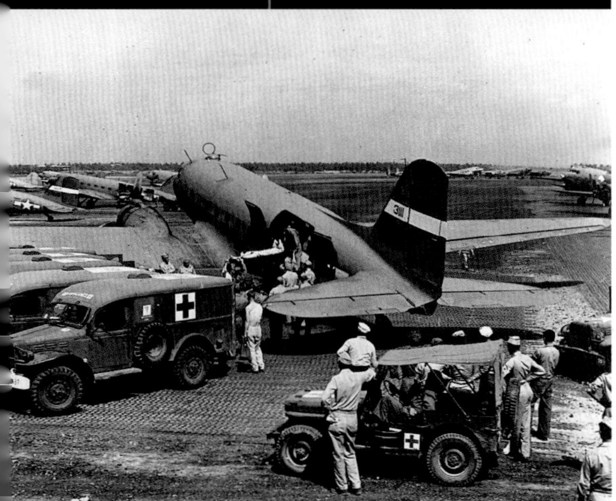

119 Mitte Die Douglas A-26 Invader war ein weiteres amerikanisches Bomben- und Angriffsflugzeug. Die Maschine wurde 1944 in Dienst gestellt und war mit zehn 12,7-mm-Maschinengewehren und bis zu 1814 kg Bomben bewaffnet.

119 unten Ein Angriff von B-25 Bombern der 345. Bomb Group auf den japanischen Dagua-Flughafen in Neuguinea 1943.

117 unten Eine B-24 in Flammen über dem österreichischen Himmel. Sekunden später erfolgte die Explosion: Für die Besatzung gab es keine Chance.

118 oben Ein mittelschwerer Bomber Martin B-26 Marauder während der Operation Overlord, dem Angriff auf die Normandie im Juni 1944. Die zu diesem Zweck genutzten schwarzweißen Streifen waren gut erkennbar.

118 Mitte Formation von Bombern Douglas A-20 Havoc der USAAF über der Nordsee auf der Jagd nach deutschen Schiffen. Das Flugzeug wurde unter der Benennung „Boston" auch von den Briten eingesetzt.

118 unten Das Transportflugzeug Douglas C-47 Skytrain war die Militärversion der berühmten DC-3 und trug einen großen Teil zum Sieg der Alliierten bei. Dieses Flugzeug wurde erfolgreich in verschiedenen Rollen eingesetzt, darunter auch dem Rettungs-Transport, wie auf der Fotografie zu sehen ist.

119 oben Die gegen Japan eingesetzte Boeing B-29 Superfortress war zweifellos der stärkste Bomber des Kriegs. Auf dem Foto zwei Flugzeuge der 468. Bomb Group beim Abwerfen von Brandbomben auf Birma, 1945.

120 oben Sowjetische Piloten, aufgestellt vor ihren MiG-3-Jägern bei der Vereidigung. Die MiG-3 wurden 1941 in aller Eile in den Dienst eingeführt.

120 Mitte Sowjetische Arbeiter 1943 bei der Produktion von Militärflugzeugen. Trotz der enorm schlechten Arbeitsbedingungen und der unterlegenen Technologie schafften es die Russen, mehr als 80 000 Flugzeuge während des Kriegs zu produzieren.

120 unten links Die Polikarpow I-16 war der russische Standard-Jäger bei Kriegsbeginn; 1935 ein ausgezeichnetes Flugzeug, doch im Jahr 1941 bereits veraltet.

120 unten rechts Die Iljuschin Il-2M3 war das beste sowjetische Angriffsflugzeug und wurde mit dem Beinamen „fliegender Panzer" versehen. Die Bewaffnung bestand aus 37-mm-Kanonen sowie 1000 kg Bomben und Raketen. Zusammen mit einigen Nachkriegsversionen wurde eine Rekordanzahl von 58 192 gebauten Exemplaren erreicht.

Diese Aufzählung wird abgeschlossen mit den wichtigsten Flugzeugen, die von der Sowjetunion während des Kriegs eingesetzt wurden. Stalin, der mit Hitler einen Nichtangriffspakt abgeschlossen hatte, wurde vollkommen überrascht von der Operation Barbarossa – dem Angriff der Deutschen am 22. Juni 1941 auf das gesamte russische Grenzgebiet. Die sowjetischen Streitkräfte waren auf einen Krieg nicht vorbereitet: Sie besaßen weder die nötige Ausbildung noch eine geeignete Kampfausrüstung; letztere war in vielen Fällen veraltet und beinahe unbrauchbar. Die sowjetische Luftwaffe befand sich in keiner besseren Situation und wurde in den ersten Tagen des Krieges sowohl am Boden als auch in den Luftkämpfen beinahe vollständig vernichtet. Bei Kriegsausbruch war die Polikarpov I-16 – ein Flugzeug aus dem Jahr 1933 – der wichtigste sowjetische Jäger. Zu jener Zeit handelte es sich um das erste Eindecker-Jagdflugzeug mit Einziehfahrwerk, doch bereits 1941 brachten die deutschen Bf 109 die Maschine in große Schwierigkeiten. 1939 wurde die MiG-1 eingeführt; es war ein schnelles und modernes Flugzeug, das mit Reihenmotor ausgestattet war, jedoch durch beträchtliche Instabilitätsprobleme negativ auffiel. Nach nur 100 fertig gestellten Exemplaren wurde die MiG-1 vom Nachfolgemodell MiG-3 ersetzt, die bereits viele Verbesserungen enthielt (stärkerer Motor, größere Reichweite) und Ende 1941 in Dienst gestellt werden konnte. Insgesamt wurden über 3300 Exemplare produziert, die bis 1943 im Einsatz blieben. Die Flugzeuge, die es den Russen ermöglichten, mit gleichwertigen Waffen gegen die Deutschen anzukämpfen, wurden von den technischen Büros der Firmen Lawotschkin und Jakowlew hergestellt. Nachdem Lawotschkin die weniger gelungenen Modelle LaGG-1 und 3 hergestellt hatte (zwei Flugzeuge, die nur leicht bewaffnet und vor allem gefährlich zu fliegen waren), führte die Firma im Jahre 1941 ein neues Modell ein, das mit dem 1600 PS starken Sternmotor Schwezow M.82 ausgerüstet war. Das Ergebnis war die La-5, die ab 1942 im Truppendienst eingesetzt wurde.
Der Entwurf wurde kurz darauf mit der La-5FN verbessert (stärkerer Motor, gemischte Holz-Metall-Struktur), und später durch die La-7 (ausgestattet mit einem noch stärkeren

121 oben In Reihe aufgestellte Jagdflugzeuge Jakowlew Jak-9. Die hervorragende Maschine blieb von 1942 bis 1946 in Produktion und wurde in den 50er-Jahren auch im Koreakrieg eingesetzt.

121 Mitte Jak-9 beim Übungsflug. Insgesamt wurden über 36 000 Exemplare produziert.

121 unten Die Lawotschkin La-5FN war ein weiterer erfolgreicher Jäger der sowjetischen Luftwaffe. Das Flugzeug war ausgestattet mit einem 1700-PS-Motor und erreichte eine Höchstgeschwindigkeit von 640 km/h.

Motor, schwerer Bewaffnung sowie neuen Metallflügeln) abgelöst; die beiden Modelle erschienen 1943 und 1944. Insgesamt erreichte die bis 1946 fortlaufende Produktion der La-Serien eine Zahl von über 22 000 Exemplaren. Das Konstruktionsbüro Jakowlew dagegen machte 1940 mit seinem ersten Entwurf, der Jak-1, auf sich aufmerksam. Es handelte sich dabei um im ein kleines, elegantes Jagdflugzeug, das 1942 in Dienst gestellt wurde. Der Erfolg war so überragend, dass der Konstrukteur sogar mit dem Leninorden ausgezeichnet wurde. Das erste Modell wurde stufenweise Verbesserungen unterzogen, die schließlich zur Entstehung der Jak-3 (ein hervorragender Jagdbomber für den Tiefflug), der Jak-7 und schließlich auch der Jak-9 führten, die im August 1942 in Dienst gestellt und noch bis 1946 produziert wurde. Die „Jaks" waren schnelle, gut bewaffnete und wendige Kolbenmotor-Jäger, von denen über 36 000 Exemplare hergestellt wurden. Einige Maschinen wurden zwischen 1950 und 1953 auch im Korea-Krieg eingesetzt.

Das berühmteste sowjetische Flugzeug des Zweiten Weltkriegs war jedoch die Iljuschin Il-2 Schturmowik – diese Maschine war die meistgebaute in der Geschichte der Luftfahrt. Die UdSSR suchte seit 1938 ein taktisches Unterstützungsflugzeug. Auf die Ausschreibung antworteten die Konstruktionsbüros von Suchoi und Iljuschin. Nach Meinung der Sowjets bestand die Hauptaufgabe der Luftstreitkräfte tatsächlich darin, den Bodentruppen taktische Unterstützung zu liefern. Der erste Iljuschin-Prototyp flog am 2. Oktober 1939. Im Jahr 1940 folgte ein zweiter Prototyp, bei dem bereits Motor, Waffenausrüstung, Panzerung sowie Steuerbarkeit verbessert worden waren. Diese Maschine wurde ab 1940 gebaut und im Sommer 1941 in Dienst gestellt. Die Schturmowik war ein einmotoriger, zweisitziger Jagdbomber in Tiefdecker-Auslegung mit schwer gepanzertem Motor und Cockpit. Die Maschine wurde zur Geißel der deutschen Panzereinheiten. Bewaffnet mit 37-mm-Kanonen, Splitter- und Hohlladungsbomben sowie 132-mm- Panzerabwehrraketen, ließ die Schturmowik ihre Gegner nicht entkommen. Nachdem die Flugzeuge aus einer Höhe von über 750 Metern die Splitterbomben abgeworfen hatten, steuerten sie beinahe den Boden streifend direkt auf die Panzerfahrzeuge zu und attackierten sie. Ein dramatisches Beispiel ihrer Offensivfähigkeiten lieferten die Schturmowiks am Morgen des 7. Juli 1943 während der berühmten Schlacht von Kursk, der größten Panzerschlacht des Zweiten Weltkriegs. Schwärme von Schturmowiks stürzten sich von Tagesanbruch an in den Angriff. Innerhalb von knapp 20 Minuten hatte die 9. Panzerdivision bereits 70 Fahrzeuge verloren. Im weiteren Tagesverlauf wurden 240 der 300 Panzerfahrzeuge der 17. Division getroffen, während die 3. Panzerdivision 270 ihrer 300 Fahrzeuge verlor. Die Il-10 Schturmowik – ein verbessertes Nachfolgemodell – flog erstmals im Jahre 1944 und bewies hervorragende Eigenschaften. Die Maschine wurde von einem 2000-PS-Motor angetrieben und war mit vier 23-mm-Kanonen, 1000 kg Bomben und Raketen bewaffnet. Die Schturmowik-Serie blieb bis in die Fünfzigerjahre im Einsatz bei allen kommunistischen Ländern. In der UdSSR und in der CSSR wurden über 58 000 Exemplare hergestellt.

Kapitel 8

Der Zweite Weltkrieg: Achsenmächte

Die Wiederherstellung der deutschen Luftwaffe ging langsam und geheim vonstatten; der Grund waren die Bedingungen des Versailler Vertrags, die das Wiederaufleben der deutschen Militärmacht nach dem Ersten Weltkrieg verhindern sollten. Die offizielle Gründung der Luftwaffe fand am 1. März 1935 statt und von diesem Moment an wurde die deutsche Wiederaufrüstung öffentlich eingestanden. Im August 1939, am Vorabend des Kriegs, rühmte sich die Luftwaffe des Besitzes von ca. 4300 Flugzeugen; darunter waren 1180 mittelschwere Bomber, 336 Sturzkampfbomber, 771 einsitzige Jäger und 552 Transportflugzeuge. Dazu kamen noch über 2700 Schulungsflugzeuge. Zu jener Zeit war die deutsche Luftwaffe – gestärkt durch die erlernten Lektionen der Beteiligung der Legion Condor am spanischen Bürgerkrieg – die stärkste Luftstreitmacht der Welt, sowohl was die Anzahl als auch die Qualität der Flugzeuge betraf. Ihr einziger Fehler bestand in dem Anwendungskonzept, das die deutschen Streitkräfte besaßen: Die Luftwaffe sollte zur taktischen Unterstützung der Bodentruppen eingesetzt werden. Den Deutschen fehlte es vollständig an strategischen Komponenten; besonders schwere Langstreckenbomber, mit denen die Industrie- und Produktionskraft des Feindes angegriffen werden konnte, wären nötig gewesen. Diesen Fehler sollten die Deutschen teuer bezahlen.
Der Zweite Weltkrieg begann mit dem Blitzkrieg, dessen Flugzeug-Symbol ohne Zweifel der Junkers Ju 87 Stuka war. In der Tat war es eine vom Oberstleutnant Bruno Dilley geleitete Gruppe dreier jener Flugzeuge, die bei Tagesanbruch des 1. September 1939 den Kriegsbeginn gegen Polen einläutete. Die Gruppe flog beinahe in Bodenhöhe inmitten von Dunst und Morgennebeln am Stadtrand von Dirschau entlang – mit dem Ziel, die über die Weichsel führenden Eisenbahnbrücken anzugreifen. In Wirklichkeit sollten die Brücken nicht getroffen, sondern ihre Zerstörung seitens der Polen verhindert werden, indem die Kabel, die zu den mit explosiver Ladung verminten Brücken führten, durchgeschnitten wurden. Obwohl der Angriff nicht im Sturzflug durchgeführt wurde (der besten Einsatzform der Ju 87) ging er positiv vonstatten, da eine der beiden Brücken unversehrt blieb und somit ein Durchzug der deutschen Truppen ermöglicht wurde.
Der Junkers Ju 87 Stuka war ein einmotoriger, zweisitziger Sturzkampfbomber, der 1933 auf eine vom Luftfahrtministerium herausgegebene Spezifikation eines neuen Bombertyps hin entworfen wurde. An dem Wettbewerb nahmen vier Konstrukteure teil, aber zum Sieger wurde im März 1936 Junkers erklärt: mit einem Prototyp, der mit einem Rolls-Royce-Motor und doppelten Seitenflossen

am Heck ausgestattet war. Dieses Flugzeug flog zum ersten Mal 1935, ging jedoch bei einem Flugunfall verloren. Der zweite, modifizierte Prototyp hatte bereits beinahe die endgültige Form angenommen: festes Fahrgestell, die typische Flügelform („umgekehrter Möwenflügel") sowie Einzelleitwerk. Der Rolls-Royce-Motor wurde später durch einen Junkers Jumo mit Metallpropeller ersetzt. Das erste Serienmodell war die Ju 87A-1 aus dem Jahr 1937, die für operative Tests nach Spanien entsandt wurde. Mit der Ju 87B erreichte man schließlich die optimale Gestaltung. Das Flugzeug war ein Bomber von mörderischer Präzision, der dadurch auch einen bemerkenswerten, psychologischen Effekt auf den Feind ausübte. Aber schon 1940 kamen die Grenzen der Ju 87B zum Vorschein – allen voran die Notwendigkeit, in zahlenmäßiger Luftüberlegenheit operieren zu müssen, da das Flugzeug besonders langsam war. Trotzdem blieb die Ju 87 während des gesamten Krieges im Einsatz, was unter anderem ihrer einzigartigen Robustheit zu verdanken war. Die G-1 (die letzte Version der Ju 87) war mit zwei 37-mm-Kanonen bewaffnet und wurde zu einer gefürchteten Panzerabwehrwaffe. Es war genau das Flugmodell, mit dem der „eiserne Pilot" Hans Ulrich Rudel, der Luftwaffenpilot mit den höchsten Auszeichnungen, berühmt wurde. Rudel war ein harter Kampfpilot; er wurde im Verlauf des Krieges mehrmals abgeschossen und verletzt und musste sogar eine Beinamputation über sich ergehen lassen; das hinderte ihn jedoch nicht daran, noch im März 1945 erneut zu fliegen.

Seine Kriegskarriere begann er 1939 als Leutnant und beendete sie im Mai 1945 als Oberst und Gruppenkommandant des Schlachtfliegergeschwader 2 (SG.2). Rudel war an über 2500 Missionen beteiligt und zerstörte dabei 519 feindliche Panzer, fast 1000 weitere Fahrzeuge sowie fünf Kriegsschiffe. Bei dem berühmten Angriff auf das sowjetische Schlachtschiff „Marat" im September 1941 bewies Rudel seinen Mut. Die Flugzeuge schafften es mit Mühe und Not abzuheben, da sie mit speziellen 1000-kg-Bomben beladen waren. Rudel startete zum Angriff, indem er im 90-Grad-Sturzflug die Flakartillerie durchflog und sogar den Gruppenkommandanten überholte. Er warf seine Bombe aus einer Höhe von kaum 300 Metern ab und zog sodann mit allen Kräften am Steuerknüppel, um die Flugzeugnase wieder aufzurichten. Knapp drei Meter über der Wasseroberfläche schaffte er es, das Flugzeug abzufangen. Die Bombe dagegen hatte das Ziel getroffen und traf den Rumpf der „Marat" so schwer, dass sie im Flachwasser sank und bis zum Kriegsende unbrauchbar blieb.

Von der Ju 87 Stuka wurden über 5700 Exemplare hergestellt. Das Flugzeug wurde auch von den Luftstreitkräften in Italien, Bulgarien, Rumänien, der Tschechoslowakei und Ungarn benutzt.

122-123 Eine Formation von Junkers Ju 87 Stukas bei einem Übungsflug im April 1940. Dieser Sturzkampfbomber war eine der stärksten Waffen des Blitzkriegs der Wehrmacht.

123 oben links Ein Geschwader von Bombern Dornier Do 17 während einer Militärparade am Nürburgring im September 1938.

123 unten Nahaufnahme einer 250-kg-Bombe, die Hauptbewaffnung der Ju 87 Stuka. Das Foto wurde im September 1939 gemacht, während der deutschen Invasion in Polen.

124 oben links Detailfoto eines Bombers Heinkel He 111, das von der Bugkanzel eines anderen Flugzeugs aus demselben Geschwader gemacht wurde.

124 oben rechts Nahaufnahme der verglasten Kanzel einer He 111. Zu beachten ist die Stellung des Maschinengewehrschützen, der halb liegend eine Position im Bug des Flugzeugs besetzt. Der Pilot sitzt erhöht dahinter auf der linken Seite.

Zu Beginn des Krieges setzte die Luftwaffe auch drei berühmte, mittelschwere Bomber ein, die für die meisten Angriffe auf Polen, Skandinavien, Frankreich und vor allem auf Großbritannien während der Schlacht um England verantwortlich waren. Es handelte sich um die Bomber Dornier Do 17, die Heinkel He 111 und die Junkers Ju 88. Wie bereits erwähnt, hatte Deutschland nie viermotorige, strategische Bomber hergestellt oder eingesetzt. Für diesen kolossalen Fehler war die Ungeduld Hitlers verantwortlich, der sofort eine große Luftflotte aufstellen wollte. So kam es, dass Göring 1936 – zugunsten der Massenproduktion der bereits fertigen Dornier Do 17 und Heinkel He 111 – die Streichung zweier Großbomber-Projekte anordnete, die sowohl größere Ressourcen als auch längere Zeit zur Realisierung erfordert hätten. Göring sagte damals: „Der Führer wird mich nicht fragen, wie groß die Bomber sind, aber wie viele es sind."

Die zweimotorige Dornier, die 1934 zur Einsatzreife gelangte, wurde ursprünglich auf eine Anforderung der Lufthansa hin entworfen. Gefordert war ein schnelles Postflugzeug, das auch sechs Passagiere befördern konnte. Die Do 17 war nicht besonders geeignet für diese Aufgaben, aber wie bei allen deutschen Flugzeugen jener Zeit war ihr Konstruktionsentwurf vom militärischen Standpunkt aus nützlich. Innerhalb kurzer Zeit verwandelte man das Flugzeug in einen Bomber. Die ersten Serienmodelle (der Bomber E-1 und das Aufklärungsflugzeug F-1) wurden 1937 im spanischen Bürgerkrieg unter operativen Bedingungen getestet. Aus den dort gewonnenen Erfahrungen entsprang die Do 17Z, welche über ein breiteres Cockpit sowie eine verbesserte Waffenausrüstung verfügte. Diese Version blieb bis 1940 in Produktion und bis zum Jahr 1942 im Dienst. Insgesamt wurden über 600 Exemplare der Do 17 hergestellt, wobei deren Grundkonstruktion auch bei der Entwicklung der Do 217 angewendet wurde. Die Do 217 hatte man 1938 eigens für den militärischen Gebrauch entworfen. Die Produktion dieser Maschine, die ihrer Vorgängerin weit überlegen war, wurde 1940 eingeleitet. Bis 1944 wurden über 1900 Exemplare der Do 217 gebaut und von der Luftwaffe für verschiedene Aufgaben genutzt: für Bombenangriffe, Aufklärung, Angriffe gegen Schiffsziele und Nachtjägereinsätze.

Auch die Heinkel He 111 wurde offiziell als schnelles Verkehrsflugzeug entworfen, aber innerhalb kurzer Zeit – ab dem dritten Prototyp – wurde sie ihrer wahren Bestimmung als Bombenflugzeug zugeführt. Die He 111 flog zum ersten Mal am 26. Februar 1935 und wurde ebenfalls in Spanien diversen Tests unterzogen. Das daraufhin verbesserte Modell He 111H wurde von den leistungsstärkeren Junkers-Motoren Jumo-211 angetrieben. Während der Blitzkriege in Polen, Skandinavien und der Offensive im Westen wurde die He 111 in massiven Formationen genutzt und erwies sich als ein furchtbares Werkzeug, das die ersten Bombenteppiche auf die Städte der Kriegsgegner legte.

Während der Schlacht um England aber, als die He 111 gegen eine stärkere Luftabwehr kämpfen musste, begannen ihre Grenzen sichtbar zu werden. Seit 1941 wurden ihre Verwendung zunnehmend eingeschränkt und die Maschinen vorwiegend für Nachtangriffe, Schleppflüge von Lastenseglern und schließlich für Transportaufgaben verwendet. Die Rolle als Transporter sollte die He 111 dabei bis zum Kriegsende ausführen. Insgesamt wurden über 7000 Exemplare der Heinkel He 111 gebaut.

124 unten Eine Formation Heinkel He 111 während eines Flugs über Frankreich im Mai 1940. Die Grenzen der He 111 begannen schon während der Schlacht über England offensichtlich zu werden; seit 1941 wurde das Flugzeug für sekundäre Aufgaben eingesetzt.

125 oben links Obwohl der Entwurf der Dornier Do 17 bis auf das Jahr 1934 zurück ging, war es einer der Standardbomber der Luftwaffe beim Kriegsbeginn und blieb bis 1942 im Dienst. Auf dem Foto die Version Z.

125 oben rechts Die Ju 88 war das vielleicht beste deutsche Bombenflugzeug. 1939 in Dienst gestellt, erwies es sich als sehr flexibel, so dass man es auch als Nachtjäger und Schleppflugzeug für Lastensegler einsetzen konnte. Fast 16 000 Exemplare der Ju 88, Ju 188 und Ju 388 wurden insgesamt gebaut.

Aufgrund ihrer hervorragenden Eigenschaften galt dagegen die zweimotorige Junkers Ju 88 bereits 1941 als bester Bomber der Luftwaffe und wurde erfolgreich in verschiedenen Rollen während des ganzen Krieges eingesetzt. Die Ju 88 wurde 1935 als schnelles Bombenflugzeug entworfen. Der erste Prototyp flog am 21. Dezember 1936 und die Produktionsversion Ju 88A-1 wurde 1939 – praktisch am Vorabend des Kriegs – in Dienst gestellt. Anfangs wurde das Flugzeug nur als Bomber genutzt, doch bald entwickelte man auch Versionen zur Aufklärung, Nachtjagd, Schiffs- und Panzerabwehr, für Sturzflug- und Bodenangriffe, für den Transport und für Schleppflüge von Lastenseglern. Diese Aufgabenvielfalt bestätigte die Qualität und Flexibilität des Basisentwurfs. Die Ju 88 wurde auch in Frankreich und der Tschechoslowakei gebaut; letztlich wurde das Flugzeug sogar in das Mistel-Schlepp-Projekt der gesteuerten Flugbombe umgewandelt.

Dieser 1944 entwickelte Entwurf sah die Installation des Jägers Bf 109 auf dem Rücken einer Ju 88 vor, deren Bug modifiziert wurde, um einen mit 3800 kg explosiver Last gefüllten Behälter aufnehmen zu können. Der Pilot saß in der Messerschmitt und flog „im Doppelpack" dicht an das Ziel heran, klinkte die Ju 88 aus und flog mit dem Jäger davon. Aufgrund der erzielten Erfolge mit diesem Projekt entwickelten die Deutschen auch das Projekt Mistel 2, diesmal unter Benutzung des Jagdflugzeugs Fw 190; insgesamt wurden ca. 250 Mistel-Konstruktionen in vier verschiedenen Versionen verwirklicht.

Bis zum Kriegsende hatte man fast 16 000 Exemplare der Ju 88 in mehr als 100 Versionen gebaut. Darunter befanden sich auch 1076 Exemplare des weiterentwickelten Modells Ju 188, einer Version mit breiterem Rumpf sowie größeren Leitwerken. Die Ju 88 wurde nicht nur von der Luftwaffe, sondern auch von weiteren fünf Achsenmächten benutzt.

125 unten linkes Eine Heinkel He-111 bei einem Angriff auf Warschau während des polnischen Feldzugs im September 1939.

125 unten rechts Diese Heinkel He-111 wurde über London während der Schlacht von England fotografiert. Die Version He-111H besaß eine Reichweite von 1950 km und konnte 2000 kg Bombenlast aufnehmen.

126 oben Die Messerschmitt Bf 109 war zweifellos das berühmteste deutsche Jagdflugzeug – auf dem Foto die Version B-1. Zusammen mit weiteren verbesserten Modellen bildete die Bf 109 von 1939 bis 1945 das Rückgrat der deutschen Jägergruppen. Gebaut wurden über 30 000 Exemplare, die in der Nachkriegszeit auch von anderen Luftstreitkräften genutzt wurden.

126 unten Die Junkers Ju 52/3mg wurde von dem gleichnamigen Ziviltransportflugzeug abgeleitet und später von der Luftwaffe als Bomber und vor allem Transportflugzeug eingesetzt. Die Maschine blieb bis 1944 in Produktion und wurde auch für Unterstützungsaufgaben benutzt.

127 links Eine Formation der schwer bewaffneten Zerstörer Messerschmitt Bf 110 während der Schlacht um England 1941. Da sie für die ihr bestimmte Aufgabe wenig geeignet war, wurde die Bf 110 weiterentwickelt und in anderen Rollen eingesetzt, wie etwa als Nachtjäger und Aufklärungsflugzeug.

127 oben rechts Willy Messerschmitt – der geniale Ingenieur, der zahlreiche erfolgreiche Militärflugzeuge entwarf, darunter die Bf 108, Bf 109, Bf 110 und Me 262.

Ein weiteres sehr berühmtes Flugzeug der ersten Kriegsjahre war der Transporter Junkers Ju 52, eine solide und zuverlässige Maschine, die von ihrer Besatzung liebevoll mit dem Beinamen „Tante Ju" belegt worden war. Das Flugzeug wurde 1930 ursprünglich als einmotoriges Ziviltransportflugzeug entwickelt, doch seine Erfolgszeit begann 1932 mit dem Erscheinen des siebten Modells (der Ju 52/3m), das – ausgestattet mit drei Sternmotoren, festem Fahrgestell sowie der typischen Wellblechbeplankung – die endgültige Form annahm. Das Flugzeug erlangte internationalen Verkaufserfolg als Zivilversion, der sich ab 1934 auch auf den Militärsektor ausweitete, als die Luftwaffe eine Version zur Benutzung als Bomben- und Transportflugzeug bestellte. Nach dem Ende des spanischen Bürgerkriegs begann die Massenproduktion der Ju 52/3mg3, so dass der Luftwaffe bei Kriegsausbruch bereits über 1000 Exemplare für Truppentransporte und Materialbeförderung sowie für das Absetzen von Fallschirmspringern zur Verfügung standen. Diese Flugzeuge waren entscheidend für den Erfolg der Invasionen von Dänemark, Norwegen, Holland und Griechenland. Die Ju 52/3mg3 war auch Hauptakteur der Invasion Kretas, wo sie schwere Verluste erlitt, sowie in der Luftbrücke während der Schlacht von Stalingrad. Das Flugzeug blieb bis Mitte 1944 in Produktion und wurde auch als Schleppflugzeug für Lastensegler und Luftambulanz eingesetzt. Sie ist nicht nur mit Radfahrgestell, sondern auch mit Kufen oder Schwimmern ausgerüstet worden. Über 5400 Exemplare der Ju 52 wurden insgesamt gebaut – einige davon in Lizenz in Spanien und Frankreich. Durch die Veränderungen, die schließlich den Ausgang des Kriegs bestimmen sollten, war das nationalsozialistische Deutschland ab 1942 gezwungen, zum Defensivkampf überzugehen. Entgegen dem Willen Hitlers begannen die Jäger, die wichtigsten Flugzeuge der Luftwaffe zu werden; sie waren notwendig zur Bekämpfung der alliierten Bomber, die das Land und die besetzten Gebiete angriffen und verwüsteten. Die Deutschen hatten den Krieg mit zwei Standard-Jagdflugzeugen begonnen – der einmotorigen Messerschmitt Bf 109 und der zweimotorigen Bf 110.

Die Bf 109 ist das Flugzeug, das noch heutzutage am ehesten mit der deutschen Luftwaffe identifiziert wird. Mit fast 35 000 gebauten Exemplaren war die Bf 109 das meisthergestellte Flugzeug des Zweiten Weltkriegs und galt als einer der berühmtesten Jäger in der Geschichte der Luftfahrt. 1934 gab das deutsche Luftfahrtministerium eine Spezifikation heraus, in der ein neuer, einsitziger Abfangjäger-Eindecker gefordert wurde, mit welchem die damals benutzten Doppeldecker ersetzt werden konnten. Das Ergebnis des Konstrukteurs Willy Messerschmitt konnte sich sehen lassen: In nur 15 Monaten entwarf er sein erstes großes Flugzeug, die Bf 109. Es war eine kleine und leichte Maschine in Ganzmetall-Bauweise mit erstaunlich fortschrittlichen Merkmalen, die von dem damals stärksten verfügbaren Motor – dem 695-PS Rolls-Royce Kestrel V – angetrieben wurde. An und für sich war die Bf-109 kein besonders innovativer Jäger, aber zum ersten Mal wurden bei einem Flugzeug verschiedene Neuheiten miteinander vereint: einziehbares Fahrwerk, geschlossenes Cockpit, Metallrumpf und -flügel sowie automatische Vorflügel und Spaltlandeklappen an den Tragflächen. Der Prototyp flog im September 1935. Kurz darauf machten auch die drei weiteren Konkurrenten auf sich aufmerksam: die Arado Ar 80, die Focke-Wulf Fw 159 und die Heinkel He 112. Letztere unterschied sich in Wirklichkeit nicht sehr von der Bf 109, verlor jedoch den Wettbewerb, da eine Massenfertigung der Maschine komplizierter als bei Messerschmitts Entwurf gewesen wäre. Die Luftwaffe testete das Flugzeug in der Ausführung Bf 109B, die von dem deutschen Motor Jumo 210 angetrieben wurde, bei Kampfeinsätzen im spanischen Bürgerkrieg. Dort erwies sich die Maschine als weltweit bestes Jagdflugzeug jener Zeit. Der Entwurf der Bf 109 war in dem Modell E (Emil) vollständig ausgereift. Dieses war die erste Messerschmitt, die ab 1939 in Massenproduktion hergestellt wurde und bemerkenswerte Verbesserungen aufwies, darunter den starken und zuverlässigen Daimler-Benz DB-601-Motor. Die Bf 109E war in den ersten Kriegseinsätzen stark vertreten, vor allem während der Luftschlacht um England, wo viele ihrer Piloten sich auszeichneten und zu gefeierten Flieger-Assen wurden. Im Jahre 1940 traf der Jäger jedoch

127 Mitte rechts Professor Krauss, Direktor der aerostatischen Abteilung bei Messerschmitt. Hier ist er dabei, die Charakteristiken einer Holmtragfläche zu veranschaulichen.

127 unten rechts Adolf Galland, links, und Werner Mölders, rechts, waren zwei der berühmtesten deutschen Jagdfliegerasse. Hier ein Foto aus dem Jahr 1941, nachdem die beiden Piloten mit dem Ritterkreuz ausgezeichnet wurden. Galland führte das Jagdgeschwader JG 26, Mölders das JG 51.

auf seinen härtesten Widersacher, die englischen Spitfire. Während des gesamten Kriegs sollten die beiden Flugzeuge gegeneinander konkurrieren, da die Konstrukteure beider Maschinen dauernd die jeweiligen Flugleistungen zu verbessern versuchten. Die wichtigste Version der Bf 109 war das Modell G (Gustav). Es wurde Ende 1942 bei der Truppe eingeführt und verfügte über bemerkenswerte Verbesserungen hinsichtlich des Motors (einem DB-605 mit 1800 PS) und der Bewaffnung. Man entwickelte elf Unterversionen der 109G und baute insgesamt fast 20 000 Exemplare. Die Bf 109 war das bevorzugte Jagdflugzeug der bekanntesten deutschen Jagdfliegerasse. Unter ihnen befanden sich auch Gerhard Barkhorn, der insgesamt 301 Gegner abschoss, sowie Erich Hartmann – mit 352 Siegen das erfolgreichste Fliegerass aller Zeiten. Hartmann kam als Unteroffizier mit zwanzig Jahren an die russische Front und führte im Oktober 1942 seinen ersten Kampfeinsatz durch. Nach dem ersten Sieg am 5. November 1942 entwickelte Hartmann eine ebenso raffinierte wie erbarmungslose Kampftechnik, die auf der Anfangsentscheidung gründete, je nach Situation die Kampfherausforderung anzunehmen oder zu verweigern. Ein Jahr später hatte er bereits 148 Luftsiege erzielt. Im März 1944 wurde Hartmann zum Oberleutnant befördert und gegen Kriegsende, nachdem er bereits die höchsten Auszeichnungen erhalten hatte (wie das Ritterkreuz mit Eichenlaub, Schwertern und Brillanten), erreichte er den Rang eines Majors und kommandierte die I. Gruppe des Geschwaders JG 52. Nach einiger Zeit wurde am Flugzeug Hartmanns als persönliches Wappen eine schwarze Tulpe angebacht, deren Blütenblätter die ganze Nase der Bf 109G bedeckten; aus diesem Grund wurde er von den Russen „der schwarze Teufel der Ukraine" genannt und bald von allen feindlichen Piloten gemieden. Hartmann hatte seinen Siegesrekord gegen Kriegsende nur der Tatsache zu verdanken, dass er für seine Kampfeinsätze wieder auf ein anonymes Flugzeug umstieg.
Da die Produktion im Endstadium des Krieges immer mehr Schwierigkeiten bereitete, führte man einige Änderungen bei der Bf 109 ein, so dass die Herstellung des Flugzeugs vereinfacht und beschleunigt werden konnte. Das letzte Modell war die 1944 eingeführte K-4. Sie besaß einen 2000-PS-Motor und eine beinahe doppelt so hohe Startmasse wie der erste Prototyp. Es handelte sich tatsächlich um ein beinahe völlig neues Flugzeug, das die hervorragende Qualität und Flexibilität des Basisentwurfs bewies.
Die Karriere des anderen Vorkriegsjägers der Firma Messerschmitt, die Bf 110, war dagegen weniger erfolgreich. Dieses Flugzeug wurde 1934 aufgrund einer Spezifikation für einen schweren Langstreckenjäger (der neu geschaffenen Klasse des Zerstörers) entworfen. Trotz erster Erfolge über Polen hatte die Bf 110C während der Luftschlacht um England einige Probleme, da sie den englischen Jagdflugzeuge hinsichtlich der Steuerbarkeit und Beschleunigung nicht standhalten konnte und selbst Jagdschutz benötigte. Ab 1941 begann die Luftwaffe, das Flugzeug daher auch in anderen Rollen einzusetzen. Als Nachtjäger war besonders das Modell G aus dem Jahr 1942 erfolgreich – ausgestattet

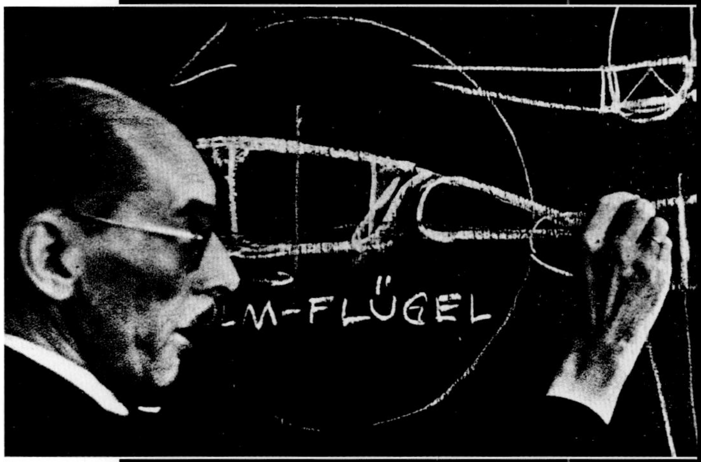

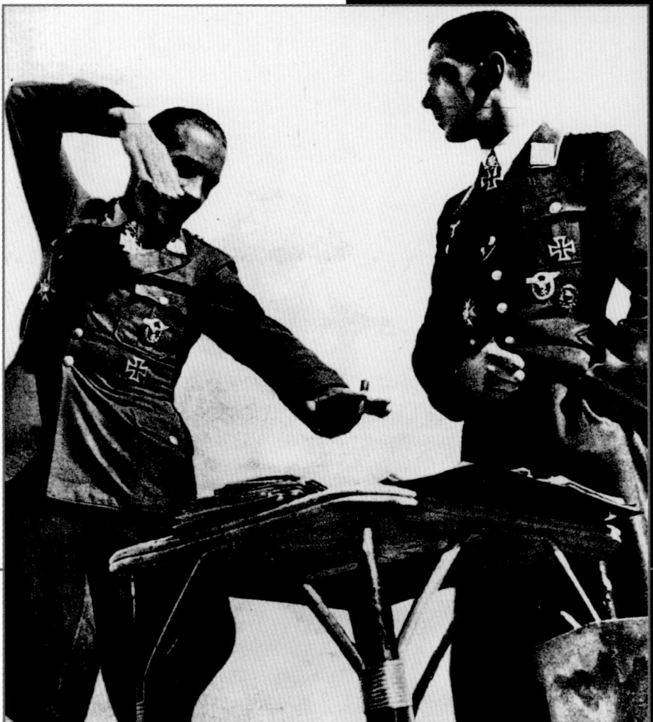

wurde der Nachtjäger mit einem sogenannten Lichtenstein-Radargerät. Die Bf 110 wurden auch als Aufklärungsflugzeuge und Jagdbomber eingesetzt. Bis 1945 bauten die deutschen Firmen über 6100 Exemplare der berühmten Messerschmitt Bf 110.
Zusammen mit der Bf 109 war das beste deutsche Jagdflugzeug zweifellos die Focke-Wulf Fw 190; sie war der Bf 109 in vielen Aspekten sogar überlegen. 1937 bat das deutsche Luftfahrtministerium die Firma Focke-Wulf darum, einen neuen Abfangjäger zu entwerfen, welcher der Bf 109 an die Seite gestellt werden konnte. Die Konstruktionsabteilung wurde damals von dem Ingenieur Kurt Tank geleitet, der sich 1924 mit der Herstellung eines Wasserflugzeugs ins Metier der Luftfahrzeuge begab. Tank, der außerdem auch ein guter Testpilot war, wollte ein weniger extremes Flugzeug als die Bf 109 und die Spitfire entwerfen; es sollte ein schneller Jäger werden, der aber auch groß, robust und schwer sein sollte – eine wahre Kampfmaschine eben. Das Vorhaben gelang ihm dank der Einführung des 14-Zylinder-Sternmotors BMW 139, der 1550 PS leistete. Der Prototyp flog am 1. Juni 1939 und erwies sich sofort als äußerst vielversprechend. Nach einer Vorserien-Herstellung von 40 Exemplaren, die für operative Tests bestimmt waren, wurde die Fw 190A im Jahr 1941 in Dienst gestellt. Schon bei den ersten Begegnungen mit der Spitfire Mk.V bewies die Fw 190A ihre Überlegenheit, die besonders in der guten Steuerung, hohen Geschwindigkeit und Wendigkeit zum Ausdruck kam. Auf die Jägerversion Fw 190A folgten 1942 die Modelle F und G; beide waren als Jagdbomber vorgesehen. General Douglas von der RAF behauptete im selben Jahr: „Weder ich noch meine Piloten haben Zweifel daran, dass die Fw 190 heutzutage der beste Jäger der Welt ist." Anfang 1944 erschien schließlich die letzte in Massenproduktion hergestellte Version – die Fw 190D.
Charakteristisch war bei diesem Modell die neue, verlängerte und spitze Nase, in der ein 1800-PS-Jumo-Reihenmotor untergebracht wurde. Mit dieser Version konnten die deutschen Piloten den Kampf gegen die besten Alliierten-Jäger von 1944/45 aufnehmen – obwohl die Ausbildungsmöglichkeiten und die Kraftstoffversorgung nicht mehr entsprechend gesichert waren, um der Luftwaffe wirksame und kontinuierliche Operationen zu ermöglichen. Das letzte Modell dieser Flugzeugserie war die Ta-152, ein extrem schneller und schwerbewaffneter Höhen-Abfangjäger, von dem nur knapp 150 Exemplare gebaut wurden. Bis zum Kriegsende wurden insgesamt ca. 20 000 Flugzeuge der verschiedenen Fw-190-Serien produziert.
Die verzweifelten Anstrengungen der deutschen Waffenindustrie gegen Kriegsende führten zur Herstellung revolutionärer Flugzeuge, die – nach Absicht des Regimes – den Kriegsausgang beeinflussen sollten. Es handelte sich dabei um die ersten operativen Flugzeuge mit Düsen- und Raketenantrieb. Die Maschinen beindruckten zwar die Alliierten, konnten aber aus verschiedenen Gründen nicht mehr den weiteren Verlauf der Ereignisse bestimmen. Das erste aktiv eingesetzte Düsenflugzeug der Geschichte war die Messerschmitt Me 262, deren Ursprünge bis in die Vorkriegszeit zurückgingen. Ihre verspätete Einführung kam vor allem aufgrund von Schwierigkeiten mit

128 oben Die deutsche Arado Ar 234 war der erste Düsenbomber der Geschichte. Hier wurde er während eines Testflugs ohne Fahrgestell fotografiert. Angetrieben von zwei Jumo-004-Motoren mit 890 kp Schubkraft, flog die Arado bis zu 740 km/h und trug ca. 2000 kg Bomben. Die Maschine wurde auch als Aufklärer benutzt.

den BMW-Triebwerken zustande. Die Messerschmitt Me 262 flog zum ersten Mal am 18. April 1941 und wurde von einem Kolbenmotor angetrieben, der in der Nase installiert war. Der dritte Prototyp war bereits mit dem endgültigen Triebwerk Junkers Jumo 004 ausgestattet und flog zum ersten Mal am 18. Juli 1942; er bewies sofort hervorragende Flugleistungen.

Trotz allem litt die Me 262 unter einem großen Problem: Die konventionelle Anordnung des Fahrgestells und Spornrads bewirkte, dass während des Startens der Abgasausstoß des Düsentriebwerks mit den Bewegungen der Tiefenruder interferierte und das Flugzeug dadurch Schwierigkeiten hatte, an Höhe zu gewinnen. Um dieses Problem zu lösen, entwickelten die Testpiloten ein ebenso einfaches wie gefährliches Verfahren: Mittels eines leichten Drucks auf das Bremspedal während des Startanlaufs ließ sich die Nase senken, die Strömungsverhältnisse wurden dadurch verändert und somit die Wirksamkeit der Höhenruder wiederhergestellt. Natürlich konnte diese Prozedur nicht bei gewöhnlichen Einsätzen angewendet werden; das Flugzeug musste also durch die Anbringung eines Bugrads modifiziert werden, damit die Fluglage den aerodynamischen Erfordernissen angepasst wurde. Die durchgeführten Testflüge brachten noch ein weiteres Problem zum Vorschein: die Motoren. Sie mussten besonders feinfühlig behandelt werden, da sie dazu neigten, abzusaufen und zuweilen sogar Feuer fingen. Dazu wurden in gewissen Drehzahlbereichen anomale Vibrationen festgestellt, die auch zu Rissen in den Verdichterschaufeln führen konnten. Um das Problem lösen zu können, wandte sich die Firma Messerschmitt an einen Berufsgeiger, der mit seinem Geigenbogen die einzelnen Turbinenblätter „spielen" sollte. Der Musiker identifizierte damit deren natürliche Frequenz und erkannte auch, dass sie bei normaler Reisegeschwindigkeit begannen, in Resonanz zu treten. Man entschied also, die Dicke der Blätter zu reduzieren und den Drehzahlbereich des Motors bei Reisegeschwindigkeit zu verändern; durch diese beiden Maßnahmen wurde das Problem wie durch ein Wunder gelöst. Aufgrund Hitlers Anordnung, aus der Me 262 einen Bomber zu machen, wurde die Entwicklung und Produktion jedoch nur sehr langsam vorangetrieben; die ersten Vorserien-Exemplare flogen erst im Frühling 1944. Insgesamt wurden 1433 Exemplare der Me 262 gebaut, darunter waren jedoch viel zu viele Versionen und Unterversionen (insgesamt 17): unter anderem ein- und zweisitzige Aufklärer, Bodenangriffsmodelle sowie Tages- und Nachtjägerversionen. Auf diese Weise verschleuderte man also Energien und die Me 262 erreichte auf dem Kriegsschauplatz eine geringe Wirksamkeit, obwohl sie in technischer Hinsicht keine Konkurrenz zu fürchten hatte.

Die Messerschmitt Me 163 Komet war ein kleiner, raketengetriebener Abfangjäger. Sie war praktisch das Ergebnis der Forschungen zu Keilflügel-Wasserflugzeugen, die der Ingenieur Lippisch in der Vorkriegszeit durchgeführt hatte. Trotz allem war die Entstehungszeit des Flugzeug lang, da der Gebrauch des höchst instabilen Zweikomponenten-Kraftstoffs beträchtliche technische Schwierigkeiten bereitete. Bei Kriegsbeginn stand das Me-163-Projekt außerdem auf einer niedrigen Prioritätsstufe. Der Testflug des raketengetriebenen Flugzeugs wurde am 13. August 1941 durchgeführt; das Vorserien-Modell Me 163B flog zum ersten Mal am 23. Juni 1943. Die Produktion begann im Februar 1944 und im Sommer wurde das Flugzeug erstmals eingesetzt. Die mit zwei 30-mm-Kanonen bewaffnete Komet wurde vom Raketenmotor Walter HWK auf eine Höchstgeschwindigkeit von 960 km/h angetrieben – jedoch nur für siebeneinhalb Minuten. Nach dem Brennschluss des Triebwerks sank die Maschine wie ein Gleitflugzeug zu Boden und vollzog dabei eine Landung auf Gleitkufen. Ende 1944 befand sich Deutschland jedoch bereits kurz vor der Niederlage und die über 400 gebauten Komet-Exemplare konnten für die Luftverteidigung ihres Heimatlandes nicht mehr viel ausrichten.

Ebenfalls deutscher Produktion entstammte die Arado Ar 234 Blitz – der erste Jet-Bomber der Geschichte. Dieses Flugzeug, das die gleichen Jumo-Motoren wie die Me 262 benutzte, hatte ebenfalls eine mühselige Entwicklungsgeschichte; von der Entstehung des Entwurfs bis zum ersten Flug (15. Juni 1943) vergingen gut zwei Jahre. Die Blitz wurde im Sommer 1944 im Verband einer experimentellen Fliegereinheit in Dienst gestellt, wurde aber nur 1945 als Bomber und Aufklärungsflugzeug einge-

128 Mitte Die Focke-Wulf Fw 190 war ein weiteres Spitzenjagdflugzeug während des Krieges. Die schnelle, wendige und robuste Maschine wurde im August 1941 eingeführt und brachte die Alliierten in ernsthafte Schwierigkeiten.

128 unten Die Messerschmitt Me 262 war das erste Düsenjagdflugzeug, das im Kampf eingesetzt wurde. Ihre mühselige Entwicklung kam vor allem durch den Entschluss Hitlers zustande, das Flugzeug als Jagdbomber einzusetzen.

129 oben Der raketengetriebene Abfangjäger Messerschmitt Me 163 Komet war eine ungewöhnliche Maschine, die entwickelt wurde, um die Bombenangriffe der Alliierten auf Deutschland abzuwehren. Es war ein schwierig zu fliegendes Flugzeug.

129 unten Eine Reihe von Messerschmitt Me 262B-1a, der zweisitzigen Übungsversion. Die U-1-Version dieses Modells war mit einem Lichtenstein-Radargerät an der Nase ausgestattet und wurde als Nachtjäger eingesetzt.

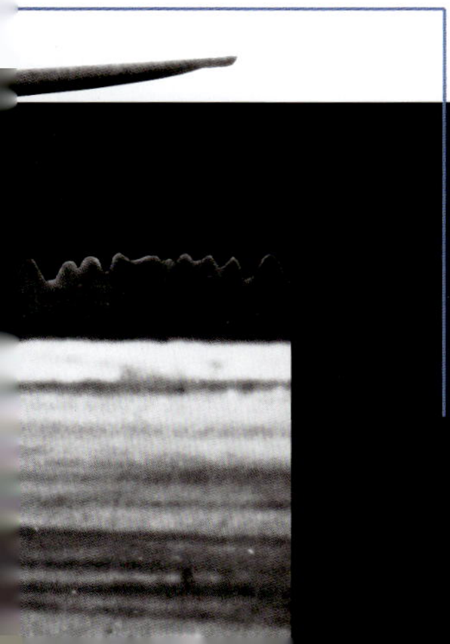

130 oben An Bord eines italienischen Bombers errechnet ein Richtkanonier den Moment des Bombenabwurfs mittels eines primitiven Systems.

130 unten links Eine Formation von FIAT CR.42 Doppeldecker-Jägern über dem Mittelmeer. Das Flugzeug – bereits 1938 veraltet – wurde bis 1944 produziert.

130 unten rechts Obwohl sie ein moderneres Äußeres hatte als die CR.42, bot die FIAT G.50 von 1937 keine besseren Leistungen als der Doppeldecker; er besaß nur zwei Maschinengewehre und erreichte knapp 470 km/h.

setzt. Insgesamt wurden ca. 200 Exemplare in 22 verschiedenen Versionen produziert. Das Düsenflugzeug besaß eine maximale Startmasse von beinahe zehn Tonnen und wurde von einem einzigen Piloten geflogen. Es konnte mit einer Zuladung von 2000 kg Bomben 740 km/h schnell und über eine Distanz von1630 km fliegen.
Deutschlands Hauptverbündeter war Italien, ein Land, das in den 1920er- und 1930er-Jahren an der Spitze der Luftfahrttechnologie stand; dies war vor allem den Unternehmungen einiger rekordbrechender Flugzeuge sowie den Überflügen der militärischen Luftfahrt zu verdanken. Durch die Beteiligung an den Kolonialkriegen sowie am spanischen Bürgerkrieg wurde Italien jedoch beträchtlich geschwächt, und die alternde Luftwaffe verfügte 1940 über weniger als 1800 einsatzfähige Flugzeuge. Im weiteren Verlauf des Krieges verschlechterte sich die Situation noch weiter: In Anbetracht der übermäßigen Modell- und Typenvielfalt der eingesetzten Flugzeuge war die nationale Industrie weder in der Lage, die benötigte Menge neuer Flugzeuge noch die entsprechenden modernen Motorentypen herzustellen.
Zu Beginn des Krieges war der Doppeldecker FIAT CR.42 Falco das wichtigste Jagdflugzeug der Königlichen Italienischen Luftwaffe. Die Maschine besaß ein festes Fahrwerk, welches bei der Einführung des Jägers am 23. Mai 1938 bereits als veraltet gelten konnte. In Italien war man überzeugt davon, dass ein leichter und wendiger Doppeldecker im Luftkampf den schnellen Maschinen vorzuziehen sei. Und so geschah es, dass Italien, während Deutschland mit der Produktion der Bf 109E begann, die Herstellung der Falco einleitete. Diese Maschine wurde von einem 840-PS-Sternmotor angetrieben, verfügte über eine Höchstgeschwindigkeit von 430 km/h und war mit zwei Maschinengewehren Kaliber 12,7 mm bewaffnet.
Italiens CAI (Corpo Aereo Italiano) beteiligte sich also (dem Willen Mussolinis entsprechend, doch entgegen den deutschen Ratschlägen) beim Luftangriff auf England, wo sich unter den eingesetzten Jägern auch die CR.42 befand. Deren Piloten mussten dabei weitaus besseren Flugzeugen gegenübertreten und befanden sich selber auf einem veralteten Jäger, der obendrein ein offenes Cockpit besaß, wodurch sogar einige Fälle von Erfrierungen verursacht wurden. Trotz der Verfügbarkeit besserer Flugzeuge (worauf sich die italienische Produktion hätte konzentrieren sollen) wurden bis Juni 1943 1782 Exemplare der CR.42 hergestellt. Seit 1941 setzte man das Flugzeug für weniger anspruchsvolle Aufgaben ein wie zum Beispiel Bodenangriffe, Aufklärung sowie Nachtjagd.
Am 26. Februar 1937 (ein Jahr vor der Einführung der Falco) führte ein anderer FIAT-Jäger seinen Erstflug durch: die G.50 Freccia, ein Ganzmetall-Eindecker mit Einziehfahrwerk. 1938 verlor die G.50 aber gegen die Macchi MC.200 bei einem Wettbewerb zur Auswahl eines neuen Abfangjägers für die Luftwaffe. Trotzdem wurde die Serienherstellung der G.50 gebilligt. Die G.50 Freccia war – ausgestattet mit demselben Motor wie die CR.42 – kein großer Erfolg und die Flugleistungen (Höchstgeschwindigkeit 470 km/h) waren nicht viel besser als diejenigen der Falco. Insgesamt wurden 780 Maschinen vom Typ G.50 Freccia gebaut.
Eine weit bessere Maschine war dagegen die Macchi MC.200 Saetta. Dieser Jäger flog zum ersten Mal am 24. Dezember 1937 und wurde im Sommer 1939 in Dienst gestellt. Obwohl die Macchi mit einem nicht besonders leistungsfähigen Sternmotor von 870 PS ausgerüstet war, bewies sie hervorragende Flugleistungen. Bis Juli 1942 wurden 1151 Exemplare gebaut; danach wurde das Flugzeug von dem Modell MC.202 Folgore abgelöst; dabei handelte es sich praktisch um die Saetta, die man mit dem deutschen Triebwerk Daimler-Benz DB.601 (von Alfa Romeo in Lizenz gebaut) umgerüstet hatte. Dank dieses 1100-PS-Rei-

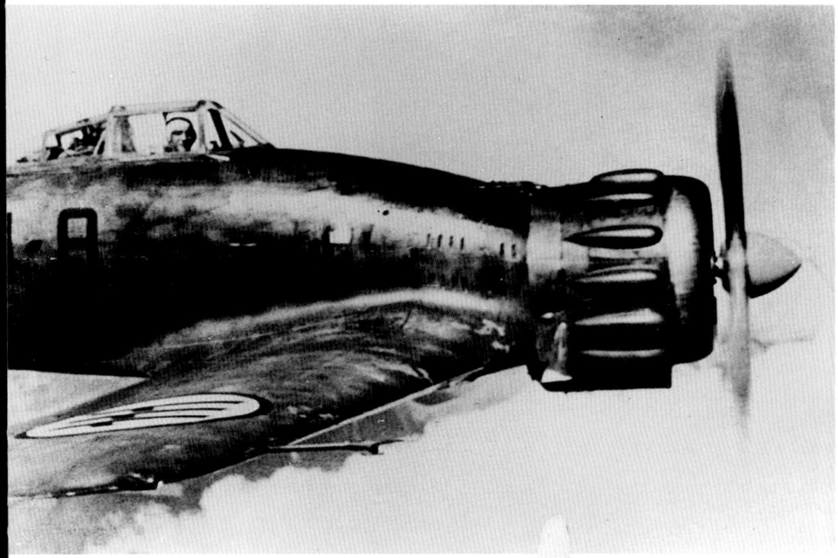

131 Mitte rechts Ein Maschinengewehrschütze in einem italienischen Bomber in Verteidigungsstellung am Heck während einer Mittelmeer-Mission.

131 unten Trotz ihrer Mängel war die CR.42 sehr wendig und zuverlässig. Sie wurde von der Regia Aeronautica sogar nach 1941 als leicht bewaffnetes Angriffsflugzeug und Nachtjäger eingesetzt.

131 oben Im Vordergrund sind auf einem italienischen Flughafen die Jäger Macchi MC.202 Folgore des 97. Geschwaders aufgestellt. Die MC.202 war das beste Jagdflugzeug vor dem Erscheinen der „Serie 5"-Jäger.

131 Mitte links Nahaufnahme einer Macchi MC.200 Saetta des Geschwaders 74a. Die MC.200 war ein hervorragendes Flugzeug, das jedoch aufgrund des schwachen Sternmotors und der geringen Bewaffnung (nur zwei Maschinengewehre) gegenüber seinen Gegnern im Nachteil war.

132 oben Zwei Waffenspezialisten laden Bomben in eine dreimotorige SIAI S.79 Sparviero, den berühmtesten italienischen Bomber des Zweiten Weltkriegs.

132 unten Zwei S.79 beim Flug über dem Mittelmeer. Die Sparviero bewies auch als Torpedoflugzeug gute Leistungen und wurde während der Flottenangriffe im Sommer 1942 zum Alptraum der Engländer.

133 oben Mit der Einführung des deutschen Motors Daimler-Benz DB.605 wurden die besten italienischen Jagdflugzeuge des Krieges hergestellt. Die Macchi MC.205 Veltro wurde ursprünglich direkt aus dem Modell 202 entwickelt, war jedoch mit zwei 20-mm-Kanonen sowie den zwei 12,7-mm-Maschinengewehren bewaffnet.

133 unten Die FIAT G.55 Centauro war vielleicht das beste italienische Jagdflugzeug des Krieges. Das robuste und wendige Flugzeug trug drei 20-mm-Kanonen und zwei 12,7-mm-Maschinengewehre und erreichte eine Höchstgeschwindigkeit von 630 km/h.

henmotors konnte die Folgore eine Höchstgeschwindigkeit von 600 km/h erreichen. Nach ihrem ersten Flug am 10. August 1940 kam die MC.202 in die Serienproduktion: Insgesamt wurden während des Krieges 1070 Exemplare hergestellt, die erfolgreich an allen Fronten operierten.

Die letzte Version dieser Macchi-MC-Familie war die MC.205 Veltro, die ihren Jungfernflug am 19. April 1942 durchführte. Bei der Konstruktion dieses Modells hatte man beabsichtigt, die größten Schwachpunkte der 202 zu überwinden: Es war stärker und schwerer bewaffnet. Die Veltro wurde mit dem 1475-PS-Motor DB.605 bestückt und mit zwei 20-mm-Kanonen sowie den herkömmlichen zwei 12,7-mm-Maschinengewehren bewaffnet. Es war ein hervorragendes Flugzeug, das den alliierten Gegnern ohne Weiteres gewachsen war. Trotzdem wurden nur knapp über 200 Exemplare gebaut, die erst ab April 1943 im Luftkampf eingesetzt wurden. Nachdem zwischen Italien und den Alliierten ein Waffenstillstand geschlossen worden war, benutzte die sogenannte Nationale Republikanische Luftwaffe (ANR) weitere 112 Exemplare der Veltro im Norden des Landes.

Das wahrscheinlich beste italienische Jagdflugzeug des Krieges war die FIAT G.55 Centauro, die zum ersten Mal am 30. April 1942 flog. Der FIAT-Jäger wurde ebenfalls von dem DB.605-Motor (wiederum in Lizenz von Alfa Romeo gebaut) angetrieben und war mit drei 20-mm-Kanonen sowie zwei 12,7-mm-Maschinengewehren bewaffnet. Die Centauro war ein robustes und wendiges Flugzeug, das eine Höchstgeschwindigkeit von 630 km/h erreichen konnte. Die ANR benutzte die Centauro vor allem bei Einsätzen, welche die Einflüge der alliierten Bomberströme nach Norditalien verhindern sollten. Nur knapp mehr als 250 Exemplare des Jägers wurden gebaut, bevor die bereits reduzierte Produktionskapazität vollständig zusammenbrach. Das letzte Flugzeug der berühmten „5er Serien" (Jagdflugzeuge, die mit dem in Lizenz gefertigten DB.605-Motor ausgestattet waren) war die Reggiane Re.2005 Sagittario, die zum ersten Mal am 9. Mai 1942 flog. Obwohl es ein optimales Flugzeug war, baute man bis zum Waffenstillstand am 8. September 1943 nur noch 29 Sagittarios.

Unter den weiteren von Italien im Zweiten Weltkrieg eingesetzten Flugzeugen gebührt der SIAI S.79 Sparviero ein besonderer Platz. Dabei handelte es sich um ein dreimotoriges Flugzeug mit traditionellen Außenformen, das für verschiedene Aufgaben während der gesamten Kriegszeit im Einsatz blieb. Die Sparviero wurde ursprünglich als achtsitziges Ziviltransportflugzeug in Tiefdecker-Auslegung entworfen und war mit drei 750-PS-Sternmotoren, Holzflügeln sowie einem Einziehfahrwerk ausgestattet. Der Erstflug der S.79 fand am 8. Oktober 1934 statt. Das Flugzeug zeichnete sich durch seine unglaubliche Schnelligkeit aus und stellte insgesamt sechs Weltrekorde auf. Das Interesse der Militärführung war damit geweckt und alsbald wurde eine Bomberversion in Auftrag gegeben. Die Produktion begann im Oktober 1936; bald darauf erbrachte das Flugzeug gute Leistungen im spanischen Bürgerkrieg. Bei Ausbruch des Zweiten Weltkriegs standen fast 600 Exemplare der S.79 im Dienst. Zu den Bombenangriffen kamen bald darauf noch Torpedomissionen hinzu, die aufgrund einer Reihe erfolgreicher Mittelmeer-Operationen das Ansehen des S.79-Bombers noch steigerten. Einige der markantesten Erfolge der italienischen Luftwaffe während des Zweiten Weltkriegs waren der 132. Gruppe zu verdanken, die von Major Carlo Emanuele Buscaglia kommandiert wurde und deren Basis sich erst in Sizilien und später in Pantelleria befand. Berühmte Piloten wie Giulio Cesare Graziani und Carlo Faggioni gehörten dieser autonomen Einheit an. Die Gruppe zeichnete sich bei den Luft- und Flottenoperationen im Sommer 1942 aus – besonders während der Luftkämpfe des „Mezzogiugno" und „Mezzagosto" (Junimitte, Augustmitte), bei denen zahlreiche Kriegs- und Transportschiffe der britischen Marine versenkt bzw. beschädigt wurden. Der Grund dieser beiden Angriffe war der Kampf um die Insel Malta. Die Besatzungen der S.79 bewiesen ihren großen Mut gegenüber einer mörderischen Flakartillerie: In der Luft waren die englischen Jagdflugzeuge, und wenige Meter darunter das Meer und die vorbeiziehenden Kriegsschiffe, die ihre Torpedos abfeuerten. Während der Schlacht von Mezzagosto schafften es die italienischen Flugzeuge – in Zusammenarbeit mit den deutschen – einen Zerstörer und fünf Transporter zu versenken sowie zwei Flugzeugträger und weitere zwei Transporter zu beschädigen. Dies war die letzte erfolgreiche Mission der italienischen Torpedoflugzeuge: Der Krieg im Mittelmeer wandte sich für die Achsenmächte von nun an zum Schlechten hin. Am 12. November wurde Major Buscaglia bei einem Angriff abgeschossen und für tot erklärt. In Wirklichkeit lebte er und wurde von den Alliierten gefangen genommen. 1944 kehrte er zurück, um das Kommando über die 132. Gruppe weiterzuführen, die nun mit der englischen zweimotorigen Baltimore ausgestattet war und in der Aeronautica Cobelligerante operierte. Buscaglia starb kurz darauf am 23. August 1944 bei einem Flugunfall im Gebiet des Vesuv. Die S.79 wurde nach 1943 auch von der ANR als Torpedoflugzeug eingesetzt und insgesamt in über 1300 Exemplaren hergestellt. Das Flugzeug wurde auch ins Ausland exportiert oder dort in Lizenz gebaut. In der Nachkriegszeit benutzte man die S.79 noch bis in die 1960er-Jahre als Transportflugzeug. Auf der anderen Seite der Erde begann Japan, der dritte Achsenalliierte (ein Land, das keine große Luftfahrt-Tradition besaß), seinen Kampf mit einem hervorragenden Jagdflugzeug. Es handelte sich um die Mitsubishi A6M Zero, die aufgrund ständiger Verbesserungen während des gesamten Kriegs im Einsatz blieb. Die Maschine wurde Ende der 1930er-Jahre als neuer trägergestützter Jäger für die kaiserliche japanische Marine entworfen und auf eine besonders anspruchsvolle Spezifikation hin entwickelt, die der Konkurrent Nakijima für schlicht unrealisierbar hielt. Die A6M1, die ihren Jungfernflug am 1. April 1939 absolvierte, erfüllte jedoch vollkommen die geforderten Bedingungen (abgesehen von der Höchstgeschwindigkeit, die unter den gewünschten 500 km/h lag). Nachdem der Motor gegen ein stärkeres Modell ausgetauscht worden war, begann man mit der Serienproduktion des Flugzeugs. Im Juli 1940 wurde die Zero in Dienst gestellt und blieb bis Mitte 1942 der wahrscheinlich beste Jäger im Pazifik. Sie war ein schnelles und wendiges Flugzeug; die Maschine besaß jedoch weder eine Panzerung noch selbstabdichtende Tanks und war so gegen feindlichen Beschuss sehr empfindlich. Die beste Zero-Version war die A6M5, die 1943 eingeführt wurde, um die amerikanischen Jäger Hellcat und Corsair zu bekämpfen. Das Modell war mit zwei 20-mm-Kanonen sowie zwei 13,2-mm-Maschinengewehren bewaffnet und wurde von einem 1130-PS-Motor zu einer Höchstgeschwindigkeit von 565 km/h angetrieben. Trotzdem konnte das Flugzeug die amerikanischen Typen nicht schlagen. Bis Kriegsende im August 1945 wurden insgesamt 10 499 Zeros (von den Amerikanern offiziell „Zeke“ genannt) gebaut. Der Niedergang der Zero begann jedoch schon zwei Jahre früher, offensichtlich zu werden – parallel mit dem Verlust von Japans besten Piloten. Die Einführung des letzten Modells A6M8 mit 1560-PS-Motor konnte die Situation nicht verbessern. Ein weiterer japanischer Jäger, der bis Ende des Krieges im Dienst blieb, war die weniger berühmte Nakajima Ki-43. Das Flugzeug wurde Nakajima ohne Ausschreibung direkt in Auftrag gegeben und flog zum ersten Mal im Januar 1939. Es war ein Ganzmetall-Tiefdecker mit Einziehfahrwerk und Sternmotor, der sich anfangs als schwer und plump erwies. Mit der Zeit wurde die Ki-43 leichter und wendiger – sie galt bei Kriegsbeginn sogar als fast unschlagbar. Trotz ständiger Verbesserungen – besonders am Triebwerk – wurde die Ki-43 (mit der amerikanischen Codebezeichnung „Oscar“) von den Jägern der Alliierten überholt, vor allem, da die japanische Industrie nicht in der Lage war, entsprechend leistungsstarke Flugzeugmotoren herzustellen. Insgesamt wurden bis Kriegsende 5919 Exemplare der Ki-43 gebaut. Ein drittes, berühmtes Flugzeug der japanischen Streitkräfte war der zweimotorige Bomber Mitsubishi G4M. Er führte seinen ersten Flug am 23. Oktober 1939 durch und kam 1940 in Produktion. Die G4M war ein Langstreckenbomber, der

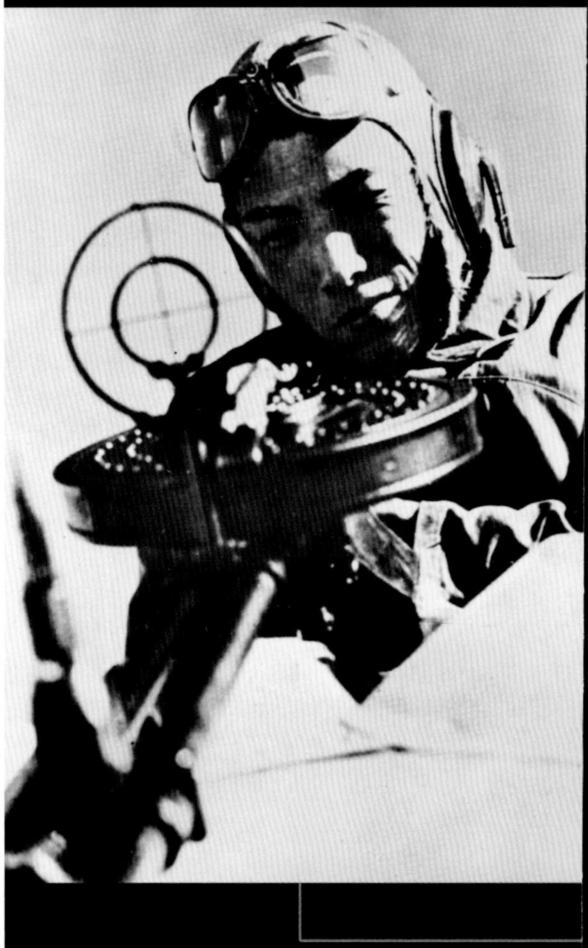

134 oben Nahaufnahme eines japanischen Maschinengewehrschützen 1942. Japan produzierte nach 1942 keine besonders fortschrittlichen Flugzeuge mehr, aber der Mut der japanischen Besatzungen stand außer Frage.

134 Mitte rechts Die Mitsubishi A6M Zero war zweifellos das bekanntmteste japanische Flugzeug. Sie war ein ausgezeichneter Jäger, dessen einziger Schwachpunkt in der fehlenden Panzerung sowie dem Mangel an selbstabdichtenden Kraftstoffbehältern lag.

bis zu 1000 kg Bomben bzw. einen Torpedo über Distanzen bis zu 4000 km transportieren konnte. Die Höchstgeschwindigkeit betrug 470 km/h und die Abwehrbewaffnung bestand aus vier 20-mm-Kanonen und zwei 7,7-mm-Maschinengewehren. Trotz alledem hatte die G4M (von den Amerikanern „Betty" genannt) nur eine schwache Blechbeplankung und besaß keine selbstabdichtenden Tanks, weshalb die Amerikaner ihr wegen der Beschussempfindlichkeit den Beinamen „das fliegende Feuerzeug" gaben. Bis August 1945 wurden 2446 Exemplare der G4M gebaut – es war der japanische Bomber mit der höchsten Produktionsziffer.

134 unten Die Mitsubishi G4M (von den Alliierten „Betty" genannt) war unter den japanischen Bombern am zahlreichsten vertreten. Ihre Blechverkleidung war jedoch zu schwach; die Amerikaner nannten die Maschine „das fliegende Feuerzeug".

135 oben Ein japanisches Torpedoflugzeug stürzt am 25. Oktober 1944 ins Meer, nachdem es von den 127-mm-Luftabwehrkanonen des Flugzeugträgers USS Yorktown getroffen wurde.

135 Mitte Auch Japan besaß während des Krieges eine starke Marine, die mit guten Trägerflugzeugen ausgerüstet war. Diese Zero-Jäger werden zum Abflug von einem Flugzeugträger vorbereitet.

135 unten Gegen Kriegsende konnten die Japaner keine bessere Taktik finden, als den Einsatz von Kamikazefliegern, um die amerikanische Flotte aufzuhalten. Auf dieser Fotografie vom 4. Mai 1945 wurde ein japanischer Jäger bei dem Versuch, in den Flugzeugträger USS Sangmon zu stürzen, getroffen.

Kapitel 9

Die ersten Jets und der Korea-Krieg

In der ersten Hälfte der 1940er-Jahre hatte das traditionelle Flugzeug (das sich durch einen Kolbenmotor auszeichnete, der einen oder mehrere Propeller antrieb) seine Leistungsgrenzen erreicht. Während des Zweiten Weltkriegs stießen die schnellsten Jagdflugzeuge gegen die 800-km/h-Mauer – eine Geschwindigkeit, jenseits derer die Propeller an Wirksamkeit verlieren. Um schneller fliegen zu können, wären außerordentlich starke Motoren nötig gewesen, die jedoch ein unannehmbar hohes Gewicht und Ausmaß erfordert hätten. Letzten Endes wäre dadurch die Leistung nur theoretisch erhöht worden – die praktischen Werte aber wären unverändert geblieben.

Seit einiger Zeit aber arbeiteten zwei Männer, Frank Whittle in Großbritannien und Hans von Ohain in Deutschland – ohne voneinander zu wissen – an der Entwicklung eines Motors, der für ebenso revolutionär wie unrealisierbar gehalten wurde: der gasbetriebene Turbomotor. Die Funktion dieses Triebwerks (in der Industrie wurden Gasturbinen bereits angewendet) war sehr einfach: Die Luft trat von der Vorderseite ein, wurde komprimiert und in eine Verbrennungskammer gedrückt, wo sie sich mit dem Kraftstoff vermischte; daraufhin entzündete sich das Gemisch und trat mit einer hohen Geschwindigkeit aus der hinteren Düse aus; die wiederum trieb ein Hubgebläse an, das seinerseits den vorderen Kompressor in Bewegung brachte. Die Schwierigkeit bestand darin, eine entsprechend kleine, starke und leichte Turbine zu schaffen, die man erfolgreich in ein Flugzeug installieren konnte.

Von Ohain, ein Ingenieur der Firma Heinkel, veranstaltete im Februar 1937 eine erste Vorführung seines Turbomotors. Die Probe ging erfolgreich vonstatten und Ernst Heinkel wurde zum Förderer des neuen Triebwerks: Mit seiner Firma baute er das erste Düsenflugzeug der Welt, die He-178. Dieser kleine und einfache Ganzmetall-Eindecker besaß ein besonderes Merkmal, das in wenigen Jahren üblich werden sollte: einen Lufteinlass auf der Nase, wo gewöhnlich der Propeller angebracht war. Die He-178 flog zum ersten Mal am 27. August 1939 – damit begann die moderne Ära des Fliegens.

In Großbritannien war es Whittle, ein Ingenieur der RAF, der 1929 die Idee des Turbomotors entwickelte, doch erst ab April 1937 konnte er sich der Arbeit daran richtig widmen. Im Juni 1939 war Whittle bereit, eine Vorführung seines W.I-Motors für das Luftfahrt-Ministerium vorzubereiten, dessen Vertreter sich von der neuen Erfindung begeistert zeigten. Sofort wurde die Firma Gloster damit beauftragt, einen Prototyp mit Einbau des W.1-Motors zu bauen. Es erschien also daraufhin die Gloster E.28/39, ein Versuchsmodell in Tiefdecker-Auslegung, Bugrad-Fahrwerk und Lufteinlass an der Nase. Der Erstflug fand am 15. Mai 1941 statt.

In Großbritannien führten die unternommenen Experimente zum Bau des Jagdflugzeugs Gloster Meteor mit Rolls-Royce-Motoren (siehe dazu Kapitel 7), während in Deutschland die Zellen- und Motorenentwicklung zu einem

138 oben Die Heinkel He 178 war das erste Düsenflugzeug der Welt und flog zum ersten Mal im August 1939. Ihre Entwicklung war aufgrund des perfektionierten Düsentriebwerks Hans von Ohains möglich.

138 unten Die De Havilland Vampire war das erste erfolgreiche Düsenflugzeug. Insgesamt wurden 19 Versionen und über 3700 Flugzeuge gebaut. Die Vampire wurde von England und weiteren 25 Ländern gekauft. Auf der Fotografie ist eine zweisitzige Übungsversion zu sehen.

139 oben Die italienische Caproni Campini N.1 war – zusammen mit den deutschen und englischen Entwürfen – eines der ersten Düsenflugzeuge. Der Erstflug fand am 28. August 1940 statt; die Höchstgeschwindigkeit betrug nur 360 km/h und es wurden zwei Prototypen gebaut.

139 unten Mit dem Erscheinen von Düsentriebwerken wurden die Forschungen zur Aerodynamik immer wichtiger. Auf dieser Fotografie von 1945 sind zwei Männer in einem riesigen Windkanal zu sehen.

Wettstreit zwischen den einzelnen Firmen führte: Heinkel und Messerschmitt konkurrierten um die Flugzeugherstellung und BMW und Junkers um die Herstellung der Motoren. Das deutsche Luftfahrt-Ministerium ordnete bei Heinkel und Messerschmitt die Entwicklung eines Düsenflugzeug-Entwurfs an. Das dazugehörige Triebwerk sollte von einer der drei beschäftigten Firmen gebaut werden. Im September 1940 hatte Heinkel als Erster seine Arbeit fertig gestellt, aber da noch keiner der Motoren fertig war, ließ Heinkel im März 1941 sein zweistrahliges Düsenflugzeug He 280 mit den Motoren aus eigener Produktion fliegen. Die He 280 war ein schönes Flugzeug, das bereits mit den vorläufig eingebauten Motoren an die 780 km/h herankam und auch einige interessante Neuerungen enthielt, wie zum Beispiel den Schleudersitz und das Bugradfahrgestell. Dennoch bevorzugte das Ministerium aus politischen und technischen Gründen das Flugzeug von Messerschmitt, die Me 262, obwohl diese Maschine später fertig wurde und – ausgestattet mit den endgültigen Jumo-004-Motoren von 900 kp Schub – erst im Juli 1942 flog. Ein Pluspunkt des Flugzeugs war allerdings die größere Reichweite und Feuerkraft (siehe Kapitel 8). Die Gloster Meteor hatte man nach und nach verbessert und jeweils auf den neuesten Stand gebracht. Bis 1954 wurden über 3900 Exemplare gebaut, die man in viele Ländern exportierte. Das zweite britische Düsenflugzeug war die De Havilland Vampire. Diese Maschine wurde 1941 in Auftrag gegeben und absolvierte ihren ersten Flug am 26. September 1943. Es handelte sich um einen kleinen Mitteldecker in Gemischtbauweise (hölzerner Rumpf und Metallflügel), der mit Lufteinlass am Luftschraubenansatz des kurzen Holz-Rumpfs ausgestattet war und ein Bugradfahrgestell besaß. Die Leitwerke saßen – ähnlich wie bei der Lockheed P-38 – auf zwei Leitwerksträgern, die am Heck durch das Höhenleitwerk miteinander verbunden waren. Mit nur einem einzigen Motor ausgerüstet – dem Havilland Goblin I mit 1225 kp Schubkraft – erreichte das Flugzeug eine Höchstgeschwindigkeit von über 800 km/h. Obwohl die Vampir (anfangs noch „Spider Crab“ genannt) sich als hervorragender Jäger erwies, war es nicht möglich, sie noch rechtzeitig vor Kriegsende in den Truppendienst zu übernehmen, da die ersten Serien-Modelle F Mk.I erst im April 1946 geliefert wurden. Die Serienmaschinen Typ F Mk.I wurden von dem 1406 kp starken Goblin-2-Triebwerk zu einer Höchstgeschwindigkeit von 870 km/h angetrieben und verfügten über eine Bewaffnung von vier 20-mm-Kanonen. Mit der Zeit wurde auch die Vampire ständig verbessert, was unter anderem zum Bau neuer Modelle führte: dem Jäger (F), Jagdbomber (FB), Nachtjäger (NF), Schulungsflugzeug (T) und der Marineversion (Sea Vampire). Neue Tragflächen und Leitwerke waren die Charakteristiken der Modelle Venom und Sea Venom. Insgesamt wurden über 3700 Exemplare gebaut, die nicht nur in Großbritannien, sondern in 26 Ländern auf der ganzen Welt eingesetzt wurden. Die letzten Vampires standen im aktiven Dienst der schweizerischen Luftwaffe und wurden erst in den 1980er-Jahren zurückgezogen. Auch in den Vereinigten Staaten beschäftigte man sich intensiv mit der Realisierung eines

138 oben Zwei Fotografien einer Lockheed T-33A Silver Star. Das Düsenflugzeug stammte von dem Jäger P-80 Shooting Star ab und war zum Jet-Übungsflugzeug bestimmt. Die Silver Star flog zum ersten Mal am 22. März 1948.

Düsenflugzeugs; dank des technologischen Informationsaustauschs mit Großbritannien während des Krieges wurde General Electric (wo man bereits über bemerkenswerte Erfahrungen mit Turbinen verfügte) ausgewählt, um ein neues Triebwerk auf den Grundlagen von Whittles Forschungen herzustellen. Am 5. September 1941 hatte man Bell damit beauftragt, den Prototyp eines Flugzeugs zu bauen, das mit dem neuen Triebwerk ausgestattet sein sollte – der Turbine General Electric I-A mit 567 kp Schubkraft. Von Bell wurde daraufhin das Model 27 konstruiert, ein zweimotoriges Flugzeug mit traditionellen Außenformen, das mit geraden Tragflächen in Mitteldecker-Auslegung, Bugradfahrgestell sowie im Luftschraubenansatz versenkten Motoren ausgestattet war. Das Flugzeug, genannt XP-59A Airacomet, flog zum ersten Mal am 1. Oktober 1942 vom Rogers Dry Lake nach Muroc Field in Kalifornien. Auf die drei Prototypen folgten 1944 die 13 Vorserienmodelle der YP-59A, welche bereits I-16-Motoren mit 748 kp Schubkraft besaßen. Doch auch diese Motoren boten keine endgültige Lösung für die Probleme des mit rund 650 km/h langsamen und instabilen Flugzeugs. Später wurden 20 Exemplare der P-59A und 30 der P-59B in Auftrag gegeben (Letztere mit den Triebwerken J31-GE-5 mit 907 kp Schubkraft), die aber ausschließlich für eine große Reihe experimenteller Tests, Bewertungs- und Schulungsflügen seitens der U.S. Army und Navy benutzt wurden. Trotz des Misserfolgs trug die Airacomet viel zur Entwicklung der Düsenflugzeug-Technologie mit bei und schon der nächste amerikanische Flugzeug-Entwurf mit Luftstrahltriebwerk wurde ein großer Erfolg. Während Bell sich noch mit der unbefriedigenden P-59 plagte, wurde Lockheed der Auftrag zur Konstruktion eines operativen Düsenjägers zugewiesen. Der Entwurf wurde innerhalb von nur sechs Monaten fertig gestellt und der Prototyp XP-80, ausgestattet mit dem Düsentriebwerk De Havilland Goblin, flog am 8. Januar 1944 zum ersten Mal. Man beschloss, die Lizenz-Produktion des englischen Triebwerks nicht fortzuführen, und so startete im Juni 1944 die von einem General-Electric-J33-Triebwerk angetriebene Maschine XP-80A zu ihrem Erstflug. Sobald die ersten der 13 Vorserien-Exemplare fertig waren und man die angeordnete Serienproduktion mit dem Bau von mehr als 5000 P-80As ins Auge gefasst hatte, begann man im Oktober 1944 mit den operativen Testflügen. Doch aufgrund des absehbaren Kriegsendes setzte das Militär die Anzahl der benötigten Flugzeuge niedriger an, so dass die USAAF nur noch 917 Exemplare bestellte. Die P-80A Shooting Star besaß eine Flügelspannweite von 12,1 Metern, eine Länge von 10,5 Metern und eine maximale Startmasse von 6575 kg. Die Schubleistung des Triebwerks betrug 1745 kp und verschaffte dem Flugzeug eine Höchstgeschwindigkeit von 900 km/h. Die Shooting Star hatte dieselbe Waffenausrüstung wie die Propeller-Jagdflugzeuge: sechs Maschinengewehre und bis zu 907 kg Bombenlast. 1948 wurde die verbesserte Version F-80C eingeführt (mit der Gründung der U.S. Air Force als autonome Streitkraft im Jahre 1947 wurden die Flugzeugbenennungen von P = Pursuit auf F = Fighter geändert), von der die 798 gebauten

139 oben links Das Kunstfluggeschwader der USAAF „Acrojets“ benutzte vier Jäger F-80. Dieses Flugzeug wurde Anfang 1945 in den Dienst eingeführt – es kam zu spät für den Einsatz im Zweiten Weltkrieg.

139 oben rechts Diese Formation von Bell-Jägern wurde 1944 fotografiert. Von oben nach unten: eine XP-77, eine P-39Q, eine P-63A und die P-59 Airacomet – das erste amerikanische Düsenflugzeug, hier in der Vorserienversion YP-59.

139 Mitte 1947 führte McDonnell den neuen Düsenjäger „Banshee" ein, der von der „Phantom" abgeleitet wurde. Auf der Fotografie ist der Prototyp XF2H-1 zu sehen.

139 unten links Das erste Düsenflugzeug der U.S. Navy war eine Kreuzung von Propeller- und Düsenantrieb. Hier sieht man den Prototyp der Ryan FR Fireball von 1944.

Exemplare auch im Korea-Krieg eingesetzt wurden. Die F-80C bildete auch die Grundlage eines Übungs-Zweisitzers mit hervorragenden Eigenschaften, der zum ersten Mal am 22. März 1948 flog. Von diesem Flugzeug – anfangs noch TP-80C und später T-33A Silver Star genannt – wurden über 6500 Exemplare gebaut, die in mehr als 40 Ländern auf der ganzen Welt benutzt wurden. Noch heutzutage werden einige Modelle der T-33 von verschiedenen Luftstreitkräften geflogen und beweisen die Qualität und Solidität des Entwurfs.

In der Zwischenzeit begann sich auch die U.S. Navy vorsichtig den Düsenflugzeugen anzunähern, doch da die Marineflugzeuge eine höhere Zuverlässigkeit erforderten, handelte es sich bei dem ersten Flugzeug in Wirklichkeit um einen Misch-Typ. Die Ryan Fireball FR flog zum ersten Mal am 25. Juni 1944 und war tatsächlich eine Versuchs-Maschine, die mit einem 1350 PS starken Propeller-Sternmotor Wright Cyclone sowie der General Electric I-16 Strahlturbine mit 725 kp Schubkraft ausgestattet war. Auch in diesem Fall war das Kriegsende der Grund für die nur noch eingeschränkte Produktion dieses Musters: nur 66 Exemplare, die alle noch 1945 geliefert wurden. Zu jener Zeit blickte die Navy schon auf ihren ersten „richtigen" Träger-Jet, die McDonnell Phantom FH, die 1943 entworfen wurde. Die Phantom flog zum ersten Mal am 26. Januar 1945 und wurde von zwei Strahltriebwerken vom Typ Westinghouse 19XB-2B mit je 530 kp angetrieben (in den Serienmodellen wurden sie jedoch durch die J30-Strahltriebwerke mit 725 kp ersetzt), die das Flugzeug auf eine Höchstgeschwindigkeit von 770 km/h brachten. Am 21. Juni 1946 landete die Phantom als erstes amerikanisches Düsenflugzeug auf einem Flugzeugträger. Infolge der Produktionseinschränkung kam es wiederum zu nur 60 gebauten Exemplaren der FH-1, deren Auslieferung zwischen 1947 und 1948 stattfand. Die Fortschritte hinsichtlich der Jet-Entwicklung wurden ständig vorangetrieben und McDonnell arbeitete bereits an einem Nachfolger für die FH-1: Im Januar 1947 erhob sich die XF2H-1 Banshee in die Lüfte. Trotz der großen Ähnlichkeit mit der Phantom war die Banshee ihrer Vorgängerin in jeder Hinsicht weit überlegen – natürlich eingeschlossen der beiden neue Westinghouse-J34-Triebwerke mit je 1475 kp Schub, die der Maschine eine exzellente Höchstgeschwindigkeit von 935 m/h verliehen. Mit vier 20-mm-Kanonen und einer möglichen Waffenzuladung von zwei Bomben zu je 225 kg war das Flugzeug auch schwerer bewaffnet als die Phantom. Im März 1949 wurde die F2H Banshee in Dienst gestellt.

141 unten rechts Die McDonnell FH-1 Phantom war der erste, wirkliche Jet der U.S. Navy. Sie flog 1945 und war außerdem das erste Düsenflugzeug, das auf einem Flugzeugträger landete.

Es sollte bemerkt werden, dass es die amerikanischen Streitkräfte bis Ende der 1940er-Jahre nicht schafften, einen operativen Jäger aufzubieten, welcher der deutschen Messerschmitt Me 262 des Zweiten Weltkriegs überlegen gewesen wäre. Doch trotz allem befanden sich verschiedene Entwürfe bereits im Versuchsstadium und einige hervorragende Düsenflugzeuge sind rechtzeitig fertig geworden, um bei einem neuen internationalen Konflikt eingesetzt zu werden. Obwohl dieser Konflikt sich geografisch nur auf Korea beschränkte, war es in Wirklichkeit eine Konfrontation zwischen den West- und Ostmächten und die Welt stand erneut am Rande eines Krieges mit verheerenden Folgen.
Am Sonntag, den 25. Juni 1950 um vier Uhr morgens setzte die Armee des kommunistischen Landesteils Nord-Korea zu einem Massenangriff auf das angrenzende Süd-Korea an. Da die Kräfte zu diesem Zeitpunkt ungleich verteilt waren, hatten die Nordkoreaner zunächst leichtes Spiel, durchbrachen die südkoreanischen Verteidigungslinien und drangen bis tief in den Süden ein. Nach wenigen Tagen beschloss der Sicherheitsrat der Vereinten Nationen die Gewaltanwendung, um die Invasoren zurückzudrängen und die Grenze auf dem 38. Breitengrad wiederherzustellen. Die Vereinigten Staaten wurden zum Initiator dieser Kampfhandlung und griffen zusammen mit 16 weiteren Ländern massiv in das Geschehen ein. Dagegen konnte Nord-Korea jedoch auf die – erst indirekte, später sichtbare und konkrete – Unterstützung der Volksrepublik China und auch der Sowjetunion zählen. Das Ergebnis war ein langer, harter und blutiger Krieg, der sich bis 1953 über drei Jahre lang hinzog.

Die Vereinigten Staaten begannen den Konflikt mit den Flugzeugen der 5th Air Force, die in Japan stationiert waren. Es handelte sich dabei größtenteils um die F-80-Düsenflugzeuge sowie die F-82 Twin Mustang – die letzten Propeller-Jäger der USAF. Von der Gegenseite griffen die Nordkoreaner mit entschieden schwächeren Maschinen an, den sowjetischen Propeller-Jagdflugzeugen Jak-9 und den Jagdbombern

140 oben 28. Mai 1951. Zwei Jäger Grumman F9F Panther fliegen über den Flugzeugträger USS Princeton während des Korea-Kriegs. Aus den Tragflächenenden wird vor der Landung der überflüssige Kraftstoff entladen.

140 Mitte Dieser Prototyp der Grumman Panther wurde während einem seiner ersten Flüge fotografiert. Der Jungfernflug fand am 24. November 1947 statt. Das Jagdflugzeug wurde im Mai 1950 als VF-51 in Dienst gestellt, kurz vor dem Ausbruch des Korea-Kriegs.

140 unten Zwei Prototypen des Aufklärers „Republic" aus der Pfeilflügel-Serie 84. Das Flugzeug im Hintergrund besitzt bereits die endgültige Nasenform der RF-84F Thunderflash.

Iljuschin Il-10 Schturmowik. In der ersten Kriegsphase brachten die Amerikaner weitere zwei Kampfjets ins Gefecht: die Republic F-84 Thunderjet der USAF sowie die Grumman F9F Panther der Navy.
Die Arbeiten an der Thunderjet wurden 1944 begonnen, als der Konstrukteur der Republic, Alexander Kartveli, ein Düsenflugzeug als Nachfolger seines Jagdbombers P-47 Thunderbolt plante. Der Prototyp erschien Anfang 1945 und wurde in Hinblick auf den Einbau des Triebwerks General Electric J35 entworfen. Am 28. Februar 1946 startete zunächst die XP-84 zu ihrem Jungfernflug und bewies bei den Tests die Güte des Entwurfs. Der Rumpf war groß und schlank und besaß auf der Nase einen Lufteinlass. Ferner war das Flugzeug als Mitteldecker ausgelegt, mit einem Bugradfahrgestell und traditionell kreuzförmigem Heckleitwerk ausgestattet. Im Sommer 1947 begann man, die ersten Serienexemplare der F-84B an die Fliegergeschwader auszuliefern. Das Flugzeug wurde ständig Weiterentwicklungen unterzogen, die in immer besseren Versionen – hinsichtlich der Zelle und der Triebwerke – Form annahmen. Im November 1950 erschien das endgültige Modell mit geraden Flügelflächen, die F-84G. 3025 Exemplare dieses Flugzeugs wurden hergestellt, mit denen viele alliierte Nationen ausgerüstet wurden. Das Modell G (als Atomwaffenträger geeignet) besaß eine Spannweite von 11,1 Metern, eine Länge von 11,6 Metern und eine maximale Startmasse von 10 670 kg. Das Triebwerk Allison J35-A-29 entwickelte 2540 kp Schub und brachte das Flugzeug auf eine Höchstgeschwindigkeit von 1000 km/h auf Meeresspiegelhöhe. Die Bewaffnung bestand aus sechs 12,7-mm-Maschinengewehren und 1815 kg Bomben oder Raketen. Die letzte entwickelte Version war die F-84F Thunderstreak, die jedoch in Korea nicht eingesetzt wurde. Dieses Flugzeug unterschied sich schon sehr deutlich vom Ur-Modell Thunderjet, vor allem aufgrund der um 45 Grad gepfeilten Flügel und Leitwerke sowie des neu entworfenen Kabinendachs. Der Prototyp flog am 5. Juni 1950 und die Serienflugzeuge kamen ab 1954 zur Truppe. Über 2700 Exemplare wurden gebaut und wiederum an zahlreiche verbündete Nationen geliefert. Die Aufklärungsversion RF-84F Thunderflash war charakterisiert durch den geteilten Lufteinlass am Flügelansatz, da die Flugzeugnase mit Fotoapparaten bestückt worden war.
Das führende Jagdflugzeug der amerikanischen Marine war dagegen die Grumman Panther, deren Erstflug am 24. November 1947 durchgeführt wurde und die die Benennung XF9F-2 erhielt. Das Flugzeug hatte man ursprünglich während des Weltkriegs als viermotorigen Nachtjäger bestellt; die Entwicklung des Modells verzögerte sich jedoch aufgrund verschiedener Probleme. Den Bedürfnissen der Navy folgend, wurde das Flugzeug also zu einem Tagjäger umgeplant. Die Prototypen der F9F wurden von einem 2270 kp starken Triebwerk Pratt & Whitney J42 angetrieben (gebaut in Lizenz von Rolls-Royce Nene) bzw. von einem Allison J33 mit 2090 kp Schub. Bessere Ergebnisse erzielte das Modell mit dem J42-Triebwerk, das daraufhin als F9F-2 in Serie produziert und später in der Version F9F-5 verbessert wurde. Im Mai 1949 nahm die Panther den operativen Dienst auf und wurde in über 1300 Exemplaren hergestellt. Die F9F-5 war ausgestattet mit einem Triebwerk Pratt & Whitney J48 mit 2835 kp, das ihr eine Höchstgeschwindigkeit von 970 km/h verlieh. Die maximale Startmasse betrug 8490 kg und die Bewaffnung bestand aus vier 20-mm-Kanonen sowie 900 kg Bomben- bzw. Raketenlast. In Korea wurde die Panther sowohl von der Navy als auch von den Marines eingesetzt und fand hauptsächlich als Bodenangriffs-Flugzeug Verwendung, zeichnete sich jedoch durch einige Siege auch im Luftkampf aus.
Dank der verfügbaren Informationen zu den Pfeilflügeln dachte auch Grumman daran, die Panther in dieser Hinsicht zu modifizieren – so wie es Republic mit der F-84G getan hatte. Am 20. September 1951 flog also die XF9F-6 Cougar. Das Flugzeug wurde von einem J48-Motor mit 3290 kp Schubkraft angetrieben und besaß um 35 Grad gepfeilte Flügel mit Rudern

141 oben Zwei Republic F-84G -Jäger Anfang der fünfziger Jahre. Die Thunderjet war der erste USAF-Jagdbomber, der für den Transport von Atombomben entworfen wurde.

141 unten Die F-84 wurde aufgrund ihrer 1815 kg Bomben- und Raketenlast von der USAF während des Koreakriegs als Jagdbomber eingesetzt. Auf dem Foto ist eine F-84G zu sehen, die eine Raketensalve auf nordkoreanische Stellungen abschießt.

und Klappen. Die Cougar wurde im November 1952 in Dienst gestellt. Obwohl wie ihre Vorgängerin bewaffnet und trotz einer Höchstgeschwindigkeit von ca. 1040 km/h war keine Verbesserung gegenüber der Panther zu erkennen. Wie dem auch sei – es wurden über 1000 Exemplare der Cougar hergestellt, darunter auch Aufklärungs- und Übungsversionen, die bis Ende der 1960er-Jahre im Flugdienst eingesetzt wurden.

Mit diesen Flugzeugen schafften es die Amerikaner, den Vormarsch der Nordkoreaner aufzuhalten und gingen nun in die Offensive. Am 29. September 1950 hatten die Streitkräfte Süd-Koreas zusammen mit den UNO-Truppen den 38. Breitengrad wiedergewonnen. Dennoch entschied General Mac Arthur, Befehlshaber der Alliierten, den Feind bis über die Grenze hinweg zu verfolgen um ihn endgültig zu schlagen. Der Vormarsch der Alliierten im Norden verursachte schließlich das direkte Eingreifen der Chinesen an der Seite Nordkoreas:

Am 25. Oktober stürzte sich eine Armee von 180 000 Mann zum Gegenangriff auf die Amerikaner und zwang sie zum Rückzug. Als wäre dies nicht genug, erschien am 1. November eine tödliche, neue Bedrohung über dem koreanischen Himmel; es war ein sehr wendiger und extrem schneller Jet mit Pfeilflügeln, der die westliche Welt in Erstaunen versetzte: die MiG-15.

Auch die Russen konnten bei ihrem Vormarsch vom Osten eine bemerkenswerte Menge von Forschungsunterlagen und -entwürfen in die Sowjetunion bringen; ebenso fielen ihnen einige Prototypen und Serien-Düsenflugzeuge sowie eine stattliche Anzahl von Ingenieuren in die Hände. Im Jahr 1946 gelang es dann der UdSSR, von der englischen Labour-Regierung die Produktionspläne und einige Exemplare des Turbostrahltriebwerks Rolls-Royce Nene zu erhalten, das zu jener Zeit vielleicht die fortschrittlichste Strahlturbine der Welt war.

Die ersten produzierten russischen Düsenflugzeuge waren die MiG-9 und die Jak-15, die beide mit Triebwerken nach deutscher Konzeption ausgestattet waren. Der Prototyp der MiG-9, den man von dem F-Projekt aus dem Jahr 1944 hergeleitet hatte, war ein Mitteldecker-Jagdflugzeug mit geraden Flügeln und Lufteinlass an der Nase. Es wurde angetrieben von zwei RD-20-Triebwerken (das heißt in Wirklichkeit vom BMW 003A mit 800 kp Schub) und flog zum ersten Mal am 24. April 1946. Die Flügelspannweite betrug 10, die Länge 9,75 Meter und die maximale Startmasse des Flugzeugs erreichte 5070 kg. Die MiG-9 flog bis zu 910 km/h schnell und war bewaffnet mit einer 37-mm- sowie zwei 23-mm-Kanonen. Nachdem man einige strukturelle Probleme gelöst hatte, wurden über 1000 Exemplare dieses Jägers in verschiedenen Ausführungen hergestellt, unter anderem auch ein Schulungsmodell (MiG-9 UTI).

Auch die Jak-15 führte ihren Erstflug am 24. April 1946 durch. Es handelte sich dabei um ein in Eile produziertes Flugzeug, das sozusagen Ergebnis einer Kombination des Triebwerks (Triebwerksgondel miteingeschlossen) Junkers Jumo 004 (von den Russen RD-10 genannt) mit allen möglichen Komponenten des Propeller-Jagdflugzeugs Jak-3 darstellte. Innerhalb von zwei Jahren wurden weniger als 300 Exemplare gebaut. Die Jak-15 erreichte eine Höchstgeschwindigkeit von 785 km/h und war mit zwei 23-mm-Kanonen ausgerüstet. Von diesem Modell ausgehend, wurde im darauf folgendem Jahr die Jak-17 entwickelt, die mit einem RD-10A-Motor mit 1000 kp Schub ausgerüstet war und bis zu 830 km/h schnell fliegen konnte. Diese anfänglichen sowjetischen Konstruktionen waren noch relativ bescheiden und im Großen und Ganzen den deutschen Flugzeugen – von denen sie eigentlich abstammten – unterlegen. Der Wendepunkt kam mit dem Erscheinen des Triebwerks Nene, mit dem – einem Entwurf des Entwurfsbüros Mikojan-Gurjewitsch folgend – ein Flugzeug mit Pfeilflügeln motorisiert werden sollte, das Ende 1945 als Projekt S eingeleitet wurde und aufgrund des Mangels an einem angemessenen Motor nicht weiterentwickelt wurde. Genannt I-310, vollbrachte der Prototyp am 30. Dezember 1947 seinen Erstflug. Die MiG-15 (bei der NATO als „Fagot" bekannt) hatte einen ziemlich kurzen Rumpf mit Lufteinlauf an der Nase und besaß um 35 Grad gepfeilte Flügel und Leitwerke. Ausgerüstet mit dem Triebwerk RD-45F (eine Kopie des Nene-Triebwerks), der eine Schubkraft von 2270 kp entwickelte, konnte die MiG-15 eine Höchstgeschwindigkeit von 1030 km/h erreichen. Das zehn Meter lange Flugzeug besaß eine ebenso große Flügelspannweite; die Bewaffnung bestand aus einer 37-mm-Kanone und zwei 23-mm-Kanonen. Ende 1948 wurde die MiG-15 in Dienst der sowjetischen Luftwaffe gestellt. Nach weiteren Verbesserungen wurden über 9000 Exemplare in verschiedensten Ausführungen hergestellt, darunter auch Übungsversionen und ein Allwetter-Abfangjäger. Tausende von Exemplaren wurden in Lizenz in Polen (wie der LIM-1, später -2 und -3), der Tschechoslowakei (S-102 und 103) und China (J-2) hergestellt. Der Jäger wurde in über 30 Länder exportiert und blieb

142 oben Eine MiG-15 in den Farben der Sowjetunion. Dieses Flugzeug trat überraschend während des Korea-Kriegs auf und brachte die UN-Luftstreitkräfte in ernsthafte Schwierigkeiten.

142 unten Der sowjetische Jäger Jakowlew Jak-15 ging aus einem Not-Programm hervor, das die möglichst schnelle Ausstattung der russischen Luftwaffe mit einem Düsenflugzeug vorsah. Die Maschine vereinte das deutsche Triebwerk Jumo 004 mit der Zelle der Jak-3. Der erste Flug fand 1946 statt.

145 oben Die North American F-86D – eine Abfangjägerversion mit dem Radargerät des Tagjäger-Modells. Die Maschine leistete während des Korea-Kriegs gute Dienste. Auf dem Bild ist das Exportmodell F-86K mit den Farben der französischen Luftwaffe zu sehen.

145 unten Die F-86A Sabre wurde im Februar 1949 in den USAF-Dienst gestellt und ab Dezember 1950 mit der „4th Fighter Interceptor Wing" im Korea-Krieg eingesetzt. Sie war das NATO-Jagdflugzeug der 1950er-Jahre schlechthin.

bis in die 1980er-Jahre hinein noch im Dienst. Am 8. November 1950 fand der erste Kampf zwischen Jet-Flugzeugen in der Luftfahrt-Geschichte statt. Weder die F-80 noch die F-84 konnten auf die Dauer erfolgreich der MiG-15 standhalten, so dass die USAF beschloss, ihr fortschrittlichstes Jagdflugzeug nach Korea zu entsenden: die North American F-86 Sabre. Der Entwurf dieses Modells (NA134) ging bis in das Jahr 1944 zurück und bezog sich auf ein experimentelles Flugzeug für die Marine, das nachfolgend XFJ-1 Fury genannt wurde. Dieses Modell besaß gerade Flügel, das Triebwerk war etwa in der Rumpfmitte installiert, die Nase wies einen Lufteinlass auf. Die Firma North American empfahl das Flugzeug auch der Armee, die es XP-86 nannte. Die Leistungen des Prototyps schienen jedoch zunächst nicht sehr beeindruckend gewesen zu sein; im Juni 1945 – nachdem man von den technologischen Errungenschaften hinsichtlich gepfeilter Tragflächen Kenntnis genommen hatte – schlug die Firma der USAAF den Aufschub des Projekts vor – zugunsten der Realisierung eines mit dem neuen Tragflächenkonzept ausgestatteten Flugzeugs. Der Prototyp mit Pfeilflügeln (angetrieben von einem Allison-J53-Triebwerk mit 1700 kp Schubkraft) flog zum ersten Mal am 1. Oktober 1947; der Qualitätsunterschied war so enorm, dass die Air Force sofort 221 Exemplare der Version P-86A bestellte – bald darauf in „F-86A" umbenannt –, die ab Februar 1949 in Dienst gestellt wurden. Diese Variante war ausgestattet mit dem General Electric J47-GE-13-Triebwerk, das einen Schub von 2360 kp produzierte und dem Flugzeug eine Höchstgeschwindigkeit von 1080 km/h gab. Am 13. Dezember 1950 traf die 4th FIW (Fighter Interceptor Wing) mit ihren neuen Sabre-Jägern in Kimpo, Korea, ein: Die Dinge begannen sich zu ändern. Die MiG-15 behielt ihren Vorsprung in Bezug auf die Steigfähigkeit, besaß eine höhere Dienstgipfelhöhe und war wendiger; aber das Flugzeug besaß auch große Mängel: Bei hoher Fluggeschwindigkeit wurde es sehr instabil und drehte nach rechts ab, so dass der Pilot zeitweise die Kontrolle über die Steuerung verlieren konnte. Außerdem war die Visiereinrichtung der amerikanischen unterlegen, und die Piloten wurden nicht mit Druckanzügen ausgestattet. Letztlich waren auch die von den amerikanischen Piloten angewandten Taktiken den gegnerischen oftmals überlegen. Ende Dezember 1950 hatten die Sabre-Flugzeuge ein Sieg-Verhältnis von acht zu eins erreicht und beherrschten den „MiG Alley", einen 160 Kilometer langen Streifen entlang des Yalu-Flusses, an dem die amerikanischen Jets patrouillierten. Die von den Amerikanern geflogenen Sabres wurden regelmäßig geprüft und erneuert; es entstand so die E-Version (Erstflug im September 1950), die mit vollständig beweglichen Schwanzflossen ausgestattet war. Daraufhin erschien die F-86F, die den neuen Flügeltyp „6-3" ohne Klappen einführte und sich dadurch bei hoher Geschwindigkeit als viel wendiger erwies. Das Triebwerk war vom Typ J47-GE-27 und besaß eine Schubkraft von 2680 kp; die Höchstgeschwindigkeit des Flugzeugs stieg auf 1120 km/h an. Ferner betrugen die Länge der F-86F 11,4 Meter, die Flügelspannweite 11,3 Meter und die maximale Startmasse bis zu 9234 kg. Die Bewaffnung bestand aus sechs 12,7-mm-Maschinengewehren sowie 907 kg Außenlasten. Weitere Versionen der Sabre schlossen den Allwetter-Abfangjäger F-86D ein, der ein an der Flugzeugnase angebrachtes Radargerät besaß, mit 24 ferngesteuerten Hughes-Luft-Luft-Raketen bewaffnet war und außerdem vom J47-GE-17B-Triebwerk (mit Nachbrenner) mit 3470 kp Schubkraft angetrieben wurde. Die Version D hatte eine schwierige Entwicklungszeit und wurde erst im März 1951 in Dienst gestellt; immerhin wurden mehr als 2000 Exemplare gebaut. Die F-86K war dagegen die vereinfachte Version für den Gebrauch durch andere NATO-Länder. Das Flugzeug besaß eine herkömmliche Bewaffnung in Form von vier 20-mm-Kanonen und erschien im Jahr 1954. 341 Exemplare der F-86K wurden für Frankreich, die Bundesrepublik, Holland, Norwegen und Italien hergestellt. Die letzten Entwürfe der Sabre waren die F-86H und L, beide enthielten verbesserte Avionik, Triebwerke und eine vergrößerte Spannweite. Insgesamt ist die F-86 ein für jene Zeit hervorragendes Jagdflugzeug gewesen, von dem ca. 9800 Exemplare in verschiedensten Versionen hergestellt wurden (auch in Lizenz in Kanada und Japan). Es wurde von den Luftstreitkräften in über 30 Ländern weltweit eingesetzt und teils bis in die 1980er-Jahre im Dienst behalten. Auch die U.S. Navy flog – nach dem kurzen Abstecher zur FJ-1 – ein von der F-86 abgeleitetes Modell; es war die FJ-2, die der F-86E ähnelte, von der sie wichtige, für die Marineversion erforderliche Änderungen übernahm. Die FJ-2 wurde 1954 in Dienst gestellt und abgelöst von den Modellen FJ-3 und -4; über 1000 Exemplare der Fury wurden insgesamt gebaut und bis Anfang der 1960er-Jahre im Dienst behalten.

Kapitel 10

Das Zeitalter der großen Verkehrsflugzeuge

Der Zweite Weltkrieg hatte abrupt die Entwicklungen im Luftverkehr unterbrochen, aber dieser Stopp sollte sich nicht als ausschließlich negative Tatsache erweisen. In den 1930er-Jahren herrschte noch eine starke Tendenz hin zu Flugbooten; sie wurden vor allem für die Ozean-Verbindungen bevorzugt. Der Krieg trug zu beträchtlichen Änderungen bei – sei es aufgrund des Baus zahlreicher Flughäfen auf der ganzen Welt, sei es dank der technischen Entwicklungen, die zur Schaffung von mehrmotorigen Flugzeugen mit hervorragenden Leistungen hinsichtlich Reichweite, Zuverlässigkeit und Tragfähigkeit führten.

Mit dem Ende des Krieges verstand es sich daher von selbst, dass die Zivilluftfahrt wiederbelebt wurde, indem sie die Maschinen und Landeplätze (manchmal gar die Flugstrecken) benutzte, die in den Kriegszeiten von der Militärluftfahrt entwickelt oder errichtet wurden. Diese Veränderungen bedeuteten allerdings auch das Ende des Flugboots als Transportflugzeug. Der Löwenteil an diesem neu erstandenen Luftverkehr wurde natürlich von den Amerikanern geleistet, die – um ihr Heimatland mit den fernen Kriegsschauplätzen in Europa und im Pazifikraum verbinden zu können – genötigt waren, die besten Transportflugzeuge zu entwickeln. Doch bereits vor dem Krieg waren die wichtigsten amerikanischen Fluggesellschaften auf der Suche nach neuen und leistungsstärkeren Flugzeugen; der Entwurf der Lockheed L-049 Constellation stammte bereits aus dem Jahr 1939, während die frühesten Entwicklungen der Douglas DC-4 bis 1936 zurückgingen. Beide Flugzeuge standen während des Krieges im Dienst der U.S. Army Air Force, mit den Bezeichnungen C-69 für die Constellation und C-54 Skymaster für die DC-4. In der unmittelbaren Nachkriegszeit – und damit auch zum Ende der Reiseeinschränkungen – begannen sich Amerika und seine motivierten Luftfahrtgesellschaften erneut, auf den internationalen Markt – und insbesondere auf die transatlantische Flugstrecke für die Europa-Verbindungen – zu konzentrieren. Schon im Jahr 1947 produzierten die Hersteller Boeing, Lockheed und Douglas Langstrecken-Transportflugzeuge mit Druckkabine. Damit war das Zeitalter der großen Kolbenmotor-Linienflugzeuge angebrochen, zu denen die bekannten Douglas DC-6 und DC-7, die Lockheed Constellation und Super Constellation sowie die Boeing 377 Stratocruiser gehörten.

Die Douglas DC-6 entstand aufgrund einer Anforderung der USAAF, die bereits erfolgreich die C-54 einsetzte und nun ein noch leistungsstärkeres Flugzeug benötigte. Der Prototyp des neuen Flugzeugs (genannt XC-112A) führte am 15. Februar 1946 seinen ersten Flug durch – zu spät, um noch im Krieg eingesetzt zu werden, aber gerade rechtzeitig, um an die Luftfahrtgesellschaften verkauft zu werden. Das erste der 50 von der American Airlines bestellten Exemplare flog zum ersten Mal am 29. Juni 1946 und begann seinen Liniendienst im April 1947 auf der Strecke New York–Chicago. Der Flugzeugentwurf behielt die Flügel der DC-4 bei, wurde jedoch mit neuen und stärkeren Motoren ausgestattet und besaß einen verlängerten Rumpf, der in verdichteter Konfiguration bis zu 86 Passagiere aufnehmen konnte. Die DC-6B (eine 1948 erschienene Version mit erhöhter Leistung und vergrößertem Innenraum-Volumen) verfügte über vier Sternmotoren des Typs Pratt & Whitney R-2800-CB17 Double Wasp von je 2535 PS und erreichte eine maximale Startmasse von 48 500 kg. Die Reisegeschwindigkeit lag bei 507 km/h in 7600 Metern Flughöhe und die maximale Reichweite betrug 7600 Kilometer. Als C-118A Liftmaster (bzw. R6D für die U.S. Navy) war die DC-6 auch im Einsatz bei den amerikanischen Streitkräften, die über 160 Exemplare bestellt hatten. Insgesamt wurden 704 Exemplare der DC-6 in zahlreichen Varianten hergestellt. Die Entwicklung der Nachfolgerin DC-7 erfolgte auf Wunsch der

144 oben Februar 1954. Eine viermotorige Breguet Provence der Air France wird auf dem Marignane-Flughafen in Marseille vom Bodenpersonal zu ihrem Parkplatz geleitet.

144 unten Eine Lockheed Constellation der KLM landet kurz nach dem Ende des Zweiten Weltkriegs auf dem Flughafen Schiphol. Man beachte die provisorischen Gebäude für die Abfertigung im Hintergrund.

145 oben Der Kontrollraum des Flughafens von Northolt, 1948. Die Entwicklung des Luftverkehrs in der Nachkriegszeit erforderte auch den Ausbau der Bodendienste.

145 Mitte Dieses viermotorige TWA-Transportflugzeug Douglas DC-4 wurde 1953 fotografiert. Das Flugzeug stammte ursprünglich von der Militärversion C-54 ab, die zum ersten Mal 1942 flog.

145 unten Eine Douglas DC-6 der britischen Eagle Airways. Dieses Flugzeug wurde aus der C-54/DC-4 entwickelt. Die Flügel waren dieselben der Vorgängerin, aber die DC-6 verfügte über einen neuen, geräumigeren Rumpf sowie neue Motoren.

American Airlines, die ein Linienflugzeug forderte, das die von dem Konkurrenten TWA benutzte Super Constellation in den Leistungen übertraf. Der Prototyp des neuen Flugzeugs flog zum ersten Mal am 18. Mai 1953. In Wirklichkeit handelte es sich dabei um eine DC-6B mit verlängertem Rumpf, die mit denselben Wright R-3350 Turbo-Compound-Motoren (3295 PS) ausgestattet war wie die Super Constellation.
Da die ersten DC-7 jedoch nicht über die erforderliche Reichweite verfügten, um vollbeladen und bei Gegenwinden sicher den Atlantik überqueren zu können, entwickelte man daraufhin die DC-7C. Dieses Modell besaß eine vergrößerte Flügelspannweite, stärkere Motoren und einen um einen Meter verlängerten Rumpf, der nun bis zu 105 Reisende aufnehmen konnten. Die Motoren waren von demselben Wright-Typ, besaßen aber eine auf 3447 PS erhöhte Leistung, so dass das Flugzeug auf 6600 Metern Höhe eine Höchstgeschwindigkeit von 653 km/h erreichen konnte. Bei voller Beladung betrug die Reichweite 7411 km; die maximale Startmasse lag bei 64 850 kg.

146 oben Die Lockheed Constellation war ein Militärflugzeug aus dem Jahr 1943; in der Nachkriegszeit wurde sie sofort in ein Verkehrsflugzeug umgebaut. Auf der Fotografie ist ein Exemplar der Fluggesellschaft Eastern Airlines zu sehen.

Das große Verkehrsflugzeug von Boeing entsprang dagegen militärischen Flugzeugentwürfen. Das Modell 377, welches am 8. Juli 1947 zum Erstflug startete, besaß auffallende Verbindungen zum Transportflugzeug C-97 aus dem Jahr 1944; diese Maschine ihrerseits wurde von einem Entwurf des Bombers B-29 abgeleitet. Die 337 Stratocruiser war in verschiedenen Ausstattungen erhältlich und konnte bis zu 112 Passagiere oder 28 Liegeplätze auf zwei Decks aufnehmen. Das Flugzeug wurde anfangs von der Pan Am sowie von der britischen BOAC benutzt, doch nur 55 Exemplare standen zur Verfügung. Das Modell Super Stratocruiser enthielt mit Rücksicht auf die Atlantiküberquerung modifizierte Tankbehälter und war ausgestattet mit vier Motoren des Typs Pratt & Whitney R-4360 Wasp Major mit je 3549 PS, wobei das Flugzeug auf 7600 Metern Höhe mit einer Reisegeschwindigkeit von 547 km/h flog. Die maximale Startmasse der 337 betrug 66 134 kg und ihre Reichweite lag bei 6760 Kilometern. Nach einem kurz andauernden Militäreinsatz während des Krieges (zwischen 1944 und 1945 wurden nur 22 Exemplare in Dienst gestellt) setzte sich die Karriere der Lockheed Constellation zunehmend innerhalb der Zivilluftfahrt fort – vor allem, nachdem das Flugzeug im Dezember 1945 die betreffende Zulassung erhalten hatte. Die Constellation flog sofort im Dienst der Pan Am und der TWA, die im Februar 1946 damit begann, Linienflüge zwischen den Vereinigten Staaten und Paris anzubieten. Das erste,wahre Constellation-Zivilflugzeug war jedoch die L-649, die mit luxuriöseren Innenräumen ausgestattet war und bis zu 81 Passagiere aufnehmen konnte (48–64 Personen in der normalen Flugzeugversion). Mit der Ausbreitung des Luftverkehrs waren es seit 1949 immer mehr Gesellschaften, die ein Flugzeug mit erhöhtem Fassungsvermögen benötigten. Man entwickelte somit die Super Constellation (L-1049), deren Rumpf um 5,59 Meter verlängert wurde und die bereits bis zu 109 Reisende befördern konnte. Insgesamt wurden 856 Constellations gebaut, einschließlich der Militär-Versionen der Nachkriegszeit. Das letzte Modell der Flugzeugserie war die L-1649 Starliner, die – ausgestattet mit vier 3447-PS-Motoren vom Typ Wright 988TC-18EA-2 – auf 5700 Metern Flughöhe eine Höchstgeschwindigkeit von 606 km/h erreichte. Dieses Modell – mit einer maximalen Startmasse von bis zu 72 575 kg und die Reichweite von 7950 km – wurde aber kein großer Verkaufserfolg, da sich bereits die Nachfrage nach Düsenflugzeugen geltend machte.

In der zweiten Hälfte der 1940er-Jahre begann der Düsenantrieb, im Militär-Luftverkehr immer mehr Fuß zu fassen, während er im Zivilsektor noch ein wenig als Träumerei abgetan wurde. Die Düsentriebwerke jener Zeit benötigten unglaubliche Mengen Kraftstoff und man hielt sie deshalb für nicht geeignet, den Erfordernissen der Verkehrsluftfahrt gerecht zu werden. Doch in Großbritannien gewann eine interessante Sichtweise des Problems die Oberhand: Die Düsentriebwerke waren das einzige technologische Segment der Luftfahrt, in dem die Engländer den Amerikanern gegenüber im Vorteil waren. Um wieder eine führende Rolle in der Luftfahrt einnehmen zu können, beschlossen die Briten, ein Düsenverkehrsflugzeug zu konstruieren, das allen propellergetriebenen Rivalen weit überlegen sein würde. Dies jedenfalls war eine der Empfehlungen des Brabazon-Komitees, einer Studiengruppe der Regierung, welche der britischen Luftfahrtindustrie in der Zivilluftfahrt wieder Weltgeltung verschaffen sollte. Es gab nur eine Firma im Vereinigten Königreich, die in der Lage war, ein solches Projekt in Angriff zu nehmen: De Havilland. Dieses Unternehmen hatte bereits Erfahrungen im Entwurf und Bau von Flugzeugen und den entsprechenden Düsentriebwerken gemacht – insbesondere mit dem Jagdflugzeug Vampire.

Die Arbeiten begannen 1947 und wurden von einem Schlüsselkonzept geleitet: Die Düsentriebwerke hatten in einer Höhe von 10 000 und mehr Metern einen annehmbaren Treibstoffverbrauch und die Reduktion der

146 unten Die L-1049 Super Constellation wurde aus dem Basismodell L-649 entwickelt. Sie besaß einen um 5,59 Meter verlängerten Rumpf, der eine Aufnahme von 28 zusätzlichen Passagieren ermöglichte.

147 oben links Die De Havilland D.H.106 Comet war der erste Passagier-Jet und sollte das Flugzeug der Zukunft werden. Zahlreiche Unfälle schadeten jedoch ihrem Ansehen.

Schubkraft in großen Höhen wurde von dem niedrigeren Luftwiderstand ausgeglichen. Außerdem musste noch ein Problem gelöst werden; da in 10 000 Metern Höhe ein beträchtlicher Überdruck in der Kabine entstand, wäre auch die Flugzeugzelle einer experimentell nie durchgeführten Druckbelastung ausgesetzt. Die nach einigen Versuchen gewählte Konstruktion war von traditionellem Typ, mit um 20 Grad gepfeilten Tragflächen und Leitwerken. Die vier Triebwerke würden paarweise in den Flügelwurzeln untergebracht werden. Der Entwurf wurde D.H.106 Comet genannt. Da die britische Fluggesellschaft BOAC das Potenzial des Flugzeugs sah und zudem von nationalem Stolz angetrieben wurde, bestellte sie sofort acht Exemplare dieses Typs, mit einem weiter gehenden Vorkaufsrecht auf die nach dem 14. Exemplar gebauten Flugzeuge. Die Comet, die unter strengen Sicherheitsvorkehrungen konstruiert und bis dahin nie angewandten Festigkeitstests unterzogen wurde, führte ihren ersten Flug am 27. Juli 1949 durch. Dabei bewies sie sofort ihr Potenzial, eine schnelle und vielversprechende Maschine zu sein. Es gingen daraufhin Bestellungen von den Fluggesellschaften British Commonwealth Pacific, Air France, Union Aéromaritime de Transport, Canadian Pacific, Japan Air Lines, Royal Canadian Air Force und sogar von der Pan Am ein. Am 2. Mai 1952 nahm die Comet mit dem Flug von London nach Johannesburg, Südafrika, ihren Liniendienst auf.

Der Linien-Jet war zweifellos ein Vertreter der Zukunft; die Kolbenmotoren hatten nun ihre Leistungsgrenzen erreicht. Dazu kamen die auf den großen Viermotorigen entstehenden Geräusche und Vibrationen, die den Reisenden das Fliegen nicht gerade komfortabel gestalteten. Dagegen wurden die Passagiere in der Comet nun angenehm überrascht vom ruhigen Lauf und der geringen Geräuschentwicklung der neuen Düsentriebwerke.

Die Comet war sofort erfolgreich, und im ersten Jahr beförderten die Flugzeuge die BOAC 28 000 Passagiere – das entsprach einer Sitzplatzauslastung von 88 Prozent. 1953 gingen bei De Havilland Bestellung für 50 Exemplare ein und ungefähr 100 weitere Einheiten waren bereits in Verhandlung. Die Comet konnte in 11 000 Metern Höhe bis zu 780 km/h schnell fliegen und besaß eine Reichweite von über 5000 km. Nach kleineren – in der Norm gebliebenen – Pannen begann der Stern der Comet am 10. Januar 1954 zu sinken. Dieses Datum steht für den Flug Rom–Ciampino, bei dem das Flugzeug mit 35 Passagieren an Bord in der Nähe der Insel Elba ins Meer stürzte.

147 oben rechts Die große, viermotorige Boeing 377 stammte größtenteils von dem Militärtransporter C-97 (1944) ab. Obwohl die Maschine bis zu 112 Passagiere befördern konnte, wurde sie zu keinem großen Verkaufserfolg.

147 unten Die Boeing 377 konnte auch mit 28 Liegeplätzen für Nachtflüge ausgestattet werden. Auf dieser Fotografie von 1949 ist eine Mutter zu sehen, die ihre Kinder während eines Flugs zu Bett bringt.

Die Flotte der BOAC wurde stillgelegt und sofort begannen die britischen Luftfahrtbehörden Nachforschungen anzustellen. Trotz allem wurden keine Trümmerteile gefunden, die zur Identifizierung der Ursache der Katastrophe hätten beitragen können. Daraufhin wurde beschlossen, 50 verschiedene Veränderungen am Flugzeug vorzunehmen, welche die Sicherheit verbessern sollten; damit hoffte man, jegliches Problem aus der Welt geschafft zu haben. Im März nahm die Comet ihren Flugbetrieb wieder auf; währenddessen fuhr man fort, die Trümmerstücke des Flugzeugwracks einzusammeln, die dann in Farnborough vom Royal Aircraft Establishment überprüft wurden.

Kurze Zeit später, am 8. April, stürzte eine weitere Comet unter geheimnisvollen Umständen ab; diesmal während eines Flugs von Rom nach Kairo. Abermals wurde die Flotte stillgelegt, während das RAE mit Hochdruck nach der Ursache der mysteriösen Abstürze suchte.

Nach einer Vielzahl von Tests stellte das RAE die Hypothese auf, eine Strukturschwäche könne die Ursache der schweren Unfälle gewesen sein. Am Ende einer Simulation, die man mit dem vollständigen Flugzeugrumpf in einer großen, mit Wasser gefüllten Wanne durchgeführt hatte, wurde der lange gesuchte Beweis endlich sichtbar. Nach einer bestimmten Anzahl von Überdruck-Zyklen brach der Rumpf der Comet auseinander – und zwar von den rechteckigen Fensterwinkeln an, die schon früher von den amerikanischen Luftfahrtautoritäten kritisiert worden waren. Es war nicht nur der rechteckige Fenster-Grundriss allein, der seinerzeit der besseren Sicht für die Passsagiere wegen gewählt worden war, der Probleme bereitete, sondern der Zusammenhang der Fenstergeometrie mit der Struktur des Rumpfes, den man extrem leicht gemacht hatte, was dazu beitragen sollte, die Flughöhe und die Reichweite des Flugzeugs zu steigern. Die Unfälle untergruben das Vertrauen der Passagiere in das Flugzeug. Obwohl De Havilland sofort Abhilfe schaffte und ab der dritten Serie ovale Fenster einführte und obwohl auch andere Abänderungen die Comet immer besser und sicherer machten, war doch ihr Schicksal bereits besiegelt. Die amerikanischen Konkurrenten profitierten indes von der Zeit, die den Briten verloren ging, und begannen nun damit, ihre eigenen Linien-Düsenflugzeuge herauszubringen. Die Comet flog als Passagier-

flugzeug noch bis 1980, doch insgesamt wurden nur knapp achtzig Comet-Exemplare gebaut. Großbritannien hatte für immer die Vorherrschaft in der Zivilluftfahrt verloren.
Die Betriebe in den Vereinigten Staaten sind sicher nicht passiv geblieben, doch letztendlich bemühte sich gerade Boeing, Hersteller von wenig erfolgreichen Kolbenmotor-Flugzeugen, am meisten darum, ein komfortables und wirtschaftliches Düsen-Transportflugzeug herzustellen. Sicherlich kam das auch aufgrund der Tatsache zustande, dass Boeing das einzige Großunternehmen war, das mit dem Bau der militärischen Boeing B-47 Stratojet – einem Bomber mit sechs Triebwerken und Pfeilflügeln, der schon im Dezember 1947 zum ersten Mal geflogen war – bereits Erfahrungen mit Düsenflugzeugen gemacht hatte.
An erster Stelle überzeugten sich die Ingenieure Boeings davon, dass einer der Fehler der britischen Comet ihre Proportionen betraf: Sie war zu klein, um wirtschaftlich lohnend zu sein. Darum sollte die neue Boeing die doppelte Anzahl von Passagieren befördern können. Am Anfang dachte man daran, das neue Flugzeug auf der Basis des Stratocruisers zu entwickeln, aber bald schon wurde ersichtlich, dass das gar nicht nötig war. Das Projekt wurde also erneut vollständig übergearbeitet und behielt trotzdem – unter anderem auch zum Zweck der Desinformation der Konkurrenz – seine ursprüngliche Serien-Nummerierung 367 bei. In Wirklichkeit hatte das neue Flugzeug im begrenzten Kreis der Projekt-Mitarbeiter bereits einen anderen Namen: 707, da es der 707. Entwurf der Firma Boeing war. Das Flugzeug besaß Tragflächen mit 35-Grad-Pfeilung, an denen vier voneinander getrennte Gondeln zur Aufnahme der ebenfalls vier Triebwerke befestigt waren. Der Rumpf war schlank und stromlinienförmig und auch die Leitwerke am Heck hatte man pfeilförmig gestaltet.
Unabhängig von der endgültigen Gestalt wünschte der Präsident von Boeing, William Allen, dass das Flugzeug in der Lage sein müsse, sowohl als Verkehrs- als auch als militärisches Tankflugzeug zu operieren. Tatsächlich war Allen bekannt, dass die Air Force gerade neue strahlgetriebene Tankflugzeuge benötigte, um die alten, propellergetriebenen Boeing KC-97 ersetzen zu können, deren Leistungen nicht länger den Bedürfnissen der strategischen Bomber B-47 und der zukünftigen B-52 entsprachen.
Auch unter den amerikanischen Luftfahrtgesellschaften begann nun das Interesse an einem Passagier-Jet zu erwachen. Leider jedoch waren die meisten zu dem Zeitpunkt ziemlich tief verschuldet, da man aufgrund der Expansions-Programme Hunderte von Propellerflugzeugen erworben hatte. Auch der USAF fehlten die nötigen Mittel zum Erwerb eines Flugzeugs, das die KC-97 ersetzen konnte. Boeing musste das 707-Projekt also in eigener Verantwortung finanzieren. Im April 1952 genehmigte der Boeing-Verwaltungsrat eine Investition in Höhe von 15 Millionen Dollar in das Projekt; das war ein Viertel des gesamten Firmenvermögens! Boeing ging ein wirklich hohes Risiko ein: Die 707 bedeutete Erfolg oder das Ende der Firma. Die Entwurf- und Entwicklungsarbeiten des Projekts wurden unter größtem Einsatz ausgeführt und das neue Flugzeug erwies sich allem voran als sicher und extrem robust. Der Rumpf etwa hatte eine Testreihe von 50 000 Druckfestigkeits-Zyklen absolviert.
Die erste Boeing 707 war für jene Zeit ein wirklich großes Flugzeug: Ihre Länge betrug 39 Meter und sie wog gut 72 500 kg. Angetrieben von vier Pratt & Whitney JT3P-Düsentriebwerken mit je 4300 kp Schubkraft vollbrachte die 707 am 15. Juli 1954 ihren ersten Flug. Das Flugzeug bewies sofort hervorragende Eigenschaften. Boeing zielte zunächst auf den militärischen Kunden. Und um auf die Möglichkeiten des düsengetriebenen Flugzeugs besonders aufmerksam zu machen, wurde der Prototyp der 707 (ausgestattet mit einer festen Luftbetankungssonde) der USAF daraufhin vorgeführt. Im März 1955 orderte die Air Force eine erste Serie von 29 KC-135A , der militärischen Lufttankerversion der 707 (am Ende hatte die Air Force insgesamt über 800 Stück erworben). Nachdem man also die Militärs zufriedengestellt hatte hatte, begann man, den Prototyp im Hinblick auf die zivile Nutzung zu modifizieren. Mit dieser Ausgestaltung überholte die 707 alle anderen Linienflugzeuge jener Zeit. Am 13. Oktober 1955 bestellte die Pan Am die ersten sechs Exemplare der Serienausführung 707-120.
In Wirklichkeit hatte die 707 keine ganz komplikationslose Geburt hinter sich gebracht; am Anfang gab es Probleme mit den Bremsen, die Schubleistung der Triebwerke war bei voller Auslastung des Flugzeugs nicht ausreichend hoch, ebenso wie auch die Reichweite, die zur Durchführung der geplanten Transatlantik-Flüge nicht genügte. Die Version 707-120 wurde daher mit den Triebwerken JT3C-6 mit 6120 kp Schub ausgestattet.
Das damals größte Unternehmen zum Bau von Zivilflugzeugen war Douglas, wo man nicht untätig geblieben war. Doch das neue DC-8-Projekt, ein vierstrahliger Jet für 900 km/h Geschwindigkeit, hatte kein großes Interesse bei Luftfahrtgesellschaften erweckt, denen der Entwurf 1952 heimlich gezeigt worden war. Sie bevorzugten das neueste Propeller-Transportflugzeug, die DC-7. Der Schock für das Unternehmen kam im Jahr 1955, als das Management der Pan Am erklärte, dass mit dem Erscheinen der Boeing 707 für Douglas „der Zug abgefahren“ sei. Die Pan Am wollte, dass durch das Auslösen eines Wettbewerbs zwischen den zwei Firmen-Kolossen bessere und ökonomischere Flugzeuge entstanden – ein Monopol von Boeing im Bereich der Vierstrahligen war nicht wirklich wünschenswert. Die Aufgabe war schwierig, da die DC-8 bereits voll ausgereift erscheinen müsste, um den Konkurrenten von Boeing schlagen zu können. Douglas profitierte natürlich von den Erfahrungen und gleichzeitig den Mängeln, die bei der 707 aufgetreten waren. Bei der Projektierung ging man besonders gewissenhaft vor, denn angesichts der Kosten und der Verspätung gegenüber Boeing musste das Flugzeug bereits aus dem ersten Versuch fertig hervorgehen. Die Passagierkabine war größer und auch in Hinblick auf die Reichweite war das Douglas-Modell der 707 überlegen. Der Mut von Douglas wurde belohnt und weniger als fünf Monate nach der Startankündigung des Programms verkündete die Pan Am, dass sie 25 DC-8 und 20 Boeing 707 kaufen würde; zwei Wochen später gab auch die United öffentlich die Absicht bekannt, 30 Exemplare der DC-8 zu erwerben. Boeing war verblüfft: Douglas verkaufte mehr Jets als sie, ohne davor ein einziges Düsenflugzeug konstruiert zu haben, und die Fluggesellschaften schienen sogar mehr von der DC-8 als der 707 angezogen zu sein. Der Prototyp der DC-8 flog zum ersten Mal am 30. Mai 1958: Seine Vorzüge gegenüber der 707 waren die stärkeren Triebwerke, die längere Reichweite und eine größere Kabine. Boeing blieb nichts anderes übrig, als die 707 erneut zu überarbeiten.
So entstand die 707-320 Intercontinental, die am 10. Oktober 1959 zum ersten Mal flog. Es

handelte sich dabei um die erste Übersee-Ausführung; darauf folgte die 707-320C, die mit den Triebwerken JT3D-7 von 8620 kp Schubkraft ausgestattet war und eine Reisegeschwindigkeit von 975 km/h erreichte. Die Gipfelhöhe betrug 11 900 Meter, die maximale Reichweite lag mit 147 Passagieren bei 9262 km und die maximale Startmasse betrug 151 320 kg.
Dank der Flexibilität der Rumpf-Geometrie der 707 erreichte Boeing mit diesem Flugzeug erneut die Vorherrschaft über Douglas. In der Zwischenzeit hatten sich die internationalen Fluggesellschaften von der Notwendigkeit des Einsatzes von Düsenflugzeugen überzeugt. Die American Airlines erwarb 30 Boeing 707 mit der Option auf weitere 20 Flugzeuge. Delta, Eastern, Trans Canada, Wildwest, Japan Air Lines, KLM, SAS, Alitalia und Swissair entschieden sich für die DC-8, während die 707 von der Lufthansa, Air France, Sabena, Continental, Western, TWA und Air Indios bestellt wurde. Über 1000 Boeing-707-Exemplare sowie mehr als 550 Exemplare der Douglas DC-8 wurden hergestellt.
Die Fluggesellschaften wussten die niedrigen Kosten bei der Verwendung der neuen Jets zu schätzen, während die Passagiere besonders über die neuen Komfortangebote glücklich waren: höhere Bequemlichkeit und Geschwindigkeit und, mit der steigenden Fluganzahl, sogar billigere Tickets. Die Welt hatte sich wirklich verkleinert; weit entfernte Länder alles schien nun für jeden erreichbar.
In Europa wurde man sich der Möglichkeiten bewusst, die ein Mittel- und Kurzstrecken-Düsenflugzeug bieten könnte. 1951 rief die französische Luftfahrtbehörde zum Wettbewerb zwischen den großen nationalen Luftfahrtunternehmen zur Realisierung eines Flugzeugs mit über 60 Plätzen und einer Reichweite von mindestens 2000 km auf. Sechs Unternehmen beteiligten sich an der Ausschreibung und 1952 wurde der Entwurf der Firma Sud Est (SNCASE) aus Toulouse als Sieger gekürt. Die Caravelle, wie das Flugzeug genannt wurde, besaß eine innovative Außengestaltung, die sich vor allem dadurch auszeichnete, dass die Triebwerke am Heck zu beiden Seiten des Leitwerks angebracht worden waren. Das Flugzeug war mit zwei starken Triebwerken vom Typ Rolls-Royce Avon RA.29 Mk.552 ausgestattet, die eine Schubkraft von je 4763 kp produzierten. Im Notfall war es sogar möglich, mit nur einem funktionierenden Triebwerk zu fliegen. Durch

148 Eine Sud Est Caravelle der schweizerischen Fluggesellschaft Air City. Die Caravelle wurde an 35 Fluggesellschaften verkauft.

149 oben Die DC-8 war die Antwort von Douglas auf die Boeing 707 und zeigte sich anfangs sogar dem Konkurrenten überlegen. Auf der Fotografie ist eine DC-8-63 aus dem Jahr 1967 zu sehen, bei der verschiedene Verbesserungen bei der Aerodynamik, den Triebwerken, der Reichweite und Landeklappen vorgenommen wurden.

149 Mitte Eine dreistrahlige Hawker Siddley H.S.121 Trident der British Airways. Dieses Flugzeug war für Kurzstrecken-flüge entworfen worden, traf jedoch nicht auf das Wohlwollen der Fluggesellschaften; nur 117 Exemplare wurden gebaut.

149 unten Eine Boeing 707 der Lufthansa beim Flug. Die 707 wurde als Militärflugzeug entworfen – die hohen Entwicklungskosten konnten somit durch eine Regierungsbestellung gedeckt werden.

die Anbringung der Triebwerke am Heck ergaben sich mehrere Vorteile: zum Beispiel der „sauberere Flügel" mit hoher aerodynamischer Wirksamkeit sowie eine verbesserte Geräuschdämmung in der Kabine. Der erste Kunde des neuen Flugzeugs war natürlich die Air France. Ihren Erstflug führte die Caravelle am 27. Mai 1955 durch und erwies sich schon bald als erfolgreiche Konstruktion. Von der Caravelle hatte man 281 Exemplare gebaut, die von 35 Fluggesellschaften eingesetzt wurden. Auch die Briten begannen, nachdem sie den Erfolg der Caravelle sahen, das Segment der kleineren Jets für Mittel- und Kurzstrecken anzupeilen. Als Ergebnis entstand 1956 die De Havilland D.H.121, die aufgrund des Erwerbs der Firma durch Hawker Siddley kurze Zeit später als H.S.121 Trident bekannt wurde. Der erste Flug der Trident fand am 9. Januar 1962 statt. Trotz einiger interessanter Eigenschaften (es war das erste Flugzeug der Welt mit automatischem Landesystem) konnte die Trident keinen besonders großen Erfolg verzeichnen.

Kapitel 11

Die großen Jagdflugzeuge der 1950er-Jahre

Wahrscheinlich hatte keine andere Periode der Luftfahrtgeschichte eine solche gedrängte Vermehrung von modernen Flugzeugen – besonders in den Vereinigten Staaten – erfahren wie die 1950er-Jahre. Es gab zahlreiche Gründe für dieses Phänomen. Die im Zweiten Weltkrieg vorangetriebenen Forschungen auf dem Gebiet der Luftfahrt wurden ständig fortgesetzt, da es immer neue Grenzen zu überschreiten gab: die Entwicklung des Düsentriebwerks und der Pfeilflügel sowie nicht zuletzt das Durchbrechen der Schallmauer. Außerdem bot der drohende Kalte Krieg eine zusätzliche Motivation. Die Konfrontation der Westmächte mit der kommunistischen Welt – besonders im Korea-Krieg – ermutigte die Regierungen zur Bereitstellung riesiger Finanzmittel, mit denen die Forschung und Entwicklung im militärischen Sektor sowie auf dem Gebiet der Raumfahrt unterstützt werden sollten. Auch wenn (nicht zuletzt aufgrund der Kernwaffen-Präsenz) kein offener Konflikt zwischen Ost und West ausgetragen wurde, entwickelte sich die Konfrontation doch auf einer technologischen Ebene, die letztendlich darauf zielte, den jeweiligen Gegner einzuschüchtern.

Der Korea-Krieg hatte die Amerikaner schockiert. Das Erscheinen der MiG-15 und ihre technischen Eigenschaften waren eine vollkommene Überraschung für die westlichen Luftfahrt-Experten gewesen und hatten klar bewiesen, dass die Sowjetunion in der Lage war, genauso gute oder sogar den besten amerikanischen Jets überlegene Flugzeuge hervorzubringen. Alle bislang erreichten Vorteile in Bezug auf den kommunistischen Gegner reichten nicht aus, um die USAF und die U.S. Navy zu beruhigen. Amerika benötigte Flugzeuge, die denjenigen des Gegners eindeutig überlegen waren. Innerhalb kürzester Zeit – und vor allem dank der Erfahrungen und der erhobenen Daten seitens der NACA (später NASA) und der USAF aus der X-Serie experimenteller Flugzeuge – war die amerikanische Industrie in der Lage, Militärflugzeuge mit immer erstaunlicheren Merkmalen und Leistungsparametern herzustellen. In einem Zeitraum von weniger als vier Jahren erschienen sage und schreibe sechs neue Jäger, die berühmten Flugzeuge der „Century Series". Das erste unter ihnen war die North American F-100 Super Sabre, die als

Nachfolger der erfolgreichen F-86 von derselben Firma entworfen wurde. Das Projekt wurde 1949 auf der Grundlage der Sabre in Angriff genommen – die Unterschiede bestanden in den um 45 Grad gepfeilten Flügeln sowie im J57-Triebwerk mit Nachbrenner. Außerdem war das neue Flugzeug in puncto Flugleistungen und Gewicht weit überlegen. Mit dem Ausbruch des Korea-Kriegs beschleunigte die USAF enorm die Arbeiten und der erste Prototyp flog am 25. Mai 1953. Trotz einiger Probleme schaffte es die Super Sabre als erstes zum operativen Gebrauch entworfenes Flugzeug der Welt, die Geschwindigkeit Mach 1 im Horizontalflug zu übertreffen. Das Programm wurde also schnell genehmigt und als F-100A in Produktion gebracht, so dass die ersten Exemplare im September 1954 bei den Geschwadern eintrafen. Nach einigen Unfällen, die in Verbindung mit dem verkürzten Seitenruder standen, wurde jedoch die F-100A-Produktion eingestellt und mit der Entwicklung der F-100C-Version begonnen. Diese Version besaß verlängerte Flügel und ein erhöhtes Seitenleitwerk sowie eine Luftbetankungssonde. Das endgültige Super-Sabre-Modell war die F-100D, die grundlegende Veränderungen im Bereich der Zelle, der Flugelektronik und der Bewaffnung (welche die Eignung als Atomwaffenträger einschloss) erfahren hatte. Das Modell war 14,3 Meter lang, besaß eine Spannweite von 11,8 Metern und erreichte eine maximale Startmasse von 15 800 kg. Die Triebwerke vom Typ Pratt & Whitney J57-P-21A erzeugten 7690 kp Schub, die das Flugzeug zu der Höchstgeschwindigkeit von 1390 km/h beschleunigen konnten. Die Bewaffnung schließlich bestand aus vier 20-mm-Kanonen und bis zu 3400 kg Außenlasten in Form von Abwurftanks, Bomben und Raketen. Die letzte Version war die zweisitzige F-100F, die im Vietnamkrieg erfolgreich für den Angriff auf die feindliche Luftverteidigung eingesetzt wurde. Insgesamt hatte man 2294 Super Sabre gebaut und viele davon auch nach Dänemark, Frankreich, Taiwan und die Türkei exportiert. Bei der USAF wurde das Jagdflugzeug sehr geschätzt; es gehörte zur Ausstattung des Kunstfluggeschwaders der Thunderbirds, aber man setzte es auch intensiv in der ersten Hälfte des Vietnam-Kriegs ein. Die letzten Exemplare der USAF wurden Anfang der 1980er-Jahre außer Dienst gestellt, nachdem sie noch bei der Nationalgarde gedient hatten. Das zweite Flugzeug der Century Series war die Convair F-102 Delta Dagger, deren Entwurf von dem Experimental-Flugzeug XF-92A aus dem Jahre 1948 abgeleitet worden war und von den Forschungen im Bereich des Überschallflugs beeinflusst wurde. Der erste Prototyp, charakterisiert durch Deltaflügel und das Fehlen des Höhenleitwerks am Heck, vollbrachte seinen ersten Flug am 24. Oktober 1953. Doch die Flugleistungen waren enttäuschend: Bei höchster Triebwerksleistung schaffte die Delta Dagger es nicht einmal, in Überschallgeschwindigkeit überzugehen. Dank der

150 Die Convair F-102A Delta Dagger war das erste Überschalljagdflugzeug mit Deltaflügeln. Sie flog zum ersten Mal im Oktober 1953. Über 1000 Exemplare wurden gebaut, darunter auch die zweisitzige TF-102A.

151 oben und Mitte Die F-102 war das erste Jagdflugzeug, bei dem die sogenannten „Flächen-Regeln" zur Optimierung der Leistungen bei Überschallgeschwindigkeit angewendet wurde. Zu beachten ist die unterschiedliche Form des Rumpfs beim ersten Prototyp (oben) und nach der Änderung (unten).

151 unten Die North American F-100 Super Sabre – ausgestattet mit einem Strahltriebwerk und Nachbrenner – war das erste Jagdflugzeug der Welt, das horizontal mit Überschallgeschwindigkeit fliegen konnte. Hier ist das zweisitzige Exemplar F-100F zu sehen.

gerade abgeschlossenen Tests im Windkanal, welche die Gesetze der Aerodynamik betrafen (die wissenschaftliche Kodifikation von Formen und Volumen, die sich am besten zum Durchbrechen der Schallmauer eigneten), wurde der Rumpf der XF-102 neu entworfen, um die typische Form einer „Coca-Cola-Flasche" anzunehmen (das heißt der Rumpf wurde an den Flügelwurzeln dünner). Der anhand der neuen Berechnungen entwickelte Prototyp YF-102A flog zum ersten Mal am 19. Dezember 1954. Von seinem ersten Flug an übertraf das Flugzeug Mach 1 souverän.

Die in Serie produzierte F-102A wurde 1956 in Dienst gestellt und obwohl es nur ein Übergangs-Jäger war, zeichnete sich das Flugzeug durch die fortschrittlichen Konstruktionselemente aus (wie die Bienenstockformen). Die moderne Abfang-Bewaffnung bestand aus einem radarkontrollierten Feuerleitsystem sowie den Luft-Luft-Raketen GAR-1D Falcon. Die Delta Dagger war 20,8 Meter lang, besaß eine Spannweite von 11,6 Metern und eine maximale Startmasse von 14 187 kg. Die Triebwerksausstattung bestand aus einem Strahltriebwerk des Typs Pratt & Whitney J57-P-23 mit 7802 kp Schub mit Nachbrenner und konnte das Flugzeug auf eine Höchstgeschwindigkeit von 1328 km/h bzw. Mach 1,25 in 10 700 Metern Höhe antreiben. Insgesamt wurden ca. 1000 Exemplare der F-102 produziert, einschließlich der zweisitzigen Ausbildungsversion TF-102A. Die operative Karriere des Jägers endete in den 1960er-Jahren bei der Nationalgarde; nachfolgend wurde er als PQM-102A zum Zieldarstellungsflugzeug umgebaut.

Das dritte Flugzeug der Century Series in der Chronologie des Erscheinens war die Lockheed F-104 Starfighter. Sie führte ihren ersten

Flug als XF-104 am 7. Februar 1954 durch. Der Starfighter, dessen Entwurf aus den Erfahrungen und Ratschlägen der im Korea-Krieg eingesetzten Piloten erwuchs, war das erste operative Jagdflugzeug, das Mach 2 erreichte und die Schallmauer sogar im Steigflug durchbrechen konnte. In der Tat forderte die USAF von dem Flugzeug vor allem Beschleunigung und äußerste Schnelligkeit, und um diese Werte zu erreichen, ging der Lockheed-Konstrukteur Clarence „Kelly" Johnson (bereits „Vater" des P-38 und F-80) keine Kompromisse ein. Die F-104 besaß laminarförmige Flügel mit kleinster Spannweite sowie einen langen, aerodynamischen Rumpf, der wenig größer als das dort untergebrachte Triebwerk war. Auf dem streng begrenzten Raum der Flugzeugnase mussten sich Pilot, Waffensystem, Radar und die Flugelektronik-Systeme den Platz teilen. Der Starfighter F-104A wurde am 26. Januar 1958 für den Einsatz bei der USAF in Dienst gestellt; er war 16,6 Meter lang, besaß eine Spannweite von 6,6 Metern und eine maximale Startmasse von 9980 kg. Das Triebwerk war ein General Electric J79-GE-3B mit 6715 kp Schubkraft, damit erreichte das Flugzeug eine Höchstgeschwindigkeit von 2200 km/h (oder Mach 2,2). Die typische Bewaffnung bestand aus zwei Luft-Luft-Raketen AIM 9B Sidewinder und einer 20-mm-Kanone M61 Vulcan. Obwohl das Flugzeug hervorragende Flugleistungen erbrachte, befriedigte es in seiner Gesamtheit nicht die Wünsche der Streitkräfte, da es zu schwer zu steuern war, eine beschränkte Reichweite besaß und eine zu kleine Waffenausrüstung zuließ: Es wurde so schon bald nach der Indienststellung den Reserve-Geschwadern übergeben. Dem nachfolgenden Typ F-104C, der mit einem stärkeren Motor ausgestattet und als Jagdbomber optimiert worden war, widerfuhr kein besseres Schicksal; beide Flugzeuge waren zwar eingeschränkt auch im Vietnamkrieg im Einsatz, aber in Wirklichkeit vom Dienst ausgeschlossen worden – auch wenn der Starfighter noch bis in die 1970er-Jahre bei der Nationalgarde flog. Die Exportversion des Flugzeugs, der F-104G Super Starfighter (und der Zweisitzer TF-104G) hatte mehr Glück, vor allem weil den alliierten Ländern die Möglichkeit

152 unten *Der Jäger McDonnell F-101A Voodoo hatte eine ziemlich bewegte Entwicklung. Das Flugzeug wurde 1957 als Abfangjäger in Dienst gestellt. Auch Kanada erwarb die Maschine und behielt sie als „CF-101" bis Anfang der 1980-Jahre im Dienst.*

152 oben rechts *Die F-101A konnte als Abfangjäger auch Luft-Luft-Rakten mit Atomsprengkopf abschießen, wie auf dieser Fotografie eines Flugzeugs der Nationalgarde von Maine zu sehen ist.*

zum eigenen Lizenzbau gegeben wurde. Das Angebot wurde von Deutschland, Holland, Belgien, Italien, Kanada und Japan angenommen. Am 7. Juni 1960 startete der Super Starfighter F-104G zu seinem ersten Flug. Er besaß eine verstärkte Zelle (die maximale Startmasse stieg nun bis auf 13 054 kg), bessere Flugelektronik und ein neues Triebwerk J79-GE-11A mit 7170 kp Schub mit Nachbrenner. Die Höchstgeschwindigkeit überstieg nun 2200 km/h (Mach 2,2) in 11 000 Metern Höhe. Man verwendete dieselbe Waffenausstattung wie beim Typ F-104C, mit Vulcan-Kanone und Außenlasten bis zu 1815 kg, wobei zusätzlich Abwurftanks, Bomben, Raketen oder sogar eine Atombombe mit eingeschlossen waren. Der Starfighter wurde von 16 Ländern verwendet und insgesamt in 2576 Exemplaren (alle Versionen eingeschlossen) hergestellt. 1966 entschloss sich Italien dazu, eine der fortschrittlichen Versionen weiterzuentwickeln. Das neue Modell wurde F-104S genannt und wurde 1969 in Dienst gestellt; es war mit besserer Flugelektronik ausgestattet und besaß eine nochmals verstärkte Zelle, wodurch die maximale Startmasse auf 14 000 kg erhöht werden konnte, außerdem wurde ein J79-GE-19-Triebwerk mit 8120 kp Schub benutzt und eine schwerere Waffenzuladung war nun möglich. Die Höchstgeschwindigkeit betrug ca. 2400 km/h und die Hauptbewaffnung bestand aus den vom halbaktiven Radar AIM-7 aus gesteuerten Sparrow Luft-Luft-Raketen. Nach einigen Modernisierungsmaßnahmen zu den Modellen ASA und ASA-M wurde die F-104S im Jahr 2005 als letzter Starfighter der italienischen Luftwaffe aus dem Dienst genommen.

de daher zum zweisitzigen Allwetter-Abfangjäger für den taktischen Einsatz umgebaut und wurde Anfang 1957 als F-101B in Dienst gestellt. Das Modell B war 20,5 Meter lang, verfügte über eine Spannweite von 12 Metern und erreichte 23 770 kg maximale Startmasse. Die Triebwerke waren zwei Pratt & Whitney J57-P-55 mit je 6750 kp Schub mit Nachbrenner und ermöglichten eine Höchstgeschwindigkeit von 1965 km/h (oder Mach 1,85). Die Bewaffnung war aus zwei Atomsprengkopfraketen GAR-2 Genie oder aus maximal sechs Luft-Luft-Raketen AIM-4 zusammengesetzt. In der Rolle des Abfangjägers wurde das Modell B bald von wirksameren Flugzeugen abgelöst, während die Aufklärungsversionen (RF-101A und C) länger im Dienst behalten wurden. Knapp mehr als 800 Exemplare hatte man von der Voodoo hergestellt, von denen 132 an Kanada verkauft und dort bis 1984 als CF-101 Abfangjäger eingesetzt wurden.
Das fünfte Flugzeug der Serie wurde von der Firma Republic in Eigeninitiative verwirklicht, mit der Aussicht, dass damit die bereits im Dienst befindliche F-84 ersetzt werden könnte. Der Entwurf ging bis 1951 zurück und sah die Realisierung eines großen, einsitzigen Überschall-Jagdbombers vor, der eine schwere Waffenlast – auch in Form von Kernwaffen – tragen konnte. 1954 wurde das Projekt von der USAF genehmigt und der erste Prototyp YF-105A startete am 22. Oktober 1955 zum Erstflug. Das Flugzeug hatte – wie es bei der Republic-Konstruktion üblich war – einen großen Rumpf, in dem ein einziges Strahltriebwerk Pratt & Whitney J57 untergebracht war; ferner war das Modell als Mitteldecker mit Lufteinläufen an den Flügelwurzeln und gepfeilten Leitwerken ausgelegt. Kurze Zeit darauf war aber schon das neue, stärkere Triebwerk J75 verfügbar, und das damit ausgestattete Flugzeug – genannt YF-105B – führte am 22. Mai 1956 seinen Jungfernflug durch. Die Serienversion des Flugzeugs – die F-105B Thunderchief – wurde seit Mai 1958 im Truppendienst verwendet. Nach 75 gebauten Exemplaren wechselte die Produktion auf das Modell F-105D mit stärkerem Triebwerk und neuer Flugelektronik, die Allwetter-Operationen ermöglichte. Das Triebwerk J75-P-19W entwickelte bis zu 11 110 kp Schubkraft; damit erreichte die Maschine in bis zu 2000 km/h Höchstgeschwindigkeit. Die maximale Startmasse des Flugzeugs betrug 23 965 kg, von denen gut 6350 kg aus den Außenlasten – Abwurftanks, Bomben und Raketen – zusammengesetzt waren.
Vervollständigt wurde die Bewaffnung durch eine 20-mm-Vulcan-Kanone. Die war F105D 19,6 Meter lang, während die Spannweite 10,5 Meter maß. Nach dem Modell D entwickelte man die zweisitzige F-105F, die mit verlängertem Rumpf ausgestattet wurde. Dieses Modell erwies sich als extrem nützlich beim Kampf gegen die feindliche Luftverteidigung und wurde später in den Versionen EF-105F und F-105G weiterentwickelt. Sie wurden beide in der Rolle des „Wild Weasel" eingesetzt, mit speziellen elektronischen Ausrüstungen und den Strahlenschutz-Raketen Shrike und Standard. All diese Modelle wurden auch im Vietnamkrieg eingesetzt und erst in den frühen 1980er-Jahren aus dem aktiven Dienst genommen.

Die McDonnell F-101 Voodoo, die ihren ersten Flug in der endgültigen Ausgestaltung am 29. September 1954 durchführte, war das vierte Flugzeug der Centuries. In Wirklichkeit ging der ursprüngliche Entwurf bis 1946 zurück, als die USAAF wieder einen Begleit-Düsenjäger für Langstreckenoperationen forderte. McDonnell verwirklichte daraufhin 1947 den Prototyp XF-88, aber aufgrund politischer Veränderungen der Armee und der strategischen Kommandos (sowie Problemen in Verbindung mit den Motoren und der Finanzierung) wurde das Programm unterbrochen und erst angesichts der Entwicklungen des Korea-Kriegs wieder neu aufgenommen. Der neue Entwurf wurde F-101 genannt und war ein großes Flugzeug mit Pfeilflügeln, zwei Triebwerken und T-Leitwerk, das sich jedoch aufgrund seiner ungenügenden Reichweite als nicht geeignet für die Rolle eines Bomber-Geleitflugzeugs erwies. Die F-101 wur-

153 oben *Der Lockheed F-104 Starfighter war der erste Jäger, der die Geschwindigkeit von Mach 2 übertraf. Das gesamte Projekt wurde in Hinblick auf die Erhöhung der Beschleunigung und Geschwindigkeit entworfen. Die USAF hat allerdings das Flugzeug nie sonderlich geschätzt.*

153 unten *Die Republic F-105 Thunderchief wurde als Überschall-Jagdbomber entworfen. Die Maschine konnte bis zu 6350 kg Bomben und Raketen tragen. Auf der Fotografie sind zwei Exemplare während einer Luftbetankung über Vietnam zu sehen.*

154 oben Die Convair F-106 Delta Dart war viele Jahre lang der amerikanische Standard-Abfangjäger. Er wurde direkt aus der F-102 entwickelt und erreichte eine Höchstgeschwindigkeit von 2454 km/h; die Bewaffnung bestand aus vier Luft-Luft-Raketen.

154 unten Die Vought F8U Crusader wurde 1952 entworfen, um die U.S. Navy mit einem überschallschnellen Luftüberlegenheitsjäger auszustatten. Das letzte Modell, das für die Navy flog, war das Aufklärungsflugzeug RF-8A; es wurde auf diesem Foto – während es nach der Landung die Flügel faltet – eingefangen.

155 oben Die Grumman F11F Tiger war der erste Überschalljäger, der von der U.S. Navy eingesetzt wurde. Die Maschine wurde 1957 in den Dienst gestellt und auch vom Kunstfluggeschwader „Blue Angels" benutzt.

Das letzte Flugzeug der Century Series war die Convair F-106 Delta Dart, die im Grunde eine direkte Ableitung aus dem Vorgängermodell F-102 war. Letzteres hatte die Bedürfnisse der USAF nie vollkommen befriedigt, die einen Allwetter-Überschallabfangjäger mit computerisierter Feuerkontrolle forderte. Die F-102B sollte die endgültige Version darstellen, aber im Juni 1956 wurde das Projekt als F-106 neu entworfen. Das Flugzeug verfügte über ein neues, leistungsstärkeres Triebwerk (das J75) und das computergesteuerte Feuerleitsystem Hughes MA-1, welches endlich richtig eingestellt zu sein schien. Die erste Delta Dart flog am 26. Dezember 1956. Die Außenform ähnelte derjenigen ihrer Vorgängerin, wobei die Länge nun 21,5 Meter, die Spannweite 11,6 Meter betrug und die maximale Startmasse bei 18 975 kg lag. Das Triebwerk (J75-P-17) war mit demjenigen der F-105 fast identisch und erlaubte dem Flugzeug 2454 km/h Höchstgeschwindigkeit (über Mach 2,3). Die Waffenausrüstung enthielt eine Atomsprengkopfrakete AIR-2A Genie oder 2B Super Genie oder vier Luft-Luft-Raketen AIM-4F/G Falcon. Die Leistungen des Waffensystems waren anfangs nicht zufriedenstellend, aber die USAF erwarb trotzdem eine Gesamtanzahl von 277 Einsitzern F-106A und 63 Zweisitzern F-106B, die im Oktober 1959 in Dienst gestellt wurden. Im Laufe der Jahre erwies sich die Delta Dart als zuverlässiges Flugzeug und wurde als Abfangjäger bei der Nationalgarde bis Mitte der 1980er-Jahre im Dienst behalten. Anschließend erfüllte sie noch die Rolle eines Zieldarstellungsflugzeugs, nachdem viele Exemplare in QF-106-Versionen umgewandelt worden waren.
Während die USAF eine bemerkenswerte Vielfalt fortschrittlicher Jagdflugzeuge für die Ausführung verschiedenster Rollen erworben hatte, ist die U.S. Navy bei diesem Modernisierungsprozess ziemlich im Rückstand geblieben.

Einige der Marinekampfflugzeuge, wie zum Beispiel der Jagdbomber AD-1 Skyraider, waren sogar noch propellerangetrieben, während unter den Jagdflugzeugen eine Vermehrung diverser Modelle zu beobachten war, die jedoch nur bescheidene Leistungen erbrachten. Den Panther, Cougar und Fury wurden Anfang der 1950er-Jahre Flugzeuge wie die Vought F7U Cutlass (erster Flug: 1948), die McDonnell F3H Demon (1951) und die Douglas F4D Skyray (1951) zur Seite gestellt. Diese Flugzeuge wiesen modernere technische Eigenschaften auf, aber waren zugleich von Problemen mit den Triebwerken betroffen, deren Leistungsfähigkeit oft weit unter den Erwartungen lag. Keiner dieser Jäger erreichte Überschallgeschwindigkeit.
Mit dem Erscheinen der Grumman F11 Tiger, einer Weiterentwicklung der Panther- und Cougar-Linie, begannen sich die Dinge langsam zu ändern. Das Flugzeug war vollkommen neu, besaß ein dünnes Flügelprofil und war ausgestattet mit gepfeilten Leitwerken und einem stärkeren Triebwerk. Der erste Prototyp flog am 30. Juli 1954, aber im Januar 1955 erschien der zweite Prototyp, der über das J65-Triebwerk mit Nachbrenner verfügte, das die Tiger mit einer Höchstgeschwindigkeit von 1210 km/h zum ersten Marine-Überschalljäger machte. Die F11F wurde im März 1957 in Dienst gestellt, aber ihre operative Karriere war ziemlich kurz, da das Flugzeug von einem neuen, exzellenten Entwurf in den Schatten gestellt wurde: der Vought F-8 Crusader, die als erster wahrer Superjäger der amerikanischen Marine gilt. Die Crusader wurde in Hinblick einer 1952 von der Navy herausgegebenen Spezifikation entworfen, die darauf zielte, ein neues Marine-Überschallflugzeug zu erwerben. Vought gewann den Wettbewerb (benannt VAX) im darauf folgenden Jahr und erhielt den Auftrag, zwei XF8U-1-Prototypen seines Projekts zu verwirklichen. Es handelte sich bei dieser Maschine um ein schlankes, einsitziges Flugzeug in Hochdeckerauslegung, das sich durch Pfeilflügel mit variablem Einstellwinkel (Schwenkflügel) auszeichnete, die während des Abhebens und der Trägerlandung autonom vergrößert werden konnten, ohne dass der Pilot gezwungen war, das Flugzeug in eine zu steile Trimmlage zu bringen. Der erste Prototyp flog am

155 unten Vier F-106 der Nationalgarde von New Jersey in Formation. Der Jäger blieb bis 1988 im Dienst und wurde dann von der F-16 ersetzt.

25. März 1955 und war ausgerüstet mit einem Triebwerk Pratt & Whitney J57-P-11 mit 6715 kp Schubkraft. Es entpuppte sich sofort als ein exzellentes, schnelles und wendiges Flugzeug. Die Serienproduktion der Maschine wurde umgehend eingeleitet und die ersten 318 bestellten Exemplare der F8U-1 konnten bereits im März 1957 in Dienst gestellt werden. Man unterzog das Flugzeug ständig Modifikationen, um die Leistungsstärke, Robustheit, Waffenausrüstung sowie die Allwetter- und Aufklärungskapazitäten zu erhöhen und zu verbessern. Die endgültige Version F8U-2NE erschien im Jahr 1961. (Im Jahr 1962, in der Folge der Neuordnung der Militär-Kennzeichnungen, wurde die Crusader in F-8, und die F8U-2NE in F-8E umbenannt.) Die F8U-2NE wurde von dem Strahltriebwerk J57-P-20A mit 8165 kp Schubkraft und Nachbrenner angetrieben und erreichte eine Fluggeschwindigkeit von mehr als 1800 km/h, was ca. Mach 1,7 entsprach. Die Länge betrug 16,6 Meter, die Spannweite lag bei 10,7 Metern und die maximale Startmasse erreichte 15 420 kg. Im Waffensystem wurden die ursprünglichen vier 20-mm-Kanonen beibehalten – mit dem Erscheinen der F-4 brachten sie dem Flugzeug den Beinamen „The Last of the Gunfighters" ein. Dazu gab es die Möglichkeit, bis zu vier Luft-Luft-Raketen AIM-9 Sidewinder oder wahlweise bis zu 2270 kg Bomben oder Raketen an den beiden Unterflügel-Pylonen anzubringen. Insgesamt wurden 1259 Crusaders in den verschiedenen Versionen gebaut, die sich unter anderem durch ihre ausgezeichneten Kampffähigkeiten im Vietnam-Krieg auszeichneten. Als Aufklärungsmodell RF-8G wurde die Crusader noch bis Anfang der 1980er-Jahre geflogen. Einige Exemplare wurden an die philippinische Luftwaffe verkauft, während 42 Exemplare der F-8E (FN) ab Januar 1965 der französischen Marine geliefert wurden. Es handelte sich dabei um die letzten eingesetzten Crusaders, deren Dienst im Dezember 1999 endete.

Die oben beschriebenen Flugzeuge gehörten zu den wichtigsten amerikanischen Entwürfen der 1950er-Jahre. Doch auch auf der anderen Seite des Eisernen Vorhangs blieben die Luftfahrt-Ingenieure nicht tatenlos. Nach dem Erfolg des Jägers MiG-15 begann man in dem verantwortlichen MiG-Büro (geleitet von den Konstrukteuren Mikojan und Gurjewitsch) bald,

156 oben und Mitte Auf dieser berühmten Sequenz vom 3. Juni 1967 ist eine nordvietnamesische MiG-17 zu sehen, die von einer F-105 der USAF mit einer 20-mm-Vulcan-Kanone abgeschossen wird.

156 unten Die MiG-17 wurde 1950 direkt aus der MiG-15 entwickelt und war der erste, mit Raketen bewaffnete sowjetische Jäger. Auf der Fotografie ist ein vollständig restauriertes MiG-17-Exemplar zu sehen, das von einem amerikanischen Flughafen aus startet.

an der Verwirklichung eines neuen Flugzeugs zu arbeiten, bei dem die beim Vorgängermodell aufgetauchten Mängel – vor allem hinsichtlich der Aerodynamik – beseitigt werden sollten. Im Januar 1950 erschien also der Prototyp I-330, der die Grundlinien des vorhergehenden Entwurfs übernahm, jedoch einen verlängerten Rumpf, größere Leitwerke und um 45 Grad gepfeilte Flügel sowie – natürlich – ein stärkeres Triebwerk erhielt. Das Flugzeug wurde 1951 als MiG-17 in die Produktion gebracht und ist im folgenden Jahr an die ersten operativen Abteilungen verteilt worden. Das Triebwerk Klimow WK-1A entwickelte 2700 kp Schubkraft und verlieh dem Flugzeug eine Höchstgeschwindigkeit von 1110 km/h. Die Ausmaße des Modells betrugen in der Länge 11,2 Meter und in der Spannweite 9,6 Meter, während die maximale Startmasse 6075 kg betrug.

Nach dem ersten Modell (in der NATO als „Fresco-A“ bezeichnet) folgten der Allwetter-Abfangjäger MiG-17P und die MiG-17F. Letztere war mit einem WK-1F-Triebwerk und Nachbrenner ausgestattet, der eine Schubkraft von 3380 kp spendierte und für eine Höchstgeschwindigkeit von 1150 km/h sorgte. Die Bewaffnung war derjenigen der MiG-15 deutlich überlegen: drei 23-mm-Kanonen, eine 37-mm-Kanone sowie bis zu 500 kg schwere Abwurfwaffen. Es folgte später die MiG-17FP, die mit Abfang-Radargerät Izumrud ausgestattet war, und schließlich die MiG-17PFU, die keine Kanonen besaß, dafür aber mit bis zu vier radargesteuerten Luft-Luft-Raketen AA-1 „Alkali“ ausgerüstet war. Die verschiedenen Versionen der MiG-17 blieben bis 1958 in Produktion. Insgesamt wurden über 9000 Exemplare hergestellt, von denen man 3000 Stück in Lizenz in China (dort als J-5 bezeichnet) und Polen (als LIM-5) produzierte. Die einfache und stabile MiG-17 blieb außer bei den Luftstreitkräften der UdSSR im Dienst aller kommunistischen Ländern – in einigen Fällen sogar noch bis in unsere Zeit hinein.

Die natürliche Weiterentwicklung der Serie führte in der Folge zur MiG-19, die aus dem Projekt I-350 entstand und mit der Absicht entworfen wurde, als Überschallflugzeug der Sowjetunion das Standhalten beim Wettrüsten mit den neuen amerikanischen Jägern zu ermöglichen. Der Prototyp erschien 1953 und besaß stark – um 55 Grad – gepfeilte Flügel, neue, ebenfalls gepfeilte Heckleitwerke und zwei AM-5-Triebwerke ohne Nachbrenner. Das Flugzeug, das seinen ersten Flug am 18. September 1953 durchführte, wurde 1954 in Dienst gestellt (in der NATO als „Farmer-A“ kodifiziert), ausgestattet mit AM-5F-Triebwerken und Nachbrenner. Das Modell war jedoch

157 oben Die MiG-19 war der erste sowjetische Überschall-Abfangjäger; sie besaß 55-Grad-Pfeilflügel und zwei Tumanski-Triebwerke mit Nachbrenner. Die Maschine wurde 1954 in Dienst gestellt.

157 unten Die Mikojan-Gurjewitsch MiG-21 war mit fast 12 000 Exemplaren das am zahlreichsten vertretene sowjetische Düsenjagdflugzeug. Es wurde von über 50 Luftstreitkräften auf der ganzen Welt benutzt. Auf dem Foto ist ein Exemplar der finnischen Luftwaffe zu sehen, die die MiG-21 1998 vom Dienst zurückzog.

noch nicht vollständig entwickelt und wies bei hoher Fluggeschwindigkeit ernsthafte Instabilitätsprobleme auf. Daraufhin wurde die Version MiG-19S entwickelt, die über neue, vollständig bewegliche Heckleitwerke verfügte. Es folgte die Version SF mit neuen Triebwerken Tumanski RD-9BF, die mit einer Schubkraft von 3300 kp das Flugzeug bis auf 1450 km/h Höchstgeschwindigkeit antrieben. Die MiG-19SF besaß eine Länge von 12,6 Metern, eine Spannweite von 9,2 Metern und eine maximale Startmasse von 9100 kg. Die Waffenausrüstung sah drei 30-mm-Kanonen und bis zu 500 kg Außenlasten vor. 1958 wurde der Allwetter-Abfangjäger MiG-19P eingeführt, der mit Radargerät und zwei 23-mm-Kanonen ausgestattet war. Diesem folgten die mit Radar und vier Luft-Luft-Raketen AA-1 ausgerüstete Version MiG-19PFM, ferner der Abfangjäger PF mit zwei 30-mm-Kanonen, das Aufklärungsflugzeug MiG-19R und schließlich das zweisitzige Schulungsmodell MiG-19UTI. Es scheint, dass in der UdSSR insgesamt über 2500 Exemplare der MiG-19 gebaut wurden, während eine doppelte Anzahl des Modells in China fertig gestellt wurde, wo man 1958 die Produktionslizenz für die MiG-19S erhalten hatte. China baute also die MiG-19 nicht nur selbst, sondern exportierte sie in zahlreiche Länder unter der Bezeichnung J-6/F-6 und – in der zweisitzigen Version – als FT-6. Diese zuletzt erwähnten Flugzeuge sowie deren Ableitungen befinden sich noch heutzutage im Dienst einiger asiatischer Länder.

Die Einführung der MiG-21 gab dem sowjetischen Flugwesen eine entschiedene technische und operative Wendung. Die MiG-21 war der erste Jäger des Warschauer Pakts, der Mach 2 erreichen konnte; ähnlich wie einige Zeit zuvor die MiG-15 stellte das neue Flugzeug eine unangenehme Überraschung für den Westen dar. Die Arbeiten an einem neuen, leichten Überschalljäger hatten bereits 1953 begonnen. Der erste Konstruktionsaufbau (E-2) – noch mit Pfeilflügeln – war die logische Fortsetzung der vorausgegangenen Entwicklungsphasen. Später aber wurde der Entwurf E-5 bevorzugt, der, mit Delta-Flügeln ausgestattet, zum ersten Mal am 9. Januar 1956 flog. Aus diesem experimentellen Flugzeug wurde schließlich die E-6 entwickelt, bei der es sich praktisch um den Prototyp der MiG-21 handelte. Der Erstflug fand am 20. Mai 1958 statt. Um die Delta-Flügel anbringen zu können, behielt der Jet die traditionellen, stark gepfeilten Leitwerke am Heck bei und besaß einen an der Nase angebrachten Lufteinlass mit Antischock-Kegel, so dass die Versorgung des Strahltriebwerks Tumanski R-11 mit Nachbrenner gesichert werden konnte. Benannt als MiG-21F („Fishbed-C" für die NATO) wurde die Produktion des Flugzeugs 1959 gestartet. Der Jäger erwies hervorragende Geschwindigkeitsleistungen und Aufstiegsfähigkeiten und verfügte über eine ausreichende Wendigkeit. Die Bewaffnung war dagegen spärlich und bestand aus lediglich zwei 20-mm-Kanonen. Die MiG-21F war 13,4 Meter lang, besaß eine Spannweite von 7,1 Metern und eine maximale Startmasse von 7575 kg. Ihr Triebwerk gab 5750 kp Schubkraft und ermöglichte eine Höchstgeschwindigkeit von 2000 km/h in Flughöhe. Im darauf folgenden Jahr erschien die erste in Massen produzierte Version: die MiG-21F-13, die mit Radargerät und zwei Luft-Luft-Raketen K-13 (AA-2 „Atoll") ausgestattet war; es handelte sich dabei um die sowjetische Kopie des AIM-9B Sidewinder. Das Flugzeug wurde über Jahre hinweg ständig ver-bessert und weiterentwickelt. Unter den zahlreichen Ausführungen ragen vier Haupt-Modelle heraus: die MiG-21PF (stärkerer Motor, erhöhte Kraft-stoffaufnahme und neues Radargerät), die MiG-21PFM (seit 1964 – mit neuem Auftriebs-system, vergrößertem Seitenleitwerk, neuer Bewaffnung und Flugelektronik) sowie die MiG-21R (Aufklärungsversion mit Radar-Pod und modifiziertem Rumpfrücken) und die MiG-21S bzw. SM (stärkeres Triebwerk, neues Radargerät, vier Unterflügelpylonen und Kanonenbehälter; die Exportversion wurde MiG-21MF genannt).

Im Jahr 1972 erschien schließlich die MiG-21bis („Fishbed-L"), die eine erweiterte Flugelektronik einführte und mit den neuen Luft-Luft-Raketen R-13M, R-55 und R-60 ausgestattet war. Das ebenfalls neue Triebwerk Sojus-Gawrilow R-25-300 mit Nachbrenner verfügte über 7500 kp Schubkraft, die ausreichten, um das Flugzeug auf die Höchstgeschwindigkeit von 2175 km/h (oder Mach 2,05) anzutreiben. Die maximale Startmasse stieg bis auf 10 400 kg, von denen 1200 kg aus Waffen-Außenlasten bestehen konnten. Der Entwurf der MiG-21 bildete auch die Grundlage für verschiedene zweisitzige Ausbildungsmodelle, angefangen von der ursprünglichen MiG-21U (abstammend von der MiG-21F-13; von der NATO „Mongol-A" genannt), zur MiG-21US und schließlich der MiG-21UM.

Über 11 950 Exemplare der MiG-21 wurden in der UdSSR, sowie – in Lizenz – auch in China

(wie die J-7/F-7), der Tschechoslowakei und Indien produziert. In den 1960er- und 1970er-Jahren waren alle kommunistischen und unter kommunistischem Einfluss stehenden Länder im Besitz dieses Flugzeugs, das sich somit im Einsatz von fast 50 Luftstreitkräften befand. In den 1990ern wurden die immer noch aktiven MiG-21 umfangreich modernisiert. Die Maßnahmen betrafen den Rumpf, die Avionik und die Bewaffnung. Russland entwickelte die MiG-21-93, die von Indien übernommen wurde, Israel bot eine modernisierte MiG-21-2000 an. Unter dem Namen Lancer ist sie in Rumänien im Einsatz. Die Performance ist für ein über 50 Jahre altes Flugzeugmuster immer noch wettbewerbsfähig. Viele bei der NATO als „Fishbed" bezeichneten MiG-21 sind noch heute im Dienst.

Kapitel 12

Der Kalte Krieg

Die Allianz zwischen den Vereinigten Staaten und der Sowjetunion hatte nur bis zur Niederlage des gemeinsamen Nazi-Feindes gehalten. Trotz des unaufhörlichen Stroms von Militärhilfen, die Amerika an die UdSSR während des Krieges sandte (Flugzeuge, Lastwagen, Panzer und riesige Mengen von Rohstoffen), hatte sich Stalin nicht gerade freundschaftlich gegenüber den westlichen Alliierten verhalten – sowohl vom politischen als auch vom militärischen Standpunkt aus betrachtet. Einige amerikanische Bomber-Besatzungen, die 1944 und 1945 hinter den russischen Linien notlanden mussten, wurden wie gewöhnliche Sträflinge ins Gefängnis gesperrt und erst nach mehreren Monaten wieder freigelassen – während die Flugzeuge, vor allem der Bomber B-29 zurückgehalten wurden. Während des Warschauer Aufstandes im August-September 1944 begann den westlichen Alliierten die sowjetische Strategie klar zu werden. So geschah es tatsächlich, dass nach dem polnischen Aufstand in Warschau gegen die Deutschen die sowjetischen Truppen wenige Kilometer vor der polnischen Hauptstadt unbeweglich in ihren Posten ausharrten und zuließen, dass die rebellierende Bevölkerung ergriffen und massakriert wurde. All das, weil die Politiker des freien Polen es in London abgelehnt hatten, sich den Autoritäten Moskaus zu unterwerfen. Die von den Alliierten unternommenen Versuche, Warschau von der Luft aus zu versorgen, nahmen kein gutes Ende und führten im Gegenteil noch zu hohen Verlusten. Churchill, ein überzeugter Antikommunist, erriet, dass das geheime Ziel der UdSSR darin bestand, den Krieg auszunutzen, um die Kontrolle über einen möglichst großen Teil Europas zu erlangen.
In den Vereinigten Staaten war das Verhalten gegenüber der UdSSR noch von Vertrauen geprägt, aber das änderte sich nach dem Tod des Präsidenten Roosevelt im April 1945. Bei der Potsdamer Friedenskonferenz spitzten sich die Meinungsverschiedenheiten zu und die fortschreitende Verschlechterung der Verhältnisse zwischen dem Westen und der Sowjetunion kam immer deutlicher ans Licht. Auch weitere Faktoren begannen, in diesem Abgrenzungsprozess der beiden Blöcke eine Rolle zu spielen: der Besitz der Atombombe seitens der Amerikaner (1945) und nachfolgend seitens der Sowjetunion (1949); die Entstehung von Regierungen in Osteuropa, die der UdSSR unterworfen waren; die Gründung des Militärbündnisses NATO 1949; der Korea-Krieg 1950 und schließlich die Gründung des Warschauer Pakts im Jahr 1955. All diese Ereignisse trugen zur Schaffung von zwei einander entgegengesetzten Kräfteblöcken bei – der sogenannten „freien Welt" im Westen und den kommunistischen Oststaaten –, die sich in einem lang andauernden Stadium von Konfrontation und Spannung befanden. Dieser Konflikt wurde nicht offen ausgetragen, und wurde daher später als der „Kalte Krieg" bekannt.
Neben der politischen und ideologischen Propaganda und der internationalen Spionage waren die Hauptwaffen des Kalten Kriegs die Flugzeuge; und unter ihnen besonders die strategischen: Nuklearbomber, Luftversorgungsflugzeuge und Aufklärer.

Von Anfang an hingen die im Kalten Krieg angewendeten Taktiken mit dem Atomwaffen tragenden Bomber zusammen. Das erste Flugzeug diesen Typs war die Boeing B-29, der Protagonist bei den Angriffen auf Hiroshima und Nagasaki. Nach dem Krieg, ab 1947, wurde das Flugzeug allmählich von einer fortschrittlichen Version ersetzte, der B-50, die mit strukturellen Modifizierungen versehen wurde, um die Waffenzuladung und die Reichweite erhöhen zu können. Doch bereits 1949 wurde das Flugzeug von anderen Entwürfen überholt und für weniger anspruchsvolle Aufgaben verwendet, wie etwa die Aufklärung und den Lufttransport. Der erste wirkliche strategische Bomber wurde von Convair verwirklicht; damit folgte man einer 1941 aufgestellte Spezifikation der USAAF. Darin wurde ein

interkontinentaler Bomber gefordert, der fähig wäre, eine Waffenlast von 4500 kg auf Entfernungen bis 8000 km zu befördern. Die Realisierung des Flugzeugs ging aufgrund der technischen Schwierigkeiten und der fortschreitenden Kriegsereignisse nur sehr langsam voran, so dass der erste Prototyp erst am 8. August 1946 flog, als der Krieg bereits beendet war. Aufgrund der internationalen Lage wurde jedoch die Serienproduktion des Flugzeugs genehmigt und im August 1947 gelangten die ersten Exemplare in die Staffeln der Air Force. Die B-36 Peacemaker war ein wahrhaft riesiges Flugzeug mit einer Länge von 49,4 Metern und einer Spannweite von gut 70,1 Metern. Angetrieben wurde die Peacemaker von sechs Sternmotoren vom Typ Pratt & Whitney R-4360 mit 3800 PS und die maximale Startmasse betrug über 150 Tonnen. Die erbrachten Flugleistungen waren jedoch enttäuschend, so dass 1949 die B-36D eingeführt wurde. Dieses Modell war zusätzlich mit vier Strahltriebwerken J47 ausgestattet, die je 2360 kp Schubkraft entwickelten. Ebenfalls 1949 erschien auch die erste Version zur strategischen Aufklärung, die RB-36D. Die endgültige Ausführung war die B-36J, die zum ersten Mal 1953 erschien; dieses Flugzeug erreichte eine Höchstgeschwindigkeit von 661 km/h, hatte eine maximale Startmasse von 185 973 kg sowie eine Reichweite von 10 944 km. Das Waffensystem war zusammengesetzt aus 39 000 kg Bombenlast, 16 20-mm-Kanonen; bedient wurde es von einer 15 Mann starken Besatzung. Bis 1954 wurden 383 Exemplare der Peacemaker gebaut, wobei das Flugzeug bis Ende der 1950er-Jahre im Dienst blieb. In der Zwischenzeit, seit 1948, unterstand das Strategic Air Command (SAC), der verantwortlich für die Nuklear-Bomber sowie die Luftversorgungsflugzeuge war, dem Befehl des Generals Curtiss LeMay. Der General war ein harter Mann, der während des Kriegs auf sich aufmerksam gemacht hatte – und besonders bei den Bombardierungen auf Japan. LeMay schaffte es dank härtester und zermürbender Übungs-Zyklen sowie ferner des Erwerbs neuer Flugzeuge, die SAC aus ihrem niedrigen Leistungsstand zu einer effizienten, zuverlässigen und gefürchteten Einheit zu erheben. Die Kalte-Krieg-Strategie der Vereinigten Staaten erforderte, dass bewaffnete Bomber mit globaler Angriffsfähigkeit ständig am Himmel präsent waren, um in der Lage zu sein, sicher und schnell auf einen nuklearen Überfall der UdSSR zu antworten. Mit der Einführung von strahlgetriebenen Bombern und Luftversorgungsflugzeugen – „tanker" – wurden diese Forderungen ermöglicht.

Die Aufgaben der B-36 sind allerdings mit dem Erscheinen des ersten strategischen Düsen-Bombenflugzeugs, der Boeing B-47 Stratojet, reduziert worden. Dieser Entwurf erblickte 1944 das Licht der Welt, nachdem sich Boeing zusammen mit drei anderen Unternehmen (Convair, Martin und North American) daran gemacht hatte, einen Bomber mit Luftstrahlantrieb zu realisieren. Nach verschiedenen Forschungen, die sich anfangs besonders auf die Modelle mit geraden Flügeln bezogen, akzeptierte die Air Force das Boeing-Modell 450.

158 Der strategische Bomber Avro Vulcan wurde ab 1947 entwickelt, um die britische RAF mit einem Nuklearwaffen-Träger zu versorgen und England von den USA militärisch unabhängig zu machen. Die Vulcan – ab 1956 im Dienst – besaß die typischen Deltaflügel und war das zweite Modell der britischen „Triade" englischer Nuklear-Bomber (die anderen beiden waren die Vickers Valiant und die Handley Page Victor).

159 oben Der strategische Superbomber Convair B-36 wurde infolge einer zukunftsorientierten Spezifikation von 1941 entwickelt, die ein Flugzeug mit über 16 000 km Reichweite und einer Geschwindigkeit von mindestens 390 km/h forderte. Hier ist das Modell B-36J zu sehen, das sechs Propeller-Triebwerke sowie vier Strahltriebwerke vereint und eine Geschwindigkeit von 661 km/h erreicht.

159 unten Die viermotorige B-50 wurde aus der B-29 entwickelt und am Ende des Zweiten Weltkriegs mit nur 79 Exemplaren in Dienst gestellt. Sie war stärker und mit einer größeren Nutzlast ausgestattet als ihre Vorgängerin.

160 oben Der erste wirklich moderne Bomber der USAF war die Boeing B-47 Stratojet, die 1950 in Dienst gestellt wurde. Die Maschine besaß Pfeilflügel, flog 975 km/h schnell und trug bis zu 10 000 kg Bomben. Auf dem Foto ist ein Schnellstart zu sehen, der von Raketenmotoren unterstützt wird.

160 unten Die B-52H – bereits öfter für überholt erklärt – befindet sich auch 50 Jahre nach ihrem ersten Flug noch im Dienst. Sie wurde auch bei den Konflikten im Kosovo und in Afghanistan eingesetzt.

161 oben Luftbetankung einer Boeing B-52 Stratofortress durch eine Boeing KC-135 Stratotanker über den Bergen der Sierra Nevada in Kalifornien 1958. Mit diesem Flugzeugpaar verfügte die USAF über eine strategische Komponente von globaler Reichweite.

161 unten Eine B-47 beim Flug über den Wolken. Die Stratojet verfügte über eine Drei-Mann-Besatzung (der Pilot und der Navigator befanden sich im Tandem-Cockpit) und blieb bis 1966 im Dienst. Es wurden ca. 1800 Exemplare gebaut.

Das Flugzeug besaß sechs unter den Tragflächen installierte Triebwerke und zeichnete sich besonders durch die innovativen, um 35 Grad gepfeilten Flügel (ein Prinzip, das man aus den deutschen Forschungserkenntnissen übernommen hatte) sowie das Tamdem-Fahrgestell unter dem Rumpf aus. Der erste Prototyp XB-47 startete am 17. Dezember 1947 zu seinem Erstflug und war ausgerüstet mit den Strahltriebwerken Allison J35, die ab dem zweiten Prototyp von den stärkeren General Electric J47 ersetzt wurden. Die erste fertig gestellte B-47A flog am 25. Juni 1950, dem Tag des Kriegsausbruchs in Korea. Die bedeutendste Version der Stratojet wurde die B-47E, die 1951 erschien und von der 1614 Exemplare gebaut wurden; darunter waren 255 Aufklärungsversionen RB-47E. Das Modell war 33,4 Meter lang, besaß eine Spannweite von 35,3 Metern und verfügte über eine maximale Startmasse

von ca. 90 000 kg. Die Bewaffnung war aus 10 000 kg Bomben und zwei 20-mm-Kanonen zusammengesetzt. Angetrieben von sechs J47-GE-25 Strahltriebwerken mit je 3266 kp Schubkraft, erreichte das Flugzeug eine Höchstgeschwindigkeit von 975 km/h und hatte eine Reichweite von 6440 km, die dank Luftbetankung vergrößert werden konnte. Die Drei-Mann-Besatzung verfügte über Schleudersitze. Die B-47 war viel kleiner als die B-36, andererseits war es ein moderneres und schnelleres Flugzeug, das sich auch leichter den veränderlichen operativen Erfordernissen anpassen konnte. Dieses Modell bildete auch die Grundlage für die spätere Aufklärer-Version RB-47E/H/K und blieb bis 1967 im Dienst der USAF.
Im Segment der ultraschweren Bomber arbeitete Boeing schon seit 1945 an der Realisierung eines Ersatzflugzeugs für die B-36, die sich von Beginn an niemals als völlig zufriedenstellend erwiesen hatte. Das neue Flugzeug war ausgestattet mit um 20 Grad gepfeilten Flügeln und Turboproptriebwerken. Aufgrund des Erfolgs der B-47 und der Verfügbarkeit der neuen J57-Strahltriebwerke, die stark, zuverlässig und im Kraftstoffverbrauch sparsam genug waren, entschloss sich Boeing, das Flugzeug neu zu entwerfen. So geschah es, dass aus dem neuen Bomber eine Art „größerer Bruder" der Stratojet wurde, von welcher die 35-Grad-Pfeilung der Tragflächen, die in Unterflügel-Gondeln angebrachten Triebwerke sowie die Luftbetankungsfähigkeit übernommen und weiterentwickelt wurden. Außerdem wurde im neuen Bomber das Rumpf-Fahrwerk und (wenigstens im Prototyp) das Cockpit mit Tandem-Plätzen verbessert. So wurde das Modell 464-67 bzw. XB-52 geboren. Es flog zum ersten Mal sechs Monate nach dem Jungfernflug der YB-52 am 15. April 1952.
Die B-52 Stratofortress war ein weiteres Flugzeug von riesigen Ausmaßen. Ihre Länge betrug 49 Meter, die Flügelspannweite 56,3 Meter und die maximale Startmasse übertraf 200 Tonnen. Angetrieben wurde das Flugzeug von acht Düsentriebwerken; es konnte eine aus mehr als 20 Tonnen nuklearen oder konventionellen Bomben zusammengesetzte Waffenlast transportieren. 1954 wurde das erste Serienmodell, die B-52A eingeführt, der eine Vielzahl verschiedener, stetig verbesserter Modelle folgten, die schließlich 1961 in der B-52H gipfelten. Dieses Modell führte die neuen Düsentriebwerke Pratt & Whitney TF33-P-3 ein, die je 7710 kp Schub entwickelten. Die maximale Startmasse erreichte 221 000 kg, während die Höchstgeschwindigkeit 958 km/h betrug und die Reichweite sich auf 16 000 km ausdehnte. Die Waffenlast betrug 27 200 kg und die Flugzeugbesatzung bestand aus fünf Mann.
Weitere wichtige Versionen waren bereits früher erschienen, wie zum Beispiel die B-52G aus dem Jahr 1958, bei der neue Flügel sowie neue, niedrigere Leitwerke eingeführt wurden (so auch bei der B-52H vorhanden). Ferner erschien 1956 die B-52D, die eine höhere maximale Startmasse als die Vorgängermodelle B und C besaß. Außerdem wurde 1955 noch die Aufklärungsversion RB-52B verwirklicht. Insgesamt bestellte die Air Force 774 Exemplare der Stratofortress in verschiedenen Versionen. Auch wenn das Flugzeug im Verlauf der Jahre ab und zu kritisiert und für veraltet erklärt wurde, hat es immer bewiesen, der jeweiligen Lage gewachsen zu sein. 2012 flogen noch zwei Geschwader der Air Force mit den jeweils auf neuesten Stand gebrachten Versionen der B-52H. Zwei Kürzungsprogramme, welche die Außerdienststellung des Flugzeugs vorsahen, wurden überstanden, und noch sechzig Jahre nach ihrem ersten Flug erfreut sich die B-52H „bester Gesundheit". Die USAF will sie bis 2040 im Dienst lassen.
Mit der B-47 und der B-52 verfügte die USAF, oder besser, das Strategic Air Command, über eine wahrhaft mörderische nukleare Einsatzkraft, aber der Schwachpunkt dieser Organisation bestand in der Luftversorgung. Aufgrund der Besonderheit der ihr zugedachten Missionen waren die Bomber auf die konstante Verfügbarkeit und Verwendbarkeit der Tanker angewiesen.
Aufgrund dessen repräsentierten die Tanker ein ebenso wichtiges strategisches Element wie die Bomber. Mitte der 1950er-Jahre setzte die USAF jedoch vor allem die bereits überholten Propellerflugzeuge für diese Aufgabe ein, wie die KB-50 und besonders die KC-97, deren Langsamkeit die Bomber dazu zwang, das Auftanken gefährlich nahe an der Durchsatzgeschwindigkeit ausführen zu müssen. Wieder schlug Boeing dem SAC eine praktikable Lösung für das Problem vor. In den frühen 1950er-Jahren hatte die in Seattle ansässige Firma mit dem Bau des ersten großen Passagier-Jets, dem Modell 707 (im Groben aus den Grundzügen des Bombers B-47 entwickelt), das zu einem sehr populären Verkehrsflugzeug werden sollte, ihre Kompetenz bewiesen. Um sich gegen das Risiko eines even-

tuellen wirtschaftlichen Misserfolgs zu sichern, wollte Boeing vor der Einführung der 707 erst deren Entwicklungskosten abdecken, indem sie die Militärversion des Flugzeugs, das Modell 367-80 als Luftversorgungstanker bzw. Transporter an die Regierung verkaufte. Die USAF billigte diesen Entwurf, der sich durch den kleineren Rumpf-Durchmesser (die Mehrheit der Fenster fehlte), ein oberes Passagier- und Frachtdeck sowie eine untere Zone, in der der Kraftstoff und die Lufttankanlagen untergebracht waren, auszeichnete. Boeing entwickelte auch ein Versorgungssystem unter Anwendung einer Tanksonde, die von einem am Leitwerk positionierten Bediener betätigt werden konnte, so dass das Ankuppeln erleichtert wurde. Die erste KC-135A Stratotanker flog am 31. August 1956 und drei Monate später begannen bereits die Auslieferung der Serienflugzeuge. Das Modell war 41 Meter lang, besaß eine Spannweite von 39,9 Metern und erreichte eine maximale Startmasse von 143 340 kg. Als Triebwerke dienten vier Pratt & Whitney J57-P-59W mit 6240 kp Schubkraft, die eine Höchstgeschwindigkeit von 940 km/h ermöglichten; die mitgeführte Kraftstoffmenge betrug über 118 000 Liter. Mit der Stratotanker machte die SAC einen enormen Schritt vorwärts. Das Flugzeug war unter jedem Gesichtspunkt den Leistungen der KC-97 weit überlegen, eingeschlossen der Kraftstofftransfer-Geschwindigkeit. Natürlich erwies sich die KC-135 auch für die Jäger und Jagdbomber der Tactical Air Command (TAC) als sehr nützlich. Die USAF erwarb 820 Exemplare der Stratotanker, von denen viele (unter anderem die verbesserten Versionen E und R) noch heute das Gerüst der USAF-Tanker-Flotte bilden. Die KC-135R ist gegenwärtig die neueste im Dienst befindliche Version und erschien zum ersten Mal im Jahr 1972. In Wirklichkeit handelt es sich bei dem Modell um eine Überarbeitung der Vorgänger-Modelle. So verfügt das Flugzeug über eine verstärkte Zelle, neue Hauptanlagensysteme sowie die neuen Mantelstromtriebwerke CFM International F108-CF-100 mit 10 000 kp Schubkraft. Die 135R kann über sechs Tonnen Kraftstoff aufnehmen und verfügt – dank der neuen Triebwerke – über einen weiteren Aktionsbereich, eine höhere Startmasse und die Möglichkeit, 150 Prozent mehr Kraftstoff auf andere Flugzeuge zu übertragen, im Vergleich mit dem Original-Modell KC-135A.

Es erübrigt sich zu sagen, dass auch die Sowjetunion mit der Entwicklung neuer Bomber beschäftigt war, auch wenn sich die Fortschritte dort langsamer einstellten als bei den Amerikanern. Außer dem viermotorigen Propellerflugzeug Tupolev Tu-4 (eine Kopie der Boeing B-29) handelte es sich bei den ersten in der UdSSR erschienenen Düsenbombern weniger um Flugzeuge mit strategischen Fähigkeiten, sondern vielmehr um taktische Zweistrahler. Zu diesem Flugzeugtyp gehörten auch die Tupolew Tu-14 (NATO-Code-Name „Bosun“) aus dem Jahr 1947 und die Iljuschin Il-28 „Beagle“ von 1948. Letztere erfuhr einen großen Erfolg mit dem Bau von über 10 000 Exemplaren. Die Il-28 wurde 1950 in Dienst gestellt, wurde nicht nur in der UdSSR geflogen, sondern auch von vielen Ländern des kommunistischen Blocks erworben, wo sie bis in die 1960er-Jahre im Dienst blieb.

Die ersten strategischen Düsenflugzeuge waren die Mjassischtschew M-4 und die Tupolew Tu-16.

Die M-4 war ein großer Vierstrahler mit pfeilförmigen Flügeln und Leitwerken, der 1949 auf eine Anordnung Stalins hin entworfen wurde.

162 Eine KC-135 der USAF während der Luftbetankung eines Jägers F-15A.

162-163 Luftbetankung durch eine KC-135, fotografiert vom Cockpit eines zweisitzigen USAF-Jägers F-15B Eagle über dem Pazifischen Ozean.

163 unten Eine Formation von F-106A Abfangjägern wird während des Flugs von einer KC-135 betankt. Diese Prozedur ist seit den 1950er-Jahren Routine für die amerikanischen Piloten.

80793
FORCE
23554
U.S. AIR FORCE
U.S. AIR FORCE

Stalin hatte die Realisierung eines Bombers verlangt, der in der Lage wäre, die Vereinigten Staaten anzugreifen. Das erste Exemplar erschien 1954 und wurde von der NATO mit dem Namen „Bison“ belegt. Obwohl sie interessante Eigenschaften besaß, wurde die M-4 kein großer Erfolg, da sie bei Vollbelastung nicht die gewünschten Leistungen erbrachte. Das Flugzeug war 47,2 Meter lang, hatte eine Spannweite von 50,4 Metern und eine maximale Startmasse von über 160 000 kg. Es wurde angetrieben von vier Mikulin AM-3D Mantelstromtriebwerken mit 9500 kp Schubkraft und erreichte eine Höchstgeschwindigkeit von 1000 km/h in großen Höhen. Seine Waffenlast setzte sich aus 9000 kg Bomben sowie zehn 23-mm-Kanonen für die Eigenverteidigung zusammen. Die Besatzung bestand aus elf Mann. In seinem weiteren Dienstverlauf wurde die M-4 für weniger anspruchsvolle Aufgaben eingesetzt, wie die Aufklärung und Luftversorgung; diese Rolle füllte sie bis in die 1980er-Jahre aus. Die Tu-16 dagegen ging aus dem Prototyp Nr. 88 des Tupolew-Büros hervor, bei dem es sich anfangs um eine Ableitung aus dem viermotorigen Propellerflugzeugs Tu-4 handelte. Der Entwurf wurde jedoch vollkommen geändert: man führte gepfeilte Flügel und Leitwerke, in den Flügelwurzeln verborgene Triebwerke sowie eine verbesserte Aerodynamik ein. In den Grundzügen ähnelte das Flugzeug jedoch der M-4. Der erste Flug wurde am 27. April 1952 ausgeführt und die Serienproduktion der endgültigen Tu-16 begann ein Jahr später. 1954 wurde das Flugzeug zum ersten Mal der Öffentlichkeit vorgestellt und erhielt von der NATO den Codenamen „Badger“. Die Tu-16 blieb für rund zehn Jahre in der Sowjetunion in der Produktion. Zusammen mit den in China gebauten Versionen – wie zum Beispiel der Xian H-6 – wurden insgesamt über 1500 Exemplare der Tu-16 realisiert. Den Antrieb des Flugzeugs erzeugten zwei Mikulin AM-3M-Strahltriebwerke mit je 9500 kp Schubkraft (praktisch dieselben Triebwerke, die auch die M-4 nutzte). Die Höchstgeschwindigkeit lag bei 980 km/h, die Reichweite bei 7300 km und die maximale Startmasse betrug 75 800 kg. Sieben 23-mm-Kanonen und über 9000 kg nukleare oder konventionelle Bomben bildeten die Bewaffnung. Die Länge der Tu-16 betrug 36,2 Meter und die Spannweite 32,9 Meter. Verschiedene Versionen der Tu-16 wurden gebaut, sei es für die Bekämpfung von Seezielen (ausgerüstet mit den Raketen AS-2 „Kipper“ bzw. den AS-6 „Kingfish“), sei es für die Aufklärung, die elektronischen Kampfführung oder die Luftversorgung. Einige Exemplare sind noch heute im Dienst der chinesischen Luftstreitkräfte.

164 oben Die Besatzung eines sowjetischen Ilyushin Il-28-Bombers steigt an Bord. Dieses zweimotorige Flugzeug war der erste Düsenbomber der Sowjetunion.

164 Mitte Eine Tupolew Tu-16 der sowjetischen Luftwaffe wird bei einer Aufklärungsmission von zwei F-4-Jägern begleitet; hier fliegt sie über den Flugzeugträger USS Kitty Hawk. Es handelte sich um eine Übung im Pazifik im Jahr 1963.

164 unten Januar 1963. Ein Paar von Tu-16-Bombern wird bei einer Überwachungsmission von einer F-4 und einer F-8 abgefangen. Diese Abfangjäger waren von einem amerikanischen Flugzeugträger im Nordpazifik aus gestartet. Während des Kalten Krieges waren diese „Nah-Begegnungen“ üblich.

165 oben und unten Die Tu-22M3 besaß schwenkbare Tragflächen, konnte eine Geschwindigkeit von 2000 km/h erreichen und bis zu 24 Tonnen Bomben und Raketen laden. Die Maschine wurde 1975 in Dienst gestellt; 500 Exemplare wurden produziert. Das abgebildete Modell gehört der ukrainischen Luftwaffe.

Zeitgenosse der Mjassischtschew M-4 war die auf dieselbe Spezifikation hin verwirklichte Tupolew Tu-20, die am 12. November 1952 ihren Erstflug durchführte. Dieses Flugzeug näherte sich dem Problem der geforderten Reichweite jedoch von einer anderen Seite, da es keine Strahltriebwerke besaß, sondern stattdessen von billigeren Propellerturbinen angetrieben wurde. Die Tu-20 – im Westen unter dem Codenamen „Bear“ bekannt – wurde 1956 in Dienst gestellt und besaß schon bald die Möglichkeit, die Nuklear-Rakete AS-3 „Kangaroo“ einzusetzen. Das machte die Tu-20 zu einem gefürchteten Gegner der NATO. Das Flugzeug war 49,1 Meter lang mit einer Spannweite von 51 Metern. Die maximale Startmasse betrug anfangs 154 200 kg und wurde in

nachfolgenden Versionen bis auf 185 000 kg erhöht. Die Waffenausstattung bestand aus 20 000 kg Bombenlast sowie sechs zur Selbstverteidigung bestimmten 23-mm-Kanonen. Die vier Kusnezow NK-12MW-Triebwerke mit je 14 795 PS waren mit doppeltem, gegenläufigem Propeller ausgestattet und trieben das Flugzeug zu einer Höchstgeschwindigkeit von 850 km/h an. Die Reichweite erstreckte sich auf über 12 000 km und die Besatzung bestand aus zehn Mann. Die Produktion der Tu-20 wurde bis 1965 fortgesetzt und 1983 mit der neu entworfenen Version Tu-95MS (besaß Cruise-Missile-Abschussfähigkeit) wieder aufgenommen. Von der „Bear" hatte man auch diverse Versionen abgeleitet, die für strategische Aufklärung, die elektronische Kampfführung, Aufklärung zur See und Luftraumüberwachung bestimmt waren. Das Modell Tu-142 wurde gebaut, um bei der U-Boot-Abwehr sowie der elektronischen Kommunikation zu operieren. Insgesamt wurden über 300 Exemplare der Tu-20 gefertigt und viele davon sind noch bis heute im Einsatz.
Der erste sowjetische Überschall-Bomber wurde Mitte der 1950er-Jahre entwickelt und vollbrachte 1959 seinen Jungfernflug. Das Projekt aus dem Entwicklungsbüro Tupolew – anfangs Tu-105 genannt – wurde später als Tu-22 bekannt und war ein schlankes Flugzeug mit ausgeprägten aerodynamischen Linien. Es besaß pfeilförmige Flügel und Leitwerke sowie zwei an der Leitwerkbasis am Heck positionierte Strahltriebwerke mit Nachbrenner, die je 12 250 kp Schubkraft lieferten. Die Höchstgeschwindigkeit des neuen Bombers betrug ca. 1500 km/h und seine Waffenzuladung bestand aus über 9000 kg Bombenlast und einer 23-mm-Kanone zur Verteidigung. Fünf Mann bildeten die Besatzung; die Reichweite lag bei 2250 km. Die Tu-22 (von der NATO mit dem Codenamen „Blinder" versehen) wurde in über 250 Exemplaren hergestellt, darunter befanden sich auch Aufklärungs-, Schulungs- und Raketenangriffsversionen. Sowohl die Luftstreitkräfte Libyens als auch Iraks hatten das Flugzeug im Einsatz.
Einige Jahre später entwickelte Tupolews Büro einen neuen Bombertyp, der im Westen unter dem Namen Tu-26 „Backfire" bekannt war. Die wirkliche Bezeichnung war Tu-22M. Das Flugzeug flog zum ersten Mal am 30. August 1969 und wies einige für damalige Verhältnisse beachtliche neue Merkmale auf, wie zum Beispiel die Unterbringung der Triebwerke nebeneinander im Innern des mit Lufteinläufen versehenen Rumpfes sowie neue, in der Geometrie veränderliche (schwenkbare) Flügel. Die Tu-22M war zweifellos ein überlegenes Flugzeug. Die beiden Samara NK-25-Turbostrahltriebwerke stellten (mit Nachbrenner) je 25 000 kp Schubkraft zur Verfügung und ermöglichten eine Höchstgeschwindigkeit von über 2000 km/h sowie eine maximale Reichweite von 6000 km. Die Bewaffnung enthielt Bomben, Nuklear-Raketen und konventionelle Raketen, zusammen bis zu 24 000 kg Waffenlast. Das Flugzeug wurde 1975 in Dienst gestellt und in über 500 Exemplaren hergestellt, von denen viele noch bis heute fliegen.
Dieses Kapitel über den Kalten Krieg soll nicht schließen ohne die Erwähnung zweier Flugzeuge, die zum Symbol jener Zeit wurden: die amerikanischen strategischen Aufklärungsflugzeuge Lockheed U-2 und SR-71.
Die Lockheed entwarf Anfang der 1950er-Jahre ein Flugzeug, das die amerikanische Regierung (oder besser die CIA) mit einer Maschine ausstatten sollte, die in der Lage war, strategische Aufklärungsmissionen bis in die tiefsten Gebiete der Sowjetunion hinein auszuführen. Geleitet von Kelly Johnson entwickelten die Ingenieure der „Skunk Works" – einem geheimen kalifornischen Firmen-Laboratorium – eine hybride Maschine: zur Hälfte Flugzeug und zur Hälfte Gleiter. Der Rumpf beherbergte den Piloten, die elektronischen Sensorensysteme und das Triebwerk von Pratt & Whitney J57-P-13 mit 5080 kp Schubkraft. Die Flügel waren extrem verlängert worden (Spannweite 24,3 Meter), um eine Flughöhe von über 20 000 Metern zu gewährleisten, wo die U-2 sicher vor der feindlichen Luftabwehr sein sollte. Der erste Flug der U-2A fand am 1. August 1955 statt und den operativen Dienst begann das Flugzeug im darauf folgenden Jahr. Am 1. Mai 1960 wurde eine von Gary Powers geflogene U-2 von einer russischen SA-2-Rakete abgeschossen. Dieser Verlust bewies die Verletzlichkeit des Flugzeugs und bewirkte, dass

man die operativen Erfordernisse der strategischen Aufklärung nochmals studierte. Nachfolgend wurden zahlreiche verbesserte Versionen der U-2 entwickelt, die sowohl von der NASA als auch der USAF geflogen wurden. Darunter befanden sich die U-2C für die elektronische Aufklärung sowie auch die U-2R, die eine Spannweite von 31 Metern besaß und mit neuen Behältern für die Aufklärungssensoren ausgestattet war. Ferner war die Startmasse gestiegen, wobei die neuen Triebwerke J75 eine Schubkraft von 7700 kp entwickelten. 1981 erschien die TR-1A – eigentlich eine Variante der U-2R –, die für die Radaraufklärung bestimmt war und besonders im europäischen Raum eingesetzt wurde. Und zuletzt, seit 1994, wurde die U-2S in Dienst gestellt – ein Flugzeug, ausgestattet mit fortschrittlichsten elektronischen Aufklärungssensoren, dem Data-link-Satelliten und einem neuen Triebwerk General Electric F118-GE-101 mit 8625 kg Schubkraft. Seit dem Abschuss von Powers 1960 fuhr man fort, die U-2 in den verschiedensten Kriegs- und Krisengebieten einzusetzen, um Daten und Informationen einzufangen. Trotzdem hatte die Powers-Episode die amerikanischen Autoritäten davon überzeugt, dass es notwendig war, ein Flugzeug mit weit höheren Leistungen und Charakteristiken zu besitzen – eine Maschine, die auf der ganzen Welt und sogar über Feindgebieten problemlos und sicher operieren konnte. Der Auftrag wurde wieder Lockheed zugewiesen, die praktisch aus dem Nichts ein Flugzeug mit den hervorragendsten Merkmalen schuf. Die Formen, Dimensionen und angewendeten Materialien (wie zum Beispiel Titan) waren bislang im Flugzeugbau fremd und ungewöhnlich, wurden jedoch notwendig durch die extremen Einsatz-Bedingungen sowie die Hitze, die sich während des Überschallflugs mit Geschwindigkeiten von über 3000 km/h entwickelte. Um diese Flugleistungen erreichen zu können, wurden zwei riesige Triebwerke Pratt & Whitney J58 mit je 14 750 kp Schubkraft und Nachbrenner benutzt. Die Triebwerke wurden mit dem Ziel entwickelt, stundenlang bei Höchstdrehzahl operieren zu können und nicht nur für wenige Minuten – wie es normalerweise bei den Jägern der Fall war. Auch der Kraftstoff war von spezieller Art: genannt JP-7, besaß der eigens entworfene Kraftstoff einen extrem hohen Zündpunkt, der einen Zusatz von Boran-Tetraäthyl – eine chemische Verbindung, die bei Luftkontakt explodierte – benötigte, um die Triebwerke in Gang setzen zu können. Der erste Prototyp des Flugzeugs, anfangs als A-12 bezeichnet, startete am 30. April 1962 von der streng geheimen Basis Area 51 in der Nevada-Wüste zum ersten Flug. Alle anfänglichen Flugtests der A-12 wurden von dieser Basis aus durchgeführt und dem 1129th SAS, einem CIA-kontrollierten Geschwader, anvertraut.

166-167 Der strategische Aufklärer Lockheed SR-71A Blackbird war eines der „geheimsten" und faszinierendsten Flugzeuge der Geschichte. Er flog zum ersten Mal im Jahr 1962 und blieb bis 1997 im Dienst.

167 oben Eine SR-71A wird bei Tagesanbruch für eine Mission bereitgestellt. Die Größe der beiden Triebwerke Pratt & Whitney J58 ist beeindruckend; zusammen mit den Nachbrennern erzeugten sie fast 30 Tonnen Schubkraft.

167 Mitte Ein Lockheed U-2S Aufklärungsflugzeug bei einem Übungsflug über den kalifornischen Bergen. Die Maschine flog zum ersten Mal 1955 und befindet sich dank der Entwicklung ständig perfektionierterer Modelle noch heutzutage im Dienst.

167 unten Dank der hoch entwickelten Technik war Lockheed in der Lage, die SR-71A zu produzieren. Das Flugzeug besaß eine Reisegeschwindigkeit von 3000 km/h auf einer Höhe bis zu 25 900 Metern.

Später wurde die SR-71A Blackbird (wie der Entwurf A-12 genannt wurde) von der USAF benutzt, die speziell dafür die 4200th Strategic Reconnaissance Wing mit Stützpunkt in Beale, Kalifornien, gründete; außerdem wurde das Flugzeug von den operativen Truppenabteilungen in Japan und Großbritannien geflogen. Die Blackbird war 32,7 Meter lang und besaß eine Spannweite von 16,9 Metern. Die maximale Startmasse betrug 77 110 kg und die Missionsausrüstung enthielt verschiedene auswechselbare Pakete, die aus fotografischen, elektronischen und im Infrarot-Spektrum arbeitenden Sensoren zusammengesetzt waren. Die Besatzung bildeten ein Pilot und ein Systemoffizier. Die Höchstgeschwindigkeit der Blackbird betrug in einer Höhe von 26 000 Metern über 3200 km/h (Mach 3). Die maximale Reichweite umfasste 4800 km und war dank der Luftbetankungsfähigkeit noch erweiterbar. Zu diesem Zweck wurden die KC-135A-Tanker in die KC-135Q modifiziert, um den besonderen Kraftstoff JP-7 befördern zu können. Insgesamt 50 Exemplare der Blackbird wurden gebaut (eingeschlossen die Prototypen und experimentellen Versionen, wie A-12B, YF-12 und M-21) und erfolgreich – auch bei der NASA – eingesetzt. Das Flugzeug war bis 1990 im Dienst, und später von 1995 bis zum Jahr 1997, in welchem es endgültig zurückgezogen wurde, ohne – soweit offiziell bekannt ist – von einem Flugzeug mit ähnlichen Fähigkeiten ersetzt worden zu sein.

Kapitel 13

Die Hubschrauber

Was heutzutage einigen als „seltsame" Weise zu fliegen erscheinen mag – senkrecht landend und startend und sogar unbeweglich in den Lüften schwebend –, war seit dem 14. Jahrhundert für viele europäische Kinder ein geschätztes und lustiges Spiel. Das Spielzeug, dessen Ursprünge höchstwahrscheinlich aus China stammten, bestand in einer Art mit Lederflügeln ausgestattetem Kreisel, der sich auf ein Ziehen am Schnürchen hin senkrecht erhob. Um 1480 ging Leonardo auf dieses einfache Prinzip – sich vertikal zu erheben – ein. In einem seiner Notizbücher zeichnete er eine Flugmaschine mit mechanisch betriebenem, spiralförmigem Propeller, die dank eines Eigenvortriebs in der Lage zu sein schien, sich in die Lüfte zu erheben.
Das Prinzip des senkrechten Flugs begann vielen – zumindest theoretisch – immer klarer zu werden, aber ab etwa 1700 bis zum Beginn des 20. Jahrhunderts konnten Pioniere und Forscher wie Cayley, Phillips, Pénaud, Forlanini und Edison nur Mustermodelle von senkrecht startenden Flugmaschinen konstruieren, da zu dieser Zeit noch kein Motortyp verfügbar war, der fähig gewesen wäre, die notwendige Kraft zu

168 oben Leonardo da Vincis „vite aerea" kann ohne weiteres als erstes Senkrechtflug-Projekt in der Geschichte bezeichnet werden.

168-169 Mitte Der Franzose Etienne Oehmichen war einer der Pioniere auf dem Gebiet der Senkrechtflug-Maschinen. Auf dieser Fotografie von 1923 ist er an der Steuerung eines seiner ersten Entwürfe zu sehen.

168 unten Der Hubschrauber von Paul Cornu vor dem Start in Lisieux, Frankreich, am 13. November 1907. Es war der absolut erste Flugversuch, der mit solch einem Maschinentyp unternommen wurde. Trotz des Erfolgs ließ Cornu das Projekt fallen.

erzeugen, um einen lebensgroßen, bemannten Prototyp anzutreiben.
Der erste Senkrechtstarter mit einem Mann an Bord war der Gyroplane Nr. 1 von Breguet und Richet. Es handelte sich dabei um eine komplexe Maschine, deren 32 Blätter von einem Antoinette-Motor mit 40 PS angetrieben wurden. Am 29. September 1907 erhob sich dieser Flugapparat für eine Minute ca. 60 cm vom Boden. Man kann dabei nicht von einem wirklichen Hubschrauber sprechen, da der „Pilot" an Bord keine Kontrolle über die Maschine besaß – aber es war ohne Zweifel ein wichtiger Schritt nach vorne. Louis Breguet folgte später Paul Cornu, der am 13. November 1907 erfolgreich auf einem ähnlichen, aber verfeinerten Flugapparat flog.
1909 trat ein weiterer Vorreiter des Senkrechtflugs auf die Bühne, als der junge Russe Igor Sikorsky im Alter von zwanzig Jahren und frisch vom technischen Studium kommend seinen ersten Hubschrauber zu bauen begann. Er widmete sich mit Leidenschaft den Forschungen und der Entwicklung seines Projekts Nr. 1 und später Nr. 2, aber beide Projekte hatten mit Problemen in Form von Instabilität, Vibrationen, fehlender Leistung und Kontrolle zu kämpfen, die zu jener Zeit nicht gelöst werden konnten. Sikorsky konzentrierte sich daher – mit großem Erfolg – auf die Konstruktion von Flugzeugen, und eine Reihe von Jahre sollte vergehen, bevor der geniale russische Planer sich wieder den Hubschraubern zuwandte.
In den 1920er-Jahren erschienen drei weitere interessante Entwürfe. In den Vereinigten Staaten konstruierte George de Bothezat eine mit 38 Blättern ausgestattete Maschine mit 220-PS-Motor; in Frankreich war es der Spanier Paul Pateras Pescara, der mit dem Bau eines Hubschraubers mit Zweiblattrotor auf sich aufmerksam machte; und schließlich verwirklichte der Franzose Etienne Oemichen einen steuerbaren Flugapparat mit sechs großen Rotoren. Alle drei Entwürfe konnten erfolgreich fliegen, doch aufgrund der technischen Hindernisse waren es zerbrechliche, gefährliche und für jeglichen Einsatz unbrauchbare Maschinen; während die relativ schnellen und zuver-

169 oben Der Gyroplane 1 wurde von Louis Breguet und Richet entworfen und war die erste vertikal fliegende Maschine, die es schaffte, mit einem Passagier an Bord abzuheben. Der Flug fand in Douai am 29. September 1907 statt. Aufgrund der befestigten Sicherheitsanker kann das Unternehmen jedoch nicht als ein wirklicher Freiflug bezeichnet werden.

169 unten Der 16-blättrige Hubschrauber von Raoul Pescara beim Abheben in Issy-les-Moulineaux, Frankreich, am 23. Januar 1924 während eines Rekord-Dauer-Versuchs.

lässigen Flugzeuge bereits gigantische Fortschritte erzielt hatten.
Doch es war gerade dem Flugzeug und dem Genie des Spaniers Juan de la Cierva zu verdanken, dass sich das Hubschrauber-Prinzip in eine neue Richtung weiterentwickeln konnte. De la Cierva, der seit seiner Jugend ein begeisterter Flugpionier war, erkannte, dass das Problem der Flugsicherheit (und

besonders des Durchsackens) bei Flugzeugen durch die Anbringung eines senkrechten Propellers gelöst werden konnte, der bei jeder Geschwindigkeit den notwendigen Auftrieb liefern konnte. De la Cierva war weit davon entfernt, einen Hubschrauber zu entwickeln, und war nur an der Realisierung eines Mittelwegs interessiert – einem Flugzeug, das auch mit einem rotierendem Flügel ausgestattet war.
1920 patentierte de la Cierva seine Erfindung und benannte seine Flugmaschine „Autogiro". Tatsächlich rief die Lösung eines sich frei über dem Flugzeug drehenden Propellers das Phänomen der Autorotation (Eigendrehung) hervor, wodurch eine ständige Auftriebsquelle geschaffen wurde, ohne dass eine Motorenkraftanwendung und somit ein entgegenwirkendes Drehmoment nötig gewesen wären. Um Probleme zu vermeiden, die aufgrund der Auftriebsunterschiede der sich selbst drehenden Blätter entstehen konnten, baute de la Cierva zwei übereinander aufgestellte, gegenläufige Rotoren. Sein neues Flugzeug, genannt C.1, war bereits im Oktober 1920 flugbereit, aber wie seine Vorgängermodelle litt auch diese Maschine unter großen Stabilitätsproblemen bei der Einteilung des Auftriebs. Nach erschöpfenden Studien und Experimenten schaffte es de la Cierva, das Problem zu lösen, indem er freischwingende Blätter anbrachte, die sich so an die Kräfte der verschiedenen Rotationsphasen anpassen konnten. Am 9. Januar 1923 flog de la Cierva zum ersten Mal sein Modell C.4 und befand, dass sich diese Version in ausgezeichneter Weise verhalten hatte. Der Autogiro wurde von einem den Vorderpropeller antreibenden Motor in Bewegung gesetzt. Der Apparat flog sodann wie andere Flugzeuge: Er startete, sobald die Rotorblätter für den notwendigen Auftrieb sorgten, konnte aber – auf einer minimalen Bodenstrecke – nahezu senkrecht landen. Das Flugzeug überraschte die Fachwelt in jeder Hinsicht und wurde auch im Ausland sehr geschätzt. In der Tat wurde der Autogiro nach sorgfältiger Bewertung von der britischen Regierung erworben, so dass die Entwicklung und der Bau dieser Maschine nun in Großbritannien weitergeführt wurden. Tragschrauber-Vorführungen fanden dagegen in den verschiedensten europäischen Ländern statt. Die Erfindung brachte bald darauf auch den finanziellen Erfolg und Ende der 1920er-Jahre wurden die Autogiros de la Ciervas in Lizenz auch in Deutschland, Rußland, Frankreich, Japan und den Vereinigten Staaten gebaut. Die technischen Entwicklungen wurden vorangetrieben und 1933 führte de la Cierva den „jump start" ein; eine spezielle Vorrichtung erlaubte es, den Rotor beim Start mittels

Motor anzutreiben. Das bewirkte, dass der Autogiro senkrecht abheben konnte, indem der Anstellwinkel der Blätter vom Piloten kontrolliert werden konnte. Anfangs waren die weitreichenden Implikationen dieser Neuerung nicht offensichtlich, doch schon bald sollte sie grundlegend für die Entwicklung des wirklichen Hubschrauber werden. Im Dezember 1936 starb Juan de la Cierva bei einem Unfall auf einem von London startendem Linienflugzeug – und mit ihm verschwand auch der Autogiro.
So erfindungreich der Tragschrauber auch gewesen war, eignete er sich jedoch nicht zur Erfüllung der Transportaufgaben, die der Militär- und Zivilflug forderte, und auch seine Flugleistungen waren nicht herausragend.
Ein weiterer Pionier auf dem Gebiet des Senkrechtflugs war der Italiener Corradino D'Ascanio, ein Luftfahrt-Ingenieur, der 1926 das Gebiet der feststehenden Flügel hinter sich ließ und seinen ersten Hubschrauber baute. 1927 entwarf er eine neue Maschine mit 85-PS-Motor und nannte sie DAT-3, nicht zuletzt zu Ehren seines Förderers, des Barons Pietro Trojani. Der Hubschrauber – ausgestattet mit zwei Koaxial-Rotoren und einer steuerbaren Fläche am Rumpf – wurde dem Luftfahrt-Ministerium vorgeführt, welches darauf einen Prototyp zum Experimentieren in Auftrag gab. Am 8. Oktober 1930 fand in Rom der

170 oben Ein Autogiro während eines Flugs über New York 1930. Anfang der 1930er-Jahre kaufte H. Pitcairn die amerikanischen Baurechte für Ciervas Autogiro, doch die Maschine schaffte es nicht, sich durchzusetzen.

170 Mitte Das Autogiro – erfunden von dem Spanier Juan de la Cierva – war ein Mittelding zwischen einem Flugzeug und einer Senkrechtflug-Maschine. Es war der Schritt zur Entwicklung des wirklichen Hubschraubers.

170 unten Der italienische Ingenieur C. d'Ascanio widmete sich 1926 der Konstruktion eines Hubschraubers. Das Modell besaß zwei koaxiale gegenläufige Rotoren – das faschistische Regime brachte der Maschine jedoch kein Vertrauen entgegen.

171 oben Das Autogiro C.30 de la Ciervas besaß keine konventionellen Tragflächen mehr; für die Tragfähigkeit sorgten nur noch die rotierenden Flügel.

173 unten Der deutsche Hubschrauber Focke-Achgelis Fa.61 stammte vom Autogiro ab, obwohl die zwei Rotoren wie bei einem richtigen Helikopter von einem Motor angetrieben wurden.

Jungfernflug dieses Modells statt und wurde ein großer Erfolg. Der DAT-3 begann Weltrekorde in Höhe, Reichweite und Flugdauer für diesen Flugzeugtyp aufzustellen, und die Zukunft des ersten italienischen Hubschraubers erschien für einen kurzen Moment rosig. Dennoch waren Techniker, Militärs und Politiker des faschistischen Regimes skeptisch und der Hubschrauber geriet bald in Vergessenheit. Dasselbe Schicksal erfuhr auch der PD.2, ein zweisitziges Flugzeug, das mit einem Hauptrotor sowie einem Gegenlaufrotor am Heck ausgestattet war und 1939 von D'Ascanio und der Firma Piaggio gebaut wurde. Italiens Chance, einen führenden Platz in der Helikopterentwicklung einzunehmen, blieb auf diese Weise ungenutzt.
Gleiches geschah jedoch in Deutschland nicht. Henrich Focke, ein Pilot des Ersten Weltkriegs und späterer Gründer der Flugzeugbau-Firma Focke-Wulf, wurde 1933 von seinem Leitungsposten des Betriebs entfernt, da er ein Widersacher des Nationalsozialismus war. Er widmete sich daraufhin dem Bau – in Lizenz – des Autogiros und begann schon bald, die Entwicklungsmöglichkeiten dieser Maschine zu erforschen, allem voran die Kraftanwendung am Rotor, um einen wirklichen Hubschrauber mit motorgetriebenem Rotor herstellen zu können. Am 26. Juni 1936 brachte Focke sein erstes Flugzeug, den Fa-61, zum Fliegen. Innerhalb von einem Jahr bewies die Maschine ihre Eignung und Wirksamkeit derart nachdrücklich, dass sie alle Rekorde jener Zeit brach und das Interesse der berühmten Testpilotin Hanna Reitsch, eines Lieblings des Regimes, erweckte. Hanna Reitsch unternahm zahlreiche Vorführungsflüge in ganz Deutschland und die Regierung erlaubte schließlich die Gründung einer neuen Firma, der Focke-Achgelis, die damit beauftragt wurde, einen neuen und stärkeren Hubschrauber zu bauen, der fähig sein sollte, eine Nutzlast von 680 kg zu heben. Das neue Flugzeug Fa-223 wurde 1940 fertig gestellt und war ausgerüstet mit einem 1000-PS-Motor, zwei nebeneinander arbeitenden, dreiblättrigen Rotoren sowie einer geschlossenen, viersitzigen Kabine. Es konnte eine Höchstgeschwindigkeit von 185 km/h erreichen, bis zu 7000 Meter hoch steigen und bis zu einer Tonne Last tragen, die unter dem Rumpf angebracht wurde. Focke-Angelis fuhren damit fort, das Fluggerät ständig weiterzuentwickeln, doch die Produktion wurde durch die Luftangriffe der Alliierten behindert; gegen Ende des Krieges hatten die Engländer schließlich ein Exemplar des Fa-223 erbeutet.
Ein anderer deutscher Ingenieur, der sich dem Bau von Hubschraubern widmete, war Anton Flettner; er konstruierte 1930 sein erstes Modell. Nach verschiedenen experimentellen Entwürfen – darunter befand sich auch ein Autogiro – baute Flettner 1937 den Fl-265, einen richtigen Hubschrauber, der mit zwei gegenläufigen Rotoren ausgestattet war. Die deutsche Kriegsmarine wurde auf das Gerät aufmerksam und bestellte 1938 eine kleine Serie des Modells. 1940 produzierte die Firma

eine verbesserte Version, den Fl-282 Kolibri, der bis zu 145 km/h schnell fliegen und eine Gesamtlast von ca. 360 kg tragen konnte. Der Entwurf gefiel der Marine, die diesmal 1000 Exemplare orderte. Über 20 Vorserienmodelle des Fl-282 wurden ab 1943 operativ im Mittelmeerraum eingesetzt, doch die planmäßig vorgesehene Massenproduktion des Hubschraubers musste aufgrund der unaufhörlichen Bombardierungen seitens der Alliierten auf Deutschland gestrichen werden.
Auf der anderen Seite der Erde war ein weiterer berühmter Ingenieur dabei, den Hubschrauber zu seiner Reifephase zu führen. Nachdem er das von der bolschewistischen Revolution heimgesuchte Russland 1919 verlassen hatte, ließ sich Igor Sikorsky schließlich in den Vereinigten Staaten nieder, wo er – einige Anfangsschwierigkeiten überbrückend – im Jahre 1923 die Sikorsky Aereo Engineering Corporation in Long Island gründete. Zu Beginn konzentrierte sich die Firma mit Erfolg auf

172 oben Die VS-300 erschien 1939 und war Igor Sikorskys erster Hubschrauber. Auf der Fotografie ist die zweite Version mit zwei waagerechten Heckrotoren zu sehen.

172 Mitte Der Amerikaner Arthur Young war einer der berühmtesten Hubschrauber-Pioniere. Hier sieht man ihn zusammen mit einigen Mitgliedern seines Teams während eines vollbelasteten Testflugs mit seinem Model 30, dem ersten Hubschrauber, der für Bell produziert wurde.

172 unten Bevor er sich daran machte, Flugzeuge in ihrer tatsächlichen Größe herzustellen, experimentierte Young mit verkleinerten Modellen – wie diesem ferngesteuerten Fluggerät von 1938 mit einem 20-PS-Motor.

die Herstellung von Flugzeugen und Flugbooten. Die damit erreichte finanzielle Sicherheit erlaubte es Sikorsky, sich in der Freizeit wieder seiner Leidenschaft, dem Senkrechtflug, zu widmen. Die Gelegenheit, seine Forschungen konkret anzuwenden, ergab sich 1938, als Igor Sikorsky mit der Konstruktion eines Flugzeugs begann, das die Grundlagen des 1935 patentierten Entwurfs nutzte: ein einziger Hauptrotor sowie ein kleiner Ausgleichsrotor in senkrechter Position am Heck. Am 14. September 1939 startete sein Modell VS-300 zu ersten, noch vorsichtigen Flugversuchen, die nur wenige Sekunden dauerten. Nach einer unendlichen Reihe von Einstellungen und Veränderungen führte die VS-300 am 13. Mai 1940 ihren ersten, richtigen Flug durch. Am Jahresende nahm sie zusammen mit anderen Flugmaschinen an einem Wettkampf teil, um einen Vertrag mit der U.S. Army für einen neuer Militär-Hubschrauber – unter der Benennung XR-4 – zu erlangen. Als die Probleme der Steuerbarkeit dank Anwendung eines zyklischen Systems gelöst wurden, fand sich die VS-300 im Jahr 1941 in ihrer endgültigen Ausführung endlich flugbereit. Kurze Zeit darauf, am 14. Januar 1942, unternahm die ein wenig größere XR-4 ihren ersten Flug. Die Maschine war ausgestattet mit einem 185-PS-Motor und enthielt all die an ihrer Vorgängerin entwickelten Erfahrungen und Fortschritte. Die amerikanische Armee billigte Sikorskys Entwurf und ordnete die Serienproduktion des Modells – unter der Bezeichnung R-4 – an. Während des Zweiten Weltkriegs wurde die Konstruktion zweier größerer Flugzeuge gewünscht. Bis 1945 hatte Sikorsky mehr als 400 Hubschrauber gebaut und stellte sich damit an die Spitze dieser neuen Technologie.

Mit dem Ende des Zweiten Weltkriegs wurde deutlich, dass der Hubschrauber eine glänzende Zukunft vor sich hätte. Es gab sogar Ingenieure wie Sikorsky, die voraussagten, dass die Hubschrauber zukünftig wenig mehr als Autos kosten würden und eine außerordentliche Popularität erfahren sollten. 1947 gab es allein in den Vereinigten Staaten 70 Betriebe, die sich mit der Entwicklung dieser neuen Flugmaschinen beschäftigten; wenige schafften es aber, sich mit erfolgreichen Produkten auf dem Markt durchzusetzen. Unter diesen wenigen waren die Firma Piasecki, die in den Modellen PV-3, HRP-1 und H-21 (die „fliegende Banane") das Tandem-Rotorsystem weiterentwickelte, und ferner die Firma Bell, das dem jungen Ingenieur Arthur Young das Forschungsgebiet der rotierenden Flügel anvertraute. Youngs erster Entwurf war das Model 30, eine einmotorige, einrotorige Maschine mit einer Gestaltung, die derjenigen der Sikorsky VS-300 ähnelte. Das Model 30 flog erstmals im Juni 1943. Daraufhin wurden zahlreiche Änderungen und Verbesserungen an dem Helikopter vorgenommen, so dass er im Dezember 1944 – in Model 47 umbenannt – unmittelbar darauf in Serienproduktion überführt werden konnte. Die Trumpfkarte der Bell 47 war die Zivil-Zulassung, die der Helikopter 1946 erhielt und die seine Verbreitung im Geschäftsleben beschleunigte. Die Maschine besaß eine charakteristische Kabine mit zwei nebeneinander angeordneten Sitzplätzen, die von einer durchsichtigen, blasenförmigen Plexiglashaube umschlossen waren. Der Hauptrotor mit nur zwei Blättern verursachte das charakteristische, rhythmische Geräusch, von dem der Beiname „chopper" hergeleitet wurde. Die Bell 47 war eine extrem wandlungsfähige Maschine und wurde im Zivil- und Militärsektor als Transporter sowie für Such-, Rettungs- und Luftambulanzaufgaben eingesetzt. Sie war der erste moderne Hubschrauber. 1947 erwarb die USAF 28 Exemplare und die U.S. Army kaufte 1948 65 Exemplare; weitere Bestellungen

173 oben Eines der ersten Bells – das Model 47 – im Korea-Krieg: Soldaten laden verletzte Kameraden in die Maschine. Mit diesem Fluggerät begann die moderne Ära des Hubschraubers.

173 unten Frank Piasecki brachte in seinem Modell PV-3 die von ihm erfundene Tandem-Rotor-Ausführung an. Die Maschine wurde aufgrund ihrer besonderen Form „die fliegende Banane" genannt. Auf dem Foto sind drei Piasecki HRP-1 beim Bodentruppen-Transport während des Korea-Kriegs zu sehen.

174 oben Piasecki entwickelte die Ausführung mit Tandem-Rotor in neuen, größeren und zuverlässigeren Modellen weiter. Hier zwei H-21-Exemplare der USAF bei einer Materialtransportübung.

wurden noch von anderen Streitkräften in Amerika und auf der ganzen Welt getätigt. Die Produktion wurde 1973 eingestellt, nachdem insgesamt mehr als 5000 Exemplare gebaut worden waren – viele davon in Lizenz in Italien von Agusta und in Japan von Kawasaki. Die Version Bell 47G besaß einen Lycoming-Motor mit 270 PS, eine Höchstgeschwindigkeit von 195 km/h und eine Gipfelhöhe von 3200 Meter. Mit einer maximalen Startmasse von rund 1300 kg und einem Hauptrotor-Durchmesser von 11,32 Metern konnte der Hubschrauber zwei Personen transportieren.
Zwei weitere hervorragende amerikanische Konstrukteure waren Stanley Hiller und Charles Kaman, die Ende der 1940er-Jahre durch die Gründungen eigener Firmen auf sich aufmerksam gemacht hatten.

Inzwischen erschien der erste wirkliche Transport-Hubschrauber, den Sikorsky 1948 auf eine Spezifikation der amerikanischen Armee hin projektierte, um damit deren Bedarf an geeignetem Gerät zur Luftbeförderung zu befriedigen. So entstand der Entwurf S-55, dessen Prototyp die militärische Benennung YH-19 bekam. Diese Maschine wies ein vollständig neues Gesamtbild auf: Der Motor wurde in der Schnauze untergebracht, während die Pilotenkabine und die Transmissionssysteme ihren Platz über dem Frachtladeraum fanden, der dadurch geräumiger wurde und sich in Bodennähe befand. Der Hubschrauber flog zum ersten Mal am 10. November 1949 und konnte bald in Produktion gehen, nachdem er unter der Bezeichnung H-19 von den Luftstreitkräften und der Armee bestellt worden war. Dieser Typ war 12,9 Meter lang und wurde von einem Kolbenmotor Wright R-1300 mit 800 PS zu einer Höchstgeschwindigkeit von 180 km/h angetrieben. Mit einer maximalen Startmasse von 3580 kg konnte der H-19 eine Besatzung von zwei Mann sowie bis zu zehn Soldaten oder sechs Verletzte auf Tragbahren aufnehmen. Der Durchmesser des dreiblättrigen Hauptrotors betrug 16,1 Meter. Insgesamt wurden fast 1300 Exemplare gebaut, unter anderem auch von Mitsubishi und Westland in Lizenz. Später wurde dieses Modell auch von der U.S. Navy, den Marines und anderen Nutzern auf der ganzen Welt bestellt. Im Juni 1950 brach in Korea der Krieg aus, bei dem auch die westlichen Länder – vor allem die Vereinigten Staaten – involviert wurden. Bei diesem Konflikt konnte sich die enorme Nützlichkeit des Hubschraubers für die Streitkräfte beweisen.
Anfangs beschränkte sich der Haupteinsatz auf die wichtige Rolle der Luftambulanz: Die Bell 47 wurden mit zwei externen Tragbahren ausgestattet und der berühmten MASH-Einheit (Mobile Army Surgical Hospital) der Armee zugewiesen. Ein weiterer Hubschrau-

174 unten links Eine Sikorsky H-19 der USAF im März 1951 bei der Durchführung von Sanitätstransportoperationen während des Korea-Kriegs.

174 unten rechts Die ersten Hubschrauber erlitten unvermeidlich auch erste Unfälle. Diese Sikorsky S-51 Dragonfly trifft die Decksaufbauten eines britischen Flugzeugträgers und stürzt ins Meer.

175 oben Rettungsdienste gehörten zu den ersten Aufgaben von Hubschraubern. Hier eine amerikanische Sikorsky S-55 bei der Bergung der Besatzung eines sinkenden Schleppers der U.S. Army bei Okinawa, 1956.

175 Mitte Auch die französische Armee stellte bald Hubschrauber in Dienst. Auf der Fotografie erscheint eine S-55 (H-19 für die Streitkräfte) bei der Evakuierung von Verletzten im Umland von Dien Bien Phu, Vietnam, März 1954.

175 unten 25. September 1950. Während der Kämpfe bei Seoul in Korea hebt eine S-51 der Marines mit einem verletzten Soldat an Bord ab. Die Sanitätsevakuierung gehörte zu den ersten Missionen der Hubschrauber.

ber, der dieser Rolle angepasst wurde, war die Sikorsky S-51, eingesetzt von der USAF und den Marines. Mit der Ankunft der H-19 und der H-21 wurde die Nutzung des Hubschraubers immer intensiver. Die Marines und später die Armee begannen, die Luftbeweglichkeit des Hubschraubers auch operativ anzuwenden, indem sie die Maschinen für die schnelle Beförderung von Truppen und Versorgungsgütern nutzten – vor allem in Notlagen. Am 11. Oktober 1951 verzeichnete man mit der Operation Bumblebee den ersten, operativen Massen-Lufttransport, als ein Bataillon der Marines (fast 1000 Männer) auf einem Dutzend H-19-Hubschraubern entsandt wurde, um eine andere Abteilung abzulösen, die in vorderster Linie auf einem Berggipfel Posten bezogen hatte.
Das Jahrzehnt, das auf den Korea-Krieg folgte, stellt sich heute als die intensivste und nachhaltigste Entwicklungsperiode des Hubschraubers dar. Die Entwürfe wurden in Hinblick auf die militärischen und zivilen Bedürfnisse immer mehr verfeinert und differenziert; und außerdem hatte man den Turbomotor eingeführt,

der unter technischen und operativen Gesichtspunkten eine deutliche Leistungssteigerung ermöglichte sowie den Komfort an Bord verbesserte.
Das erste Exemplar der neuen Hubschrauber-Generation war die Kaman K-225, die 1951 modifiziert wurde, um einen 177-PS-Gasturbomotor Boeing YT-50 aufnehmen zu können. Doch der erste Helikopter, der erfolgreich die neuen Turbomotoren anwenden konnte, war nicht amerikanischer, sondern französischer Herkunft.
Die Gesellschaft Sud-Est betrat das Feld der Hubschrauber nach dem Zweiten Weltkrieg, was nicht zuletzt der Tätigkeit Henrich Fockes zu verdanken war, der versuchte, den Entwurf Fa-223 mit dem Modell SE 3000 zu verbessern. Die Firma Sud-Est wurde zuallererst bekannt mit dem Modell SE 3120 Alouette, einem zweisitzigen einmotorigen Hubschrauber mit einem Hauptrotor. Die Alouette flog erstmals am 31. Juli 1952. Auf Basis dieses Modells wurde ein Nachfolgemodell mit dem Turbotriebwerk Turbomeca Artouste I mit 360 WPS (Wellen-PS) entwickelt. Die Turbotriebwerke boten riesige Vorteile, da sie die Hubschrauber mit bedeutend mehr Leistung versorgten und nur halb so viel wogen wie normale Kolbenmotoren. Die SE 3130 Alouette II flog zum ersten Mal am 12. März 1955. Nachdem er die Zulassung zum Zivil-Luftfahrzeug erhalten hatte, fand der Hubschrauber großes Interesse und wurde zu einem großen Verkaufserfolg. Nach der Fusion zwischen Sud-Est und Sud-Aviation im Jahr 1957 wurde das Modell umbenannt in SE 313B. Der Hubschrauber konnte eine Höchstgeschwindigkeit von 185 km/h erreichen, bis zu drei Personen aufnehmen und hatte eine maximale Startmasse von 1600 kg, im Vergleich dazu betrug das Leergewicht der Maschine 895 kg. Später erschien die Version SA 318C, die mit dem neuen, preiswerteren Triebwerk Astazou IIA ausgestattet wurde. Die erfolgreiche Serie der Alouette II blieb bis 1975 in Produktion; insgesamt wurden davon über 1300 Exemplare auf der ganzen Welt verkauft.
Die Sud-Aviation (später bekannt unter der Bezeichnung Aerospatiale) erweiterte ihre französische Hubschrauber-Familie mit der Einführung der Modelle SA 316 Alouette III (1959), SA 321 Super Frelon (1962), SA 330 Puma (1965) und SA 315 Lama (1969), die dazu beitrugen, dass Aerospatiale eine der führenden Hubschrauber-Marken der Welt wurde.
Doch auch Bell in den Vereinigten Staaten ruhte sich nicht auf seinen Erfolgen aus und entwickelte nach den im Korea-Krieg gewonnenen Erfahrungen sofort einen turbogetriebenen Mehrzweck-Hubschrauber, der auf einer von der U.S. Army 1955 herausgegebenen Spezifikation beruhte. Das daraus hervorgegangene Modell, die Bell 204, sollte ein Meilenstein in der Geschichte der Drehflügelflugzeuge werden, nachdem es im Juni desselben Jahres den Produktionszuschlag erhielt – noch bevor es jemals geflogen war. Der Jungfernflug wurde erst am 22. Oktober 1956 durchgeführt, und der Typ 204 bewies schon früh sein unglaubliches Potenzial. Die Maschine besaß die klassische Bell-Anordnung von einem zweiblättrigen Hauptrotor sowie einem Ausgleichsrotor am Heckausleger. Der Rumpf bot an der Nase Platz für zwei Piloten, die nebeneinander saßen; hinter ihnen befand sich der Laderaum, in dem bis zu sechs Soldaten oder zwei Tragbahren, die mittels zweier verschiebbarer Klappen erreicht werden konnten, Platz fanden. Die Maschine wurde 1959 als UH-1A Iroquis bei der Armee in Dienst gestellt. Der Hubschrauber wurde angetrieben von einem Avco Lycoming T53 Turbomotor mit 710 WPS, aber die Leistungsstärke stieg beim Modell UH-1B schon auf 1115 WPS, bis sich schließlich die Fuji-Bell 204B-2 einer Stärke von 1419 WPS rühmen konnte. Diesem Typ folgte fast unmittelbar das verbesserte Modell 205, das bereits 1960 der amerikanischen Armee vorgestellt wurde. In Wirklichkeit handelte es sich dabei um eine verlängerte Version des 204, die Platz für 14 Soldaten oder sechs Tragbahren bot und eine maximale Nutzlast von 1814 kg aufnehmen konnte. Der Prototyp flog am 16. August 1961 und wurde bereits im August 1963 in Dienst gestellt. Das UH-1D

genannte Modell verfügte über den Motor des UH-1B und besaß eine maximale Startmasse von 4309 kg. Gleich darauf wurde auch die Version UH-1H entwickelt, die den Motor des Modells 204B-2 (mit 1419 WPS) übernahm. Der 205 und der 204 wurden in Lizenz von Agusta und Fuji gebaut, insgesamt erreichte die Produktion der beiden Modelle einen Ausstoß von über 10 000 Exemplaren.
Die UH-1-Serie wurde vorwiegend für Militäraufgaben genutzt und erreichte während des Einsatzes im Vietnam-Krieg den Höhepunkt des Ruhms. Sie wurde fast zu einem Symbol des amerikanischen Einsatzes und war als Luft-Kavallerie und Truppenbeförderungsmittel die große Neuheit im südostasiatischen Konflikt. Auch ein weiteres Produkt von Bell fand im Vietnam-Krieg Gebrauch; es war das Modell 209, das von der amerikanischen Firma in eigener Verantwortung entwickelt wurde, um die Armee mit einem Kampfhubschrauber zu versorgen. Die 209 basierte auf den mechanischen Elementen der 204, besaß aber einen neuen, schmaleren Rumpf, zwei Tandem-Plätze sowie zwei Stummelflügel, an denen man die Bewaffnung anbrachte. Nach dem Erstflug am 7. September 1965 bestellte die Armee eine Vorserie des AH-1G Kobra genannten Modells, das 1967 in Dienst gestellt und unmittelbar darauf in Vietnam eingesetzt wurde. Die leichte, einmotorige Bell 206, die am 10. Januar 1966 zum ersten Mal flog, wurde ebenfalls für die militärische Verwendung entworfen. Das Modell hatte auch auf dem Zivilmarkt großen Erfolg. Tatsächlich ist – nach zahlreichen Versionen und Verbesserungen – die 206 noch

176 oben *Die Aerospatiale SA.315B Lama wurde für die indischen Streitkräfte entwickelt, die einen Hubschrauber benötigten, der in Höhenlagen und bei niedrigen Temperaturen operieren konnte. Auf der Fotografie ist ein Exemplar der pakistanischen Armee zu sehen.*

176 unten links *Die Agusta-Bell 205 (auf dem Bild ein Modell der griechischen Armee) wurde aus dem Modell 204 entwickelt und ist einer der am zahlreichsten vertretenen Militärhubschrauber.*

176 unten rechts *Eine Sud-Est SE.313 Alouette II der belgischen Armee.*

176-177 unten *Der schwere Hubschrauber SA.321 Super Frelon wurde in Hinblick auf die Erfordernisse der französischen Armee entwickelt und flog zum ersten Mal 1962. Auf der Fotografie werden einige Einsatzkräfte auf dem Flugdeck eines französischen Flugzeugträgers gelandet.*

177 oben *Eine Formation von drei Bell AH-1 Cobra Angriffs-Hubschraubern im Vordergrund. Diese Maschine wurde für den Einsatz im Vietnam-Krieg aus dem Transportmodell UH-1 entwickelt.*

177 Mitte *Eine Aerospatiale SA.330 Puma (gebaut von Westland) fliegt mit den Farben der britischen Armee. Der Hubschrauber hob zum ersten Mal 1965 ab und war das Ergebnis der operativen Erfahrungen, die man mit dem Super Frelon gesammelt hatte.*

177 unten rechts *Eine SA.316 Alouette III der portugiesischen Luftwaffe beim Tiefflug. Dieser Hubschrauber startete 1959 zu seinem ersten Flug; über 1800 Exemplare wurden produziert.*

heute in Produktion und über über 9000 Exemplare wurden bislang gebaut. Die Reihe der Bell Mehrzweck-Hubschrauber wurde mit anderen Maschinen fortgeführt, deren Entwürfe bis auf die ursprünglichen Entwürfe der 204/205 zurückgehen. Es handelte sich dabei um das zweimotorige Modell 212, das Modell 412 mit Vierblatt-Hauptrotor und Zweiblatt-Ausgleichsrotor am Heck sowie die Modelle 214 und 222.

Sikorsky, der amerikanische Konzern, konzentrierte sich nun hauptsächlich darauf, die Bedürfnisse der U.S. Navy zu befriedigen. Nach dem Modell S-58 aus dem Jahr 1954 (noch mit Kolbenmotor betrieben; Militärbezeichnung HSS-1 Seabat, und später, seit 1962, H-34) entwickelte die Firma Ende der 1950er-Jahre das Modell S-61 – einen Hubschrauber mit hervorragenden Eigenschaften, der noch heutzutage weltweit genutzt wird. Die Maschine entstand auf eine Spezifikation der U.S. Navy hin, die einen U-Boot-Abwehr-Hubschrauber mit Aufklärungs- ebenso wie Angriffsfähigkeiten forderte. Sikorsky entwarf

179 oben Die Sikorsky S-65 (von 1964 an H-53 genannt) war der größte Hubschrauber der amerikanischen Streitkräfte. Hier ist die CH-53A der Marines während einer Transportmission in Südvietnam zu sehen.

179 unten Die Sikorsky H-3 wurde in großem Umfang von der U.S. Navy und den Marines eingesetzt. Diese VH-3D-Version wird von der HMX-1 benutzt – einer Marines-Abteilung, die mit der Beförderung des Präsidenten betraut wird.

eine große, zweimotorige Maschine, ausgestattet mit fünfblättrigem Rotor, zusammenklappbarem Heckausleger sowie einem breiten Rumpf, der die Besatzung und die Missionssysteme aufnehmen konnte. Der Prototyp flog erstmals am 11. März 1959 und der Hubschrauber – genannt HSS-2 – erwies sich sofort als ein gelungenes Projekt. Die ersten Serienexemplare wurden im September 1961 unter dem Namen Sea King in Dienst gestellt. Mitsubishi, Westland und Agusta erwarben die Produktionslizenz und die starke und robuste Maschine wurde ständig überarbeitet, weiterentwickelt und verbessert. 1960 erschien auf dem Markt der Zivilluftfahrt die S-61L als Passagierversion des Modells, während 1963 eine Amphibienversion gebaut wurde, die vor allem für Such- und Rettungseinsätze bestimmt war. Diese Maschine wurde S-61R genannt und besaß einen stark vergrößerten Rumpf sowie eine hintere Ladeklappe. Ursprünglich wurde der Hubschrauber in militärischer Konfiguration als HH-3E Jolly Green Giant für die USAF produziert; das fortgeschrittene Modell HH-3F Pelican wurde dagegen später eingeführt.

Insgesamt wurden von der Sea King, die seit 1962 unter den amerikanischen Streitkräften als H-3 bekannt ist, über 1300 Exemplare in 40 verschiedenen Versionen angefertigt. Noch heute ist dieser Hubschrauber auf der ganzen Welt verbreitet.

Anfang der 1960er-Jahre entwickelte Sikorsky noch einen weiteren großen Hubschrauber für die Ausstattung der U.S. Navy. Das Modell S-65 wurde als Schwertransporter für das Marines Corps entworfen und sollte in der Lage sein, Truppen und Waffen während der Landungsoperation vom Schiff an Land zu befördern. Die mechanischen Grundelemente übernahm Sikorsky vom Modell S-64, während der neu entworfene Rumpf den Linien der HH-3E ähnelte. Als CH-53 Stallion bezeichnet, begann der Hubschrauber 1966 den Dienst und wurde ebenfalls sofort nach Vietnam geschickt, wo man eine solche Hilfe dringend benötigte. Aus dem Grundmodell S-65 wurden noch viele weitere Versionen entwickelt, zum Beispiel für den Anti-Minen-Einsatz und für Such-, Rettungs- und Spezialoperationen der USAF sowie für andere Streitkräfte. Insgesamt wurden über 730 Exemplare in mehr als 20 Versionen hergestellt. Der jüngste zurückliegende Erfolg von Sikorsky kam mit dem Modell S-70, das zum ersten Mal am 17. Oktober 1974 flog. In diesem Fall wurde der Entwurf als Antwort auf eine von der amerikanischen Armee herausgebrachten Spezifikation realisiert, die einen neuen Allzweck-Hubschrauber für den taktischen Transport forderte, mit dem die in die Jahre gekommene Serie UH-1 ersetzt werden sollte. Im Dezember 1976 wurde das Sikorsky-Modell zum Wettbewerbs-Sieger erklärt und alsbald unter der Bezeichnung UH-60A Black Hawk in Serie produziert. Die ersten Exemplare wur-

180-181 oben Westland produzierte die Sikorsky S-61 in Lizenz als Marine-Hubschrauber Sea King – hergeleitet von dem Modell SH-3A – für die U.S. Navy. Die Maschine wurde auch von der italienischen Firma Agusta in Lizenz hergestellt.

180 unten Eine Sea King HA3 der Royal Air Force bei einer Such- und Rettungsmission unter extremen Wetterbedingungen.

den seit 1979 in Dienst gestellt. Aus dem Grundmodell wurden später noch viele weitere Versionen abgeleitet, darunter waren die Entwürfe SH-60B, F und R für den Marineeinsatz (sowie die Versionen S-70B und C für den Export), die MH-60, EH-60 und HH-60 für Such- und Rettungseinsätze, elektronische Kampfführung und Spezialaufgaben. Diese Hubschrauber wurden von der U.S. Army und USAF sowie von weiteren 20 Ländern auf der ganzen Welt in Dienst gestellt.
Die S-70-Serie ist noch bis heute in Produktion und hat bis jetzt über 2300 Bestellungen realisiert. Die neuesten Projekte der Firma umfassen auch das Allzweck-Modell S-76 sowie den Schwertransport-Hubschrauber S-92. Auf dem Gebiet der großen Transport-Hubschrauber behauptete sich in Amerika auch die Firma Vertol (später Boeing-Vertol), die innerhalb weniger Jahre zwei bemerkenswerte Modelle verwirklichte, die noch bis heute weit verbreitet sind und genutzt werden. So erschien am 22. April 1958 das für den Ziviltransport entworfene Modell 107, ein Doppelturbo-Hubschrauber mit zwei in Tandemanordnung angebrachten Rotoren. Der Erfolg dieser Maschine ist jedoch größtenteils auf den Einsatz in militärischer Konfiguration zurückzuführen. In den 1960er-Jahren erwarben die U.S. Navy und die Marines 624 Exemplare dieses Modells, das nun als H-46 bezeichnet wurde. Der Hubschrauber war ausgestattet mit zwei Turbomotoren General Electric CT58 mit je 1400 WPS und besaß eine maximale Startmasse von 9700 kg. Fast gleichzeitig brachte die Vertol ein ebenfalls neues Modell heraus, das die Gestaltung seines Vorgängers H-46, von dem es zweifellos hergeleitet wurde, im Wesentlichen beibehielt und nur in den Dimensionen vergrößert wurde. Das neue Modell 114 führte seinen Erstflug am 21. September 1961 durch. Aufgrund seiner herausragenden Eigenschaften erwies sich dieser Hubschrauber besonders dafür geeignet, die Bedürfnisse der U.S. Army zu befriedigen. Mit der Benennung CH-47

181 Mitte Zwei CH-46 beim Wenden vor der Landung auf dem Amphibienlandeschiff USS Peleliu im Persischen Golf. Dies erfolgte während der Operation Enduring Freedom im November 2001.

181 unten Ein Paar von UH-60A Black-Hawk-Hubschraubern der U.S. Army während einer „Bright Star"-Übung in Ägypten 1983. Der Black Hawk wurde 1979 in den Dienst der amerikanischen Armee gestellt und von mehr als 20 Ländern eingesetzt.

180-181 Die Boeing-Vertol CH-46 Sea Knight war lange Zeit der Standard-Transporthubschrauber der Marines. Er wurde inzwischen von dem neuen Kipprotorflugzeug V-22 Osprey ersetzt.

180 unten Eine Boeing-Vertol CH-47 Chinook der Royal Air Force beim Heben eines gepanzerten Fahrzeugs. Die Chinook flog zum ersten Mal 1961 und wurde von ca. 20 Ländern auf der ganzen Welt eingesetzt.

181 oben Die SH-60 Sea Hawk ist die Marineversion der Black Hawk und wurde gleichzeitig für die U.S. Navy entwickelt. Auf der Fotografie ist eine SH-60 des Geschwaders HS-4 beim Torpedoabwurf zu sehen.

182 Die AH-64D ist die jüngste Version der Boeing Apache; die Maschine ist mit einem Longbow-Radargerät ausgestattet, dessen Radom auf dem Hauptrotor zu sehen ist. Dieses Exemplar gehört der britischen Armee.

183 oben Eine Formation der Hubschrauber UH-60A und AH-64A der U.S. Army fliegt 1998 während der Operation Southern Watch über Kuwait.

183 Mitte Ein Kampfhubschrauber Boeing AH-64A Apache beim Abschuss von Luft-Boden-Raketen während einer Schießübung. Die Apache ist mit einer 30-mm-Kanone, Panzerabwehr- und Luft-Luft-Raketen bewaffnet.

183 unten Drei Exemplare der AH-64A Apache bei Sonnenuntergang vor einer nächtlichen Mission. Dieser Hubschrauber wurde ab 1986 von der U.S. Army eingesetzt. Seitdem wurden über 1000 Exemplare hergestellt, die auch von den Streitkräften weiterer acht Länder beschafft wurden.

Chinook wurde die Maschine anstelle der kleineren CH-46 von der Army erworben. Die Chinook besaß zwei Turbomotoren Avco Lycoming T55 mit je 3800 WPS sowie eine maximale Startmasse von 17 450 kg. Sieben verschiedene Versionen der CH-47 wurden entwickelt und von weiteren 20 Ländern in aller Welt benutzt. Über 1150 Exemplare wurden hergestellt, auch in Lizenz von Agusta in Italien und Kawasaki in Japan. Dann hatten Boeing und Sikorsky die Kräfte vereint, um einen neuen bewaffneten Aufklärungs- und Angriffshubschrauber für die amerikanische Armee zu verwirklichen. Es handelte sich um die RAH-66 Comanche, eine extrem fortschrittliche Maschine, die ihren Erstflug am 4. Januar 1996 ausführte; der Hubschrauber hätte ab 2006 in den operativen Dienst übernommen werden sollen, aber die Army stornierte den Auftrag.

Unter den größten amerikanischen Produktionsfirmen war auch die Hughes Aircraft Company, die später von McDonnell Douglas erworben und schließlich von Boeing übernommen wurde. Anfang der 1960er-Jahre entwickelte Hughes das Modell 369 als Antwort auf eine Spezifikation der U.S. Army für einen neuen Aufklärungs- und Scout-Hubschrauber. Die Maschine flog zum ersten Mal am 23. Februar 1963. 1965 wurde das Modell von der Armee ausgewählt und auf den Namen OH-6A Cayuse getauft. Die Zivilversion erhielt jedoch die Benennung Hughes 500. Beide Hubschrauber bildeten den Anfang eines äußerst erfolgreichen Programms, das durch zahlreiche Weiterentwicklungen und verbesserte Versionen bis zum heutigen Tage eine Produktion von über 5000 Exemplaren erreichte, von denen einige auch in Lizenz von anderen Firmen gebaut wurden. Eine der neuesten Versionen, die 520N NOTAR ist am fehlenden Ausgleichsrotor am Heck zu erkennen. Angetrieben von einem Turbomotor Allison 250 mit 450 WPS, erreicht die NOTAR eine Höchstgeschwindigkeit von 281 km/h. Mit einem Leergewicht von 720 kg und einer maximalen Startmasse von 1745 kg kann die 520N bis zu fünf Personen – einschließlich Pilot – tragen. Noch bekannter als die Hughes ist die AH-64 Apache, ein Hubschrauber, der 1976 als Sieger einer Ausschreibung der U.S. Army für einen neuen Angriffs- und Kampfhubschrauber hervorging. Die starke, robuste und große Maschine flog zum ersten Mal am 30. September 1975. Nachdem McDonnell Douglas die Firma übernommen hatte, wurde die AH-64 im Jahr 1986 als Version „A" ausgeliefert und in Dienst gestellt. Die heute von Boeing gebaute AH-64D (eine mit Radar ausgestattete Version) erhielt ein Cockpit mit

184 oben Zwei russische Mil Mi-24 bei der Landung in der Nähe der tschetschenischen Hauptstadt Grosny, 1999, während der Kämpfe zur Niederschlagung des dortigen Aufstands.

184 unten Vorführung einer Mil Mi-24 der tschechischen Republik während einer Luftfahrtveranstaltung. Die Mi-24 erreicht kann eine Höchstgeschwindigkeit von 335 km/h erreichen und bis zu acht bewaffnete Soldaten befördern.

zwei in Tandem-Anordnung eingebauten Sitzen, das zusammen mit Navigations- und Angriffssensoren in der Schnauze eingerichtet war, sowie ferner die in erhöhter Position, separat angebrachten, geschützten Motoren. Die Maschine verfügte über einen Vierblatt-Hauptrotor, der von zwei Turbomotoren General Electric T700-GH-701C mit einer Leistung von je 1890 WPS angetrieben wurde und dem Hubschrauber eine Höchstgeschwindigkeit von 364 km/h ermöglichte. Die maximale Startmasse betrug 10 100 kg und die Bewaffnung bestand in der Regel aus Panzerabwehr-Raketen, Luft-Luft-Raketen, konventionellen Abwurfwaffen sowie einer 30-mm-Maschinenkanone in einer Kinnlafette. Die amerikanische Armee allein kaufte 820 Exemplare der AH-64D. Der Hubschrauber wurde aber auch von Streitkräften aus Großbritannien, Holland, Griechenland, Israel, Kuwait, den Vereinigten Arabischen Emiraten, Ägypten und Saudi-Arabien erworben.

Neben den Vereinigten Staaten und Frankreich investierte natürlich auch die Sowjetunion sehr stark – aus klar erkennbaren Gründen – in die Konstruktion und Herstellung eigener Hubschrauber-Serien. Zwei Firmen bewährten sich besonders in diesem Metier: die Konstruktionsbüros Mil und Kamow. Das erste wurde von Michail Mil im Jahr 1947 gegründet, und stellte bereits im darauf folgenden Jahr den ersten Entwurf eines leichten Allzweck-Hubschraubers vor, der mit einem 575-PS-Kolbenmotor Iwtschenko, einem dreiblättrigen Hauptrotor sowie einem am Heckausleger angebrachten Ausgleichsrotor ausgestattet war. Dieser Hubschrauber, Mi-1 genannt, wurde später zum Modell Mi-2 weiterentwickelt, das von zwei Isotow-Turbomotoren mit je 450 WPS angetrieben wurde und 1961 erschien. Über 6500 Exemplare der beiden Modelle wurden – unter anderem auch in Lizenz in Polen – hergestellt. Das Büro Mil

entwickelte in der Folgezeit eine Reihe von Entwürfen für immer stärkere und spezialisiertere Hubschrauber. Darunter befanden sich unter anderem die Mi-6 aus dem Jahr 1957, die zu ihrer Zeit der größte Hubschrauber der Welt war – mit einer Nutzlastkapazität von zwölf Tonnen. Die Mi-8 hatte ihren Jungfernflug am 7. Juli 1961. Dieser Allzweckhubschrauber verdient eine besondere Erwähnung, denn über 17 000 Exemplare in über 25 Versionen wurden produziert. In mehr als 80 Ländern ist er immer noch im Einsatz. Die wichtigsten Varianten sind die Mi-8T, Mi-17 und Mi-38. Letztere ist eigentlich ein Neubau. Obwohl sie schon 2003 in der Luft war, soll sie erst 2015 in zivile und militärische Dienste treten. 1967 erschien ferner die Decklandeversion Mi-14; und 1977 kam das Modell Mi-26 heraus, der seinerzeit schwerste Hubschrauber der Welt mit einer maximalen Startmasse von 56 Tonnen und einer maximalen Nutzlast von 20 Tonnen. Schließlich erschien im Jahr 1969 die Mi-24, ein Angriffs- und Kampfhubschrauber von bemerkenswerter Kraft und Robustheit, die besonders bei dem Einsatz während der sowjetischen Militärinvasion Afghanistans auf sich aufmerksam machte. Konzipiert als fliegende Kampfmaschine, verfügte die Mi-24 mit ihrer Zwei-Mann-Besatzung über eine außerordentliche Feuerkraft, war jedoch auch ausgestattet mit einem Laderaum, in dem bis zu acht Soldaten bzw. Tragbahren für die Evakuierung von Verletzten untergebracht werden konnten. Über 20 verschiedene Versionen der Mi-24 wurden entworfen und in mehr als 30 Länder des (ehemals) kommunistischen Blocks geliefert (ebenso auch die Versionen Mi-25 und Mi-35); insgesamt handelte es sich um 2300 angefertigte Exemplare. Der Hubschrauber bewies eine derart gute Qualität, dass sich noch bis heute einige Exemplare im Einsatz befinden. Einige der Programme wurden außerdem weiterentwickelt, um das Grundmodell durch moderne Flugelektronik und Waffenausrüstung auf den neuesten technischen Stand zu bringen. Der jüngste Kampfhubschrauber der Firma Mil ist die Mi-28, die ihren Erstflug schon am 10. November 1982 ausführte. Eine Produktion der Mi-28, die auch nicht allwettertauglich war, wurde 1993 aufgegeben. Stattdessen entwickelte man die nachttaugliche Mi-28N, die ihren Jungfernflug am 14. November 1996 absolvierte und 2006 in den operativen Dienst kam.

Das Konstruktionsbüro Kamow machte mit der Realisierung einer langen Reihe von Hubschraubern auf sich aufmerksam, die vor allem für den Marineeinsatz – besonders bei der U-Boot-Bekämpfung – bestimmt waren. Gekennzeichnet durch die charakteristische Konfiguration mit doppeltem, gegenläufigem Koaxial-Rotor, führte die Ka-25 – das erste Modell der Kamow-Serie und ein kleiner Decklandehubschrauber – ihren ersten Flug am 26. April 1961 durch. Es folgte eine beträchtliche Anzahl verschiedener Versionen für die Seeziel-Raketen-Steuerung, für Such- und Rettungsaufgaben, Anti-Minen-Einsätze und Datenübertragungen von ballistischen Interkontinentalraketen. Später erschienen noch die Modelle Ka-27, 28 und 29, die für Transport- und Sturmangriffsaufgaben eingesetzt wurden; ferner das Radarträgermodell Ka-31 und die Ka-32, ein Allzweck-Hubschrauber, der sowohl im Militär- als auch im Zivilsektor verwendet wurde. Der neueste und bekannteste Entwurf der Kamow ist der Angriffs-Kampfhubschrauber Ka-50 Black Shark, der die typische Struktur des Antriebs beibehielt; kombiniert wurde sie aber mit einem schlanken Rumpf und einem einsitzigen Cockpit mit Schleudersitz. Der erste Flug der Maschine fand am 17. Juni 1982 statt. Wegen des Untergangs der Sowjetunion kam es nur zum Bau von zwölf Einheiten zwischen 1991 und 2009. 1994 wurde das Modell zur zweisitzigen Ka-52 weiterentwickelt, von der bis 2008 150 Exemplare gebaut wurden.Die Ka-52, ein Zweisitzer für Trainings-, Aufklärungs- und Kampfaufgaben, kann eine Höchstgeschwindigkeit von 350 km/h erreichen – dank der Schubkraftversorgung der beiden Klimow-Turbomotoren TV-3 mit je 2200 WPS – und

185 oben links *Die Mi-24 wurde 1972 in Dienst gestellt und ist einer der am zahlreichsten vertretenen und wirksamsten Kampfhubschrauber der Welt. Es wurden über 2300 Exemplare hergestellt und an 30 Länder verkauft.*

185 oben rechts *Eine Mi-17 der tschechischen Luftwaffe. Über 17 000 Exemplare dieser Hubschrauberfamilie wurden seit 1961 gebaut..*

185 unten *Der russische Angriffshubschrauber Kamow Ka-50 Black Shark besitzt einen doppelten gegenläufigen Koaxial-Rotor sowie einen Schleudersitz für den Piloten. Die Maschine fliegt mit 350 km/h.*

186 oben Die Agusta Westland AW.109 wird immer noch gebaut. Dieses moderne Modell Grand ist eine der neuesten Versionen.

186 unten Die Eurocopter AS.532 Cougar ist die jüngste Entwicklung der französischen Hubschrauberfamilie Puma/Super Puma. Sie kann für Transport-, Such- und Rettungsmissionen sowie Spezialaufgaben eingesetzt werden.

hat eine maximale Startmasse von 10 800 kg. Zwei weitere europäische Gesellschaften schufen sich im Verlauf der Jahre einen guten Ruf in der Helikopter-Welt: Westland in Großbritannien und Agusta in Italien. Westland baute unter anderem die bekannten Hubschrauber Wasp und Lynx, während die Agusta – nach einigen Versuchen – den ersten wirklichen Erfolg mit dem Modell A.109 hatte, dessen Prototyp am 4. August 1971 erstmals flog. Das Modell wurde kontinuierlich weiterentwickelt zu den Versionen AW.109 Power und Grand sowie den Militärversionen Military Power und LUH. Am 11. September 1983 flog erstmals die A.129 Mangusta, bei der es sich um den ersten wirklichen Kampfhubschrauber aus westeuropäischer Produktion handelte. Die Maschine wurde entworfen, um den Anforderungen der italienischen Armee gerecht zu werden, die 60 Exemplare bestellte. Die fortgeschrittenste Version, die Mangusta T.129 ATAK, zusammen mit Aselsan und TAI für die Türkei entwickelt, hat zwei LHTEC CTS800-Turbinen. Sie kann eine Höchstgeschwindigkeit von 270 km/h erreichen. Die maximale Startmasse beträgt 5000 kg, bei einer Waffenlast-Zuladung von maximal 1200 kg. In den 1980er-Jahren taten sich die Agusta- und die Westland-Gruppe zusammen, um gemeinsam einen neuen, dreimotorigen Schwerlasthubschrauber zu entwickeln – die EH-101, die ihren Erstflug am 9. Oktober 1987 durchführte. Diese starke Maschine, die sowohl für den militärischen als auch den zivilen Gebrauch optimiert wurde, kann bis heute rund 100 Bestellungen verzeichnen und ist bereits im Dienst der italienischen und britischen Marine sowie der kanadischen Luftstreitkräfte, in Japan, Dänemark, Algerien und Indien. Agusta und Westland fusionierten offiziell im Februar 2001.

Ein Konkurrent der nach der Fusion als AW.101 bezeichneten Maschine ist die 12 Tonnen schwere Sikorsky S-92, die am 23. Dezember 1998 zum Jungfernflug abhob und 2004 in Dienst gestellt wurde. Ein anderer Koloss in der Luftfahrtindustrie ist die französisch-deutsche Gruppe Eurocopter, die im Jahr 1992 von Aerospatiale und Daimler-Benz gegründet wurde und heute zu EADS gehört. Das Unternehmen bietet folgende Hubschraubermodelle auf dem zivilen Sektor an: EC120, Ecureil 350, 355 und 130, EC135 und EC145 Dauphin 365 und 155 EC175, Super Puma 332 und 225.

Über 1000 Exemplare der EC 135 sind bislang gebaut worden und bei der Polizei, im SAR-Einsatz, als Luftambulanz oder im Personentransport im Dienst. Die EC 135 absolvierte ihren Erstflug am 15. Februar 1994. Das Modell P2+ ist mit zwei Turboméca 2B2-Triebwerken ausgestattet, die eine Höchstgeschwindigkeit von 254 km/h ermöglichen. Die Startmasse liegt bei 1450 kg oder sieben Passagieren.

Für das Militär produziert Eurocopter die Modelle Fennec 550, EC635, EC645, Panther 565, Cougar 523 und 725 sowie die EC665 Tigre als modernen Kampfhubschrauber der französischen Armee und der Bundeswehr. Nach dem ersten Flug am 27. April 1991 wurden die Prototypen verschiedenen Experimenten und Tests unterzogen, bevor der Hubschrauber für den operativen Dienst freigegeben wurde. 2004 wurde sie in Australien, 2005 in Frankreich und Deutschland, 2007 in

Spanien eingeführt. Bislang gingen über 200 Bestellungen ein. Die Tigre ist mit einer überaus fortschrittlichen Avionik ausgestattet und zwei MTU/Turboméca/Rolls-Royce MTR390-Triebwerken, die je 1.170 WPS leisten. Die Höchstgeschwindigkeit beträgt 322 km/h und die maximale Startmasse liegt bei 6000 kg.

Als einer der modernsten Hubschrauber ist die NH-90 ebenfalls ein Ergebnis einer europäischen Zusammenarbeit. Hersteller ist das multinationale Konsortium NHI – 1992 eigens für dieses Projekt gegründet von den Unternehmen Eurocopter France, Eurocopter Deutschland, Agusta und Fokker. Der erste Prototyp flog am 18. Dezember 1995 und gegenwärtig wurden bereits mehr als 700 Exemplare des Hubschraubers bestellt. Zwei Hauptversionen sind hierbei erhältlich: Die TTH für den taktischen Transport und die NFH für den Einsatz bei der Marine, wobei die Marineversion federführend von Agusta entwickelt wurde. Die NH-90 ist ein Mehrzweckhubschrauber mit fortschrittlichen Eigenschaften und modernster Avionik; sie wurde mit dem Ziel entworfen, eine große Bandbreite verschiedener Aufgaben ausführen zu können, wie zum Beispiel den taktischen Transport, Such- und Rettungseinsätze, Luftambulanz, das Absetzen von Fallschirmspringern, elektronische Kampfführung, Schiffs- und U-Boot-Bekämpfung sowie den Minenabwurf. Der Hubschrauber verfügt über zwei Turbomotoren Rolls-Royce Turbomeca RTM322 mit je 2100 WPS oder zwei General Electric FIAT Avio 1700 mit je 2400 WPS. Die Höchstgeschwindigkeit beträgt 300 km/h und die maximale Startmasse erreicht 8700 kg. Neben den zwei Piloten kann der Hubschrauber bis zu 20 Soldaten oder – in der Transportversion TTH – eine Nutzlast von 2500 kg tragen.

Ein in den letzten Jahren sich sehr dynamisch entwickelndes Unternehmen ist die italienisch-britische AgustaWestland, die eine sehr erfolgreiche Familie von mittelgroßen Hubschraubern entwickelt hat, die viele gemeinsame Komponenten gesitzen. Die erste Maschine war die AW.139, die ihren Erstflug am 3. Februar 2001 (als AB.139) absolvierte, damals noch in Zusammenarbeit mit der amerikanischen Firma Bell. Die AW.139 sollte zum Nachfolger der Agusta-Bell-Familie AB.205/212 und 412 werden. Nach über 660 verkauften zivilen und militärischen Einheiten läuft die Produktion immer noch weiter. Ausgestattet mit der neuestem digitalen Avionik, zwei Pratt-&-Whitney-Triebwerken PT6C mit je 1531 WPS, erreicht sie eine Höchstgeschwindigkeit von 310 km/h. Die Großraumkabine kann neben ein oder zwei Piloten bis zu 15 Passagiere aufnehmen. Später erschienen die Modelle AW.169 und AW.189, dazu das militärische Modell AW.149, sie alle sorgten für reichlich Umsatz.

187 oben Die NH-Industries NH-90 ist einer der modernsten Mehrzweck-Hubschrauber der Welt. Es wurden eine Boden- und Decklandeversion entwickelt; die Maschine wird ab 2004 im Militärdienst eingesetzt.

187 Mitte links Die italienische Agusta A.129 Mangusta ist der erste Kampfhubschrauber westeuropäischer Konstruktion. Auf der Fotografie ist die Version A.129CBT zu sehen, die von der italienischen Armee gekauft wurde.

187 Mitte rechts Die Agusta Westland EH-101 wurde entworfen, um die Sea King zu ersetzen, die von der britischen und italienischen Marine benutzt wird. Aufgrund der guten Qualität des EH-101-Projekts wird der Hubschrauber auch exportiert.

187 unten Zwei Prototypen des französisch-deutschen Angriffshubschraubers Eurocopter Tiger, der im Jahr 2003 in Dienst gestellt wurde. Aufgrund seiner fortschrittlichen Avionik und der vielfältigen Bewaffnung wird man den Hubschrauber für diverse Rollen einsetzen können.

Kapitel 14

Die Schulflugzeuge

Es kann behauptet werden, dass das Schulflugzeug der wichtigste Flugzeugtyp im Leben jedes Piloten ist: Mit ihm kann man die ersten Flüge vollziehen, Erfahrungen sammeln und den militärischen oder zivilen Flugschein erwerben. Kurz gesagt ist es das Flugzeug, das es erlaubt, den eigenen Traum vom Fliegen zu verwirklichen. Dennoch – so seltsam es auch erscheinen mag – gab es in den ersten Anfängen der Luftfahrt, als eigentlich der Bedarf sehr hoch war, keine speziell für die Pilotenausbildung entworfenen Flugzeuge. Die ersten Flüge unerschrockener Flieger begannen oft damit, dass sie hinter dem Lehrer saßen und mit Mühe und Not das Flugblatt des Piloten erblicken konnten, um einen kleinsten Begriff von den zur Kontrolle des Flugzeugs notwendigen Bewegungen zu ergattern. Manchmal geschah es jedoch auch, dass es sich bei den werdenden Piloten um Autodidakten handelte, die mit mageren – oder gar fehlenden – theoretischen Kenntnissen starteten und allzu leicht vorstellbare negative Ergebnisse erzielten.
Die Pionier-Luftfahrt war jedoch ein Gebiet, das nur wenigen leidenschaftlichen und sich zu allem bereit findenden Sportlern vorbehalten war. Der Ausbruch des Ersten Weltkriegs sollte die Luftfahrt vollständig verändern, die sich vom elitären Sport zu einer Massenaktivität entwickelte. Die militärischen Erfordernisse und die technologischen Fortschritte sorgten für einen enormen Aufschwung des Motorflugs und während des Krieges mussten die Krieg führenden Länder Zehntausende von Flugzeugen hervorbringen und – natürlich – Zehntausende von Piloten. Anfangs hatten die operativen Flugeinsätze den Vorrang und zur Ausbildung benutzte man veraltete Flugzeuge, die nicht länger an der Front einsatzfähig waren – meistens Aufklärungsflugzeuge und Bomber, wie die französische Farman, die deutsche DFW B.I und die ersten britischen Avro 504. Seit 1916 aber erschienen die ersten Flugzeuge, die speziell für die schwierigen Schulungsaufgaben gebaut worden waren. Sie waren in erster Linie durch die Anwesenheit einer Doppelsteuerung sowie durch deren relativ leichte Handhabung gekennzeichnet. Unter den ersten bedeutenden Schulflugzeugen jener Zeit stach besonders die britische Avro 504J hervor. Bei dem Originalmodell handelte es sich um einen zweisitzigen Doppeldecker mit Frontmotor und Rudern am Leitwerk, der seinen ersten Flug im Juli 1913 durchführte und bald darauf vom britischen Kriegsministerium für den Gebrauch als Aufklärungsflugzeug und leichter Bomber bestellt wurde. Das Flugzeug, das auch als Jäger eingesetzt wurde, erwies sich schon nach kurzer Zeit für den Kampf in vorderster Front als überholt und 1916 beschloss die Firma Avro, die Produktion neu zu beleben, indem sie die 504J zu einem Schulflugzeug weiterentwickelte. Der Erfolg dieser neuen Version war bemerkenswert, so dass – um den Standardisierungsproblemen des Motors abzuhelfen – Avro das Modell 504K entwickelte, welches über einen Motorblock verfügte, in dem drei unterschiedliche, damals gebräuchliche Motorentypen aufgenommen werden konnten. Die 504 besaß eine Spannweite von 10,9 Metern, eine Länge von 8,9 Metern und eine maximale Startmasse von 830 kg. Den Hauptantrieb lieferte ein Le Rhone-Rotationsmotor mit 110 PS, der eine Höchstgeschwindigkeit von 145 km/h ermöglichte. Die 504 wurde in Lizenz auch in Australien, Belgien, Kanada, Dänemark und Japan hergestellt; sie wurde noch nach dem Ende des Krieges in großem Umfang benutzt. 1925 erschien das Modell 504N; es war ausgestattet mit einem neuen Fahrwerk sowie einem 162-PS-Sternmotor. Die Avro 504 blieb als Schul- und Übungsflugzeug noch bis 1932 im Dienst der Royal Air Force; sie fand aber darüber hinaus bis zum Ausbruch des Zweiten Weltkriegs auch im zivilen Flugwesen weite Verwendung. Über 10 000 Exemplare wurden insgesamt gebaut und in mehr als 25 Ländern der Welt eingesetzt. Die 504 ist Legende ge-

188 oben Die Curtiss JN-4 Jenny war eines der berühmtesten Flugzeuge Amerikas, die zwischen den beiden Weltkriegen eingesetzt wurden. Viele der über 6500 gefertigten Exemplare flogen auch im zivilen Luftverkehr.

188 unten links Bereits vor den 1940er-Jahren kamen Flugsimulatoren in den Gebrauch. Hier ist ein Schüler der Royal Navy bei einer Flugvorbereitungsstunde in der RAF-Schule von Netheravon zu sehen (1938).

188 unten rechts Offiziersanwärter der Fliegertruppe des kaiserlichen deutschen Heeres während einer Unterrichtsstunde im Motormaschinenbau im Februar 1914.

189 oben Auf dieser Propaganda-Fotografie der Royal Air Force von 1940 erhalten einige RAF-Pilotenschüler anhand eines Tafelbildes die letzten Anweisungen zum Formationsflug vor einer Mission.

worden und wird eines der bedeutendsten Flugzeuge in der Geschichte der Luftfahrt bleiben – gerade wegen des Beitrags, den sie für die Verbreitung des Fliegens geleistet hat. Ein weiterer „Pfeiler" in diesem Sektor des Flugwesens war die amerikanische Curtiss JN, von der über 6500 Exemplare gebaut wurden. Das bekannteste Flugzeug aus der Serie war die JN-4, die aus einer Weiterentwicklung der Modelle JN-2 und JN-3 hervorging und von ihren Piloten liebevoll „Jenny" genannt wurde. Die JN-4 flog zum ersten Mal im Juli 1916, alsbald erwarb die britische RAF 105 Exemplare des Flugzeugs. Aufgrund der Notwendigkeit, immer mehr Piloten ausbilden zu müssen, gab auch die amerikanische Armee kurze Zeit später Bestellungen für die JN-4 auf. Die JN-4D, in der die diversen Verbesserungen der in Kanada und den USA gebauten JN-4 vereint waren, erschien schließlich im Juni 1917. Das Flugzeug hatte eine Spannweite von 13,3 Metern, war 8,3 Meter lang und hatte eine maximale Startmasse von ca. 870 kg. Die Jenny wurde von einem 90-PS-Motor Curtiss OX-5 zu einer Höchstgeschwindigkeit von 120 km/h angetrieben. Die Kriegsprogramme trieben die Produktion zu immer höheren Lieferungen an, so dass das Flugzeug auch von weiteren sechs amerikanischen Betrieben hergestellt wurde. 1917 schuf Curtiss ein weiterentwickeltes Übungsmodell, die JN-4H, die von einem 132-PS-Motor angetrieben wurde und mit Bomben und Maschinengewehren bewaffnet werden konnte. Später erschien auch die leicht verbesserte Version JN-6. In der Nachkriegszeit blieben einige der Jennys im Dienst und wurden zahlreichen Erneuerungen unterworfen. Doch eine beträchtliche Zahl der Militärflugzeuge wurde auf dem Zivilmarkt verkauft, wo sie zu „Gründungsmitgliedern" zahlreicher Flugzirkel wurden und einen bedeutenden Beitrag zur Verbreitung und Entwicklung des Fliegens leisteten. Die militärische Laufbahn der Jenny setzte sich bis 1927 fort, während das Flugzeug in der Zivilluftfahrt noch viele Jahre länger aktiv war; und sogar heutzutage sind noch einige Exemplare der Jenny anzutreffen, die in

189 Mitte Ein Pilotenschüler wird für die Simulation eines Ausstiegs unter Anwendung eines Martin-Baker-Schleudersitzes vorbereitet (1949). Mit der Einführung neuer Ausrüstungen wurden auch die Schulungstätigkeiten intensiviert.

189 unten Die britische Avro 504 war eines der ersten wirklichen Schulflugzeuge in der Geschichte der Luftfahrt. Sie flog 1913 als Aufklärungsflugzeug, wurde aber nach Ausbruch des Ersten Weltkriegs als Trainer benutzt.

flugfähigem Zustand erhalten sind. Auch Italien brachte während des Ersten Weltkriegs ein bemerkenswertes Schulflugzeug hervor. Es handelte sich um die SVA 9 – eines der Modelle aus der geglückten Serie SVA. Die Produktion dieses Flugzeugs (entworfen von den Ingenieuren Savoia und Verduzio von der Ansaldo-Gesellschaft: daher die Initialen SVA) begann 1917 mit dem Erscheinen der SVA 4, einem Doppeldecker, der als Jäger für die italienische Armee bestimmt war, jedoch aufgrund der schlechten Manövrierfähigkeit in die Rolle des Aufklärungsflugzeugs verbannt wurde. Aus dem Bomber-Modell SVA 5 wurde Ende des Jahres 1917 die SVA 9 entwickelt – ein mit Doppelsteuerung für die Schulung ausgestatteter Zweisitzer. Das Flugzeug besaß eine Spannweite von 9,1 Metern, eine Länge von 8,1 Metern sowie eine maximale Startmasse von 1050 kg. Das Flugzeug war mit einem Motor SPA 6A mit 265 PS ausgestattet und erreichte eine Höchstgeschwindigkeit von

190 oben Im Zeitraum zwischen den beiden Weltkriegen war die Caproni Ca. 100 – besser bekannt als „Caproncino" – ein bekanntes und weit verbreitetes italienisches Sport- und Übungsflugzeug. Sie hob zum ersten Mal im Jahr 1929 ab und konnte mit ihrem 130-PS-Motor bis zu 185 km/h erreichen.

190 Mitte und 193 oben Zwei Avro Tutors. Auf der rechten Fotografie ist eine restaurierte Avro Tutor zu sehen, die noch heutzutage fliegt. Der Sternmotor Armstrong Siddeley Lynx liefert 243 PS und ermöglicht eine Höchstgeschwindigkeit von 196 km/h.

190 unten Die Avro 621 Tutor flog zum ersten Mal 1929. Sie wurde entwickelt, um die Avro 504 in den Flugschulen der RAF zu ersetzen und blieb bis zum Kriegsausbruch für ca. zehn Jahre im Dienst.

200 km/h. Die SVA 9 wurde seit Anfang 1918 in Dienst gestellt und war zweifellos erfolgreicher als die vorhergehenden Modelle. Die SVA-Doppeldecker wurden von einem Dutzend Länder erworben und blieben bis 1928 in Produktion, wobei insgesamt über 2000 Exemplare gefertigt wurden. Die berühmteste Unternehmung, die mit einer SVA 9 vollbracht wurde, war sicherlich der von dem Oberleutnant Arturo Ferrarin 1920 durchgeführte Fernflug von Rom nach Tokio, bei dem eine Gruppe von sechs Zweisitzern in weniger als drei Monaten eine Strecke von gut 15 200 Kilometern zurücklegte. 1928 erschien ein weiteres bekanntes italienisches Schulflugzeug, die Caproni Ca.100 – genannt „Caproncino". Etwa 700 Exemplare des Doppeldeckers wurden zwischen 1930 und 1937 hergestellt und das Modell erwies sich als gut entworfene, flexible Maschine. In der Tat konnte das Flugzeug mit ungefähr fünfzig verschiedenen Motorentypen ausgestattet werden (vom 86-PS-FIAT A50 bis zum 132-PS-Colombo S63); und es konnte auch in ein Wasserflugzeug transformiert sowie mit Kufen ausgerüstet werden, so dass es von verschneiten Landeflächen aus fliegen konnte. Die Caproncino wurde als Zivil- und Militärflugzeug in viele Länder exportiert und in die Version Ca.100bis weiterentwickelt. Diese erneuerte Version enthielt einen 136-PS-Motor sowie eine geschlossene Kabine.

Zeitgleich mit dem Rückzug der Avro 504N aus den Flugschulen der RAF erschien 1929 die Avro 621 Tutor, die bereits 1930 vom britischen Ministerium als neues Schulflugzeug bestellt wurde. Fast 800 Exemplare der Tutor wurden hergestellt und dazu gesellte sich bald ein anderer Zweisitzer, dem ein noch besseres Schicksal beschert sein sollte. Es handelte sich um die De Havilland DH.82 Tiger Moth. Dieses Flugzeug, das am 26. Oktober 1931 seinen ersten Flug durchführte, stammte von dem Zivil-Doppeldecker Gipsy Moth ab, wurde jedoch mit neuen Flügeln, einem leistungsstärkeren Motor sowie einer kräftigeren Struktur versehen. Die Tiger Moth wurde sofort von der RAF erworben und ab 1932 in Dienst gestellt. Aus diesem Modell wurde die Version DH.82A entwickelt, die mit einem 132-PS-Motor Gipsy Major ausgestattet war. Die Tiger Moth sollte zu einem der meist benutzten und erfolgreichsten Übungsflugzeuge der Luftfahrtgeschichte werden. Insgesamt wurden ca. 8000 Exemplare gebaut und in Lizenz auch in Australien, Kanada, Neuseeland, Schweden, Norwegen und Portugal produziert. Das Flugzeug besaß eine

191 unten links *Die De Havilland DH.82 Tiger Moth war ohne Zweifel eines der erfolgreichsten und meistgebrauchten Schulflugzeuge. Sie wurde ab 1931 von den britischen Luftstreitkräften geflogen, aber später in Lizenz von vielen verschiedenen Ländern gebaut.*

191 unten rechts *Der Doppeldecker Polikarpow U-2 flog zum ersten Mal 1928. Dank seiner Robustheit blieb er viele Jahre lang im Einsatz und wurde für verschiedene Aufgaben benutzt – darunter Nachtbombardierungen während des Zweiten Weltkriegs.*

Spannweite von 8,9 Metern, ein Länge von 7,29 Metern und eine maximale Startmasse von 830 kg; die Höchstgeschwindigkeit betrug 170 km/h. Die Tiger Moth sollte für viele Jahre – der Zweite Weltkrieg war längst beendet – das militärische Standard-Schulflugzeug aller Commonwealth-Länder bleiben. Im Zivilsektor wird das Flugzeug noch bis heute flächendeckend als Tourismus-Flieger eingesetzt und gilt als Klassiker unter den historischen Vehikeln.

Auch die Sowjetunion, die in den 1920er- und 1930er-Jahren eine führende Rolle in der Luftfahrt spielte, produzierte ein Schulflugzeug mit interessanten Merkmalen. Es handelte sich dabei um das wahrscheinlich noch bis heute meistproduzierte Flugzeug dieser Kategorie (wenn nicht überhaupt um die größte jemals gebaute Serie) mit schätzungsweise über 33 000 Exemplaren. Das Verdienst an diesem Erfolg trägt der Konstrukteur Polikarpow, der den Entwurf der U-2TPK (ein Flugzeug, das nie realisiert wurde) vollkommen veränderte, um einen robusten, konventionellen Doppeldecker zu bauen, der einfach zu produzieren und zu steuern war. Die U-2 flog zum ersten Mal am 7. Januar 1928 und erwies sich als ein hervorragendes Flugzeug. Die Massenproduktion wurde unmittelbar darauf eingeleitet. Während des Zweiten Weltkriegs setzte man die U-2 in verschiedenen Rollen ein, wie zum Beispiel Aufklärung, taktische Unterstützung, Nachtbombardierungen, Zieldarstellung, Transport und Luftambulanz. Die Produktion wurde bis 1952 weitergeführt. Nach dem Tod Polikarpows wurde das Flugzeug in Po-2 umbenannt.

In den frühen 1930er-Jahren erschien ein weiteres bedeutendes Flugzeug in Deutschland, wo die Luftfahrt durch die Unterstützung der Naziherrschaft wieder rasch auflebte – nach den strengen Einschränkungen, die der Friedensvertrag von Versailles der deutschen Luftfahrt auferlegt hatte. Die neu gegründete Firma Bücker machte 1934 mit dem Modell Bü-131 Jungmann auf sich aufmerksam. Es handelte sich um einen aus Holz und Aluminium konstruierten zweisitzigen Doppeldecker, der mit Stoff bespannt war und mäßig gewinkelte Pfeilflügel besaß. Das erste Exemplar flog am 27. April 1934 und war ausgestattet mit einem Hirth 82-PS-Motor. Auch in diesem Fall erzielte das Flugzeug Verkaufserfolge auf dem Markt der Zivilluftfahrt sowie im Militärsektor, indem es von den Aero-Clubs ebenso wie von der neuen deutschen Luftwaffe, die sich gerade entwickelte, und von zahlreichen anderen Ländern erworben wurde. Das Modell Bü-131B wurde von einem Motor Hirth HM 504 mit 106 PS angetrieben, kam auf eine maximale Startmasse von 680 kg und eine Höchstgeschwindigkeit von 183 km/h. Die Spannweite betrug 7,4 Meter und die Länge 6,6 Meter. Das Jungmann-Modell wurde auch in der Tschechoslowakei und in Japan hergestellt; allein Japan baute 1254 Exemplare. Die Gesamtproduktion ist nicht bekannt, aber es handelte sich sicher um einige Tausend Exemplare. Aus der Bü-131 wurde auch das einsitzige Modell Bü-133 Jungmeister abgeleitet. Es war im Grunde eine verkleinerte Version, die aber mit einem stärkeren Hirth-Motor von 137 PS Leistung

ausgestattet war, der im darauf folgenden Modell C von einem Siemens Sh 14 mit 162 PS ersetzt wurde. Diese wirklich wendige und schnelle Maschine wurde als modernes Schulflugzeug für Jagdflieger benutzt. Bücker brachte schließlich 1939 das letzte ihrer berühmten Flugzeuge heraus, die Bü-181 Bestmann, ein Schulflugzeug für die Grundausbildung mit modernen Merkmalen. Als Schulterdecker mit ge schlossener, zweisitziger Kabine war die Bü-181 mit dem gleichen Hirth-Motor wie die Bü-131 ausgestattet, kam jedoch auf jedoch eine Höchstgeschwindigkeit von über 215 km/h. Während des Krieges wurden einige Tausend Exemplare der Bestmann in Deutschland, Holland und in der Schweiz hergestellt, und später auch in der Tschechoslowakei und Ägypten.

Ein weiteres Schulflugzeug, das sich einen herausragenden Platz in der Geschichte der Luftfahrt sicherte, war die amerikanische Stearman 75 Kaydet, die zum ersten Mal 1935 flog und während des Zweiten Weltkriegs Tausenden von amerikanischen Soldaten als Schulflugzeug diente. Das Modell 75 wurde aus dem Prototyp X-70 entwickelt, von der U.S. Army erworben und wurde im Jahr 1936 als PT-13 in Dienst gestellt. 1939 wurde Stearman von Boeing gekauft, einer Firma, die die Möglichkeiten besaß, der riesigen Flugzeug-Nachfrage seitens der Armee und Marine bei Ausbruch des Krieges gerecht zu werden. 1940

erschien die PT-17 (von der U.S. Navy N2S genannt): Es handelte sich dabei um die erfolgreichste Version. Dieses Modell war ausgerüstet mit dem 220-PS-Motor Continental R-670, der das Flugzeug zu einer Höchstgeschwindigkeit von 200 km/h antrieb. Die Spannweite betrug 9,8 Meter, die Länge 7,6 Meter und die maximale Startmasse erreichte 1230 kg. Bis 1945 produzierte Boeing 10 436 Exemplare der PT-17. Eine große Anzahl von Flugzeugen dieses Typs wurde noch viele Jahre nach dem Krieg in der Zivil- und Militärluftfahrt eingesetzt.
Ebenfalls amerikanischen Ursprungs war eine andere große Hauptfigur unter den Militär-Schulflugzeugen: die North American T-6 Texan. Dieses Flugzeug wurde von der Firma North American Aviation eingeführt und zwischen den 1940er- und 1960er-Jahren in den Vereinigten Staaten und schließlich weltweit als Schulflugzeug eingesetzt. Der Originalentwurf wurde NA-16 genannt und flog zum ersten Mal im April 1935. Die amerikanische Armee schätzte die Qualität des Ganzmetall-Eindeckers – mit zweisitzigem Tandem-Cockpit sowie Wright 405-PS-Motor – in hohem Maße und bestellte noch im selben Jahr eine erste Serie von 42 Exemplaren. Die Militärbezeichnung des Flugzeugs war BT-9. Dieser Entwurf bildete die Grundlage für die BC-1 (SNJ-1 bei der U.S. Navy), die 1937 eingeführt wurde und sich durch das neue Einziehfahrwerk, eine verbesserte Zelle und den neuen kräftigen 500-PS-Motor auszeichnete. 1940 wurde die BC-1 in AT-6 umbenannt. Infolge der drohenden Kriegsgefahr und des schließlichen Eintritts der

193 oben Die T-6 Texan wurde von der U.S. Navy „SNJ" genannt. Hier sind zwei restaurierte Exemplare zu sehen, die in den offiziellen Farben vor dem Kriegseintritt der Vereinigten Staaten im Dezember 1941 bemalt sind.

193 Mitte links Die Boeing-Stearman 75 Kaydet – ein weiteres berühmtes Schulungsflugzeug – wurde ab 1936 von den Flugschulen des USAAC und der U.S. Navy benutzt; in der Nachkriegszeit setzten auch viele weitere Streitkräfte diese Übungsmaschine ein. Über 10 000 Exemplare wurden gebaut.

193 Mitte rechts Auch Deutschland baute in den 1930er-Jahren ausgezeichnete Schulflugzeuge. Darunter war auch die Bücker Bü-133 Jungmeister: ein kleiner, einsitziger Kunstflug-Doppeldecker mit einem 160-PS-Motor und einer Höchstgeschwindigkeit von 220 km/h.

193 unten Das Sportflugzeug Bücker Bü-181 Bestmann flog zum ersten Mal 1939 und war damals eine sehr fortschrittliche Maschine. In der Nachkriegszeit wurde die Bü-181 in verschiedenen Ländern eingesetzt. Auf der Fotografie ein ägyptisches Exemplar.

192 oben Eine North American T-6A Texan der kanadischen Luftwaffe. Dieses Flugzeug – gebaut in Lizenz – wurde in den Commonwealth-Ländern Harvard H4M genannt.

192 unten Eine T-6A in den Farben der portugiesischen Luftwaffe. Die Texan war ein großer Erfolg und wurde in der Nachkriegszeit an viele mit den USA verbündete Nationen verkauft. Man baute über 21 000 Exemplare, die in mehr als 60 Ländern eingesetzt wurden.

USA in den Zweiten Weltkrieg wuchs der Bedarf an diesem Flugzeug und die Produktion wurde ständig gesteigert. Gleichzeitig wurde der Grundentwurf entsprechend den veränderten Anforderungen zu verbesserten oder Spezial-Versionen weiterentwickelt. Während das Modell von den Briten „Harvard" getauft wurde, nannten die Amerikaner die AT-6 „Texan", da speziell für dessen Produktion ein neues Werk in Dallas, Texas, gebaut worden war. Die AT-6A verfügte über einen Motor Pratt & Whitney R-1340-49 mit 607 PS, der das Flugzeug bis zu einer Höchstgeschwindigkeit von 338 km/h antrieb. Die Spannweite betrug 12,8 Meter und die Länge 8,8 Meter, während die maximale Startmasse 2340 kg erreichte. Nach dem Krieg wurde das Flugzeug unter der neuen Bezeichnung T-6 in Lizenz auch in Australien, Schweden, Spanien, Kanada und Japan gebaut. Inklusive aller Versionen (es gab davon über 260) ergeben Schätzungen, dass insgesamt über 21 000 Exemplare gebaut wurden. In der Nachkriegszeit wurde die T-6 von über 60 verschiedenen Luftstreitkräften in

aller Welt erworben und weltweit als militärischer Standard-Trainer verwendet; in einigen Fällen waren Texans sogar bis in die 1980er-Jahre hinein im Dienst.
Das bedeutendste Ergebnis des technischen Fortschritts in der Luftfahrt, das aus dem Zweiten Weltkrieg hervorging, war das Erscheinen des Düsentriebwerks und der davon angetriebenen Flugzeuge: der Messerschmitt Me 262, der Arado Ar 234, der Gloster Meteor und anderer experimenteller Entwürfe. In der Nachkriegszeit wurde es offensichtlich, dass mit der rasch voranschreitenden Entwicklung der Düsenflugzeuge die üblichen propellergetriebenen Schulflugzeuge nicht mehr für die Ausbildung der Piloten ausreichen würden. Somit wurde eine neue Generation von strahlgetriebenen Schul- und Trainingsflugzeugen geboren, von denen einige sogar bereits für die Anfangsschulung der Pilotenschüler benutzt wurden. Das erste und bekannteste Schulflugzeug wurde – wie viele Modelle zu dieser Zeit – aus einem Jagdflugzeug hergeleitet, der Lockheed F-80. Auf der Basis dieses ausgezeichneten Jets entwarf die kalifornische Firma ein zweisitziges Modell, das im Wesentlichen die Gestaltung des Original-Flugzeugs bewahrte. Das TP-80C genannte Flugzeug flog zum ersten Mal am 22. März 1948 und wurde sofort für die Serienproduktion freigegeben. Die TP-80C besaß eine Spannweite von 11,8 Metern, eine Länge von 11,5 Metern und eine maximale Startmasse von 6550 kg; ausgestattet mit einem Allison J33-Strahltriebwerk mit 2450 kp Schub, wurde dem Flugzeug eine Höchstgeschwindigkeit von 965 km/h ermöglicht. Die TP-80C wurde bald darauf in T-33A Silver Star umbenannt und konnte hervorragende Verkaufserfolge erzielen: Insgesamt wurden 6557 Exemplare von Lockheed und von verschiedenen anderen Firmen in Lizenz produziert. Diese Maschinen wurden von Streitkräften aus über 40 Ländern der ganzen Welt erworben. Die Qualität des Entwurfs war entsprechend zufriedenstellend, dass sich auch noch 50 Jahre später einige der T-33 in Ländern wie Kanada und Bolivien im Dienst befinden.
Dem Beispiel der Vereinigten Staaten folgend, begann man auch in Europa, strahlgetriebene Grundausbildungsflugzeuge zu entwerfen. Außer der britischen De-Havilland T Vampire – einer Ableitung vom Jäger Vampire – wurde das erste wirkliche Schul- und Trainingsflugzeug Europas aufgrund einer Spezifikation der französischen Luftstreitkräfte entworfen. Es handelte sich um die Fouga CM-170 Magister, die am 23. Juli 1952 ihren ersten Flug durchführte. Die Magister überzeugte durch eine stromlinienförmige, elegante Außenform und war mit geraden Flügeln, Tandem-Cockpit ohne Schleudersitze, dem typischen V-Leitwerk und zwei Turboméca Marboré Strahltriebwerken von je 400 kp Schubkraft, die in den Flügelwurzeln untergebracht waren, ausgestattet. Die Spannweite betrug 12,1 Meter, die Länge 10 Meter und die maximale Startmasse sah 3200 kg vor. Die Magister erreichte eine Höchstgeschwindigkeit von 715 km/h und konnte auch mit zwei 7,62-mm-Maschinengewehren sowie bis zu 100 kg Außenlasten (Bomben und Raketen) bewaffnet werden. Da es sich um eines der ersten serienmäßig hergestellten Schulflugzeuge handelte, konnte die Magister einen sehr guten Verkaufserfolg erreichen und wurde von nicht weniger als 22 Ländern genutzt. Sie wurde außerdem in Lizenz in Deutschland, Finnland und Israel hergestellt. Die Gesamtproduktion betrug 929 Exemplare, von denen einige Magister noch bis heute fliegen. Fouga entwickelte auch die Version CM-175, die der französischen Marine als Schul- und Trainingsflugzeug für Decklandeoperationen dienen sollte.
Zwei Jahre nach der Magister erschienen zwei weitere wichtige Flugzeuge. Als Erstes flog am 16. Juni 1954 die britische Hunting P84 Jet Provost, die aus dem propellergetriebenen Schulflugzeug Provost entwickelt worden war – in der Hoffnung, den Forderungen der RAF nach einem Schulungs-Düsenflugzeug zu entsprechen. Die Flügel und Leitwerke des Provost beibehaltend, entwarf Hunting einen neuen Rumpf, der sich durch neue, nebeneinander angebrachte Schleudersitze sowie zwei Lufteinläufe an den Flügelwurzeln auszeichnete. Das Strahltriebwerk Bristol Siddley Viper erzeugte eine Schubkraft von 1134 kp und erlaubte dem Flugzeug eine Höchstgeschwindigkeit von 708 km/h. Die Jet Provost hatte eine Spannweite von 10,7 Metern, eine Länge von 10,3 Metern und eine maximale Startmasse von 4170 kg. Die RAF bestellte 201 Exemplare des Modells T.Mk.3, dem weitere Serienmodelle folgten; viele davon wurden exportiert. Insgesamt wurden etwa 530 Exemplare der P84 gebaut und von sieben Luftstreitkräften erworben. Die P84 blieb bis Ende der 1980er-Jahre bei der RAF im Dienst.
Am 12. Oktober 1954 flog die Cessna 318, die als Antwort der Firma auf eine USAF-Spezifikation für ein neues Düsen-Schulflugzeug konstruiert worden war. Die Cessna war ein kleines zweistrahliges Flugzeug mit Parallelsitzen und niedrigem Fahrwerk. Der Entwurf erhielt die militärische Bezeichnung T-37A. Die Spannweite betrug 10,9 Meter, die Länge 8,6 Meter und die maximale Startmasse erreichte ca. 2900 kg. Die Antriebskraft lieferten zwei Continental J69-Motoren mit je 417 kp Schub. Nach einer Produktion von 534 Exemplaren, die 1957 in Dienst gestellt wurden, führte man das stärker motorisierte (465 kp Schub) Modell T-37B ein. Es folgten die Versionen T-37C und später die A-37A und die Dragonfly B, die mit noch stärkeren Triebwerken versehen wurden, eine maximale Startmasse bis zu 6350 kg erreichten und mit Bewaffnung und Zusatztanks ausgerüstet waren. Größtenteils wurden diese Flugzeuge als leichte Angreifer an die alliierten Luftstreitkräften verkauft. Nachdem sie vielen Erneuerungsprogrammen unterzogen wurde – mit dem Ziel, die operative Tätigkeit verlängern zu können – führte die T-37 (über 1230 hergestellte Exemplare) ihre Karriere als Standard-

194 oben links Die Lockheed T-33A Silver Star – hergeleitet von dem Jäger F-80 – war das erste Düsenschulflugzeug der amerikanischen Luftwaffe und flog zum ersten Mal 1948.

194 unten links Ein Paar Hunting P.84 Jet Provost der RAF. Dieses strahlgetriebene Modell wurde aus dem propellergetriebenen Schulflugzeug Provost entwickelt.

194 rechts Zwei Cessna T-37A der pakistanischen Luftwaffe. Das Flugzeug flog zum ersten Mal 1954 und besaß nebeneinander angeordnete Sitze und gerade Tragflächen. Es wurden über 1800 Exemplare gebaut.

195 Die französische Fouga CM.170 Magister war eines der ersten Modelle, die entworfen wurden, um die Piloten für Flüge auf den neuen Düsenflugzeugen auszubilden. Sie hob zum ersten Mal 1952 ab. Dieses Exemplar wird von der irischen Luftwaffe geflogen.

Schulflugzeug der USAF fort, bis sie 2009 von der Beech T-6A Texan II ersetzt wurde.
Am 10. Dezember 1957 führte in Italien die Aermacchi MB.326 ihren Jungfernflug durch – ein weiteres erfolgreiches Schulflugzeug, das weltweit verkauft werden sollte. Sie war eine einfache, zuverlässige und robuste Maschine mit traditionellen Außenformen und Tandem-Sitzen. Die 326 führte eine Reihe von Innovationen ein und wurde schon bald von der italienischen Luftwaffe (die AMI) bestellt, um in deren eigenen Flugschulen eingesetzt zu werden. Das Flugzeug besaß eine Spannweite von 10,5 Metern, eine Länge von 10,6 Metern sowie eine maximale Startmasse von 3765 kg und wurde von einer Strahlturbine Rolls-Royce Viper mit 1134 kp Schubkraft zu einer Höchstgeschwindigkeit von 805 km/h angetrieben. Eine Reihe wichtiger Produktionsverträge, die mit Südafrika, Australien und Brasilien abgeschlossen werden konnten, bestätigten den Verkaufserfolg der MB.326. Insgesamt wurden 763 Exemplare hergestellt und in zwölf Ländern genutzt. Die 326 bildete auch die Grundlage zur Konstruktion der einsitzigen Angriffsversion MB.326K. 1972 begann man bei Aermacchi – in Hinblick auf einen Ersatz der 326-Serie für die AMI – Arbeiten an dem Entwurf MB.339, der eine radikale Weiterentwicklung seiner Vorgängerin war. Das Flugzeug besaß einen Viper-Motor mit 1814 kp Schub (derselbe wie bei der MB.326K), eine vollständig neuentworfene Nase sowie ein Tandem-Cockpit mit abgestuften Sitzen. Das Flugzeug flog zum ersten Mal am 12. August 1976 und wurde ebenfalls ein guter Verkaufserfolg; Luftstreitkräfte aus neun Ländern erwarben das Modell, von dem über 220 Exemplare in verschiedenen Versionen produziert wurden. Die fortschrittliche Version FD/CS der MB.339 besitzt Digital-Avionik und ist noch heutzutage in Produktion.
Die Länder des kommunistischen Blocks verfügten über ihren eigenen Standard-Übungsjet: die tschechische Aero L-29 Delfin, ein ein-

strahliges Flugzeug mit Tandem-Cockpit, geraden Flügeln und T-Leitwerk, das zum ersten Mal am 5. April 1959 flog. Dieses Flugzeug wurde von einem Motorlet M701-Triebwerk mit 890 kp Schubkraft angetrieben und konnte eine Höchstgeschwindigkeit von 655 km/h erreichen. Die Spannweite betrug 10,3 Meter, die Länge 10,8 Meter und die maximale Startmasse 3280 kg. Über 3500 Exemplare der L-29 wurden hergestellt, wobei nicht weniger als 2000 Flugzeuge von der sowjetischen Luftwaffe für die eigenen Flugschulen erworben wurden. In den 1960er-Jahren beschloss Aero, einen Nachfolger für die Delfin zu entwickeln, aber die anfänglichen Entwürfe der L-39 Albatros stießen auf Schwierigkeiten, die aufgrund der Kombination der neuen Zelle mit dem sowjetischen Triebwerk Iwtschenko hervorgerufen zu sein schienen. Der erste Flug der Albatros fand am 4. November 1968 statt, aber das Flugzeug wurde erst 1974 in den operativen Dienst eingeführt. Es war – wie das Vorgängermodell – ein einfaches, leichtes und robustes Flugzeug, das ein hervorragender Verkaufserfolg wurde. Insgesamt wurden 2800 Maschinen hergestellt und in über 18 Länder exportiert – die Mehrheit davon freilich in die Sowjetunion. Das Triebwerk der L-39 war ein Iwtschenko Progress mit 1720 kp Schubkraft; damit erreichte das Flugzeug eine Höchstgeschwindigkeit von 755 km/h. Die maximale Startmasse betrug 4700 kg und die Maße sahen 9,5 Meter Flügelspannweite und 12,1 Meter Länge vor. Auf das Grundmodell für die Ausbildung L-39 folgten Versionen für Bodenangriffseinsätze und schließlich 1986 die L-59, mit besserem Triebwerk und moderner Avionik. 1993 flog das Modell L-139, ein Flugzeug, das aus einer Zusammenarbeit mit der amerikanischen Industrie – bei der Triebwerksausstattung und der Avionik – entstand. Im Jahr 1997 erschien die L-159, ein einsitziger bzw. zweisitziger Jäger, der auf der Basis der L-59 entwickelt wurde. Die amerikanische Firma Northrop kann für sich verbuchen, das erste Überschall-Übungsflugzeug auf den Markt der militärischen Jets gebracht zu haben: Am 10. April 1959 flog der Zweisitzer N-156 zum ersten Mal. Später erwarb die USAF das Flugzeug und nannte es T-38A Talon. Es handelte sich um ein schlankes zweistrahliges Flugzeug mit Tandem-Sitzen und mäßig gewinkelten, relativ kurzen Pfeilflügeln.

Die USAF nutzte das Modell ab 1961 als Fortgeschrittenen-Trainingsflugzeug, das von den Piloten nach einer Grundausbildung auf der T-37 benutzt werden durfte. Die T-38 besaß eine Flügelspannweite von 7,7 Metern und eine Länge von 14,1 Metern sowie eine maximale Startmasse von 5900 kg. Die beiden General Electric J85-Strahltriebwerke mit Nachbrenner produzierten eine Schubkraft von je 1750 kp und trieben das Flugzeug zu einer Höchstgeschwindigkeit von Mach 1,23 an. Insgesamt wurden 1187 Exemplare der Talon gebaut; viele davon wurden von der U.S. Navy, der NASA sowie den Luftstreitkräften aus Portugal, aus der Türkei, Süd-Korea und aus Taiwan eingesetzt. Aus dem Originalmodell wurde auch das Modell für das Waffeneinsatztraining AT-38B abgeleitet. Auch die T-38 befindet sich in der Modernisierungsphase, die einen Austausch der Avionik sowie einen Neuentwurf der Zelle vorsieht, damit das Flugzeug seinen Dienst bei der USAF möglichst noch bis zum Jahr 2020 fortsetzen kann.

196 oben *Das erste Überschall-Übungsflugzeug der Geschichte war die Northrop T-38A Talon. Die Maschine wurde 1961 in Dienst bei der USAF gestellt und wurde für die fortgeschrittene Ausbildungsphase benutzt. Auf der Fotografie ist ein Talon-Exemplar der türkischen Luftwaffe zu sehen.*

196 Mitte *Die angloamerikanische McDonnell-Douglas (Boeing)/BAe T-45A wurde für die U.S. Navy aus der BAe Hawk entwickelt. Obwohl bei der Konstruktion die Grundlinien der Hawk beibehalten wurden, handelte es sich um ein vollständig neues Flugzeug.*

196-197 *Der Alpha-Jet aus dem Jahr 1973 war das Ergebnis einer französisch-deutschen Zusammenarbeit beim Bau eines Mehrzweck-Flugzeugs, das sowohl als leichter Jagdbomber als auch als Übungsmaschine eingesetzt werden konnte.*

197 oben *Die Aermacchi MB.339 war direkte Nachfolgerin der MB.326 und flog zum ersten Mal im Jahr 1976. Hier ist das Modell MB.339C der neuseeländischen Luftwaffe bei einer Kunstflugübung zu sehen.*

197 unten links *Die Aero L-29 Delfin (erster Flug 1959) war viele Jahre lang das Standard-Übungsflugzeug der Warschauer-Pakt-Staaten und befreundeter Länder der UdSSR. Es wurden über 3500 Exemplare gebaut.*

197 unten rechts *Die Aermacchi MB.326 war das erfolgreichste italienische Flugzeug nach dem Zweiten Weltkrieg. Hier ist ein Exemplar des südafrikanischen Kunstfluggeschwaders zu sehen.*

In Europa erschienen Mitte der 1970er-Jahre zwei weitere moderne Schulflugzeuge, die zusammen mit der MB.339 eine neue Generation dieses Flugzeugtyps bildeten. Es handelte sich um den Alpha Jet des französisch-deutschen Konsortiums Dassault-Breguet/Dornier und um die britische Hawker-Siddeley (später British Aerospace) Hawk. Das erste Flugzeug stammte aus dem Jahr 1969 und war ein Produkt, das einerseits die französischen Bedürfnisse nach einem Schulflugzeug und andererseits den deutschen Bedarf an einem Jagdbomber decken sollte. Der daraus hervorgegangene Alpha Jet entsprach jedoch mehr den französischen Spezifikationen als denen der deutschen Luftwaffe: Es war ein Tandem-Zweisitzer in Hochdecker-Auslegung mit Pfeilflügeln und mit zwei niedrig eingebauten Triebwerken ohne Nachbrenner. Das Übungsflugzeug Alpha Jet E besaß eine Länge von 12,3 Metern sowie eine Spannweite von 9,1 Metern und eine maximale Startmasse von ca. 7500 kg. Die beiden Larzac 04-Strahlturbinen mit je 1350 kp Schubkraft ermöglichten dem Flugzeug eine Höchstgeschwindigkeit von 920 km/h. Seinen ersten Flug führte der Alpha Jet am 26. Oktober 1973 durch; seitdem wurden über 500 Exemplare produziert und in elf verschiedene europäische, asiatische und afrikanische Länder verkauft. 1982 erschien der Alpha Jet 2, der mit modernerer Avionik und spezifischer Bodenangriffs-Bewaffnung ausgestattet war.

Beachtlichen Erfolg genoss auch die britische BAe Hawk, die zum ersten Mal am 21. August 1974 flog. Es handelte sich um einen Fortgeschrittenen-Trainer mit Tandem-Plätzen in Tiefdecker-Auslegung, der entworfen wurde, um die RAF mit Ersatzflugzeugen für die Modelle Folland Gnat und Hawker Hunter auszurüsten. Die schnelle und wendige Hawk wurde 1976 in Dienst gestellt und erwies sich schon nach kurzer Zeit auch als gutes Kampfflugzeug. Der Export-Erfolg war zum größten Teil der Verwendungsvielfalt des Flugzeugs zu verdanken. Das Modell Hawk T Mk.I besaß eine Spannweite von 9,4 Metern, bei einer Länge von 11,8 Metern und einer maximalen Startmasse von 7750 kg. Angetrieben von einem Adour-Zweikreistriebwerk mit 2360 kp Schub, konnte das Flugzeug bis zu 1040 m/h schnell fliegen. Ab 1980, mit der Einführung verschiedener Export-Versionen (die Serien Mk.50, 60 und 100), wurde die Hawk an rund fünfzehn Länder in Europa, Asien, Afrika und Nordamerika verkauft. 1986 erschien auch das einsitzige Modell Mk.200, das speziell für Kampfaufgaben entworfen wurde. Seitens McDonnell-Douglas und der BAe wurde die Hawk Mk.60 zum Basismodell für die Realisierung des künftigen Fortgeschrittenen-Trainers der U.S. Navy ausgewählt. Dieses neue Flugzeug wurde T-45A Goshawk genannt und führte seinen ersten Flug am 16. April 1988 durch. 1992 wurde das Modell den Dienst gestellt. Die U.S. Navy hatte insgesamt 174 Exemplare der T-45A bestellt, die bis 2003 die TA-4 Skyhawk ersetzte und 2008 die T-2 Buckeye. Die T-45A unterscheidet sich wesentlich von der Hawk. Sie verfügt über moderne Avionik und wurde strukturellen und aerodynamischen Änderungen unterzogen, um den besonderen Anforderungen der U.S. Navy – vor allem bei Decklandeoperationen auf Flugzeugträgern – zu genügen. Bis heute wurden schon weit über 900 Exemplare der verschiedenen Hawk-Versionen produziert.

In den Jahren der Nachkriegszeit wurde parallel zu den Düsenmodellen auch die Produktion von propellergetriebenen Schulflugzeugen vorangetrieben, da man diese Maschinen für die Anfangsphasen der Flugausbildung benötigte. In dieser Kategorie traten besonders die Modelle Jak-18, Beech T-34 Mentor, North American T-28 Trojan und SIAI-Marchetti SF.260 hervor. In der Sowjetunion hatte Jakowlews Büro bereits vor dem Ausbruch des Zweiten Weltkriegs ein einmotoriges Propeller-Schulflugzeug entworfen, doch das Projekt blieb aufgrund der geändereten Prioritäten, die der Krieg setzte, bis 1945 „eingefroren". Die Jak-18, die sich

198-199 *Das italienische „Frecce Tricolori" ist eines der angesehensten Kunstfluggeschwader der Welt; die Gruppe fliegt seit 1982 mit zehn Aermacchi MB.339. Die „Frecce" – bekannt als die 313. Gruppe – wird auch als Jagdbomber-Einheit trainiert.*

199 oben *Die französische Patrouille de France – ein weiteres der weltbesten Kunstfluggeschwader – benutzt neun Dassault-Breguet/Dornier Alpha Jets Typ E. Die Franzosen setzen die Maschine nur als Übungsflugzeug ein, während sie in Deutschland als leichter Jagdbomber benutzt wurde.*

199 unten *Das RAF-Kunstfluggeschwader „Red Arrows" fliegt mit neun BAe Hawk-Übungsflugzeugen. Die Hawk flog zum ersten Mal 1974 und kann – mit Bomben und Raketen bewaffnet – auch als leichtes Angriffsflugzeug benutzt werden. Es wurde in zwölf Länder als Übungsflugzeug und leichter Multifunktionsjäger exportiert. Man entwickelte auch eine einsitzige Version, die Hawk Mk.200.*

durch einen Sternmotor, Tandem-Cockpit sowie ein Spornradfahrwerk auszeichnete, erschien daher zum ersten Mal 1947, wurde jedoch 1955 von der Jak-18U ersetzt, die mit einem Dreipunkt-Bugradfahrwerk ausgestattet war, und später von dem Modell A mit 260-PS-Motor und weiteren Verfeinerungen. Bis 1968 wurden mehr als 6750 Exemplare der Jak-18 produziert; das Flugzeug war das bedeutendste Grund-ausbildungs-Flugzeug der sowjetischen Luftwaffe und war auch im Dienst der verschiedenen Satellitenstaaten der UdSSR. 1976 wurde aus der Jak-18 der Kunstflug-Einsitzer Jak-50 entwickelt und später der Zweisitzer Jak-52, der von einem 360-PS-Sternmotor Wedenejew M14 zu einer Höchstgeschwindigkeit von 300 km/h angetrieben wurde und eine maximale Startmasse von 1300 kg besaß. Äußerlich ähnelte die Jak-52 sehr stark ihren Vorgängern. Bis heute sind 1700 Exemplare produziert worden.

In den Vereinigten Staaten wurde 1948 die Beech 45 eingeführt. Das Flugzeug basierte auf dem Modell 35 Bonanza von Beech Aircraft und wurde als neues Grundausbildungs-Flugzeug für die USAF entworfen. Die Maschine bekam dort schließlich die militärische

200 links Die North American T-28 Trojan war für die U.S. Navy ein Ersatzflugzeug der Texan SNJ. Die Serienproduktion begann 1950 und es wurden fast 1200 Exemplare hergestellt. Dies ist eine restaurierte Trojan, bemalt mit den Farben der USAF.

200-201 Die USAF beschloss, die T-6 Texan durch die Beech T-34 Mentor zu ersetzen. Die T-34 startete im Dezember 1948 zu ihrem ersten Flug und wurde später auch von den Luftwaffen weiterer 16 Länder eingesetzt.

201 unten Die sowjetische Jakowlew Jak-18 war ein bekanntes, propellergetriebenes Übungsflugzeug aus Osteuropa. Die Maschine erschien 1946 als Tandem-Zweisitzer. 1967 wurde die viersitzige Jak-18T entwickelt (hier auf dem Foto) und für Leichttransporte sowie Rettungseinsätze benutzt.

Benennung T-34A Mentor und war ausgestattet mit einem Dreipunkt-Bugradfahrwerk sowie einem Tandem-Cockpit. Den ersten Flug führte die Mentor am 2. Dezember 1948 aus; 450 Exemplare wurden von der USAF bestellt sowie 423 von der U.S. Navy (als T-34B). Die T-34A hatte eine Spannweite von 10,1 Metern, eine Länge von 8,7 Metern und die maximale Startmasse betrug 1960 kg. Sie war ausgerüstet mit einem 225-PS-Motor Continental O-450 und erreichte eine Höchstgeschwindigkeit von 304 km/h. Später erwarb die USAF das Düsenflugzeug T-37, während die U.S. Navy sich dafür entschied, die Modelle B und C mit einem Turbprop-Triebwerk vom Typ Pratt & Whitney Canada PT6A (mit ca. 400 WPS) auszurüsten, so dass eine Höchstgeschwindigkeit von 396 km/h gewährleistet sein würde. Über 1200 Exemplare der T-34 wurden produziert (auch in Lizenz in Japan und Argentinien) und waren bzw. sind noch in mehr als 15 Ländern im Dienst. Die North American XT-28, ein robuster Eindecker mit Tandem-Sitzen in Tiefdecker-Auslegung, flog zum ersten Mal am 26. September 1949. Das Flugzeug sollte die T-6-Trainer ersetzen; 1950 wurde das Projekt genehmigt und man nannte die Maschine „T-28A Trojan" bei der USAF bzw. T-28B bei der U.S. Navy. Letztere erwarb auch die T-28C, eine Version mit Fanghaken für Trägerlandungen. Die Trojan war ausgestattet mit einem 1445-PS-Motor Wright R-1820 und erreichte eine Höchstgeschwindigkeit von 550 km/h. Außerdem bewies sie auch gute Qualitäten als leichtes Angriffsflugzeug und wurde in den Konflikten in Algerien und Indochina eingesetzt. Insgesamt wurden 1194 Exemplare der T-28 gebaut und von mehreren Luftwaffen benutzt. Die als Sportflugzeug entworfene Marchetti SIAI SF.260 vollbrachte ihren ersten Flug am 15. Juli 1964. Das Flugzeug wurde aus zwei Entwürfen des Ingenieurs Stelio Frati entwickelt: der F.8 Falco und der F.250. Letztere wurde von der SIAI Marchetti erworben, die das Flugzeug für die Serienproduktion anpasste. Nach den ersten Erfolgen im Bereich der Zivilluftfahrt begannen auch die militärischen und zivilen Flugschulen, die F.250 zur Kenntnis zu nehmen, da sie auch als Übungsflugzeug bemerkenswerte Kapazitäten bewies. In der Folge wurden Ende der 1960er-Jahre die SF.260M für den Militärgebrauch gebaut und später auch die SF.260W Warrior – mit der Möglichkeit, außerdem eine leichte Bewaffnung zu verwenden. Das Flugzeug besaß eine ele-

140
RESCUE
N54RF
NAVY

RA-44470
Як-18Т

gante, fast puristische Außenform mit Flügeln in Laminarprofil, Cockpit mit nebeneinander angebrachten Sitzen und Einziehfahrwerk. Der Motor vom Typ Lycoming AIO-540 leistete 260 PS und ermöglichte eine Höchstgeschwindigkeit von 347 km/h. Die Flügelspannweite betrug 8,35 Meter, die Länge 7,1 Meter und die maximale Startmasse des Flugzeugs erreichte bis zu 1200 kg. Es wurde außerdem auch die TP-Propellerturbinen-Version der SF.260 entwickelt, die einen bemerkenswerten kommerziellen Erfolg erfuhr: Insgesamt wurden über 900 Exemplare der SF.260 produziert, wobei die Militärversionen des Flugzeugs in 31 Ländern Gebrauch fanden. Gegenwärtig wird sie noch von Aermacchi hergestellt.

In den 1960er-Jahren des 20. Jahrhunderts begann sich ein dritter Typ von Ausbildungsflugzeugen durchzusetzen: Es handelte sich um die mit Propellerturbine ausgestatteten Versionen. In diesen Modellen vereinten sich hohe Flugleistungen mit niedrigen Betriebskosten. Die Flugzeuge, die sich am besten auf diesem Feld behaupten konnten – neben den Modellen T-34C und SF.260TP – wurden in der Schweiz und in Brasilien hergestellt. In den 1960er-Jahren beschloss die schweizerische Firma Pilatus, die bereits das Kolbenmotorflugzeug P-3 produziert hatte, eine Weiterentwicklung mit der Einführung eines Propellerturbinen-Triebwerks neu zu beleben. Das neue Flugzeug, genannt P-3B, flog zum ersten Mal am 12. April 1966, doch die endgültige Version PC-7 erschien erst 1978. Die P-3B hatte eine Flügelspannweite von 10,1 Metern, eine Länge von 10,1 Metern und eine maximale Startmasse von 3200 kg. Angetrieben von einer klassischen Propellerturbine vom Typ Pratt & Whitney Canada PT6A mit 700 WPS, erreichte das Flugzeug eine Höchstgeschwindigkeit von 555 km/h. Die PC-7 wurde 1982 bei der schweizerischen Luftwaffe in Dienst gestellt und später von 15 weiteren Ländern erworben. Insgesamt wurden 450 Exemplare produziert. Aus diesem Modell wurde auch die PC-9 entwickelt, die zum ersten Mal am 7. Mai 1984 flog. Diese Version war mit dem stärkeren Motor PT6A (950 WPS) ausgestattet, verfügte über Schleudersitze für die Besatzung und bewies alles in allem bessere Flugleistungen. Über 160 Exemplare der PC-9 wurden hergestellt; das Flugzeug bildete außerdem die Grundlage für die Konstruktion der Beech Mk.II, die 1995 den JPATS-Wettbewerb als neues Schulflugzeug der amerikanischen Streitkräfte für sich entscheiden konnte. Das T-6A Texan genannte Flugzeug verfügte über einen 1250-WPS-Motor, neue Avionik, eine druckdichte Kabine sowie weitere Modifizierungen. Insgesamt wurden über 700 Exemplare der T-6A Texan für die USAF und U.S. Navy produziert, außerdem für die Luftstreitkräfte von Kanada, Griechenland, Israel, Mexiko, dem Irak und Marokko.

Die AT-6B wurde vor kurzem für leichte Angriffe und Bekämpfung von Aufständen entwickelt. Das neueste Mitglied der Pilatus-Familie ist die PC-21, die ihren Erstflug am 1. Juli 2002 hatte. Obwohl ähnlich wie ihr Vorgänger PC-9, ist die PC-21 ist ein völlig neues Flugzeug, das sich durch digitale Avionik und kleinere Pfeilflügel auszeichnet, um die Flugeigenschaften eines Jets besser nachahmen zu können. Sie wird von einem Triebwerk Pratt & Whitney Canada PT6A-68B mit 1600 WPS angetrieben und hat einen Fünf-Blatt-Propeller. Das maximale Startgewicht liegt bei 4300 kg, die Höchstgeschwindigkeit beträgt 685 km/h. Die Flügelspannweite beträgt 9,1 Meter bei einer Gesamtlänge von 11,2 Metern. Das Flugzeug wird noch produziert und ist bereits im Dienst für die Luftwaffen der Schweiz, Singapur und den Vereinigten Arabischen

Emiraten, bei offenen Bestellungen für Saudi-Arabien und Katar. Andere Turboprop-Trainer, sehr ähnlich der Pilatus wurden von der südkoreanischen Luftfahrtindustrie (die KAI KT-1, die ihren Erstflug im Jahr 1991 hatte, in Dienst seit 2000) und in der Türkei produziert (die TAI HÜRKUS).
Mitte der 1970er-Jahre widmete sich die brasilianische Firma Embraer der Realisierung eines Propellerturbinen-Übungsflugzeugs. Der erste gebaute Prototyp flog am 16. August 1980 und wurde „EMB-312 Tucano" genannt. Das Flugzeug besaß eine Flügelspannweite von 11,1 Metern, eine Länge von 9,8 Metern und eine maximale Startmasse von 3175 kg. Die Tucano wurde von einem Pratt & Whitney PT6A-Triebwerk mit 760 WPS (begrenzt auf 590 WPS) angetrieben und erreichte eine Höchstgeschwindigkeit von

202-203 Die SIAI Marchetti (heute Aermacchi) SF.260 war eines der erfolgreichsten italienischen Schulflugzeuge der Nachkriegszeit. Die 1964 eingeführte Maschine befindet sich noch heute in Produktion; über 900 Exemplare wurden in mehr als 30 Länder verkauft.

203 oben Die schweizerische Pilatus PC-7 ist ein weiteres gelungenes Propellerturbinen-Schulflugzeug. Sie flog zum ersten Mal 1978. Die mehr als 500 gebauten Exemplare wurden in 16 Länder verkauft. Auf dem Foto sind drei malaysische Modelle zu sehen.

203 Mitte Zwei Shorts Tucanos der RAF (die britische, in Lizenz gebaute Version der brasilianischen Embraer EMB-312). Ende der 1970er-Jahre begann man – um die Trainingskosten zu senken – anstelle der komplexeren Jets mehr Propellerturbinenflugzeuge zu benutzen.

203 unten Die Pilatus PC-9 war eine Weiterentwicklung der PC-7 und erwies sich als ein hervorragender Propellerturbinen-Trainer. Das Flugzeug wurde als Sieger des JPATS-Wettbewerbs gekürt, um die Flugschulen der amerikanischen Luftstreitkräfte neu auszurüsten.

433 km/h. Das Flugzeug wurde 1982 in den Dienst der brasilianischen Luftwaffe übernommen und auch erfolgreich exportiert, besonders nach Großbritannien und Frankreich – zwei Ländern, die dem Import von Flugzeugen anderer Nationen eher abgeneigt gegenüberstanden – wo es den Flugschulen zugewiesen wurde. Gegenwärtig befindet sich das Modell noch in Produktion (auch in der Angriffsversion A-29/EMB-312H), wobei bis heute 850 Exemplare in 20 Länder auf der ganzen Welt geliefert wurden.

Unter den Fortgeschrittenen-Trainern (LIFT) haben in letzter Zeit zwei neue Flugzeuge auf sich aufmerksam gemacht. Im Jahr 1999 stellte die südkoreanische Firma KAI in Zusammenarbeit mit Lockheed Martin einen fortschrittlichen Trainer vor, der auch Fähigkeiten im Kampf besitzt. Die T-50 Golden Eagle hatte ihren Jungfernflug am 20. August 2002 und soll in der südkoreanischen Luftwaffe die älteren T-37 und T-38 ersetzen. Vorbild der Golden Eagle, die 2005 in Dienst ging, war die Lockheed Martin F-16, vor allem die Flügel. Das Flugzeug wurde auch in einer Kunstflugversion T-50B gebaut. Eine Version als leichter Kämpfer mit Allwetterfähigkeit ist geplant, um die F-5E/F zu ersetzen. Der Trainer kann in Überschallgeschwindigkeit mit Mach 1,4 fliegen. Die Startmasse beträgt

13 500 kg, die Spannweite misst 9,1 Meter bei einer Gesamtlänge von 13 Metern. Auf dem Markt für LIFT-Typen konkurriert sie mit der BAE Systems Hawk und der Alenia Aermacchi M-346. Verkäufe gab es nach Indonesien und auf die Philippinen.
Die M-346 wurde aus dem Projekt Jak/Aermacchi 130 der 1990er-Jahre entwickelt. Die beiden Unternehmen hatten das Projekt 2000 aufgegeben. Aermacchi (heute Alenia Aermacchi) entwickelte allein weiter bis zur M-346 Master. Der erste Prototyp flog am 15. Juli 2004, während die erste Serienmaschine am 31. März 2011 aufstieg. Die M-346 hat zwei Honeywell F124 Zweistromstrahltriebwerke, die jeweils 6.250 WPS leisten. Ihr maximales Startgewicht liegt bei 9500 kg. Die Flügelspannweite beträgt 9,7 Meter und die Gesamtlänge 11,5 Meter. Als Spitzengeschwindigkeit werden über 1100 km/h erreicht. Die Master verfügt über fortschrittliche aerodynamische Linien und kann auch als Kampfflugzeug eingesetzt werden. Derzeit gibt es Bestellungen von der italienischen Luftwaffe (als T-346A) und den Luftwaffen von Singapur und Israel.
Jakowlew hat die Jak-130 entwickelt, die ihren Jungfernflug am 30. April 2004 absolvierte. Die Serienproduktion des Flugzeugs begann aber erst im Jahr 2012. Die russische Luftwaffe plant, 300 Einheiten bis zum Jahr 2020 zu erwerben, während das Flugzeug bereits nach Algerien und Syrien exportiert wurde. Es wird vielen Ländern vor allem in Asien und Afrika angeboten.

204-205 Die Alenia Aermacchi M-346 ist das neueste Fortgeschrittenen-Schulflugzeug auf dem Markt. Sie wird in Italien, Singapur und Israel eingesetzt.

204 unten Die Beechcraft T-6A Texan II ist ein Turboprop-Trainer, der für die USAF und die U.S. Navy gebaut wurde. Sie wurde von der Pilatus PC-9 abgeleitet.

205 oben Der neueste Turboprop-Trainer von Pilatus ist die PC-21, die erstmals 2002 in der Luft war. Mehrere Luftstreitkräfte haben sie schon bestellt.

205 unten Das südkoreanische Kunstflug-geschwader „Black Eagles" verwendet die KAI T-50, ein Schulflugzeug für Fortgeschrittene, das mit Hilfe von Lockheed Martin entwickelt wurde.

Kapitel 15

Allgemeine Luftfahrt

Der Terminus „Allgemeine Luftfahrt" ist relativ neu; er wurde geprägt wegen der immer deutlicheren Unterschiede und Spezialisierungen, die in der Welt des Motorflugs entstanden. Vor dem Zweiten Weltkrieg gab es in vielen Fällen keine klaren Unterscheidungsmerkmale zwischen Flugzeugen für den Zivilgebrauch und denjenigen Maschinen, die für militärische Zwecke entwickelt wurden. In Sektoren wie Schulung, Verbindung und Transport und sogar Bombardierung wurden zu jener Zeit Flugzeuge eingesetzt, die nicht auf ausschließlich eine Rolle hin entworfen wurden; oft geschah es, dass Zivilluftfahrzeuge mit nur wenigen Änderungen für militärische Zwecke umgewandelt wurden und umgekehrt. Mit dem Erscheinen von Strahltriebwerken sowie immer ausgefeilteren Technologien hinsichtlich Aerodynamik und Avionik konnte man beim Entwerfen der Flugzeuge besser auf die Bedürfnisse der jeweiligen Benutzer eingehen, so dass folglich die Unterschiede zwischen den Flugzeugen immer größer wurden.

In den 1920er-Jahren wurde in Amerika die Curtiss JN sowohl von den Militärflugschulen als auch von Zivilpiloten für Sport- und Freizeitzwecke genutzt; man denke dagegen nur an die Unterschiede, die heutzutage zwischen den Militär-Düsenflugzeugen T-37 oder T-45 und der Cessna 172, die zu den Standardflugzeugen der verschiedenen amerikanischen Aero Clubs gehört, bestehen.

Die Allgemeine Luftfahrt – um den Begriff zu klären – umfasst also all jene Flugzeuge für den zivilen Gebrauch, die nicht in die Kategorien der militärischen Luftfahrt, der Verkehrsluftfahrt oder des Linienverkehrs fallen. Es handelt sich in den meisten Fällen um leichte Schul- und Sportflugzeuge, Reise- und Geschäftsflugzeuge, deren wichtigste Vertreter die sogenannten Business Jets sind, die ihre Kunden – VIPs sowie Angestellte der größten Firmen oder Behörden um die ganze Welt transportieren.

Unter den Unternehmen, die zu den tragenden Säulen dieses Luftfahrtsegments gehören, haben vor allem die Firmen Piper und Cessna Millionen Menschen die Welt der Luftfahrt eröffnet.

In diesem Zusammenhang kann die Piper J-3 Cub, die zum ersten Mal im September 1930 als Taylor Cub flog, als der Ur-Typ moderner Flugzeuge der Allgemeinen Luftfahrt betrachtet werden. Es handelte sich um ein leichtes Flugzeug mit Stoffbespannung, das als abgestrebter Hochdecker ausgelegt war, eine Tandem-Zweisitz-Kabine, ein Spornradfahrwerk und einen 41-PS-Motor Continental besaß. 1937 übernahm die neu gegründete Firma Piper die Entwicklung und Produktion des Projekts. Die Ausstattung mit neuen 66-PS-Motoren begünstigte die Verbreitung des Flugzeugs. 1949 entwarf Piper das verbesserte und robustere Modell PA-18 Super Cub, dessen Gewicht und Flugleistungen erhöht worden waren. Die Super Cub war anfangs mit einem 91-PS-Motor ausgestattet, doch schon bald wurden verschiedene Versionen entworfen; einige davon besaßen Kufen und Schwimmer und Motoren mit bis zu 152 PS. Die PA-18-150, ausgerüstet mit dem 150-PS-Motor Lycoming,

206 Die Piper Pa-28 Cheeroke ist eines der meistverbreiteten Sportflugzeuge und wird noch heutzutage benutzt. Seit Januar 1960 wurden über 30 verschiedene Versionen gebaut.

207 oben Eine Piper Pa-18 Super Cub beim Tiefflug über Maryland. Die Pa-18 war die Nachfolgerin des Modells J-3 und wurde in der Nachkriegszeit (ab 1949) entwickelt.

207 Mitte links Eine Piper J-3 Cub – der Archetyp einer langen Reihe moderner Sportflugzeuge. Die 1929 entworfene Maschine besaß ursprünglich nur einen 41-PS-Motor und wog weniger als 500 kg.

erreichte eine Höchstgeschwindigkeit von 210 km/h und besaß eine maximale Startmasse von 795 kg. Das Flugzeug hatte eine Flügelspannweite von 10,7 Metern und eine Länge von 6,9 Metern. Sowohl die Cub als auch die Super Cub wurden in Militärversionen hergestellt, die für Transport- und Aufklärungszwecke bestimmt waren (die L-4, L-18 und L-21) und von den Streitkräften vieler Länder benutzt wurden. Die Super Cub ist – mit einigen Unterbrechungen – bis Mitte der 1990er-Jahre in Produktion geblieben. Zusammen mit der Cub wurden insgesamt über 26 000 Exemplare hergestellt. Ein schwereres Sportflugzeug – angetrieben von einem 150-PS-Motor Lycoming – machte seinen Jungfernflug am 14. Januar 1960. Es handelte sich dabei um die PA-28 Cherokee, einen attraktiven einmotorigen Tiefdecker mit festem Fahrwerk, der über eine Vier-Personen-Kabine und einen 150-PS-Motor Lycoming verfügte. Die PA-28 wurde ab 1961 hergestellt und ist noch heutzutage erhältlich. Der beachtliche Verkaufserfolg des Flugzeugs führte zu einer Produktion von mehr als 19 000 Exemplaren in verschiedenen Versionen. Unter den über 30 realisierten Modellen befinden sich die Serien Archer, Arrow, Dakota und Warrior, die mit Vergaser-, Einspritz- und Turbokompressor-Motoren und Einziehfahrwerk ausgestattet sind. Die Leistung kann kann je nach Modell bis zu 235 PS betragen.

Im Oktober 1977 führte Piper ein neues zweisitziges, einmotoriges leichtes Schulflugzeug vor; es handelte sich um die PA-38 Tomahawk, die sich durch ihr T-Leitwerk und einen 114-PS-Motor mit reduziertem Kraftstoffverbrauch auszeichnete. Obwohl das Flugzeug sorgfältig entworfen wurde – auch dank der Ratschläge von über 10 000 interviewten Fluglehrern – wurde die Tomahawk kein Verkaufserfolg; bis 1982 wurden weniger als 2500 Exemplare produziert.

Eine weitere große Serie der Piper-Flugzeuge waren die Zweimotorigen, unter denen die PA-23 Apache als Basis angesehen werden kann. Diese Maschine war ein Tiefdecker mit Einziehfahrwerk, viersitziger Kabine und in den Flügeln integrierten Motoren. Die Apache führte ihren ersten Flug am 2. März 1952 durch und blieb bis 1965 in Produktion. Danach wurde das Flugzeug von der Aztec ersetzt, die über eine größere Kabine, erhöhte Ladefähigkeit sowie zwei 250-PS-Motoren verfügte. Die Turbo-Atzec besaß dagegen zwei Lycoming 253-PS-Turbomotoren und erreichte eine Höchstgeschwindigkeit von 407 km/h. Die maximale Startmasse betrug 2540 kg und außer dem Piloten fanden fünf Reisende in

207 unten links Die Pa-38 Tomahawk wurde 1977 von Piper produziert, um die Flugschulen mit einem neuen, leichten Einmotorflugzeug auszurüsten. Die Maschine erfuhr jedoch nicht den erhofften Erfolg.

207 unten rechts Die viersitzige Pa-23 Apache war das erste zweimotorige Flugzeug, das von Piper entworfen und gebaut wurde. Die Maschine flog zum ersten Mal 1952 und blieb bis 1965 in Produktion.

Leistung von bis zu 1014 WPS pro Triebwerk erreichten (wie die Cheyenne IV, die 640 km/h schnell fliegen konnte). Die Cheyenne III hatte eine Spannweite von 14,5 Metern, eine Länge von 13,2 Metern und eine maximale Startmasse von 5080 kg. Die zwei Pratt & Whitney Canada PT6A Propellerturbinen mit 730 WPS ermöglichten eine Höchstgeschwindigkeit von 550 km/h. Ein weiteres Erfolgsmodell von Piper erschien 1972; es handelte sich um die PA-34 Seneca, die aus der einmotorigen Cherokee Six entwickelt wurde. Das Flugzeug besaß die typischen Piper-Formen, mit Tiefdecker-Auslegung, Einziehfahrwerk, sechs- oder siebensitziger Kabine sowie zwei Lycoming 203-PS-Motoren. Darauf folgten die Seneca II, die mit Turbokompressor-Motoren und gegenläufigen Propellern ausgestattet war, und 1981 die Seneca III mit verbesserter Steigfähigkeit und Geschwindigkeit. Eine weitere Version dieser Serie ist die Seneca IV, die angetrieben wird von Teledyne Continental 220-PS-Motoren und eine Höchstgeschwindigkeit von 360 km/h erreicht. Die Spannweite beträgt 11,8 Meter, die Länge 8,7 Meter und die maximale Startmasse liegt bei 2150 kg.

dem Flugzeug Platz. Die Spannweite betrug 11,4 Meter und die Länge 9,5 Meter. Über 2800 Exemplare des PA-23 wurden insgesamt gebaut.
Am 30. September 1964 flog die PA-31 Inca, die drei Jahre später in Navajo umbenannt wurde. Dieses Flugzeug war ein großes und schweres Modell, das mit seinem Fassungsvermögen von acht Passagieren und den 300-PS-Motoren bereits in dem Business-Flugzeug- und Lufttaxi-Sektor anzusiedeln war. Piper realisierte nach und nach verschiedene Versionen mit Druckkabinen und Turbokompressor-Motoren, bis man 1972 die Navajo Chieftain einführte. Dieses Modell besaß einen verlängerten Rumpf und stärkere Motoren. Ebenfalls 1972 wurde die PA-42 Cheyenne mit Propellerturbinen vorgestellt. Von ihr wurden zahlreiche modernere Versionen produziert, die bis zu elf Sitzplätze enthielten und eine

208 oben Die Pa-31-350 Navajo Chieftain von 1972 war eines der Flugzeuge aus der Pa-31-Serie. Sie besaß einen verlängerten Rumpf und 335-PS-Motoren.

208 Mitte Die Piper Pa-34 Seneca erschien 1972 als Weiterentwicklung der einmotorigen Cheeroke Six. Auf der Fotografie ist eine Seneca II von 1975 mit Turbokompressor-Motor zu sehen.

208 unten Die Piper Pa-31 Inca, 1967 in „Navajo" umbenannt, bildete das Basismodell für die Entwicklung von 20 Versionen. Die Maschine verfügte über Turbokompressor-Motoren und eine Druckkabine; Flügel und Rumpf waren verlängert.

Neueste Version ist das Modell V von 1996, mit zwei 220 PS starken Continental-Motoren, die 365 km/h Höchstgeschwindigkeit erbrachten. Bis heute wurden über 5000 Exemplare der Seneca hergestellt und die Produktion des Modells wird noch fortgeführt, ebenso die zweimotorige Seminole, die einmotorigen Archer, Arrow, Matrix und Mirage sowie die Turboprop-Maschine Meridian.
Der andere amerikanische Gigant auf diesem Gebiet, Cessna (gegründet 1927), brachte 1948 sein erfolgreichstes Produkt heraus – das Modell 170 – ein Viersitzer, als abgestrebter Hochdecker mit festem Dreiradfahrwerk ausgelegt, der aus dem Modell 120 hervorging. Der wahre Erfolg kam jedoch erst einige Jahre später mit dem Erscheinen der 170B (mit 147-PS-Motor und Schlitzklappen) und später vor allem mit dem Modell 172 aus dem Jahr 1955, das mit dem Dreipunkt-Bugradfahrwerk ausgestattet war: Allein im Jahr 1956 wurden davon 1170 Exemplare verkauft. Seitdem hat man die Serie immer wieder verbessert und weiterentwickelt, wobei zahlreiche 172-, 175- und 182-Versionen mit Turbokompressor-Motoren und Einziehfahrwerk realisiert wurden. Die Cessna 172 hatte eine Spannweite von 10,9 Metern, eine Länge von 8,2 Metern und eine maximale Startmasse von 1135 kg. Der Teledyne-Continental-Motor produzierte 213 PS und sorgte für eine Höchstgeschwindigkeit von 245 km/h. Die Version als Militär-Übungsflugzeug – mit der militärischen Bezeichnung T-41 – wurde in 730 Exemplaren hergestellt. Nach mehr als 50 Jahren (mit einigen Unterbrechungen) ist das Flugzeug noch heute in Produktion, bisher wurden mehr als 58 000 Exemplare gebaut. Parallel zu den Modell-170-Serien produzierte Cessna auch das Modell 180, wobei es sich praktisch um eine schwerere und stärkere Version der 170B handelte, die mit denselben Flügeln versehen war. Die 180 Skywagon flog das erste Mal 1953. Sieben Jahre später erschien das Modell 185, welches mit einem 300-PS-Motor und einer Sechserkabine ausgestattet war; die Höchstgeschwindigkeit betrug 286 km/h und die maximale Startmasse erreichte bis zu 1520 kg. Auch von dem Modell 185 wurde eine Militär-Version abgeleitet (als Verbindungsflugzeug und Leicht-Transporter), die mit U-17 bezeichnet wurde. Insgesamt wurden über 10 000 Cessna 180/185 hergestellt. Die Cessna 206 Super Skywagon erschien 1964 und war eine Weiterentwicklung des Modells 185, jedoch ausgestattet mit einem stärkeren Motor und Dreipunkt-Bugradfahrwerk. 1969 folgte das Modell 207 mit verlängertem Rumpf. Es handelte sich um ein Allzweck-Flugzeug, das besonders gern und gut für das Absetzen von Fallschirmspringern, als Mietflugzeug und Luftambulanz eingesetzt wurde. Über 8000 Exemplare des Modells 207 – auch Versionen mit Turbokompressor-Motoren – wurden produziert.
Ein weiteres, außerordentlich erfolgreiches Flugzeug war das Modell 150, auf dem Generationen von Piloten fliegen lernten. Ausgelegt als typischer abgestrebter Hochdecker mit festem Dreipunkt-Bugradfahrwerk und einer Kabine mit nur zwei Plätzen, erschien die 150 im September 1957 als kostengünstiges, leichtes Flugzeug – ideal für die Flugschulen und Aero-Clubs. Die Maschine besaß eine Spannweite von 10 Metern und ein Länge von 7,3 Metern, war mit einem Continental 100-PS-Motor ausgestattet und flog bis zu 200 km/h schnell; die maximale Startmasse lag bei 725 kg.
Das Modell 150 wurde weltweit erfolgreich verkauft und in Lizenz auch in Reims in Frankreich gebaut. 1977 wurde die Version 152 vorgestellt, wobei der einzige Unterschied die neue Ausstattung mit dem Avco Lycoming 112-PS-Motor war. Über 27 000 Exemplare der Serien 150/152 wurden produziert und die Flugzeuge sind noch bis heute sehr verbreitet. Cessna brachte auch eine bemerkenswerte Serie erfolgreicher zweimotoriger Flugzeuge heraus. Das erste war das Modell 310, das im Januar 1953 zum ersten Mal flog; es handelte

209 oben Die Cessna 172 – das vielleicht berühmteste Sportflugzeug aller Zeiten. Sie flog zum ersten Mal 1955. Seitdem wurden rund 60 000 Exemplare gebaut.

209 unten Eine Wasserflugzeug-Version der Cessna 206 Super Skywagon. Die Maschine flog zum ersten Mal 1964 und ist für vielfältige Aufgaben der Allgemeinen Luftfahrt geeignet.

210-211 Eine zweimotorige Cessna E310P über dem Meer. Cessna produzierte eine große Serie von zweimotorigen Sport- und Businessflugzeugen, die in dem Turbopropmodell 425 gipfelte.

sich um einen Tiefdecker mit Kraftstofftanks an den Flügelspitzen, einziehbarem Dreipunkt-Bugradfahrwerk, Sechserkabine und zwei Continental 228-PS-Motoren (sie wurden in den Serienexemplaren durch 264-PS-Motoren ersetzt). Im Februar 1961 führte Cessna dann ein Flugzeug ein, das in gewisser Weise revolutionär war: das Modell 336 Skymaster, charakterisiert durch die „Push-Pull"-Ausführung mit einem Motor in der Nase und einem anderen im Heck. Der ganz in Cessna-Tradition abgestrebte Hochdecker besaß außerdem eine Viererkabine und zwei Leitwerksträger, die ein doppeltes Seitenleitwerk trugen. Obwohl es sich um ein originelles und gut steuerbares Flugzeug handelte, konnte sich das Modell 336 aufgrund des bereits überholten festen Fahrwerks auf dem Markt nicht durchsetzen. 1965 erschien die 337 Super Skymaster – ein Modell, das endlich mit einem einziehbaren Fahrwerk und ausgestattet war und die Möglichkeit bot, Gepäck unter dem Kabinenboden zu verstauen. Die Kabine verfügte nun über sechs bequeme Plätze, während die zwei Continental 213-PS-Motoren eine Höchstgeschwindigkeit von 332 km/h ermöglichten. Das Flugzeug besaß eine Spannweite von 11,6 Metern und eine Länge von 9 Metern sowie eine maximale Startmasse von 2100 kg. Die Cessna 337 wurde in Lizenz auch von der französischen Reims Aviation hergestellt. Neben der Zivilversion wurden auch zwei Militärversionen für Beobachtungs- und leichte Angriffseinsätze gefertigt (O-2A und FTB337). Die 1980 beendete Produktion der 337 Super Skymaster belief sich insgesamt auf 2678 Exemplare.

Im Juli 1962 wurde die erste aus einer langen Reihe klassischer zweimotoriger Tiefdecker mit Einziehfahrwerk und sechs- bis achtsitziger Kabine eingeführt. Diese Cessna-411-Flugzeuge ähnelten sehr den Vorgängermodellen vom Typ 310, waren jedoch leicht vergrößert und verstärkt worden. Es folgten die Modelle 401 und 402, die kostengünstiger als die 411 waren. Das 1965 vorgestellte Modell 421 Golden Eagle wurde aus der 411 entwickelt und besaß eine klimatisierte Druckkabine, die bis zu zehn Passagiere aufnehmen konnte. Die beiden Continental 370-PS-Turbokompressor-Motoren verliehen dem Flugzeug eine Höchstgeschwindigkeit von 478 km/h. 1968 erschien die Cessna 414 Chancellor, die mit den Flügeln der 401 sowie dem Rumpf und der Druckkabine der 421 ausgestattet war. In den

1970er-Jahren wurden die Modelle 441 Conquest und 404 Titan, die einander sehr ähnelten, eingeführt – beide besaßen auch Leitwerkflächen in positivem V-Winkel. Die Conquest war mit Propellerturbinen-Triebwerken motorisiert und konnte in ihrer Kabine bis zu elf Passagiere aufnehmen, während die Titan mit Turbolader-Kolbenmotoren ausgestattet war. Diesen Modellen folgte die 425 Corsair, ein weiteres Propellerturbinen-Flugzeug; es kombinierte die Zelle der 421 mit den Motoren Pratt & Whitney Canada PT6A. Ende der 1960er-Jahre machte Cessna mit der Realisierung des Modells 500 einen großen Schritt in den Bereich der zweistrahligen Business-Flugzeuge. Das Modell 500, genannt Citation, flog zum ersten Mal am 15. September 1969. Es besaß eine klassische Grundform mit geraden Flügeln, T-Leitwerk und zwei am Heck installierten Triebwerken und eroberte sich sofort einen hervorragenden Platz unter den Konkurrenten auf dem Markt der Business-Jets. Im Laufe der Jahre wurde die Citation-Familie mit immer ausgefeilteren und stärkeren Modellen bereichert. Die Citation aus dem Jahr 1982 war das erste Exemplar mit gepfeilten Tragflächen. Es folgten die Citation V (als Ersatz für das Modell II), später die VI und VII und schließlich die neueste Version Citation X aus dem Jahr 1993. Bei ihr handelt es sich um einen VIP-Jet für Interkontinentalflüge, der eine Platzkapazität für maximal acht Passagiere besitzt und mit und mit zwei Rolls-Royce AE3007C2 Zweikreistriebwerken ausgestattet ist. 3070 kp Schubkraft, eine Höchstgeschwindigkeit von 972 km/h, eine Reichweite von 5700 km und eine Startmasse von 16 600 kg sind die Rahmendaten dieses Modells. Die Flügelspannweite beträgt 21 Meter, während die Länge des Flugzeugs 22,4 Meter misst.

Die Firma Beechcraft ist ein weiterer wichtiger amerikanischer Betrieb, der Flugzeuge für die Allgemeine Luftfahrt produziert. Unter dessen bekanntesten Flugzeugen befinden sich die

210 unten Eine Cessna 421 Golden Eagle mit englischer Kennzeichnung. Das Flugzeug kann bis zu zehn Reisende aufnehmen und 478 km/h schnell fliegen.

211 oben Eine deutsche Cessna 525 Citation bei der Landung. Dieses zweistrahlige Flugzeug flog zum ersten Mal 1969 und war einer der ersten relativ günstigen Business-Jets.

211 unten Die Cessna 336/337 war zweifellos ein revolutionäres Flugzeug, charakterisiert durch die zwei Tandem- bzw. „push-pull"-Motoren. Hier ist ein Modell F337F mit Einziehfahrwerk zu sehen.

Bonanza, die Baron und die King Air. Die Bonanza unternahm als Beech Modell 35 am 22. Dezember 1945 ihren ersten Flug; der besonders gelungene und fortschrittliche Entwurf trug zum Nachkriegs-Aufschwung der Zivilluftfahrt in Amerika mit bei. Als Tiefdecker zeichnete sich das Flugzeug durch ein einziehbares Dreibein-Bugradfahrgestell und die auffallenden V-Leitwerke aus. Bereits zwei Jahre nach dem Erscheinen waren über 1000 Exemplare verkauft worden und bezeugten den riesigen Erfolg der Bonanza. In der Folgezeit führte Beechcraft die Modelle 33 und 36 ein – beide besaßen traditionelle Leitwerke –, die sich im Verlauf von über 50 Jahren mit mehr als 15 000 produzierten Exemplaren noch auf dem Markt befinden. Das Model 55 war dagegen ein kleines Flugzeug mit zwei Kolbenmotoren, das zum ersten Mal im Februar 1960 flog. Die auf „Baron" getaufte Maschine stammte vom Modell 95 ab, besaß jedoch die stärkeren Continental-Motoren mit 264 PS. Ständige Verbesserungen wurden realisiert und fanden in den Versionen B55 (Kabine mit sechs Plätzen), C55 (289-PS-Motor), 56TC und 58 (aus dem Jahr1969) mit verlängertem Rumpf Ausdruck. Die 58 – noch heutzutage auf dem Markt verfügbar – hat eine Spannweite von 11,5 Metern, eine Länge von 9,1 Metern und eine maximale Startmasse von 2812 kg. Die zwei Continental Turbokompressor-Motoren produzieren je 329 PS und gewährleisten eine Höchstgeschwindigkeit bis 483 km/h. Seit 2005 wird die Version Baron G 58 mit digitaler Avionik gebaut. Im Januar 1964 startete ein anderer zweimotoriger Flugzeugtyp zu seinem Erstflug – das Modell 65-90T. Diesmal handelte es sich um eine schwerere Maschine, die von Propellerturbinen angetrieben wurde und für Transport- sowie Schulungszwecke bestimmt war. Die 65-90T stammte von dem Modell 65-80 Queen Air ab und wurde auf eine Anfrage der U.S. Army hin entworfen. Das Flugzeug – King Air genannt – besaß eine traditionelle Außengestalt mit Propellerturbinenmotoren und einer Zehn-Plätze-Druckkabine. Es wurden verschiedene Modelle aus der King Air abgeleitet, die immer besser ausgestattet waren sowie höhere Leis-

tungen aufwiesen. Darunter waren die Modelle 99, 100 – mit einer 15-Plätze-Kabine – sowie das Modell 200 Super King Air von 1972, das mit T-Leitwerk, verlängerten Flügeln und neuen Motoren ausgestattet war. Die B200 besaß eine Flügelspannweite von 16,6 Metern, eine Länge von 13,1 Metern sowie eine maximale Startmasse von 5670 kg. Die beiden Triebwerke von Pratt & Whitney Canada leisteten je 850 WPS und brachten die Maschine auf eine Höchstgeschwindigkeit von 520 km/h. Das letzte Modell der Serie war die 1990 eingeführte Super King Air 350. Diese Version verfügt über Winglets an den Tragflächenenden und einen nochmals verlängerten Rumpf, in dem nun bis zu 17 Personen Platz finden, sowie PT6A-Triebwerke mit je 1050 WPS. Beech bietet außerdem einen nützlichen Business-Jet an – das Modell Beechcraft 400, heute als Hawker 400 verkauft. Dieses Flugzeug wurde ursprünglich 1978 als Mitsubishi Diamond II eingeführt, doch später erwarb die amerikanische Firma die Rechte an dem Entwurf und vermarktet ihn seit 1986

212 oben Dieses zweistrahlige Flugzeug war ursprünglich als „Mitsubishi Diamond" bekannt; der Entwurf wurde jedoch später von Beechcraft gekauft und als „Beechjet 400A" vermarktet.

212–213 Die Beechcraft C90 King Air ist eine der wandlungsfähigsten Maschinen unter der zweistrahligen Jets. Die Serie kennt viele Modell-Ausführungen – bis zum 17-Plätze-Modell Super King Air 350.

213 oben Eines der erfolgreichsten einmotorigen Flugzeuge der Allgemeinen Luftfahrt war ohne Zweifel die Beechcraft 35 Bonanza. Sie flog zum ersten Mal 1945 und führte die innovativen V-Leitwerke ein.

213 Mitte Die Beechcraft Modell 55 Baron. 1960 begab sich Beechcraft erneut in den Markt der zweimotorigen Sport- und Businessflugzeuge und führte dieses Modell ein, das über stärkere Motoren verfügte als sein Vorgänger, das Modell 95 Travel Air.

213 unten Die MS.880 Rallye wurde 1959 von der französischen Firma Morane-Saulnier produziert, und war eines der erfolgreichsten Sportflugzeuge in Europa.

unter ihrem Namen. Die Beechjet 400 eroberte sich eine Marktposition in der Zehn-Plätze-Kategorie und erreicht mit einer maximalen Startmasse von 7300 kg die Höchstgeschwindigkeit von 865 km/h. Mehr als 700 Exemplare der Diamant-Hawker-Familie wurden für den zivilen Markt produziert. Der neueste Beechcraft-Jet ist die Hawker Beechcraft 4000, ein zweistrahliger Achtsitzer mit einem maximalen Startgewicht von 17 917 kg. 2005 eingeführt, wurden bereits 200 Einheiten gebaut.
In Europa war es vor allem Frankreich, das in der Nachkriegszeit besonders viele erfolgreiche Leichtflugzeuge produziert hatte. Die einmotorige MS.880 Rallye von Morane-Saulnier flog zum ersten Mal im Juni 1959. Es handelte sich dabei um einen Ganzmetall-Tiefdecker mit Vorflügeln und Landeklappen, die Kurzstart- und -landeeigenschaften gewährleisten konnten. Ausgerüstet mit einem festen Dreipunkt-Bugradfahrwerk, konnte die Flugzeugkabine bis zu vier Personen unter einem breiten, durchsichtigen Kabinendach aufnehmen. 1965 wurde Morane-Saulnier der Sud Aviation einverleibt, die ihrerseits im darauf folgendem Jahr die Firma SOCATA gründete. Daraufhin wurden verschiedene Modelle in die Rallye-Reihe eingeführt, darunter waren die 880B, die 885 Super Rallye, die 100T, der Rallye 180 und als Stärkste, die

235. Alle Modelle unterschieden sich hauptsächlich in der Motorisierung und den Zweier- oder Viererkabinen. 1979 veränderte SOCATA – nun Teil der Aérospatiale – die Namen der Rallye-Serien; den Hauptmodellen wurden die Benennungen Galopin, Garnament, Galérien, Gaillard und Gabier zugewiesen. Das Spitzenmodell darunter war die Gabier (235GT). Das Flugzeug hatte eine Spannweite von 9,7 Metern, eine Länge von 7,2 Metern und eine maximale Startmasse von 1200 kg. Mit einem 235-PS-Motor Lycoming O-540 ausgestattet konnte die Gabier eine Höchstgeschwindigkeit von 275 km/h erreichen.
1975 startete SOCATA eine neue Serie modernerer Flugzeuge. Den Anfang machte das Modell TB.10 Tobago mit seinem Jungfernflug

am 23. Februar 1977. Dieser Tiefdecker war mit festem Fahrgestell ausgerüstet und besaß eine weite Viererkabine sowie einen 160-PS-Motor Lycoming O-320. Auf dieses Modell folgte eine mit 180-PS-Motor ausgerüstete Version. Daraufhin beschloss Aerospatiale, nun den ersten Typ „TB.9 Tampico" zu bezeichnen und die Benennung „TB.10" auf das stärkere Modell anzuwenden, welches bis zu fünf Passagiere tragen konnte. 1980 erschien noch eine dritte Version, die sich durch einen noch

für zwei Erwachsene und zwei Kinder –, die von einem 125-PS-Motor angetrieben wurde. Nach der Petit Prince erschienen in rascher Folge weitere Modelle – mit bis zu 180 PS starken Motoren, vier Kabinenplätzen und der Eignung zum Schlepp von Segelflugzeugen. Auch die Robins waren unter den Flugschulen und Aero-Clubs weit verbreitet; insgesamt wurden über 1400 Exemplare gebaut. Heute befinden sich noch sieben Versionen der DR.400 in Produktion, wobei deren Motorenleistungen

stärkeren Motor (250 PS) und ein Einziehfahrwerk auszeichnete – die Maschine flog unter der Bezeichnung TB.20 Trinidad. Dieses letzte Modell erreichte eine Höchstgeschwindigkeit von 310 km/h, besaß eine maximale Startmasse von 1400 kg, eine Spannweite von 9,8 Metern sowie eine Länge von 7,7 Metern. Später wurden noch die Versionen XLTB.200 Tobago (mit 200-PS-Motor) und TB.21 Trinidad – ausgestattet mit Turbolader-Motor – entwickelt.

Eine weitere erfolgreiche Flugzeugserie war die Jodel/Robin-Familie. Das erste hervorstechende Modell darunter war die Jodel DR.100, die 1958 in Produktion ging. Das Flugzeug – entworfen von Jean Delemontez und Pierre Robin – war als Tiefdecker ausgelegt, verfügte über drei Plätze, ein festes Zweiradfahrgestell, einen Continental 96-PS-Motor; die Außenflügel waren leicht nach oben geknickt, was zu einem Merkmal der Serie werden sollte. Drei Jahre später wurde das Flugzeug in DR.1050 Ambassadeur umbenannt und in verschiedenen Versionen – mit Motoren bis 106 PS – weiterentwickelt. Zwei weitere Firmen machten sich nun auch daran, diese Flugzeuge zu bauen: die Avions Pierre Robin und die Société Aéronautique Normande (SAN).

Letztere konstruierte das Modell D.140 Mousquetaire mit 180-PS-Motor und bis zu fünf Kabinenplätzen. Nachdem die SAN 1969 in Konkurs gegangen war, wurde deren Produktion von Robin übernommen. 1972 brachte der Hersteller Robin sein berühmtestes Flugzeug heraus: die DR.400, die charakterisiert war durch das nach vorne verschiebbare Kabinendach. Das erste Modell dieser Reihe war die DR.400/125 Petit Prince – entworfen

zwischen 110 und 200 PS variieren. Ebenfalls in Frankreich war eine Firma angesiedelt, die sich auf dem Gebiet der Konstruktion von Kunstflugmaschinen behaupten konnte; es handelte sich um die 1958 gegründete Firma Mudry. Das 1968 eingeführte Schulflugzeug CAP 10 kann als Stammvater einer erfolgreichen Reihe von Kunstflugmaschinen angesehen werden. Der Tiefdecker besaß ein Cockpit mit nebeneinander befindlichen Plätzen, einen 180-PS-Motor sowie ein festes Fahrwerk. Die Spannweite betrug 8,0 Meter, die Länge 7,1 Meter und die maximale Startmasse 830 kg. Die CAP 10 konnte eine Höchstgeschwindigkeit von 270 km/h erreichen. Im darauf folgenden Jahr wurde die CAP 20, ein Wettkampf-Einsitzer, eingeführt. Die Serie wurde 1980 fortgesetzt mit der CAP 21 (ausgestattet mit neuen Flügeln) und den weiterentwickelten Modellen CAP 230, 231 und 232.

Anfang der 1960er-Jahre war Dassault mit einer zunehmend erfolgreichen Produktion wegbereitend bei den Business-Flugzeugen. Heute gehört die Firma zu den führenden Herstellern dieses Sektors. Am 4. Mai 1963 führte die Mystère 20, ein bemerkenswert eleganter zweistrahliger Jet mit pfeilförmigen Flügeln und Leitwerken, ihren ersten Flug durch. Das Flugzeug – später Falcon 20 genannt – erlangte sofort bemerkenswerten Erfolg und eine Reihe verschiedener Versionen wurde entwickelt, die noch moderner und leistungsstärker sein sollten. Der Falcon 20 folgte die kleinere Falcon 10 (beide Modelle wurden später von den Modellen 200 und 100 ersetzt) und 1976 erschien schließlich die Falcon 50, ein dreistrahliges Langstreckenflugzeug mit neuen Flügeln und Leitwerken sowie verlängertem Rumpf, in dem bis zu zwölf Reisende Platz fanden. 1984 wurde die Falcon 900 eingeführt, eine dreistrahlige Maschine mit interkontinentaler Reichweite und einer Kapazität von bis zu 19 Reisenden. Mitte der 1990er-Jahre belebte Dassault seine Produktlinie mit der Einführung der Falcon 2000 (zweistrahlig) sowie des 50EX und 900EX (dreistrahlig). Ein fortschrittliches und leistungsfähiges Modell ist die Falcon 7X, die im Jahr 2005 vorgestellt wurde. Dieser achtsitzige Dreiturbinen-Jet wird von einem Pratt & Whitney Canada PW307A Zweikreistriebwerk versorgt, das 2900 kp Schubkraft liefert und so für eine Top-Reisegeschwindigkeit von Mach 0,80 sorgt. Die Reichweite liegt bei 6850 km. Die Falcon-Modelle hat man auch ans Militär verkauft; bis heute wurden mehr als 1200 Exemplare geliefert.

In Italien war die SIAI Marchetti das berühmteste Flugzeugbau-Unternehmen. Neben der SF.260 produzierte Marchetti auch die

214 oben Der letzte Business-Jet von Dassault ist die Falcon 7X aus dem Jahr 2005. Der achtsitzige Jet mit drei Triebwerken kann auch Interkontinentalflüge absolvieren.

214 unten Das bekannteste Modell der französischen Avions Pierre Robin war die DR.400 mit festem Fahrwerk. Hier ein Exemplar mit italienischer Kennzeichnung.

214-215 Ein Paar zweisitziger CAP.10Bs während einer Vorführung. Diese Maschine von 1968 gehört noch heute zu den besten Kunstflugmaschinen.

215 Mitte Zwei Robin DR.500/200I President über der französischen Küste. Auch diese Flugzeuge wurden aus vorangegangenen Modellen entwickelt und behielten dabei die typischen, nach oben geknickten Jodel/Robin-Flügel bei.

215 unten SOCATA produzierte in den 1970er-Jahren eine Reihe von Sportflugzeugen, die auf der gleichen Zelle basierten: die TB.9 Tampico, die TB.10 Tobago und die TB.20 Trinidad.

namhaften S.205/208-Serien. Als Erste flog am 4. Mai 1965 die S.205. Dieser Eindecker besaß eine geräumige Viererkabine und konnte mit verschiedenen Motoren (180, 200 oder 220 PS) sowie wahlweise mit festem oder einziehbarem Fahrwerk bestellt werden. 1967 flog die mit fünf Plätzen ausgestattete Version S.208; die Maschine wurde von einem 260-PS-Motor Lycoming O-540 angetrieben (der gleiche Motor wie bei der SF.260) und besaß Tankbehälter an den Tragflächenenden. Über 520 Exemplare beider Modelle wurden hergestellt, viele davon werden noch heute in Italien und im Ausland geflogen.

Rinaldo Piaggio, heute Piaggio Aero, hat auch zweimotorige Flugzeuge für die allgemeine Luftfahrt und Businessflüge gebaut. Das erste war die P.166, ausgestattet mit Kolbenmotoren und Flügeltüren aus dem Jahr 1957. Sie wurde später zur Turboprop-Version DL3 weiterentwickelt und in erster Linie an das Militär verkauft.

Die P.180 Avanti hatte am 23. September 1986 ihren Jungfernflug. Die innovativen Turboprop-Geschäfts-Flugzeuge basierten auf einer anspruchsvollen aerodynamischen Formel mit Entenflügel-Konfiguration, „T"-Leitwerk und zwei Turboprop-Triebwerken mit einem Fünf-Blatt-Propeller. Bis zu neun Passagiere kann die Avanti mitnehmen, verglichen mit anderen Business-Jets aber zu einem Bruchteil der Kosten. Die Version Avanti II wurde 2004 herausgebracht. Sie hatte einen verbesserten Motor und digitale Avionik.

Auch die tschechische Firma Zlin ist ein bedeutender Sportflugzeug-Hersteller gewesen. Das erste Flugzeug einer erfolgreichen Serie war die Zlin 42, die zum ersten Mal im Oktober 1967 flog. Es handelte sich dabei um einen kleinen Zweisitzer (mit nebeneinander angeordneten Sitzen), der mit einem festen Fahrgestell und charakteristischen, leicht negativ gewinkelten Pfeilflügeln ausgestattet war. Das Flugzeug besaß einen 180-PS-Motor des Typs Avia 137 und wurde im Hinblick auf die Anforderungen der osteuropäischen Flugschulen und Aero-Clubs entworfen. Das Modell bildete auch die Basis einer Viersitzer-Version (Zlin 43) sowie der zweisitzigen Zlin 142 mit 213-PS-Motor. Diese Maschine besaß eine Spannweite von 9,1 Metern, eine Länge von 7,3 Metern und eine maximale Startmasse von 1090 kg; die Höchstgeschwindigkeit betrug 230 km/h. Heute werden die Zlin-Modelle in der tschechischen Republik von der Firma Moravan produziert. Das Spitzenmodell bildet die Zlin 143L mit einem 235-PS-Motor, während die Zlin 242L (200-PS-Motor) das Fortgeschrittenen-Schulflugzeug ist. Moravan hatte auch eine sehr populäre Reihe von Kunstflugzeugen entworfen; beginnend mit der Zlin 526 (ein- und zweisitzige Versionen) wurde die Serie 1975 mit dem Modell Zlin 50L fortgesetzt, welches 1978 die Weltmeisterschaft im Kunstflug gewann. Heutzutage befindet sich die Zlin 50LS in Produktion, die von einem 300-PS-Motor angetrieben wird und eine maximale Startmasse von 610 kg besitzt. Weitere im Osten gebaute, erfolgreiche Kunstflugzeuge waren die sowjetischen Modelle Jak-50 und -55, sowie die Serien Suchoi Su-26/29 – alles Sieger bei verschiedenen Weltmeisterschaften.

Auf dem Gebiet der Business-Jets jedoch sind einige der erfolgreichsten Betriebe noch immer in den Vereinigten Staaten anzutreffen. Die Firma Learjet – ein von William Lear gegründetes Unternehmen – produzierte als Erste ein modernes Düsenflugzeug, das fähig war, sowohl Komfort als auch Schnelligkeit anzubieten. Das Modell 23, Stammvater der Learjet-Familie, flog zum ersten Mal am 7. Oktober 1963 und war sofort ein Erfolg. Es war ein kleines zweistrahliges Flugzeug mit schlanker und gefälliger Außenform, wobei Aussehen und Steuerverhalten des Jets den Vergleich mit einem Jagdflugzeug nahe legten. Tatsächlich war der Tiefdecker mit geraden Flügeln von einem Entwurf des schweizerischen Jagdbombers P16 (der nie in Serie produziert wurde) abgeleitet worden. Der Rumpf war für die Aufnahme von sechs Passagieren entworfen worden und verfügte über Heck-Triebwerke und ein T-Leitwerk. Aus dem Modell 23 wurden die größeren Modelle 24 und 25 entwickelt; die 35 und 36 besaßen einen nochmals verlängerten Rumpf sowie eine vergrößerte Flügelspannweite. Im Jahr 1990 wurde Learjet von Bombardier übernommen. Die neuesten Modelle sind die Learjet 31A/ER, 45/XR, 55 und 60 (bis 2007 gebaut). Das jüngste ist der Learjet 85, der seit 2011 produziert wird. Dieses achtsitzige Flugzeug hat eine Spannweite von 18,7 m, eine Länge von 20,6 m und eine Startmasse von 15 200 kg.

216 oben links *Die Pilatus PC-6 ist ein robustes und zuverlässiges Flugzeug, das weltweit gern als Transporter für Fallschirmspringer eingesetzt wird.*

216 oben rechts *Die zehnsitzige Pilatus PC-12 ist eine Turboprop-Maschine. Sie wird sehr erfolgreich verkauft.*

216 unten *Der achtsitzige Twinjet Learjet 85 wurde 2011 erstmals gebaut. Er hat eine Startmasse von 15 200 kg.*

217 oben *Eine zweistrahlige Learjet 45. Dieses Modell mit 12 Plätzen wurde 1995 eingeführt. Der Hersteller Learjet ist heute Eigentum der Bombardier-Gruppe.*

Es wird von zwei Pratt & Whitney PW307B Zweikreis-Strahltriebwerken mit einer Schubkraft von 6390 kp auf bis 870 km/h gebracht, bei einer Reichweite von 4800 km. Der neueste Learjet ist das Modell 70/75, das seit dem Frühjahr 2013 ausgeliefert wird. Ebenfalls von Bombardier sind die Challenger Business-Jets, in 1978 als Canadair CL600, später in den Versionen 300 (2001) 605 (gebaut ab 2006 mit digitaler Avionik) und 850, ein 14-sitziger Jet. Der Global Express ist ein zweistrahliger Jet für 8 bis 19 Passagiere. Seit 1996 wird er in zivilen und militärischen Einsätzen verwendet, über 400 Exemplare wurden bislang ausgeliefert.
Der Flugzeugbauer Grumman begann 1965 die Arbeiten an einem zweistrahligen Business-Flugzeug. Zunächst entstand die Gulfstream II, die von dem Modell I mit Propellerturbine abgeleitet wurde. Es handelte sich um ein großes Flugzeug mit Transatlantik-Reichweite und 19 Sitzplätzen, wobei die Tiefdecker-Auslegung mit Pfeilflügeln und T-Leitwerk an die Architektur des Learjets erinnerten. Insgesamt wurden 258 Exemplare gebaut.
1978 verkaufte Grumman die Rechte des Flugzeugs an die Gulfstream American, die ein Jahr darauf die Gulfstream III einführte. Diese Maschine besaß einen verlängerten Rumpf und ein neues, überkritisches Flügelprofil. 1985 erschien das Modell IV mit kostengünstigeren Triebwerken. Weitere Verbesserungen bei der Avionik machten die Maschine zu einem flexiblen Flugzeug, das auch für Militär- und Regierungsaufgaben eingesetzt werden kann, wie zum Beispiel zur Luftambulanz, als Such- und Rettungsflugzeug sowie für die elektronische Kampfführung, Aufklärungs- und Patrouillendienste, Transport usw.
Als neuestes Modell kam die Gulfstream V im Jahr 1995 heraus – ein noch größeres Flugzeug mit interkontinentaler Reichweite (über 12 000 km). Die variable Kabine kann bis zu 19 Passagiere aufnehmen; die Spannweite des Flugzeugs beträgt 28,5 Meter und die Länge 29,4 Meter. Die maximale Startmasse liegt bei ungefähr 41 Tonnen. Zwei leistungsstarke Rolls-Royce-BR710-Zweikreistriebwerke mit je 6700 kp Schubkraft bringen das Flugzeug auf eine Höchstgeschwindigkeit von über 930 km/h.
Heute produziert Gulfstream die Modelle G150, G200, G250 für bis zu vier Passagiere und die Modelle G350, G450, G550 und G650 und für acht Passagiere, mit zunehmend größeren Reichweiten. Die G650, der größte Jet der Firma, absolvierte ihren Jungfernflug am 25. November 2009. Sie wird von zwei Rolls-Royce BR725 Zweikreis-Strahltriebwerken angetrieben, die 16 100 kp Schubkraft liefern. Die Höchstgeschwindigkeit der G650 liegt bei 981 km/h (Mach 0,92) und die Reichweite bei 13 000 km. Ihre Spannweite wie auch die Gesamtlänge liegen bei 30,4 Metern.

Kapitel 16

Die Militärtransporter

In der militärischen Luftfahrt haben Transportflugzeuge für taktische und strategische Zwecke ständig an Bedeutung gewonnen. Heutzutage nehmen sie im Flugbetrieb eine bedeutende – und oft sogar zentrale – Stellung ein.
Den Urvater des Militärtransporters kann man in der Douglas C-47 „Skytrain" sehen. Sie war die militärische Version des Passagiermaschine DC-3. Im Zweiten Weltkrieg war die C-47 sozusagen das Arbeitspferd der Alliierten, das die Vorbereitung und schließlich die Durchführung der waghalsigen Angriffsmission „Operation Overlord", die Landung in der Normandie im Jahre 1944 sowie andere Luft- und Seelandemanöver ermöglichte. Außerdem konnten mit der C-47 an allen Kriegsschauplätzen Luftbrücken eingerichtet werden. Die C-47 startete am 23. Dezember 1941 zu ihrem Erstflug. In der Kriegsmaschinerie der Alliierten nahm sie einen Spitzenplatz ein und trug so zum Sieg über die Achsenmächte bei. Allein während des Zweiten Weltkriegs wurden 10 962 Flugzeuge dieses Typs produziert. Eingesetzt wurden sie überwiegend von den Streitkräften der USA, Großbritanniens und des Commonwealth – bei den beiden letztgenannten unter der Bezeichnung „Dakota". Auch in der Sowjetunion wurden 2000 Stück in Lizenz gefertigt – hier unter dem Namen Lissunow Li 2.
Nach dem Krieg wurde dieser Flugzeugtyp für die USAF zur C-53 und für die U.S. Navy zur C-117D weiterentwickelt und blieb weitere Jahre im Dienst, unter anderem zur fotografischen und elektronischen Aufklärung (als RC-47 und EC-47), für den Rettungseinsatz (als SC-47) und als VIP-Maschine. Die wohl bekannteste Version war die AC-47 „Spooky" von 1964, die quasi als „fliegendes Kanonenboot" dank ihres Wendekreises Bodenziele mit hoher Feuerrate bekämpfen konnte.
Die AC-47, die während des Vietnamkriegs zum Einsatz kam, verfügte über drei 7,62-mm-Bordkanonen des Typs GAU 2. Die sechsläufigen Kanonen mit einer Feuerrate von 2000 Schuss pro Minute wurden an den Seitenfenstern installiert.
An Bord der „Skytrain" konnten üblicherweise bis zu 28 Soldaten oder 2700 kg Fracht mit einer Geschwindigkeit von bis zu 257 km/h befördert werden. Die Dienstgipfelhöhe lag bei 8000 Metern, die Reichweite bei 2575 km. Die Spannweite der 19,4 Meter langen und 5,2 Meter hohen Maschine betrug 29,4 Meter. Für Schub sorgten zwei 14-Zylinder-Doppelsternmotoren des Typs R 1830 Twin Wasp von Pratt & Whitney mit je 895 kW Leistung sowie je ein dreiblättriger Propeller. Die Luftwaffen von etwa 100 Ländern stellten diesen Flugzeugtyp in Dienst. Heute fliegen noch einige dieser Maschinen, die allerdings auf Turboprop-Triebwerke umgerüstet wurden. Die Nachfolge der C-47 war die als „Flying Boxcar" bezeichnete Fairchild C-119, eine verbesserte Version der zu Kriegszeiten entwickelten C-82. Die C-119 verfügte über eine charakteristische aerodynamische Form

218 Eine C-117D der US-Marine 1975 beim Einsatz am marokkanischen Luftwaffenstützpunkt Kenitra. Diese Maschine war eine Weiterentwicklung der C-47 Skytrain und wurde während des Zweiten Weltkriegs für Versorgungsflüge genutzt.

219 oben Als letzter Betreiber musterte die taiwanesische Luftwaffe die als „Flying Boxcar" bekannte C-119 von Fairchild aus.

mit einem Doppelleitwerk. So stand am Heck des Rumpfes ausreichend Platz für die Be- und Entladung zur Verfügung.
Zwischen 1949 und 1955 liefen 1112 Maschinen dieses Typs in verschiedenen Versionen vom Stapel. Bei der taiwanesischen Luftwaffe waren sie bis 1995 im Einsatz. Für strategische Transporte stellte die amerikanische Luftwaffe jedoch die Douglas C-124 „Globemaster" in Dienst. Sie war die letzte große amerikanische betriebene Frachtmaschine. Sie flog erstmals am 27. November 1949. Insgesamt wurden 450 dieser Flugzeuge produziert. Die vier Triebwerke des Typs R 4360 von Pratt & Whitney lieferten je 3.160 kW und sorgten für eine Höchstgeschwindigkeit von 436 km/h. Im Rumpf fanden bis zu 200 Soldaten oder 31 Tonnen Fracht Platz. Die Reichweite betrug 6.480 km.
Auf die C-124 folgte die Fairchild C-123 Provider mit ihrem revolutionären Design. Sie wurde zum Maßstab für all ihre Nachfolger. Am 14. Oktober 1949 hob sie zum ersten Mal ab und wurde 1955 von der amerikanischen Luftwaffe in Dienst gestellt. Ihre innovative Form ging aus sorgfältigen Studien über die Anforderungen an Militärtransporter hervor. Die Serienversion C-123B, deren Konstruktion der des Lastenseglers Chase XCG-20 dem Zweiten Weltkrieg nachempfunden war, erbte das niedrige Fahrwerk, das angehobene Heck und die oben am Rumpf angebrachten Tragflächen. So war der Einbau einer breiten Heckrampe möglich, die sowohl am Boden als auch während des Flugs geöffnet werden konnte. Auf diese Weise wurde das Beladen sowie das Absetzen von Luftlandeeinheiten erleichtert. Als Triebwerke kamen zwei Triebwerke vom Typ R 2800 Double Wasp von Pratt & Whitney mit je 1.840 kW Leistung zum Einsatz. Im Rumpf dieser Maschine mit einem maximalen Startgewicht von 27 215 kg war Platz für 60 voll ausgerüstete Soldaten oder einen Lkw mit samt angehängter 155-mm-Kanone – oder eine Kombination aus Soldaten und Material. Um die Leistung zu erhöhen, wurde der Prototyp bereits 1995 mit zwei kleinen Strahltriebwerken vom Typ J44 mit je 10,9 kN Schub aufgerüstet. Wegen der guten Erfahrungen wurde die C-123K mit zwei Triebwerken des Typs J85 mit je 12,7 kN Schub ausgestattet. Dadurch konnte die Nutzlast auf 11 000 kg erhöht und die Reichweite auf 1666 km gesteigert werden. Zwölf Länder setzen diesen Flugzeugtyp ein, von dem mehr als 300 Exemplare hergestellt wurden.
Die Erfahrungen aus den vergangenen Jahren führten zur Entwicklung eines Militärtransporters, der Geschichte schrieb und sogar noch heute eine Schlüsselrolle in der Luftfahrtgeschichte einnimmt: Die Lockheed C-130 Hercules. Die Geburtsstunde der C-130 liegt nur knapp hinter der der C-123. Die C-130 Hercules geht auf ein Papier zur

219 unten Die C-123 Provider von Fairchild war die erste Militärmaschine, die die heute typischen Merkmale moderner Frachtflugzeuge aufweist: den hochgezogenen Heckausleger, das niedrige Fahrwerk und die Heckrampe.

220 oben Die C-130J Hercules II von Lockheed Martin startete 1996 zum Erstflug. Sie unterscheidet sich durch die sechsblättrigen Propeller aus Verbundwerkstoffen von ihrer Vorgängerin C-130H.

Bedarfsermittlung der USAF vom 2. Februar 1951 zurück, das von der Industrie ein Transportflugzeug für 92 Passagiere oder 72 Soldaten samt Ausrüstung forderte. Außerdem sollte es über die neu entwickelten Turboprop-Triebwerke verfügen, in denen die Zukunft der Frachtfliegerei lag. Lockheed entschied sich für eine Konstruktion, die wie eine vergrößerte Version der C-123 aussah, jedoch mir T65-Triebwerken von Allison ausgestattet war. Die eigens für diese Maschine entwickelten Triebwerke wurden ursprünglich als L-206, später als „Model 82" bezeichnet. Letztendlich setzte sich das Modell von Lockheed gegen einige Dutzend Konkurrenten durch und der Entwicklungsvertrag wurde am 2. Juli 1951 unterzeichnet. Der Prototyp mit der Bezeichnung YC 130 startete am 23. August 1954 im kalifornischen Burbank zum Erstflug. Dort befindet sich auch die Konstruktionsabteilung von Lockheed. Als C 130A mit ihren charakteristischen dreiflügeligen Propellern ging die Maschine dann in Serie.

Ihre Spannweite betrug 40,4 Meter. Jedes der vier Triebwerke lieferte 2757 kW Leistung. Später fand eine neue mit Navigationsradar ausgestattete Bugsektion Verwendung. Nach und nach wurden Verbesserungen an der Zelle, der Steuerung und den Triebwerken vorgenommen. Die Serienproduktion wurde mit der C-130E aufgenommen, die 1962 in Dienst gestellt wurde. Weitere Verbesserungen führten zur H-Version, die von 1964 bis 1996 in Produktion war. Diese Version verfügte über Triebwerke des Typs T56 A 15LFE mit je 3362 kW Leistung, das maximale Startgewicht lag bei 79 379 kg. Sie erreichte eine Höchstgeschwindigkeit von 650 km/h, eine Dienstgipfelhöhe von 10 058 Metern und bei einer Beladung von 18 Tonnen eine Reichweite von 3600 km. Die Herkules war eine hervorragende und flexible Plattform. Denn sie war die Grundlage für einige Spezialversionen: die AC 130 als Gunship, die EC 130 für die elektronische Kampfführung, die HC-130 für die Luftbetankung, die KC-13 für den Rettungseinsatz, die LC-130 für den Einsatz an Arktis und Antarktis, die MC-130 für Spezialeinheiten, die RC-130 als Aufklärer und die WC-130 als Wetteraufklärer.

Bei Lockheed Martin entschloss man sich in den 1990er-Jahren, das Projekt wieder aufleben zu lassen und die Flugzeugzelle mit alledem auszustatten, was die modernste Technik zu bieten vermochte. So entstand die C-130J „Hercules II", die am 5. April 1996 ihren Erstflug absolvierte. Diese Version erhielt neu entwickelte Triebwerke: Die AE 2100 D3 von Rolls-Royce versorgten ihre sechsblätterigen Propeller aus Verbundwerkstoffen mit 3458 kW Nennleistung. Außerdem erhielt diese Version unter anderem digitale Avionik, Head-up-Displays für beide Piloten. Mit der C-130J war auch eine um 40 Prozent größere Reichweite gewährleistet. Die Fluggeschwindigkeit konnte ebenfalls um 21 Prozent gesteigert werden. Die erforderliche Startstrecke wurde um 41 Prozent reduziert. Erster Kunde für diese neue Version war die britische Luftwaffe. Die ersten 25 Exemplare wurden 1999 ausgeliefert. Wie auch die Vorgängerversion war die „Hercules II" wiederum in zahlreichen unterschiedlichen Versionen verfügbar. Bei dieser Version überschritten die Stückzahlen die Marke von 2500 Flugzeugen, die für rund 70 Nationen weltweit im Einsatz sind – ihre Produktion wurde immer noch nicht eingestellt.

Wegen den Erfordernissen des Kalten Krieges und der in Europa und Asien stationierten Truppen bestand in den Vereinigten Staaten in den 1960er-Jahren Bedarf an Transportflugzeugen mit höherer Ladekapazität, höherer Geschwindigkeit und größerer Reichweite für kurzfristige Truppenverlegungen und Materialtransporte fern der Heimat. Man erkannte den Bedarf für einen strahlgetriebenen strategischen Transporter. Wiederum gewann Lockheed 1961 die Ausschreibung – diesmal mit der L-300, aus der wiederum die C-141 Starlifter entstand. Die Dimensionen dieses Flugzeugs waren beeindruckend: 48,7 Meter Spannweite. Länge: 44,2 Meter. Höhe: 12 Meter. Die

grundsätzlichen Konstruktionsmerkmale von Militärtransportern wurden zwar beibehalten, jedoch erhielt die Neue gepfeilte Tragflächen, ein T-Leitwerk und vier Strahltriebwerke des Typs TF33 von Pratt & Whitney mit je rund 43 kN Schub, mit denen eine Höchstgeschwindigkeit von 908 km/h erreicht wurde. Das maximale Startgewicht lag bei 143 600 kg, die Reichweite mit 14 Tonnen Zuladung bei 9720 km, wobei die maximale Nutzlast 32 136 kg betrug. Im Laderaum fanden entweder bis zu 154 Soldaten samt Ausrüstung oder 123 Fallschirmjäger Platz. Nach einer kurzen Entwicklungsphase hob die C-141A am 17. Dezember 1963 zu ihrem Erstflug ab. 1964 wurde sie bereits in Dienst gestellt und auf Flügen nach Vietnam eingesetzt, wo sich der Krieg mit den USA immer mehr ausweitete.

1976 wurde die Einführung der Version C-141B genehmigt, deren Rumpf um etwa 7,1 Meter verlängert war. Die neuen Flugzeuge entstanden durch den Umbau aller 217 bisherigen Maschinen. Sie waren 1979 einsatzbereit. Ihr maximales Startgewicht wurde auf 156 585 kg gesteigert. Dies kommt der Neubeschaffung von 90 Flugzeugen der A-Serie gleich. Nach ihren langen Dienstjahren wurden die letzte Maschine dieses Typs im Mai 2006 ausgemustert.

Dennoch: Die beeindruckenden Eigenschaften der Starlifter waren für die Luftwaffe immer noch nicht ausreichend. Man wollte ein Flugzeug, das über noch größere Ladekapazitäten verfügte, um die M60-Panzer oder die Brückenlegepanzer mit einem Gewicht von 67 Tonnen transportieren zu können. Nach reiflicher Überlegung entwickelte man 1964 den geforderten CX-HLS. Es sollte ein vierstrahliges Flugzeug mit einer Nutzlast von mehr als 81 Tonnen werden und eine Geschwindigkeit von Mach 0,75 erreichen. Die Mindestmaße des Frachtraums waren mit 30,5 Meter Länge, 5,2 Meter Breite und 4,1 Meter Höhe festgelegt. Außerdem brauchte man bug- und heckseitig Laderampen. Fünf Hersteller nahmen an der Ausschreibung teil. Im September 1965 wurde die L-500 von Lockheed zum Sieger gekürt. Sie war dem Modell von Boeing überwiegend aus Kostengründen überlegen. Boeing entwickelte aus seiner Konstruktion die B747 – den „Jumbo Jet“, der sich als Verkaufsschlager erweisen sollte.

Das aerodynamische Design der Lockheed C-5A sieht dem der C-141 sehr ähnlich. Der wesentliche Unterschied: Der Rumpf ist größer und das Bugtor klappt nach oben. Bei den Triebwerken hatte das TF39 von General Electric die Nase vorn. Diese revolutionäre Turbine hat erstmals ein hohes Nebenstromverhältnis und lieferte mehr Leistung bei geringerem Treibstoffverbrauch. Der Prototyp hob am 30. Juni 1968 zum Erstflug ab. Die Indienststellung bei der USAF folgte im Juni 1970. Zunächst gab es Schwierigkeiten bei der Erfüllung der Konstruktionsvorgaben, insbesondere bei der Stabilität der Tragflächen und auch mit der Einhaltung des Budgets. Dennoch wurden 81 Flugzeuge der 75,5 Meter langen und 19,9 Meter hohen C-5A gebaut. Die

220 unten Fallschirmjäger springen aus den Seitentüren einer C-130A der USAF. Von dieser Maschine gibt es einige Spezialversionen.

221 oben Eine Starlifter überfliegt die Bucht von San Francisco. Von diesem Flugzeugtyp wurden 217 Exemplare hergestellt.

221 unten links Eine C-141B und eine C-130H in den 1980er-Jahren beim Flug über Alaska. Diese beiden Typen bildeten mehr als 30 Jahre lang das Rückgrat der amerikanischen Lufttransporteinheiten.

221 unten rechts Eine C-141 fliegt mit Kondensstreifen in den Sonnenuntergang. Dieser Flugzeugtyp wurde 2006 ausgemustert.

Maschinen hatten eine Spannweite von 67,9 Metern. Das maximale Startgewicht lag bei 348 810 kg mit einer Nutzlast von 100 228 kg. Jedes der vier Mantelstromtriebwerke des Typs TF39 GE 1 lieferte 183 kN Schub und sorgte für eine Höchstgeschwindigkeit von 890 km/h sowie bei einer Beladung mit 51 Tonnen für eine Reichweite von 10 500 km.
An Bord der Galaxy konnten im Oberdeck 75, im Unterdeck immerhin 270 Soldaten befördert werden, mit der Frachtversion entweder zwei M60-Panzer, drei Chinook-Hubschrauber (CH-47) oder sechs Apache-Kampfhubschrauber (AH-64). Wird ausschließlich Fracht auf 463L-Standardpaletten verladen, passen bis zu 36 dieser Paletten in den Frachtraum.
1983 waren stabilere Tragflächen verfügbar und ab 1985 liefen nochmals 50 Maschinen des Typs C 5B vom Stapel. Diese waren mit stärkeren Triebwerken ausgerüstet. Die maximale Nutzlast wurde auf 118 000 kg erhöht. 1998 begann ein Programm zur Modernisierung der Avionik, und die Programme zur Steigerung der Zuverlässigkeit sowie zur Remotorisierung führten zum Bau der C-5M Super Galaxy.
Insgesamt wurden 52 Maschinen aufgerüstet und mit F138-GE-100-Triebwerken von General Electric mit je 220 kN Schub aufgerüstet. Die M-Version ging 2009 in Produktion.
Das letzte Los für in den Vereinigten Staaten produzierte Militärtransporter ging nicht an Lockheed, sondern an McDonnell Douglas. Die C-17 Globemaster III, die 1979 als YC-15 in Produktion ging, wird heute bei Boeing gefertigt. Mit ihr reagierte man auf den Bedarf aus dem C-X-Programm der USAF für neue neue Transportflugzeuge, die vorübergehend als Ersatz für die C-141 und einen Teil der C-130-Maschinen dienen sollten. Die C-17 gewann die Ausschreibung und der Vertrag wurde im August 1981

unterzeichnet. Der Bestellung über 210 Flugzeuge wurde im Dezember abgeschlossen. Sie wurde 1990 wegen der schlechten wirtschaftlichen Lage und veränderter strategischer Anforderungen auf 120 Maschinen reduziert. Ihren Erstflug absolvierte die C-17A am 15. September 1991. 1993 trat sie ihren Dienst in Charleston beim 437. Lufttransportgeschwader der USAF an. Die Globemaster III war der weltweit erste Militärtransporter, der ausschließlich über elektronische Steuerung (Fly-by-Wire) verfügte. Dazu gehörten digitale Multifunktionsdisplays und Head-up-Displays in der Pilotenkanzel. Die Mindestbesatzung bestand aus nur drei Personen. Die Nutzlast der Globemaster III ist mit 72 500 kg doppelt so groß wie die der C-141. Außerdem kann sie auf kurzen und unbefestigten Rollbahnen auch in unmittelbarer Nähe des Kampfgebiets starten. An Bord dieser Maschine finden entweder 154 Soldaten samt Ausrüstung oder 102 Fallschirmjäger Platz. Alternativ kann die Maschine mit drei Apache-Hubschraubern, drei Bradley-Panzern oder bis zu 18 463L-Standardpaletten beladen werden. Äußerlich entspricht die Globemaster III dem inzwischen klassischen amerikanischen Militärtransporter. Dazu gehören auch die hocheffizienten gepfeilten Tragflächen mit Flügelendscheiben zur Verringerung des Treibstoffverbrauchs. Vier Triebwerke des Typs F117 PW 100 von Pratt & Whitney liefern je rund 180 kN Schub und ermöglichen eine Höchstgeschwindigkeit von 960 km/h. Die Dienstgipfelhöhe beträgt 13 750 Meter. Bei einer Nutzlast von 71 Tonnen hat diese Maschine eine Reichweite von 4445 km. Bis heute hatte die USAF 223 Maschinen der Version C-17A bestellt. Diese Version konnte in kleinen Stückzahlen auch ins Ausland geliefert werden. Zu den Abnehmern von insgesamt 27 Flugzeugen zählen Großbritannien, Kanada, Katar, die Vereinigten Arabischen Emirate und Indien. Selbstverständlich hat auch die Sowjetunion die Entwicklung von Militärtransportern nicht vernachlässigt. Allerdings wurden seit Ende des Zweiten Weltkriegs keine nennenswerten neuen Typen entwickelt. Bei dem ersten größeren Bauprojekt handelte es sich um die viermotorige Antonow An 12 (NATO-Bezeichnung: „Cub"). Der Rumpf ist am Heck hochgezogen, wodurch der Einbau einer Laderampe ermöglicht wird. Der Prototyp erhob sich erstmals am 16. Dezember 1957 in die Lüfte. Im Allgemeinen schien sich die Konstruktion stark an der amerikanischen C-130 Hercules zu orientieren. Die Tragflächen der 33,1 Meter langen und 10,5 Meter hohen An 12 hatten eine Flügelspannweite von 38 Metern. Die vier Propellerturbinen vom Typ AI 20M lieferten je 3126 kW Leistung und beschleunigten die Maschine auf bis zu 670 km/h. Die Nutzlast belief sich bei einem maximalen Startgewicht von 61 000 kg auf 20 000 kg. Voll beladen hatte die An 12 eine Reichweite von 3600 km.

Von diesem Typ wurden einschließlich der Zivilversion mehr als 1320 Einheiten produziert. Eingesetzt wurden sie von der UdSSR, deren Satellitenstaaten und zahlreichen anderen Nationen. Über ihren Produktionszeitraum wurde die An 12 in zahlreichen Versionen und Subversionen gebaut, bei denen auch die Triebwerke verbessert und das

222 oben Eine C-5M von Lockheed beim Start. Diese mit neuen Triebwerken ausgestattete Version der Galaxy wurde von der USAF 2009 in Dienst gestellt.

222 unten links Die Boeing C-17 Globemaster fliegt mit neuen Strahltriebwerken. Sie kann auch, wie hier im Bild, auf unbefestigten Pisten starten.

222 unten rechts Die Größe des Laderaums der C-5 „Galaxy" ist überwältigend. Sie kann sogar sperrige Fracht wie diesen amerikanischen Lkw aufnehmen, der die Maschine eben durch das Bugtor verlässt.

223 oben Zwei C-17 im Einsatz beim 62. Lufttransportgeschwader der USAF, die insgesamt über 223 Flugzeuge dieses Typs verfügt.

223 unten Diese C-17 wird während des Flugs betankt. Mit einer einzigen Tankfüllung kann dieses Flugzeug 71 Tonnen Ladung über 4445 km befördern.

Leistungsvermögen gesteigert wurden. China kopierte die An 12 unter der Bezeichnung Shaanxi Y 8. Vor kurzem wurden nahezu alle Militär- und Zivilversionen der An 12 ausgemustert. Dank der Erfahrung aus der Produktion der An 12 konnte das Konstruktionsbüro von Antonow zu Beginn der 1960er-Jahre geradezu einen Riesen der Lüfte aus der Taufe heben. Die Arbeit an dem schwersten jemals gebauten Flugzeug begann 1962. Es war für den Transport großer Ladung über weite Strecken vorgesehen und sollte auch auf unbefestigten Pisten starten können. Am 27. Februar 1965 hob der Prototyp erstmals ab. Nur wenige Monate später wurde er beim Pariser Luftsalon der Öffentlichkeit vorgestellt. Von der klassischen Konstruktion unterschied sich die An 22 „Antei" (NATO-Bezeichnung „Cock") lediglich durch den Heckausleger mit dem doppelten Seitenleitwerk. Die vier Propellerturbinen des Typs Kusnezow NK 12MA versorgten die gegenläufigen vierblätterigen Propeller mit je 11 185 kW Leistung und beschleunigten die Maschine auf bis zu 740 km/h. Die 57,3 Meter lange An 22 hatte eine Spannweite von 64,4 Metern. Ihr maximales Startgewicht lag bei 250 000 kg, die Nutzlast bei 80 000 kg und die Reichweite bei 5000 km. Bis 1975 liefen 68 Einheiten vom Stapel. Sie kamen bei der sowjetischen Luftwaffe, der Fluggesellschaft Aeroflot sowie später in Russland, Bulgarien und der Ukraine zum Einsatz.

Der taktische Militärtransporter Antonow An 26 (NATO-Bezeichnung: „Curl") war merklich kleiner. Diese Maschine startete am 21. Mai 1969 zum Erstflug. Es handelte sich um eine Weiterentwicklung der zweimotorigen An 24, von der 1000 Exemplare gebaut wurden. Allerdings wurde sie mit leistungsfähigeren Propellerturbinen ausgeliefert: Die Iwtschenko Progress AI 24VT lieferten jeweils 2.074 kW Leistung. Außerdem wurde der Rumpf so angepasst, dass eine heckseitige Laderampe installiert werden konnte. Von der AN 26 wurden zwischen 1969 und 1986 insgesamt mehr als 1500 Exemplare hergestellt. Sie wurde von den Luftwaffen in mehr als 50 Ländern sowie zahlreichen zivilen Fluggesellschaften eingesetzt.

Die in China unter der Bezeichnung Y 7 produzierte Maschine war 29,2 Meter lang und hatte eine Spannweite von 29,2 Metern. Mit einer maximalen Startmasse von rund 24 000 kg und einer Höchstgeschwindigkeit von rund 540 km/h konnte sie ihre Fracht 2700 km weit befördern. Die Antonow An 30 und An 32 waren ebenfalls Weiterentwicklungen dieses interessanten Modells.

Der erste erfolgreiche strahlgetriebene Transporter der Sowjetunion kam jedoch aus der Werkstatt von Iljuschin. Dort reagierte man 1967 auf den Bedarf an Ersatzmaschinen für die An 12. Die sowjetische Luftwaffe forderte, 40 Tonnen Fracht binnen sechs Stunden über 5000 km transportieren zu können. Außerdem sollte die Maschine auch unter extremen Witterungsverhältnissen von unbefestigten Startbahnen abheben können. Der Prototyp absolvierte am 25. März 1971 seinen Erstflug. Von Außen ähnelte sie der C-141 von Lockheed. Unter der Bezeichnung Il-76 (NATO-Bezeichnung: „Candid") trat sie 1974 ihren Dienst bei der sowjetischen Luftwaffe an, nur zwei Jahre später auch bei der staatlichen Fluggesellschaft Aeroflot.

Diese Maschine erwies sich als ausgesprochen zweckdienlich. Deshalb wurde sie zur Grundlage einer Reihe von Weiterentwicklungen, im Einzelnen: der luftbetankungsfähigen Il-78, des fliegenden Kommandostands Il-82, des AWACS-Flugzeugs A 50, der Il-76PP für elektronische Gegenmaßnahmen und der Il-76MD PS als Such- und Rettungsflugzeug. Außerdem gab es noch mehr als drei Dutzend Subversionen für den zivilen als auch für den militärischen Einsatz. Der verlängerte Prototyp Il-76MF hob

224 oben Die Antonow An 12 – wie diese in den Farben der ukrainischen Luftwaffe – ist der erste sowjetische Frachter der Nachkriegszeit.

224 unten Eine Antonow An 26 der slowakischen Luftwaffe auf der Rollbahn. Dieser zweimotorige Transporter absolvierte seinen Erstflug 1996 und wurde bis ins Jahr 1989 hergestellt.

225 oben Das größte Flugzeug der Welt: Diese Antonow An 225 wurde in den 1980er-Jahren für den Transporter der Raumfähre „Buran" hergestellt. Es wurde nur eine einzige Maschine dieses Typs gebaut.

225 unten Die Antonow An 124 ist das weltgrößte Flugzeug, das jemals in Serie prouziert wurde. Insgesamt liefen 55 Maschinen vom Band. Ein Panzer verlässt dieses Exemplar der Ukrainian International Cargo.

erstmals im Jahre 1995 ab. Von diesem Modell wurden jedoch nur wenige Einheiten produziert. Die technisch fortschrittlichste Version war die mit PS-90-76-Triebwerken ausgestattete Il-76TD 90. Die Mantelstromtriebwerke von Awiadwigatel lieferten 142 kN Schub und ermöglichten so ein maximales Startgewicht von 195 000 kg sowie eine Nutzlast von bis zu 50 Tonnen. Sie erreichte eine Höchstgeschwindigkeit von 900 km/h und hatte bei voller Beladung eine Reichweite von 4300 km.
Im Jahre 1982 schaffte es die Sowjetunion, die Welt erneut in Erstaunen zu versetzen: Von dort kam wiederum das für damalige Verhältnisse größte Flugzeug der Welt. Aus dem Bedarf aus den 1970er-Jahren ging die Antonow An 124 hervor. Somit stand den sowjetischen Streitkräften nunmehr ein großes Transportflugzeug in den Dimensionen der amerikanischen C-5 zur Verfügung. Zuvor mussten sich die Sowjets mit kaum mehr als 50 veralteten An-22-Maschinen begnügen. Mit dem Bau der ersten Flugzeugzelle wurde 1979 begonnen. Zum Erstflug kam es am 26. Dezember 1982. Die An 124 Ruslan (NATO-Bezeichnung: „Condor") wies Ähnlichkeiten mit der Galaxy auf: Sie verfügte ebenfalls über ein nach oben öffnendes Bugtor, um die gleichzeitige Be- und Entladung zu ermöglichen. Anders als die amerikanischen Flugzeuge jedoch war sie mit einer konventionellen Hecksektion mit tief liegendem Höhenleitwerk versehen. Die Spannweite dieser 69 Meter langen und 20,8 Meter hohen Maschine beträgt 73,3 Meter, das maximale Startgewicht 405 000 kg und die Nutzlast 150 000 kg. So erklärt sich auch, weshalb die Ruslan auch von zivilen Luftfrachtunternehmen eingesetzt wird: Mit ihr können Lokomotiven, Yachten, U-Boote und sogar Flugzeugrümpfe transportiert werden. Für je rund 230 kN Schub sorgen die vier Mantelstromtriebwerke des Typs Progress D 18T. Sie gestatten eine Höchstgeschwindigkeit von 865 km/h. Mit 90 Tonnen Last haben die 124 produzierten Flugzeuge dieses Typs eine Reichweite von 7100 km.
Das auch heute noch größte Flugzeug der Welt – die An 225 – ist eine Weiterentwicklung der Ruslan. Die Mrija wurde für den Transport der russischen Raumfähre „Buran" und deren Startsystem zur Startrampe in Baikonur entwickelt. Ihren Erstflug absolvierte die An 225, von der lediglich ein Exemplar gebaut wurde, am 21. Dezember 1988. Für den Antrieb kamen sechs Mantelstromtriebwerke vom Typ D 18T zum Einsatz. Am Höhenleitwerk ist ein doppeltes Seitenleitwerk angebracht. Die Nutzlast dieses 84 Meter langen und 18,1 Meter hohen Riesen liegt bei 250 Tonnen, die Reichweite mit voller Beladung bei 4.500 km. Die Spannweite der Tragfläche beläuft sich auf 88,4 Meter.
Die Produktion militärisch bedeutender Transportflugzeuge beschränkte sich allerdings nicht nur auf die Supermächte. Nach dem Krieg engagierte sich Großbritannien auf diesem Sektor. 1947 lief bei Handley Page die Hastings vom Stapel, 1953 folgte die Blackburn Beverly und schließlich 1964 die Short Belfast. In Frankreich war es 1950 die der C-119 sehr ähnliche Nord 2501 „Noratlas", von der für die deutschen und französischen Streitkräfte insgesamt über 400 Exemplare produziert wurden. Für die Entwicklung einer Nachfolgerin der „Noratlas" gründeten die französische und die deutsche Regierung sowie einige Flugzeughersteller (MBB, Aérospatiale und VFW) 1995 ein Konsortium unter dem Namen „Transporter Allianz" zur Entwicklung der Transall C 160. Der erste der drei Prototypen startete am 25. Februar 1963 zum Erstflug. 1967 begann die Serienfertigung von 169 Maschinen für Deutschland (C 160D), Frankreich (C 160F), die Türkei (C 160T) und Südafrika (C 160Z). Die Transall C 160 hat bei einem maximalen Startgewicht von 51 000 kg eine Nutzlast von 16 000 kg. Ihre Höchstgeschwindigkeit liegt bei 513 km/h, die maximale Reichweite bei 1853 km. 1977 wurde die Produktion wieder aufgenommen. Es wurden für Frankreich 29 Flugzeuge der Version C 160NG produziert, die sich durch neue Avionik und eine Luftbetankungssonde von den Vorgängerversionen unterscheidet. In den 1990er-Jahren wurden die Flotten einem Programm zur Verlängerung der Nutzungsdauer unterzogen, um so die Lieferverzögerungen bem Airbus A400M zu kompensieren.
Auch italienische Flugzeugbauer versuchten sich beim Bau der taktischen Transport-

flugzeuge, um bei der italienischen Luftwaffe die C-119 aus amerikanischer Produktion zu ersetzen.
Die italienischen Streitkräfte unterzeichneten 1963 einen Vertrag mit der Luftfahrtsparte von Fiat. Am 18. Juli 1970 hob der erste Prototyp zum Jungfernflug ab. Bei der G.222 – so die Typenbezeichnung – handelte es sich im Wesentlichen um einen kleineren Ableger der C-130. Zwei Propellerturbinen des Typs T64 GE P4D lieferten jeweils 2534 kW Leistung. Ihr maximales Startgewicht lag bei 28 000 kg, die Nutzlast lag bei 9000 kg (beispielsweise für 53 Soldaten samt Ausrüstung oder 42 Fallschirmjäger). Die 28,7 Meter lange G.222 mit einer Spannweite von 28,7 Metern erreichte eine Höchstgeschwindigkeit von 540 km/h. Ihre Reichweite mit voller Beladung betrug 1259 km. Sie erwies sich für kleine Lasten und beim Einsatz auf kurzen, unbefestigten Pisten als durchaus nützlich.
Italien beschaffte 52 dieser Flugzeuge und nutzte sie auch zur elektronischen Kampfführung, zur Funküberwachung sowie als Feuerleitanlage. Aeritalia trat die Nachfolge von Fiat an und lieferte weitere 58 Maschinen an die Luftstreitkräfte in Dubai, Libyen, Nigeria, Thailand, Somalia, Venezuela, Argentinien und den USA. Letztere nutzten sie unter der Bezeichnung C-27A Spartan für Spezialeinsätze.
Zunächst in Kooperation mit Lockheed Martin machte sich Alenia Aeronautica in der Nachfolge von Aeritalia an die Entwicklung einer verbesserten Version der G.222. Diese zeichnete sich durch den Einbau hoch entwickelter Avionik (einschließlich Head-up-Displays), neuer Triebwerke des Typs AE 2100 D3 von Rolls-Royce (mit denen auch die C-130J ausgestattet war) sowie sechsblättrigen Propellern aus. Außerdem war eine Selbstschutzausrüstung und ein Luftbetankungsmodul installiert. Das Ergebnis: Die C-27J Spartan. Sie hob im September 1999 zum Erstflug ab. Insgesamt lagen Bestellungen für mehr als 91 Flugzeuge aus Italien, den USA, Australien, Griechenland und sechs weiteren Ländern vor. Die MC-27J Pretorian für Sondereinsätze befindet sich derzeit in der Entwicklung. Sie glänzt mit einem maximalen Startgewicht von 31 800 kg, einer Nutzlast von 11 500 kg (das entspricht 60 Soldaten oder 46 Fallschirmjägern) und einer Höchstgeschwindigkeit von 602 km/h. Auch bei der Flughöhe ist sie der G.222 überlegen. Die C-27J ist zwar teurer als ihre Konkurrenzprodukte, aber sie ist das einzige eigens als taktischer Transporter für den militärischen Einsatz konzipierte Flugzeug. Die C-235 ist das bedeutendste Konkurrenz-modell für die C-27J.
Diese wird von dem Riesenkonzern EADS gebaut, der das Projekt von dem spanischen Hersteller CASA übernommen hat.
1983 ging sie aus einem Vertrag mit dem indonesischen Flugzeugbauer Nurtanio hervor, der die Entwicklung eines zweimotorigen Transporters sowohl für zivile als auch militärische Zwecke vorsah.
Der Flugzeughersteller stellte 1995 die C-295 als verlängerte Version vor – mit zwei PW127G-Propellerturbinen von Pratt & Whitney Canada, von denen jedes 2281 kW Leistung lieferte. Zusammen mit den sechsblättrigen Propellern erreicht dieses Flugzeug eine Höchstgeschwindigkeit von 575 km/h. Die Reichweite der Maschine mit einem maximalen Startgewicht von 23.200 kg und einer Nutzlast von 9.250 kg (z. B. etwa 71 Soldaten samt Ausrüstung) beträgt 1333 km. Beide Typen sind immer noch in Produktion. Mehr als 300 Bestellungen sowohl für den zivilen und den militärischen Einsatz liegen aus mehr als 40 Ländern vor.

226–227 Eine Transall C-160D der Bundesluftwaffe im Flug. Diese Maschine seit seit den 1960er-Jahren im Einsatz.

227 oben Die Iljuschin Il-76 ist bereits seit 1974 im Einsatz. Fast 1000 Stück dieses Typs wurden produziert. Sie wurde zum erfolgreichsten und meistgenutzten russischen mit Strahltriebwerken ausgestatteten Militärtransporter.

227 Mitte Eine Alenia Aermacchi C-27J der italienischen Luftwaffe beim Flug über die Küste der Toskana. Diese Weiterentwicklung der G.222 trat 1999 zum Erstflug an. Zehn Länder bestellten dieses Flugzeug für ihre Luftstreitkräfte.

227 unten Die CN-235 der CASA wird heute von EADS hergestellt. Dieses zweimotorige Flugzeug wurde 1983 entwickelt, um dem Bedarf ziviler sowie militärischer Kunden gerecht zu werden. Bei der C-295 handelt es sich um eine verlängerte Version dieses Typs.

Kapitel 17

Die europäischen Jäger

In den 1950er- und 1960er-Jahren wurde die Welt überschattet von der dramatischen Ost-West-Konfrontation des Kalten Kriegs, vor allem der beiden Supermächte Vereinigte Staaten und Sowjetunion. Auch in der Luftfahrt waren die Feindseligkeiten der Supermächte spürbar, da die Industrien beider Länder einige der besten Flugzeuge der Welt entwarfen und massenhaft produzierten, wobei viele davon später auch an die zahlreichen Alliierten der beiden Blöcke verkauft wurden. Trotzdem schaffte es Europa sogar während dieser schwierigen Jahre, einen gewissen Grad von Unabhängigkeit zu bewahren und produzierte einige vom technischen wie leistungsspezifischen Gesichtspunkt aus bemerkenswerte Flugzeuge.

Die französische Luftfahrtindustrie, die aus dem Zweiten Weltkrieg in schlechter Verfassung hervorgegangen war, fand in Marcel Dassault ihre Führungsfigur. 1892 unter dem Namen Marcel Bloch geboren, wurde der Franzose schon früh von der Welt der Luftfahrt eingefangen und baute bereits 1917 sein erstes Flugzeug, das SEA4 genannt wurde. In den 1930er-Jahren produzierte seine Fabrik zahlreiche Zivil- und Militärflugzeuge, aber mit der deutschen Besetzung wurde Bloch, nachdem er die Zusammenarbeit mit dem Feind abgelehnt hatte, verhaftet, interniert und schließlich nach Buchenwald deportiert. Nach seiner Befreiung 1945 wechselte die Familie den Namen in Dassault und begann von neuem, immer erfolgreichere Flugzeuge hervorzubringen. Der erste Nachkriegs-Jäger war die MD 450 Ouragan, die am 28. Februar 1949 ihren Jungfernflug durchführte. Sie war außerdem auch das erste französische Düsenflugzeug überhaupt und ihre Charakteristiken hatten ziemlich viel mit anderen Flugzeugen gemein, wie zum Beispiel den Rolls-Royce Nene-Motor mit 2270 kp Schubkraft. Die MD 450 war als Tiefdecker mit geraden Flügeln ausgelegt und hatte Treibstoffbehälter an den Tragflächenenden, einen Lufteinlauf an der Nase und ein kreuzförmiges Leitwerk. Die

Ouragan flog bis zu 940 km/h schnell und war bewaffnet mit vier 20-mm-Kanonen, 870 kg Bomben und Raketen. Insgesamt baute man bei Dassault 493 Exemplare der MD 450, die von den Luftstreitkräften Frankreichs, Israels und Indiens benutzt wurden. Das Flugzeug machte nur eine kurze Karriere, da Dassault sofort eine Nachfolgerin entwickelte, die MD 452 Mystère, bei welcher praktisch der Rumpf der Ouragan mit neuen, um 30 Grad gepfeilten Tragflächen versehen wurde. Dieses Jagdflugzeug startete am 23. Februar 1951 zu seinem ersten Flug. Nachdem daraufhin einige Versionen (mit verschiedenen Triebwerken) entwickelt worden waren, führte man das Serienmodell Mystère IIC ein. 1952, nach 150 gebauten Exemplaren der Mystère IIC, brachte die Firma schließlich die endgültige Version IVA heraus. Diese Maschine war mit einem Triebwerk vom Typ Hispano-Suiza 250A (2850 kp Schubkraft) bzw. dem Hispano-Suiza 350 Verdon (mit 3500 kp Schubkraft) ausgestattet. Das Flugzeug erreichte eine Höchstgeschwindigkeit von 1120 km/h, hatte eine Spannweite von 11,1 Metern und eine Länge von 12,9 Metern.

228 oben Eine Dassault Mystère IV der französischen Luftwaffe. Dieser Jäger erschien 1952 und besaß für jene Zeit interessante Charakteristiken – darunter die Bewaffnung aus zwei 30-mm-Kanonen und 1000 kg Bomben- und Raketenlast.

228-229 Die Dassault Mirage III war ein für ihre Zeit außergewöhnliches Jagdflugzeug und bildete die Grundlage für eine Flugzeug-Familie von über 1400 Exemplaren, die in über 20 Ländern weltweit verkauft wurden. Auf dem Foto ist eine zweisitzige Mirage IIIB zu sehen.

229 oben Eine Formation von drei Dassault MD.450 Ouragans der französischen Luftwaffe, fotografiert 1956. Die Ouragan war das erste französische Düsenjagdflugzeug.

Die maximale Startmasse betrug 9500 kg, die Waffenausrüstung bestand aus zwei 30-mm-Kanonen und 1000 kg Bomben oder Raketen. Die Ähnlichkeiten mit der alten Ouragan waren nun minimal: Der Querschnitt des Rumpfs war oval, die dünneren und stärkeren Flügel waren um 41 Grad gepfeilt und auch ein anderes Triebwerk war eingebaut worden. Insgesamt wurden über 411 Exemplare der Mystère IVA gebaut; sie wurden außer an die französische Luftwaffe auch an Israel und Indien verkauft. Auf die IVA folgte eine neue Version – genannt Mystère IVB –, die im Dezember 1953 erstmals flog. Mit diesem Flugzeug hatte man einen riesigen Schritt vorwärts gemacht: Es handelte sich um das erste französische Überschall-Düsenflugzeug – der Sprung über die Schallmauer gelang dank der Installation des Nachbrenner-Düsentriebwerks Atar 101G.

Die Serienproduktion konzentrierte sich jedoch auf die Super Mystère B2, die im März 1955 eingeführt wurde. Diese Maschine war eine weitere, aus dem Grundentwurf entwickelte Version mit verbessertem Rumpf, an dessen Nase ein Lufteinlauf angebracht war. Ferner waren die dünnen, um 45 Grad gepfeilten Flügel mit Sägezähnen an der Vorderkante versehen worden. Auch dieses Modell wurde von dem Triebwerk Atar 101G mit 4500 kp Schubkraft angetrieben, wobei die Höchstgeschwindigkeit Mach 1,12 betrug. Die maximale Startmasse stieg dagegen bis auf 10 000 kg. Die Bewaffnug bestand aus zwei 30-mm-Kanonen, einem Behälter für 55 68-mm-Raketen sowie Bomben und Raketen an Unterflügel-Stationen mit einer Gesamtlast von 1000 kg. Die Spannweite betrug 10,5 Meter und die Länge 14 Meter. Die Super Mystère war das erste operative europäische Jagdflugzeug mit Überschallfähigkeit; insgesamt wurden 180 Exemplare produziert, von denen 36 an Israel verkauft wurden, wo man sie als Jagdbomber zur Erdkampfunterstützung einsetzte. Kaum hatte die Super Mystère IVB ihre ersten Flugversuche unternommen, arbeitete man bei Dassault bereits an einem vollständig neuen, interessanten Projekt: Ein Hochleistungs-Jäger mit Delta-Flügeln sollte entstehen. Die MD.550 Mirage flog erstmals im Juni 1955 und war ein Flugzeug mit 60 Grad

gepfeilten Flügeln, angetrieben von zwei Triebwerken vom Typ Armstrong Siddeley Viper mit je 1000 kp Schubkraft, die zusammen mit einer Hilfsrakete eine Höchstgeschwindigkeit von Mach 1,3 ermöglichten.
Nach dem Mirage-II-Projekt, das nie in Produktion gebracht wurde folgte am 18. November 1956 schließlich der Erstflug der Mirage III. Diese Version war ausgerüstet mit dem Triebwerk Atar 101G mit Nachbrenner und besaß dazu ein abwerfbares Raketentriebwerk. Nach einigen Verbesserungen und Verfeinerungen brachte Dassault endlich das Serienmodell Mirage IIIC heraus, das später von dem zweisitzigen Schulflugzeug Mirage IIIB ergänzt werden sollte. Die Mirage III war 13,8 Meter lang, hatte eine Spannweite von 8,2 Metern und eine maximale Startmasse von 11 800 kg. Ihr mit Nachbrenner ausgestattetes Triebwerk Atar 9B SNECMA produzierte 6000 kp Schubkraft – ausreichend für eine Höchstgeschwindigkeit von Mach 2,1. Die Bewaffnung wurde von zwei 30-mm-Kanonen und 1350 kg schweren Außenlasten gebildet, darunter Luft-Luft-Raketen; optional waren außerdem Zusatztanks vorgesehen. Dank der wunderbaren aerodynamischen Form war die Mirage III eine kleine Sensation; sie versorgte die französische Luftwaffe mit einem hervorragenden Mach-2-Abfangjäger, von dem zahlreiche wichtige Bestellungen aus Afrika und Israel eingingen. Dassault war sich der Qualität des Entwurfs sehr wohl bewusst und verwertete die Grundanlagen des Flugzeugs bis zum Letzten; kurze Zeit später wurde das Modell IIIE eingeführt, das man für Bodenangriffe optimiert hatte. Ausgestattet mit einem etwas stärkeren Atar-9C-Triebwerk, führte die IIIE im April 1961 ihren ersten Flug durch. Das Flugzeug zeichnete sich aus durch ein neues Feuer-Kontrollsystem, erhöhte Kraftstoffzuladung sowie fünf Außenlaststationen für die Bewaffnung. Dank ihrer vielseitigen Einsatzmöglichkeiten war diese Version besonders gut für den Export geeignet.
Die Mirage III bildete auch die Konstruktionsgrundlage für das Aufklärungsmodell IIIR, die IIIS (in die Schweiz exportiert) und den Zweisitzer IIID. Außer der Version Mirage 5 – die für Israel gebaut, jedoch aus politischen Gründen nie geliefert werden durfte – war das letzte Modell der Flugzeugreihe die Mirage 50. Das Flugzeug wurde 1979 eingeführt, fand jedoch keinen großen Verkaufserfolg. Insgesamt wurden über 1420 Exemplare der Mirage III und 5 gebaut und in über 20 Länder auf der ganzen Welt exportiert; außerdem stellten die Jäger ihre Fähigkeiten in verschiedenen Kriegen und militärischen Konflikten im Mittleren Osten, in Asien und Südamerika unter Beweis. Einige – inzwischen modernisierte – Exemplare sind noch bis heute im Dienst.
Anfang der 1960er-Jahre arbeitete Dassault bereits an einem Nachfolger für die Mirage III. 1964 erhielt die Firma das Einverständnis der französischen Regierung und am 23. Dezember 1966 flog bereits die neue Mirage, der Typ F.1 – nachdem das Parallelprojekt F.2, eine mehr als 18 Tonnen schwere Maschine, zu den Akten gelegt worden war. Die Mirage F.1 brach mit der Tradition der Deltaflügel und besaß einen ähnlichen Rumpf wie die Modelle der Serie III, der verbunden war mit Pfeilflügeln und einem Atar-9K-Triebwerk mit 7200 kp Schubkraft. Dazu war das Flugzeug mit dem neuen Cyrano-IV-Radar sowie neuen Matra Luft-Luft-Raketen ausgestattet worden. Der erste Prototyp wurde bei einem Unfall zerstört, hatte aber dennoch sein Potenzial hinreichend bewiesen, so dass die Regierung den Bau von drei Vorserien-Modellen anordnete. Mit der Lieferung des Abfangjägers F.1C – dem eigentlichen Serienmodell – wurde 1973 begonnen. Es handelte sich dabei um ein 15,3 Meter langes Flugzeug mit einer Spannweite von 8,4 Metern und einer maximalen Startmasse von 16 200 kg. Die Höchstgeschwindigkeit betrug Mach 2,2 und die Bewaffnung bestand aus zwei 30-mm-Kanonen sowie bis zu 4000 kg Waffenlast, die auf sieben Außenlaststationen angebracht werden konnte. Auf der Basis des Grundmodells wurden außerdem die Versionen F.1A für den Bodenangriff, der Zweisitzer F.1B und das Mehrzweck-Exportflugzeug F.1E entworfen. Später erschienen auch das Modell F.1C-200 mit Luftbetankungsmöglichkeit, der

230 Ein Abfangjäger Mirage IIIS der schweizerischen Luftwaffe. Das Modell wurde einem vollständigem Erneuerungsprogramm unterzogen, wobei die Entenflügel an den Lufteinlässen eine bessere Steuerbarkeit ermöglichen sollten. Das neue aerodynamische Profil ist hier gut zu erkennen.

231 Eine Mirage F.1CJ der jordanischen Luftwaffe beim Steilflug. Mit diesem Flugzeug kehrte Dassault wieder zu einem aerodynamisch konventionelleren Entwurf zurück, der in Hinblick auf die damalige Technologie auch wirksamer war.

Aufklärer F.1CR und schließlich die F.1CT – ein Mehrzweckmodell für die französische Luftwaffe. Die Mirage-F.1-Serie konnte ebenfalls einen guten kommerziellen Erfolg erzielen; insgesamt wurden 731 Exemplare gebaut und von Luftstreitkräften elf verschiedener Länder erworben.

In der Zwischenzeit konnte auch Großbritannien, ein weiterer Luftfahrt-Gigant der Vorkriegszeit, seine Rolle im Segment der Militärflugzeuge gut behaupten. Die britischen Firmen produzierten eine Vielzahl von Jagd- und Kampfflugzeugen für die RAF und die Royal Navy. Nach den ersten Jets, die während des Kriegs als Gloster Meteor und De Havilland Vampire entwickelt wurden, war es nun die Firma Hawker, die mit dem Projekt P.1067 den ersten bemerkenswerten Nachkriegserfolg erzielte. Das Flugzeug besaß Ähnlichkeiten mit dem Marinejäger Sea Hawk und wurde auf eine 1948 herausgegebene Spezifikation der RAF hin entwickelt. Darin forderte man ein Flugzeug mit Pfeilflügeln, das die Meteor ersetzen konnte und leistungsmäßig auf der Höhe des amerikanischen Modells F-86 Sabre sein sollte. Bei der Herstellung des neuen Flugzeugs – genannt Hunter – stieß man auf einige Probleme. Doch aufgrund der globalen Krise, die durch den Korea-Krieg hervorgerufen wurde, hatte man die Serienproduktion der Hunter bereits vor ihrem ersten Flug (am 20. Juli 1951) bewilligt. Das Flugzeug besaß einen langen, schlanken Rumpf, Pfeilflügel mit weiter Profilsehne sowie Lufteinlässen an den Wurzeln. Das Jäger-Modell F Mk.6 war mit einem Rolls-Royce Avon-Mk.207-Triebwerk ausgestattet, das 4600 kp Schubkraft produzierte und eine Höchstgeschwindigkeit von 1125 km/h ermöglichte. Die Länge der Hunter betrug 14 Meter, die Spannweite 10,2 Meter und die maximale Startmasse erreichte 10 800 kg. Da anfangs Jagd- und später Jagdbomberversionen entwickelt wurden, war die Waffenausrüstung der Hunter aus vier 30-mm-Kanonen sowie externen Bomben- und Raketenlasten von insgesamt 1360 kg zusammengesetzt. Die Hunter wurde 1954 in Dienst gestellt, konnte jedoch unter keinen Umständen mit den von den Amerikanern geflogenen Jägern konkurrieren, die in der Zwischenzeit bereits über das Überschallflugzeug F-100 Super Sabre verfügten. Trotzdem absolvierte die Hunter bei der RAF eine erfolgreiche Karriere, die bis in die 1970er-Jahre hinein andauerte. Zusammen mit den Aufklärer-, zweisitzigen Übungs- und Exportversionen war die zuverlässige und gut bewaffnete Hunter ein internationaler Erfolg. Insgesamt wurden 1972 Hunter gebaut und in 18 Länder verkauft.

Einen Ersatz für die Hunter in der Rolle eines Abfangjägers lieferte die English Electric (später BAC) mit einem Entwurf, an dem bereits seit 1947 gearbeitet wurde. Der Prototyp P.1A flog am 4. August 1954 zum ersten Mal und besaß eine innovative Außenform mit abgestumpften Pfeilflügeln und zwei übereinandermontierten Sapphire-Triebwerken. 1957 erschien die P.1B, die bemerkenswerte Neuerungen darbot; die RAF bestellte sofort 20 Vorserien-Exemplare. Das erste Serienmodell war die F Mk.1 und die Lieferungen des Flugzeugs begannen 1959. Die Lightning (so wurde der Jäger genannt) war ein für jene Zeiten wirklich außergewöhnliches Flugzeug; es war in der Lage, doppelte Überschallgeschwindigkeit zu fliegen, besaß eine hervorragende Steigfluggeschwindigkeit, eine gute Steuerbarkeit sowie ein aus radargesteuerten Firestreak Luft-Luft-Raketen bestehendes Waffensystem. Die Hauptversion der Lighting war die F Mk.6, die im Jahr 1965 erschien. Das Flugzeug war 16,8 Meter lang, hatte eine Flügelspannweite von 10,6 Metern und war bewaffnet mit zwei Luft-Luft-Raketen und optional einem Paar 30-mm-Kanonen an der Flügelunterseite. Das maximale Startgewicht betrug 22 680 kg. Die F Mk.6 wurde von zwei Rolls-Royce Avon-301-Motoren (mit Nachbrenner) mit 7400 kp Schubkraft zu einer Höchstgeschwindigkeit von Mach 2,27 (2415 km/h) angetrieben. Zehn Luftverteidigungsgeschwader der RAF wurden mit der Lightning ausgerüstet und die Version Mk.53 des Flugzeugs wurde auch nach Saudi-Arabien und Kuwait exportiert. Zusammen mit den zweisitzigen Modellen der T-Serie (für Schulung und Training) wurden 334 Exemplare des Jagdflugzeugs produziert – eine eigentlich geringe Zahl, die jedoch kein Urteil über die Qualität des Flugzeugs bedeutet. Doch wie dem auch sei – die Lightning musste auf den Weltmärkten mit westlichen Flugzeugen wie der Mirage III und der F-104 konkurrieren, gegen die sie wenig Chancen besaß.

Zwischenzeitlich hatte sich die britische Luftfahrt-Industrie in ein vollkommen neues Feld von enormer technischer Komplexität

232 oben Eine britische English Electric Lightning der RAF. Das Jagdflugzeug hob zum ersten Mal 1954 ab; es besaß eine ungewöhnliche Form, war jedoch sehr effektiv. Dieses Exemplar besitzt Zusatz-Tankbehälter über den Flügeln und ist mit Firestreak-Raketen bewaffnet.

232 unten Eine Hawker Hunter F Mk.6 der RAF. Dieses Flugzeug war ein großer kommerzieller Erfolg für die britische Industrie. Es wurden ca. 2000 Exemplare gebaut und in 18 Länder verkauft.

233 oben rechts Auf dieser Nahaufnahme ist ein mit zwei AMRAAM-Raketen bewaffneter Sea Harrier F/A Mk.2 zu sehen. Dieses Jägermodell wurde 1988 eingeführt und besitzt ein Radargerät „Blue Vixen" auf der Nase.

233 unten links Eine Harrier Mk.I der RAF feuert Luft-Boden-Raketen ab. Der britische Jagdbomber wurde 1969 in Dienst gestellt und revolutionierte aufgrund seiner Kurzstart- und Senkrechtlandefähigkeiten die Verfahren der taktischen Luftunterstützung.

gewagt: Sie arbeitete an Lösungen für den Senkrechtflug. 1957 wurde eine Zusammenarbeit von Hawker-Siddeley und Bristol eingeleitet, die sich der Konstruktion eines Jagdflugzeugs mit Senkrechtstart- und -landeeigenschaften verpflichtete. Die Triebwerkhersteller verfügten bereits über das neue Zweikreistriebwerk BS.53 Pegasus, das sich gut für die besonderen Anforderungen des Projekts eignete. Der erste Prototyp wurde P.1127 genannt und flog zum ersten Mal am 21. Oktober 1960. Es handelte sich um ein einsitziges Flugzeug, das als Hochdecker ausgelegt war; unter den pfeilförmigen Flügeln waren vier verstellbare Düsen angebracht, die der Maschine den Senkrecht- und Schwebeflug ermöglichten. Nach sechs Prototypen baute man neun Vorserien-Exemplare – sie wurden Kestrel genannt –, die 1965 einer Bewertung durch eine gemischt britisch-deutsch-amerikanische Kommission unterzogen wurden. Die erste britische Harrier flog am 31. August 1966 und die ersten Serienexemplare – nun mit der Bezeichnung Harrier GR Mk.1 – wurden im April 1969 als Jagdbomber in den Dienst der RAF gestellt. Die Harrier bot neue Möglichkeiten im Hinblick auf die taktische Unterstützung, da sie von vorgeschobenen Positionen aus benutzt werden konnte, ohne auf ausgebaute Flugplatz-Infrastrukturen zurükkgreifen zu müssen. Die Version Mk.3 (ausgestattet mit Laserentfernungsmesser in der Nase) verfügte über ein stärkeres Triebwerk, das Pegasus Mk.103 mit 9750 kp Schubkraft, das eine Höchstgeschwindigkeit von 1180 km/h ermöglichte. Das Flugzeug war 14,1 Meter lang

und besaß eine Spannweite von 7,7 Metern. Die maximale Startmasse betrug 11 800 kg – darin waren bis zu 3630 kg Außenlasten in Form von Bomben, Raketen, Kraftstoffbehältern und Pods für zwei 30-mm-Kanonen enthalten.

Trotz seiner hervorragenden Leistungen erfuhr die Harrier nur einen mageren Verkaufserfolg: tatsächlich wurden nur 305 Exemplare gebaut und von Großbritannien, den U.S. Marines (dort genannt AV-8A) und Spanien (AV-8S) erworben; Spanien verkaufte seine Flugzeuge 1997 sogar wieder an Thailand weiter. 1975 begann British Aerospace (entstanden aus einer Zusammenlegung verschiedener Unternehmen, darunter auch Hawker-Siddeley), eine Marineversion der Mk.3 zu entwickeln, die den Erfordernissen der Royal Navy nach einem Allzweck-Decklandejäger mit VSTOL-Eigenschaften (Vertical/Short Take-Off and Landing) entsprach. Die Sea Harrier führte ihren ersten Flug am 20. August 1978 durch und war gekennzeichnet durch die Installation eines Multifunktions-Radarsystems, Sidewinder Luft-Luft-Raketen sowie Seezielraketen. Das Flugzeug wurde 1979 als FRS Mk.1 in Dienst gestellt. Auch Zweisitzer- und Exportversionen (die Mk.51 für Indien) der Maschine wurden gebaut. 1982 zeichnete sich die FRS Mk.1 während des Falkland-Kriegs aus, als sie, ohne selbst Verluste

zu erleiden, mehrere argentinische Jagdflugzeuge abschoss. Ein 1988 begonnenes Modernisierungsprogramm führte schließlich zu dem Standardflugzeug F/A Mk.2, das mit neuem Blue-Vixon-Radar ausgestattet worden war sowie die Möglichkeit besaß, AMRAAM- und ALARM-Raketen zu benutzen. Insgesamt wurden 106 Exemplare der Sea Harrier hergestellt. Anfang der 1970er-Jahre hatten British Aerospace und McDonnell Douglas die Entwicklungsarbeiten an der neuen AV-8B Harrier II begonnen.
Trotz nationaler Uneinigkeiten schafften es Frankreich und Großbritannien Mitte der 1960er-Jahre, gemeinsam an der Entwicklung eines neuen Militärjets als Fortgeschrittenentrainer und Angriffsflugzeug zu arbeiten. Im Mai 1965 wählte man den vielversprechendsten Entwurf aus – die Breguet 121. Um das Flugzeugprojekt weiterzuentwickeln, gründeten BAC und Breguet daraufhin zusammen eine Gesellschaft – die Société Européenne de Production de l'Avion d'Ecole de Combat et d'Appui Tactique, besser bekannt als SEPECAT. Das Ergebnis war ein zweistrahliger Schulterdecker mit schlankem Rumpf und einem hohen Fahrwerk, das sich auch für provisorische Landepisten eignete. Am 23. März 1969 wurde der erste Flug der Maschine durchgeführt. Großbritannien drängte jedoch dazu, das Flugzeug mit erhöhten operativen Eigenschaften auszustatten und letztendlich wurde die Jaguar (so wurde das Flugzeug genannt) zu einem echten Überschall-Jagdbomber. Die für die RAF produzierte Grundversion, die Jaguar GR Mk.1 (der Zweisitzer war die T Mk.2) war 15,5 Meter lang und besaß eine Spannweite von 8,7 Metern. Das Flugzeug wurde von zwei Zweikreistriebwerken Rolls-Royce/Turboméca Adour 104 mit Nachbrenner angetrieben, die je 3650 kp Schubkraft produzierten, und erreichte eine Geschwindigkeit bis Mach 1,6 oder ca. 1700 km/h. Die maximale Startmasse betrug 15 700 kg, wovon bis zu 4535 kg auf Außenlasten entfielen. Zwei 30-mm-Kanonen bildeten die Waffenausrüstung.
Die französischen Modelle Jaguar A und der

Zweisitzer E waren in Bezug auf die englischen Versionen mit einer einfacheren Avionik ausgerüstet, verfügten jedoch dafür über einen Laserentfernungsmesser, ein Inertialnavigationssystem sowie einen Missions-Computer und HUD-Ausstattung. Auch eine International-Version der Jaguar wurde gebaut und an vier Länder verkauft, auch an Indien, wo in Lizenz 91 Shamshers gebaut wurden. Die Briten haben das Flugzeug ständig zu neueren Standardversionen weiterentwickelt: die GR Mk.1A, Mk.1B, Mk.3 und schließlich Mk.3A, ein modernes und durchaus taugliches Flugzeug, das im Januar 2000 in Dienst gestellt wurde. Insgesamt hatte man bei SEPECAT 588 Jaguar-Exemplare gebaut.
Schweden war das dritte europäische Land, das sich in der Nachkriegszeit mit dem Bau hervorragender Jagd- und Jagdbombenflugzeuge behaupten konnte. Das wichtigste Flugzeugbau-Unternehmen war dort die Firma SAAB. Nach den Düsenflugzeugmodellen SAAB 21, 29 Tunnan und 32 Lansen entwickelte die Gesellschaft einen hochmodernen Jäger – das Modell 35 Draken, dem es sogar als erstem europäischen Jagdflugzeug gelang, die doppelte Überschallgeschwindigkeit zu überschreiten. Die Ursprünge des Projekts gingen bis in die ersten Jahre der Nachkriegszeit zurück, als die schwedische Luftwaffe es als notwendig erachtete, sich mit einem hochleistungsfähigen Abfangjäger auszurüsten, um eventuelle Angriffe feindlicher Bomber-Jets zurückschlagen zu können. Die Forschungen führten zu einem ungewöhnlichen Entwurf, der sich durch Doppeldeltaflügel ohne Schwanzflächen auszeichnete. Daraufhin wurden Tests unter der Benutzung eines Flugzeugs im Maßstab 7:10 – dem Modell 210 Lilldraken („Kleiner Drachen"; erster Flug 1952) – durchgeführt. Der erste Prototyp des SAAB 35 führte seinen Jungfernflug am 25. Oktober 1955 durch; aufgrund seiner futuristischen Linien und der hervorstechenden Leistungen rief das Flugzeug unmittelbar Aufsehen hervor. Die 35 Draken wurde 1960 in den schwedischen Luftwaffendienst eingeführt.
Einschließlich der Jäger-Versionen J35A, B, D und F, dem Aufklärermodell E und dem Zweisitzer Sk35C wurden insgesamt 525 Exemplare der Draken produziert.
Anfang der 1980er-Jahre führte die SAAB die J35J Draken ein, bei welcher es sich um eine verbesserte Version des Modells F handelte. Die Länge des Flugzeugs betrug 15,3 Meter, die Spannweite 9,4 Meter und die maximale Startmasse 12 500 kg. Ausgestattet mit einem Nachbrenner-Triebwerk Volvo RM6C mit

234 oben links Die schwedische SAAB Viggen flog zum ersten Mal am 9. Februar 1967 und war bis zur Einführung der Gripen das wichtigste Kampfflugzeug der schwedischen Luftwaffe. Hier ist ein Exemplar des verbesserten Modells AJS37 zu sehen.

234 oben rechts Ein Jäger SAAB 35F Draken der finnischen Luftwaffe in der Landephase. Es war das erste europäische Flugzeug, das eine Geschwindigkeit von Mach 2 erreichte. Über 600 Exemplare wurden gebaut.

234 Mitte Eine FIAT G.91R/1 der 5. Luftbrigade der italienischen Luftwaffe, 1959 in der Basis von Treviso. Die G.91 war der erste, wirkliche Standarisierungsversuch der NATO, traf jedoch nicht auf den erwarteten Erfolg.

234 unten Eine SAAB 35OE der österreichischen Luftwaffe bei Kunstflugübungen. Die für die Draken typische Doppeldeltaform ohne Schwanzflächen ist deutlich zu erkennen.

234-235 Eine SEPECAT Jaguar E des 7. Geschwaders der französischen Luftwaffe. Frankreich führte das Flugzeug 1972 in den Dienst ein (zwei Jahre vor Großbritannien) und kaufte 200 Exemplare.

7800 kp Schubkraft, erreichte die Maschine eine Höchstgeschwindigkeit von Mach 2 bzw. über 2125 km/h. Die Waffenausrüstung bestand aus einer 30-mm-Kanone und bis zu sechs Luft-Luft-Raketen. Die leistungsfähige Draken wurde aus politischen Gründen nur in alliierte oder neutrale Länder wie Finnland und Dänemark exportiert; 1988 wurde das Flugzeug noch von Österreich erworben – dem einzigen Land, in dem die Draken noch bis heute fliegt. Wäre die SAAB 35 in Frankreich oder England produziert worden, hätte sie auf den Weltmärkten der 1960er-Jahre ein hervorragender Konkurrent der Mirage und F-104 sein können. Doch wie dem auch sei, es wurden – inbegriffen der Exportversionen – nur 606 Exemplare der Draken gebaut; immerhin eine nicht zu unterschätzende Anzahl.

In den 1960er-Jahren arbeitete SAAB an einer Nachfolgerin für die Draken. Es sollte ein Flugzeug mit ausgezeichneten Flugleistungen sein, das an die schwedische Verteidigungsstrategie angepasst sein musste, die im Falle eines Kriegs die Dislozierung der Streitkräfte in den Wäldern vorsieht. Man benötigte daher ein robustes Flugzeug, das über Kurzstart- und -landefähigkeiten verfügte und mit kleinster technisch-logistischer Unterstützung (auch von einberufenen Reservisten zu leisten) operieren konnte. So entstand mit der SAAB 37 Viggen, ein massiver, einsitziger, einstrahliger Jet, der über Doppeldeltaflügel mit Canard-Steuerflächen verfügte. Außerdem war das Triebwerk mit Schubumkehr ausgestattet worden, um die Landestrecke des Flugzeugs zu reduzieren. Die Viggen flog zum ersten Mal am 8. Februar 1967 und wurde als Serienmodell im Juni 1971 in Dienst gestellt. Die erste Version war der Jagdbomber AJ37 zur Erdkampfunterstützung mit sekundärer Luftverteidigungskapazität. Es folgten später die Versionen SF37 für die Aufklärung, die SH37 für die Aufklärung auf See und der Zweisitzer Sk37. 1979 führte SAAB schließlich den Abfangjäger JA37 ein. Das Flugzeug war 16,4 Meter lang und besaß eine Flügelspannweite von 10,6 Metern. Den Antrieb leistete das Zweikreistriebwerk Volvo RM8B mit Nachbrenner und einer Schubkraft von 12 750 kp. Die Maschine konnte damit eine Höchstgeschwindigkeit von 2200 km/h erreichen und brachte eine maximale Startmasse von ca. 20 Tonnen auf die Waage. Eine 30-mm-Kanone, bis zu sechs Luft-Luft-Raketen sowie Luft-Boden-Raketen bzw. Bomben bildeten die Waffenausrüstung. Die Viggen war einem Ausfuhrverbot unterworfen, so dass Schweden das einzige Land blieb, das dieses Flugzeug im Einsatz hatte. Seit 1993 benutzte die schwedische Luftwaffe das Modell AJS37, das – ausgestattet mit fortschrittlicher Avionik – ein extrem vielseitiges Flugzeug war und je nach Bedarf für Abfang-, Angriffs- und Aufklärungsmissionen eingesetzt werden konnte. SAAB hatte insgesamt 329 Viggens gebaut.

Die FIAT G.91 ging aus einem der ersten NATO-Versuche hervor, die Mitgliedstaaten mit einer standardisierten Bewaffnung auszustatten. Auf den 1953 ausgeschriebenem Wettbewerb NBMR-1 1953 – es wurde ein leichter Jagdbomber gefordert – antwortete das Team von FIAT mit dem Entwurf der G.91. Es handelte sich um ein Flugzeug in Tiefdecker-Auslegung mit gepfeilten Flügeln und Lufteinlass unter der Nase; die Außenform erinnerte an die F-86K (die FIAT in Lizenz baute). Der erste von drei Prototypen flog am 9. August 1956 erstmals. Trotz des Verlustes dieses ersten Exemplars wurde innerhalb weniger Monate deutlich, dass der Entwurf vollkommen den Anforderungen der NATO entsprach. Im Januar 1958 erklärten ihn die Verantwortlichen zum Sieger und billigten die Produktion. Obwohl das Modell G.91 viel Zustimmung erhielt, wurde nur an Italien und Deutschland geliefert.

Italien erwarb das Basismodell G.91R/1, das über ein Bristol-Siddeley Orpheus-Triebwerk mit 1840 kp Schubkraft verfügte und eine Höchstgeschwindigkeit von 1030 km/h erlaubte. Das Flugzeug war 10,3 Meter lang, besaß eine Spannweite von 8,6 Metern sowie eine maximale Startmasse von 5500 kg. Die Bewaffnung bestand aus vier 12,7-mm-Maschinengewehren und bis zu 908 kg Bomben und Raketen. Später wurden aus diesem Modell der Trainings-Zweisitzer G.91T und die für Deutschland bestimmte Version G.91R/3 entwickelt. Letztere besaß eine verbesserte Avionik und war mit zwei 30-mm-Kanonen und vier Unterflügelpylonen ausgestattet. Auch die portugiesische Luftwaffe flog die G.91, da sie 66 Exemplare von Deutschland erworben hatte.

Kapitel 18

Der Vietnam-Krieg

Obwohl Vietnam seit den 1930er-Jahren in Guerilla-Kämpfe und und Kriege verwickelt war war – erst gegen die Franzosen und später gegen die Japaner – bezieht man sich mit der Bezeichnung Vietnam-Krieg allein auf den Konflikt, der von 1960 bis 1975 ausgetragen wurde. Bei diesem Krieg waren auf der einen Seite die Vietcong und die nordvietnamesische Armee involviert, während auf der anderen die Armee Südvietnams stand, die von den Vereinigten Staaten unterstützt wurde. Vom Gesichtspunkt der militärischen Luftfahrt aus betrachtet, war der Vietnam-Krieg einer der bedeutendsten Bewährungsproben für Fluggerät und Piloten – dort wurden neue Flugzeuge, neue Waffen und neue Kampftaktiken angewendet, die in der Geschichte der Luftfahrt ihre Spuren hinterließen.

Der Krieg begann als Kampf der Regierung Südvietnams gegen die versuchten Aufstände der kommunistischen Regierung des Nordens (mit breiter Material-Unterstützung seitens der Sowjetunion). Die Krise wurde mit der direkten Einbeziehung der amerikanischen Streitkräfte immer großflächiger und erreichte schließlich im Jahr 1968 ihren Gipfelpunkt, als die Truppen der Vereinigten Staaten eine Stärke von 550 000 Mann auf dem Schauplatz erreichten. Die US-Regierung hatte schwerwiegende politische Fehler gemacht: Auf der einen Seite nahm die Meinung der Weltöffentlichkeit (sowie ein guter Teil der amerikanischen Gesellschaft) Partei für Nord-Vietnam, auf der anderen erreichten die Militäroperationen trotz Aufbietung enormer Kräfte keine wirkungsvollen Ergebnisse.

Anfangs beschränkte sich der Eingriff der Amerikaner darauf, der Regierung Süd-

236-237 Der Vietnam-Krieg ist vielen auch als „der Hubschrauber-Krieg" in Erinnerung geblieben. Auf der Fotografie ist eine Gruppe Bell UH-1 zu sehen, die die südvietnamesischen Truppen während eines Angriffs auf die Vietcong im März 1965 unterstützt.

236 oben links Januar 1969. Ein CH-54-Hubschrauber transportiert während der Operationen um Khe Sanh eine 155-mm-Haubitze der Marines auf einen Hügelgipfel.

236 unten Amerikanische Jagdflugzeuge fliegen während des Vietnamkriegs über ein brennendes Schiff. Der Schatten auf dem Wasser gehört zu einer F-8 Crusader der U.S. Navy.

237 unten Ein Jagdbomber Douglas A-4E Skyhawk der U.S. Navy wirft im Januar 1966 eine Mk.84-Sprengbombe über einer Vietcong-Stellung ab.

Vietnams militärische Berater und Waffenausrüstungen zu senden. Das Ziel war die Gründung der ersten Truppe der südvietnamesischen Luftwaffe, die mit den Flugzeugen A-1 Skyraider, T-28 Trojan, B-26 Invader, C-47 Skytrain und C-123 Provider ausgestattet wurde. Nach dem Zwischenfall im Golf von Tongking (einem angeblichen Angriff nordvietnamesischer Schnellboote auf den Zerstörer USS Maddox) begann die U.S. Navy im August 1964, eine Hauptrolle in dem Konflikt zu spielen, indem sie mit den eigenen Marineflugzeugen Bombenangriffe durchführte. Am Beginn des Konflikts waren die Flugzeugträger der Navy hauptsächlich mit den Jägern F-8 und F-4 sowie den Jagdbombern A-4 und A-6 ausgestattet.

Das modernste Jagdflugzeug der U.S. Navy war zu jener Zeit die McDonnell F-4 Phantom II, die im Dezember 1960 in Dienst gestellt worden war. Das Flugzeug wurde auf einer Spezifikation der Marine entworfen und war ein großer Abfangjäger (genannt AH-1), der aus dem Modell F3H abgeleitet wurde; das Flugzeug sollte über eine dreistündige Operationdauer verfügen und in der Lage sein, die neuen Sparrow-Raketen einzusetzen. Die Navy bestellte zwei Prototypen der F4H-1 Phantom II, von denen der erste am 27. Mai 1958 flog. Es handelte sich dabei um ein zweistrahliges Flugzeug mit Trapezflügeln und Leitwerken in negativer V-Stellung; die Maschine besaß Radar und hatte ein zweites Besatzungsmitglied, das für die Bedienung der Waffensysteme zuständig war. Die Phantom erwies sich sofort als ein hervorragender Multifunktions-Jäger, so dass die Navy im Dezember desselben Jahres eine anfängliche Serie von 375 Exemplaren bestellte. 1962 wurde das Flugzeug in F-4 umbenannt: Das erste Modell der Großserie war die F-4B. Ausgestattet mit zwei Turbostrahltriebwerken vom Typ General Electric J79-GE-8 mit je 7710 kg Schubkraft (mit Nachbrenner), erreichte die Maschine eine Höchstgeschwindigkeit von Mach 2,2. Außerdem besaß das Flugzeug einen Multifunktions-Radar APQ-72 mit großer Reichweite, der es unter anderem ermöglichte, ohne die Hilfe von Bodenradaranlagen Sperrflüge durchzuführen, und ein neu entworfenes Cockpit. Die Phantom II konnte ferner auch als Jagdbomber – mit Bomben und Raketen bewaffnet – operieren. Während die U.S. Navy und die Marines bereits die F-4A und B im Dienst hatten,

238-239 Ein Aufklärer RF-101C der USAF überfliegt im Tiefflug die kurz zuvor bombardierte Straßenbrücke „My Dug" in Nord-Vietnam. Sein Schatten spiegelt sich auf dem Flusswasser wider.

238 unten Eine Reihe von A-4E- Flugzeugen wartet auf dem Flugzeugträger USS Oriskany auf den Abflug, während eine A-3D Skywarrior gerade gestartet ist (1968).

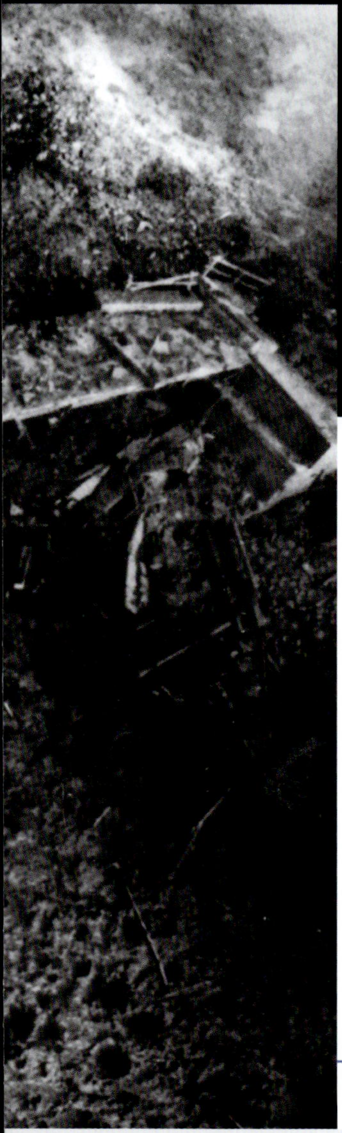

239 oben *Zwei A-4M der Marines schießen eine Raketensalve auf ein Bodenziel ab. Die Skyhawk blieb bis 1979 in Produktion; es wurden 2960 Exemplare gebaut.*

239 Mitte *Zwei USAF F-4E Phantom II zusammen mit einer Tankmaschine KC-135 kurz vor der Betankung auf der Strecke zurück von einer Mission in Nord-Vietnam.*

239 unten links *Eine McDonnell Douglas F-4B Phantom II der U.S. Navy vor dem Start von einem Flugzeugträgerdeck. Das Bugradfahrwerk wurde verlängert, um eine bessere Abflug-Trimmlage zu ermöglichen.*

begann sich auch die USAF für den Entwurf zu interessieren, da er gut für ihre eigenen Erfordernisse geeignet schien. McDonnell baute daraufhin eine spezielle Version des Jägers für die Erdkampfunterstützung – die F-4C (anfangs bezeichnet als F-110A). Dieses Modell besaß ein anderes Fahrwerk, neue Bereifung sowie ein autonomes Startsystem. Es war ausgestattet mit den Triebwerken vom Typ J79-GE-15, dem Radar APQ-100, doppeltem Steuerwerk sowie einer Luftbetankungssonde.
Die USAF erwarb zwischen 1963 und 1966 583 Exemplare der F-4. Auf diese Versionen folgten bald darauf die Aufklärungsmodelle (RF-4B und RF-4C), die F-4D für die USAF und die F-4J für die Navy. Letztere wurde von dem Triebwerk J79-GE-10 mit 8120 kp Schubkraft angetrieben und besaß ein Feuerleitsystem AWG-10. Die letzte Version für die USAF war die 1966 eingeführte F-4E. Die Kriegserfahrungen hatten den Entwurf des Flugzeugs beeinflusst: Es wurden zwei stärkere Triebwerke und neue Flügelklappen eingeführt; ferner war die neu entworfene Nase mit einem APQ-120-Radar und einer 20-mm-Kanone M61 Vulcan ausgestattet worden. Darauf folgte die Aufklärungsversion RF-4E. Die F-4E besaß eine Spannweite von 11,7 Metern, eine Länge von 19,2 Metern sowie eine maximale Startmasse von 27 965 kg. Die zwei Triebwerke J79-GE-17 produzierten je 8120 kp Schubkraft mit Nachbrenner und trieben das Flugzeug zu einer Höchstgeschwindigkeit von 2390 km/h an. Die Bewaffnung bestand aus bis zu 7250 kg Außenlasten. Die Phantom war ein starkes, robustes und zuverlässiges Flugzeug, das sich auch in dem schwierigen Indochina-Gebiet gut zurechtfand, nachdem von der Luftwaffe und der Marine angemessene Einsatztaktiken bestimmt wurden. Die F-4 erwies sich als gute Basis für die Realisierung spezialisierter Versionen und für neue Anwendungsbereiche. Es entstanden dabei die Anti-Radar-Kampfversion F-4G, die F-4K für die britische Marine sowie die F-4N und S – beides modifizierte Versionen der F-4B und J. Die Phantom-Flugzeuge wurden auch an zahlreiche Alliierte verkauft, darunter waren NATO-Staaten aber auch Luftstreitkräfte aus Israel, Iran, Japan, Ägypten und Südkorea. Insgesamt wurden 5197 Exemplare der F-4 aller Versionen gebaut; viele davon wurden modernisiert und befinden sich noch bis heute im Gebrauch.
Der kleinste Marine-Jagdbomber zu jener Zeit war die Douglas A-4 Skyhawk, ein Flugzeug, das von der kalifornischen Firma in eigener Verantwortung entworfen worden war, um der U.S. Navy einen Jet-Ersatz ihrer eigenen A-1 Skyraider zu liefern. Die A-4 war ein kleines, einstrahliges Flugzeug mit Deltaflügeln und kreuzförmigem Leitwerk, das überraschende technische Leistungen aufwies. Da das Flugzeug aus einem Einzelkörper bestand, war es besonders robust und leicht; die kleinen Flügel mussten somit für den Transport in den Hangars der Flugzeugträger nicht zusammengefaltet werden. Die Skyhawk flog zum ersten Mal am 22. Juni 1954 unter der Kennzeichnung XA4D-1 und begann – ausgestattet mit einem J65-4B-Triebwerk mit 3490 kp Schubkraft – zwei Jahre später ihren Dienst. 1962 wurden von dem Flugzeug – erneut in A-4 umbenannt – zahlreiche, ständig verbesserte Versionen eingeführt. Die A-4E von 1961 war das erste Modell einer neuen Serie und war ausgestattet mit dem stärkeren Triebwerk J52, das eine Schubkraft von 3860 kp produzierte (während der Kraftstoffverbrauch geringer war). Ferner besaß das Flugzeug fünf Außenlaststationen (statt bisher drei) unter den Flügeln, so dass die äußere Waffenlast bis auf 4150 kg erhöht werden konnte. Mit dem Modell F wurde der charakteristische „Buckel"-Rücken eingeführt,

230 oben Eine Vought A-7D der USAF während des Vietnam-Kriegs. Nach der Navy zeigte auch die Air Force Interesse an dem Jagdbomber, mit dem ab 1970 die F-100 und die F-105 ersetzt wurden.

230 unten Die Vought A-7E war ausgestattet mit einem Navigations- und Angriffssystem (dem NWDS), das sie zum modernsten Jagdbomber ihrer Zeit machte. Dieses Flugzeug wurde auf der USS Coral Sea eingesetzt.

in dem neue Avionik enthalten war; die TA-4F war das erste zweisitzige Trainingsmodell. Schnell, wendig, robust und zur Aufnahme einer beträchtlichen Waffenlast fähig, bewährte sich die A-4 in Vietnam besonders gut – sowohl bei den Einsätzen von den Flugzeugträgern als auch von den Bodenstützpunkten der Marines aus. Die Skyhawk blieb bis 1979 in Produktion; es wurden insgesamt 2960 Exemplare gebaut und in zehn Länder auf der ganzen Welt verkauft. Unter den letzten amerikanischen Operationseinheiten, die die Skyhawk flogen, waren die Angriffs-Abteilungen der Marine; diese benutzten die Skyhawk im Kampftraining als Imitation der wendigen und mörderischen MiG-17 und MiG-19.

Die U.S. Navy setzte auf ihren Flugzeugträgern außerdem die Grumman A-6 Intruder ein, die als äußerstes Gegenteil der A-4 bezeichnet werden kann. Die Intruder war ein großer Allwetter-Bomber, der im Hinblick auf die hochentwickelte Avionik zu jener Zeit als ein Spitzenprodukt angesehen wurde. Das Basismodell bildete die 1957 eingeführte Grumman G-128, die auf eine Forderung nach einem neuen Marinekriegsflugzeug hin entworfen wurde und bei der die Lektionen, die man während des Korea-Kriegs bekommen hatte, vorteilhaft genutzt werden sollten. Die G-128 war ein zweistrahliges Flugzeug mit auffallend großer Nase, in der das Radargerät sowie ein zweisitziges Cockpit mit parallelen Schleudersitzen untergebracht waren. Der Prototyp absolvierte seinen Erstflug am 19. April 1960 und die ersten Serienexemplare A-6A begann man 1963 in Dienst zu stellen. Die Navy und die Marines nutzten das Flugzeug in Vietnam ab 1965. Die Stärken der Intruder (die allein um die 25 Tonnen wog) lagen in der bedeutenden Waffenlast sowie den hoch entwickelten Angriffs- und Navigationssystemen (Radar APQ-146/148 und Inertialnavigationssystem ASN-92), mit denen die Ziele auch bei Verhältnissen ohne Sicht gefunden und getroffen werden konnten. Unter den nachfolgenden Versionen waren die A-6B für Anti-Radar-Angriffe, die A-6C für Nachtangriffe, das Luftbetankungsmodell KA-6D und die EA-6A für die elektronische Kampfführung. Die endgültige Version der Intruder war die A-6E, der über eine noch fortschrittlichere Avionik verfügte. Das Modell E besaß eine Spannweite von 16,1 Metern, eine Länge von 19,7 Metern und eine maximale Startmasse von 27 420 kg. Die Triebwerke waren zwei Pratt & Whitney J52-P-8B mit je 4220 kp Schubkraft ohne Nachbrenner. Das

Flugzeug erreichte eine Höchstgeschwindigkeit von 1040 km/h und konnte eine Waffenlast bis zu 8165 kg tragen. Eine aktualisierte Version der A-6E war ausgestattet mit dem TRAM (Target Recognition Attack Multi-Sensor)-System, das aus FLIR (Farward Looking Infra-Red)-Sensoren und Lasern für Navigations- und Angriffsoperationen bestand. Insgesamt wurden 710 Exemplare der A-6 gebaut, die alle ausschließlich von der U.S. Navy und den Marines benutzt wurden. Das Flugzeug wurde Mitte der 1990er-Jahre außer Dienst gestellt.

Im Vietnam-Krieg setzte man zwei weitere Marine-Bombenflugzeuge ein. Das erste davon war die Douglas Skywarrior, die am 28. Oktober 1952 ihren ersten Flug durchführte. Als sie 1956 mit der Benennung A3D in Dienst gestellt wurde, war sie das bis dahin größte für Decklandeoperationen gebaute Flugzeug.

Die Skywarrior war als Schulterdecker ausgelegt, die beiden Pratt & Whitney J57-Triebwerke waren an den Tragflächen angebracht. Ursprünglich war das Flugzeug als Nuklear-Bomber entworfen worden, wurde aber später für die Einsätze in verschiedenen Spezialrollen modifiziert, darunter Aufklärung, elektronische Kampfführung, Luftbetankung und Ausbildung. 1962 wurde das Flugzeug in A-3 umbenannt; das Modell B hatte eine Spannweite von 22,1 Metern, eine Länge von 23,3 Metern und eine maximale Startmasse von 37 190 kg. Die Triebwerke produzierten 4760 kp Schubkraft und ermöglichten eine Höchstgeschwindigkeit von 980 km/h. Die interne Waffenlast erreichte ein Gewicht von fast 5440 kg. Das Flugzeug wurde auch von der USAF benutzt, die es B-66 nannte und ab Mitte der 1950er-Jahre 290 Exemplare erwarb. Diese Maschinen wurden erst als Bomber benutzt; im Vietnam-Krieg der 1960er-Jahre setzte die USAF das Modell dann als Aufklärer sowie für die eletronische Kampfführung ein.

Der zweite Navy-Bomber A3J-1 Vigilante (ab 1962 in A-5 umbenannt) wurde in der RA-5-Version ebenfalls für Aufklärungsoperationen in Vietnam eingesetzt. Das Flugzeug wurde Mitte der 1950er-Jahre als Überschall-Nachfolger des Skywarriors entworfen und besaß sehr futuristische Außenformen mit vollständig beweglichen Schwanzflächen und geometrisch veränderbaren Lufteinlässen. Die Vigilante hatte eine Spannweite von 16,1 Metern, ein Länge von 23,3 Metern und eine maximale Startmasse von 29 940 kg. Sie wurde von zwei General Electric J79-GE-10-Triebwerken angetrieben und konnte eine Höchstgeschwindigkeit von Mach 2,2 erreichen.

Die Kriegsnotwendigkeiten führten zur Entwicklung eines neuen Jagdbombers, der als Nachfolger des Modells A-4 für die U.S. Navy operieren sollte. Um die Entstehungszeit des Flugzeugs zu verkürzen, forderte man in der Spezifikation, dass die vorgeschlagenen Projekte von den bereits operierenden Modellen abgeleitet werden sollten. Ling-Temco-Vought (LTV) entwickelte ein Projekt, das auf der Vought F-8 Crusader basierte, aber im Endeffekt ein völlig neues Flugzeug wurde. Es handelte sich um ein Unterschall-Luftfahrzeug mit Starrflügeln und vergrößertem Rumpf, das eine beeindruckende Waffenlast an sechs Unterflügel-Pylonen tragen konnte. Dieses Flugzeug wurde von der Navy zum Wettbewerbssieger erklärt. Man nannte den neuen Jagdbomber A-7 Corsair II, und am 27. September 1965 (vorzeitig in Bezug auf die Vertragsbestimmungen) wurde der erste Flug durchgeführt. Das Serienmodell A wurde 1966 in Dienst gestellt und die ersten ausgelieferten Maschinen bereits im darauf folgenden Jahr bei den Kämpfen in Vietnam eingesetzt. Die A-7A war mit einem TF30-P-6-Triebwerk ausgestattet, das 5150 kp Schubkraft lieferte; die Versionen B und C erhielten sogar noch etwas stärkere Triebwerke. Bald entwickelte auch die USAF Interesse an dem neuen Flugzeug. 1968 führte das für die Air Force entwickelte Modell A-7D seinen Jungfernflug durch; das Flugzeug besaß ein TF41-Triebwerk mit 6580 kp Schubkraft und eine 20-mm-Kanone M61 Vulcan mit sechs rotierenden Läufen (statt vier Kanonen von demselben Kaliber). Ferner war die A-7D mit einem moderneren Navigations- und Angriffssystem ausgestattet und verfügte über eine Luftbetankungssonde. Die Maschine wurde 1970 in Dienst gestellt und vom Oktober 1972 bis zum Rückzug der amerikanischen Streitkräfte für einige Monate im Vietnam-Krieg verwendet. 1967 benutzte die Firma LTV die A-7D als Grundlage des Modells A-7E für die U.S. Navy. Die A-7E besaß fast dieselbe Avionik ihrer Vorgängerin, war jedoch mit einem stärkeren TF41-Triebwerk ausgerüstet (mit 6800 kp Schubkraft). Insgesamt wurden 506 A-7E-Exemplare

241 erstes Bild Eine Vought A-7A Corsair II der Serie VA-147 über dem USS Ranger. Es war die erste Einheit, die in Vietnam mit der Corsair eingesetzt wurde (1967).

241 zweites Bild Die North American A-5 Vigilante wurde in den 1950er-Jahren als Hochleistungs-Bomber für die U.S. Navy entwickelt. Sie blieb bis in die 1980er-Jahre hinein im Dienst. Hier ist ein Modell mit gefalteten Flügeln zu sehen.

241 drittes Bild Der U.S.-Navy-Bomber Grumman A-6A Intruder wurde 1965 im Vietnamkrieg eingesetzt und erbrachte besonders bei Angriffen gegen die feindliche Luftabwehr hervorragende Leistungen.

241 viertes Bild Eine startbereite A-6A auf einem amerikanischen Flugzeugträger. Die 30 225-kg-Bomben sind an den Flügel- und Rumpfpylonen verteilt. Die A-6 konnte bis zu acht Tonnen laden.

gebaut. Zu seinem ersten Kampfeinsatz startete das Flugzeug 1970 von dem Flugzeugträger USS America aus. Die A-7E war 14 Meter lang, besaß eine Spannweite von 11,8 Metern und erreichte eine maximale Startmasse von 19 Tonnen. Die Höchstgeschwindigkeit betrug 1120 km/h, während die Waffenzuladung eine Masse von 6800 kg ausmachen konnte.
Die Corsair II war damit zweifellos ein überaus leistungsstarkes Flugzeug, das eine bedeutende Vielfalt und Quantität von Waffen tragen konnte und sie mit Präzision und in bemerkenswerter Frequenz abschießen konnte. Trotzdem war der Pilot ab und zu mit dieser Arbeit überfordert und löste manchen Unfall aus. Die Geamtproduktion der A-7 belief sich auf 1526 Exemplare.
Auch die U.S. Air Force war am Vietnam-Krieg beteiligt – und zwar mit allen erdenklichen Flugzeugtypen. Während des Krieges wandte sie einige neue Modelle an – sei es aus strategischen Gründen, sei es um die operativen Fähigkeiten zu überprüfen und nützliche Erfahrungen zu sammeln.
Neben der F-4 Phantom II und der A-7 Corsair II benutzte die USAF auch andere Kampfflugzeuge mit unterschiedlichen Eigenschaften: die Serien Northrop F-5 und General Dynamics F-111. Der erste Typ war ein leichtes Flugzeug, das General Dynamics in eigener Verantwortung entwickelt hatte; man hoffte, dass die amerikanische Regierung interessiert sein würde, das Flugzeug als taktischen Jäger an alliierte Länder zu verkaufen. Es wurden zwei Modelle parallel entwickelt: die N-156F und der Zweisitzer N-156T (wurde später zur T-38). Die N-156F flog zum ersten Mal am 30. Juli 1959. Es war ein relativ kleines und schlankes Überschallflugzeug, das von zwei J85-GE-5-Triebwerken mit je 1745 kp Schubkraft angetrieben wurde. 1962 wählte das US-Verteidigungsministerium das Flugzeug als Beitrag für die MAP-Programme (Military Assistance Program) aus und nannte es F-5A Freedom Fighter (den Zweisitzer: F-5B). Das Flugzeug, dessen Erstflug am 31. Juli 1963 stattfand, war ausgestattet mit den Triebwerken J85-GE-13 mit je 1850 kp Schubkraft und Nachbrenner. Es besaß sieben Außenlaststationen für bis zu 2720 kg externe Waffenlast, zwei 20-mm-Kanonen, eine verstärkte Struktur, eine maximale Startmasse von 9000 kg und erreichte eine Höchstgeschwindigkeit von Mach 1,4. Obwohl die F-5A vorrangig für den Export bestimmt war, übernahm man die Maschine auch in den Dienst der USAF, die gemäß dem Programm „Skoshi Tiger" ein Kontingent von zwölf Exemplaren nach Vietnam überführte. Diese Flugzeuge wurden mit einer Luftbetankungssonde, neuer Schutzkapsel sowie einem Tarn-Anstrich ausgestattet, die besser für den vietnamesischen Kriegsschauplatz geeignet war. Zwischen 1965 und 1966 wurden die Skoshi Tiger in taktischen Unterstützungsmissionen eingesetzt und bewiesen dabei gute Leistungen, so dass 1967 die südvietnamesische Luftwaffe mit den Maschinen ausgerüstet wurde.
Insgesamt wurden mehr als 1100 Exemplare der F-5A/B hergestellt und in 20 Länder verkauft. Mit den erlangten Erfahrungen auf diesem Gebiet baute Northrop 1969 die verbesserte Version F-5E, die als Serienexemplar zum ersten Mal am 11. August 1972 flog. Dieses Modell besaß größere Waffenlastkapazität und verbesserte Steuerbarkeit. Angetrieben von den Triebwerken J85-GE-21 (mit 2270 kp Schubkraft), erreichte die F-5E eine Höchstgeschwindigkeit von Mach 1,64. Von den über 1500 gebauten Exemplaren wurden mehr als 120 (einsitzige und zweisitzige Modelle des F-5F) von der USAF und der U.S. Navy erworben und als Übungs- bzw. „Aggressor"-Flugzeuge für die Kampfausbildung benutzt.
Die F-111 war das Ergebnis eines ehrgeizigen, aber am Ende nicht vollständig realisierten Programms. 1960 wurde vom amerikanischen Verteidigungsministerium das Startzeichen für das TFX-Programm gegeben; das Ziel war, die USAF und U.S. Navy mit einem Allzweck-Kampfflugzeug auszurüsten, mit welchem die Modelle F-105, F-8 und später auch die F-4 ersetzt werden konnten. 1962 wurde verkündet, dass General Dynamics (zusammen mit Grumman) ausgewählt wurde, um ihr innovatives Projekt realisieren zu können: ein großes, leistungsstarkes Flugzeug mit geometrisch veränderbaren Flügeln und einer Abwurfkapsel für die zwei Besatzungsmitglieder. Es wurde also ein Vertrag abgeschlossen, der den Bau

242 links oben Der taktische Jäger Northrop F-5 wurde für die mit den USA alliierten Luftstreitkräfte entworfen. Auf der Fotografie von 1966 ist eine südvietnamesische F-5A beim Abwurf von Mk.117-Bomben zu sehen.

242 links unten Dezember 1973: Eine C-130A der USAF hebt vom Kien-Duc-Luftplatz ab. Die Hercules, die auch auf improvisierten Pisten starten und landen konnte, war ein großer Fortschritt gegenüber der Vorgängerversion C-123.

242-243 Eine F-4C Phantom der USAF bei Starttests von AGM-12 Luft-Bodenraketen.

von 18 Exemplaren der F-111A für die USAF und fünf Decklandeversionen F-111B für die Navy beinhaltete. Der erste Prototyp der A-Serie flog am 21. Dezember 1964, aber die damalige Technologie erlaubte noch nicht die Entwicklung eines Flugzeugs, das wirklich den verschiedenen Erfordernissen gewachsen gewesen wäre.

1968 unterbrach der Kongress so die Arbeiten an der F-111B. Im selben Jahr wurde jedoch die F-111A bereits in Dienst gestellt und später auch in den letzten Phasen des Vietnam-Krieges eingesetzt. Nach anfänglichen Schwierigkeiten erwies sich die F-111A als ein ausgezeichneter Jagdbomber – besonders unter extremen Bedingungen, bei Schlechtwetter- und Nachteinsätzen. Mit der Verwirklichung der Versionen F-111D und F bestätigte das Flugzeug seine hervorragenden Eigenschaften in der Luftverteidigung, bei Allwetter- und Tiefflugeinsätzen zur Erdkampfunterstützung. Das Modell F hatte eine Spannweite zwischen 19,2 (kleinste Pfeilung) und 9,7 Metern (maximale Pfeilung) sowie eine Länge von 22,4 Metern. Die Triebwerke waren zwei Pratt & Whitney TF30-P-100 mit je 11 385 kp Schubkraft mit Nachbrenner und die Höchstgeschwindigkeit erreichte Mach 2,5 auf großen Höhen. Die Maschine konnte eine Gesamtwaffenlast von 14 300 kg mitführen.

Das Modell F bildete außerdem die Grundlage für die Entwicklung der Versionen EF-111A (elektronische Kampfführung), FB-111A (Nuklearangriff) und F-111C. Die letzte Version

243 Mitte Eine B-52 beim Flächenbombardement auf ein nordvietnamesisches Ziel. Sie wirft Bomben des Typs M 117 mit einem Gewicht von 750 Pfund ab.

243 unten links Eine F-111E während der Landung. Das Flugzeug besaß schwenkbare Tragflächen und zwei große Pratt & Whitney TF30 Triebwerke mit je 11390 kp Schubkraft. Die Höchstgeschwindigkeit betrug 2600 km/h.

243 unten rechts Eine begrenzte Anzahl der F-5 wurde auch von den amerikanischen Luftstreitkräften benutzt – vor allem, um als Agressor-Flugzeug feindliche Jäger zu imitieren. Diese F-5E der Marines-Einheit VMFT-401 fliegt über Arizona.

wurde für den Export nach Australien entworfen, dem einzigen Land, das die Maschine in der modernisierten Form F-111G noch heute benutzt. Insgesamt produzierte General Dynamics 562 Exemplare der F-111.
Ein weiterer Protagonist im Vietnam-Krieg war das taktische Transportflugzeug Lockheed C-130 Hercules, von dem verschiedene Versionen – auch für Kampfeinsätze – entwickelt wurden. Mit ihrer Hilfe konnten Kampfeinheiten auch in großen Entfernungen bzw. unter feindlicher Einkreisung versorgt und unterstützt werden. Als die Vereinigten Staaten immer intensiver in den Vietnam-Krieg verstrickt wurden, war die Hercules bereits seit einigen Jahren in den Versionen A, B und E im Dienst. Die Herausforderungen des vietnamesischen Konflikts machten die Notwendigkeit der Entwicklung und Durchführung spezieller Einsätze offensichtlich, wie zum Beispiel Angriffe auf feindliche Flugabwehrformationen (Missionen Wild Weasel und Iron Hand). Während des Krieges musste die Anzahl dieser Missionen ständig erhöht werden – mit speziellen Flugzeugen wie der F-100F, der EF-105F und der A-6B sowie später mit Spezialflugzeugen wie der F-105G. Ein weiterer wichtiger Missionstyp war die Combat SAR für die Rettung von Piloten und Besatzungen, die über feindlichem Gebiet abgestürzt waren. Hierfür benutzte man die Hubschrauber HH-3E sowie Unterstützungs- und Sicherungsflugzeuge verschiedener Typen – vorrangig wurden jedoch die älteren, propellergetriebenen A-1 Skyraider der USAF eingesetzt.

Natürlich stellte der Vietnam-Krieg auch einen Wendepunkt für die Hubschrauberoperationen der Armee dar, die Helikopter wurden praktisch zu einem der Symbole des Konflikts. Sie waren unersetzlich sowohl für den Transport als auch für den Kampfeinsatz und die medizinische Evakuierung.
Neue Waffen wurden im Vietnam-Krieg eingesetzt, darunter waren Anti-Radar-Raketen (AGM-78 Standard / AGM-45 Shrike) und die ersten lasergeführten Bomben, die Paveway I, die bei korrekter Anwendung einen bis dahin unvorstellbaren Präzisionsgrad erreichen konnte. Neben den zahlreichen Luft-Boden-Einsätzen der US-Luftwaffe gab es im Vietnam-Krieg auch Luftduelle: die großen, modernen amerikanischen Jäger gegen die einfachen, alten, aber wendigen sowjetischen MiG-Flugzeuge, die von der nordvietnamesischen Luftwaffe geflogen wurden. Die Amerikaner waren für eine solche Art von Kampfeinsätzen nicht im geringsten vorbereitet. Es waren daher Analysen und die Einführung neuer Übungstechniken erforderlich (daraus entstanden die Kurse Top Gun der Navy und die Red Flag der USAF) bevor die F-4-Piloten gegen Ende des Kriegs systematisch begannen, die Oberhand über die feindlichen MiG-17 und MiG-19 zu gewinnen. Der militärische Einsatz der Vereinigten Staaten in Vietnam endete praktisch mit der Feuereinstellung vom 27. Januar 1973. Von 1961 bis 1972 verlor Amerika in Vietnam 3792 Flugzeuge und 4922 Hubschrauber – ganz zu schweigen von den mehr als 45 000 Gefallenen. Es wurden über sieben Millionen Tonnen Bomben abgeworfen – alle verfügbaren Waffentypen mit Ausnahme derjenigen mit Nuklearsprengköpfen wurden benutzt. Dennoch – mit der Eroberung Saigons am 25. April 1975 wurde allen klar, dass Nord-Vietnam den Krieg gewonnen hatte. Aufgrund der Hartnäckigkeit, des Fanatismus und der Kraft derer, die auf der eigenen Erde für sich kämpften, konnte die größte Militärmacht der Welt besiegt werden. Die Amerikaner waren nicht fähig oder nicht in der Lage, geeignete Strategien und Taktiken anzuwenden, die ihnen zum Sieg verhelfen könnten. Amerika hatte sowohl auf militärischem als auch politischem Gebiet einen Krieg verloren, der nicht ihr eigener war – der erste Krieg in der Geschichte übrigens, der weitgehend von den Medien und der öffentlichen Meinung beeinflusst wurde.

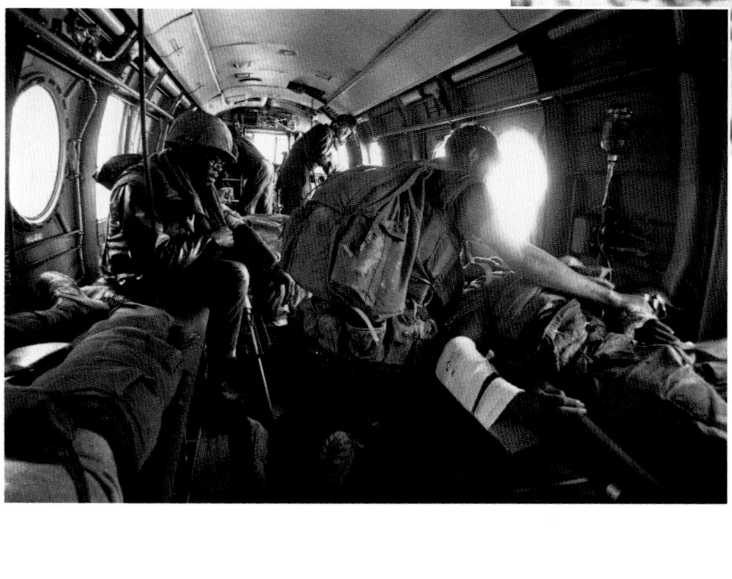

244 links Ein Geschwader von UH-1 Multifunktions-Hubschraubern bringt südvietnamesische Truppen der 199. leichten Brigade zur Landezone.

244 unten rechts Ein Transporthubschrauber wird als Luftambulanz verwendet und bringt amerikanische Verwundete in ein Feldlazarett.

244-245 Die Fairchild C-123 Provider (von 1949) war das erste taktische Transportflugzeug, bei dem die noch heutzutage übliche Anordnung verwendet wurde: Hochdeckerauslegung und hohes Leitwerk, niedriges Fahrwerk und Heck-Laderampe. Auf der Fotografie von 1966 ist eine C-123 zu sehen, die flüssigen Entlaubungsmittel über dem Dschungel versprüht, um Hinterhalte des Vietcong zu verhindern.

245 unten Eine F-8J Crusader, bewaffnet mit Mk.84-Bomben, fliegt über eine Angriffszone. Die Marines benutzten die eigenen Flugzeuge vor allem für die Unterstützung der Bodentruppen.

Kapitel 19

Die arabisch-israelischen Kriege

Nach dem Ende des Zweiten Weltkriegs war die Lage in Palästina aufgrund des Zusammenwirkens verschiedener Faktoren kritisch geworden. Diese Lage war gekennzeichnet von der Ankunft Tausender jüdische Flüchtlinge aus Europa, durch das Ende des UNO-Mandats für Großbritannien, die Kontrolle über diese Gebiete betreffend (15. Mai 1948) und schließlich die Ablehnung des internationalen diplomatischen Plans, der von der UNO gebilligt worden war, seitens der Araber und der Juden. Dieser Plan zielte auf eine Teilung des Gebiets in einen palästinensischen und einen jüdischen Staat. Im Frühling 1948 wurde der Höhepunkt der Zusammenstöße zwischen den beiden Völkern erreicht; das führte schließlich zur Vertreibung der Palästinenser aus vielen Gebieten und der Proklamation des Staates Israel in Tel Aviv. Von diesem Zeitpunkt an nahm der Konflikt internationale Ausmaße an, da die arabischen Länder Ägypten, Syrien und Irak mit militärischen Boden- und Luftoperationen begannen, gegen die israelischen Verteidigungskräfte vorzugehen. Die Israelis taten alles, was in ihren Kräften stand, um die eigenen militärischen Kräfte zu entwickeln, vor allem im Bereich der Luftfahrt. Am 31. Mai 1948 wurde offiziell die israelische Luftwaffe Chel Ha'Avir gebildet. In der zweiten Jahreshälfte war sie bereits beträchtlich gewachsen und hatte aus den verschiedensten Quellen Flugzeuge erworben; darunter waren etwa 70 Jagdflugzeuge der Typen Spitfire, Mustang und Avia S.199, einige Bomber B-17, Mosquito und Beaufighter, und die Transporter C-47, C-46 und Constellation. Das repräsentativste unter diesen Flugzeugen war die Avia S.199; es handelte sich dabei um einen tschechoslowakischen Jäger, bei dem die Zelle der Messerschmitt Bf 109G-14 (die bereits von den Deutschen in der Tschechoslowakei gebaut wurde) mit dem 1370-PS-Motor Jumo 211F kombiniert wurde. Das Flugzeug wurde von den Tschechen aufgrund seiner Unberechenbarkeit und der schwierigen Steuerung nicht sehr geliebt, doch dem verzweifelten israelischen Staat war die Maschine mit ihren zwei 30-mm-Kanonen, den zwei 13-mm-Maschinengewehren und der Höchstgeschwindigkeit von 590 km/h mehr als willkommen. Israel erwarb im Zeitraum von Mai bis August 1948 25 Exemplare, mit denen die erste Jägergruppe – die 101. Squadron – ausgerüstet wurde. Mit der Fortsetzung der Kämpfe aber begannen die arabischen Regierungen – mit Ausnahme Ägyptens (dessen Frontlinienjäger die Spitfire war) – die Absicht zu zeigen, sich von dem Konflikt zurückziehen. Allein in der antiisraelischen Front, hörte schließlich auch Ägypten Ende 1948 auf zu kämpfen. Der Unabhängigkeitskrieg Israels war beendet, aber sein Überlebenskampf hatte gerade erst begonnen.

Der zweite Krieg zwischen den Arabern und Israelis brach anlässlich der Suezkrise von im Jahr 1956 aus. Der ägyptische Präsident Gamal Abdel Nasser, der 1952 mit einem Staatsstreich an die Macht gelangt war, hatte beschlossen, die Engländer aus dem Land zu verjagen und den Suez-Kanal zu verstaatlichen. Die Franzosen und Engländer einigten sich darauf, militärisch einzugreifen, um die Kontrolle über den wichtigen Handelsknoten des Kanals wiederzuerlangen. Die Operation „Musketeer" wurde erweitert, um auch die israelische Flugtransportoperation einzubeziehen, und der Angriff der drei Länder wurde für den 29. Oktober 1956 vereinbart. Die Luftstreitkräfte, die von den drei Ländern aufgestellt wurden, genossen eine überwältigende Überlegenheit. Die Engländer hatten 28 Geschwader nach Zypern und Malta entsandt, die mit den Jägern Hunter und Meteor, dem Jagdbomber Venom, den Bombern Canberra und Valiant sowie Transportflugzeugen ausgerüstet waren. Zur See gab es noch drei Flugzeugträger mit weiteren elf Geschwadern, welche die Sea Venom und die Sea Hawk flogen. Die Franzosen sandte ihrerseits vier Geschwader nach Israel, die mit den Jägern Mystère und F-84 sowie den Transportern Noratlas ausgestattet waren; ferner befanden sich auf zwei Flugzeugträgern die Jäger vom Typ Corsair. Schließlich verfügten die Israelis selbst über mehr als 110 Jagdflugzeuge vom Typ Mystère, Meteor, Ouragan, P-51 und Mosquito. Ägypten stand dagegen wenig zur

246 oben Ein Auster AOP.5 Aufklärungsflugzeug mit Zivilkennzeichnung, das während des israelischen Unabhängigkeitskriegs im Mai 1948 eingesetzt wurde. Es war für Israel das zahlenmäßig wichtigste Flugzeug (ca. 20 Exemplare), das auch für Transportaufgaben sowie Handgranaten-Bombardierungen benutzt wurde.

246 Mitte Ein Vautour-Bomber fliegt über eine Centurion-Panzerkolonne der israelischen Armee. Das Foto wurde im Juni 1967 während des Sechs-Tage-Kriegs gemacht.

Verfügung, um sich gegen diese Streitkräfte verteidigen zu können: zwei Geschwader mit den Flugzeugen MiG-15, eins mit Vampires, eins mit den Meteors und eins mit den strahlgetriebenen Bombern Il-28 aus sowjetischer Produktion. Die Operationen begannen mit einem luftunterstützten Angriff der Israelis in der Zone des Mitla-Pass in Sinai, doch die Ägypter (die an einen Bluff der englisch-französischen Führung glaubten) ließen sich nicht verängstigen und antworteten mit der gesamten Kraft der eigenen Luftwaffe. Erst am 5. November drangen die englisch-französischen Streitkräfte direkt in das ägyptische Gebiet ein, indem sie Fallschirmspringer in der Kanalzone absetzten. Zwei Tage später wurde ein Waffenstillstand geschlossen – zum Teil dank des internationalen Drucks seitens der Vereinigten Staaten und der Sowjetunion. Trotz des zahlenmäßigen Siegs vom militärischen Gesichtspunkt aus entpuppte sich der Krieg als eine Niederlage für den Westen und für Israel. Tatsächlich weit davon entfernt, kommerzielle, politische und diplomatische Vorteile für den Westen erbracht zu haben, trieb die Krise Ägypten und die anderen arabischen Länder in die Arme der Sowjetunion, wodurch das Startzeichen für ein neues Wettrüsten im Nahen Osten gegeben war. Die Luftfahrt-Komponente hatte wieder einmal ihre grundlegende Wichtigkeit bewiesen; es sollten gerade die Israelis sein, die 1967 die Möglichkeiten der Flugzeuge bis ins Letzte ausnutzten – im nächsten Konflikt, der die Gebiete verwüsten sollte.

Im Mai 1967 zogen die Vereinten Nationen ihre Friedensstreitkräfte von der Grenze zwischen Ägypten und Israel zurück. Im selben Monat unterzeichneten Ägypten, Syrien und Jordanien eine Militärallianz, die unter anderem zur Gründung einer Luftwaffe der Vereinten Arabischen Republik führte. Sie war bereits eine gefürchtete Militärkraft, die mit fortschrittlichen, sowjetischen Flugzeugen ausgerüstet war, wie den Jägern MiG-17, MiG-19 und MiG-21, den Jagdbombern Su-7 sowie den Bombern Il-28 und Tu-16. Auch Israel hatte jedoch dank seines Hauptlieferanten Frankreich seine Militärkraft verstärkt. Die israelische Luftwaffe verfügte somit über die Jagd- und Bombenflugzeuge Mirage IIICJ (72 Exemplare), Super Mystère (24) und Vautour (18), die die bereits bestehenden Frontlinien-Einheiten mit den Mystère IVA und Ouragan vergrößerten. Die Lage war äußerst gespannt und jeder der zwei Rivalen fürchtete einen Überraschungsangriff des Feindes. Der ägyptische Präsident Nasser glaubte jedoch nicht an einen Angriff Israels und ordnete an, die Deckungen, die sich bereits in Voralarmbereitschaft befanden, fallen zu lassen. Am Morgen des 5. Juni wurde man jedoch überraschend von drei israelischen Angriffswellen mit je 40 Jets überrumpelt – aus einer anderen als der erwarteten Angriffsrichtung. Mit außergewöhnlicher Präzision beschossen die tief fliegenden Flugzeuge die ägyptischen Militärflughäfen. Die Angreifer kehrten daraufhin zur Basis zurück, tankten auf und rüsteten sich schnellstens, um die Objekte wieder angreifen zu können. Innerhalb nur dreier Stunden verloren die Ägypter über 300 Flugzeuge – größtenteils durch Tiefflugangriffe am Boden –, während die Israelis einen Verlust von 19 Jägern verzeichneten. Später wandten sich die Flugzeuge mit dem Davidstern gen Osten und griffen auch Basen in Jordanien, im Irak und in Syrien an. Die Hunter-Jagdflugzeuge Jordaniens wurden am Boden zerstört – ebenso wie zwei Drittel der syrischen Luftwaffe. Die Luftangriffe der Israelis waren sorgfältigst geplant und vorbereitet worden und ebenso wurden die Einsätze selbst meisterhaft durchgeführt. Es war ein klassisches Beispiel der optimalen Anwendung von Luftstreitkräften im Anfangsstadium eines Konflikts. In den folgenden Tagen operierte die israelische Luftwaffe weitgehend als Stütze für die Armee, die sich nach Westen hin bewegte, um die Halbinsel Sinai zu erobern. Mit den übrig gebliebenen Flugzeugen konnten die ägyptischen Luftstreitkräfte nur beschränkt Gegenangriffe ausführen. Am 9. Juni wurde ein Abkommen betreffs der Feuereinstellungen durch die Vereinten Nationen erreicht, das jedoch nur auf die Westfront beschränkt wurde. Zur selben Zeit hatten auch die Syrer einen Waffenstillstand akzeptiert, aber die Israelis waren dazu entschlossen, die eigenen Positionen im Osten zu festigen, um wenigstens die Golanhöhen zu erobern. Man kämpfte also einen Tag lang weiter, bis die Waffen dann am 10. Juni um 6:30 Uhr schließlich schwiegen. Damit war der sogenannte Sechs-Tage-Krieg mit einem bedeutenden israelischen Sieg beendet worden. Vom politischen und diplomatischen Standpunkt aus gesehen war die Lage jedoch alles andere als einfach. Der Frieden zwischen Israelis und Arabern war ferner denn je und die beiden Parteien begannen sofort wieder ein neues Wettrüsten, um sich auf den unvermeidbaren, erneuten Militärkonflikt vorzubereiten. Dazu kam, dass Israel durch seine aggressive und skrupellose Kriegsführung die Gunst einiger befreundeter Länder – besonders Frankreichs – verloren hatte. Das Ergebnis dieser veränderten politischen Lage wurde in der Affäre „Mirage 5" deutlich. Bereits vor dem Krieg 1967 hatte Israel 50 Exemplare der Mirage 5J bestellt; es war ein vereinfachtes Multifunktions-Flugzeug, das auf der Basis des Mirage III für den Export entwickelt worden war. Nach dem Sechs-Tage-Krieg verhängte die französische Regierung jedoch ein Embargo über diese Flugzeuge, auch wenn sie zum großen Teil bereits im Voraus bezahlt worden waren. Sie wurden daraufhin der französischen Luftwaffe als Mirage 5F zugeteilt. Die israelische Regierung musste sich

246 unten Die Dassault Mirage IIICJ war der erste Jäger mit Mach-2-Geschwindigkeit der israelischen Luftwaffe. Die ersten 76 Exemplare wurden im April 1962 in den Dienst des „First Fighter Squadron" gestellt.

247 oben rechts Einer der 24 französischen Überschalljäger Dassault Super Mystère B.2, die Israel 1958 von Frankreich erwarb, um die MiG-19 der arabischen Luftstreitkräfte zu bekämpfen.

247 unten Eine Dassault MD.450 Ouragan der „Hornet Squadron" während einer Betankung auf dem Stützpunkt von Hazor. Die Ursprünge der aggressiven Nasenbemalung gehen bis ca. 1956 zurück.

also soweit wie möglich auf die eigene – auch bereits auf hohem technologischen Niveau arbeitende – Waffenproduktion verlassen, wandte sich aber gleichzeitig an einen mächtigeren und zuverlässigeren Lieferanten: die Vereinigten Staaten.

Aufgrund der von den Geheimdiensten erworbenen Konstruktionspläne der Mirage 5 und des zugehörigen Triebwerks SNECMA Atar 5F war die entstehende israelische Luftfahrtindustrie (IAI) in der Lage, die anfänglichen Erfordernisse teilweise zu befriedigen. Das daraus hervorgegangene Flugzeug war die Nesher. Es war praktisch eine Kopie des französischen Flugzeugs und gleichzeitig das erste Modell einer langen Serie von Flugzeugen, die von dem Deltajagdflugzeug Dassault abstammten.

Das erste amerikanische Kampfflugzeug, das von Israel bestellt wurde, war die Douglas A-4 Skyhawk – ein von der U.S. Navy benutzter, robuster Jagdbomber. Die israelische Regierung hatte bereits 1966 48 Exemplare der A-4H sowie zwei Zweisitzer TA-4H in Auftrag gegeben, die ab 1968 von den Amerikanern geliefert wurden. Währenddessen suchte die Chel Ha'Avir nach einem neuen, hochleistungsfähigen Jäger, der für verschiedene Rollen eingesetzt werden konnte. Das Flugzeug, das am meisten den israelischen Erfordernissen entsprach, war die McDonnell-Douglas F-4E Phantom II. Dieses Modell bot sowohl eine respekterheischende Luft-Luft-Bewaffnung (mit acht radargeführten Sparrow- und infrarotgeleiteten Sidewinder-Raketen sowie der Maschinenkanone Vulcan) als auch eine große äußere Luft-Boden-Waffenlast, die aus fast sechs Tonnen Bomben, Raketen, Tankbehältern und Pods für die elektronische Kampfführung bestand. Die ersten 50 F-4E-Maschinen (eingeschlossen sechs RF-4E Aufklärer-Exemplaren) kamen 1969 in Israel an und ermöglichten die Ausrüstung von zwei Luftgeschwadern, die an dem sogenannten Abnutzungskrieg zwischen Ägypten und Israel teilnahmen. Es handelte sich dabei um einen Konflikt von niedriger Stärke, der zwischen März 1969 und August 1970 ausgetragen wurde und ägyptischerseits darauf zielte, die israelischen Luftstreitkräfte aufzureiben.

Noch verbittert von der Niederlage 1967 waren die Araber – und besonders Ägypter – dazu entschlossen, diesmal als Erste anzugreifen. Keine Ausgaben wurden gescheut, um sowjetische Kampftechnik zu erwerben, darunter die neuen Modelle der MiG-21 (zusammen mit vielen „Freiwilligen"-Piloten, die aus der UdSSR und einigen Ländern des Warschauer Pakts kamen), Su-7, Tu-16 und die Hubschrauber Mi-8. Außerdem erwarben sie ein komplexes und starkes Flugzeugabwehr-Raketen-Sytem, das aus den Raketen SAM (Surface-to-Air Missiles) SA-3, SA-6, SA-7 und SA-9 bestand sowie einer Vielzahl von gepanzerten Fahrzeugen. Am Vorabend des Konflikts konnten die arabischen Streitkräfte etwa 730 Kampfflugzeuge aufbieten, wogegen die Israelis über 375 Exemplare verfügten.

Der arabische Angriff war dank der Ausführung von Massenübungen gut maskiert worden. Doch am 6. Oktober 1973 um 14:00 Uhr brach die Attacke überraschend aus; es war inmitten der jüdischen Religionsfeier Jom Kippur, und die israelischen Verteidigungen befanden sich im niedrigsten Alarmbereitschaftsgrad. Die einzige Armeestreitkraft, die in sich in genügender Angriffsbereitschaft befand, war die Chel Ha'Avir, deren Militärspitzen eine mögliche feindliche Attacke gefürchtet hatten. Der arabische Angriff wurde zu einem Umfassungsmanöver, bei dem die Syrer im Norden auf den Golanhöhen kämpften, während die Ägypter über den Suez-Kanal hinweg massenhaft auf der Halbinsel Sinai vordrangen.

Die Israelis konzentrierten sich erst auf die naheliegendste Bedrohung – die syrische. Innerhalb von zwei Stunden seit Beginn des Angriffs überführten sie die größtmögliche Anzahl von Jagdflugzeugen der Typen F-4, A-4, Mirage und Nesher, um vor allem die feindlichen Panzerkolonnen zu schlagen. Die Verluste der Israelis waren extrem hoch – sowohl an Menschenleben als auch hinsichtlich der Fahrzeuge und Flugzeuge; letztere gingen zumeist aufgrund der gegenerischen Fliegerabwehr verloren. Nach drei Tagen erbitterter Kämpfe mussten sich die Syrer zurückziehen; sie waren bereits zu schwach, um eventuelle Lücken in den feindlichen Verteidigungen ausnutzen zu können. Auch auf der Westfront führten die ersten Kampftage zu schweren Verlusten – vor allem für die Chel Ha'Avir, die in den ersten vier Tagen 81 Flugzeuge verlor. Nach den einfachen Siegen im Sechs-Tage-Krieg fand sich die israelische Luftwaffe in der Tat von dem neuen Raketensystem SAM der Araber überrascht. In der Zwischenzeit wurde die arabische Koalition durch das Eingreifen von Luftstreitkräften aus dem Irak, aus Libyen und Algerien gestärkt.

Am 9. November begann man mit den Luftbrücken-Versorgungen der Gegner: vonseiten der UdSSR für die Araber und vonseiten der Vereinigten Staaten für die Israelis. Die Sowjets überstellten 100 neue Jäger nach Ägypten und Syrien, wobei allein die syrischen Streitkräfte mit über 15 000 Tonnen Treibstoff versorgt wurden. Die USA dagegen schickten Israel zusätzlich die Jäger A-4N und F-4E sowie 22 000 Tonnen Ausrüstung und Bewaffnung. Diese Lieferung umfasste die Hubschrauber

248 oben Die sowjetischen Boden-Luft-Raketen SA-2 bildeten während des Jom-Kippur-Kriegs ein wirkungsvolles Luftabwehrsystem für die arabischen Alliierten und waren für die Israelis eine unangenehme Überraschung.

248 unten Die Sikorsky CH-53 ist der schwerste Hubschrauber, der von der israelischen Luftwaffe benutzt wird. Sie wird für Missionen eingesetzt, wie Transport, Luftambulanz, Such- und Rettungsoperationen.

248-249 Die A-4 Skyhawk wurde im Krieg 1973 von den Israelis für zahlreiche Angriffsmissionen eingesetzt; 53 Flugzeuge gingen dabei verloren.

CH-53, Hawk-Luftabwehrraketen sowie neue und wirksamere Waffen wie die intelligenten Bomben Walleye und Hobos und die Splitterbomben Rockeye. Besonders wichtig für das Niederkämpfen der arabischen Luftverteidigung waren jedoch die Raketen AGM-45 und elektronische Kampfmittel für die Täuschung der neuen sowjetischen SAM-Systeme.

249 Mitte Eine israelische McDonnell Douglas F-4E der „Bat Squadron" bei der Landung. Die Phantom III war eines der wichtigsten Flugzeuge für die Chel Ha'Avir, die ab 1969 über 230 Exemplare erworben hatte; mindestens 60 davon befanden sich bis 2004 im Dienst.

249 unten Eine MiG-23 mit libyscher Kennzeichnung. Während des Kriegs im Libanon 1982 mussten die Israelis auch gegen die neuen MiG-23 der syrischen Luftwaffe ankämpfen.

Am 14. Oktober begingen die Ägypter einen Fehler, den sie teuer bezahlen mussten: Ihre Bodenstreitkräfte rückten ohne die Deckung durch die Luftabwehr vor und wurden damit zu einer leichten Beute der israelischen Jagdbomber. Daraufhin ging die israelische Armee zum Angriff in der Suez-Kanal-Zone über und schaffte es, einen Großteil der ägyptischen Fliegerabwehr zu schlagen. Nachdem der Kanal überquert war, drangen die israelischen Panzer weit in ägyptisches Gebiet ein. Die Lage wendete sich für die Araber immer mehr zum Schlechten hin. Am 20. Oktober spielte Saudi-Arabien eine politische Karte und verkündete die Einstellung ihrer Erdöllieferungen an den Westen. Es war bereits Zeit für eine Feuereinstellung, die auch seitens der Supermächte befürwortet wurde. Der Waffenstillstand trat am Abend des 22. Oktober in Kraft, aber die Israelis ignorierten ihn und setzten ihre Militäroperationen fort, um die 3. ägyptische Armee im Sinai einzuschließen. Erst das letztliche Eingreifen der Amerikaner brachte die Israelis am 24. Oktober dazu, den Waffenstillstand zu akzeptieren.

Vom Gesichtspunkt der Luftfahrt aus betrachtet verloren die Araber in 19 Kampftagen nicht weniger als 440, die Israelis dagegen 120 Flugzeuge. Trotz des Vorteils ihres Überraschungsangriffs waren die ägyptischen und syrischen Streitkräfte nicht in der Lage gewesen, den Feind zu überwältigen, und waren – nachdem sie die Initiative einmal verloren hatten – zum Rückzug gezwungen gewesen.

Der Jom-Kippur-Krieg bestätigte noch einmal die neuen Aspekte des Luftkriegs, die zum Teil auch schon während des Vietnam-Kriegs deutlich geworden waren. Zuallererst war klar geworden, dass die neuen sowjetischen Fliegerabwehrsysteme weitaus wirksamer und gefährlicher waren als von den westlichen Analytikern vorausgesehen wurde. Zweitens wurde die Wichtigkeit der Bekämpfung der gegnerischen Fliegerabwehr deutlich – besonders dank der Verwendung von Systemen der elektronischen Kampfführung, den speziell dafür bestimmten Waffen sowie neuen Taktiken; drittens konnten sich im Bereich der Luft-Boden-Angriffe die neuen präzisen Bomben gut behaupten. Außerdem erschienen auf dem Schlachtfeld zum ersten Mal pilotenlose Flugzeuge (RPV), die für Aufklärung, Beobachtung

und Täuschungsmanöver eingesetzt wurden und sich in zukünftigen Kriegen als immer wichtiger erweisen sollten. Auf politischer Stufe hatte auch dieser Krieg keine der Probleme lösen können, die an die Koexistenz zwischen Arabern und Juden gebunden waren. Die israelischen Streitkräfte hatten sich vom militärischen Standpunkt aus als überlegen erwiesen, das heißt in der Ausbildung, im Kampfeinsatz und den operativen Fähigkeiten.
Auch nach dem Jom-Kippur-Krieg begannen beide Gegner wieder mit der Aufrüstung; die Araber griffen auf das sowjetische Arsenal – besonders die Jäger MiG-23 und MiG-25 – zurück, während die Israelis weiterhin von den Amerikanern mit Kriegsmaterial versorgt wurden. Doch die israelische Luftfahrtindustrie fuhr gleichzeitig damit fort, ein nationales Jagdflugzeug zu entwickeln, das auf der Original-Nesher basierte. Mit dem Erwerb der Phantom hatte Israel auch Zugang zu dem Triebwerk General Electric J79, das weitaus moderner und stärker war als das Atar 9C. Man beschloss also, einen neuen Jäger mit verbesserten Flugleistungen zu konstruieren, bei dem die Zelle der Nesher mit dem neuen Triebwerk kombiniert werden sollte. Die Arbeiten am Entwurf des neuen Jägers begannen wahrscheinlich schon 1969, der erste Flug dieser Maschine, die später Kfir genannt wurde, fand im Sommer 1973 statt; vorangegangen waren Entwicklungsarbeiten, bei denen unter anderem auch eine zweisitzige Mirage IIIB mit J79-Triebwerk benutzt wurde. Die ersten Kfir C1 wurden am 14. April 1975 eingeführt, im selben Jahr begann auch die Lieferung der ersten 40 Serienexemplare. Natürlich verfügte die Kfir auch über eine spezialisierte Avionik aus israelischer Produktion, in der ein telemetrischer Radar, ein Missions-Computer und elektronische Gegenmaßnahmen enthalten waren. Im darauf folgendem Jahr erschien das Modell C2 (zusammen mit dem Zweisitzer TC2), das durch die Anbringung von zwei Canard-Flügeln entlang der Lufteinläufe charakterisiert war; dadurch wurde die Steuerbarkeit des Flugzeugs beträchtlich gesteigert. Die Kfir C2 hatte eine Länge von 15,5 Metern, eine Spannweite von 8,2 Metern und eine maximale Startmasse von 14 570 kg. Das Triebwerk J79-GE-17 produzierte mit Nachbrenner 8120 kp Schubkraft und ermöglichte (ohne Außenlasten) eine Höchstgeschwindigkeit von Mach 2,3 (ca. 2440 km/h). Die Bewaffnung bestand aus zwei 30-mm-Kanonen und bis zu 4000 kg Waffenlast. 1983 wurden auch die Modelle Kfir C7 und TC7 entwickelt. Diese Flugzeuge verfügten über eine neue Avionik, weitere zwei Außenlaststationen für die externe Waffenlast und ein stärkeres Triebwerk; die gesamte Waffenzuladung erreichte nun bis zu 6000 kg.
Insgesamt hat Israel über 240 Kfirs in verschiedenen Versionen gebaut (einige Modelle wurden unter der Benutzung alter Flugzeuge umgebaut). Darin enthalten sind auch über 40 Modelle, die nach Ecuador, Kolumbien und Sri Lanka exportiert wurden. Gegenwärtig wird auf dem Markt von der IAI die Kfir 2000 angeboten (sie wurde bereits von Ecuador erworben), die eine erneut modernisierte Avionik und Luftbetankungssystem besitzt.
Die Kfir wurde hauptsächlich als Jagdbomber benutzt und bald wurden ihr bereits zwei neue Flugzeuge an die Seite gestellt: 1976 die F-15A/B (und später die Versionen C/D), und 1980 die F-16A/B (auch hier später die C/D). Dank dieser Erwerbungen wurde die Chel Ha'Avir in den 1980er-Jahren zur stärksten Luftwaffe im ganzen Nahen Osten – eine

250 oben Eine F-15C Baz der Israeli am Start. Das Flugzeug ist seit 1976 im Dienst und wurde mehrfach überarbeitet.

250 unten Eine Kfir C2 beim Flug über den Sinai. Durch die Realisierung des Jagdflugzeugs Nesher – entwickelt aus der Mirage – konnte die israelische Industrie den hervorragenden Multifunktionsjäger Kfir produzieren. Die Maschine flog zum ersten Mal 1973.

Position der Vorherrschaft, die von drei Militäroperationen bestätigt wurde. Bei der ersten handelte es sich um die Bombardierung des irakischen Kernreaktors von Osirak – eine vorbeugende Aktion, die im Juni 1981 ausgeführt wurde und darauf zielte, die Herstellung von Atombomben im Irak zu verhindern. Es war eine schwierige und komplexe Operation, da man gezwungen war, 1100 km außerhalb von Israel zu fliegen, dabei die Gebiete Jordaniens und möglicherweise Saudi-Arabiens überquerte, das Ziel beschoss und wieder zur Basis zurückkehrte. Dank der Neuanschaffung der F-16A wurde diese Aktion möglich gemacht.
Vier Jahre später bestätigte Israel erneut seine Kapazität, weit entfernte Ziele zu treffen, als seine Luftwaffe das Hauptquartier der Palästinenserorganisation PLO in Tunesien beschoss – über 1950 km von Tel Aviv entfernt. In diesem Fall wurden acht F-15D-Jets benutzt, die über Luftbetankungssysteme verfügten und wahrscheinlich auch Präzisionswaffen benutzten.
Die dritte Mission, welche die Fähigkeiten der Chel Ha'Avir bestätigte, war die Operation „Frieden für Galiläa". Es handelte sich dabei um die Invasion des südlichen Libanons, die gestartet wurde, um die Aktionen Syriens in dem Land zu behindern und die PLO-Terrorbasen zu neutralisieren. Nach dem Ausgleich mit Ägypten im Westen und der Unterzeichnung des Abkommens von Camp David 1978, dem die Rückgabe der Halbinsel Sinai an Ägypten folgte, wurde Syrien zum Hauptgegner Israels. Nach der Ermordung des israelischen Botschafters am 4. Juni 1982 in London wurde die Luftoffensive gestartet und zwei Tage später folgten auch die Bodenangriffe. Die größten Luftkämpfe entwickelten sich über dem Beka'a-Tal, wo die israelischen Jagdbomber F-4, A-4 und Kfir die syrischen Luftabwehr-Stellungen und Truppenpositionen angriffen, während die F-15 und F-16 in Sicherungsmissionen bei Luftduellen beschäftigt waren.
Am 10. Juni wurde eine Übereinkunft zur Feuereinstellung erreicht, die tatsächlich die Beendigung der Luftkämpfe zur Folge hatte; doch die Bodenkämpfe entlang der libanesischen Küste und in Beirut wurden noch für mehrere Monate weitergeführt. Das Ergebnis der Luftkämpfe war erstaunlich: In zwei Tagen hatte Syreien 85 Jagdflugzeuge MiG-21 und MiG-23 verloren, während die israelischen Luftstreitkräfte vollkommen intakt geblieben waren. Die syrischen Verluste beliefen sich insgesamt auf 92 Flugzeuge; dagegen standen ein Dutzend Flugzeuge und Hubschrauber der Chel Ha'Avir, die aufgrund eines Fliegerabwehrangriffs verloren wurden. Die Gründe dieser überwältigenden Überlegenheit sind wieder einmal mit der höheren Qualitätsstufe der israelischen Mannschaften und Maschinen zu begründen. Die Israelis waren in der Lage, hervorragende Aufklärungs- und Angriffstaktiken gegen die feindliche Fliegerabwehr anzuwenden – teilweise auch dank des Gebrauchs von ferngesteuerten Flugzeugen (RPV), elektronischen Kampfmitteln sowie spezieller Raketenbewaffnung. Außerdem spielten die kürzlich erworbenen Radar-Flugzeuge Grumman E-2C Hawkeye (zwei davon waren ständig in der Luft) sowie die Boeing 707 als Mittel der Aufklärung und elektronischen Kampfführung eine entscheidende Rolle. Sie versorgten die Jägerpiloten mit einer globalen, präzisen und zeitnahen Situationssicht, indem sie die syrischen Jäger, sobald sie von ihren Heimatbasen gestartet waren, identifizierten. Ferner waren die amerikanischen Flugzeuge in der Lage, die Kommunikations- und Identifikationssysteme des Feindes zu neutralisieren.
Seit 1982 war die Chel Ha'Avir nicht mehr dazu gezwungen, einen wirklichen Krieg auf breiter Ebene zu austragen. Dennoch bewirken die fortwirkenden Motive des arabisch-israelischen Konflikts – die heutzutage vor allem aufgrund der Reichtshoheit über Jerusalem und die besetzten Gebiete wachgehalten werden –, dass der Frieden noch in weiter Ferne bleibt.
Die israelischen Flugzeuge werden außerdem weiterhin in isolierten Präventivschlägen oder Vergeltungsangriffen gegen die terroristischen Kräfte eingesetzt. Angesichts weiterer Krisenlagen wie dem Golfkrieg 1991 und der permanenten Feindseligkeit seitens einiger Länder wie Syrien, Iran und Irak hatte die israelische Luftwaffe ständig daran gearbeitet, ihr Spitzenniveau in Bezug auf das Ausbildungsprogramm und die Technologie beizubehalten. So wurde eine Reihe Flugzeuge auf den neuesten technischen Stand gebracht (wie die F-4E, die F-16 und die F-15); außerdem wurden neue Flugzeuge und Waffensysteme von absolut höchster Qualität erworben (zum Beispiel die Hubschrauber AH-64 Apache). Mit ihren Multifunktions-Jägern F-15I und F-16I, den modernen Bomben und Präzisionsraketen stellt die Chel Ha'Avir eine der stärksten und am besten vorbereiteten Luftstreitkräfte der Welt dar.

251 oben Eine israelische AH-64A Apache bei einer Flugdemonstration. Dieser Hubschrauber wurde verschiedenen Updates unterzogen und wird jetzt auch im Antiterrorkampf eingesetzt.

251 unten Die F-16I ist das modernste Modell der F-16, das Israel verwendet. Seit 2003 wurden 102 Exemplare gekauft und auf vier Staffeln verteilt.

Kapitel 20

Die großen Passagierflugzeuge

In den 1950er-Jahren hatten die Vereinigten Staaten mit Flugzeugen wie der Boeing 707 und der Douglas DC-8 die Vorherrschaft im Bereich der Linienflugzeuge erlangt. Im darauf folgenden Jahrzehnt wurde diese technologische und finanzielle Übermacht verstärkt, unter anderem durch die Einführung ausgezeichneter Kurz- und Mittelstreckenflugzeuge sowie die Entwicklung des größten Verkehrsflugzeugs – des Jumbo-Jets. Darauf antwortete Europa mit der Concorde, die zwar als technologisches Wunder angesehen werden kann, jedoch kein kommerzieller Erfolg werden sollte.

Bis Ende der 1950er-Jahre befand sich die Luftbeförderung in ständiger Expansion und um die Marktbedürfnisse zu befriedigen – vor allem in den Vereinigten Staaten – benötigten die Fluggesellschaften Düsenflugzeuge, die für Mittel- oder Kurzstrecken geeignet waren. Während das erste Flugzeug von diesem Typ, die Caravelle, in Europa entworfen und gebaut wurde, kamen die wichtigsten und einflussreichsten Projekte auf diesem Gebiet wieder einmal von den amerikanischen Konzernen Boeing und Douglas.

Boeing benötigte relativ lange für die Entscheidung, einen kleineren Jet als die 720 – die eine kürzere und leichtere Version der 707 war – zu produzieren. 1957 wurden schließlich die Arbeiten an dem Projekt begonnen. Es war keine leichte Aufgabe, da die bestimmenden Fluggesellschaften der Vereinigten Staaten unterschiedliche Anforderungen stellten und sich nicht auf ein bevorzugtes Format einigen konnten. Jedenfalls sollte das Flugzeug von kurzen Landebahnen aus operieren können, da diese in den USA und auf der ganzen Welt am weitesten verbreitet waren. Boeing beschloss daraufhin, ein dreistrahliges Flugzeug mit identischer Konfiguration zur de Havilland DH.121 zu produzieren: drei Heck-Triebwerke und und T-Leitwerke. Der von Boeing festgesetzte Verkaufspreis (maximal drei Millionen Dollar – wie die Caravelle) bedeutete weitere Schwierigkeiten bei der Entwicklung. Boeings Forschungen führten schließlich zur Realisierung des Modells 727 – einem Flugzeug, das in der Geschichte der Luftfahrt seine Spuren hinterlassen sollte. Die 727 besaß drei Hauptmerkmale; die Flügel hatten ein innovatives System von vielfach aufgeteilten Klappen, die die Sinkgeschwindigkeit beträchtlich reduzierten und es somit möglich machten, dass das Flugzeug auf bis zu 1500 Meter kurzen Landebahnen operieren konnte. Die Maschine wurde außerdem von den neuesten Zweikreistriebwerken Pratt & Whitney JT8 angetrieben, die kostengünstiger und ruhiger als alle anderen Triebwerke waren und mehr Leistung erbrachten, da sie pro Triebwerk eine Schubkraft von über 6000 kp gewährleisteten. Der Rumpf besaß außerdem dieselbe Breite wie derjenige der 707 – dadurch konnten 120 Reisende bequem aufgenommen werden. Durch diese Lösung wurden ferner auch die Herstellungskosten reduziert – und damit auch der endgültige Verkaufspreis. Trotz allem stellte sich bald heraus, dass der Preis der 727 die festgelegte Grenze um gut 30 Prozent überschreiten würde. Der Boeing-Präsident Bill Allen, der von der Qualität des Entwurfs vollkommen überzeugt war, ging wieder ein Risiko ein und genehmigte die Produktion der 727, obwohl bislang nur Bestellungen und Optionen für 80 Flugzeugen vorlagen. Die erste 727 aus der Serienproduktion flog zum ersten Mal am 9. Februar 1963 bei der United

Airlines. Es war ein ausgezeichnetes Flugzeug, das sogar die Erwartungen der Firma übertraf – besonders was Treibstoffverbrauch und Nutzlast betraf. Die 727 besaß eine Spannweite von 32,9 Metern, eine Länge von 46,6 Metern und eine maximale Startmasse von 95 000 kg (beim Modell 727-200 Advanced). Dieses Grundmodell wurde mehrfach modifiziert und verbessert und blieb bis Anfang der 1980er-Jahre in Produktion. Insgesamt wurden über 1800 Exemplare gebaut und in Amerika sowie weltweit verkauft.

Auch Douglas wollte mit den Arbeiten an einem Kurzstreckenflugzeug beginnen. Ende der 1950er-Jahre hatte die kalifornische Firma ihr Projekt für ein viermotoriges Flugzeug (die DC-9) gestrichen, doch gleichzeitig bereits die Arbeiten an dem zweistrahligen Flugzeug (Modell 2011) eingeleitet. Erst einige Jahre später beschloss die Gesellschaft das Projekt, das für vielversprechender gehalten wurde, konkret in Angriff zu nehmen und bezeichnete es nun wieder mit dem seinerzeit ungenutzt gebliebenen Namen DC-9. Bereits einen Monat nach der Douglas-Ankündigung hatte Delta Airlines einen Vertrag über den Kauf von 15 Exemplaren unterschrieben. Die DC-9 war mit einer Länge von 31,82 Metern kleiner als die B.727 und konnte höchstens 90 Passagiere aufnehmen; sie wurde von zwei Pratt & Whitney JT8D-Triebwerken (mit je 5557 kp Schubkraft) angetrieben und besaß ebenfalls ein T-Leitwerk. Die Stärken der DC-9 lagen in der auf zwei Piloten reduzierten Flugzeugbesatzung sowie niedrigeren Wartungs- und Kraftstoffkosten. Am 8. Dezember 1965 kam die DC-9 Serie 10 (die erste der Flugzeug reihe) bei der Delta in den operativen Dienst.

Die DC-9 sollte schon bald zum populärsten Kurzstrecken-Flugzeug werden. Sie erwies sich als einer der wandlungsfähigsten Maschinen-Entwürfe: Nachdem die Entwicklung bis zur Serie 50 weitergeführt worden war (mit immer stärkeren Triebwerken und verlängertem Rumpf), hat man das Flugzeug 1977 überarbeitet und „Super-80" genannt. Ab 1983 wurde es zur MD-80, wobei bis heute die unterschiedlichsten Versionen entwickelt wurden (MD-81, 82, 83, 87, 88, 90, 95). Einschließlich aller Modelle wurden insgesamt über 2200 Exemplare hergestellt.

In der Zwischenzeit beschäftigte sich auch Boeing mit der Realisierung eines Kurzstreckenflugzeugs, das zwei Triebwerke erhalten und ökonomischer als die B-727 sein sollte. Ein großer Beitrag während der Entwicklungsphase des neuen Flugzeugs wurde von der Lufthansa geleistet, die das Flugzeug angefordert und darauf bestanden hatte, dass die Maschine mindestens 100 Passagiere befördern müsse. Im Februar 1965 wurde das Modell 737 offiziell angekündigt. Die Entwicklung war beeinflusst von den Vorgänger-Modellen 707, von dem der Entwurf der Leitwerke übernommen wurde, und 727, mit dem es gut 60 Prozent der Komponenten gemeinsam hatte, wie die Außenform (der Rumpf war fast derselbe), die Bordsysteme und die Flügelmerkmale. Die 737 wurde von zwei Triebwerken vom Typ Pratt & Whitney JT8D-7 mit je 6350 kp Schubkraft angetrieben, die unterhalb der Flügel angebracht waren. Es handelte sich um die gleichen Triebwerke, mit denen auch die DC-9-30 ausgestattet war. Der Prototyp der 737-100 führte am 9. April 1967 seinen ersten Flug durch und die Lufthansa konnte bereits im Februar 1968 damit beginnen, die Maschine für Linienflüge einzusetzen. Aufgrund der schnellen Entwicklung im Bereich der Luftbeförderung zu jener Zeit verkündete Boeing, dass sie eine neue, verlängerte Version produzieren würde: Das Modell 737-200 war 1,83 Meter länger und konnte bis zu 130 Passagiere befördern. Das Flugzeug wurde im April 1968 bei der United in Dienst gestellt. Die Boeing 737 war kein sofortiger Verkaufserfolg, aber die Qualität des Entwurfs bewirkte, dass sich das Flugzeug nach verschiedenen Erneuerungen – vor allem hinsichtlich der Triebwerke und der Avionik – noch bis heute in Produktion befindet und mit über 3000 gebauten Exemplaren weltweit vertreten ist.

Mit der Verbreitung von Kurz- und Mittelstreckenflugzeugen hatte sich der Luftverkehr Ende der 1960er-Jahre radikal verändert:

252 oben Eine Douglas DC-9-30 der spanischen Fluggesellschaft Iberia. Die DC-9 flog zum ersten Mal 1965, und der Basisentwurf wird mit den entsprechenden Änderungen noch heute als Boeing 717 angeboten.

252 unten Eine schöne Frontansicht der zweistrahligen Boeing 737 der jüngsten Generation. Um die Kosten senken zu können, versuchte man beim 737-Entwurf gut 60 Prozent der Komponenten der 727 beizubehalten.

253 oben Eine Boeing 727 der Fluggesellschaft Cruzeiro über den Rocky Moutains. Über 1800 Exemplare dieses Düsenflugzeugs wurden gebaut und fast zwei Drittel davon befinden sich noch heute auf der ganzen Welt im Einsatz.

253 unten Eine McDonnell Douglas MD-80 der Aerolineas Argentinas beim Start. Dieses Modell wurde 1977 als DC-9 Super 80 eingeführt und verfügt über neue Flügel, Leitwerke und Triebwerke; es konnten bis zu 170 Passagiere aufgenommen werden.

Immer mehr Personen benutzten nun das Flugzeug anstelle der Züge und die Linienflugzeuge starteten und landeten ununterbrochen auf den großen Flughäfen wie London, Paris, Chicago, Los Angeles und New York. Die Zivilluftfahrt hatte eine Form angenommen, von der sie noch bis heute gekennzeichnet ist.
In den frühen Sechzigern erschienen außerdem zwei großartige Luftfahrt-Projekte, die zur Produktion von kontrastierenden Flugzeugen führten. Beide Maschinen waren jedoch außergewöhnliche Muster ihrer Zeit und sollten in die Geschichte der Luftfahrt eingehen. Wieder einmal handelte es sich um einen technologischen und ökonomischen Wettkampf zwischen Europa und Amerika. Frankreich und Großbritannien zielten auf die Geschwindigkeit und beschlossen, ein Überschall-Passagierflugzeug herzustellen; die Vereinigten Staaten legten ihre Hoffnungen dagegen auf die Transportkapazität.

254-255 Die Concorde. Mit ihrer schlanken Nase, der extremen Außenform sowie der unglaublichen Geschwindigkeit war das Flugzeug eine Revolution für die Verkehrsluftfahrt.

254 unten links Eine Concorde der British Airways beim Start von Heathrow im Juni 2001. Die Concorde flog zum ersten Mal 1969. Insgesamt wurden nur 20 Exemplare produziert.

Es war das Jahr 1962, als die zwei europäischen Länder an demselben Projekt für ein hochtechnologisches Überschall-Passagierflugzeug arbeiteten, das die amerikanische Hegemonie im Bereich der Luftbeförderung brechen sollte. Es wurde bald klar, dass nur durch ein gemeinsames Herangehen die Kosten eines so anspruchsvollen Vorhabens in Grenzen gehalten werden könnten und das Projekt somit reale Möglichkeiten auf Erfolg haben würde. Die Übereinkunft (Anglo-French Supersonic Aircraft Agreement) wurde von den beiden Regierungen unterzeichnet, die sich auch dazu verpflichteten, das gesamte Projekt zu finanzieren. Die teilnehmenden Firmen – Sud Aviation in Frankreich und die BAC in England – hatten somit kein Kapital zu verlieren. Nachdem das Programm verkündet worden war, begannen sich die amerikanischen Unternehmen zu beunruhigen. Dank durchgeführter Schätzungs-Studien wussten sie bereits, dass der Entwurf und der Bau eines Überschall-Linienflugzeugs aufgrund der Kosten von einer einzigen Gesellschaft nicht unternommen werden konnte. Die großen amerikanischen Flugzeughersteller hatten das Projekt somit schon aus ihren zukünftigen Programmen gestrichen.

Das neue Flugzeug wurde „Concorde“ genannt – ein Name, der in Anbetracht der einstigen Rivalität zwischen Frankreich und England gut geeignet schien. Die Arbeiten an den beiden Prototypen – einer für jede Firma – begannen schon 1963.
Vom technischen Gesichtspunkt aus war die Concorde eine wahre Herausforderung. Die gewählte Außenform wies einen 62 Meter langen, schlanken Rumpf und Deltaflügel auf, welche die Flugleistungen sowohl in Überschall- als auch in den niedrigeren Start- und Lande-Geschwindigkeiten optimieren sollten. Immerhin würde die Concorde mit einer Geschwindigkeit von 285 km/h auf der Landebahn einfliegen – ungefähr so schnell wie ein F-104-Jäger! Um einen optimalen Anstellwinkel zu ermöglichen, wurde an dem Flugzeug eine bewegliche Nase angebracht: Sie konnte bei der Landung abgesenkt werden, um damit dem Piloten eine bessere Vordersicht zu ermöglichen. Unter den weiteren bemerkenswerten Charakteristiken der Concorde war die Höchstgeschwindigkeit, die bei einer Reiseflughöhe von 15 600 Metern bis zu Mach 2,2

255 unten Die sowjetische Antwort auf die Concorde war die Tupolew Tu-144, die ihrer Rivalin äußerst ähnlich war. Auf der Fotografie vom Mai 1969 ist eine Veranstaltung in Moskau zu sehen, bei der das neue Flugprojekt vorgestellt wird.

Der zweite Tu-144-Prototyp flog auf einer Pariser Flugveranstaltung am 4. Juni 1973, stürzte jedoch ab und riss die sechs Passagiere in den Tod. Die Tu-144 war schneller als die Concorde, wurde jedoch nie zu einem Spitzenflugzeug.

(das heißt 2320 km/h) betragen sollte. Aufgrund dieser Beanspruchung konnte die Zelle aus Aluminium gebaut werden und musste nicht aus dem viel teureren rostfreien Stahl oder Titan erzeugt werden – Materialien, die bei höheren Geschwindigkeiten aufgrund der durch die Luftreibung entstehenden Wärme notwendig gewesen wären. Den Antrieb der Concorde sollten vier mit Nachbrenner ausgestattete Strahltriebwerke leisten, die paarweise unter den Flügeln montiert werden sollten. Die Triebwerke Rolls-Royce/SNECMA Olympus 593 Mk.610 wurden speziell für dieses Flugzeug gebaut und versorgten die Maschine mit einer außergewöhnlich hohen Schubkraft von jeweils 19 300 kp (mit Nachbrenner). Die Concorde besaß eine maximale Startmasse von 185 Tonnen, während die Reichweite – dank den mit ca. 155 000 Litern Kraftstoff gefüllten Tanks – 6230 km betrug.

Während die Entwicklungsarbeiten fortgeführt wurden, begannen einige Schatten auf das Programm zu fallen. Nach Aussage der Gesellschaften war das Flugzeug zu klein – aber das war noch das harmloseste Problem: Die Planer verlängerten den Rumpf um 2,5 Meter, so dass die Gesamtzahl der Passagierplätze auf 136 gesteigert wurde. Doch es gab zwei größere Probleme. Das erste betraf den Lärm beim Starten sowie den Überschallknall, die das Flugzeug bei jedem Flug begleiten würden; es ergab sich daraus das Risiko, dass viele Städte der Maschine die Landeerlaubnis aus Rücksicht auf die Öffentlichkeit verweigern würden. Das zweite Problem bezog sich auf den Verkauf. Die ersten Schätzungen hatten einen Markt identifizieren können, bei dem ca. 160 bis 400 Exemplare im Verlauf von etwa 20 Jahren zu verkaufen sein würden. Im März 1967 waren jedoch gerade einmal 74 Optionen – also noch nicht einmal Festbestellungen – von 16 Gesellschaften eingegangen, unter denen natürlich die Air France und die BOAC waren. Die Zukunft schien ungewiss, doch die Concorde war auch ein Symbol von nationalem Stolz der beiden Länder und so wurde das Projekt trotz einiger Zweifel (vor allem seitens der Engländer) weitergeführt. Der französische Prototyp führte unterdessen am 2. März 1969 erfolgreich seinen ersten Unterschallflug durch.

In der Zwischenzeit waren auch in den Vereinigten Staaten interessante Dinge geschehen. Als sich die Nachricht verbreitete, dass auch die Sowjetunion an einem Überschall-Zivilflugzeug (der Tupolew Tu-144) arbeitete, erweckte das erneut das Interesse – und den Stolz – der Amerikaner. Der Kongress billigte den Entschluss, der die Finanzierung von 75 Prozent der Kosten eines amerikanischen SST-Projekts (Supersonic Transport) vorsah – dies genügte, um die USA wieder ins Spiel zu bringen. Außerdem hatte Boeing in Bezug auf eine Spezifikation der USAF für ein großes, neues Transportflugzeug (der C-5) eine Niederlage gegen Lockheed hinnehmen müssen und beschloss nun (auch auf Druck der Pan Am), wenigstens einen Vorteil aus dem abgelehnten Entwurf zu ziehen: sie modifizierte die Maschine somit in ein großes Verkehrsflugzeug,

das zweieinhalbmal so viele Passagiere wie die Boeing 707 befördern konnte.
In Amerika bewarben sich Boeing, Lockheed und North American um das SST-Programm, und im Dezember 1966 fiel die Wahl der Regierung auf das Projekt von Boeing. Doch schon bald traten technische Probleme auf, die vor allem das übermäßig hohe Gesamtgewicht betrafen; als dazu außerdem noch die übertrieben hohen Kosten bekannt wurden, erweckte das Projekt den Widerspruch der öffentlichen Meinung. Diese Probleme führten zu der unvermeidlichen Streichung des SST-Projekts seitens der Regierung am 20. Mai 1971.
Währenddessen verliefen die Dinge für Boeings Modell 747 schon viel besser. Das riesige Verkehrsflugzeug war 70 Meter lang, fast 20 Meter hoch (vergleichbar einem sechsstöckigen Gebäude), hatte eine Masse von über 283 Tonnen und ein Gesamtflächenausmaß von knapp einem halbem Hektar. Den Antrieb leisteten vier Triebwerke vom Typ Pratt & Whitney JT9D, von denen jedes einzelne 18 500 kp Schubkraft lieferte. Oberflächlich betrachtet schien die 747 ein vergrößertes Modell der 707 zu sein; doch das Hauptmerkmal der Maschine war gerade der Rumpf; die Kabine war gut 6,13 Meter breit und vom Heck bis zur Nase über 56 Meter lang, die Pilotenkabine und das Abteil der ersten Klasse waren in den „Buckel", in das obere Deck verlegt worden. Aufgrund der Breite seines Rumpfs hatte man das Flugzeug mit der Bezeichnung „wide body" versehen, die von da an für alle Großraum-Verkehrsflugzeuge, die das Merkmal einer erhöhten Passagierkapazität und eines besonderen Raumkomforts aufwiesen, verwendet werden sollte.
Nachdem Boeing genügend Aufträge seitens der Pan Am, der Lufthansa und von Japan Air Lines erhalten hatte, verkündete das Unternehmen am 25. Juli 1966 den Baubeginn des neuen Flugzeugs. Doch auch hier musste eine Reihe von Problemen bewältigt werden. Je weiter man mit der Herstellung vorankam, desto schwerer wurde das Flugzeug; da Boeing außerdem keine genügend große Fabrikhalle besaß, in der die Maschine zusammengesetzt werden konnte, musste eine neue in Everett, im Staat Washington, gebaut werden. Nachdem diese Schwierigkeiten gelöst worden waren, konnte die neue Boeing 747 für ihren ersten Flug vorbereitet werden, der schließlich am 9. Februar 1969 stattfand – einen Monat vor dem Jungfernflug der Concorde. Die Pan Am eröffnete den Linienverkehr mit der 747 am 22. Januar 1970 auf der Strecke New York–London. Dank einer Reihe von Hinweisen der Pan Am wurde der Entwurf noch leicht verändert, bevor er endgültig Form annahm. Die definitive Version der 747 besaß eine größere Flügelspannweite, ein modifiziertes Fahrwerk sowie eine maximale Startmasse, die auf 308 Tonnen erhöht worden war. Aufgrund ihrer Dimensionen wurde die 747 allgemein als „Jumbo Jet" bekannt.
Doch nach kurzer Zeit stieß man wieder auf Schwierigkeiten. Zuallererst waren die Triebwerke nicht stark genug, so dass die Piloten dazu gezwungen waren, öfter viel zu hohe Drehzahlen einzustellen; dadurch wurden Überhitzungen verursacht, die zu Reparaturen und höheren Instandhaltungskosten führten
Die Reisenden waren anfangs nicht sehr begeistert von dem Flugzeug, da die Probleme in den Triebwerken Verspätungen verursachten und die Borddienste (Verpflegung und Toilettenraum) noch nicht an die Zahl der

256-257 Das unverwechselbare Vorderprofil des „Jumbo-Jets" zeichnet sich durch die Pilotenkanzel auf dem oberen Deck aus. Das Modell 747-400 kann 568 Passagiere befördern.

257 oben Es wurden bereits über 1200 Exemplare der B-747 gebaut, und ständig werden modernere Versionen entwickelt; darunter ist die 747-400ER (Extended Range), die im Jahr 2002 ausgeliefert wurde.

257 unten Eine Boeing 747-400 der britischen Virgin Atlantic. Die 747 wurde aufgrund ihrer riesigen Ausmaße „Jumbo" genannt und flog zum ersten Mal 1969. Die Maschine ist seitdem noch in Produktion.

Passagiere angepasst worden waren (in der normalen Konfiguration konnten fast 400 Personen befördert werden). Letztlich waren auch die Flughäfen nicht ausreichend darauf eingestellt, ein derartig großes Flugzeug aufnehmen zu können – besonders bei der Gepäckabfertigung wurde dieser Mangel spürbar. Nach und nach wurden die Probleme jedoch gelöst, doch was die Triebwerke betraf, musste man sich etwa zwei Jahre gedulden, bis schließlich das neue Aggregat JT9D-3A erschien. In demselben Jahr wurde Boeing auf ein anderes Problem aufmerksam: 1970 hatte die Firma 190 Bestellungen von 28 Fluggesellschaften erhalten, doch das war nicht genug, um die Entwicklungskosten des Flugzeugs zu decken; ferner standen nun aufgrund der zugespitzten Wirtschafts- und Erdölkrise alle Fluggesellschaften vor größeren Problemen. Erst am Ende der Ölkrise und des daraus folgenden Wirtschaftsaufschwungs konnte Boeing mit den Bestellungen für die 747 wieder an Boden gewinnen und endlich erleichtert aufatmen. Bis 1983 hatte Boeing bereits 588 Exemplare der 747 geliefert. Der Grundentwurf war in der Zwischenzeit ständig Verbesserungen

unterzogen worden, die zur Entwicklung von verschiedenen Versionen führten: das Modell 747-200B war versehen mit den je 22 680 kp schubstarken Triebwerken JT9D-7FW und besaß eine maximale Startmasse von 365 Tonnen; die verkürzte Version 747SP war besonders gut für extrem lange Flüge geeignet. Es folgten noch die 747-300 und schließlich die 747-400, die sich gegenwärtig in Produktion befindet. Dieses letzte Modell verfügt über die Triebwerke PW4056 mit 25 651 kp Schubkraft (bzw. ähnlichen Triebwerken von General Electric oder Rolls-Royce), besitzt eine maximale Startmasse von 397 Tonnen, verfügt über 13 464 km Reichweite und eine Kapazität von 568 Passagieren. Bislang wurden über 1200 Jumbos gebaut.

In Europa hatte währenddessen die Streichung des SST-Programms sowie das Scheitern der Tupolew 144 zu einer neuen Sicherheit bei den Concorde-Verantwortlichen geführt: Trotz der Schwierigkeit des Projekts konnte man sich sicher sein, dass keine Konkurrenz mehr zu fürchten war. Nun musste man sich einzig und allein um den Verkauf des Flugzeugs bemühen, was jedoch leichter gesagt als getan war. 1971 trafen fünf Bestellungen der BOAC und vier von der Air France ein. Das war natürlich besser als nichts – doch dazu muss auch bemerkt werden, dass die staatlichen Gesellschaften von Großbritannien und Frankreich zum Kauf des Überschalljets beinahe verpflichtet waren. Es war daher notwendig, dass eine der weltweit größten Gesellschaften das Flugzeug orderte, damit alle anderen maßgeblichen Firmen von dem Potenzial des Projekts überzeugt würden. Die Concorde-Verantwortlichen beschlossen, sich auf die namhafte Pan Am zu konzentrieren, doch diese Gesellschaft zog sich zurück. Trotz der Perspektiven, die das Projekt bot, beschloss Pan Am, keine Risiken einzugehen: Die Concorde war zu teuer (mit 65 Millionen Dollar kostete der Jet dreimal so viel wie die 747) und auch die Flugtickets wären für den größten Teil der Passagiere zu teuer gewesen. Um für die Kapazitäten der Concorde zu werben, organisierte man weltweit Vorführ-Touren und war dazu entschlossen, so bald wie möglich mit der Linienflugtätigkeit zu beginnen. Der reguläre Dienst der Concorde begann in der Tat am 21. Januar 1976 mit einem Flug der Air France von Paris nach Buenos Aires sowie

258-259 Eine McDonnell-Douglas DC-10 der Iberia bei einer Landung. Die USAF wählte dieses Flugzeug 1977 als ihren zukünftigen Transporter/Tanker aus. Es wurden 60 Exemplare erworben – die Maschine nannte man KC-10A Extender.

258 unten Eine Lockheed L-1011 TriStar der Air Canada in der Landephase. Dieses Flugzeug wurde Ende der 1960er-Jahre auf eine spezielle Anfrage der America Airlines hin entworfen: ein Großraum-Jet (wide-body) mit großem Aufnahmevermögen für Mittel- und Kurzstreckenflüge.

259 unten Eine McDonnell Douglas MD-11 der Japan Air Lines bei einer Landung. Das Modell erschien 1990 als verbesserte Version der McDonnell Douglas DC-10 und verfügt über neue Triebwerke, neue Avionik und einen verlängerten Rumpf.

einem British-Airways-Flug (der Nachfolgerin der BOAC) von London nach Bahrain. Die Schwierigkeiten betreffs der Landeerlaubnis in den Vereinigten Staaten wurden schließlich bewältigt und die Flüge nach New York und Washington begannen daraufhin wenige Monate später. Leider hatten beide Gesellschaften von Beginn an starke Schwierigkeiten, die Sitzplätze zu füllen, und sogar die Nordatlantikstrecken lagen im roten Bereich. Letztendlich hatte keine der Gesellschaften, die Optionen für die Anschaffung der Concorde abgegeben hatten, die Maschine auch tatsächlich erworben; ausschließlich Frankreich und England würden die Concorde einsetzen – die beiden Länder, in denen das Flugzeug gebaut wurde. Im September 1979 beschlossen die Regierungen Großbritanniens und Frankreichs, die Produktion der Concorde einzustellen. Es wurden nur 20 Exemplare gebaut, von denen jedes einzelne gut 500 Millionen Dollar kostete. Auch wenn die Lage sich in den 1980er- und 1990er-Jahren ein wenig besserte, so blieb die Concorde doch nur ein außergewöhnliches Prestige-Symbol für die Fluggesellschaften sowie für die wenigen privilegierten Passagiere, die das Flugzeug benutzt haben. Ein tragischer Unfall im Juli 2000 mit einem Exemplar der Air France hat für einige Monate zur Stilllegung der gesamten Flotte und letztlich zum Ende der Concorde-Flüge geführt. Inzwischen wurde mit dem Jumbo-Jet der Weg für eine neue Generation von Großraum-Jets frei gemacht. Aufgrund der Erhöhung des Luftverkehrsaufkommens benötigten die Gesellschaften geräumigere Flugzeuge für die Kurz- und Mittellangstrecken. Auf Anfrage der American Airlines hin entstanden zwei neue Maschinen. McDonnell Douglas bot die DC-10 an, die am 29. August 1970 zum ersten Mal flog. 1967 präsentierte Lockheed die L-1011 Tristar; das Flugzeug startete zum ersten Mal am 16. November 1970. Beide Typen waren dreistrahlige Linienflugzeuge, die über Kurz-Landefähigkeiten verfügten und die Möglichkeit besaßen, ca. 300 Reisende in dem Wide-body-Rumpf zu befördern. Trotz anfänglicher Verkaufserfolge gerieten beiden Modelle in eine wirtschaftliche Stagnation, unter anderem aufgrund der allgemeinen Krise in der Luftfahrt Mitte der 1970er-Jahre. Insgesamt wurden 250 Exemplare der Tristar gebaut – doch das genügte nicht, um die Entwicklungskosten des Flugzeugs decken zu können. Der DC-10 widerfuhr ein besseres Schicksal: Die Maschine wurde 1990 durch die MD-11 ersetzt, einer verbesserten Version mit neuer Avionik, verlängertem Rumpf und neuen Triebwerken. Insgesamt wurden mehr als 600 Exemplare der MD-11 gebaut.

Kapitel 21

Jagdflugzeuge der 1970er-Jahre

In den 1970er-Jahren erschien eine neue Generation von Kampfflugzeugen. Sie entstanden infolge der Einsätze und Erfahrungen, die während der letzten Kriege gewonnen wurden (besonders dem Vietnam- und dem Jom-Kippur-Krieg); doch auch die Verfügbarkeit neuer Technologien und die Fortschritte auf dem Gebiet der Informatik förderten die Entwicklung der neuen Maschinen.
Die Strategien des Kalten Kriegs und die enorme zahlenmäßige Überlegenheit, welche die Streitkräfte des Warschauer Pakts aufboten, zwangen die Vereinigten Staaten dazu, sich auf die Qualität ihrer Verteidigungskräfte zu konzentrieren.

Amerika musste den technologischen Unterschied zwischen dem Westen und der UdSSR ausnutzen: Der US-Militärapparat sollte in der Lage sein, allen erdenklichen Angriffen aus dem Osten erfolgreich entgegenzutreten.
Die Vereinigten Staaten – das dominierende Land in der Luftfahrt – führten während der 1970er-Jahre eine Anzahl von Jäger-Typen ein, die in verbesserten Ausführungen noch bis heute das Rückgrat der amerikanischen Luftstreitkräfte und einer Vielzahl der alliierten Länder darstellen. Der erste Typ war der neue Luftüberlegenheits-Jäger, der aufgrund einer Ausschreibung von 1968 (Programm VFX) für die U.S. Navy entworfen wurde. Nach der Streichung der Grumman F-111B sollte er als Ersatz für die F-4 Phantom II operieren. 1969 wurde Grumman zum Sieger des Wettbewerbs erklärt. Der vorgeschlagene Entwurf enthielt einige wesentliche Merkmale der F-111B, wie zum Beispiel die schwenkbaren Tragflächen, die Triebwerke und das Waffensystem, welches auf dem Langstreckenradar AWG-9 und auf den Raketen AIM-54 Phoenix basierte.

260 Eine F-14A Tomcat beim Tiefflug über dem eigenen Flugzeugträger. Grumman baute insgesamt 712 Exemplare von diesem Flugzeug. Die einzigen Exportexemplare wurden an den Iran im Zeitraum zwischen 1976 und 1987 geliefert (79 Maschinen).

261 oben Ein Paar von Grumman F-14B Tomcats der Gruppe VF-103 beim Flug über dem Ozean. Dieser Jäger wurde 1972 in den Dienst eingeführt und gilt noch heute – trotz seines baldigen Rückzugs – als außergewöhnliches Flugzeug.

Das erste Exemplar des Flugzeugs – genannt F-14A Tomcat – flog am 21. Dezember 1970. Es war ein Zweisitzer mit Tandem-Cockpit, der sich durch einen extrem breiten Rumpf mit zwei gut voneinander getrennten Triebwerken, zwei Seitenleitwerken und vollständig beweglichen Höhenleitwerken auszeichnete. Die Zweikreistriebwerke Pratt & Whitney TF30-P-4 mit je 9480 kp Schubkraft und Nachbrenner ermöglichten eine Höchstgeschwindigkeit von Mach 2,34 (ca. 2485 km/h). Das Flugzeug besaß eine Spannweite zwischen 19,5 (kleinste Pfeilung) und 10,1 Metern (maximale Pfeilung), war 19,1 Meter lang und erreichte eine maximale Startmasse von über 31 940 kg. Die Bewaffnung enthielt neben der 20-mm-Kanone Vulcan bis zu acht Raketen, unter denen die Typen AIM-9 Sidewinder, AIM-7 Sparrow und AIM-54 Phoenix waren. Die Haupt-Waffenkombination umfasste weiterhin das Radargerät AWG-9, das über eine Reichweite von mehr als 300 km verfügte und mit der Phoenix-Rakete verbunden war (ausgestattet mit einem eigenen Radar), die selber eine Reichweite bis zu 130 km besaß. Mit dieser Waffenausstattung konnte die Tomcat den Schiffen der Flotte in einer Weise Schutz liefern, wie es das kein anderes Flugzeug jener Jahre vermochte, und brachte die Luftfahrt der U.S. Navy auf einen ausgezeichneten Stand.
Während der Entwicklungsphase wurden drei Flugzeugexemplare verloren – darunter war auch der erste Prototyp, der neun Tage nach seinem Jungfernflug abstürzte. Doch die Tomcat war eine gelungene Maschine und die Lieferungen an die Frontlinieneinheiten begannen im Oktober 1972. Zwei Jahre später unternahm das Flugzeug seine erste operative Kreuzfahrt, zusammen mit den VF-1 und VF-2, die auf der USS Enterprise eingeschifft waren. Der Iran war das einzige Land, in welches zwischen 1976 und 1978 (noch unter der Regierung des Schah von Persien) 79 Exemplare der Tomcat exportiert wurden.
In den 1980er-Jahren wurden neue Versionen des Flugzeugs entwickelt, mit dem Ziel, die Mängel bei der Kraftstoffzufuhr zu beheben und die Avionik-Systeme neu zu

bearbeiten. 1987 flog die erste F-14B (ursprünglich bekannt unter F-14A Plus); das Modell besaß die neuen Triebwerke General Electric F110-GE-400 mit 12 200 kp Schubkraft und neue Avionik. 1990 wurde die F-14D eingeführt, die mit denselben Triebwerken, digitalen Avioniksystemen sowie einem neuen Radar APG-71 ausgestattet war.
Diese beiden Modelle wurden sowohl als völlig neue Maschinen als auch unter der Benutzung älterer F-14A-Zellen gebaut. Seit 1997 kann ein Teil der Tomcat-Flotte auch für Bombenangriffsmissionen eingesetzt werden; dies dank der Entwicklung von LANTIRN-Pods (Low-Altitude Navigation and Targeting Infra-Red for Night) für Navigation, Angriffe und lasergeführte Bewaffnung; diese Flugzeuge wurden „Bombcat" genannt.
Insgesamt wurden 712 Tomcats in den verschiedenen Versionen gebaut, Die letzten wurden im September 2006 außer Dienst gestellt. Sie hatten im Irak und in Afghanistan zwei Kriege mitgemacht.
Mitte der 1960er-Jahre hatte sich auch die USAF bereits Gedanken um einen Nachfolger für die F-4 gemacht und führte dafür das Programm F-X ein. 1969 wurde der Entwurf von McDonnell-Douglas zum Sieger des Wettbewerbs erklärt: Die Firma hatte eine Maschine vorgestellt, die sich vollkommen von der F-4 unterschied und

261 unten Ein Waffenmeister bei der Installation von 250-kg-Bomben des Typs GBU-12 an der Unterseite einer F-14D während der Operation Enduring Freedom im November 2001.

besonders innovativ war. Die Flügelform ähnelte derjenigen der Phantom, doch die neue F-15A Eagle besaß einen niedrigen und breiten Rumpf mit zwei geraden Seitenleitwerken und rechteckigen Lufteinlässen mit variabler Geometrie. In der großen Nase war das breite, einsitzige Cockpit untergebracht, das dem Piloten eine ausgezeichnete Sicht ermöglichte und mit einem HUD-System (Head-Up Display) und HOTAS-Steuerung (Hands On Throttle and Stick) ausgestattet war.
Das erste von 20 Vorserien-Exemplaren flog am 27. Juli 1972; die Maschine erwies sich sofort als ein außergewöhnliches Flugzeug, das sich leicht steuern ließ und weitaus wendiger als die Phantom war.
Im November 1974 begannen die ersten F-15A und die zweisitzigen TF-15A (später umbenannt in F-15B) in der Luke Airforce Base ihren Dienst. Die ersten Exemplare, die einer operativen Abteilung – dem 1st TFW – zugewiesen sein sollten, trafen dagegen erst 1977 ein. Die F-15A hatte eine Spannweite von 13 Metern, eine Länge von 19,5 Metern und die maximale Startmasse lag bei 25 400 kg. Die beiden Zweikreistriebwerke Pratt & Whitney F100-PW-100 lieferten je 10 850 kg Schubkraft mit Nachbrenner und ermöglichten damit eine Höchstgeschwindigkeit von Mach 2,5 (ca. 2650 km/h).
Die Hauptbewaffnung bestand aus vier Luft-Luft-Raketen AIM-9 und vier AIM-7 sowie einer 20-mm-Kanone Vulcan. Ferner konnten bis zu 7250 kg weiterer Außenlasten (Kraftstoffbehälter oder Bomben und Raketen) mitgeführt werden. Als Luftüberlegenheitsjäger war die F-15 das erste Jagdflugzeug, das ein ausgeglichenes bzw. positives Schub-/Gewicht-Verhältnis besaß, was es ihm erlaubte, mit außergewöhnlicher Geschwindigkeit (und wenn nötig auch im Senkrechtflug) zu steigen.
Trotz dieser Leistungen flog bereits 1979 das Nachfolger-Modell F-15C (F-15D in der Zweisitzer-Version). Die Maschine verfügte über größere Kraftstoffbehälter, neue Avionik und kam auf eine maximale Startmasse von 30 840 kg. Ferner besaß die F-15C die Möglichkeit, die CFT-Zusatztanks zu benutzen, die an den Seiten angebracht waren. Im Verlauf der weiteren Entwicklung des Flugzeugs erschienen auch die neuen Triebwerke F100-PW-220.
Das Nachrüst-Programm MSIP (Multi-Stage Improvement Program) wurde 1983 eingeführt und erst an der F-15C sowie darauf folgend am Modell A angewandt. Die Modifikationen umfassten einen neuen Hauptcomputer, ein neues Feuerleitsystem (das unter anderem die Verwendung der neuen Luft-Luft-Raketen AIM-120 AMRAAM ermöglichte), Verbesserungen am Radar APG-63 sowie neue elektronische Verteidigungs- und Kampfsysteme.
Die F-15 wurde auch nach Israel, Saudi-Arabien und Japan (gebaut unter Lizenz von Mitsubishi) exportiert. Mit der F-15 Eagle besaß die USAF ein Flugzeug, das weltweit keine Konkurrenten zu fürchten hatte. Der Basis-Entwurf, der ursprünglich vor allem für den Luftkampf bestimmt war, hatte außerdem bewiesen, dass er auch für die Entwicklung einer Multifunktions-Version geeignet war; sie wurde von Grumman im Auftrag der Air Force für einen Dual-Role-Jäger hin entworfen.
Die erste F-15E Strike Eagle flog am 11. Dezember 1986; im Wesentlichen handelte es sich um ein zweisitziges Modell F-15, das mit CFT-Tankbehältern, neuer Missionsavionik (darunter dem Radar APG-70), LANTIRN und den Triebwerken F100-PW-229 (mit je 13 200 kp Schubkraft) ausgerüstet war. Die maximale Startmasse war bis auf 36 740 kg gesteigert worden – davon konnten gut 11 110 kg in Form von Außenlasten mitgeführt werden.
Die Besatzung bestand aus einem Piloten und einem Waffen-Systemoffizier, doch die Strike Eagle behielt auch die Fähigkeiten eines Luftüberlegenheitsjägers wie ihr Vorgängermodell.

Das Flugzeug wurde 1988 bei der USAF in Dienst gestellt. Seitdem wurden ungefähr 237 Exemplare geliefert, darunter die abgeleiteten Versionen F-15I für Israel (25 Flugzeuge) und F-15S für Saudi-Arabien (72+ 84 Exemplare), die F-15SG für Singapur (24 Maschinen), die F-15K für Süd-Korea (61 Exemplare). Die Silent Eagle von 2010 ist das bislang letzte Modell. Sie verfügt über Stealth-Eigenschaften, wurde bislang aber noch nicht gekauft. Bis heute erreichte die Gesamtproduktion der F-15 über 1700 Exemplare, von denen eine Vielzahl noch mehrere Jahre als Frontlinienflugzeug benutzt werden soll. Dazu helfen neue Entwicklungen wie der der AESA-Radar (Active Electronically Scanned Array).
1971 gab die Air Force das Startzeichen für einen weiteren Wettbewerb – diesmal für ein Projekt, das LWF (Light Weight Fighter) benannt wurde. Die USAF verlangte einen

262 oben Eine F-15A der Nationalgarde von Hawaii beim Sturzflug. Die Eagle kann bis zu acht Luft-Luft-Raketen AIM-120, AIM-7 und AIM-9 laden.

262 unten rechts Zwei Jagdbomber F-15E Strike Eagle der 3rd Wing (USAF) beim Abfeuern von Luft-Luft-Raketen AIM-7M Sparrow. Dieses Eagle-Modell ist ein wahres Mehrzweck-Flugzeug und kann sowohl bei Angriffs- als auch bei Luftkampfoperationen eingesetzt werden.

263 oben Auf dieser Flugfotografie einer F-15A Eagle ist deutlich der aerodynamische Aufbau des Flugzeugs zu erkennen: große Flügel, doppeltes Seitenleitwerk und vollständig bewegliche Schwanzflächen hinter den Triebwerken.

262-263 Ein Multifunktions-Jäger Boeing F-15E der 48th FW (USAF) – vom Cockpit des Waffensystemoffiziers eines Zwillingsflugzeugs aus gesehen. Die F-15 bietet ihren Piloten eine hervorragende Sicht.

kleinen, einstrahligen, einsitzigen Multifunktions-Jäger, den sie neben der F-15 aufbieten konnte; ferner sollte das Modell ökonomischer sein und einen Teil der F-4- und A-7-Geschwader ersetzen können.
Die Projekte YF-16 von General Dynamics und YF-17 von Northrop wurden in die engere Wahl aufgenommen, aber zum Sieger wurde im Januar 1975 schließlich der General-Dynamics-Entwurf erklärt. Die YF-16 flog zum ersten Mal bereits am 20. Januar 1974. Obwohl es eine kleine Maschine war, erwies sie sich sofort als ein ein äußerst fortschrittliches Jagdflugzeug mit enormem Potenzial.
Die aerodynamischen Außenformen waren besonders futuristisch. Zum ersten Mal wurden computergesteuerte Fly-by-Wire-Steuerung benutzt, wobei der Pilot mit einem Side-Stick steuerte. Die Schleudersitze waren um 30 Grad nach hinten geneigt, um den G-Kräften besser entgegenwirken zu können, während das kleine, vollständig aus Glas konstruierte Kabinendach eine extrem gute Sicht bot. Auch in diesem Fall war das Schub-/Gewicht-Verhältnis besser als 1:1. Die F-16 war äußerst wendig und schnell – jedoch in einem solchen Ausmaß, dass sogar die ersten Fälle von Piloten bekannt wurden, die bei abrupten oder unerwarteten Manövern das Bewusstsein verloren.
Die F-16A flog zum ersten Mal 1976, während das erste Einsatzkommando das Flugzeug im Jahr 1978 auf der Luke Air Force Base erhielt. In der Zwischenzeit war die F-16 bereits in die Geschichte eingegangen, dank der Unterzeichnung des sogenannten „Jahrhundert-Vertrags“ 1975, der die Flugzeugwahl von vier NATO-Ländern betraf: Belgien, Holland, Dänemark und Norwegen hatten 500 Exemplare der F-16A/B angefordert, um damit die eigenen F-104G zu ersetzen. Die F-16A hatte eine Spannweite von 9,4 Metern, eine Länge von 14,5 Metern und kam auf eine maximale Startmasse von 16 050 kg, wobei sie Außenlasten von bis zu 6900 kg mitführen konnte. Das Triebwerk war ein Pratt & Whitney F100-PW-100 mit 10 850 kp Schubkraft (identisch mit demjenigen der F-15A) und trieb den Jäger zu einer Höchstgeschwindigkeit von Mach 2 an.

Das Modell F-16C (bzw. D in der Zweisitzer-Version) erschien 1983 und verfügte über ein neues Radarsystem APG-68, neue Avionik und eine verstärkte Struktur, die es möglich machte, die maximale Startmasse auf über 17 000 kg zu erhöhen.
Die F-16C Block 30 war die erste Version, bei der unter anderem die Möglichkeit gegeben war, zwischen dem Triebwerk General Electric F110-GE-100 (mit 12 700 kp Schubkraft) und dem Pratt & Whitney F100-PW-220 (10 850 kp Schubkraft) zu wählen. Ferner erfuhr das Flugzeug Verbesserungen in der Avionik und Bewaffnung (Luft-Luft-Raketen AIM-120 AMRAAM).
1986 erhielt General Dynamics einen Vertrag für die Überarbeitung von 270 F-16A-Exemplaren der Nationalgarde. Diese ADF-Spezifikation sah verschiedene Modifikationen vor: die Installation eines neuen Funksystems, neue APG-66 Radarkapazitäten sowie die Möglichkeit, die Raketen AIM-7 und AIM-120 abzufeuern.
Das neueste Modell, das sich gegenwärtig in Produktion für die USAF befindet, ist der Block 50/52; dieses Modell verfügt über fortschrittliche Avionik, ein Triebwerk F100-GE-129 mit 13 200 kp Schub, eine auf 19 185 kg erhöhte maximale Startmasse sowie die Möglichkeit die modernsten Waffen, Navigations- und Angriffssysteme zu nutzen. Die F-16 (später Fighting Falcon genannt), die seit 1993 ein Lockheed-Martin-Projekt ist, wird ständigen Verbesserungen unterzogen und wurde weltweit in ca. 20 Länder exportiert. Die neuesten Modelle der Serie sind die F-16E/F Block 60 und F-16I. 2012 stellte das Unternehmen die F-16V mit AESA-Radar und modernsterAvionik vor. Es

264 oben Zwei F-16CJ der 35th FW präsentieren die eigene Hauptbewaffnung, die aus einer AGM-88 HARM Antiradar-Rakete besteht. Die F-16C Block 50 mit HTS-Pods ist spezialisiert für die Ausschaltung der feindlichen Luftabwehr.

264 unten Die Lockheed-Martin F-16 Fighting Falcon ist der meistverwendete und modernste Jäger auf der Welt. Hier ist das hintere Cockpit einer F-16D der Nationalgarde von South Carolina zu sehen.

264-265 Die F-16 ist ein Multifunktions-Jäger, der sowohl im Luftkampf als auch in Angriffsmissionen zu fürchten ist. Diese F-16C der USAF fliegt über die „no-fly zone“ Iraks und ist bewaffnet mit lasergelenkten GBU-12 Bomben sowie den Luft-Luft-Raketen AIM-120A und AIM-9M.

265 unten Die Falcon ist ein Flugzeug von sagenhafter Steuerbarkeit. Diese F-16C der 52nd Wing der USAF verfügt über zwei Rauch-Behälter, die das aufsehenerregende Manövrieren während einer Airshow noch unterstreichen.

wurden insgesamt bereits über 4500 Exemplare gebaut und die F-16 kann daher ohne weiteres als der erfolgreichste und am meisten gebrauchte Jäger aller Zeiten bezeichnet werden.

Ein weiteres amerikanisches Flugzeug, das in demselben Zeitraum entwickelt wurde, war die Fairchild-Republic A-10 Thunderbolt II, die ihren ersten Flug am 10. Mai 1972 vollbrachte. Die Maschine wurde aufgrund der Spezifikation A-X der USAF entworfen. Darin wurde ein neues Flugzeug für die taktische Unterstützung (Close Air Support) gefordert, das vor allem dazu bestimmt sein sollte, eventuelle Bedrohungen sowjetischer Panzertruppen in Europa einzudämmen.
Anfang 1973 wurde die YA-10 gegenüber dem Entwurf YA-9 von Northrop zum Sieger erklärt.
Die ersten Serienmodelle der A-10A konnten 1976 in Dienst gestellt werden. Im Hinblick auf die Aerodynamik handelte es sich um ein besonders innovatives Flugzeug, bei dem Feuerkraft und Überlebensmöglichkeiten über alle traditionellen Charakteristiken von Jagdflugzeugen gestellt wurden. Die Maschine besaß weite, gerade Flügelflächen sowie zwei über dem Rumpf angebrachte Triebwerke, die von den Flügeln und den Schwanzflächen mit doppeltem Seitenleitwerk geschützt wurden. Das Titan-Cockpit war ausreichend gepanzert, um 23-mm-Geschossen standhalten zu können; die fest angebrachte Bewaffnung bestand aus einer riesigen Gatling GAU-8A Avanger-Kanone mit sieben rotierenden 30-mm-Läufen, mit der problemlos Panzerwagen durchlöchert werden konnten.
Mit den beiden Zweikreistriebwerken General Electric TF34-GE-100 (je 4110 kp Schubkraft) konnte die A-10A eine Höchstgeschwindigkeit von 700 km/h erreichen. Die Flügelspannweite betrug 17,5 Meter und die Länge 16,3 Meter, während die maximale Startmasse bei 23 590 kg lag. An Waffenlast konnten bis zu 7257 kg an elf Außenlaststationen mitgeführt werden. Nachdem die Bedrohung in Form des Warschauer Pakts und der Sowjetunion verschwunden war, wurde die A-10A für unbrauchbar erklärt (alle 713 Exemplare waren für die USAF gebaut worden). Doch durch die Einsätze im Golfkrieg 1991, bei den NATO-Luftoperationen im ehemaligen Jugoslawien zwischen 1993 und 1999 und der Operation Enduring Freedom in Afghanistan erwies sich das Flugzeug als unverzichtbar. Obwohl viele Exemplare „eingemottet" worden waren, soll die A-10A (genannt OA-10A für die „Forward Air Control"-Missionen) noch viele Jahre lang im Dienst bleiben.
Zu diesem Zweck wurde es seit 2005 dem „Precision Engagement Upgrade Program" (PEU) unterzogen, durch das 356 Exemplare der A-10C mit neuen Tragflächen, digitaler Avionik, Zielerfassungsgeräten und Präzisionswaffen ausgestattet wurden.

266-267 Zwei A-10A beim Abwerfen von Wärme-Täuschkörpern gegen Infrarot-Sprengkopfraketen. Die A-10 kann bis zu 7257 kg verschieden zusammengesetzter Waffenlast tragen.

267 oben Die Konstruktion der A-10A basierte auf taktischen Erwägungen: hoch angelegte Motoren, die von doppelten Leitwerken abgeschirmt sind, gerade Flügel für eine maximale Steuerbarkeit beim Tiefflug sowie ein aufgerichtetes Cockpit mit gepanzerter Nase.

267 unten Die Fairchild-Republic (heute Northrop-Grumman) A-10A Thunderbolt II wurde Ende der 1960er-Jahre als taktisches Unterstützungflugzeug für die USAF eingeführt. Ihr Hauptmerkmal war die 30-mm-Panzerabwehrkanone GAU-8A Gatling mit sieben rotierenden Läufen.

Natürlich arbeitete auch die Sowjetunion in den 1970er-Jahren an der Neugestaltung der eigenen Luftflotte und führte Flugzeuge ein, deren Entwürfe aus den Kriegserfahrungen und den Anforderungen der sowjetischen Luftwaffe hergeleitet wurden. Die neuen Maschinen sollten den operativen Fähigkeiten der Vereinigten Staaten und der NATO gewachsen sein. Obwohl die MiG-21 ein Flugzeug mit hervorragenden Merkmalen war, fehlte ihr ein Waffensystem, das mit denjenigen der westlichen Maschinen konkurrieren könnte; außerdem erkannte man die Notwendigkeit, das Steuerverhalten der Maschine zu verbessern. Darum wurde das Programm 23 eingeführt, das eine Reihe von neuen Komponenten enthielt: Saphir-23-Radar, ein analoger Computer AVM-23, Luft-Luft-Raketen R-23, usw. Es wurden zwei Prototypen gebaut: die 23-01 mit Deltaflügeln und die 23-11 mit schwenkbaren Tragflächen, die am 10. Juni 1967 zum ersten Mal flog. Für die Serienproduktion wurde die zweite Version ausgewählt. Am 28. Mai 1969 startete somit die MiG-23S (bei der NATO als „Flogger-A" bekannt) zu ihrem Jungfernflug, war jedoch noch mit den Avioniksystemen der MiG-21 ausgerüstet. Das Flugzeug besaß ein Triebwerk R27F2M-300 mit 9990 kp Schubkraft und erreichte eine Geschwindigkeit von Mach 2,27. Die Zelle war besonders interessant, da sie mit den MiG-Traditionen brach. Die Lufteinlässe mit variabler Geometrie befanden sich an den Seiten des Rumpfs (ähnlich wie bei der Phantom), während unter dem Heck eine Stabilisierungsflosse angebracht war, die sich zusammenfaltete, sobald das Fahrwerk ausgefahren wurde. Die schwenkbaren Tragflächen (angeregt vom Entwurf der F-111) verbesserten die Start- und Landefähigkeiten, ohne jedoch die Fluggeschwindigkeit zu beeinflussen. Die Bodenangriffsversion MiG-23B flog zum ersten Mal am 20. August 1970; dieses Modell besaß eine neue Nase ohne Radargeräte, feste Lufteinlässe, ein Triebwerk Ljulka AL-21F3 , eine verstärkte Zelle mit vereinfachter Avionik, sowie weitere kleinere Änderungen.

Die erste wahre MiG-23 war die M-Version, die im Juni 1972 zum ersten Mal flog und sofort in die Großserienfertigung gebracht wurde. Das Flugzeug besaß ein Triebwerk Sojus/Chatschaturow R29-300 (mit 12 500 kp Schubkraft), eine Höchstgeschwindigkeit von Mach 2,35 und eine maximale Startmasse von 20 670 kg. Die Spannweite lag zwischen 13,9 (kleinste Pfeilung) und 7,8 Metern (maximale Pfeilung). Die MiG-23 war 16,7 Meter lang und verfügte über eine bis zu 2000 kg schwere Bewaffnung, die vorwiegend aus sechs R-23- und R-60-Raketen zusammengesetzt war. 1973 wurde das Angriffsmodell MiG-23BN in MiG-27 umbenannt und nach einer Produktion von 910 Exemplaren wurde die Serienproduktion 1983 nach Indien verlegt. Von dem Jäger-Modell wurden verschiedene Versionen entwickelt, darunter auch für den Export in befreundete Länder. Die Serie gipfelte in dem Modell MiG-23MLD (oder, wie es nach der NATO-Codebezeichnung genannt wurde, „Flogger-K"), das mit einem Triebwerk RTZ-35-300 mit 13 000 kp Schubkraft versehen war und ferner ein Radargerät besaß, das auch für Nahkampfeinsätze geeignet war. Außerdem war ein Raketenziel-Sichtgerät Shchel 3-U auf dem Helmvisier des Pilotenhelms sowie den R-73-Raketen installiert. Bis 1985 wurden insgesamt 5047 Exemplare der MiG-23 gebaut; sie blieben bis 1994 im Dienst der UdSSR bzw. Russlands. Von der MiG-27 produzierte man dagegen insgesamt 1075 Exemplare. Die beiden Flugzeuge wurden nicht nur in Ruissland geflogen, sondern auch von anderen Luftstreitkräften aus über 20 Ländern benutzt und erfolgreich bei Kämpfen im Nahen Osten, Afghanistan, Angola und Indien eingesetzt.

268 oben Der russische Jäger MiG-23 flog zum ersten Mal im Juni 1967. Bis 1985 wurden 5000 Exemplare der Abfangjägerversion gebaut.

268 unten Die MiG-25RBF erschien 1981 und ist die elektronische Aufklärungsversion des Jägers MiG-25P. Hier ist ein Exemplar der russischen Luftwaffe auf dem Stützpunkt von Finow zu sehen.

Die MiG-25 war wiederum ein völlig anderes Flugzeug. Das Projekt wurde bereits Anfang der 1960er-Jahre eingeleitet, um auf die Bedrohung durch den amerikanischen interkontinentalen Überschallbombers XB-70 zu antworten, der sich damals noch in Entwicklung befand (und nie in Serie ging). Es wurden außergewöhnliche Flugleistungen von dem neuen Super-Abfangjäger gefordert: eine Höchstgeschwindigkeit von 3000 km/h, eine Gipfelhöhe von 20 000 Metern sowie eine Reichweite von 4000 km. Um diese Kriterien erfüllen zu können, konzipierte das technische Büro MiG ein großes, einsitziges Flugzeug, das mit riesigen Zweikreistriebwerken und doppeltem Leitwerk am Heck ausge-

stattet sowie als Hochdecker mit Pfeilflügeln ausgelegt war. Der erste Prototyp E-155R-1 (das Aufklärer-Modell) flog zum ersten Mal am 6. März 1964, während der Abfangjäger E-155P-1 sechs Monate später erstmals startete. Obwohl sie nicht allen Forderungen gerecht werden konnte, erfüllte die Maschine doch die Hauptkriterien und wurde als Abfangjäger MiG-25P („Foxbat-A" für die NATO) am 13. Juni 1972 in Dienst gestellt. Diese Version war charakterisiert durch zwei Nachbrenner-Triebwerke vom Typ Sojus/Tumanski R-15B-300 mit je 11 200 kp Schubkraft, die eine Höchstgeschwindigkeit von Mach 2,83 (ca. 3000 km/h) ermöglichten. Die Spannweite betrug 13,4 Meter, die Länge 21,5 Meter und die maximale Startmasse erreichte 41 000 kg. Das Waffensystem basierte auf einem Smerch-A-Radar und vier R-40-Raketen. Im Dezember 1972 wurden drei Versionen für Aufklärungsmissionen in den Dienst eingeführt (RB, RBK und RBS – für fotografische, elektronische und Radar-Aufklärung). Im November 1977 flog die Version MiG-25PD; diese Maschine war ausgerüstet mit Saphir-24-Radar, R-40D-Raketen und anderen Verbesserungen in der Avionik. Im selben Jahr wurde auch die MiG-25BM eingeführt, die für Einsätze zur Bekämpfung der feindlichen Luftabwehr bestimmt war. Die Haupt-Bewaffnung bestand aus vier Luft-Boden-Raketen Kh-58. Die Produktion der MiG-25 endete 1985 mit der Fertigstellung des 1186. Exemplars. Abfang- und Aufklärungsversionen wurden außerdem auch an einige befreundete Länder geliefert: Algerien, Libyen, Irak, Indien und Syrien. Nur wenige Exemplare sind noch im Einsatz geblieben, vor allem die Aufklärungsversion. Die MiG-25 bildete auch die Basis für die Konstruktion eines neuen zweisitzigen Abfangjägers, der eine größere Reichweite sowie autonome Fähigkeiten haben sollte, um mehrere Ziele gleichzeitig anpeilen zu können.

Das erste gebaute Exemplar wurde MiG-25MP genannt und flog zum ersten Mal am 16. September 1975. Im Dezember 1976

268-269 Das Angriffsmodell MiG-23B wurde aus dem Abfangjäger MiG-23S entwickelt und flog zum ersten Mal 1970. Es handelte sich um ein einfaches Flugzeug ohne Radargerät an der Nase. 1973 wurde die Maschine in MiG-27 umbenannt und 1983 verlegte man die Produktion nach Indien. Hier sind zwei MiG-27 der indischen Luftwaffe zu sehen.

269 unten rechts Die MiG-25 erschien 1964 und war zu ihrer Zeit der schnellste Abfangjäger. 1994 wurde die Maschine von der Sowjetunion außer Dienst gestellt. Dies ist ein zweisitziges Übungsmodell MiG-25RU.

erschien das erste Vorserienexemplar MiG-31 (NATO-Bezeichnung „Foxhound"). Es war ein schwererer und stärkerer Jäger als die Foxbat. Das Flugzeug enthielt ein zweisitziges Tandem-Cockpit, verstärktes Fahrgestell sowie ein Zaslon-Radargerät, das zehn Ziele anvisieren und vier davon gleichzeitig angreifen konnte. Das Waffensystem bestand aus zwei R-40TD-Raketen sowie vier R-33-Raketen mit 120 km Reichweite. Die zwei Triebwerke Awiadwigatel/Solowjov D-30F-6 (15 500 kg Schubkraft mit Nachbrenner) ermöglichten eine Höchstgeschwindigkeit von 3000 km/h. Das Flugzeug besaß eine maximale Startmasse von 46 200 kg, eine Flügelspannweite von 13,4 Metern und eine Länge von 22,7 Metern. Die MiG-31 wurde im Dezember 1981 in Dienst gestellt. Seitdem wurden über 500 Exemplare der Maschine gebaut. Die neue Version MiG-31M wurde 1986 eingeführt und war mit R-37-Raketen und Zaslon-M-Radar ausgerüstet. Die maximale Startmasse war auf ca. 52 000 kg gestiegen. Das Flugzeug konnte mehr Kraftstoff mitführen und besaß stärkere Triebwerke. Aufgrund der Krise, die in den 1990er-Jahren die russische Luftfahrtindustrie getroffen hatte, wurden nur wenige Exemplare der MiG-31M gebaut. Doch mit der Verbesserung der wirtschaftlichen Situation nahm Russland 2011 die Fertigung des leistungsfähigen Abfangjägers wieder auf. 60 Exemplare der MiG-31BM sollten mit dem neuen Zaslon-AM-Radar und neuen K-37- und K-77-Raketen ausgestattet werden.
Ein Nachfolger der MiG-23 als wichtigster Luftverteidigungs-Jäger wurde bereits 1969 in Erwägung gezogen; die sowjetische Regierung hatte eine Spezifikation für ein neues Jagdflugzeug herausgegeben, welches sich auf derselben technischen Höhe wie der amerikanische F-15 befinden sollte. Später wurde die Spezifikation in zwei Bereiche geteilt und die MiG-Ingenieure konzentrierten sich auf die Realisierung eines

270 oben Ein zweisitziger Jäger MiG-31 beim Aufstieg in den Himmel über der Sowjetunion. Er ist mit seinen 3000 km/h der schnellste Abfangjäger der Welt.

270 unten Ein direktes Nachfolgemodell des Zweisitzers Su-27UB war die Suchoi Su-30MK, die ein Mehrzweckjäger war. Beide Modelle sehen sich sehr ähnlich.

leichtgewichtigen Jägers; das Projekt wurde 1974 angenommen. Das Flugzeug war stark beeinflusst von dem amerikanischen F-15-Entwurf und besaß ein doppeltes Seitenleitwerk am Heck sowie rechteckige Lufteinlässe. Der erste Prototyp 9-01 flog erstmals am 6. Oktober 1977. Offiziell wurde das Flugzeug MiG-29 genannt, doch die NATO nannte es Ram-L. 1981 flog die zweisitzige Version MiG-29UB, und im darauf folgenden Jahr begann man bereits mit der Serienproduktion der Mig-29B. Die ersten Lieferungen in die Jagdfliegerstaffeln fanden im August 1983 statt. Die MiG-29 – von der NATO letztlich als „Fulcrum-A" bezeichnet – war mit einem Paar Klimow/Sarkisow RD-33-Triebwerken ausgestattet, die mit Nachbrenner je 8300 kp Schubkraft produzierten und eine Höchstgeschwindigkeit von Mach 2,3 (ca. 2400 km/h) ermöglichten. Die maximale Startmasse betrug um die 22 000 kg; 2000 kg davon bildeten die externe Bewaffnung, die hauptsächlich aus bis zu sechs Luft-Luft-Raketen R-27, R-73 und R-60 sowie einer 30-mm-Kanone zusammengesetzt war.

Auf Anforderung konnte die MiG-29 jedoch auch Bomben und Raketen für Bodenangriffe tragen. Das Radarsystem RLPK-29 besaß eine Reichweite von 70 km und war in der Lage, zehn Zielpunkte anzuvisieren und eines davon anzugreifen. Die Fulcrum erwies sich schon bald als ein hervorragender Jäger, der sehr wendig war und auch extreme Angriffswinkel erreichen konnte. Besonders mörderisch war das Flugzeug in Bewegungskämpfen, vor allem aufgrund der Fähigkeit, die Raketen mittels eines im Helmvisier des Pilotenhelms eingebauten Sichtgeräts auf das Ziel zu lenken. 1992 wechselte man zur Produktion der MiG-29S; die Maschine besaß ein verbessertes Radarsystem R-27RE, R-77-Raketen sowie eine auf 4000 kg erhöhte Waffenlast. Es folgten noch weitere Versionen der MiG-29 – darunter die MiG-29M, die MiG-33 und MiG-35 (als spezielle Export-Versionen), die Marineversion MiG-29K und schließlich die neuesten Modelle MiG-29SM und SMT. Bis heute wurden insgesamt mehr als 1700 Exemplare gebaut und von 34 Ländern weltweit benutzt.

Suchoi hat weitere herausragende Flugzeuge entwickelt. Etwa den Jagdbomber Su-24 aus dem Jahr 1974 oder die Su-25 vom Anfang der 1980er-Jahre. Die interessanteste Maschine war aber zweifellos die Su-27, eine Frucht des PFI-Programms für einen neuen Hochleistungsjäger, mit dem die Luftherrschaft erobert werden sollte. Das Projekt trug den Namen T-10 und absolvierte seinen Erstflug am 20. Mai 1977. Es war ein sehr großes, aerodynamisches Flugzeug, vergleichbar etwa den amerikanischen F-15 und F-15. Mit einer Spannweite von 14,7 Metern und einer Länge von 21,9 Metern hatte die Serienversion Su-27 eine maximale Startmasse von 33 Tonnen. Sie hatte zwei Zweikreistriebwerke des Typs Saturn AL-31F, die eine Schubkraft von 12 500 kp und eine Höchstgeschwindigkeit von 2500 km/h erlaubten. Die bei der NATO als „Flanker" bezeichnete Maschine konnte zehn Luft-Luft-Raketen aufnehmen. 1984 folgte die verbesserte Su-27S, dann die zweisitzige Schulungsmaschine Su-27UB und die Su-27K für Flugzeugträger mit faltbaren Flügeln.
Die Su-27 wurde in der Basisversion Su-27SK/UBK in etwa ein Dutzend Länder verkauft und wurde in China in Lizenz gebaut (als J-11). Über 600 Exemplare wurden produziert.
Ein weiteres wichtiges Kampfflugzeug wurde in jener Zeit noch entwickelt – diesmal jedoch nicht von einer der beiden Supermächte. Es handelte sich um ein Produkt aus Europa: Das multinationale Konsortium Panavia, das am 26. März 1969 von den wichtigsten Luftfahrtunternehmen aus Großbritannien, Deutschland und Italien gegründet worden war, hatte die neue Maschine gemeinsam entwickelt und gebaut.
Das MRCA-Projekt (Multi-Role Combat Aircraft) umfasste sowohl die Realisierung eines neuen Kampfflugzeugs (sollte von BAC, MBB und Aeritalia konstruiert werden) als auch eines neuen Zweikreistriebwerks (beauftragt wurde das Drei-Länder-Kon-

271 oben Eine MiG-29UB der sowjetischen Luftwaffe beim Kunstfliegen während einer Flugveranstaltung. Dies ist das zweisitzige Übungsmodell des modernen russischen Flugzeugs.

271 unten rechts Eine MiG-31B beim Ausrollen nach der Landung mit noch angehängtem Bremsfallschirm. Von diesem Jäger wurden über 400 Exemplare gebaut; die Maschine kann bis zu zehn Raketen laden.

272-273 Ein Abfangjäger ADV Tornado F Mk.3 der Royal Air Force. Dieses Flugzeug wurde aus dem Angriffsmodell IDS entwickelt, um die Erfordernisse der RAF zu erfüllen. Es flog zum ersten Mal 1979.

272 unten Drei Tornado ECR des JaBo 32 der Bundeswehr im Formationsflug über Bayern. Die Luftwaffe verwendet dieses Modell seit 1990.

273 oben Die italienische Aeronautica Militare stellte nach 1982 hundert Tornado IDS in Dienst. Hier sieht man eine Reihe von Flugzeugen, die in den Operationen Desert Shield und Desert Storm eingesetzt wurden, vor ihrem Abflug aus Italien.

sortium Turbo Union). Im Wesentlichen handelte es sich um einen tief fliegenden Allwetter-Jagdbomber in Schulterdecker-Auslegung mit zweisitzigem Tandem-Cockpit, variabler Flügelgeometrie, zwei Triebwerken, großen Schwanzflächen mit einem einzigen Seitenleitwerk sowie hochentwickelten Radar- und Avioniksystemen. Das Flugzeug nannte man PA.200 Tornado und der Prototyp P.01 führte am 14. August 1974 in Deutschland seinen ersten Flug durch. Die Exemplare aus der Vorserie waren 1977 flugfähig, während das erste Flugzeug der Serie IDS (Interdiction and Strike) im Juni 1979 an die Royal Air Force geliefert wurde. Die Flügelspannweite der Tornado lag zwischen 13,9 (kleinste Pfeilung) und 8,6 Metern (größte Pfeilung). Das Flugzeug war 16,7 Meter lang und besaß eine maximale Startmasse von 28 000 kg – davon waren allein bis zu 9000 kg für externe Waffenlasten vorgesehen.

Die Tornado wurde von zwei Zweikreistriebwerken RB.199 Mk.101 mit Nachbrenner angetrieben, die je 7250 kp Schubkraft produzierten, und konnte im Tiefflug eine Höchstgeschwindigkeit von 1480 km/h erreichen.

Die Basisversion IDS wurde später durch die Ausstattung mit spezieller Bewaffnung für Aufklärungs- und Anti-Schiffs-Einsätze optimiert. Im Einzelnen erhielten die RAF 229 IDS-Flugzeuge, Deutschland 332 und Italien 100. Um die britischen Anforderungen nach einem Abfangjäger zu erfüllen, entwickelte die Panavia die ADV (Air Defence Variant), die am 27. Oktober 1979 den ersten Flug durchführte. Es gab einige Hauptunterschiede: eine schlankere Aerodynamik aufgrund der Verlängerung des Rumpfs auf 18,6 Meter, ein weitreichendes Foxhunter-Radargerät, neue Avionik, Ausbau von einer der beiden 27-mm-Kanonen, sowie der Ein-

273 Mitte und unten Eine Tornado ADV der RAF beim Hochgeschwindigkeitsflug. Die Flügel sind soweit wie möglich nach hinten gepfeilt; durch die Luftfeuchtigkeit bildet sich an der Stelle, wo der aerodynamische Druck am höchsten ist, eine Wolke.

bau eines neuen Triebwerks RB.199 Mk.104 (mit 7450 kp Schubkraft). Das Waffensystem der neuen Version war zusammengesetzt aus vier Sky-Flash-Mittelstreckenraketen und vier AIM-9-Kurzstreckenraketen. Die RAF erwarb schließlich 173 Exemplare Tornado ADV, mit denen sie ihre Jäger F-4 Phantom ersetzte. Auch Italien benutzte zwischen 1995 und 2004 die ADV Tornado, 24 Exemplare wurden von der RAF geleast. Die letzte Version der Tornado war die ECR (Electronic Combat Reconnaissance), die vorrangig für die Ausschaltung der gegnerischen Fliegerabwehr bestimmt war. Insgesamt wurden 35 Tornado ECR für die deutsche Luftwaffe gebaut (die ab 1990 in Dienst gestellt wurden) und 15 Exemplare für die italienische Luftwaffe, die das Modell seit 1998 benutzt. Die ECR verfügt über hochentwickelte elektronische Apparaturen für die Identifikation feindlicher Signale (ELS und RHWR) und besitzt eine spezielle Anti-Radar-Bewaffnung – darunter die Luft-Boden-Raketen AGM-88 HARM; außerdem enthält das Flugzeug das neueste Modell des RB.199-Triebwerks (Mk.105), das Schubkraft in Höhe von 7620 kp produziert. Insgesamt wurden 978 Tornados in verschiedenen Versionen gebaut; darin enthalten waren 96 IDS-Exemplare und 24 ADV, die nach Saudi-Arabien exportiert wurden. Das Modell wird weiter modernisiert und soll bis 2025 im Dienst bleiben.

Die Dassault Mirage 2000 war das letzte unter den wichtigsten Jagdflugzeugen der 1970er-Jahre. Das Flugzeug (im Dezember 1975 von der französischen Regierung genehmigt) wurde entwickelt, um die Armée de l'Air mit einem Nachfolger für das Modell Mirage F.1 auszustatten. Der erste Prototyp des neuen Jägers flog am 10. März 1978; mit diesem Modell kehrte man wieder zur Deltaflügel-Form zurück, die dank der Einführung des Fly-by-Wire-Steuersystems, neuen Feinheiten in der Gestaltung der Aerodynamik sowie einem fast ausgeglichenen Schub-/Gewicht-Verhältnis erneut ihre Vorteile zeigte. Nach intensiven Entwicklungsarbeiten mit fünf Prototypen erwarb die französische Luftwaffe im November 1982 die ersten Exemplare des Serienmodells Mirage 2000C, das für Abfangmissionen optimiert worden war. Das

274 oben Vier Mirage 20009DAD der Luftwaffe der Vereinigten Arabischen Emirate im Formationsflug. Dieses Modell ist mit fortschrittlicher Technik für eine Vielzahl von Einsatzmöglichkeiten ausgestattet.

Flugzeug war 14,6 Meter lang, besaß eine Spannweite von 9,1 Metern und eine maximale Startmasse von 10 860 kg. Die Triebwerke vom Typ SNECMA M53-5, produzierten 8550 kp Schubkraft und ermöglichten eine Höchstgeschwindigkeit von Mach 2,2 (ca. 2300 km/h). Das Waffensystem basierte auf einem Missions-Computer, dem Radarsystem Thomson-RDM CSF, bis zu vier Raketen Matra Super 530D und 550 Magic 2 sowie zwei 30-mm-Kanonen.

Nach dem 38. Exemplar wurden alle darauf folgend gebauten Flugzeuge mit dem RDI-Radarsystem sowie einem Triebwerk vom Typ M53-P2 (9700 kp Schubkraft) ausgestattet; diese beiden Modifikationen trugen erheblich zur Verbesserung der Flugleistungen bei.

1983 startete das Modell 2000N zu seinem ersten Flug. Diese Version wurde für Nuklear-Angriffsmissionen entwickelt und besaß ein Tandem-Cockpit (ein zweiter Sitz war für den Waffensystemoffizier vorgesehen) sowie Radar und Avionik, die für Tiefflugoperationen optimiert wurden. Die 2000N bildete die Grundlage für das Modell 2000D, welches mit konventioneller Bewaffnung bestückt war.

Die Avioniksysteme waren neu und es war außerdem möglich, hochentwickelte Präzisionswaffen anzuwenden. 1984 wurde die Mirage 2000E eingeführt; es handelte sich dabei um eine Exportversion der 2000C, jedoch mit Multifunktionsfähigkeiten. Schließlich folgte im Oktober 1990 der erste Flug des Modells 2000-5. Diese Maschine besaß ein neu entworfenes Cockpit mit Multifunktions-Bildschirmen und digitaler Instrumentierung, neues RDY Multi-Mode-Radarsystem und führte bis zu sechs radar- und infrarotgesteuerte Mica-Raketen mit. Die ersten Exemplare der 2000-5 wurden 1996 ausgeliefert; 37 Stück gingen als 2000-5F an die französische Luftwaffe und weitere Flugzeuge erhielten Luftstreitkräfte in Katar, den Vereinigten Arabischen Emiraten, Taiwan und Griechenland.

Bis 2007 wurden 601 Exemplare der Mirage 2000 gebaut, die von neun Ländern gekauft wurden.

274 unten Die Mirage 2000N ist die Nuklearangriffsversion der Mirage-2000-Familie; die Maschine wurde modifiziert, um auch konventionelle Missionen ausführen zu können. Auf der Fotografie ist ein mit Raketen bewaffnetes Exemplar der französischen 4ème Escadre zu sehen.

275 oben Ein Abfangjäger Mirage 2000C der französischen Luftwaffe während einer Luftbetankung. Das Problem der geringen Reichweite dieses Modells wurde zum Teil in der Version 2000-5 gelöst.

275 unten Ein französischer Zweisitzer Mirage 2000B während einer Kunstflugvorführung. Die reine Deltaflügelform sowie die feinen Linien des Jägers kommen hier gut zum Ausdruck.

Kapitel 22

Die dritte Ebene

Das Wachstum des Zivilluftverkehrs nach dem Zweiten Weltkrieg und besonders in den 1950er-Jahren führte zu einer strikten Aufspaltung: Auf der einen Seite waren die großen staatlichen oder international tätigen Fluggesellschaften, die die Großstädte und internationalen Hauptstädte miteinander verbanden, und auf der anderen Seite befanden sich die kleinen oder mittelgroßen Gesellschaften, die sich den kürzeren Flugstrecken widmeten und sich oft auf den Verkehr innerhalb einzelner Länder und geografischer Regionen beschränkten. Der zweite Typ wird definiert als Luftverkehr der dritten Ebene oder als Regionalluftverkehr. Die dabei eingesetzten Flugzeuge wurden unter dem Begriff „commuter" (wörtlich „Pendler") zusammengefasst. Die erste Generation dieses Flugzeug-Typs begann man in der zweiten Hälfte der Sechzigerjahre zu entwickeln. Von Anfang an bestanden die Hauptmerkmale der Commuter-Flugzeuge in den reduzierten Ausmaßen, einer beschränkten Anzahl von Sitzplätzen (gewöhnlich zwischen 10–20 und 30–40), dem Propeller- bzw. Propellerturbinenantrieb, der Fähigkeit, auf relativ kurzen Start- und Landebahnen zu operieren (STOL, das heißt Short Take-Off and Landing) sowie niedrigen Betriebskosten. Der regionale Luftverkehrstransport wurde und wird immer noch vorrangig genutzt, um Verbindungen zwischen den kleineren Flughäfen und den großen – sogenannten Hubs – herzustellen. Die Passagiere können somit die wichtigsten Städte erreichen und von dort aus auf die Verbindungen zu internationalen oder interkontinentalen Flügen zurückgreifen – jeweils von den Hubs aus startend oder landend. Die Vereinigten Staaten waren das erste Land, in dem sich dieses neue Verkehrsnetz entwickelte. Die weiten Flächen forderten natürlich die Entstehung eines dichten Luftverkehrsnetzes, um die Großstädte innerhalb eines Bundesstaats zu verbinden und auch Relationen zwischen den einzelnen Bundesstaaten und schließlich den größten Metropolen herzustellen. Entgegen der allgemeinen Vorstellung blieb die amerikanische Luftfahrtindustrie jedoch auf die Herstellung von großen Düsen-Linienflugzeugen mit über 100 Plätzen fixiert und interessierte sich nicht sonderlich für die Anforderungen der dritten Ebene. Es waren vor allem die nordamerikanischen Firmen Fairchild, Beechcraft und De Havilland Canada, die einige bedeutende Regionalflugzeuge herstellten, während sich ein großer Teil des Markts auf die Auslandsprodukte verließ.

Die Swearingen Merlin IIA, ein 1964 entworfenes Propellerturbinenflugzeug mit acht Plätzen, war das erste Modell einer erfolgreichen Commuter-Serie aus den USA. Fünf Jahre später entwickelte man aus der Merlin die 226TC Metro; diese Maschine besaß neue Motoren sowie einen verlängerten Rumpf und konnte schon bis zu 20 Passagiere aufnehmen. Die Metro flog zum ersten Mal am 26. August 1969

276 oben Die De Havilland Canada DHC-8 – bekannt als „Dash 8" – führte 1983 ihren ersten Flug durch. Sie war das Ergebnis eines Projekts für ein ökonomisches, leises Regionalflugzeug.

und wurde sofort an die Air Wisconsin und die Mississippi Valley Airlines verkauft. Später erwarb Fairchild das Swearingen-Projekt und führte die strukturell veränderte Metro II ein, die mit 950-WPS-Motoren ausgestattet war. Daraufhin erschien die Metro III mit größerer Flügelspannweite, 1100-WPS-Motoren und höherer maximaler Startmasse. Die letzte Version des Modells ist die Metro 23 (zugelassen im Juni 1990); die Maschine hat eine Spannweite von 17,4 Metern, eine Länge von 18,1 Metern und eine maximale Startmasse von 7485 kg. Ausgerüstet mit den zwei 1100-WPS-Motoren vom Typ AlliedSignal TPE331-12UHR, erreicht das Flugzeug eine Höchstgeschwindigkeit von 560 km/h. Außer der Besatzung, die aus zwei Piloten und einem Flugbegleiter besteht, kann die Metro 23 bis zu 19 Passagiere aufnehmen. Die Cargo-Version wurde „Expediter" benannt und kann mit bis zu 2500 kg Fracht beladen werden. Die Metro wurde bis 2001 in über 600 Exemplaren gebaut.
Beechcraft entwickelte dagegen für den Regionalflugzeugmarkt das Modell 99. Die Flügel (angelehnt am Modell 65/80 Queen Air) waren mit zwei 557-WPS-Propellerturbinen bestückt, die Kabine konnte 15 Reisende aufnehmen. Der Prototyp flog zum ersten Mal im Dezember 1965, während die Lieferungen an die Kunden drei Jahre später begannen. Die C99 Commuter – das letzte Modell der Serie – bekam zwei 724-WPS-Propellerturbinen und blieb bis 1987 in Produktion. In der Zwischenzeit war bereits die Beechcraft 1900 erschienen und hatte am 3. September 1983 ihren Jungfernflug durchgeführt. Es handelte sich um ein größeres Flugzeug mit zwei 1110-WPS-Propellerturbinen vom Typ Pratt & Whitney Canada PT6A, einer Reisegeschwindigkeit von 475 km/h sowie einer maximalen Startmasse von 7530 kg. Die Kabine konnte bis zu 19 Passagiere aufnehmen bzw. mit 2040 kg Fracht beladen werden; das T-Leitwerk war an das Modell Super King Air angelehnt. Im März 1990 erschien das verbesserte Modell 1900D, das 1280-WPS-Motoren sowie vierblättrige Propeller erhielt. Die Reisegeschwindigkeit betrug bis zu 530 km/h, während die maximale Startmasse 7690 kg erreichte. Insgesamt wurden bis 2002 genau 695 Exemplare der 1900D gebaut.
Auch De Havilland Canada (DHC) beschäftigte sich Mitte der 1960er-Jahre mit der Konstruktion eines Flugzeugs, das für Regionalflüge bestimmt sein sollte. Am 20. Mai 1965 flog schließlich die DHC-6 Twin Otter. Es handelte sich um einen robusten Hochdecker mit STOL-Fähigkeiten, festem Fahrwerk und zwei Propellerturbinen. Die Twin Otter besaß zwei 660-WPS-Motoren PT6A und erreichte eine Geschwindigkeit von ca. 350 km/h. 18 Passagiere fanden in ihr Platz und die maximale Startmasse lag bei 5600 kg. Dank ihrer Merkmale und der Möglichkeit, Kufen oder Schwimmer anbringen zu lassen, um auch auf Schneeflächen oder als Wasserflugzeug benutzt zu werden, war die Twin Otter besonders begehrt bei Gesellschaften, die in unerschlossenen Zonen wie dem hohen amerikanischen Norden operierten. Die Produktion wurde erst Ende der 1980er-Jahre eingestellt. Aufgrund des Erfolgs mit der Twin Otter beschloss DHC nun, ein größeres und leistungsfähigeres Flugzeug zu entwerfen, das sich jedoch in Bezug auf die Robustheit und Ökonomie an die Eigenschaften des Vorgängers anlehnen sollte: Am 27. März 1975 flog die DHC-7, kurz „Dash 7" genannt, zum ersten Mal. Es war ein vollständig neues Flugzeug mit vier PT6A Propellerturbinenmotoren von je 1130 WPS. In der Kabine konnten bis zu 54 Passagiere oder 5300 kg Fracht transportiert werden. Die maximale Startmasse war auf gut 19 960 kg angestiegen und die Höchstgeschwindigkeit betrug nun 450 km/h. Auch die STOL-Fähigkeiten der Dash 7 wurden erheblich verbessert: Aufgrund der Anwendung von breiten Doppelspaltklappen konnte das Flugzeug sogar von knapp 600 Meter kurzen Pisten aus operieren. Trotzdem hielt sich der Erfolg dieses Modells in Grenzen und am 20. Juni 1983 flog bereits der Nachfolger „Dash 8". Es handelte sich um ein moderneres Flugzeug mit erhöhter Geschwindigkeit und zwei Motoren, das jedoch kleiner war und demnach eine geringere Kapazität besaß; 39 Passagiere oder 3550 kg Fracht konnten in der Maschine transportiert werden. Die Dash-8 war ausgerüstet mit zwei 2000-WPS-Propellerturbinen vom Typ Pratt & Whitney Canada PW120A, die eine Reisegeschwindigkeit von 500 km/h ermöglichten. Das Modell befriedigte bereits besser die Marktanforderungen – besonders mit den nachfolgenden, größeren Versionen Dash 8 200, 300 und 400. Die neueste Variante ist die verbesserte Q-Serie, zum Beispiel Q400 mit 70 Sitzplätzen, die am

276 unten Die Beech 99 mit zwei Turboproptriebwerken besitzt eine konventionelle Gestaltung. Sie blieb von 1968 bis 1983 in Produktion.

277 oben Eine Wasserflugzeugversion der De Havilland Canada DHC-6 Twin Otter. Die Maschine wurde 1964 entworfen, um ein regionales Flugzeug zu realisieren, das auf dem schwierigen kanadischen Terrain im Norden zurechtkommen konnte.

277 Mitte links Die Fairchild Metro II ist eines der zahlreichen leichten Commuter-Flugzeuge, die aus der Swearingen Merlin II (Flug 1965) abgeleitet wurden.

277 Mitte rechts Eine viermotorige De Havilland Canada DHC-7 (Dash 7), die von der britischen Gesellschaft Brymon geflogen wird. Dieses Flugzeug wurde für die Beförderung von Passagieren und Fracht entworfen und hat Kurzstart-/Kurzlandefähigkeiten (STOL).

277 unten Die Beechcraft 1900D wurde 1990 eingeführt und ist eine verbesserte Version des Modells 1900. Die Maschine verfügt über stärkere Motoren, vierblättrige Propeller sowie eine erhöhte Ladefähigkeit.

31. Januar 1998 zum ersten Mal flog. Über 1100 Exemplare der Dash 8 wurden bis heute in allen Ausführungen verkauft – damit sicherte sich Canadair (heute zu Bombardier gehörend) einen führenden Platz unter den Herstellern von Regionalflugzeugen.
Die südamerikanische Firma Brasiliana Embraer konstruierte ebenfalls erfolgreiche Commuter-Flugzeuge. Die Gesellschaft wurde Ende der 1960er-Jahre auf Initiative der brasilianischen Regierung gegründet und widmete sich der Produktion eines leichten, zweimotorigen

gierung bereits zwei Jahre später entwickelt werden konnte. Der Prototyp flog zum ersten Mal am 24. November 1955 und verfügte über Eigenschaften, die zu allgemeinen Charakteristiken der Commuter-Flugzeuge werden sollten: Hochdecker-Auslegung, Propellerturbinen-Motoren, traditionelle Leitwerke, ein einziehbares Fahrwerk sowie eine Druckkabine im Rumpf mit maximaler Aufnahmefähigkeit von 48 Sitzen. Die ersten Serienmodelle Mk.100 waren ausgestattet mit Rolls-Royce Dart-514-Triebwerken, die jedoch in den Mk.200-Mustern von den stärkeren Dart-532-7R-Triebwerken (mit je 2285 WPS) ersetzt wurden. Die Mk.200 erreichte eine Reisegeschwindigkeit von 480 km/h und hatte eine maximale Startmasse von 20 400 kg. Die Produktion wurde 1958 sowohl in Holland als auch in den Vereinigten Staaten (Fairchild hatte die Produktionslizenz erworben) eingeleitet. Die Fokker 27 blieb bis 1987 in Produktion, wobei mehr als 785 Exemplare gebaut wurden. In der Zwischenzeit hatte die holländische

Transportflugzeugs, das für die brasilianische Luftwaffe bestimmt war. Der robuste, traditionelle Tiefdecker wurde von dem Franzosen Max Holste entworfen und besaß nur wenige technische Neuerungen; die zwei Propellerturbinen PT6A leisteten den Antrieb. Der Prototyp YC-95 startete am 26. Oktober 1968 zu seinem Jungfernflug und nachfolgend wurde das Flugzeug als C-95 beim Militär für Transport-, Such- und Rettungsmissionen sowie bei der Aufklärung über See eingesetzt. Die Zivilausführung mit verlängertem Rumpf wurde EMB-110P Bandeirante genannt und konnte bis zu 18 Passagiere aufnehmen. Die EMB-110P besaß eine maximale Startmasse von 5670 kg und wurde von zwei 750-WPS-Motoren zu einer Geschwindigkeit von 460 km/h angetrieben. Bis 1994 baute man 469 Bandeirante-Flugzeuge. Daraufhin folgte das neue Modell EMB-120 Brasilia, das am 27. Juli 1983 den ersten Flug ausführte. Die ersten Exemplare wurden 1985 an die amerikanische Fluggesellschaft Atlantic Southeast geliefert. Die Brasilia war in Hinblick auf ihre Vorgängerin ganzheitlich verbessert worden und war mit T-Leitwerk und zwei Motoren vom Typ Pratt & Whitney Canada PW118 (1800 WPS) ausgestattet. Die Reisegeschwindigkeit betrug 550 km/h und an Bord konnten bis zu 30 Passagiere aufgenommen oder 3500 kg Fracht geladen werden. Man hat sieben verschiedene Versionen der Brasilia entwickelt (unter anderem auch für das Militär) und insgesamt über 350 Flugzeuge dieses Typs verkauft. Die Produktion wurde 2007 eingestellt.
Am weitesten verbreitet war die Produktion von Regionaltransportflugzeugen jedoch in Europa, wo die Luftfahrtunternehmen aus Großbritannien, Holland, Deutschland, Frankreich, Spanien, Italien und Schweden eine Reihe verschiedener Projekte realisiert hatten.
Das erste Modell dieser Kategorie war die Fokker F27 Friendship, ein Entwurf, der bereits 1950 konzipiert worden war und dank der Unterstützung durch die holländischen Re-

278 oben links Die Britten-Norman BN2 Islander ist ein erfolgreiches Commuter-Flugzeug und wird auch für Such- und Rettungsoperationen eingesetzt.

278 Mitte Auch die brasilianische Embraer entwickelte Ende der 1960er-Jahre einige „Pendler". Die auf dieser Fotografie abgebildete EMB-110 Bandeirante ging 1972 in Produktion.

278 unten Die Fokker F-27 Friendship war eines der ersten regionalen Turbopropflugzeuge. Das Entwicklungsprojekt wurde 1950 eingeleitet und von der holländischen Regierung unterstützt.

Firma Fokker 1983 das Modell Fokker F50 auf den Markt gebracht. Es handelte sich um eine vollständige Überarbeitung des vorhergehenden Flugzeugs, wobei über 80 Prozent der Komponenten ersetzt wurden. Die erste Fokker 50 flog am 28. Dezember 1985 und 1987 wurden die ersten Exemplare an die Lufthansa CityLine geliefert. Das Flugzeug besaß zwei 2500-WPS-Propellerturbinen des Typs Pratt & Whitney Canada PW125B (sechs Propellerblätter), die eine Reisegeschwindigkeit von 530 km/h gewährleisteten. Die maximale Startmasse erreichte 20 800 kg, und in der Kabine konnten maximal 58 Passagiere aufgenommen werden. Bis 1997 wurden insgesamt 319 Exemplare der F50 und der verlängerten Version F60 gebaut. Trotz der Schwierigkeiten der Firma waren die F27 und F50 weltweit verkauft worden. Besonders die F27 erwies sich in diesem Marktsegment als wahrhaft führend. Es wurden die Fokker 70 und 100 als Nachfolger der F28 gebaut. Die F100 wurde zwischen 1986 und 1997 in 283 Exemplaren produziert – in jenem Jahr meldete Fokker Konkurs an und musste die Produktion einstellen. Stork, später umbenannt in Fokker Technologies, übernahm die Konstruktionsabteilung aus der Konkursmasse.
Auch die britische Britten-Norman BN 2 Islander war eines der ersten europäischen Commuter-Flugzeuge und wurde speziell für Kurzstreckentransportflüge entworfen. Das Flugzeug führte am 13. Juni 1965 den ersten Flug durch und wurde zwei Jahre später bei der Aurigny und Loganair in den Flugdienst gestellt. Die Islander war ein kleiner, zweimotoriger Hochdecker mit zwei Kolbenmotoren, festem

278-279 *Die Embraer EMB-120RT Brasilia von 1983 folgte der Bandeirante. Hier die schlanke zweimotorige Maschine in den Farben der Flight West Airlines.*

279 Mitte *Die BAe Jetstream 31 von 1980 wurde von dem gleichnamigen Flugzeug abgeleitet, das Ende der 1960er-Jahre von Handley Page entworfen worden war. Seit 1988 wird das Modell Jetstream Super – mit neuen Motoren und neuer Avionik – geflogen.*

279 unten *Die Shorts 360 flog zum ersten Mal 1974 als SD3-30. Sie wird für den Passagier- und Frachttransport und auch vom Militär benutzt.*

Fahrgestell, rechteckigem Rumpf, STOL-Fähigkeiten sowie einer Kabine für neun Passagiere. 1969 trat die verbesserte Version BN 2A in Produktion, während 1970 eine dreimotorige Variante BN 2A Mk.III mit der Bezeichnung Trislander eingeführt wurde. Diese Maschine besaß einen längeren Rumpf für die Aufnahme mehrerer Passagiere und einen dritten Motor, der im Seitenleitwerk installiert war. Trotzdem erfuhr die Trislander keinen bedeutenden Verkaufserfolg, so dass die Produktion 1984 eingestellt wurde. Die Originalversion Islander ist dagegen noch heute in Produktion und sowohl mit Kolbenmotoren als auch mit Propellerturbinen erhältlich. Es wurden insgesamt über 1300 Exemplare gebaut. Seit 1977 ist das Unternehmen im Besitz der schweizerischen Firma Pilatus. Die BN 2T verfügt über zwei Propellerturbinen-Triebwerke Allison 250-B17C (320 WPS) und fliegt mit 315 km/h Reisegeschwindigkeit. Die maximale Startmasse beträgt 3175 kg und die Maschine kann von 255 Meter kurzen Pisten aus abheben. Auch die nordirische Firma Shorts leistete gute Beiträge in diesem Marktsegment – sie startete 1963 mit dem Modell Skyvan, einer kantig wirkenden, zweimotorigen Turboprop-Maschine mit rechteckigem Rumpf, die sowohl für die Zivil- als auch Militärnutzung geeignet war. Es folgte das Modell 330, das am 22. August 1974 zum ersten Mal flog. Das Flugzeug besaß ebenfalls STOL-Fähigkeiten und wurde aus dem vorausgehenden Modell entwickelt; es verfügte jedoch über eine größere Flügelspannweite und einen neuen, verlängerten Rumpf mit einziehbarem Fahrgestell. Bis zu 30 Reisende konnten in dem Flugzeug befördert werden. Die Version 330-200 wurde von der allgemein üblichen 1215-WPS PT6A-Propellerturbine angetrieben, besaß eine maximale Startmasse von 10 400 kg und erreichte eine Reisegeschwindigkeit von ca. 350 km/h. Die 330 bildete die Grundlage für die Sherpa (Frachtversion) und besonders für das Modell 360, das am 1. Juni 1981 zum ersten Mal flog. Es handelte sich dabei um ein größeres Flugzeug mit nun 36 Plätzen, neuen Leitwerken und 1440-WPS-Motoren PT6A. Die maximale Startmasse war auf 12 000 kg angestiegen, und die Reisegeschwindigkeit erreichte 395 km/h. Später wurden einige verbesserte Versionen der Short 360 entwickelt, die sich unter anderem durch die neuen, sechsblättrigen Propeller auszeichneten. Am 28. März 1981 startete die British Aerospace Jetstream 31 zu ihrem Jungfernflug. Es war ein schlanker Tiefdecker mit zwei Propellerturbinen und Einziehfahrwerk, der in Anlehnung an die Handley Page H.P.137 Jetstream entwickelt worden war, die Ende der 1960er-Jahre zum ersten Mal flog. Während die erste Jetstream kein besonderer Erfolg wurde, konnte sich die Jetstream 31 eines besseren Schicksals erfreuen. Die Maschine war mit den neuen 950-WPS-Motoren Garrett TPE331 mit vierblättrigen Propellern ausgestattet. Dadurch wurden die Leistungen erheblich verbessert: die Höchstgeschwindigkeit stieg auf 480 km/h und die maximale Startmasse auf ca. 6950 kg; bis zu 19 Passagiere bzw. 1800 kg Nutzlast konnten dabei aufgenommen werden.

280 oben Die CASA-Nurtanio CN-235 ist das Ergebnis einer Zusammenarbeit zwischen spanischen und indonesischen Luftfahrtunternehmen für den Bau eines Zivil- und Militärtransportflugzeugs.

280 unten links Die ATR (Avions de Transport Régional) ist ein Unternehmen, das von Alenia und Aerospatiale gegründet wurde um, ein Turbopropflugzeug für die dritte Ebene herzustellen. Die ATR-42 flog zum ersten Mal 1984 und ist seitdem das meistverkaufte Flugzeug dieser Klasse.

280 unten rechts Die SAAB 2000 mit zwei Propellerturbinen aus dem Modell 340 entwickelt; man wollte ein schnelleres und komfortableres Flugzeug einführen.

280-281 Anfang der 1980er-Jahre vereinten Fairchild und die SAAB ihre Kräfte, um ein neues Regionaltransportflugzeug zu produzieren. Das daraus entstandene Modell 340 flog zum ersten Mal 1983 und wurde ein kommerzieller Erfolg.

In den 1980er-Jahren war die Jetstream 31 praktisch der Marktführer in diesem Segment geworden und eroberte gut 60 Prozent der Anteile auf dem schwierigen amerikanischen Markt. 1988 flog die Super 31 zum ersten Mal; das Modell besaß 1100-WPS-Motoren vom Typ AlliedSignal TPE331-12UAR, die eine Geschwindigkeit von 490 km/h und eine maximale Startmasse von 7350 kg gewährleisteten. 1991 wurde schließlich der Typ Jetstream 41 eingeführt, der mit stärkeren Triebwerken ausgerüstet war und bis zu 29 Passagiere befördern konnte. Doch bereits 1997 wurde sie eingestellt.
In Schweden war es die Firma SAAB, die – anfangs in Zusammenarbeit mit der amerikanischen Firma Fairchild – eine Reihe erfolgreicher Regionaltransportflugzeuge konstruierte. Am 25. Januar 1983 führte die SAAB-Fairchild SF.340A – Nachfolgerin der Metro II – ihren Jungfernflug durch. Sie war ein großer Tiefdecker mit Einziehfahrwerk und geschmeidigen Außenformen. Die zwei General Electric CT7-5A2-Motoren produzierten 1750 WPS und ermöglichten eine Reisegeschwindigkeit von 515 km/h und eine maximale Startmasse von 12 370 kg. Die 340A konnte bis zu 35 Passagiere befördern oder bis zu 3440 kg Fracht laden. Fairchild zog sich 1985 aus der Zusammenarbeit mit SAAB zurück. SAAB führte 1989 das neue Modell 340B ein, das eine höhere maximale Startmasse besaß (13 250 kg). Die schweizerische Fluggesellschaft Crossair war der erste Kunde der SAAB 340 und erwarb später ebenfalls das Nachfolgemodell SAAB 2000. Die SAAB 2000 führte am 26. März 1992 ihren ersten Flug durch und wurde mit dem Beinamen „Concordette“ belegt, da sie zu jener Zeit das weltweit schnellste Turbopropflugzeug war. Die Maschine war praktisch ein Neuentwurf der 340, mit der sie viele Gemeinsamkeiten teilte. Die SAAB 2000 verfügte jedoch über eine größere Flügelspannweite, einen längeren Rumpf (mit einer Kabine für 58 Passagiere) und 4150-WPS-Motoren Allison GMA2100. Die maximale Startmasse betrug 22 000 kg und die Höchstgeschwindigkeit 680 km/h. Trotz dieser Vorraussetzungen erfuhr die SAAB 2000 jedoch nicht den erwarteten Verkaufserfolg (vielleicht aufgrund der Kosten) und wurde 1999 nach nur 64 verkauften Exemplaren aus der Produktion genommen. Im selben Jahr wurde nach Auslieferung des 461. Exemplars auch die Herstellung der 340 eingestellt. Von diesem Modell wurde außerdem auch die Militärversion S100B Argus entwickelt, die bei der schwedischen Luftwaffe als Radarflugzeug genutzt wurde.
Auch Spanien betätigte sich im Segment der Commuter – anfangs mit einem Flugzeug, das aus einem Militärentwurf abgeleitet worden war. Die CASA C-212 Aviocar wurde Anfang der 1970er-Jahre als Transporter für die spanische Luftwaffe entworfen. Es handelte sich um einen kantigen STOL-Hochdecker mit rechteckigem Rumpf und traditionellen Leitwerken, unter denen sich eine Heck-Ladeklappe befand. Die C-212 startete am 26. März 1971 zu ihrem ersten Flug und war sowohl als Zivil- als auch Militärversion erfolgreich. Das neueste Modell der Serie ist die 212-300 mit einer Aufnahmefähigkeit von 26 Passagieren bzw. 2800 kg Nutzlast bei einer maximalen Startmasse von 7700 kg. Die Maschine wird von zwei 900-WPS starken AlliedSignal TPE331-Propellerturbinen angetrieben und erreicht eine Reisegeschwindigkeit von 354 km/h. Die Militärversion 212M darf ein leicht höheres Gesamtgewicht aufweisen und kann für verschiedene Aufgaben eingesetzt werden, wie zum Beispiel Absetzen von Fallschirmspringern, Luftambulanz, fotografische Aufklärung und Überwachung und anderes mehr.
1979 schloss sich CASA mit der indonesischen Firma Nurtanio zusammen, um ein neues Ziviltransportflugzeug für den Luftverkehr der dritten Ebene zu entwerfen, das möglichst auch im Militärsektor verwendet werden konnte. Das Flugzeug wurde CN-235 genannt und von dem Konsortium Airtech gebaut. Es besaß einen ähnlichen Gesamtbau wie sein Vorgänger, war jedoch größer und schlanker. Der Prototyp flog zum ersten Mal am 11. November 1983. Auf die Anfangsversion Serie 10 folgte die Serie 100/110; die Maschine war ausgestattet mit zwei General Electric Propellerturbinen CT7-9C (1750 WPS) und erreichte eine Höchstgeschwindigkeit von 480 km/h sowie eine maximale Startmasse von 15 100 kg (bei

der Serie 200 waren es 15 800 kg). Die Modelle der Serie 100/110 können 44 Passagiere oder 4000 kg Fracht (4300 kg bei der Serie 200) befördern. Über 220 Exemplare der CN-235 wurden gebaut; die meisten davon wurden an das Militär geliefert. Das Flugzeug bildete außerdem die Basis für die CN-295 – eine vergrößerte Version des militärischen Transporters für knapp 10 Tonnen Nutzlast, die 1998 ihren Erstflug unternahm und seit 2001 an die Luftwaffen verschiedener Länder ausgeliefert wird.

Anfang der 1980er-Jahre erschienen neue Projekte im Segment des expandierenden Regionaltransports. Die Entwicklung neuer Flugzeuge diesen Typs führte 1982 zur Entstehung des internationalen Konsortiums ATR (Avions de Transport Régional), das von der französischen Aerospatiale und der italienischen Alenia gegründet wurde. Das Ergebnis war die ATR-42, die am 16. August 1984 den ersten Flug durchführte. Im darauf folgenden Jahr wurde das erste Serienexemplar an die französische Gesellschaft Air Littoral geliefert. Es war ein traditionell aufgebauter Hochdecker mit T-Leitwerk und zwei 2000-WPS-Propellerturbinen vom Typ Pratt & Whitney Canada PW120 (vierblättrige Propeller). Mit diesen Motoren wurden die Exemplare der ersten Serie ATR-42-300 ausgestattet; später baute man die stärkeren PW121 ein, und die Serie 500 wurde schließlich mit den Triebwerken PW127E bestückt. Das ATR-42-500-Modell besaß eine Stärke von 2750 WPS pro Triebwerk, erreichte eine Reisegeschwindigkeit von 560 km/h und eine maximale Startmasse von 18 600 kg. Bis zu 50 Passagiere (oder eine Nutzlast von 5450 kg) konnten in dem Flugzeug befördert werden. 1985 verkündete ATR die Einführung der verlängerten Version ATR-72; mit 72 Sitzplätzen befriedigte die Maschine den Wunsch der Gesellschaften nach einem erhöhten Fassungsvermögen. Der erste Prototyp flog am 27. Oktober 1988 und ein Jahr später wurde bereits die erste Lieferung an die finnische Fluggesellschaft KarAir durchgeführt. Das stärkste Modell, das sich zur Zeit in Produktion befindet, ist die ATR-72-600; die Maschine wurde 2007 eingeführt und ist ausgestattet mit Triebwerken des Typs PW127M. Die Reisegeschwindigkeit beträgt 595 km/h, und die maximale

281 Mitte rechts Die CASA 212 wurde im Hinblick auf den Bedarf der spanischen Luftwaffe entworfen, die Anfang der 1970er-Jahre einige ihrer Transportflugzeuge ersetzen musste. Auf das Militärmodell folgten später auch verschiedene Versionen für den Passagier- und Frachttransport.

281 unten Die ATR-72 erschien 1988 und wurde aus dem Basismodell ATR-42 entwickelt. Sie verfügt über stärkere Motoren und einen verlängerten Rumpf für die Aufnahme einer höheren Passagierzahl.

Startmasse stieg auf 22 500 kg. Bis heute wurden mehr als 1000 Flugzeuge der ATR-Serie verkauft, darunter auch Militärversionen. Aufgrund der weltweiten Lieferungen an Luftfahrtunternehmen gewannen diese Modelle eine führende Position im Marktsegment der sogenannten dritten Ebene des Luftverkehrs. Nach der Deregulierung in den 1990er-Jahren erfuhr der regionale Luftverkehr in Europa einen großen Aufschwung. Die neue Möglichkeiten der Commuter-Flugzeuge werden heute von den Modellen mit Strahltriebwerken aufgezeigt, die besser die Hauptanforderungen der Fluggesellschaften erfüllen: höhere Passagieranzahl und kürzere Flugzeiten.
Die Hawker-Siddeley HS.146 war das erste Flugzeug dieser neuen Generation. Es wurde bereits 1973 entwickelt und vollbrachte den ersten Flug am 3. September 1981 unter dem Namen British Aerospace 146. Es handelte sich um einen Hochdecker mit herkömmlichem T-Leitwerk. Die Besonderheit lag in den vier Zweikreistriebwerken, die es aufgrund ihres geräuscharmen Betriebs zuließen, dass das Flugzeug auch von innerstädtischen Flughäfen aus operieren konnte. Die BAe 146 Serie 100 war ausgestattet mit vier Triebwerken Avco Lycoming ALF502R-5 mit je 3160 kp Schubkraft; die Maschine erreichte eine Reisegeschwindigkeit von 710 km/h, eine maximale Startmasse von 42 200 kg und konnte bis zu 93 Passagiere aufnehmen. Der erste Kunde war die skandinavische Fluggesellschaft DanAir, welche die 146 seit 1983 einsetzte. Die Weiterentwicklungen führten zu den Serien 200 und 300 mit verlängertem Rumpf (109 Sitzplätze). 1993 wurde die Serie an die Avro International (Tochtergesellschaft der BAe) übergeben. Nach dem Bau des 222. 146-Exemplars widmete sich die Firma 1994 der Produktion der verbesserten Modelle Avro RJ70, 85, 100 und 115 (die Namen bezeichnen die Anzahl der Passagierplätze). Mit über 80 verkauften Exemplaren ist die RJ85 das erfolgreichste Modell der Serie; die Maschine besitzt elektronisch gesteuerte AlliedSignal-Triebwerke und digitale Avionik, sie flog zum ersten Mal am 23. März 1992. Die vier Zweikreistriebwerke LF507-1F (mit je 3170 kp Schubkraft) ermöglichen eine Höchstgeschwindigkeit von 800 km/h und eine maximale Startmasse bis zu 44 000 kg. Die Firma Canadair (später zu Bombardier gehörig) entwickelte 1989 aus dem Businessjet Challenger in Canada ihren Regional-Jet, der zum ersten Mal am 10. Mai 1991 flog. Der Regional-Jet ist ein zweistrahliger Tiefdecker (mit Triebwerken in Heckposition) mit T-Leitwerk, das über 50 Passagierplätze verfügt. Die ersten Exemplare wurden im Oktober 1992 an die Lufthansa CityLine geliefert. 1995 erschien die Version RJ200, die mit den General Electric CF34-3B1-Triebwerken (je 4185 kp Schubkraft) ausgestattet war und eine maximale Reisegeschwindigkeit von 860 km/h erreichte. Mit einer maximalen Startmasse von 21 520 kg konnte die Maschine 52 Reisende beziehungsweise 5410 kg Nutzlast transportieren. 1997 verkündete Bombardier die Einführung des Modells RJ700, das gekennzeichnet war durch den um 4,7 Meter verlängerten Rumpf für die Möglichkeit, in der Kabine bis zu 70 Passagiere zu befördern. Ferner war das Flugzeug mit den Triebwerken CF34-8C1 (5750 kp Schubkraft) ausgestattet und erreichte eine maximale Startmasse von 32 885 kg. Die Bombardier RJ-Serie war besonders erfolgreich und man erhielt Aufträge über mehr als 620 Flugzeuge.
Nach ihren Erfolgen mit Turbopropflugzeugen führte auch die brasilianische Embraer Ende der 1980er-Jahre eine Regional-Jet-Serie ein. Das Projekt erfuhr einige Verzögerungen, doch schließlich startete der erste Prototyp EMB-145 am 11. August 1995 zu seinem Jungfernflug. Die Maschine besaß klare, konventionelle Formen. Bereits 1996 wurden die ersten Exemplare an die Continental Express geliefert. Um seine genaue Marktposition zu betonen, wurde das Flugzeug im Oktober 1997 in ERJ-145 (Embraer Regional Jet 145) umbenannt. Die erste Version war die ERJ-145ER mit 50 Plätzen und zwei Allison AE3007A-Zweikreistriebwerken mit je 3200 kp Schubkraft. Die Reisegeschwindigkeit betrug 830 km/h und die maximale Startmasse 20 600 kg.
Später erschien die Version ERJ-170 mit 70 Plätzen, sowie 1997 die ERJ-135 mit verkürztem Rumpf und Aufnahmefähigkeit von 37 Passagieren. Im März bzw. Dezember 2004 flogen die verlängerten Versionen ERJ-190 und ERJ-195 (mit 98 bzw. 108 Passagieren) zum ersten Mal.
Weit über 400 Serienmodelle der ERJ-Familie wurden bis jetzt verkauft; die Produktion wird immer noch weitergeführt, da es scheint, dass das Marktsegment des regionalen Luftverkehrs auch in Zukunft expandieren wird.

Einer der jüngsten Regional-Jets ist die russische Suchhoi Superjet 100 oder SSJ100, ein Flugzeug mit Platz für 70 bis 110 Passagiere. Sie wird von Suchoi gebaut und in den westlichen Ländern durch die Superjet International, einem Konsortium mit Alenia Aermacchi als 51-prozentigem Eigentümer, verkauft wird. Das Flugzeug hatte seinen Jungfernflug am 19. Mai 2008. Bereits mehr als 250 Aufträge aus der ganzen Welt liegen vor. Erstkunde war die Aeroflot im Juni 2011. Die SSJ100/95B wird durch zwei Power Jet SaM145-Zweikreistriebwerke angetrieben, bietet 7300 kp Schubkraft für eine Top-Reisegeschwindigkeit von Mach 0,78 und eine maximale Reichweite von 3000 oder 4600 Kilometern bei der LR-Version. Die Spannweite beträgt 27,7 Meter bei einer Gesamtlänge von knapp 30 Metern. Andere Flugzeuge in derselben Klasse sind die ukrainischen Antonow An-148, die ihren Erstflug im Jahr 2004 hatte (sie wird auch in einer verlängerten Version produziert, der An-158), die russischen Jak-42, deren Produktion im Jahr 2003 endete, und die russische Tupolew Tu-334 – ein Projekt, das im Jahr 2009 abgebrochen wurde.

282-283 Die Suchoi Superjet 100 ist ein ineressantes Flugzeug der dritten Ebene. 2011 wurde sie eingeführt und wird von der Superjet International verkauft, deren Mehrheitseigner Alenia Aermacchi ist.

283 oben Die RJ700 von Bombardier kann bis zu 70 Passagiere transportieren. Hier ist sie in den Farben des US-Carriers American Eagle zu sehen.

283 Mitte Das Projekt BAe 146 wurde 1993 der subventionierten Avro International zugeteilt, die die RJ-Serie produzierte. Auf der Fotografie ist eine RJ85 der Lufthansa bei der Landung zu sehen.

283 unten Anfang der 1990er-Jahre entwickelte man im Segment des Regionalverkehrs auch lebhafteres Interesse an Düsenflugzeugen. Die Embraer RJ-145 mit 50 Plätzen erschien 1995.

Kapitel 23

Golf, Kosovo und Afghanistan: die letzten Kriege

In den letzten Jahren des 20. Jahrhunderts und den ersten des 21. Jahrhunderts – gerade als es schien, dass sich in der Welt durch den andauernden Ost-West-Dialog eine dauerhafte Friedensperiode durchsetzen würde, eskalierte eine Reihe von schwelenden Konflikten. Paradoxerweise wurden die Feindseligkeiten gerade durch das Ende des Kalten Krieges und der Konfrontation zwischen den beiden Supermächten entzündet. Hinzu kam die Bedrohung durch den weltweiten Terrorismus. Auf der einen Seite wurden durch den Zusammenbruch und die politische Aufteilung der Sowjetunion und des Militärbündnisses des Warschauer Pakts die Spannungen in Europa und Nordamerika gelöst, doch andererseits scheint es, dass dadurch der nationalistische Ehrgeiz nach Unabhängigkeit in vielen Ländern und bei ethnischen Gruppen auf der ganzen Welt entfesselt wurde.

Anfang der 1990er-Jahre erkannten viele politische Führer, dass die Überwachung und die Kontrolle, die in der Vergangenheit von den Vereinigten Staaten und der Sowjetunion über zahlreichen Gebieten ausgeübt wurden, nach und nach immer schwächer wurden. Dadurch bot sich ihnen die Gelegenheit, neue Interessengebiete und Machtbereiche zu erobern. Unter den vielen Konflikten, die daraufhin in unterschiedlichen Gebieten der Welt ausgebrochen sind oder von Neuem entzündet wurden, waren der Golfkrieg von 1991, der Kosovo-Krieg von 1999, der Krieg in Afghanistan seit 2001, der Irak-Krieg ab 2003 und die Revolution in Libyen von 2011. In allen Fällen war die Mitwirkung der Luftwaffen – der technologisch fortschrittlichsten Streitkräfte des Militärs – am wirksamsten und letztlich von entscheidender Wichtigkeit.

Am 2. August 1990 um 2:00 Uhr morgens überschritten die bewaffneten Streitkräfte Iraks unter der Führung des Präsidenten-Diktators Saddam Hussein die Grenze zum kleinen Nachbarn Kuwait und eroberten das Land in nur wenigen Stunden. Schon seit einiger Zeit machte Saddam Hussein Ansprüche auf das kuwaitische Gebiet als 16. Provinz des Irak geltend. Es waren vor allem die reichen Erdölvorkommen, die den Irak anzogen. Die Strategie des Diktators war einfach: Die anderen arabischen Länder hätten es nicht gewagt, ihn anzugreifen (der Irak verfügte zu jener Zeit über die viertgrößte Armee der Welt; mit 1 200 000 Männern, 5500 Panzern und 9500 gepanzerten Fahrzeugen) und vor allem würden sie es dem Westen nicht erlauben, militärisch in den arabischen Gebieten einzugreifen. Seine Rechnung ging jedoch nicht auf. Dank einer Resolution der Vereinten Nationen schafften es die Vereinigten Staaten und Saudi-Arabien, eine starke Koalition zu bilden um die arabische Halbinsel vor weiteren Angriffen des Irak zu schützen; später sollten eventuell Kuwait mit Gewalt befreit und die irakischen Streitkräfte neutralisiert werden.

Die arabischen Nationen, die dem Aufruf folgten, waren Bahrein, Katar, die Vereinten Arabischen Emirate, Ägypten, Marokko, Oman, Syrien und natürlich Kuwait und Saudi-Arabien.

285 Mitte Eine Lockheed-Martin F-117A Nighthawk war das erste Alliierten-Flugzeug, das in der Operation Desert Storm mit dem Angriff auf Kommandozentren in Bagdad in Aktion trat.

284 AH-64 Angriffs- und OH-58 Aufklärungshubschrauber auf einer U.S. Army Aviation Basis in Kuwait während der Operation Desert Storm 1991.

285 oben Operationen auf dem Flugzeugträger USS Theodore Roosevelt während des Kosovo-Kriegs 1999. Eine F/A-18C und eine F-14A werden für Angriffsmissionen startfertig gemacht, während eine weitere F/A-18C in Parkposition gezogen wird.

Weitere Koalitionsstreitkräfte wurden gebildet von Großbritannien, Frankreich, Kanada, Australien, Neuseeland, Italien, Holland, Belgien, Portugal, Spanien, Griechenland, Polen, der Tschechischen Republik, Senegal, Pakistan, Bangladesch, Süd-Korea und natürlich den USA.
Innerhalb kurzer Zeit wurde die Operation „Desert Shield“ begonnen, bei der die alliierten Länder eigene Kontingente in den persischen Golf entsandten, um – wenn es nötig sein sollte – für den Krieg gerüstet zu sein. Den größten Beitrag an Kriegsmaterial leisteten die Vereinigten Staaten: Man entsandte über 2000 Flugzeuge (1200 von der USAF und 800 von U.S. Navy und Marines), sechs Flugzeugträger und fünf Hubschrauberträger.

277 unten Eine Formation aus den Jägern F-15C, F-15E und F-16C fliegt über brennende Erdölbohrlöcher. Das Bild symbolisierte die amerikanische Luftmacht während des „Desert Storm“.

286 oben *Eine Formation F-117-Jäger im Flug. Das Flugzeug im Vordergrund zeigt seine rechteckigen und dreieckigen Formen, ein Ergebnis der Forschungen zur Radar-Unsichtbarkeit sowie der in den 1970er-Jahren unternommenen Experimente.*

286 unten *Eine F-117 in Parkposition mit geöffnetem Bombenschacht. Man erkennt lasergelenkte GBU-24.*

Das Spitzenprodukt im amerikanischen Aufgebot war der Jagdbomber Lockheed F-117A Nighthawk – das berühmte und streng geheime „unsichtbare Jagdflugzeug" (stealth), um das sich abenteuerlichsten Gerüchte rankten. Die Ursprünge dieses außerordentlichen Flugzeugs gingen bis 1974 zurück, als die Regierung der Vereinigten Staaten eine Spezifikation für ein revolutionäres Kampfflugzeug mit niedrigstem Radarerkennungswert herausgab. 1976 wählte die Regierung einen Entwurf aus, der von Lockheeds Abteilung „Skunk Works" angeboten wurde. Man leitete das Forschungsprogramm Have Blue ein, das die Konstruktion zweier Prototypen vorsah. Der erste davon flog im Dezember 1977 und die Produktion des definitiven Modells F-117 wurde im darauf folgenden Jahr mit 20 Exemplaren eingeleitet. Das Flugzeug war tatsächlich bahnbrechend, da seine Gestalt fast ausschließlich das Ergebnis von Forschungen zu elektromagnetischer Wellenbrechung war. Die Form war facettiert wie die eines geschliffenen Diamanten; der Rumpf und die V-Flügel bildeten fast eine pfeilförmige Einheit; die beiden Schmetterlings-Leitwerke waren vollständig beweglich. Die Flugqualitäten der F-117 ließen dagegen zunächst zu wünschen übrig und die Maschine war weitgehend nur durch die Anwendung von computerisierten Steuerungen kontrollierbar. Das einsitzige Flugzeug wurde von zwei Zweikreistriebwerken vom Typ General Electric F404-GE-F1D2 angetrieben, die ohne Nachbrenner eine Schubkraft von 4900 kp produzierten. Die maximale Startmasse betrug 23 800 kg und die Höchstgeschwindigkeit ging über 1040 km/h nicht hinaus. Die Waffenlast (maximal 2270 kg) wurde in zwei inneren Waffenschächten befördert und basierte auf zwei lasergeführten 908-kg-Paveway-Bomben. Die F-117A war praktisch ein Nachtbomber und dank ihrer hochentwickelten Navigations- und Angriffsavionik in der Lage, überraschende Attacken durchzuführen, ohne von den feindlichen Radargeräten erfasst zu werden. Die ersten Exemplare wurden 1982 in Dienst gestellt, doch erst im Jahr 1988 wurde die Existenz der F-117 offiziell bekannt und 1990 schließlich der Öffentlichkeit enthüllt. Insgesamt wurden 64 Exemplare dieses teuren und hochentwickelten Flugzeugs gebaut; 42 Stück davon setzte man im Golfkrieg ein. 2008 wurden sie außer Dienst gestellt.

Die Nighthawks waren die ersten Alliierten-Flugzeuge, die mit dem Angriff auf die Kontrollzentren in Bagdad am 17. Januar 1991 in Kriegsaktion traten. Dies war der Beginn der Operation „Desert Storm" und damit auch der Anfang der Luftoffensiven gegen die irakischen Streitkräfte – Folge der vergeblichen Forderungen der Vereinten Nationen an den Irak, seine Truppen aus Kuwait zurückzuziehen.

Die Durchführung der Luftangriffe erfolgte vor allem mit den Jagdbombern F-117, F-16, F-15E, F-4G, F-111, A-10, IDS Tornado, Buccaneer, Mirage F.1 und Jaguar, sowie den Luftüberlegenheitsjägern F-15, ADV Tornado und Mirage 2000, die begleitet wurden von den imposanten Unterstützungskräften für die Luftbetankung, Überwachung und die elektronische Kampfführung. Die Marinestreitkräfte benutzten dagegen die Jäger F-14, A-6 und A-7. Besonders vertreten waren jedoch die F/A-18 und die AV-8B – zwei neue Flugzeuge, die das Gerüst der Angriffsstreitkräfte von U.S. Navy und Marines bildeten.

Die Ursprünge der McDonnell-Douglas F/A-18 Hornet gehen zurück auf den Entwurf der Northrop YF-17 – dem Flugzeug, das 1971 zusammen mit der YF-16 am LWF (Light-Weight Fighter)-Wettbewerb der USAF teilgenommen hatte. Mit dem Ziel, die Ressourcen zu optimieren, beschloss die amerikanische Regierung 1974, dass der neue Jäger aus dem VFAX-Programm der U.S. Navy (ein Ersatzmodell für die A-7 und F-4 der Navy und der Marines in Angriffs- und Luftkampfrollen) ebenfalls unter den beiden Konkurrenten des LWF-Wettbewerbs ausgewählt werden sollte. McDonnell-Douglas schlug eine Allianz mit Northrop vor, um deren Erfahrungen im Bereich der Decklandeflugzeuge auszunutzen. 1976 entschied sich die Navy zugunsten des Projekts, das die beiden Firmen gemeinsam vorstellten. Darin war die Konstruktion zweier beinahe identischer Flugzeuge vorgesehen, des Kampfjägers F-18 und der Angriffsversion A-18. Später wurde dank der technologischen Fortschritte und der logistischen Erfordernisse der Marine ein einziges Allzweck-Flugzeug definiert – die F/A-18, die am 18. November 1978 ihren ersten Flug durchführte.

Es handelte sich dabei um einen zweistrahligen, einsitzigen Schulterdecker mit doppel-

tem Leitwerk, das von den neuen aerodynamischen Forschungen hinsichtlich des Flugs im hohen Anstellwinkel profitierte. Die Maschine war sehr manövrierfähig – besonders bei niedriger Geschwindigkeit. Dank der Kapazitäten des Missionscomputers und des Radargeräts konnte die F/A-18 Luft-Luft- und Luft-Boden-Waffen transportieren und je nach den Missionserfordernissen und -phasen in der jeweiligen Rolle operieren. Die Lieferungen der Serienexemplare F/A-18A (und des Zweisitzers B) an die operativen Einheiten begannen im Mai 1980. Ab 1982 fing man auch damit an, die Flugzeuge zu exportieren – anfangs nach Kanada und später nach Australien und Spanien. 1987 erschien das Modell F/A-18C/D, dessen neue Avionik die Anwendung neuer Waffen (wie die Raketen AIM-120) möglich machte sowie Nachtjägereinsätze erlaubte; später wurde die Maschine mit verbesserten Triebwerken und Radarsystemen ausgestattet. Die F/A-18C verfügte über zwei General Electric F404-GE-402 Zweikreistriebwerke, die mit Nachbrenner je 8030 kp Schubkraft produzierten und eine Höchstgeschwindigkeit von über 1900 km/h (Mach 1,8) gewährleisteten. Die maximale Startmasse erreichte 25 400 kg. Die Maschine war 17,1 Meter lang und besaß eine Flügelspannweite von 11,4 Metern. Das Waffensystem bestand aus einer 20-mm-Kanone Vulcan und bis zu 8165 kg Außenlast. Es wurden etwa 1480 F/A-18-Flugzeuge hergestellt und viele Exemplare exportierte man auch nach Kuwait, Finnland, in die Schweiz und nach Malaysia.
Anfang der 1990er-Jahre wurde die F/A-18D Night Attack eingeführt. Sie war eine zweisitzige Multifunktions-Version, die für die Marines entworfen worden war, um den Allwetter-Bomber A-6E zu ersetzen. 1992 wurde das Projekt F/A-18E/F Super Hornet eingeleitet, das darauf zielte, die Hornet soweit zu entwickeln, dass die Maschine in der Lage war, die F-14 (als Verteidigungs-Jäger der Navy) sowie die ersten Modelle der F/A-18 zu ersetzen. Die Super Hornet war ein entschieden größeres und vielseitigeres Flugzeug. Ihre Flügelspannweite wurde auf 13,6 Meter und die Länge auf 18,3 Meter ausgedehnt; die maximale Startmasse stieg auf 29 940 kg an und um die Reichweite zu erweitern, wurde die interne Kraftstoffaufnahmekapazität auf 1630 kg erhöht. Es wurden zwei zusätzliche Pylone unter den Flügeln angebracht, an denen man weitere Waffen anbringen konnte. Die Maschine wird von zwei Triebwerken des Typs F414-GE-400 (mit je 9990 kp Schubkraft) angetrieben für Spitzengeschwindigkeiten bis Mach 1,8. Die erste F/A-18E flog am 29. November 1995 und im Jahr 2000 wurde das Flugzeug in die erste Übungs-Abteilung übernommen. Die U.S. Navy hat 520 weitere Exemplare der Super Hornet bestellt, darunter die EA-18G Growler für elektronische Kriegführung, die ab 2008 in Dienst ging. Bislang hat nur Australien 24 weitere Exemplare gekauft. Im Golfkrieg führten die Hornet-Modelle einen großen Teil der Missionen durch –

287 oben Ein Paar F/A-18C fliegt über den Flugzeugträger USS Kitty Hawk auf dem Pazifischen Ozean. Das Hornet-Modell C flog zum ersten Mal 1987 und verfügt im Vergleich zum Anfangsmodell A über einige wichtige Verbesserungen.

287 unten Eine Boeing F/A-18F Super Hornet der VFA-102 Squadron, bewaffnet mit konventionellen Bomben,startet während der Operation Enduring Freedom von einem Flugzeugträger.

darunter Boden- und Luftabwehr-Angriffe –, die der Navy anvertraut worden waren. Auch die Marines setzten die Hornet im Krieg ein und stellten der Maschine außerdem vier Jagdbomber-Geschwader mit der V/STOL-fähigen McDonnell-Douglas AV-8B Harrier an die Seite. Dieses Modell entstand 1976 aus einer Zusammenarbeit zwischen der British Aerospace und McDonnell-Douglas für ein Programm, das die Konstruktion einer verbesserten Version des Jägers Harrier vorsah. Bei den Marines wurde das Modell bereits als AV-8A eingesetzt. Der Prototyp des neuen Flugzeugs YAV-8B startete am 9. November 1978 zu seinem Jungfernflug; tatsächlich handelte es sich um eine vollständig neue Maschine – auch wenn die Außenform des Vorgängers in großen Zügen beibehalten wurde. Das Flugzeug besaß ein neues Triebwerk sowie neue, größere Flügel, die eine erhöhte Tragfähigkeit und zusätzliche Waffen-Außenlaststationen boten; Waffenlast und Reichweite wurden erhöht. Ferner hatte man neue Avioniksysteme eingebaut, während die Zelle – größtenteils aus Verbundmaterialien gebildet – mit einem neuen Cockpit ausgestattet war. Die AV-8B (und der Zweisitzer TAV-8B) wurden im Januar 1984 bei den Marines in Dienst gestellt; im Juli 1987 wurde das Flugzeug an die RAF geliefert (dort als Harrier GR.Mk.5 bezeichnet). Seine Flügelspannweite beträgt 9,2 Meter und die Länge 14,1 Meter; das Triebwerk Rolls-Royce Pegasus F402-RR-408A liefert eine Schubkraft von 10 800 kp und ermöglicht damit eine Höchstgeschwindigkeit von 1050 km/h. Die AV-8B erreicht eine maximale Startmasse von 14 060 kg und kann eine Waffenausrüstung mit einer Gesamtmasse von 6000 kg mitführen. Die späteren Versionen AV-8B Night Attack und Harrier GR.Mk.7 können außerdem als Nachtjäger operieren. 1987 wurde das Programm Harrier II Plus eingeleitet, um den Jäger in ein Multifunktions-Flugzeug zu transformieren, das unter anderem für den Luftkampf geeignet war. Die Plus-Version verfügt über ein APG-65-Radarsystem und Luft-Luft-Bewaffnung (AIM-9 und AIM-120-Raketen). Ab 1993 wurde die Plus-Version bei den U.S. Marines sowie den italienischen und spanischen Marinen eingesetzt. Insgesamt wurden über 450 Maschinen vom Typ Harrier II gebaut.

Flugzeuge, die zum Einsatz für die elektronische Kampfführung bestimmt waren, spielten im Golfkrieg eine Schlüsselrolle.

288 oben Ein Jagdbomber AV-8B Harrier II landet auf dem Deck des USS Essex während der Operation Enduring Freedom, Afghanistan, Oktober 2001.

288-289 Eine Harrier II, bewaffnet mit lasergeführten 500-Pfund-Bomben GBU-12 startet von dem Hubschrauberträger USS Bataan im Januar 2002 während der Operation Enduring Freedom.

289 oben F-14D- und F/A-18C-Jäger, ein Radarflugzeug E-2C, eine EA-6B für elektronische Kampfführung, ein S-3B-U-Boot-Abwehrflugzeug sowie ein A-6E-Bomber fliegen über den Flugzeugträger USS Carl Vinson. Das Foto wurde 1996 während der Operation Southern Watch im Persischen Golf gemacht.

Obwohl es nicht genau in diese Kategorie passte, so war das Radarflugzeug Boeing E-3 AWACS eine der entscheidenden alliierten Maschinen, die für diese komplexen Luftoperationen eingesetzt wurden. Die Entwicklung der E-3A begann 1970. Der Entwurf ging auf das Zivilmodell 707-320B zurück und wurde später in Anlehnung auf die im Vietnam gewonnenen Erfahrungen mit den ersten USAF-Radarflugzeugen EC-121 weiterentwickelt. Das neue Flugzeug (später EC-137D genannt) startete am 9. Februar 1972 zu seinem ersten Flug, während die Lieferungen der Serienmodelle ab 24. März 1977 begannen. Im Wesentlichen benutzte man die E-3A Sentry für den Transport des Radarsystems Westinghouse AN/APY-1, dessen riesige Antenne in einer rotierenden Scheibe auf dem Rumpf angebracht war. Innerhalb des Rumpfs befanden sich die Arbeitsstationen für die Systemoffiziere und Operatoren des Radarsystems. Das System konnte nicht nur als fliegende Radarstation (um andere Flugzeuge auf Entfernungen bis zu 400 km zu identifizieren), sondern auch als ein wirkungsvolles fliegendes Kommandozentrum benutzt werden. Die Modelle E-3 wurden später in den Standard-Versionen B und C auf den neuesten Stand gebracht – dank der Installation des Radars APY-2, eines neuen Computer-Datenverarbeitungssystems zur Erfassung der taktischen Situation, neuen elektronischen Unterstützungssystemen (ESM) sowie ebenfalls neuen Apparaten für sicheren Kommunikations- und Datenaustausch. Insgesamt wurden 68 Exemplare der E-3 hergestellt, die zur Zeit im Dienst der Vereinigten Staaten, Großbritanniens, Frankreichs, Saudi-Arabiens und einer NATO-Einheit stehen.

Weitere Flugzeuge für die elektronische Kampfführung waren die EF-111A und die EA-6B für die elektronische Neutralisierung der gegnerischen Flugabwehr; Maschinen vom Typ EC-130E/H für taktische Kommandooperationen, elektronische Spionage und psychologische Kampfführung und schließlich

290 unten *Die Boeing E-6A Mercury basierte auf dem Modell E-3. Die U.S. Navy benutzt das Flugzeug für die Sicherung des Funkkontakts mit der nuklearen U-Boot-Flotte. Die Mercury ist seit 1989 im Dienst.*

291 oben *Eine Grumman EA-6B Prowler auf dem Landedeck der USS Theodore Roosevelt während der Operation Enduring Freedom, Dezember 2001.*

die RC-135U/V/W für das Abfangen von Mitteilungen und elektronischen Signalen. Ferner leisteten auch die Aufklärungsflugzeuge vom Typ RF-4C, Mirage F.1CR und U-2R während des Golfkriegs eine bedeutende Unterstützungsarbeit.
Der Krieg gegen den Irak bewegte sich besonders im Luftraum in einer Einbahnstraße.

Außer einigen wenigen Luftkämpfen (bei denen die alliierten Jäger, ohne eigene Verluste zu erfahren, 41 feindliche Flugzeuge abschossen) kam die größte Bedrohung gegen die alliierten Flugzeuge von den Flugabwehr-Raketen und Artilleriesystemen. Diese Systeme schafften es jedoch nur, in insgesamt 110 000 Kampfmissionen 43 Flugzeuge der

290-291 *Die Grumman EF-111A Raven – entwickelt aus dem Jagdbomber F-111 – war das USAF-Gegenstück zur Prowler der Navy. Die Maschine blieb von 1981 bis 1998 im Dienst.*

Alliierten abzuschießen. Ein Großteil des Erfolgs der Alliierten war den SEAD (Suppression of Enemy Air Defences)-Flugzeugen zu verdanken, welche die feindliche Flugabwehr angriffen. Die Flugzeuge F-4G, F-16, EA-6B, A-7, F/A-18 und Tornado, die mit HARM-Raketen (High-speed Anti-Radiation Missile) und ALARM bewaffnet waren und immer ausgereiftere Taktiken anwenden konnten, waren in der Lage, die irakischen Positionen ausfindig zu machen; oft gelang es den Maschinen mit Waffen oder schon durch deren einfache Präsenz, den Feind zum Schweigen zu bringen, indem er dazu gezwungen wurde, die Radarsysteme auszuschalten. Nach fast 40 Tage andauernden Luftangriffen griffen am 24. Februar schließlich die Bodenstreitkräfte der Koalition ein (540 000 Mann und ca. 3700 Panzer) und besiegten in nur 100 Stunden die relativ ungeübten und demoralisierten irakischen Truppen. Der Golfkrieg endete offiziell am 28. Februar 1991.

291 Mitte *Die Boeing E-3 Sentry ist die Radarflugzeugversion (AWACS) des bekannten Linienflugzeugs Boeing 707-320. Das Hauptsystem (dessen Antenne innerhalb der großen, rotierenden Scheibe installiert ist) ist der Westinghouse AN/APY-2-Radar.*

291 unten *Die Prowler ist ein trägergestütztes Flugzeug für die elektronische Kampfführung, das für die elektronische Störung feindlicher Luftabwehr eingesetzt wird. Die Maschine mit Vier-Mann-Besatzung flog zum ersten Mal 1968.*

Ungefähr in demselben Zeitraum begann sich auf dem Balkan ein weiteres Krisengebiet zu entwickeln, das später zum Kriegsgebiet wurde, als Slowenien und Kroatien beschlossen, die jugoslawische Föderation zu verlassen und ihre Unabhängigkeit erklärten. Der nun auf dem Balkan ausbrechende Krieg zwischen Jugoslawien (Serbien) und Kroatien verursachte eine Reaktion seitens der Vereinten Nationen und der NATO. Die Organisationen beschlossen demnach, militärische Luft- und Boden-Formationen aufzustellen, die den Frieden wiederherstellen oder erhalten sollten. Die Luftoperationen begannen im Sommer 1992 mit der Luftbrücke – auf diesem Weg wurden Hilfen für Sarajevo transportiert. Im Frühling 1993 folgte die Operation „Deny Flight", mit der man die Kontrolle über den Krisen-Luftraum übernahm und weitere Kampfhandlungen verhindern wollte. Mit der Zeit intensivierten sich diese Aktivitäten, bis schließlich im Winter 1998/1999 die serbischen Truppen mit einer Reihe krimineller „ethnischer Säuberungsaktionen" begannen, die gegen die albanische Bevölkerung in der Kosovo-Provinz gerichtet waren. Diese Handlungen führten zu einer erneuten Initiative seitens der UN und der NATO, die angesichts der erfolglos verlaufenen Verhandlungen in der Nacht vom 24. März 1999 militärisch in das Geschehen eingriffen. Mit der Operation „Allied Force" wurden Luftangriffe auf das serbische Militär und strategische Ziele des Landes eröffnet. Die Luftoffensiven gegen Jugoslawien (der erste Krieg der NATO in ihrem 50-jährigen Bestehen) wurden anfangs mit einer beschränkten Anzahl von Flugzeugen durchgeführt (ca. 500 Kampf- und Unterstützungsmaschinen). Angesichts der Stärke und Zähigkeit des Widerstands intensivierten die Alliierten jedoch ihren Einsatz (über 1000 Flugzeuge – eingeschlossen die Trägerflugzeuge von fünf Flugzeugträgern) und die Häufigkeit der Missionen, die nun Tag und Nacht durchgeführt wurden. Ungefähr 75 Prozent der Flugzeuge wurden von den Vereinigten Staaten gestellt (von Stützpunkten in Italien, Frankreich, Deutschland, Spanien und Großbritannien aus operierend), während der übrige Anteil zusammengesetzt war aus Flugzeugen der elf NATO-Länder. Die jugoslawische Luftwaffe hielt nur in der absoluten Anfangsphase des Konflikts die Stellung und verlor dabei fünf MiG-29-Jäger. Später jedoch stellte die ständig mobile und koordinierte Flugabwehr Serbiens die Hauptbedrohung für die NATO dar – eine größere, als man im Golfkrieg erfahren hatte.

Während des Balkan-Konflikts wurden zum ersten Mal drei grundverschiedene Kampfflugzeugtypen eingesetzt. Einer davon war der Jagdbomber AMX, der Anfang der 1980er-Jahre von einem Konsortium aus Aeritalia, Aermacchi und der brasilianischen Embraer entworfen worden war. Die Maschine sollte die G.91 und F-104G der italienischen Luftwaffe ersetzen. Der erste Prototyp flog am 15. Mai 1984, und 1989 wurden die ersten Serienexemplare in Dienst gestellt. Bei der neuen Maschine handelte es sich um einen einsitzigen, einstrahligen Schulterdecker mit mäßiger Pfeilung und traditioneller Außenform. Die Maschine wurde von einem Rolls-Royce (FIAT Avio) Spey RB-168-807-Triebwerk angetrieben, das eine unspektakuläre Schubkraft von 5000 kp lieferte (ohne Nachbrenner); es war ein altes Triebwerk, das – was die Zuverlässigkeit betrifft – beachtliche Probleme verursachte. Die AMX hat eine Spannweite von 8,8 Metern, eine Länge von 13,2 Metern und eine maximale Startmasse von 13 000 kg. Die Höchstgeschwindigkeit liegt bei Mach 0,86 und die Bewaffnung besteht (außer einer 20-mm-Kanone Vulcan) aus bis zu 3800 kg Bomben und Raketen an Außenlaststationen. 1990 erschien die zweisitzige AMX-T als Trainingsversion; im weiteren Verlauf der Jahre wurde das Flugzeug schließlich zu einem guten Jagdbomber und taktischen Tag-Aufklärungsflugzeug entwickelt; es besaß ferner eine fortschrittliche Avionik und Präzisionsbewaffnung, wie zum Beispiel laser- und infrarotgeführte Bomben und Raketen. Zwischen 2007 und 2012 wurden 52 Exemplare mit dem neuen ACOL-Standard ausgestattet, der Verbesserungen in der Avionik und Bewaffnung sowie JDAM-Bomben, das Aufklärungssystem RecceLite und Zeiführungsinstrumente umfasste.

Während der Kosovo-Einsätze wurden die italienischen AMX-Modelle relativ kontinuierlich für Unterstützungsmissionen eingesetzt und bewiesen dabei hervorragende Leistungen.

Das zweite Flugzeug, das auf dem Balkan seinen ersten operativen Einsatz durchführte, war der amerikanische strategische Bomber Rockwell B-1B Lancer. Die Maschine wurde aus verschiedenen Gründen nicht im Golf-

292 Der wichtigste Jäger der jugoslawischen Luftabwehr ist die russische MiG-29. Das Flugzeug ist hier bei einem Flug ein Jahr vor Ausbruch des Kosovo-Kriegs zu sehen.

292-293 Die AMX entstand aus einem italienisch-brasilianischen Bauprojekt von 1980 für einen leichten, taktischen Jagdbomber; es wurden 192 Exemplare produziert. Die italienische Luftwaffe setzte die AMX 1999 erfolgreich im Kosovo-Krieg ein.

293 unten links Operationen der NATO-Friedenstruppen im Kosovo, September 1999. Französische Fallschirmjäger werden von Puma-Hubschraubern nach Kosovka Mitrovica gebracht.

293 unten rechts Ein Puma-Hubschrauber transportiert ein französisches Fallschirmjäger-Kommando während der Kriegsoperationen im Kosovo über Mazedonien (April 1999).

Das Flugzeug wird von einer vierköpfigen Besatzung geführt und kann sowohl nukleare als auch konventionelle Sprengkörper abwerfen. Die Auslieferung der B-1B begann 1985.

Die Northrop-Grumman B-2A Spirit war das dritte Flugzeug, welches im Kosovo seine Feuerrtaufe erhielt. Es handelte sich um den ersten strategischen Tarnkappenbomber der Luftfahrt-Geschichte. Die Ursprünge des Projekts gehen bis in die zweite Hälfte der 1970er-Jahre zurück und folgten auf die Projekte Have Blue und F-117. Das Entwicklungsprogramm für die B-2 wurde 1981 unterzeichnet.

krieg verwendet. Es war ein großes vierstrahliges Flugzeug mit Schwenklflügeln und interkontinentaler Reichweite. Die Ursprünge gingen auf ein Projekt von 1970 zurück, mit dem ein Ersatz für die Boeing B-52 gesucht wurde. Der erste Prototyp des Überschallflugzeugs B-1A flog am 23. Dezember 1974, doch das Programm wurde 1977 von Präsident Carter gestrichen. Vier Jahre später genehmigte Präsident Reagan die Wiederaufnahme des Projekts als B-1B: einer leicht vereinfachten Unterschallversion des Originalentwurfs, die jedoch über verbesserte avionische und strukturelle Technologien verfügte. Statt der 244 B-1A sollten nun 100 Exemplare des Modells B-IB gebaut werden. Die Maschine besitzt eine Flügelspannweite zwischen 23,8 Metern (maximale Pfeilung) und 41,6 Metern (kleinste Pfeilung); die Länge beträgt 44,3 Meter. Mit den vier General Electric F101-GE-102-Triebwerken von je 13 970 kp Schubkraft (mit Nachbrenner) erreicht die B-IB eine Höchstgeschwindigkeit von 1200 km/h. Die maximale Startmasse beträgt 216,3 Tonnen, von denen gut 56 Tonnen aus Waffenlast gebildet werden.

Das Flugzeug nahm Jack Northrops originale Ideen der 1940er-Jahre wieder auf: ein Bomber, der aus einer einzigen Flügelform zu bestehen scheint. In den 1980er-Jahren konnte die Form dank der technologischen Entwicklungen verbessert werden. Es handelt sich um eine Maschine mit höchst futuristischen Linien; die B-2A besitzt keine aerodynamischen Leitwerke, und die einzigen abgerundeten Vorsprünge werden durch das Cockpit und die vier Triebwerke auf der Oberseite der Zelle gebildet. Die erste B-2 startete am 17. Juli 1989 zu ihrem Jungfernflug und das erste Serienexemplar wurde 1993 an die USAF geliefert. Die Flügelspannweite beträgt 52,4 Meter, die Länge 21 Meter und die maximale Startmasse erreicht rund 152 Tonnen. Das Flugzeug wird von vier General Electric F118-GE-100-Triebwerken mit je 8620 kp Schubkraft zu einer Höchstgeschwindigkeit von 850 km/h angetrieben. Es kann eine interne Waffenlast von 18 150 kg mitführen; die Besatzung wird aus zwei Mann gebildet.

Durch die Vereinigung der hochentwickelten Materialien und der besonderen Stromlinienform ist die B-2A für die feindlichen Radargeräte schwer auszumachen, also praktisch unsichtbar und kann sowohl mit konventioneller als auch nuklearer Bewaffnung strategisch wichtige Ziele auf der ganzen Welt angreifen. Der Einsatz im Kosovo-Krieg bestätigte das Potenzial des Flugzeugs: Mithilfe der Luftbetankung führten die B-2A eine Reihe von Missionen über serbischen Objekten durch; es waren Flugzeuge, die von der Heimatbasis in Whiteman (Missouri) aus starteten und und dort auch wieder landeten.

Die Operation Allied Force wurde offiziell mit der Feuereinstellung vom 20. Juni 1999 beendet. Dank enormer militärischer und finanzieller Aufwendungen hatten die Alliierten ein zufriedenstellendes Endergebnis erzielt: Die von den politischen Führern der NATO-Länder bestimmten Objekte wurden getroffen und die serbischen Truppen hatten sich aus dem Kosovo zurückgezogen. Die Alliierten hatten nur zwei Kampfflugzeuge verloren und mussten keine Bodentruppen einsetzen. Angesichts der besonderen politischen und ethnischen Gegebenheiten im Balkangebiet hätte der Einsatz von Bodentruppen nur zu einer Ausweitung des Konflikts beigetragen und neue internationale Spannungen ausgelöst; ferner wäre dadurch der Krieg auf unbestimmte Zeit verlängert worden. Das Ergebnis wären neue Leiden bei der Zivilbevölkerungen und hohe Verluste auf beiden Seiten gewesen.

294 oben Eine B-1B Lancer während eines Hochgeschwindigkeitsflugs, bei dem sich eine aerodynamische Verdichtung bildet – sichtbar durch die feuchte Luft. Die B-1B erreicht eine Höchstgeschwindigkeit von 1200 km/h.

294 unten Die B-1B kann bis zu 56 Tonnen Bomben in ihren internen Waffenschächten befördern. Die Lancer ist seit 1985 im Dienst; ca. 100 Exemplare wurden gebaut.

295 oben Ein Bomber B-1B Lancer während einer Luftbetankung. Dieses Flugzeug hob zum ersten Mal 1974 als B-1A ab, doch das Projekt wurde auf Eis gelegt und unter Präsident Reagan 1981 wieder aufgenommen.

295 unten Eine Lancer bei einem Flugmanöver – zwei der vier Nachbrenner sind gezündet. Jedes der vier General Electric F101-Triebwerke liefert der B-1B eine Schubkraft von fast 14 Tonnen.

24

Zu Beginn des dritten Millenniums unser Zeitrechnung war ein neuer, bedrohlicher Konflikt ausgebrochen: der Kampf gegen den Terrorismus.
Die Attentate vom 11. September 2001, die – unter der Führung des saudi-arabischen Scheichs Osama bin Laden – von der Terrororganisation Al Kaida gegen die Vereinigten Staaten ausgeführt wurden, bewirkten eine Aufspaltung zwischen der westlichen und muslimischen Welt. Internationale Militäraktionen wurden gegen die Verantwortlichen eingeleitet – mit dem Ziel, deren Organisationen zu zerstören.
Knapp einen Monat nach den Attentaten auf das World Trade Center in New York und das Pentagon in Washington, bei denen Tausende Menschen ums Leben kamen, bewilligte der amerikanische Präsident George W. Bush die Operation „Enduring Freedom". Sie war anfangs nur gegen Afghanistan – und somit die Terroristen-Hochburg bin Ladens gerichtet. Die Operationen, die zum gegenwärtigen Zeitpunkt immer noch fortgeführt werden, umfassen den Einsatz zahlreicher Trägerflugzeuge der U.S. Navy, taktischer und strategischer Flugzeuge der USAF sowie spezieller Hubschrauber-Einheiten von U.S. Army und USAF. Auch die Streitkräfte anderer alliierter Länder trugen zu den militärischen Einsätzen ihren Teil mit bei.
Das 21. Jahrhundert hatte leider in derselben Weise begonnen wie das 20. Jahrhundert endete.
Operation Enduring Freedom begann am 7. Oktober 2001. Der erste Angriff galt den Al-Kaida-Trainingslagern und ihrer Infrastruktur. Er wurde von Tomahawk-Raketen, B-1, B-2 und B-52-Bombern durchgeführt und mit F-14 und F/A-18, die von Flugzeugträgern aus operierten. Aufgrund der Schwierigkeiten durch die Art des Geländes und den Erfordernissen der asymmetrischen Kriegsführung gegen Guerillaeinheiten konnte sich der Konflikt schnell ausbreiten, was zu einer massiven Intervention von Bodentruppen – Amerikaner und andere NATO-Mitglieder – im Rahmen der ISAF-Mission (International Security Assistance Force) führte, einem Mandat des UN-Sicherheitsrats vom 20. Dezember 2001. Ihre Zahl wuchs auf mehr als 58.000 Soldaten aus 40 Ländern. Die Operationen in Afghanistan sahen eine breite Verwendung von Transport- und Unterstützungseinheiten, wie zum Beispiel Aufklärungs- und Überwachungsflugzeuge zur Lokalisierung von aufständischen Truppen. Unter den zur Verfügung stehenden Mitteln waren Jagdflugzeuge, Kampfhubschrauber und unbemannte Drohnen, entworfen, um die lebenswichtigen Aufgaben des Close Air Support (CAS) für Bodentruppen zu erfüllen. Trotz unbestreitbarer taktischer Erfolge haben die Kriegshandlungen in Afghanistan nicht zur Lösung der Probleme des Landes geführt. Die schwere weltweite Finanzkrise von 2008 veranlasste die Vereinigten Staaten und ihre Verbündeten, die an der ISAF-Mission teilnehmen, schrittweise mit dem Abzug der militärischen Einheiten zu beginnen. Die Kontrolle sollen afghanische Polizei und Streitkräfte übernehmen. Der komplette Abzug der ISAF-Truppen ist für 2014 geplant.
Während die Kämpfe in Afghanistan noch im Gange waren, eröffneten die Vereinigten Staaten am 19. März 2003 mit einem Angriff auf den Irak eine zweite Kriegsfront, mit dem erklärten Ziel, dem Land seine angeblichen Massenvernichtungswaffen abzunehmen, Saddam Husseins Unterstützung terroristischer Aktivitäten zu unterbinden und das irakische Volk zu befreien. Operation Iraqi Freedom wurde durch das Militär der Vereinigten Staaten durchgeführt, mit Unterstützung durch Großbritannien, Australien und Polen.
Der Feldzug endete am 9. April mit der Einnahme der Hauptstadt Bagdad und dem Sturz von Saddam Husseins Regime. Doch der Konflikt war nicht zu Ende, denn, ein Bürgerkrieg begann. Die letzten US-Truppen hatten ihren Rückzug aus dem Irak im Dezember 2011 abgeschlossen. Dieser zweite Krieg gegen den Irak sah die Luftstreitkräfte in Aktion mit Flugzeugen, ähnlich den bereits in vorhergehenden Konflikten eingesetzten, allerdings mit einem sehr viel massiverem Einsatz von unbemannten Luftfahrzeugen.

296 Ein Hubschrauber des Typs CH-53E Super Stallion der Marines beim Abflug von der USS Bataan während der Operation Enduring Freedom. Das Flugziel ist Afghanistan.

297 oben Eine Agusta Westland AW.129C. Dieser italienische Kampfhubschrauber unterstützte während der Operationen in Afghanistan die Fallschirmjäger der „Folgore"-Brigade.

297 Mitte Eine Boeing F-15E Strike Eagle der USAF mit lasergelenkten Bomben kurz nach einer Luftbetankung während der Operation Iraqi Freedom 2003.

297 unten Eine Dassault Rafale B der französischen Luftwaffe über den Bergen von Afghanistan im März 2007. Das Flugzeug ist mit zwei zusätzlichen Kraftstofftanks und lasergelenkten Bomben GBU-12 ausgerüstet.

Ein Hauptmerkmal dieses Krieges ist, dass er fast ausschließlich durch Flugzeuge (von Flugplätzen oder Flugzeugträgern operierend) durchgeführt wurde. Um möglichst jeden Kollateralschaden zu vermeiden und die Zivilbevölkerung zu schützen, setzte man modernste Präzisionswaffen ein. Luft-Luft-Missionen bei Patrouillen in der Flugverbotszone wurden von den Luftstreitkräften durchgeführt, dazu kamen ISTAR-Missionen (Intelligence, Surveillance, Targeting, and Reconnaissance) durch Jagdbomber, die modernste Systeme der Erkennung und Identifizierung von Zielen besaßen und durch Radar- und Tank-Flugzeuge unterstützt wurden.
Dieser Konflikt sah die Feuertaufe verschiedener Modelle, wie der Eurofighter Typhoon, Rafale Dassault, JAS Gripen, Lockheed Martin F-16E/F und Boeing EA-18G Growler sowie bestimmter Waffen-

Der vorerst letzte Konflikt war das Eingreifen im Bürgerkrieg in Libyen, das vom 19. März bis 31. Oktober 2011 dauerte. In diesem Fall ist das Motiv für die Krise der Volksaufstand, der im Februar gegen die Diktatur von Muammar al-Gaddafi ausbrach. Um die Zivilbevölkerung vor den Streitkräften des Machthabers zu schützen, und (inoffiziell) um den enormen Reichtum an Öl und Rohstoffen in Libyen zu sichern, hatten die Vereinten Nationen eine Resolution zur Ermächtigung der Mitgliedstaaten, „alle notwendigen Maßnahmen, um Zivilisten und Bereiche der Zivilbevölkerung vor drohenden Angriffen durch libysche Streitkräfte zu schützen" und eine Flugverbotszone über dem Land beschlossen. Französische, britische und US-Truppen griffen in der Nacht des 19. März an und lösten damit die Operation Odyssey Dawn aus. Innerhalb von wenigen Tagen wurde durch massive Luftschläge die Streitmacht Gaddafis weitgehend ausgeschaltet. Die Luftstreitkräfte von 18 Staaten (darunter drei arabischen) folgten dem Aufruf, über 390 Flugzeuge wurden vor allem in Italien und Griechenland stationiert. Zur besseren Organisation ging das Kommando am 31. März auf die NATO über und erhielt den Namen „Unified Protector", während „Odyssey Dawn" jetzt ausschließlich die US-Aktivitäten meint.

298 oben Zwei Jäger des Typs CF-188, der kanadischen Version der Boeing F/A-18A Honet im Flug über Libyen während der Operation Unified Protector.

298 Mitte Die Crew einer Mirage 2000D während der Operation Unified Protector.

298 unten Eine Eurofighter EF2000 Typhoon der XI. Squadron der Royal Air Force während der Kampfhandlungen in Libyen im Jahr 2011. Die Maschine ist mit lasergelenkten Bomben vom Typ Paveway II für präzise Bodenangriffe ausgerüstet.

systeme wie der MBDA Storm Shadow Marschflugkörper und der französischen AASM-Bomben. Die Erfahrung, die in diesem Konflikt gewonnen wurde, erwies sich als sehr nützlich für die ISTAR-Komponente, die schon seit einiger Zeit in Afghanistan eingesetzt wurde. Dennoch: Mit dem Fehlen eines schlagkräftigen Gegners war es nicht möglich, Daten zur Beurteilung der wirklichen Fähigkeiten der letzten Generation von Kampfflugzeugen zu erheben, darunter vor allem die Lockheed Martin F-22A, das am weitesten fortgeschrittene Modell westlicher Bauart, das die Vereinigten Staaten nicht einsetzten.

299 oben Eine Boeing EA-18G Growler mit Ausstattung für elektronische Kriegführung, die zur VAQ-141 Squadron der U.S. Navy gehört, landet 2010 auf dem Flugzeugträger USS George H. W. Bush.

298-299 Eine An F-16AM der norwegischen Luftwaffe über der Basis in Souda Bay auf Kreta während der Operation Unified Protector in Libyen. Die Maschine ist mit AIM-120B und IRIS-T Luft-Luft-Raketen und einer GPS-gelenkten Bombe des Typs GBU-54 ausgerüstet. Außerdem besitzt sie zwei zusätzliche Kraftstofftanks, ein AN/ALQ-131-System für elektronische Kriegführung und ein Zielführungs-Pod.

Kapitel 24

Airbus und Boeing

In den 1960er-Jahren lag der Weltmarkt der großen Linienflugzeuge praktisch in den Händen der amerikanischen Firmen Boeing, Douglas und Lockheed, die sich den Großteil der Bestellungen teilten. Doch gerade zu jener Zeit begann ein neuer Wind durch Europa zu wehen. Dank des Eingreifens der einzelnen Regierungen wurden die Grundlagen für die Wiedergeburt der europäischen Luftfahrtindustrie geschaffen. So entstand eine Reihe internationaler Projekte, wie zum Beispiel die britisch-französische Concorde und der Drei-Nationen-Jet Jaguar. Doch die Initiative, die am meisten die weltweite Flugzeugindustrie beeinflusst hat, war das Airbus-Projekt: Ergebnis einer 1965 begonnenen Zusammenarbeit der Regierungen und einiger Unternehmen Frankreichs, Deutschlands und Großbritanniens. Man hatte die Notwendigkeit eines zweistrahligen Wide-body-Mittelstrecken-Verkehrsflugzeugs mit 300 Plätzen erkannt. Am 26. September 1967 wurde eine Übereinkunft unterschrieben, die das Startzeichen für die Entwicklung des Flugzeugs – genannt A300 Airbus – gab. Laut Vertrag sollten Frankreich und Großbritannien jeweils 37,5 Prozent der Kosten für die Entwicklung und Konstruktion der Zelle beisteuern, während Deutschland den restlichen Anteil von 25 Prozent leisten würde. Hinsichtlich der Triebwerke sollte Großbritannien 75 Prozent der Entwicklungskosten des Zweikreistriebwerks Rolls-Royce RB207 übernehmen, so dass Frankreich und Deutschland sich die übrigen 25 Prozent teilen würden. Der erste Vertragspartner für die Zelle war die Sud Aviation (später Aerospatiale). Am 18. Dezember 1970 wurde offiziell das Unternehmen Airbus-Industrie gegründet, um die Leitung der Entwicklung, Produktion und Vermarktung der A300 zu übernehmen. Bald darauf trat auch die spanische CASA in das Konsortium mit ein. Rolls-Royce teilte währenddessen mit, dass es nicht möglich sein würde, den Motor RB207 rechtzeitig zu entwickeln. Man ersetzte das Triebwerk daraufhin durch ein General Electric CF6-50 mit 22 200 kp Schubkraft. Eine weitere bedeutende Veränderung war die Reduzierung der Sitzplätze von 300 auf 250 – wie sie von den potenziellen Hauptkunden gewünscht wurde.
Die Konstruktion des ersten Prototyps A300B1 begann im September 1969, und die Maschine führte am 28. Oktober 1972 in Toulouse ihren Jungfernflug durch. Die ersten Bestellungen trafen 1971 von der Air France ein (sechs Flugzeuge und die Option für weitere zehn Exemplare). Zwei Jahre später bestellte die Lufthansa drei Flugzeuge und gab Optionen für vier weitere Modelle ab. Vom dritten Exemplar an begann man die stärkeren Triebwerke des Typs CF6-50C (mit 23 100 kp Schub) einzubauen und den Rumpf um 2,6 Meter zu verlängern. Dieses modifizierte Modell wurde A300B2 genannt; es konnte mehr Nutzlast laden und besaß eine größere Reichweite. Im März 1974 zertifizierten die europäischen und amerikanischen Behörden das Flugzeug, und in demselben Jahr flog zum ersten Mal das fünfte Exemplar. Die Air France bekam am 11. Mai das erste gelieferte A300-Modell; am 23. Mai wurde mit ihm der Dienst auf der Strecke Paris–London eröffnet.
Doch die A300 hatte sich bis dahin noch nicht auf dem Markt durchgesetzt und die Verkäufe verliefen nicht in der gewünschten Weise: 1976 wurde kein einziges A300-Modell verkauft. Einen großen Aufschwung bedeutete es daher für das Konsortium, als die amerikanische Fluggesellschaft Eastern

300 oben Die A340 mit vier Strahltriebwerken flog zum ersten Mal 1991 und war damals das größte Flugzeug der Airbus-Familie. Hier ist ein Exemplar der Fluggesellschaft Virgin Atlantic zu sehen.

300 unten Die Nase eines Airbus A300-600 der American Airlines. Dieses Modell kann 360 Passagiere aufnehmen und wurde für Mittel- und Langstreckenflüge entworfen.

Air Lines sich im Mai 1977 dazu bereit erklärte, vier Exemplare der A300B4 zu leasen: Es war der erste Vertrag mit den Vereinigten Staaten; mit diesem Bruch der Monopolstellung der amerikanischen Firmen in deren Heimat hatte Airbus einen ersten grundlegenden Schritt geschafft. Bis 1978 war die Produktion jedoch nur an 50 Exemplare herangekommen und die Gewinnschwelle lag noch in weiter Ferne. Die Fluggesellschaften und Piloten hielten die A300 jedoch für ein hervorragendes Flugzeug. Zum Teil war es auch der Werbung durch die Eastern Airlines zu verdanken, dass Airbus ab 1979 einen Aufschwung erfuhr. In der Zwischenzeit ging man bereits daran, den Originalentwurf weiterzuentwickeln, was letztendlich zur Entstehung neuer Projekte führte. 1983 flog zum ersten Mal die A300-600: dieses Modell sollte zur wichtigsten Version werden. Die Maschine hatte eine Flügelspannweite von 44,8 Meter, eine Länge von 54,1 Metern und eine maximale Startmasse von 165 Tonnen. Bei der Triebwerksausstattung konnte gewählt werden zwischen zwei Pratt & Whitney PW4156 (25 400 kp Schub), zwei PW4158 (26 300 kp), oder alternativ dazu den General Electric CF6-80C2A1/A3/A5 mit ähnlichen Leistungsabgaben. Das Flugzeug erreichte eine Höchstgeschwindigkeit von Mach 0,82 und konnte in der Standardausführung 266 Passagiere aufnehmen; bei engerer Sitzkonfiguration standen bis zu 361 Plätze zur Verfügung.
1978 begann man bereits, das Modell A310 zu entwerfen; die Maschine besaß einen kürzeren Rumpf und die Kabine fasste 210–234 Passagiere (255 in enger Konfiguration), neue Flügel und kleinere Leitwerke. Der Prototyp flog zum ersten Mal am 3. April 1982 und die erste Lieferung einer Serienmaschine (an die Lufthansa) wurde im März 1984 durchgeführt. Anfang der Achtzigerjahre wurde das Modell A320 konzipiert; es handelte sich um ein Mittel- und Kurzstreckenflugzeug, das bis zu 179 Passagiere aufnehmen konnte. Zu den innovativen Merkmalen gehörte die Fly-by-Wire-Steuerung; ferner hatte die Maschine viel niedrigere Betriebskosten. Der erste Vertrag wurde bereits 1981 von der Air France unterzeichnet, die 25 Exemplare der A320 bestellte. Am 22. Februar 1987 startete der erste Prototyp zu seinem Jungfernflug. Auf dieses Grundmodell folgten zwei weitere Versionen: die verlängerte A321 und die kürzere A319. Die A321 flog zum ersten Mal am 11. März 1993 und wurde im darauf folgenden Jahr an die Lufthansa geliefert. Die A319 hatte dagegen am 29. August 1995 ihre Premiere; die erste Lieferung ging 1996 an die Swissair.
Ende der 1980er-Jahre arbeitete Airbus an der Vervollständigung ihrer Flugzeugreihe und plante die Konstruktion eines großen Flugzeugs für Mittel- und Langstreckenflüge. 1987 wurde das A330/340-Projekt entworfen. Es handelte sich um einen Großraum-Jet, der sowohl in der Ausstattung mit vier Triebwerken (A340) oder zwei Triebwerken (A330) verfügbar sein sollte. Der erste Prototyp – die A340-300 – flog am 25. Oktober 1991, gefolgt von der Version A340-200 mit kürzerem Rumpf. Das Basismodell besaß eine Spannweite von 60,3 Metern, eine Länge von 63,6 Metern und erreichte eine maximale Startmasse von 257 Tonnen. Die vier Triebwerke vom Typ International CFM-56-5C (je 14 100 kp Schubkraft) gewährleisteten eine maximale Reisegeschwindigkeit von Mach 0,83 sowie eine operative Reichweite von 11 000 km. Der Standardausbau bot 250 bis 350 Sitzplätze; bei dichtester Sitzanordnung konnten bis zu 440 Plätze eingebaut werden. Die A330, die am 2. November 1991 zum ersten Mal flog, besaß dieselben Dimensionen, wurde jedoch von zwei General-Electric-, Pratt-&-Whitney- oder Rolls-Royce-Triebwerken (nach Wahl des Kunden) angetrieben – mit Schubleistungen zwischen 29 000 und 30 500 kp. Sie besaß eine

301 oben Das Modell A320, entwickelt vom Airbus-Konsortium, flog zum ersten Mal 1987 und wird für Kurz- und Mittelstreckenflüge benutzt; bis zu 180 Passagiere können befördert werden. Dieses Exemplar gehört der amerikanischen Air Jamaica.

300-301 unten Landung einer A300 der italienischen Fluggesellschaft Alitalia. Die A300 war das erste Produkt von Airbus; sie flog zum ersten Mal 1972.

302 links *Die Boeing 757 sollte ebenso erfolgreich wie die 727 werden. Sie ist ein Kurz- und Mittelstreckenflugzeug, das bis zu 239 Passagiere aufnehmen kann.*

302-303 *Eines der beiden Triebwerke einer Boeing 767. Je nach Wahl des Kunden kann dieses Flugzeug mit Rolls-Royce-, Pratt-&-Whitney- oder General-Electric-Triebwerken ausgestattet werden, die 23-24 mp Schubkraft produzieren.*

303 oben rechts *Eine Boeing 777 der British Airways. Boeing entwickelte dieses Modell, um der Konkurrenz des Airbus 330 und 340 entgegentreten zu können. Die 777 startete 1994 zu ihrem Jungfernflug und kann 440 Passagiere transportieren.*

303 unten *Die Boeing 767 wurde gleichzeitig mit der 757 angekündigt. Die beiden Modelle besitzen ähnliche Außenformen. Die 767 ist jedoch weitaus leistungsfähiger und kann ihre 350 Passagiere auch auf Interkontinentalstrecken befördern. Auf dem Bild sieht man den Rumpf einer Boeing 767 während des Baues in der Boeing-Fabrik in Seattle.*

maximale Startmasse von 212 Tonnen und konnte ähnlich viele Passagiere aufnehmen wie die vierstrahlige Schwester. Die erste A340 wurde im Januar 1993 an die Lufthansa geliefert.

Angesichts der wachsenden technologischen und wirtschaftlichen Bedeutung von Airbus konnte die amerikanische Flugzeugindustrie natürlich nicht tatenlos bleiben. Der einzige aktiv gebliebene Großbetrieb im Segment der zivilen Verkehrsflugzeuge war Boeing. Diese Firma begann Ende der 1970er-Jahre zwei neue Maschinen zu entwickeln, die in den 1980ern Gestalt annahmen. Die Flugzeuge markierten den Beginn einer neuen Ära für Boeing und waren dazu bestimmt, den Vorsprung der Firma gegenüber der europäischen Konkurrenz beizubehalten.

Das erste der beiden neuen Boeing-Flugzeuge war die 767, die zum ersten Mal am 26. September 1981 flog.

Die Maschine schien ähnliche Formen wie der Airbus A300 zu besitzen: Wide-body-Rumpf, zwei unter den Flügeln angebrachte Triebwerke und traditionelle Leitwerke. Die Spannweite betrug 47,6 Meter, die Länge 48,5 Meter und die maximale Startmasse 156 500 kg. Den Antrieb leisteten zwei Zweikreistriebwerke, die von den Kunden aus einer Liste von zwanzig Motoren ausgewählt werden konnten: Darunter waren Produkte von General Electric, Pratt & Whitney und Rolls-Royce; die Schubleistungen lagen zwischen 23 600 und 28 100 kp. Die 767-200 konnte eine Reisegeschwindigkeit von Mach 0,8 beibehalten und verfügte im Standardausbau über 180 bis 224 Passagierplätze (285 bei dichtester Anordnung). Das erste Serienmodell 767-200 wurde 1982 an die United Airlines geliefert.

Vier Jahre später erschien das Modell 767-300 mit einem bis auf 55 Meter verlängerten Rumpf und 218 Sitzen. Die Langstreckenversion des Flugzeugs ist die 767-300ER; sie besitzt eine maximale Startmasse von 185 Tonnen und eine Reichweite von über 11 300 km. Das letzte Modell der Reihe ist die 767-400ER – ein Flugzeug mit einer Kapazität von 290 Passagieren. Das erste 400ER-Exemplar wurde am 29. August 2000 an Delta Airlines geliefert.

Kurze Zeit später folgte auf die 767 bereits die Boeing 757 (erster Flug am 19. Februar 1982), die als Nachfolgerin der 727 operieren sollte. Das Flugzeug war für Mittelstreckenflüge entworfen worden und stand damit in direkter Konkurrenz zum Airbus A300. Trotz des Rumpfabschnitts der 727 war die 757 ein vollständig neues Flugzeug, das einer verkleinerten Ausführung der 767 ähnelte. Die erste 757 wurde im Januar 1983 bei Eastern Air Lines in Dienst gestellt. Die Maschine war 47,3 Meter lang und besaß eine Flügelspannweite von 38 Metern. Die zwei Triebwerke Rolls-Royce RB211 (18 200 kp Schubkraft) oder Pratt & Whitney PW2037 (17 300 kp) ermöglichten eine Reisegeschwindigkeit von Mach 0,86 sowie eine maximale Startmasse von 115 600 kg. 150 bis 178 Reisende konnten in der Standardausführung aufgenommen werden (in dichtester Konfiguration 239).

Natürlich wurde auch das bereits vorhandene 747 „Jumbo Jet“-Projekt vollständig überarbeitet: 1988 führte man die 747-400 ein, die hinsichtlich Aerodynamik, Triebwerken und Avionik modernisiert worden war. Die typische Konfiguration sah Platz für 420 Passagiere vor, während bei dichtestem Innenausbau für die Kurzstrecken-Inlandsflüge auch 568 Plätze zur Verfügung standen.

Um die Anforderungen der Kunden zu erfüllen, führte Boeing die Version 777 ein, die am 12. Juni 1994 ihren Erstflug absolvierte. Die Maschine ähnelte der 767, war jedoch ein vollständig neues, geräumigeres Modell, das über die fortschrittlichsten Technologien verfügte. Im Mai 1995 erwarb die United Airlines das erste 777-Exemplar. Bei der Boeing 777 handelt sich um ein wirklich imposantes Flugzeug, das wegen der zweistrahligen Ausstattung kleiner erscheint, als es in Wirklichkeit ist: Die Spannweite beträgt 60,9 Meter, die Länge 63,7 Meter und die maximale Startmasse erreicht 242 600 kg. Die Triebwerke (die von den Kunden unter den üblichen drei führenden Firmen General Electric, Pratt & Whitney und Rolls-Royce gewählt werden) haben

Schubstärken zwischen 33 500 kp und 39 200 kp. Die Anzahl der verfügbaren Passagierplätze reicht von 320 (Standardkonfiguration) bis maximal 440. Auf das Grundmodell folgte schon 1995 die verlängerte Version 777-300. Diese Flugzeugvariante ist 73,8 Meter lang (tatsächlich handelte es sich um das längste Flugzeug der Welt) und kann mit der erhöhten Gesamtstartmasse 350 bis 550 Passagiere befördern – je nach der Konfiguration der Kabine und der Reichweite, die von den Gesellschaften gewählt wird.

Die 777 hält den Rekord für den längsten Nonstop-Flug. Im November 2005 blieb sie 22 Stunden und 42 Minuten in der Luft. 2009 erschien eine Frachtversion 777F. Insgesamt wurden mehr als 1400 Bestellungen für die 777-Familie aufgenommen. In den 1990er-Jahren beschloss McDonnell-Douglas, den positiven Trend, der den Markt des Luftverkehrs dominierte, auszunutzen, indem man die MD-80-Serie modernisierte. Am 22. Februar 1993 flog das erste Exemplar der Serie MD-90. Das Flugzeug verfügte über elektronisch gesteuerte Triebwerke, verbesserte Avionik und Struktur und einen verlängerten Rumpf, dessen Kabine zusätzlichen

zehn Passagieren Platz bot. 1996 erschien die MD-95, ein Flugzeug der 100-Sitze-Klasse, das nach der Übernahme von McDonnell-Douglas durch Boeing 1997 in Boeing 717 umbenannt wurde.
Auch Airbus hatte damit begonnen, seine Flugzeug-Bandbreite im Marktsegment der kleineren Flugzeuge auszuweiten, und führte am 26. April 1999 die A318 ein. Es handelt sich um eine leicht verkleinerte Version der A319, die mit zwei Pratt & Whitney PW6000-Triebwerken ausgestattet ist und etwa 100 Passagiere aufnehmen kann.
Bereits vor dem ersten Flug der neuen Maschine Ende 2001 hatte man Bestellungen für mehr als 120 Exemplare erhalten.
Um mit den verschiedenartigen Airbus-Flugzeugen, die für Mittel- und Kurzstrecken angeboten wurden (den drei bereits vorhandenen Modelle wurde noch die A318 hinzugefügt), konkurrieren zu können, entschloss sich Boeing, ihren Bestseller in diesem Marktsegment – die bereits etwas angejahrte 737 neu zu beleben.
Nachdem die Firma gut an den Projekten 767, 757 und 777 gearbeitet hatte, begann sie sich in den 1990er-Jahren der Entwicklung der 737 Next-Generation zu widmen. Das neue Projekt sollte zum besten 737-Entwurf werden und mit modernsten Technologien ausgestattet werden (Triebwerke, Aerodynamik, Avionik): Das Flugzeug sollte in dem wichtigen 100-bis-200-Sitze-Marktbereich gegenüber den Airbus-Modellen A319/320/321 noch wettbewerbsfähig bleiben.
Die erste Neuversion war die 737-700, die am 9. Februar 1997 erstmals flog. Das Flugzeug lag in der 128-bis-149-Sitze-Klasse und besaß eine maximale Startmasse von etwa 70 Tonnen. Die zwei Triebwerke leisteten 9000–10 000 kp Schubkraft. Auf dieses Flugzeug folgte die B-737-800, die am 31. Juli 1997 zu ihrem ersten Flug abhob. Sie bot 160 bis 189 Passagieren Platz und erreichte eine maximale Startmasse von über 80 Tonnen. Die 737-600 (erster Flug am 22. Januar 1998) verfügte über 108 bis 132 Passagierplätze und eine maximale Startmasse von 65 Tonnen. Schließlich erschienen noch die 737-900 und die 737-900ER.Sie sind der neueste Zuwachs dieser Produktfamilie. Das erste Exemplar wurde im April 2007 an Lion Air geliefert.
Die 737-900ER ist die größte Version der 737. Sie bietet 215 Passagieren Platz. Ihr maximales Startgewicht liegt bei 83 627 kg, die maximale Reichweite bei 6500 km.
Zurzeit befindet sich die 737 MAX, das jüngste Modell dieser Reihe, in der Entwicklung. Sie erhält bessere Triebwerke und eine verbesserte Aerodynamik, um den Verbrauch und die Emissionen zu reduzieren. Der Jungfernflug ist für 2016 angesetzt. Bisher wurden 1000 Exemplare bestellt.
Diese Maschinen teilen sich den Löwenanteil des Marktes mit den entsprechenden Modellen von Airbus. Airbus lieferte 2012 mehr als 5300 Flugzeuge der Serien A318 und A321 aus. Vom Typ 737NG wurden nur 4200 Flugzeuge ausgeliefert. Boeing und Airbus teilen sich diesen ständig wachsenden Markt. Nun haben die beiden Konzerne mit den Langstrecken-Riesen eine neue Nische eröffnet. Allerdings verfolgen sie unterschiedliche Strategien. Nach intensiver Forschung hat man sich bei Airbus für den Bau des größten Flugzeugs aller Zeiten entschieden. Bei Boeing wollte man ursprünglich das – abgesehen von der der „Concorde" – schnellste Flugzeug der Welt bauen.
Bei Airbus begann man am 19. Dezember 2000 mit dem Projekt – es handelt sich um die A380 (vormals A3XX). Damals lag eine Bestellung von Virgin Airlines über 50 Maschinen vor. Dies war das von Airbus festgesetzte Mindestkontingent für die Umsetzung des Projekts. Am 27. April 2005 hob dieses Flugzeug erstmals ab. Als erste Fluggesellschaft setzte Singapore Airlines die A380 ein. Die 72,3 m lange Basisversion A380 800 hat eine Spannweite von 79,8 m. Ihr maximales Startgewicht liegt bei 569 t. In der typischen Drei-Klassen-Konfiguration bietet sie auf zwei Decks Platz für 525 Passagiere, bei engster Bestuhlung sogar für 853. Für die vierstrahlige Maschine stehen drei Triebwerkstypen zur Auswahl: Trent 970/B oder 972/B von Rolls-Royce beziehungsweise GP72470 von General Electric mit jeweils rund 311 kN Schub. Die Reichweite mit typischer Nutzlast liegt bei 15 200 km. Die Version A380 900 für 650 Passagiere in der Standardkonfiguration (maximal bis zu 900) ist in Planung, so auch die Frachtversion A380F mit einem maximalen Startgewicht von 590 t.
Bei Boeing verfolgte man eine andere Strategie. Dort war ein kleineres Flugzeug mit höherer Geschwindigkeit in Planung: die „Sonic Cruiser". Das Projekt wurde von Boeing im März 2001 angekündigt. Der zweistrahlige „Entenflügler" mit Deltaflügeln sollte in rund 12 000 bis 15 000 Metern Höhe Geschwindigkeiten bis zu Mach 0,98 erreichen und die Reisezeiten um 15 bis 20 Prozent verringern. Der Flug über den Atlantik würde sich so um mehr als zwei Stunden verkürzen. Die „Sonic Cruiser" sollte 300 Passagieren Platz bieten. Dieses Projekt konnte sich angesichts der hohen Betriebskosten nicht durchsetzen und wurde 2002 eingestellt.
Nun konzentrierte man sich auf ein effizienteres Flugzeug mit der Bezeichnung 7E7, das allerdings von den aus dem Projekt „Sonic Cruiser" gewonnen Erkenntnissen profitierte. Dabei geht es insbesondere um die Verwendung von Kohlefasern für den Rumpf und die Tragflächen sowie die Avionik auf höchstem technischen Niveau.
Ab 2005 sprach man dann von der 787 Dreamliner. Ihr Jungfernflug fand am 15. Dezember 2009 statt. Das Besondere an diesem Flugzeug ist, dass es zu 80 Prozent aus Verbundwerkstoffen besteht, insbesondere die Flugzeugzelle, für die rund 32 t kunststoffverstärkte Kohlefasern verbaut wurden. Außerdem fallen die hoch effizienten Triebwerke, die Pilotenkanzel mit großen LCD-Farbmonitoren und Head-up-Displays für beide Piloten sowie die umfangreiche Verwendung von Elektronik als Ersatz für die schweren und komplexen Hydrauliksysteme auf. Als Antrieb kommen zwei Mantelstromtriebwerke der neuesten Generation mit reduzierter Geräuschemission zum Einbau. Dem Kunden stehen wahlweise Trent 1000 Triebwerke von Rolls-Royce oder GEnx Triebwerke von General Electric mit je rund 284 kN Schub zur Auswahl. Sie sorgen für eine Höchstgeschwindigkeit von Mach 0,85. Die Flügelspannweite der 56,7 Meter langen „Dreamliner" liegt bei 51,9 Metern. Das maximale Startgewicht beläuft sich auf 170 097 kg. In der Kabine finden in der typischen Drei-Klassen-Konfiguration 242 Passagiere Platz. Die Reichweite beträgt 5640 km, die Dienstgipfelhöhe rund 13 100 Meter. Von der derzeit produzierten Version 787-8 wurden bisher mehr als 840 Exemplare bestellt. Das erste Exemplar trat seinen Dienst im September 2011 bei All Nippon Airways an. Eine gestreckte Version ist ab 2014 erhältlich: Die 787-9 bietet 250 bis 290 Passagieren Platz. Die Reichweite dieser Version beträgt bis zu 15 200 km. Als

Ersatz für die 777-200ER ist auch die 787-10 in Planung, die im direkten Wettbewerb mit der A350 steht. Letztere ist das technisch fortschrittlichste Modell aus dem Hause Airbus. Das Projekt wurde im Dezember 2004 als Reaktion auf die 787 von Boeing ins Leben gerufen. Zunächst war die A350 eine einfache Weiterentwicklung der A330. Die Fluggesellschaften verlangten aber nach einem völlig neu konstruierten Flugzeug, mit dem auch die erforderliche Technik auf dem neuesten Stand umgesetzt werden konnte.

Im Jahre 2006 lief das Projekt schließlich neu an. Als A350XWB (für eXtra Wide Body) wurde es auf der Farnborough Air Show vorgestellt. Auch für den Bau der A350XWB werden überwiegend Verbundwerkstoffe benutzt. Sie wird mit zwei Triebwerken des Typs Trent XWB von Rolls-Royce ausgestattet, einer Weiterentwicklung der bereits bei der A380 und der B787 verwendeten Turbinen. Sie liefern je 330 kN Schub und ermöglichen eine Höchstgeschwindigkeit von Mach 0,85 in 11 000 Metern Höhe. Die Reichweite liegt bei 16 300 km. Ende 2014 soll die erste Maschine ihren Dienst beim Erstkunden Qatar Airways antreten. Es liegen bereits mehr als 560 Bestellungen vor. Außerdem sind die Versionen 900 und 1000 mit noch mehr Sitzplätzen geplant.

Der Konkurrenzkampf zwischen Boeing und Airbus geht auch im 21. Jahrhundert weiter und wird die Trends des Flugzeugmarkts genauso widerspiegeln wie die Kapazität der Lüfte für den immer dichter werdenden Flugverkehr.

304 oben Seit 2007 im Dienst, kann der Airbus A380 bei enger Bestuhlung bis zu 853 Passagiere mitnehmen

305 oben Entwurf des Airbus A350XWB, des neuesten Projekts der europäischen Luftfahrtindustrie. Sie soll für sehr lange Distanzen entwickelt werden.

305 unten Das letzte Mitglied der Boeing-737-Familie ist die MAX, ein Flugzeug, dass darauf ausgelegt ist. möglichst umweltfreundlich zu arbeiten. Ihr Jungfernflug soll 2016 stattfinden, bereits jetzt gibt es 1000 Bestellungen.

Kapitel 25

Unbemannte Flugzeuge

In der Geschichte der Luftfahrt sind unbemannte Luftfahrzeuge nichts Unbekanntes: Der Grundstein für ihren Einsatz wurde bereits vor dem Zweiten Weltkrieg gelegt. Die unausgereifte Steuerungstechnik stand überwiegend nur für das zur Verfügung, was man damals als Drohnen bezeichnete: Kleine Flugzeuge, die auf Militärflughäfen bei der Entwicklung von luft- und bodengestützten Waffensystemen halfen – die sogenannten Zieldarstellungsdrohnen.
Allerdings wurden schon in den 1950er-Jahren ferngesteuerte Luftfahrzeuge (kurz: RPV) für andere Missionen, hauptsächlich zu Aufklärungszwecken, eingesetzt. Damals wurde die Drohne MQM 33 der amerikanischen Streitkräfte zum fotografischen Aufklärungsflugzeug umgerüstet und danach als RB 71 und schließlich als MQM 57 „Falconer“ bezeichnet.
Zur Zeit des Vietnamkriegs zwischen 1964 und 1975 wurden Aufklärungsdrohnen erstmals operativ eingesetzt. Das 100. Strategische Aufklärungsgeschwader der amerikanischen Luftwaffe verwendete damals Drohnen mit Strahltriebwerken des Typs Ryan Model 147 „Lightning Bug“ unter der Bezeichnung AQM 34. Insgesamt starteten diese Drohnen 3435-mal. Es waren 554 Verluste zu beklagen – aufgrund unterschiedlicher Ursachen.
Anfang der 1970er-Jahre führte die USAF umfangreiche Versuche mit Angriffsdrohnen durch. Acht Drohnen der Gattung BGM 34B wurden mit MK 82 Bomben und Maverick-Raketen bestückt. Andere wurden am Bug mit Lasermarkierern ausgerüstet und dienten so den mit lasergelenkten Paveway-Bomben ausgestatteten Drohnen als Zielmarkierer.
Ein weiterer Meilenstein in der Entwicklung der Drohnen, wie wir sie heute kennen, sind kleine, mit Videokameras ausgerüstete Propellerflugzeuge – die Tadiran „Mastiff“ und die IAI „Scout“. Sie wurden 1982 im Rahmen der unter der Bezeichnung „Operation Frieden für Galiläa“ bekannten Invasion des Libanon von den israelischen Streitkräften erfolgreich zur Entdeckung und Zerstörung der syrischen Flugabwehrraketen in der Bekaa-Ebene eingesetzt.

Durch ihren Erfolg wurde man auch bei den amerikanischen Streitkräften auf sie aufmerksam. Die U.S. Navy bestellte schließlich 1984 in Israel die taktische Drohne RQ 2 „Pioneer“, eine Weiterentwicklung der „Mastiff“, für den Kriegseinsatz.
In den 1960er-Jahren war Israel mit der IAI „Heron“ zum Marktführer geworden: Die IAI „Heron“ war 8,5 Meter lang und verfügte über ungepfeilte Tragflächen mit 16,6 Metern Spannweite, einen Schubpropeller und ein doppeltes Seitenleitwerk. Der Vierzylinder-Kolbenmotor Rotax 914 lieferte 86 kW und sorgte für eine Höchstgeschwindigkeit von 213 km/h. Das maximale Startgewicht lag bei 1150 kg, wovon 250 kg der Nutzlast auf die Aufklärungsausrüstung entfielen. Zu den wesentlichen Merkmalen dieser Drohne zählen die Dienstgipfelhöhe von 10 700 Metern und die maximale Flugdauer von 45 Stunden. An Bord befanden sich vermutlich eine Reihe unterschiedlicher Sensoren, Tag- sowie Nachtsichtkameras, elektronische Aufklärungssysteme (ELINT), Abhöreinrichtungen (COMINT) sowie Radarinstrumente. Die gewonnenen Daten wurden in Echtzeit mittels Daten-Richtfunk, via Satellit oder mithilfe anderer Flugzeuge an die Bodenstationen übertragen. Die „Heron“ kann je nach Programmierung vollautomatisch, halbautomatisch oder manuell gesteuert werden. Die Besatzung besteht üblicherweise aus mindestens einem Piloten und einem Systemoffizier. Das Kontrollzentrum befindet sich meist an der Stelle, von der die Drohne gestartet ist, kann jedoch auch andernorts eingerichtet sein. So werden auch alle anderen am Markt befindlichen Drohnen gesteuert. Die „Heron“, die zur sogenannten MALE-Klasse (kurz für mittlere Höhe, lange Ausdauer) gehört, wurde auch an Deutschland, Frankreich, Indien, Australien, in die Türkei und an sieben andere Nationen ausgeliefert.
IAI entwickelte aus der „Heron“ eine Version mit Turboprop-Triebwerk unter der Bezeichnung „Eitan“ – auch bekannt als „Heron TP“. Ihren Erstflug absolvierte die Drohne im Juli 2006. Als Motorisierung dient das 900 kW starke Triebwerk PT6A von Pratt & Whitney. Die Reichweite beträgt 7400 km beziehungsweise 70 Flugstunden. Die Dienstgipfelhöhe liegt bei mehr als 14 000 Meter. Die Nutzlast wurde auf 2000 kg erhöht, das maximale Startgewicht beträgt nunmehr 4650 kg. Die Tragflächen der 23 Meter langen Drohne haben eine Spannweite von 26 Metern. Seit 2009 steht die „Eitan“ bei der israelischen Luftwaffe im Dienst. Andere Nationen haben ebenfalls Interesse bekundet.
Auch die Vereinigten Staaten sind offenkundig an der Entwicklung von Drohnen interessiert, denn diese haben wesentliche Vorteile gegenüber bemannten Luftfahrzeugen: Sie sind kleiner, leichter, wirtschaft-

306 *Die Zieldarstellungsdrohne AQM-34 der U.S. Navy. Sie wurde zwischen 1964 und 1975 in Vietnam zur Aufklärung eingesetzt.*

307 oben *Eine General Atomics MQ-1B Predator der US-Luftwaffe bei der Landung. Unter den Tragflächen erkennt man zwei Hellfire-Raketen für den Angriff auf Bodenziele.*

307 unten *Die IAI Heron aus Israel ist eine Aufklärungsdrohne der MALE-Klasse (Mittlere Höhe – lange Ausdauer), die von Frankreich unter dem Namen Harfang eingesetzt wurde.*

licher und leiser. Sie können deshalb längere Zeit über der Kampfzone fliegen, ohne dass sie für den Feind vom Boden aus leicht zu entdecken sind. So eignen sie sich hervorragend für Spionage-, Aufklärungs- und Überwachungseinsätze sowie zur Zielerfassung.

In den 1980er-Jahren hatten der amerikanische Geheimdienst CIA und das US-Verteidigungsministerium damit begonnen, Versuche mit Aufklärungsdrohnen der nächsten Generation durchzuführen. Im Auftrag der CIA entwickelte die Firma Leading Systems von Abraham Karem ein kleines Flugzeug mit dem Namen „Gnat", das von einem sehr leisen Motor angetrieben wurde. Später wurde es unter der Bezeichnung „Predator" geführt. Im Januar 1994 wurde die Firma General Atomics aus San Diego im US-Bundesstaat Kalifornien mit der Weiterentwicklung der „Predator" beauftragt.

Nach Beendigung der Testphase wurde das Projekt im Juni 1996 von einem aus Heer und Marine bestehenden Team an die Luftwaffe abgegeben. Zu diesem Zeitpunkt wurden „Predator"-Drohnen bereits bei Manövern und bei realen Missionen im Balkan eingesetzt. Letztere starteten im albanischen Gjadër. Die „Predator"-Serie wurde offiziell unter der Bezeichnung RQ 1B „Predator A" in Dienst gestellt. Allerdings stand diese Bezeichnung für das gesamte System mit vier Flugzeugen, einem bodengestützten Kontrollzentrum und einer Reihe von Antennen zur Datenübertragung. Die eigentlichen Drohnen wurden unter der Bezeichnung RQ 1L geführt.

Kernstück der Drohnen war ein AN/AAS-52-Modul, das aus zahlreichen elektrooptischen Sensoren zur Zielerfassung und einem Radarsystem mit synthetischer Apertur des Typs AN/ZPQ 1 bestand. Letzteres wurde jedoch wegen der seltenen Nutzung bald wieder ausgebaut. Das System RQ-1B war unbewaffnet. Jedoch erkannte man bald, dass eine Bewaffnung der Drohnen deren Einsatzmöglichkeiten drastisch erweitern würde.

So erblickte 2002 die MQ 1A das Licht der Welt, die mit zwei Luft-Boden-Raketen des Typs AGM 114 „Hellfire" oder vier Luft-Luft-Raketen des Typs AIM 92 „Stinger" bestückt werden konnte. Darauf folgten die MQ 1B und die B Block 10/15 („Predator A Plus"). Zu den Verbesserungen zählten die größere Spannweite, ein verändertes Höhenleitwerk und ein verbessertes AN/AAS-52-Modul. Die 8,2 Meter lange und 2,1 Meter hohe „Predator A Plus" hat eine Spannweite von 16,8 Metern. Das maximale Startgewicht beträgt 1020 kg. Die Reisegeschwindigkeit liegt zwischen 130 und 165 km/h, die Dienstgipfelhöhe ist bei 7620 Metern erreicht. Für Schub sorgen der 86 kW starke Kolbenmotor Rotax 914F und der zweiflügelige Propeller. Von den Typen „Predator A" und „Predator A Plus" wurden über 360 Einheiten produziert, von denen einige auch bei der türkischen und der italienischen Luftwaffe zum Einsatz kamen.

Die MQ 1C „Gray Eagle" gibt es seit 2004. Sie wurde 2009 von der U.S. Army in Dienst gestellt. Bei diesem Modell fand der 101 kW

308 oben Die RQ-4 Global Hawk von Northrop-Grumman absolvierte ihren Erstflug 1998. Sie soll bei der USAF die bemannten U-2-Aufklärungsflugzeuge ersetzen.

308 unten Die weltweit eingesetzte Aufklärungsdrohne „Falco“ wurde von der italienischen Firma Galileo Avionica entwickelt.

starke Dieselmotor Thielert Centurion 1.7 mit einer maximalen Flugdauer von 30 Stunden Verwendung. Als Bewaffnung können vier AGM 114-Raketen oder vier GBU 44-Bomben mitgeführt werden. Die U.S. Army plant die Beschaffung von 164 Einheiten dieses Typs. Ihre Erfahrung auf diesem Gebiet veranlasste die im US-Bundesstaat Kalifornien ansässige Firma General Atomics, ihre eigene, leistungsfähigere Version der „Predator“ zu entwickeln und den Bedürfnissen der US-Luftwaffe zuvorzukommen. So entstand 2001 der „Predator B“, der in drei Versionen verfügbar war – eine davon mit Mantelstromtriebwerken, die beiden anderen als Turboprops.
Im Oktober 2001 unterzeichnete die amerikanische Luftwaffe den Vertrag über die Entwickling des Protoyps B 003, der am 1. Mai 2007 unter der offiziellen Bezeichnung MQ 9A „Reaper“ in Dienst gestellt wurde. Die „Reaper“ ist deutlich größer und leistungsfähiger als die „Predator A“. Die Spannweite dieses 11 Meter langen Typs beträgt 20 Meter, die Höhe liegt bei 3,6 Meter. Als Antrieb dienen das 662 kW starke Triebwerk TPE331 10 von Honeywell und ein dreiflügeliger Propeller. Das maximale Startgewicht liegt bei 4760 kg. Davon entfallen 360 kg Nutzlast auf die Sensorik (das Radar-Modul AN/APY 8 sowie das Zielerfassungs- und Zielzuweiser-Modul AN/DAS 1 MTS B) und 1400 kg auf die Bewaffnung, die an sechs Trägern unterhalb der Tragflächen befestigt werden kann. Die „Reaper“ erreicht eine Reisegeschwindigkeit von 508 km/h und eine Dienstgipfelhöhe von 15 000 Metern. Unter Vollast beträgt die Reichweite fast 1850 km oder 14 Flugstunden. Als Bewaffnung dienen AGM-114-Raketen sowie die lasergesteuerten 230-kg-Bomben der Typen GBU 12 beziehungsweise JDAM GBU-38. Mehr als 60 Muster der MQ 9A wurden und werden immer noch hergestellt. Verwendung findet dieser Typ bei der USAF (auch im Kriegseinsatz in Afghanistan), bei der NASA (unter der Bezeichnung „Altair“), beim amerikanischen Zoll und Grenzpolizei sowie bei der britischen und italienischen Luftwaffe.
Die RQ 4 „Global Hawk“ von Northrop Grumman fällt in die HALE-Klasse (Große Höhe, Lange Ausdauer). Der Erstflug fand im Februar 1998 statt. Sie sollte die Spionageflugzeuge vom Typ U-2 ersetzen. Bereits in der Versuchs- und Entwicklungsphase kam diese Drohne in Afghanistan und im Irak-Krieg zum Einsatz. Die 13,5 Meter lange und 4,7 Meter hohe „Global Hawk“ mit einer Spannweite von 35,4 Metern verfügt über das Mantelstromtriebwerk AE3007H von Allison Rolls Royce mit 31 kN Schub. Sie erreicht damit eine Reisegeschwindigkeit von 650 km/h. Die Reichweite beläuft sich auf 24 985 km oder 36 Flugstunden. Die Spannweite beträgt 35,4 Meter. Die Nutzlast liegt bei 900 kg mit einem maximalen Startgewicht von 10 387 kg, die Dienstgipfelhöhe liegt bei 19 812 Metern. Zur Ausstattung gehören neben einem integrierten Sensormodul von Raytheon auch ein Radar mit synthetischer Apertur, eine Nachtsichtkamera sowie elektro-optische Kameras. Außerdem ist die Selbstschutzausrüstung AN/ALR 89 mit an Bord, bestehend aus dem Laserwarnsensor AN/APR 49, dem Radarwarnsensor AN/APR 49, einem elektronischen Störsender und dem Schleppköder AN/ALE 50. Die „Global Hawk“ RQ 4B Block 30 kann auch mit SIGINT- beziehungsweise ASIP-Modulen zur elektronischen Funkaufklärung bestückt werden.
Die B-Version fällt durch ihre Größe und ihr stärkeres Triebwerk auf. Dadurch erhöht sich zwar das maximale Startgewicht auf 14 628 kg, die Reichweite ist jedoch mit 14 000 km oder 28 Flugstunden deutlich geringer. Das technisch fortschrittlichste Modell ist die Block 40, deren erste Ausführungen jedoch bei Versuchen insbesondere im Hinblick auf die Leistung der Steuerungstechnik schlecht abschnitten. Sie wird von der amerikanischen Luftwaffe und der U.S. Navy verwendet. Letzere plant ab 2015 den Einsatz der Version MQ 4C zur Seeaufklärung. Auch die NASA setzt diesen Typ ein. Deutschland hat diese Drohne in der Version RQ 4E „Euro Hawk“ geordert. Die NATO setzt die „Hawk“ bei einer neuen Einheit am Stützpunkt Sigionella auf Sizilien ein. Weltweit gibt es heute hunderte verschiedene Typen von ferngesteuerten Flugzeugen. Dazu zählen neben den nur wenige Zentimeter großen Mikrodrohnen auch die

großen Modelle der HALE-Klasse. Das für diese Fluggeräte typische niedrige technische Niveau liegt für viele Länder im Rahmen ihrer Möglichkeiten. Außerdem ist insbesondere durch Verträge unter Herstellerfirmen der unbeschränkte Technolgietransfer sichergestellt.
Zu den erfolgreichsten Projekten gehört die „Elbit-Hermes“-Serie aus Israel – von der kompakten 90 über die 180, die 450 bis hin zur großen 900, wovon die 450 aus dem Jahr 1998 die beliebteste Version ist. Sie wird von den Luftwaffen von zwölf Nationen eingesetzt.
Zu den weltweit ersten Herstellern gehört auch die italienische Firma Meteor mit ihren Zieldarstellungsdrohnen aus der Mirach-Serie. Die später von Selex Galileo übernommene Firma produzierte unter Anderen auch die „Falco“ für mittlere Flughöhen und Reichweiten. Deren Erstflug fand 2003 statt. Mehr als 50 Einheiten wurden an diverse Nationen, darunter auch Pakistan und Saudi-Arabien, verkauft. Die „Falco“ wird weiterhin hergestellt. Seit 2011 gibt es eine verbesserte Version mit höherer Reichweite: die „Falco Evo“. Alenia Aermacchi hat vor kurzem zwei Prototypen – eine Kampfdrohne und eine Aufklärungsdrohne der MALE-Klasse produziert. Es handelt sich um die „Sky X“ mit einem Mantelstromtriebwerk aus dem Jahre 2005 und die Turboprop-Variante „Sky Y“ von 2007.

309 oben Die MQ-9A Reaper ist der deutlich leistungsfähigere Nachfolger der Predator von General Atomics. Sie kann zu Spionage- und Aufklärungszwecken sowie als Angriffsdrohne eingesetzt werden.

309 unten Die italienische Firma Alenia Aermacchi stellte 2005 mit der „Sky-X“ ein Erprobungsmuster für eine strahlgetriebene Kampfdrohne vor.

Es ist anzunehmen, dass die ferngesteuerten Flugzeuge in Zukunft immer weitere Verbreitung finden werden – insbesondere für Missionen mit hohem Risiko oder langer Flugdauer. Die neue Klasse der Kampfdrohnen ist in der Erprobung bereits weit fortgeschritten. In wenigen Jahren wird es die ersten unbemannten Flugzeuge geben, die der „Predator A" hinsichtlich ihrer Schlagkraft deutlich überlegen sind.
Die Vereinigten Staaten sind bei der Erprobung auf diesem Gebiet federführend und schreiten mit interessanten Ergebnissen aus den DARPA-Programmen aus dem Jahr 2000 voran. Ursprünglich liefen die Entwicklungsprojekte (zunächst die X 45, später auch die X 47) der amerikanischen Luftwaffe und der US Marine parallel.
Der kleine Prototyp X 40 5A aus dem Hause Boeing absolvierte seinen Erstflug am 22. Mai 2002. Zwei Jahre später wurde im Rahmen der Erprobung ein Ziel erfolgreich bombardiert. Die äußere Form der X 40 5A wurde nach Gesichtspunkten fortgeschrittener Tarnkappen-Technologie gestaltet. Es handelt sich um einen Nurflügler, bei dem vollständig auf jegliche Art von Leitwerken verzichtet wurde. Die Erprobung wurde 2005 abgeschlossen, die Prototypen wurden an Museen abgegeben.
Danach wurden die Modelle X 45B und X 45C produziert. Sie waren größer und verfügten auch über eine größere Reichweite. Die USAF stellte dieses Projekt jedoch im Jahre 2006 ein. Ein später Ableger dieser Projekte ist die „Phantom Ray", die zur Erprobung von ISTAR-Missionen, der Unterdrückung feindlicher Luftabwehr, der elektronischen Kampfführung und der automatischen Luftbetankung diente. Der Erstflug dieser immer noch im Entwicklungsstadium befindlichen Drohne fand am 27. April 2011 statt. Mit dem Mantelstromtriebwerk F404 GE 102D von General Electric erreicht sie eine Höchstgeschwindigkeit von Mach 0,85. Das maximale Startgewicht der 11 Meter langen Drohne liegt bei rund 16 500 kg, die Spannweite der Tragflächen beträgt 15 Meter.
Für das Erprobungsprogramm der Kampfdrohnen (UCAS D) bevorzugte die U.S. Navy jedoch die X 47 „Pegasus" von Northrop Grumman, die ursprünglich als die kleine A-Version umgesetzt wurde. 2007 stieg man auf die B-Version um, die über die Dimensionen einer möglichen Serien-Drohne verfügte. Der erste Prototyp hob am 4. Februar 2011 ab. Dabei handelte es sich um einen klassischen Tarnkappenflieger, also einen Nurflügler mit oben gelegenem Triebwerk, um die Ansaugvorrichtung und den Auslasskonus für feindliche Erkennungssysteme unsichtbar zu machen.
Eine Besonderheit der X 47B ist, dass sie für den Einsatz auf Flugzeugträgern ausgelegt ist. Deshalb verfügt sie über ein verstärktes Fahrwerk mit einer Hakenvorrichtungen für Katapultstarts sowie einem Fanghaken für die Landung und einklappbare Tragflächen. Das Mantelstromtriebwerk F100 PW 220U mit ca. 64 kN Schub von Pratt & Whitney soll die X47 B mit ihrem maximalen Startgewicht von 20 215 kg auf eine Geschwindigkeit von bis zu 900 km/h beschleunigen. Ihre Dienstgipfelhöhe ist bei 12 000 Metern erreicht. Die Spannweite der 11,6 Meter langen Drohne beträgt 18,9 Meter. Die „Pegasus" hat bereits zahlreiche Bodentests durchlaufen. Für 2013 ist die Flugerprobung auf Flugzeugträgern vorgesehen. Hierbei kann sie auch ihre Fähigkeiten für die automatische Landung und die automatische Luftbetankung unter Beweis stellen. Für die Zukunft erwägt Northrop Grumman eine Version X 47C mit einer Spannweite von 52 Metern und einer Nutzlast von 4500 kg.
Einige Flugzeugbauer in Europa führen bereits Erprobungen mit Kampfdrohnen der nächsten Generation durch. Vier dieser Projekte ziehen die meiste Aufmerksamkeit auf sich: Die „nEUROn", die „Talarion", die „Barracuda" und die „Taranis". Bei ersterer handelt es sich um ein Erprobungsflugzeug für zukünftige unbemannte Kampfflugzeuge. Dieses Projekt wurde 2003 von der französischen Regierung und Dassault ins Leben gerufen.
Die Hälfte der Entwicklungskosten trägt Dassault, den Rest teilen sich die anderen beteiligten Nationen und Hersteller, unter ihnen Thales und EADS (Frankreich), Alenia Aermacchi (Italien), SAAB (Schweden), EADS CASA (Spanien), EAB (Griechenland) und RUAG (Schweiz). Am 19. Januar 2012 stand am französischen Luftwaffenstützpunkt Istres der erste Prototyp für die Flugerprobung bereit.
Die Erprobung wird einige Zeit in Anspruch nehmen. Es sollen Daten und Erfahrungen gesammelt werden, die für die zukünftige Entwicklung von bemannten und unbemannten Kampfflugzeugen von Bedeutung sind. Deutschland und Spanien riefen 2006 ein Konkurrenzprojekt zur „nEUROn" ins Leben: Die „Barracuda", eine Drohne mit Strahltriebwerk, die bei einem maximalen Startgewicht von mehr als 3000 kg eine Geschwindigkeit von Mach 0,85 erreicht. Das Projekt macht Fortschritte und liefert eine erhebliche Menge an Daten, die für die Ent-

wicklung zukünftiger Kampfdrohnen hilfreich sein werden.
Die vom EADS-Konsortium mit deutscher, französischer, spanischer und später auch türkischer Beteiligung entwickelte „Talarion“ gehört zur MALE-Klasse. Der Erstflug war für 2013 oder 2014 angesetzt. Die Indienststellung war für 2016 geplant. Frankreich und Deutschland wollten jeweils sechs Systeme erwerben, Spanien drei. Die Systeme bestehen aus drei Drohnen und einer boden-

310 oben Die X-47B von Northrop Grumman soll zeigen, dass Kampfdrohnen auch von Flugzeugträgern aus eingesetzt werden können.

310–311 Dieses Modell der Tarnkappen-Kampfdrohne „Phantom Ray“, die 2011 zum Erstflug abhob, dient der USAF für Demonstrationszwecke am Boden.

311 oben Eine nEUROn bei der Montage: Sie geht aus einem europäischen Entwicklungsprogramm für Tarnkappen-Kampfdrohnen unter französischer Führung hervor. Der Prototyp absolvierte seinen Erstflug am 1. Dezember 2012.

312 oben Die „Talarion“ von EADS gehört zur MALE-Klasse. Sie soll den Bedarf der Luftstreitkräfte in Deutschland, Frankreich und Spanien decken.

312 unten Die X-48 von Boeing wurde in Zusammenarbeit mit der NASA zur Erprobung von unbemannten Transportern für zivile und militärische Zwecke entwickelt.

gestützten Kontrollstation. Die „Talarion“ sollte mit elektro-optischen und Infrarot-Kameras ausgestattet werden. Außerdem waren ein SAR Radar, ein Modul für elektronische Unterstützungsmaßnahmen (EloUM) und ein SIGINT-System vorgesehen. Mithilfe zweier Strahltriebwerke wird eine Höchstgeschwindigkeit von 555 km/h erreicht. Als Dienstgipfelhöhe werden 15 240 Meter angestrebt sowie eine Reichweite von etwa 20 Flugstunden. Das maximale Startgewicht der „Talarion“ sollte bei etwa 7000 kg, die Nutzlast bei 800 kg liegen.
Allerdings traten bei der Umstetzung mehrere Probleme auf, weshalb der Hersteller das Projekt bis zur Auftragsbestätigung durch die jeweiligen Regierungen auf Eis gelegt hat.
Das britische „Taranis“-Projekt von BAE Systems trat im Jahre 2006 in Erscheinung. Es handelt sich ebenfalls um einen Prototypen sowie das erste in Großbritannien entwickelte Tarnkappenflugzeug. Der Erstflug ist für das Jahr 2013 geplant. Seit Februar 2012 kooperiert Großbritannien auf diesem Sektor mit Frankreich.
Jedenfalls wird es höchstwahrscheinlich innerhalb der nächsten zehn bis fünfzehn Jahre – zumindest in Europa – keine einsatzbereiten Kampfdrohnen geben.
Die Einsatzgebiete der unbemannten Flugzeuge werden jedoch in Zukunft nicht auf militärische Zwecke beschränkt sein – sie werden auch im Transportwesen Einzug halten. Hierfür hat Boeing bereits seit einiger Zeit an dem Projekt X 48 gearbeitet. Im Juni 2007 hob die Version X 48B zum Erstflug ab. Bei diesem Prototyp handelt es sich um ein Modell eines künfigen zivilen und militärischen Frachtflugzeugs im Maßstab 1:12 nach dem Nurflügler-Prinzip.
In der unbemannten Luftfahrt beschäftigt man sich allerdings nicht nur mit Starrflüglern. Auch Drehflüglern mit ihren vielfältigen zivilen und militärischen Einsatzmöglichkeiten wird Beachtung geschenkt. Der erste ferngesteuerte Hubschrauber – eine HTK I von Kaman – flog bereits 1957. Viele Jahre gingen ins Land, bis die Technik hinreichend ausgereift war. In diesem Zusammenhang sind die folgenden Modelle erwähnenswert: die K MAX von Kaman (die ferngesteuerte Version der bemannten K 1200), eingesetzt von Pionieren in Afghanistan, die A-160T „Hummingbird“ und die „Little Bird“ von Boeing, die RQ/MQ 8 „Fire Scout“ von Northrop Grumman sowie die SW 4 von PZL Świdnik.
Zweifelsohne haben die unbemannten Flugzeuge das größte Potential und die besten Chancen für die Zukunft. Die Technik steht vielen Flugzeugherstellern offen. Auch außerhalb des Militärs werden die Drohnen an Bedeutung gewinnen: für die Spionage, bei polizeilichen Ermittlungen, beim Zivilschutz, bei der Grenzüberwachung, beim Umweltschutz und bei der Luftbilderstellung.

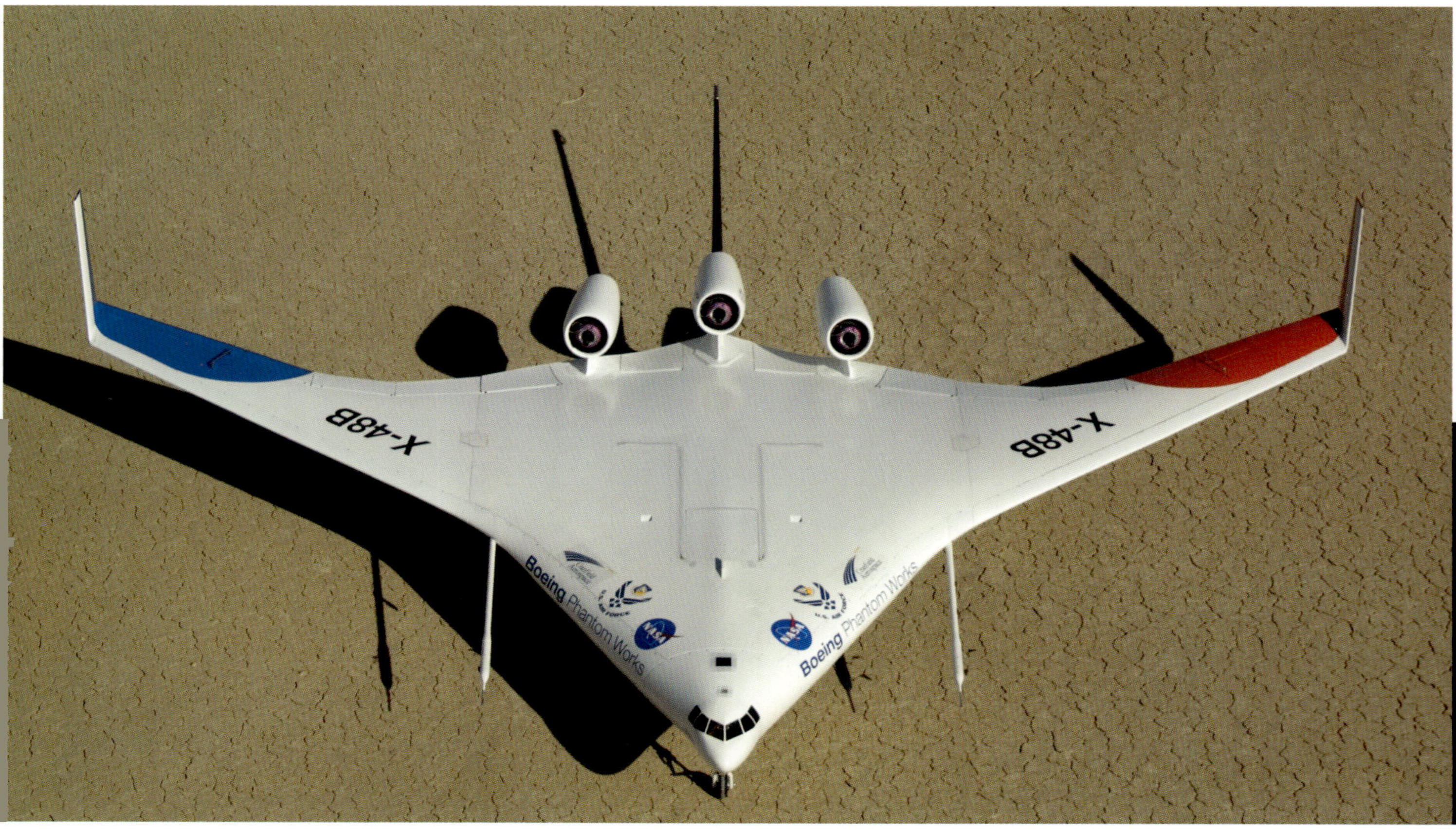

313 oben Die unbemannte A-160T Hummingbird von Boeing soll ohne Besatzung bis zu 24 Stunden in der Luft bleiben können.

313 unten Auch bei den Drehflüglern gibt es immer mehr Modelle für den unbemannten Einsatz. Im Bild eine RQ-8A Fire Scout von Northrop Grumman, die für die U.S. Navy entwickelt wurde.

Kapitel 26

Heute und morgen

Die Zukunft der Luftfahrt hat bereits begonnen. Schon heute sind Tendenzen und Probleme der kommenden Jahre abzusehen, mit denen dieses führende Segment der modernen Technologie und globalen Industrie konfrontiert sein wird. In der zivilen Luftfahrt verursachten die von den Industriekolossen Boeing und Airbus geleiteten Forschungen und Entwicklungen eine enorme Marktexpansion. Laut Schätzungen von Boeing soll während des Zeitraums zwischen 2007 und 2026 der Personenverkehr um durchschnittlich 4,5 Prozent pro Jahr zu zunehmen, mit Spitzenwerten von 6,2 Prozent in der Region Asien/Pazifik-Raum und 8,1 Prozent in China. In der Asien/Pazifik-Region wird die größte Steigerung in Kauf und Nutzung von Flugzeugen zu erwarten sein – und der größte Markt für die Flugzeughersteller mit einem Anteil von 36%, verglichen mit 26% für Nordamerika und 25 Prozent für Europa und Russland. Zwischen 2007 und 2026, wird erwartet, dass die Fluggesellschaften auf der ganzen Welt mehr als 28 000 neue Transportflugzeug brauchen werden, und dass die Flugzeugflotte der ganzen Welt sich von rund 18 000 Flugzeugen auf über 36 000 verdoppeln wird. Airbus hat ähnliche Prognosen. Diese Zahlen sind beeindruckend, wenn die Prognosen tatsächlich real werden, bedeuten sie ein Umsatzvolumen von 2 840 Milliarden Dollar. Diese Steigerungsraten bedeuten auch schwerwiegende Auswirkungen auf die Flugsicherung und Flughafen-Strukturen und Gebäude. Boeing jedoch sieht keine große Nachfrage nach Riesen-Flugzeugen, sondern die Expansion der mittleren Flugzeugklassen. Außerdem ist man davon überzeugt, dass die Reisenden auf Langstrecken Flugzeuge mittlerer Größe bevorzugen werden, da sie außer einem höheren Komfort die Möglichkeit bieten, bei Direktflügen auf kleineren, weniger überfüllten Flughäfen landen zu können. Somit wäre man nicht zum Umsteigen auf den großen interkontinentalen Drehscheiben wie London, Los Angeles oder New York gezwungen.

Der militärische Bereich ist nicht derart vital wie die zivile Luftfahrtindustrie, vor allem wegen anhaltenden Kürzungen des Verteidigungshaushalts in den westlichen Ländern nach dem Ende des Kalten Krieges, zusammen mit einem Anstieg der Kauf- und Betriebskosten und der Wirtschaftskrise. Trotz dieser Faktoren werden die Vereinigten Staaten nach wie vor in den kommenden Jahren einen großen Teil des Marktes beherrschen, gefolgt von den asiatischen und europäischen Märkten.

Die entgegengesetzte Meinung wird dagegen von Airbus vertreten, wo man – wie im vorhergehenden Kapitel erläutert wurde – mit großer Energie am Projekt A380 gearbeitet hat, einem Flugzeug von riesigem Ausmaß.
Ein nicht ganz so florierendes Geschäft wie die Zivilluftfahrt scheint der Militärsektor zu werden, auch wenn die Aussagen für den Zeitraum 1999–2003 auf einen möglichen Verkauf von ca. 2600 Flugzeuge hinweisen – das heißt 38 Prozent der gesamten weltweiten Produktion. Sicherlich ist größtenteils das Ende des Kalten Kriegs für die Schrumpfung dieses Sektors verantwortlich, ebenso wie die Steigerung der Erwerbs- und Betriebskosten und die weltweite Senkung der Militärbudgets. Dennoch wird die notwendige Modernisierung vieler Luftstreitkräfte (sei es auch nur durch Kauf immer kleinerer Mengen von Flugzeugen) dafür sorgen, dass vor allem auf dem Gebiet der Jagdflugzeuge der Markt noch viele Jahre aktiv und interessant bleibt.
Die Jagdflugzeuge der neuen Generation werden von Kampfflugzeugen dominiert, die um die Jahrtausendwende in den Dienst traten. Eines von ihnen, die JAS 39 Gripen, tut bereits seit 1995 Dienst in der schwedischen Luftwaffe. Bei der Gripen handelt es sich um ein Produkt der Industriegruppen JAS (geleitet von SAAB), die das Flugzeug Anfang der 1980er-Jahre als vielseitig einsetzbaren Nachfolger der Modelle Viggen und Draken für Schweden konzipiert hatten. Zu den besonderen Charakteristiken zählen die hochentwickelten Fly-by-Wire-Steuerung, die vereinfachte Instandhaltung des Flugzeugs, die fortschrittliche Avionik sowie die vielseitigen Einsatzmöglichkeiten. Die JAS 39 flog zum ersten Mal am 9. Dezember 1988. Aufgrund von Verzögerungen in der Entwicklung der Steuerungs-Software (wodurch auch zwei Unfälle verursacht wurden) begann man jedoch erst 1993, die ersten Exemplare an die Luftstreitkräfte zu liefern, so dass das Flugzeug erst zwei Jahre darauf von Militärpiloten geflogen werden konnte.
Die Gripen ist ein kleines Flugzeug mit einer Flügelspannweite von 8,4 Metern, einer Länge von 14,1 Metern sowie einer maximalen Startmasse von 12 500 kg. Bei dem Triebwerk handelt es sich um das Zweikreistriebwerk Volvo RM12 von 8220 kp Schubkraft mit Nachbrenner, der das Flugzeug zu einer Höchstgeschwindigkeit von ca. 2000 km/h antreiben kann. Schweden hatte eine Bestellung von 204 Exemplaren der JAS 39 – die auch als zweisitzige Schulversion entwickelt wurde. Schweden hatte 130 Exemplare, dann 50 Einsitzer der Typen JAS 39C und 14 Zweisitzer D bestellt, die neue und erweiterte Version mit einem neuen Haupt-Computer, neue Waffen, Ausrüstung für Luftbetankung und Kompatibilität mit den NATO-Systemen besitzen. Das erste Modell C flog im Jahr 2002, und die letzten 20 Maschinen der ersten Charge wurden auch nach dieser Norm abgeschlossen. Nach dem Programm zur Reduzierung der Streitkräfte, das von der schwedischen Regierung in den letzten Jahren verabschiedet wurde, blieben nur 75 JAS 39C und 25 Zweisitzer D im Dienst. Das Flugzeug hat auch eine Reihe von Erfolgen im Export genossen, mit 28 Exemplaren für Südafrika, 14 an Ungarn verpachteten, 14 an die Tschechische Republik verkauften und zwölf nach Thailand. Der Prototyp der Gripen NG absolvierte seinen Jungfernflug im Jahr 2008. Das Modell bot die Einführung mehrerer Verbesserungen, einschließlich des elektronischen AESA-Radars, einen mächtigen F414-Motor, neue Docks für Waffen und ein höheres maximales Startgewicht. Schweden und der Schweiz werden die ersten Kunden für diese neue Version, die JAS 39E heißt, mit Aufträgen für 40 bis 60 und 22 Einheiten. Die Lieferung ist fürs Jahr 2018 geplant.
Zwei Jahre vor der Einführung der Gripen wurde die Dassault Rafale eingeführt, ein vielseitig einsetzbares, hochmodernes Kampfflugzeug, dessen Diensteinsatz jedoch aus Kostengründen mehrfach aufgeschoben wurde. Entwickelt wurde die Rafale als Nachfolger der Serien Mirage 2000 und Jaguar der französischen Luftwaffe sowie der F-8 und Super Etendard der Marine. Der erste Prototyp flog am 4. Juli 1986, während der Diensteintritt des Flugzeugs für Mitte der Neunzigerjahre vorgesehen war. Es handelt sich um eine zweistrahlige Maschine mit Deltaflügeln und Canard-Vorderflügeln, die eine maximale Steuerbarkeit ermöglichen; die Flügelspannweite misst 10,8 Meter, die Länge 15,3 Meter und die maximale Startmasse liegt bei 22 150 kg. Die beiden SNECMA M88-2 Zweikreistriebwerke mit Nachbrenner bieten 7700 kp Schub für eine Spitzengeschwindigkeit über Mach 1,8 (1900 km/h). Die Waffensysteme umfassen bis zu 9500 kg an externer Bewaffnung (einschließlich den modernsten Systemen, wie der MICA-IR- und EM-Raketen, SCALP-EG-Raketen und den Präzisionsbomben AASM Hammer), zusammen mit einer 30-mm-Kanone. Von der Rafale wurden drei Versionen entwickelt: C und B (Zweisitzer) für die Luftwaffe sowie das Decklandemodell M (zusammen mit dem Zweisitzer MB) für die Marine. Das M-Modell (Version F.1) wurde im Dezember 2000 auf der Llandivisiau-Basis als erstes in Dienst gestellt, während die ersten Flugzeuge für die Luftwaffe im Jahr 2004 auf der Basis in Mont-

314 oben Das Jagdflugzeug Dassault Rafale ist ein Mehrzweck-Flugzeug, das 2000 bei der französischen Marine in Dienst trat.

314 unten Ein Paar Lockheed Martin F-22A der USAF 1. Fighter Wing. Ausgestattet mit Technik auf dem neuesten Stand, trat dieses Jagdflugzeug im Jahr 2003 in Dienst. Bis 2011 wurden 187 Maschinen gebaut.

315 Zwei JAS39D Gripen der südafrikanischen Luftwaffe, einer der wenigen ausländischen Kunden für diesen schwedischen Mehrzweck-Jet.

316 oben Ein Eurofighter Typhoon EF.2000 des 36. Stormo (Staffel) der italienischen Luftwaffe, wo er 2004 eingeführt wurde.

Schlachtfeld eine herausragende Sicht bieten sowie eine mit Stealth-Technologie vereinte, hervorragende Steuerbarkeit. Die Bewaffnung besteht aus maximal acht Luft-Luft-Raketen bzw. 1000 kg Bomben in drei internen Waffenschächten. Außerdem wird eine weitere Waffenlast von 9000 kg auf vier Unterflügelstationen verteilt, was allerdings die aerodynamischen Leistungen vermindert. Die Spannweite beträgt 13,5 Meter, die Länge 18,9 Meter und die maximale Startmasse über 37 000 kg. Die Triebwerksaustattung besteht aus zwei Pratt & Whitney F119-PW-100-Zweikreistriebwerken mit Nachbrennern, die eine Schubkraft von je 15 800 kp aufweisen sowie einer Schubvektorsteuerung der Düsen, die ein Schub-Gewicht-Verhältnis von 1:4 gewährleisten und für die Höchstgeschwindigkeit von weit über 2000 km/h verantwortlich sind. Das letzte Exemplar wurde im Dezember 2011 fertig gestellt.

de-Marsan stationiert wurden. Die erste operative Gruppe war die Abteilung 01.007, Codename „Provence", auf dem Stützpunkt in St. Dizier.

Die vielseitige Mehrzweckversion F.3 wurde 2008 in Produktion gestellt. Frankreich hat insgesamt 180 Exemplare dieses Jagdflugzeugs bestellt. Trotz aller Anstrengungen hat die Rafale nie Erfolge im Export verzeichnen können.

Erst im Januar 2012 ist es endlich gelungen, den MMRCA-Wettbewerb in Indien für sich zu entscheiden. 18 Flugzeuge sollen bis 2015 geliefert werden, 108 weitere in Indien in Lizenz gefertigt werden. Die Rafale ist sicherlich ein teures, aber ausgefeiltes Flugzeuge, sie stellt eine echte Alternative für die Länder dar, die sich nicht von Produkten aus den USA, Russland oder China abhängig machen wollen. Im Oktober 2012 lieferte Dassault der französischen Luftwaffe das erste Exemplar, das mit RBE2-AESA-Radar ausgerüstet war, es handelte sich um die 137. Maschine.

Am 29. September 1990 flog der erste Prototyp des künftigen Luftüberlegenheitsjägers der amerikanischen Air Force. Es handelte sich dabei um die YF-22, die von Lockheed-Martin und Boeing entwickelt wurde. Sie trat gegen die YF-23 von Northrop-McDonnell-Douglas beim ATF-Wettbewerb der USAF an; der ATF wurde zur Auswahl eines Nachfolgers der F-15 Eagle ausgerichtet. Im April 1991 wurde die YF-22 offiziell zur Siegerin erklärt und von da an vergingen noch sechs Jahre bis zum Jungfernflug des ersten Vorserienexemplars F-22A am 7. September 1997. In der Zwischenzeit wurden einige Modifikationen an dem Entwurf vorgenommen und das Projekt aufgrund von Etatproblemen wiederholt geprüft – das führte zum Aufschub des Produktionsbeginns sowie zur Reduzierung der Exemplare, die gebaut werden sollten, von 750 auf 442 und zuletzt – nach letzter Kürzung 2004 – nur 187 Stück. Die ersten F-22A wurden im Januar 2003 an ausgewählte Einheiten geliefert. Die erste operative Einheit war die 1st Fighter Wing in Langley, Virginia, die 2005 für einsatzfähig erklärt wurde. Wie dem auch sei – die Raptor ist ein ausgezeichnetes Flugzeug, das den anderen neuen Superjägern eine Generation voraus ist: Sie verfügt über eine Überschall-Fluggeschwindigkeit (Mach 1,5), modernste Avionik und Sensoren, die auf dem

Ein weiteres europäisches Produkt unter den modernen Jagdflugzeugen des 21. Jahrhunderts ist der multinationale Eurofighter EF.2000, der von einem aus Großbritannien, Deutschland, Italien und Spanien gebildeten Konsortium entwickelt und gebaut wurde. Die Ursprünge dieses Projekts gehen bis 1983 zurück; 1986 ließ British Aerospace bereits ein technologisches Vorführflugzeug fliegen (den EAP) um Daten für den neuen Jäger EFA (European Fighter Aircraft) zu sammeln, der bereits Mitte der 1990er-Jahre in den Fliegerstaffeln eintreffen sollte. Auch die Triebwerke EJ200, die wiederum von dem Vier-Länder-Bund gebaut wurden, waren vollständig neu. Das Flugzeug besaß eine aerodynamische Außenform mit Deltaflügeln und vorderen Canard-Tragflächen, einen rechteckigen geteilten Lufteinlauf, zwei Triebwerke sowie ein einzelnes Seitenleitwerk. Dennoch stieß man bei der Projektentwicklung auf diverse Schwierigkeiten politischen, wirtschaftlichen und technischen Ursprungs, so dass das Modell Anfang der 1990er-Jahre nochmals überprüft und schließlich als EF.2000 bezeichnet wurde. Der erste von

316 unten Die Lockheed Martin F-35 JSF ist ein Jagdbomber, der den Beinamen Lightning II bekam. Sie ist das beliebteste westliche Flugzeug des 21. Jahrhunderts. Ihr Programm wird heute jedoch sehr kontrovers beurteilt.

317 oben Eine Typhoon der 3. Squadron der Royal Air Force in Luftüberlegenheits-Konfiguration. Dieses Flugzeug, das auch für die Durchführung von Mehrzweck-Missionen entwickelt wurde, ist derzeit das beliebteste neue Jagdflugzeug, das im Westen produziert wird.

317 unten Das futuristische Cockpit der F-35 wird durch den Einbau von zwei großen Touchscreens (die eigentlich wie einer wirken), mit denen alle Funktionen und Fähigkeiten des Flugzeugs gesteuert werden können.

318 oben Die Suchoi Su-50 repräsentiert die Zukunft der russischen Luftwaffe, mit ihrem ersten Prototyp, der seinen Jungfernflug im Jahr 2010 hatte. Es ist die Indienststellung für 2017 geplant.

sieben Prototypen flog am 27. März 1994 und die ersten Vorserien-Exemplare wurden ab 2002 geliefert, die Serienflugzeuge dann ab 2003. Die EF.2000 wird in den Luftwaffen der vier Länder verschiedene Flugzeuge ersetzen, darunter die F-104, F-4, Jaguar, ADV Tornado und Mirage F.1. Außerdem wird das Flugzeug ausgestattet sein mit multifunktionalen Fähigkeiten, fortschrittlichster Radartechnik, Sensoren, Avionik und Bewaffnung und über eine hervorragende Manövrierfähigkeit verfügen. Die Flügelspannweite des Flugzeugs beträgt 10,9 Meter, die Länge 15,9 Meter und die maximale Startmasse liegt über 22 500 kg. Die Triebwerke sind zwei Eurojet EJ200 Zweikreistriebwerke mit Nachbrenner und einer Schubkraft von je 9000 kp. Die Höchstgeschwindigkeit beträgt ca. 2100 km/h (Mach 2). Mit der Bezeichnung Typhoon wurde die EF.2000 in drei Gruppen (1, 2, 3A) an vier Nationen geliefert – insgesamt 472 Exemplare. Auch Erfolge auf dem internationalen Markt konnte sie erzielen – 72 gingen an Saudi-Arabien, 15 an Österreich, zwölf an den Oman. Weitere Kontakte wurden geknüpft, vor allem in den Mittleren Osten. Wie die Rafale wurde auch die Typhoon bereits erfolgreich in Kampfeinsätzen erprobt, wobei ihre Luft-Luft-Fähigkeiten die der F-22A übertrafen. In Zukunft sollen weitere Verbesserungen erfolgen, zum Beispiel die Ausrüstung mit einem AESA-Radar, neuen Metrp Luft-Luft-Raketen und natürlich einige Aktualisierungen der Software.

Bei den zuletzt gebauten, neuen Superjägern handelt es sich um zwei in den Vereinigten Staaten realisierte Projekte von Lockheed-Martin bzw. Boeing, die aus dem JSF-Wettbewerb (Joint Strike Fighter) resultieren. Dabei handelte es sich um eine 1996 aufgestellte Spezifikation des amerikanischen Verteidigungsministeriums für einen neuen, gemeinsamen Jagdbomber der USAF, Navy und U.S. Marines, der zahlreiche Flugzeuge ersetzen sollte, wie zum Beispiel die F-16, A-10, F/A-18 und AV-8B.
Die britische Royal Air Force und die Royal Navy interessierten sich ebenfalls für das Flugzeug, das als Ersatz ihrer eigenen Harrier-Flotten dienen könnte. Das Programm ist umfassend und wird wahrscheinlich die Produktion von über 3000 Flugzeugen umfassen. Boeing stellte seinen eigenen Entwurf X-32 vor, der am 18. September 2000 den ersten Flug ausführte. Es handelte sich dabei um einen einstrahligen Einsitzer mit trapezartig geformten Flügeln, doppeltem Seitenleitwerk und einem großen Lufteinlass an der Unterseite der Nase. Die endgültige Version des Flugzeugs hätte Pfeilflügel mit horizontalen Schwanzflächen sowie Modifikationen am Lufteinlass und den Leitwerken haben sollen. Bei der STOVL-Version hatte sich Boeing für das „Direct lift"-System entschieden, das demjenigen der Harrier ähnelte; das Triebwerk wäre ein Pratt & Whitney 119-614 mit 19 000 kp Schub und Nachbrenner gewesen.

Lockheed-Martin schlug dagegen das Modell X-35 vor, das zum ersten Mal am 24. Oktober 2000 flog. Der Prototyp war größtenteils konventionell – die Flügel und Schwanzflächen ähnelten denjenigen des F-22, außerdem waren ein doppeltes Seitenleitwerk sowie Lufteinlässe an den Rumpfseiten eingebaut. Beim Triebwerk handelt es sich ebenfalls um das P & W 119 in der Version 611 mit einer Stärke von 16 700 kp. Die STOVL-Ausführung wurde mit dem „Lift Fan"-System ausgestattet, bei dem ein Teil der Schubkraft vom Triebwerk (mit bis zu 110 Grad abwärts verstellbarer Düse) geliefert wird und ein weiterer Teil von einem an der Vorderseite des Rumpfs positionierten Hubgebläse kommt. Beide Flugzeuge sind in internen Schächten mit Bomben bewaffnet und besitzen eine ebenso hochentwickelte Stealth-Technologie wie Avionik.
Der Sieger des JSF-Wettbewerbs wurde vom amerikanischen Verteidigungsministerium am 26. Oktober 2001 verkündet: Es war der Entwurf von Lockheed-Martin, der F-35 genannt wird. Dabei werden für das konventionelle Flugzeug die Benennung F-35A, für die Marineversion F-35B sowie für das STOVL-Modell F-35C verwendet werden. Die ersten Lieferungen an die amerikanischen Streitkräfte erfolgten 2008, es war eine F-35B. Die erste F-35C flog im Juni 2010. An dem Programm sind neben Lockheed Martin auch Unternehmen beteiligt, nämlich Northrop Grumman und die britische BAE Systems. Die technischen Probleme dieses Projekts waren enorm. Hinzu kamen Kürzungen im Verteidigungshaushalt. Der Abschluss der Tests ist nun für 2016 vorgesehen. Doch bereits am 17. Juli 2011 erhielt die Eglin Air Force Base in Florida ihr erstes Flugzeug, das die 33. Fighter Wing bekam. Mit dieser Maschine soll ab 2013 die Ausbildung zukünftiger F-35-Piloten der USAF und der alliierten Länder erfolgen. Die Marines haben ihre erste Einsatzstaffel mit der F-35B im November 2012 ausgestattet: die VMFA-121 auf der Basis in Yuma, Arizona. Zusätzlich wird die F-35, die auch als Lightning II bekannt ist, auch an Großbritannien, Australien, Italien, Kanada, die Niederlande, Dänemark, Norwegen, Türkei, Israel, Singapur und Japan ausgeliefert werden. Damit könnte die F-35 womöglich zum wichtigsten Militärprojekt der ersten Hälfte des 21. Jahrhunderts werden.
Natürlich engagiert sich auch Russland in der Entwicklung von Kampfflugzeugen der neuesten Generation. Auf Basis der hervorragenden Suchhoi Su-27 im Jahr 1977 wurde eine Familie von Flugzeugen entwickelt. Nach dem Zweisitzer Su-27UB wurde beschlossen, einen Jäger zu bauen, der Angriffsmissionen fliegen konnte und auch die Fähigkeit zur Luftbetankung hatte.
Die Su-30 hatte ihren Jungfernflug am 31. Dezember 1989 und wurde 1996 in den operativen Dienst gestellt. Sie wurde mit zwei Saturn AL-31F Zweikreis-Triebwerken ausgestattet, die 12 500 kp Schub liefern und eine Höchstgeschwindigkeit von fast Mach 2 ermöglichten. Die Reichweite ohne Nachtanken während des Fluges lag bei 1860 km, das maximale Startgewicht bei 38 Tonnen. Die Su-30K-Modelle für den Export wurden von dieser Version abgeleitet, es waren die Su-30MKI für Indien, die Su-30MKK für China und die Su-30MK2 für Venezuela, Vietnam, Uganda und Indonesien. Insgesamt wurden

319 links oben Der erste Prototyp des neuen chinesischen Jagdflugzeugs J-20 hat seinen Jungfernflug im Jahr 2011 absolviert. Das Stealth-Flugzeug ist mit der US-amerikanischen F-22 vergleichbar.

319 oben rechts Die Luftwaffe der Volksrepublik China setzt seit 2004 den Chengdu J-10 Mehrzweck-Jäger ein. Wahrscheinlich sind derzeit 300 Exemplare des Flugzeugs eingesetzt..

über 360 Exemplare dieser Jagdflugzeuge gebaut und die Produktion geht weiter. Eine weitere Variante ist die Su-34, die zum ersten Mal am 13. April 1990 flog. Mit der ursprünglichen Bezeichnung Su-27IB sollte dieses Flugzeug die Su-24-Jagdbomber ersetzen. Es wurde von einem geräumigen Cockpit mit Side-by-Side-Sitzen aus gesteuert, wie die Su-34 war es mit Su-35-Flügeln, einem Hauptfahrwerk mit Doppelbereifung und einem massiven Gehäuse ausgestattet. Bei einer maximalen Nutzlast von 8000 kg konnten die modernsten russischen Waffen-Systeme mitgeführt werden. Nach dem Bau von nur sieben Exemplaren beschloss die russische Regierung die Einstellung. 2005 wurden 18 Einheiten bestellt, 2008 wurde diese Zahl auf 32 Flugzeuge erhöht. Die Su-34 trat im Dezember 2011 in Dienst. Die russische Luftwaffe plant, bis 2020 insgesamt 162 Exemplare zu erwerben. Das jüngste Mitglied dieser Familie von Flugzeugen ist die Su-35, die ihren Erstflug am 28. Juni 1988 unter der Bezeichnung Su-27M absolvierte. Nach vielen Jahren der Unsicherheit, in denen nur acht Exemplare gebaut wurden, hatte das Modell Su-35BM mit moderner Avionik und Waffen am 19. Februar 2008 seinen Erstflug. Die zwei Saturn 117S Zweikreis-Triebwerke liefern 14 500 kp Schub, das Modell erreicht eine Höchstgeschwindigkeit von 2390 km/h (Mach 2,25) und hat ein maximales Startgewicht von 38 Tonnen. Das Flugzeug verfügt über 14 externe Punkte zur Befestigung von Luft-Luft- oder Luft-Boden-Waffen. 2009 bestellte die russische Luftwaffe eine erste Serie von 48 Exemplaren, die unter der Bezeichnung Su-35S liefen. Die Lieferung ist bis Ende des Jahres 2015 geplant. Heute ist das am weitesten fortgeschrittene russische Kampfflugzeug die Su-50, ein Ergebnis des ehrgeizigen PAK-FA-Programms, das im Jahr 2016 in Dienst gehen soll. Nach Wunsch der russischen Regierung muss das Flugzeug in der Lage sein, mit der amerikanischen F-22 zu konkurrieren und Stealth-Eigenschaften haben. Der erste T-50-1-Prototyp flog am 29. Januar 2010 und hat interessante aerodynamische und konstruktive Lösungen. Die Waffen sind in internen Laderäumen enthalten. Die Triebwerke sind zwei Saturn AL-41F1As mit 14 500 kp Schub, aber die Serienmaschine sollten Triebwerke des Typs Saturn Izdeliye 30 erhalten, die über 18 000 kp Schub liefern. Die ersten beiden Prototypen hatten strukturelle Probleme. Zwischen 2017 und 2021 wird die russische Regierung die ersten 60 Einheiten der Serienfertigung erhalten, während Indien in Lizenzproduktion das Export-Modell PMF mit bis zu 144 Exemplaren bekommen soll.
Und natürlich kann es keinen vollständigen Überblick geben, ohne auch nach China zu schauen. Dort begann die Entwicklung von nationalen Flugzeugprojekten seit den 1990er-Jahren. Die Vereinbarung zwischen China und Pakistan über den Bau eines leichten Jagdflugzeugs, das alte Flugzeuge wie die Nanchang A-5 und Chengdu J-7/F-7, den Kopien der MiG-19 und MiG-21 aus den Jahren bis 1995, ersetzen soll. Der erste Prototyp der neuen JF-17 hatte seinen Jungfernflug am 2. September 2003. Optisch ein einfaches Flugzeug, war er mit vielen Bauteilen anderer Flugzeuge ausgestattet, so dem WS-13-Triebwerk der RD-93. Bis heute wird das Flugzeug nur von Pakistan eingesetzt, das es seit 2010 in Dienst gestellt hat. Insgesamt sollen 250 Exemplare des Jägers übernommen werden. Andere Maschinen werden wohl vielen Ländern der Dritten Welt geliefert. Die JF-17 ist wirtschaftlich und kann dank effizienter Bauweise sehr günstig verkauft werden. Etwa zur gleichen Zeit baute China seine ersten fortschrittlichen Jagdflugzeuge. Sie sollen mit der F-16 und der MiG-29 konkurrieren. Entwickelt unter maximaler Geheimhaltung und wahrscheinlich mit Hilfe der russischen und israelischen Luftfahrtindustrie, hat die Chengdu J-10 ihren Erstflug am 22. März 1998 absolviert. In Dienst trat sie im Jahr 2004. Die J-10 erinnert an das israelische Lavi-Projekt. Das Flugzeug ist mit Fly-by-Wire Flugsteuerung ausgestattet und ist aerodynamisch instabil, wie die F-16, und bietet deshalb eine maximale Manövrierfähigkeit. Das Radar ist das in China gebaute KLJ-10, während das Triebwerk, ein WS-10A, ein lizenzierter Nachbau des russischen Saturn AL-31FN ist.
Die J-10A erreicht Mach 2.2. Im Jahr 2009 erschien das Modell J-10B mit neuer fortschrittlicher Avionik und Stealth-Eigenschaften. Die chinesische Luftwaffe hatte geplant, insgesamt 300 Exemplare zu erwerben. Das

318-319 Ein Bomber vom Typ Suchoi Su-34 der russischen Luftwaffe im Flug. Dieses leistungsfähige Kampfflugzeug der Su-27-Familie in kam 2011 erstmals zum Einsatz.

Export-Modell wurde bislang nur von Pakistan erworben – als FC-20 – und seine Indienststellung ist für 2014 geplant. Am 11. Januar 2011 absolvierte die J-20 ihren Jungfernflug. Sie ist vergleichbar mit der F-22A und der Su-50 und, im Hinblick auf die kurze Entwicklungszeit, sicherlich auf Basis ausspionierter Techniken der Konkurrenz entstanden.
Die J-20 wird von Saturn 117S Triebwerken angetrieben, die rund 15 000 kp Schub liefern und in Zukunft in der Lage sein werden, Schubvektorsteuerung für eine bessere Manövrierbarkeit zu erhalten. Nach Ansicht einiger Analysten könnte die J-20 im Jahr 2018 in Dienst gehen, und dann das strategische Gleichgewicht in der Pazifik-Region verändern. Im September 2012 wurde ein weiteres neues chinesisches Kampfflugzeug bekannt, offenbar mit der Bezeichnung J-31. Dieses Flugzeug erscheint mittelgroß, sehr ähnlich der F-22 und F-35, aber genauere Informationen über die Zukunft des Programms waren bislang nicht zu erlangen.
Die Luftfahrt von heute und morgen wird sich nicht ausschließlich durch Kampfflugzeuge auszeichnen. Abgesehen von der neuen Kategorie der unbemannten Flugzeuge, die in einem anderen Kapitel vorgestellt wurden, gibt es einen großen Bedarf an Unterstützungsflugzeugen, darunter insbesondere diejenigen für Luftbetankung, Radarwarner, Überwachung, elektronische Kriegführung, Küstenpatrouille, Aufklärungsflüge und ISTAR (Intelligence, Surveillance, Target Acquisition and Reconnaissance)-Missionen. Diese werden bei modernen militärischen Operationen immer wichtiger.

Die beiden am weitesten fortgeschrittenen heutigen Flugzeuge für Luftbetankung sind die Boeing KC-767 und der Airbus A330 MRTT (oder KC-30), diese erleben bereits einen gewissen Verkaufserfolg. Das US-Flugzeug ist ein Derivat der Boeing 767, während die europäische Maschine eine Weiterentwicklung der kommerziellen A330 darstellt.

320 oben Eines der herausragenden Tankflugzeuge der neuen Generation ist der Airbus A330MRTT, hier bei der Landung eine Maschine der britischen Royal Air Force.

320 oben Mitte Eine CASA / EADS C.295MP für maritime Sicherungsflüge, in den Farben der chilenischen Marine.

320 unten Mitte Der Prototyp einer neuen Version von Bordradar-Kontrolle namens C.295AEW, die aus dem Modell C.295 entwickelt wurde.

320 unten Die Boeing P-8A Poseidon, eine Weiterentwicklung aus der Verkehrsmaschine Boeing 737NG wurde für die U.S. Navy konzipiert.

Ein weiteres interessantes Projekt ist das der brasilianischen Embraer KC-390, eines Flugzeugs für den Transport und Luftbetankung. Erste Einsätze sind für 2016 vorgesehen. Die Radarwarner-Flugzeuge sind immer teuer und selten an Zahl, die bekannten sind die Boeing E-3 AWACS und die Iljuschin A-50. Kürzlich jedoch haben andere Hersteller in diesem Bereich einige interessante und effektive Flugzeuge vorgestellt.
Ein weiteres Radar-Flugzeug ist die Sentinel R.1 ASTOR der Royal Air Force, ein Flugzeug, das aus dem Bombardier Global Express Jet abgeleitet wurde und Funktionen ähnlich denen der Boeing E-8 JSTARS der USAF erfüllt.
Für Küstenpatrouillen und Überwachung gibt es verschiedene Arten von Modellen, von der älteren Lockheed P-3 Orion, Tupelew Tu-142 und Breguet Atlantic, der hochmodernen Boeing P-8 Poseidon, der kleineren ATR-42/72MP und ASW und CASA C235MP und 295MP. Unter den in jüngerer Zeit entwickelten ISTAR-Flugzeugen schließlich gibt es Modelle, die für Mehrzweckeinsätze gebaut wurden, dann spezialisiert wurden, während andere gleich für eine besondere Aufgabe entwickelt wurden, wie bestimmte Derivate der zweimotorigen Beechcraft King Air, wie die Shadow R.1 für die RAF, die Desert Owl für die U.S. Army, die verschiedenen Modelle der RC-12 und RU-21, und vor allem die MC-12W Freedom. Schauen wir auf die Flugzeuge von heute und insbesondere von morgen, dürfen wir nicht übersehen, dass von den vier neuen Flugzeugen drei noch nicht in Dienst gegangen sind. Der erste ist der Airbus Military A400M, das künftige europäische strategische Transportflugzeug. Dieses Projekt stammt aus dem Future International Military Airlifter (FIMA)-Programm des Jahres 1982, dem späteren Future Large Aircraft (FLA)-Programm. Ursprünglich waren Firmen in Großbritannien, Deutschland, Italien, Spanien, Frankreich, Belgien, der Türkei und Luxemburg dem Konsortium beigetreten. Nach dem Rückzug von Italien, wurde die Zahl der Flugzeuge auf 180 festgeschrieben, mit

321 oben Diese brasilianische Embraer wurde als Radarwarner und Bord-Kontroll-Flugzeug auf Basis der EMB-145 entwickelt.

321 Mitte Der Airbus A400M ist das jüngste europäische Projekt für ein militärisches Transportflugzeug. Der erste Prototyp absolvierte seinen Jungfernflug im Jahr 2009, es gibt derzeit Aufträge für mehr als 170 Exemplare.

321 unten Die Royal Air Force wählte die Sentinel R-1, eine Version des Bombardier Global Express Business-Jets, für luftgestützte ISTAR (Intelligence, Surveillance, Target Acquisition, and Reconnaissance)-Aktivitäten.

Lieferungen ab 2009. Die A400M war ein komplett neues Flugzeug, einschließlich der Triebwerke mit modernsten technischen Lösungen und einer aerodynamischen Konfiguration ähnlich der anderer Militärtransporter der neuesten Generation, etwa der C-17 – aber mit dem Unterschied, dass sie vier Turboprop-Triebwerke hat. Der erste Flug wurde für das Jahr 2008 geplant, doch dieser Termin wurde aufgrund technischer Schwierigkeiten bis 11. Dezember 2009 vertagt. Mit fünf Prototypen wurde die A400M eingeführt und soll die C-160 Transall und C-130 Hercules in vielen Ländern ersetzen. Bestellungen trafen insgesamt 174 ein, darunter aus Deutschland (53), Frankreich (50), Spanien (27), Großbritannien (22), Türkei (10), Belgien (7), Malaysia (4) und Luxemburg (1). Die A400M kann eine Nutzlast von 37 Tonnen aufnehmen, das entspricht 116 komplett ausgestatteten Soldaten. Die vier Turboprop-Triebwerke sind vier Europrop TP400-D6 mit anspruchsvollen Composite-Achtblatt-Propellern. Die Reisegeschwindigkeit beträgt 780 km/h in einer Höhe von 26 000 Fuß und mit einer 20-Tonnen-Nutzlast ist die Reichweite 4500 km. Trotz verschiedener Entwicklungsstörungen, insbesondere im Hinblick auf die Triebwerke, wird die Auslieferung der ersten Serienmaschine für die französische Luftwaffe für Ende 2013 geplant.
Die beiden jetzt betrachteten Projekte sind die einzigen Vertreter der neuen Kategorie der Wendeflügler. Diese Flugzeuge haben Kipptriebwerke und sehr große Propeller, ähnliche den Hubschrauber-Rotoren. Im normalen Flug sind sie in horizontaler Position an den Enden der Flügel positioniert, und das Flugzeug fliegt wie ein normales Turboprop-Flugzeug. Aber für Start und Landung werden die Triebwerksgondeln in eine vertikale Position gedreht, so dass das Flugzeug die

Flugeigenschaften eines Hubschraubers einnimmt.
Dieser Flugzeugtyp wurde bereits in den 1950er-Jahren erforscht, als die Bell XV-3 gebaut wurde, und später die Bell XV-15, ein Technologieträger, der seinen Jungfernflug im Jahr 1977 absolvierte. Die Bell-Boeing V-22 Osprey, eine militärische Maschine, wurde aus dem Programm der JVX von 1981 entwickelt. Der erste Prototyp flog am 19. März 1989, aber wegen der extrem hohen Kosten wurde das Programm vor Jahresende von Verteidigungsminister Cheney gestrichen. Das Programm wurde allerdings später wieder reaktiviert, trotz zahlreicher technischer Probleme. Die V-22 trat 2005 in den Dienst des Marine Corps. Die Marines bestellten 360 Einheiten des Osprey MV-22B, um die älteren Hubschrauber CH-46 und CH-53 zu ersetzen,. Die USAF bestellte 50 Exemplare der CV-22B für spezielle Operationen. Sie wurde bereits seit 2007 in Afghanistan, im Irak und in Afrika eingesetzt. Die MV-22B hat zwei Triebwerke vom Typ Rolls-Royce Allison T406/AE 1107c Freedom. Die CV-22-Version hat auch anspruchsvolle Avionik-Systeme für Allwetter-Operationen auch in schwierigen Umgebungen sowie defensive Bewaffnung und eine Betankungssonde.
Die zivile Variante der Osprey ist die Agusta Westland AW609. Sie ist eine kleinere Maschine, geeignet für den Einsatz als Passagierflugzeug für Firmen und Geschäftsleute, Das Flugzeug hat seinen Jungfernflug am 6. März 2003 absolviert. Das Programm litt unter einer gewissen Langsamkeit, bis im November 2011 das Projekt ganz in die Hände von Agusta Westland überging. Ab diesem Zeitpunkt wurde das Projekt schnell weiterentwickelt mit dem Ziel, die zivile Zulassung in naher Zukunft zu erreichen, damit die ersten Kunden bereits im Jahr 2017 abheben können.
Die Zukunft der Luftfahrt ist nicht leicht vorherzusagen, da neue Technologien enorme Chancen mit sich bringen, aber im Hinblick auf die Schwierigkeiten, die sich aus den riesigen Entwicklungskosten bei der Realisierung innovativer und revolutionärer Entwürfe ergeben, Zeitpläne nicht sicher aufzustellen sind. Im militärischen Bereich ist die Frage, ob Kampfflugzeuge der Zukunft unbemannt oder pilotiert sein werden, noch offen. In jedem Fall werden die Maschinen immer bessere elektronische Funktionen erfüllen, vor allem dank der Onboard-Software, während im Bereich der Rüstung die Forschung sich mehr und mehr auf

322 Mitte Eurocopter testet Hochgeschwindigkeits-Lösungen für Hubschrauber unter Verwendung des Modells X3, ausgestattet mit einem herkömmlichen Rotor sowie zwei Schubpropellern, die durch Turbinen angetrieben werden.

322 oben Das einzige für den zivilen Markt konzipierte und entwickelte Wandelflugzeug ist derzeit die Agusta Westland AW609. Ihre Einführung in den Dienst ist für 2017 geplant.

Präzisionswaffen konzentriert, die möglichst wenig Kollateralschäden anrichten. Die Vereinigten Staaten haben bereits ihr Next Generation Bomber (NGB) Program, auch als die Long Range Strike-B bekannt, begonnen. Bis 2025 sollen eine Super-Stealth und ein Unterschallflugzeug als Nachfolger der aktuellen B-52 und B-1 und vielleicht die B-2 ins Leben gerufen werden.
Entwicklungsprojekte werden von Northrop Grumman, Boeing und Lockheed Martin durchgeführt. Gleichzeitig scheint es, dass in Russland Tupolew an einem neuen strategischen Bomber arbeitet, der PAK-DA. Im Bereich der vertikalen Flugzeuge werden neben den Wendeflüglern in Zukunft High-Speed-Hubschrauber kommen, dazu gehört der experimentelle Eurocopter X3, der seinen Erstflug am 6. September 2010 absolviert hat. Abgeleitet aus dem Modell EC155, ist die X3 (auch als X-cubed bezeichnet) mit einem herkömmlichen Rotor ausgestattet, dazu auch zwei RTM322 Turboprops, die an den Enden kurzer Flügel angebaut waren. Seine Technologie könnte etwa 2020 umgesetzt werden.
Projekte für kommerzielle Flugzeuge der Zukunft sind zahlreich und die Innovationsleistung konzentriert sich mehr auf größere aerodynamische Effizienz und geringere Umweltbelastungen als auf Geschwindigkeit. Seit einiger Zeit arbeiten mehrere Firmen an Modellen mit „Boxwing" (oder „Joint wing"), bei denen die Flügel eine Rautenform bilden und teilweise übereinander liegen können. Andere überlegen eine Rückkehr zu den riesigen Luftschiffen für den Personentransport.
2008 forderte die NASA große amerikanische Flugzeugbauer dazu auf, Projekte für Flugzeuge der Zukunft zu entwickeln, die leiser, sauberer und billiger sind. In 2010 hat die amerikanische Raumfahrtbehörde Aufträge an drei Teams von Boeing, Lockheed Martin und Northrop Grumman vergeben, die Zukunftsflugzeuge für das Jahr 2025 zu konzipieren. Die Entwürfe sollen in der Lage sein, 50 Prozent weniger Treibstoffverbrauch und 75 Prozent weniger schädliche Emissionen als die Flugzeuge aus dem Jahr 1998 zu erreichen, sowie sicherer und leiser zu sein.
Im Jahr 2003 finanzierte die Europäische Kommission ein Projekt – unter der Leitung von Airbus Deutschland –, das sich der Entwicklung neuer Flugzeuge mit Wasserstoff-Motoren (Cryoplane) widmet, deren Emissionen würden in harmlosem Wasser und Stickstoffoxid bestehen Die Studie (H2Aircraft) zieht ein positives Fazit, ist aber immer noch im Entwicklungsstadium. Mit konkreten Ergebnissen ist wohl erst innerhalb von 15 oder 20 Jahren zu rechnen.
Natürlich ist es sehr schwierig vorherzusagen, wie die technologischen Entwicklungen in 20 bis 30 Jahren aussehen werden, wenn man überlegt, welche unglaublich schnellen Fortschritte die Luftfahrttechnik nur bis zum Ende des 20. Jahrhunderts in den Bereichen Informatik, Kybernetik und drahtlose Kommunikation gemacht hat. Konzepte wie Spaceports für Passagierflugzeuge oder Wasserstoff-Motoren werden sich vielleicht durchsetzen.
Eines bleibt jedenfalls sicher, dass die Luft- und Raumfahrtindustrie weiter die Speerspitze der Spitzentechnologie in der Welt bleiben wird und eines der wichtigsten Gebiete der Forschung und Entwicklung unserer Zukunft. Und vielleicht dasjenige, das die unglaublichsten Überraschungen für uns bereithält.

322 unten Die Bell-Boeing V-22 Osprey ist das weltweit einzige Wandelflugzeug, das für militärische Zwecke genutzt wird. Es trat 2005 in den Dienst und wird von der U.S. Marines und der USAF für Spezialaufträge verwendet.

323 von oben nach unten Einige Forschungsprojekte für Flugzeuge der Zukunft. Ein HSeries-Design wird im Massachusetts Institute of Technology erforscht, zwei Lockheed-Martin-Projekte, ein Unterschall- und ein Überschallflugzeug, als Teil eines NASA-Programms, ein Vorschlag von Airbus, und endlich Boeings Ideen für eine neue Generation von Bomber für die USAF, die alle noch in Dienst stehenden Bomber ersetzen sollen.

Kapitel 27

Das Space Shuttle

Der berühmte „Wettlauf im Weltraum" – ein in den 1950er- und 1960er-Jahren von den Vereinigten Staaten und der Sowjetunion ausgetragener Wettkampf zur sogenannten „Weltraumeroberung" – erreichte 1969 mit der Mission Apollo 11 der NASA seinen Höhepunkt: Der Mensch war in der Lage, die Mondoberfläche zu erreichen. Diese Art von Missionen hatte jedoch sichtliche Grenzen: enorme Kosten in Bezug auf die nicht wiederverwertbaren Raumflugkörper, die über eine beschränkte Ladefähigkeit verfügten. Ende der 1960er-Jahre wurde es zunehmend offensichtlich, dass die NASA ein neues Raumfahrtprogramm erstellen musste, welches eine konstantere und produktivere Anwesenheit im Weltraum ermöglichte, um die notwendigen Investitionen zu rechtfertigen. Die NASA entschied sich also für das STS-System (Space Transport System) – eine wiederverwertbare Raumfähre zur Beförderung von Großfrachten in die Umlaufbahn, die in der Lage war, ebenso Zivil- wie auch Militärmissionen zu erfüllen. Tatsächlich geht die Idee von Raumfähren bis in die 1940er-Jahre zurück, wie von den in Deutschland durchgeführten Studien Sängers und von Brauns bezeugt wird. In den 1950er-Jahren wurde das Konzept von deutschen Wissenschaftlern in den USA wiederbelebt, als die NACA – später NASA – verschiedene Forschungsprojekte unternahm, die in dem Entwurf eines gesteuerten Raumgleiters für die USAF gipfelten; dieses Vehikel sollte wie eine Rakete gestartet werden und konnte wie ein normales Flugzeug auf die Erde zurückkehren. Das Programm wurde 1959 X-20 „Dyna Soar" genannt – als Trägerrakete musste eine Titan-III-Rakete benutzt werden. Doch bereits 1963 wurde aufgrund der hohen Kosten, der beschränkten Belastungsfähigkeit und nicht zuletzt der Konzentration auf das Apollo-Projekt das X-20-Programm aufgegeben. Trotzdem führte die NASA ihre Untersuchungen im Bereich des „lifting bodies", das heißt Gleitflugmaschinen mit Rumpftransportträger fort. Ende 1969 sah das Integrated Space Program der NASA vor, dass bereits bis zum Jahr 1985 eine permanente Weltraumstation mit 50 Personen, Raumfahrt-Flugkörper mit Verbindung zur Erde sowie möglichst Kolonien auf dem Mond bzw. dem Mars operativ verwirklicht sein sollten. Im Mittelpunkt des Programms stand der Entwurf einer wiederverwendbaren Raumfähre.

Am 3. Januar 1972 gab Präsident Richard Nixon den Start für das Space-Shuttle-Programm frei und Ende desselben Jahres beendeten die NASA und North American Rockwell die einleitende Untersuchung der technischen Spezifikationen, die das neue Fahrzeug erforderte.

Der erste Shuttle-Start sollte im März 1979 stattfinden. Die Grundidee des Programms sah die Realisierung zweier komplementären, gesteuerten Einheiten vor: Eine sollte als Trägerrakete operieren, während die andere zur Durchführung der Missionen bestimmt war. Die Kosten erwiesen sich jedoch als unakzeptabel hoch und man beschloss, nur das Missionsflugzeug (genannt Orbiter) zu verwirklichen, wobei die zwei zum Starten benötigten „boosters" abkoppelbar – jedoch wiederverwendbar – bleiben würden. Was die „boosters" betraf, so war die Wahl eines Flüssig- oder Festtreibstoffs das größte Problem. Nach sorgfältigen Forschungen entschied man sich für den Festtreibstoff, da er die Rückgewinnung und die Wiederverwendbarkeit der Triebwerke erleichterte.

Die endgültige Ausgestaltung des Shuttles basierte auf einer vorderen Sektion, in der sich die Besatzungskapsel mit Cockpit und der gesamten Flug- und Kontrollavionik befand; einer mittleren Sektion, die zur Aufnahme der Nutzlast bestimmt war, und schließlich der Heck-Sektion, wo sich die Triebwerke und deren Abschirmung befanden.

Dazu kamen noch die Flügel, das Fahrwerk sowie das Leitwerk. Die Zelle wurde in Aluminium bzw. Aluminiumlegierung hergestellt. Das Nervensystem des Shuttles bildeten fünf IBM AP 101 Computer, die für die Kontrolle aller Shuttle-Funktionen bestimmt waren. Vier davon waren für die Steuerung, Navigation und die gegenseitige

324 oben John W. Young und Robert L. Crippen – die Crew der ersten Space-Shuttle-Mission STS-1. Sie starteten am 12. April 1981.

324 unten Der NASA-Kontrollraum für die Shuttle-Missionen.

325 oben links Zum Transport des Space Shuttle verwendete die NASA eine umgebaute Boeing 747, die das Shuttle „huckepack" mitnahm.

325 unten links Der nächtliche Abwurf für die Mission STS-93 im Kennedy Space Center am 23. Juli 1999.

325 rechts Nahaufnahme der Discovery Raumfähre beim Start von der Abschussplattform.

verschiedenen Annäherungs- und Andockmanöver, für Bahnkorrekturen während der Mission sowie für den Wiedereintritt in die Atmosphäre verantwortlich. Schließlich gab es noch 42 kleine Raketen, die jeweils eine Schubkraft von 10 bis 400 kp erzeugten und eine vollkommene Steuerung und Stabilität des Shuttles im Weltraum sicherten.
Der größte Treibstoffvorrat war in einem abwerfbaren Außenbehälter enthalten (47 Meter Länge und 8,4 Meter Breite), der 604 Tonnen flüssigen Sauerstoff und 101 Tonnen flüssigen Wasserstoff enthielt. Der Außentank bildete demnach den einzigen nicht wiederverwertbaren Bestandteil des Shuttles. Zum Start wurden außerdem noch die zwei großen SRB

Kontrolle zuständig; der fünfte Computer leitete die Bordsysteme während der orbitalen Tätigkeit und stand als Notfalleinheit während der Annäherungs- und Landephasen zur Verfügung. Die wichtigsten Besonderheiten des Space-Shuttle-Programms betrafen das Antriebssystem und die Wärmeverkleidung; beide Faktoren waren der Ursprung beträchtlicher Probleme und trugen besonders zu den Verzögerungen des Programms mit bei.
Die Triebwerke des Shuttle besaßen unterschiedliche Funktionen und Wirkungsweisen. Die drei Haupttriebwerke bilden das SSME-System (Space Shuttle Main Engines); ihre Besonderheit bestand darin, dass sie für den wiederholten Gebrauch entworfen wurden und deren Lebensdauer ca. siebeneinhalb Stunden Betriebszeit (was umgerechnet für 55 Raumfahrt-Missionen ausreichen würde) entsprach. Jedes dieser Triebwerke erzeugte einen Schub von über 178 Tonnen. Während einer Mission konnten diese Haupttriebwerke mehrere Male gezündet bzw. ausgeschaltet sowie in ihrer Schubkraft reguliert werden (von 65 bis 105 Prozent Höchstleistung) und besaßen zudem verstellbare Düsen. Außerdem verfügte das Shuttle über zwei kleine Triebwerke mit je 2800 kp Schubkraft, die dafür sorgten, dass nach Abschalten der Haupttriebwerke die Umlaufbahngeschwindigkeit erreicht wurde. Ferner waren sie für die Durchführung der

(„Solid Racket Booster“) – Länge 46, 47 Meter – mit Festtreibstoff aktiviert, die weitere 3000 Tonnen Schubkraft erzeugten. Mit dieser Triebwerkanlage war das Shuttle in der Lage, innerhalb von achteinhalb Minuten vom kompletten Stillstand eine Geschwindigkeit von Mach 25 (über 25 000 km/h) zu erreichen. Eine weitere Charakteristik des Shuttle war sein Termal Protection System (TPS), eine Außenverkleidung, mit der die Raumfähre vor den hohen Temperaturen geschützt wurde,

welche in der Phase des Wiedereintritts in die Atmosphäre erzeugt werden. Die besonders kritischen Oberflächenpunkte (insgesamt über 38 Quadratmeter) erreichen Temperaturen um 1650 Grad Celsius, während die untersten Schichten immer noch an die 1260 Grad-Grenze herankommen. Um diesem Überhitzungs-Problem vorzubeugen, entwickelte die NASA gemeinsam mit Rockwell ein System aus kleinen Schutzfliesen (ca. 20 cm Seitenlänge), die für bis zu 100 Missionen verwendet werden konnten, bevor man sie ersetzen musste. Die Hauptoberflächen des Shuttles wurden demnach mit über 32 000 dieser Fliesen (bzw. tiles) überdeckt. Für die kritischsten Punkte verwendete man Fliesen aus imprägnierten Kohlenstoff-Fasern, die mit einer Silizium-Schutzschicht überzogen wurden; der andere Fliesentyp – bestehend aus mit Bor-Silikat imprägnierten Glasfasern, die mit schwarzem Siliziumkarbid umhüllt wurden – bedeckte alle anderen hitzegefährdeten Flächen des Shuttles. Bei der Durchführung der Shuttle-Testflüge stellte sich jedoch heraus, dass die mechanische Beanspruchung die Abtrennung einiger Fliesen verursachte, die sich somit als nicht so widerstandsfähig erwiesen wie man erwartet hatte. Das Problem wurde gelöst, indem man die Innenseite der tiles mit einem siliziumhaltigen, leimigen Konzentrat imprägnierte. Außerdem verstärkte man die Fliesen unter Zuhilfenahme von Bor-Fasern.

Das erste vollständig gebaute Shuttle war die OV-101 Enterprise, die für Probeflüge bestimmt war, bei denen – vor allem in der Landephase – die Aerodynamik und Elektronik getestet werden sollte. Die Tests wurden von dem NASA Dryden Center in der Basis von Edwards, Kalifornien, durchgeführt. Die Montagearbeiten an der Enterprise wurden am 4. Juni 1974 in Palmdale begonnen und am 17. September 1976 präsentierte man das vollständige Raumfahrzeug. Die erste Testphase wurde zwischen dem 18. Februar und dem 2. März 1977 durchgeführt und bestand aus fünf Flügen, bei denen das Shuttle – ohne Astronauten an Bord – auf dem Rücken einer Boeing 747 der NASA installiert wurde. In der zweiten Phase, zwischen Juni und Juli, blieb die Enterprise an die 747 gekoppelt – aber diesmal mit Piloten an Bord, welche die korrekte Funktion aller Systeme überwachten. Schließlich wurden zwischen August und Oktober 1977 fünf Gleitflüge aus 7300 Metern Höhe mit anschließender Landung auf dem Salzsee der Edwards-Basis durchgeführt. Später wurde die Enterprise immer weiteren Tests unterzogen. Währenddessen bereitete man das zweite Raumfahrzeug, die OV-102 Columbia auf ihre erste Mission vor, die STS-1. Der erste Shuttle-Flug wurde am 12. April 1981 um 12:00:04 GM durchgeführt: mit Start vom Kennedy Space Center in Florida. An Bord waren die Astronauten John Young (Kommandant) und Robert Crippen (Pilot); die Mission dauerte 54 Stunden, 20 Minuten und 32 Sekunden und am 14. April landete das Shuttle auf der Spur 23 der Edwards-Basis-Station. Sieben Monate später, am 12. November 1981, vollbrachte dieselbe Columbia die Mission STS-2; damit wurde die perfekte Wiederverwendbarkeit des Space Shuttle Systems bewiesen.

Insgesamt baute man zwei Testfahrzeuge, MPTA-098 und IST-099, und zwei Orbitalraumfahrzeuge, OV-101 Enterprise und OV-102 Columbia. Während man die Enterprise nie für den Raumflug benutzte, wurde später eines der beiden Testfahrzeuge – die IST-099 – den Charakteristiken eines Raumfahrzeugs entsprechend modifiziert und daraufhin umbenannt in OV-099. Die NASA verfügte nun über vier flugeinsatzfähige Shuttles: die OV-102 Columbia, OV-099 Challenger (erster Flug am 4. April 1983), OV-103 Discovery (30. August 1984) und OV-104 Atlantis (3. Oktober 1985).

Am 28. Januar 1986 erfuhr das Programm einen schrecklichen Unfall: Durch ein Leck im Treibstoffsystem der Feststoffraketen wurde eine Explosion ausgelöst, welche die Challenger-Raumfähre, die gerade zur 26. Mission startete, vollständig zerstörte; alle sieben Besatzungsmitglieder kamen ums Leben. Die 1987 bestellte Raumfähre OV-105 Endeavour wurde am 25. April 1991 geliefert und vollbrachte ihren ersten Umlaufbahnflug am 7. Mai 1992. Die Endeavour enthielt viele Modifizierungen, die nach den in fast zehn Jahren gesammelten Erfahrungen entwickelt wurden. Die neue Raumfähre bot Erneuerungen in der Avionik, den Triebwerken, den Fliesen (leichter und widerstandsfähiger), im Kraftstoff-System, im APU sowie in den Bordsystemen, wodurch ein Raumaufenthalt von bis zu 28 Tagen ermöglicht wurde. Außerdem hatte man ein Bremssystem eingeführt, das den Landelauf des Shuttles um mehr als 500 Meter verkürzen konnten. Während allgemeiner Überholungsarbeiten wurden diese Änderungen später auch in den anderen drei Raumfähren eingeführt.

Das Space-Shuttle-Programm wurde weitgehend dafür benutzt, Telekommunikations- und Beobachtungssatelliten zu befördern und in die Umlaufbahn zu bringen, ferner das Weltraum-Teleskop Hubble zu reparieren, sowie letztendlich unter den Bedingungen der Schwerelosigkeit wissenschaftliche Experimente durchzuführen und die entsprechend benötigten Geräte zu installieren. Zuletzt werden die Shuttles hauptsächlich bei Konstruktionsarbeiten an der International Space Station und für die Versorgung der Station eingesetzt. Dabei handelt es sich um ein von 16 Ländern realisiertes Projekt einer Station, die sich seit 1998 in der Umlaufbahn befindet und seit 2000 permanent bewohnt wird. Die ISS wird bis zum Jahre 2005 weitgehend vervollständigt sein. Nach dem Totalverlust der Columbia am 1. Februar 2003 (Mission STS-107) wurden die Shuttle-Flüge erneut bis zum Juli 2005 ausgesetzt. Gemäß den ursprünglichen Prognosen müsste das Space-Shuttle-Programm für weitere 15 bis 20 Jahre fortgesetzt werden. Die Kosten des Shuttle-Programms waren so hoch, dass die NASA die Raumfähre Atlantis am 8. Juli 2011 zum letzten mal ins All schickte und das Programm dann einstellte. Einen Nachfolger hatte man allerdings noch nicht zur Verfügung. Die Russen helfen mit ihren Soius-Raketen in der Zwischenzeit aus, die es inzwischen in der vierten Generation gibt. Zukünftig sollen die Transportraketen Dargon und Cygnus diese Aufgaben erfüllen.

2011 kündigte die NASA das Mehrzweck-Fahrzeug MPCV Orion (Multi-Purpose Crew Vehicle) an, das von Lockheed Martin gebaut wird. Orion kann zwei bis sechs Astronauten in den Orbit bringen, und vor allem die ISS versorgen, soll aber irgendwann auch einmal den Mond oder den Mars erreichen.

Das MPCV Orion soll mit einer schweren Trägerrakete Delta IV hochgeschossen werden. Die ersten unbemannten Tests sind für 2014 veranschlagt, eine erste bemannte Mission (EM-2) soll zwischen 2019 und 2021 stattfinden.

Inzwischen bleibt abzuwarten, welche Entwicklung die Raumfahrt in Russland, China und der Europäischen Union nehmen wird.

326 oben Die Astronauten Hoffman und Musgrave installieren das Weltraum-Teleskop „Hubble" im Laderaum der Endeavour-Raumfähre.

326 unten Die Challenger-Raumfähre mit geöffnetem Laderaum und dem einsatzbereiten mechanischen Arm in der Umlaufbahn.

327 Die Atlantis beim Andocken an die Weltraumstation „Mir" im Juni 1995 während einer amerikanisch-russischen Mission.

328-329 Was die Zukunft für uns bereithält: die beinahe vervollständigte Internationale Weltraumstation und eine angedockte Shuttle-Raumfähre.

Bibliografie

LITERATURVERZEICHNIS

Angelucci, Enzo & Matricardi, Paolo: „Atlante enciclopedico degli aerei militari del mondo“, Mailand, 1990

Chant, Christopher: „Aviation Record Breakers“, London, 1988

Cohen, Elizier: „Israel's Best Defence“, Shrewsbury, 1994

Constanzo, Enrico (Hg.): „Ali sul mondo“, Florenz, 1990

D'Avanzo, Giuseppe: „Evoluzione del caccia NATO“, Florenz, 1987

David, Donald: „Warplanes of the Luftwaffe“, London, 1994

Dorr, Robert F. & Bishop, Chris: „Vietnam Air War Debrief“, London, 1996

Francillon, René J.: „The United States Air National Guard“, London, 1993

Jarrett, Philip: „Ultimate Aircraft“, London, 2000

Kaminski, Tom & Williams, Mel: „The United States Military Aviation Directory“, Norwalk, 2000

Licheri, Sebastiano: „Storia del volo e delle operazioni aeree e spaziali da Icaro ai nostri giorni“, Rom, 1997

Luttwak, Edward & Koehl, Stuart L.: „La Guerra Moderna“, Mailand, 1992

Marshall, Chris (Hg.): „Russia's Top Guns“, New York, 1990

Morse, Stan (Hg.): „Gulf Air War Debrief“, London, 1991

Niccoli, Riccardo: „American Eagles“, Novara, 1997

Niccoli, Riccardo: „Aerei“, Istituto Geografico DeAgostini, Novara, 1998

Niccoli, Riccardo: „Ali Tricolori“, Novara, 1998

Salvadori, Massimo L.: „Storia dell'età contemporanea“ Vol. 3, Loescher Edition, 1986

Steijger, Cees: „A History of the United States Air Force Europe“, Shrewsbury, 1991

Taylor, Michael (Hg.): „Brassey's World Aircraft & Systems Directory“, London, 1996

Taylor, Michael J. H.: „Jane's American Fighting Aircraft of the 20th Century“, New York, 1991

Verschiedene Autoren: „Ali italiane“ Voll. 1–4, Mailand, 1978

Verschiedene Autoren: „Guerre in tempo di pace, dal 1945“, Novara, 1983

Verschiedene Autoren: „Aerei di tutto il mondo, militari e civili“, Novara, 1997

Willis, David (Hg.): „Aerospace Encyclopedia of World Air Forces“, London, 1999

Willmott, Ned & Pimlott, John: „Strategy & Tactics of War“, London, 1983

Yenne, Bill: „The History of the US Air Force“, London, 1990

Zentner, Christian: „Kriege der Nachkriegszeit“, München, 1969

ENZYKLOPÄDIEN

The Aerospace Encyclopedia of Air Warfare, Bände 1–2, London, 1997.

The Epic of Flight, 23 Bände, 1981.

L'Aviazione, grande enciclopedia illustrata, 12 Bände, Novara, 1982.

ZEITSCHRIFTEN DIVERSER JAHRGÄNGE

Rivista Aeronautica, Stato Maggiore Aeronautica, Italia.

Volare, Editoriale Domus, Italia.

JP-4, mensile di aeronautica, ED.A.I., Italia.

Rivista Italiana Difesa, Giornalistica Riviera Coop., Italia.

Air International, Key Publishing, Großbritannien.

Air Forces Monthly, Key Publishing, Großbritannien.

Wings of Fame, Aerospace Publishing, Großbritannien.

International Air Power Review, AIRtime Publishing, USA-Großbritannien.

Combat Aircraft, AIRtime Publishing, USA.

Register

b = Bildunterschrift
fett = Kapitel
t = Tabelle

BILDNACHWEIS

VORWORT

Seite 1 Il Dagherrotipo
Seite 2-3 John M. Dibbs/The Plane Picture Company
Seite 4-5 Corbis/Grazia Neri
Seite 5 unten rechts Mary Evans Picture Library
Seite 6-7 Contrasto
Seite 8-9 Corbis/Grazia Neri

KAPITEL 1

Seite 11 rechts Index
Seite 12-13 Il Dagherrotipo
Seite 12 unten links Il Dagherrotipo
Seite 13 oben Il Dagherrotipo
Seite 13 unten Il Dagherrotipo
Seite 14 oben links Photos12
Seite 14-15 Mary Evans Picture Library
Seite 15 links Mary Evans Picture Library
Seite 15 oben Mary Evans Picture Library
Seite 15 rechts Mary Evans Picture Library
Seite 15 unten links Photos12
Seite 15 unten rechts Photos12
Seite 16 oben Double's
Seite 16 unten Photos12
Seite 16-17 Photos12
Seite 17 unten Photos12
Seite 18 oben links Science Photo Library/ Grazia Neri
Seite 18 Mitte Otto Lilienthal Museum
Seite 18 oben rechts Otto Lilienthal Museum
Seite 18 Mitte rechts oben Otto Lilienthal Museum
Seite 18 Mitte rechts unten Otto Lilienthal Museum
Seite 18 unten rechts Hulton Achive/Laura Ronchi
Seite 19 oben Otto Lilienthal Museum
Seite 19 Mitte links Otto Lilienthal Museum
Seite 19 Mitte rechts Otto Lilienthal Museum
Seite 19 unten rechts Mary Evans Picture Library
Seite 19 unten Mitte Archiv Privato
Seite 20 oben rechts Hulton Archive/ Laura Ronchi
Seite 20 unten Roger Viollet/Contrasto
Seite 21 oben Hulton Archive/Laura Ronchi
Seite 20-21 Photos12
Seite 22-23 Photos12
Seite 22 links Mary Evans Picture Library
Seite 22 rechts Mary Evans Picture Library
Seite 23 oben Photos12
Seite 23 unten Il Dagherrotipo

KAPITEL 2

Seite 24 Photos12
Seite 24-25 oben Roger Viollett/Contrasto
Seite 24-25 unten Il Dagherrotipo
Seite 26 links Archiv Luftschiffbau Zeppelin
Seite 26-27 unten Hulton Archive/ Laura Ronchi
Seite 27 oben Archiv Luftschiffbau Zeppelin
Seite 27 Mitte rechts Archiv Luftschiffbau Zeppelin
Seite 27 unten Archiv Luftschiffbau Zeppelin
Seite 28-29 Archiv Luftschiffbau Zeppelin
Seite 28 unten rechts Archiv Luftschiffbau Zeppelin
Seite 28 unten links Archiv Luftschiffbau Zeppelin
Seite 29 oben Archiv Luftschiffbau Zeppelin
Seite 29 unten links Archiv Luftschiffbau Zeppelin
Seite 29 unten rechts Archiv Luftschiffbau Zeppelin
Seite 30-31 Hulton Archive/Laura Ronchi
Seite 30 unten links Archiv Luftschiffbau Zeppelin
Seite 30 unten rechts Archiv Luftschiffbau Zeppelin
Seite 31 oben Hulton Archive/Laura Ronchi
Seite 31 Mitte rechts Hulton Archive/ Laura Ronchi
Seite 31 unten Hulton Archive/Laura Ronchi
Seite 32 oben Publifoto Olimpia
Seite 32 Mitte Archiv G. Apostolo
Seite 32 unten links Il Dagherrotipo
Seite 32 unten rechts Il Dagherrotipo
Seite 33 oben Il Dagherrotipo
Seite 32-33 Hulton Archive/Laura Ronchi
Seite 34 oben Archiv Privat
Seite 34 unten Il Dagherrotipo
Seite 34-35 Archiv G. Apostolo
Seite 35 Mitte rechts Archiv Privat
Seite 35 unten Il Dagherrotipo
Seite 36 oben Moffet Field Historical Society
Seite 36 unten Moffet Field Historical Society
Seite 37 oben links Corbis/Grazia Neri
Seite 37 oben rechts Moffet Field Historical Society
Seite 37 unten Moffet Field Historical Society

KAPITEL 3

Seite 38-39 Hulton Archive/Laura Ronchi
Seite 38 unten links Roger Viollet/ Contrasto
Seite 39 oben links Hulton Archive/ Laura Ronchi
Seite 39 oben rechts Hulton Archive/ Laura Ronchi
Seite 39 unten links Popper Foto/Vision
Seite 39 unten rechts Popper Foto/Vision
Seite 40 oben Roger Viollet/Contrasto
Seite 40-41 Il Dagherrotipo
Seite 40 unten Corbis/Grazia Neri
Seite 41 unten Hulton Archive/Laura Ronchi
Seite 42 oben links Roger Viollet/ Contrasto
Seite 42 oben rechts Musée De L'Air
Seite 42 Mitte rechts Roger Viollet/ Contrasto
Seite 42 unten links Roger Viollet/ Contrasto
Seite 43 oben links Archiv A. Colombo
Seite 43 oben Photos12
Seite 43 unten rechts Hulton Archive/ Laura Ronchi
Seite 44 oben Musée De L'Air
Seite 44 unten Roger Viollet/Contrasto
Seite 45 oben links Photos12
Seite 45 oben rechts Hulton Archive/Laura Ronchi
Seite 45 unten Publifoto Olimpia
Seite 46 Hulton Archive/Laura Ronchi
Seite 47 oben Musée De L'Air
Seite 47 Mitte Popper Foto/Vision
Seite 47 unten Archiv G. Apostolo
Seite 48 Popper Foto/Vision
Seite 48/49 Archiv G. Apostolo
Seite 49 oben Publifoto Olimpia

KAPITEL 4

Seite 50 links Il Dagherrotipo
Seite 50 rechts Il Dagherrotipo
Seite 50 unten Il Dagherrotipo
Seite 51 oben links Denver Public Library
Seite 51 Mitte Il Dagherrotipo
Seite 51 unten links Il Dagherrotipo
Seite 51 unten rechts Il Dagherrotipo
Seite 52 oben Publifoto Olimpia
Seite 52 unten Il Dagherrotipo
Seite 52-53 Il Dagherrotipo
Seite 53 unten links Il Dagherrotipo
Seite 53 unten rechts Il Dagherrotipo
Seite 54 oben Hulton Archive/Laura Ronchi
Seite 54 unten Photos12
Seite 55 oben links Photos12
Seite 55 oben rechts The Bridgeman Art Library
Seite 55 unten Roger Viollet/Contrasto
Seite 56 oben Roger Viollet/Contrasto
Seite 56 oben links TRH Pictures
Seite 56 Mitte links TRH Pictures
Seite 56 unten Archiv R. Niccoli
Seite 56 unten rechts Archiv R. Niccoli
Seite 57 oben Aviation Picture Library
Seite 57 unten links TRH Pictures
Seite 57 unten rechts Musée De L'Air
Seite 58-59 John M. Dibbs/The Plane Picture Company
Seite 59 oben rechts Peter March/R. Cooper
Seite 59 Mitte rechts Philip Makanna/ Ghosts
Seite 59 unten rechts Peter March/ R. Cooper
Seite 59 unten TRH Pictures
Seite 60 A. J. Jackson Collection
Seite 61 oben Archiv G. Apostolo
Seite 61 Mitte Archiv R. Niccoli
Seite 61 unten Archiv G. Apostolo
Seite 62 La Presse
Seite 63 oben links Hulton Archive/ Laura Ronchi
Seite 63 oben rechts Il Dagherrotipo
Seite 63 Mitte Il Dagherrotipo
Seite 63 unten rechts Il Dagherrotipo
Seite 62-63 Il Dagherrotipo

KAPITEL 5

Seite 64 oben links TRH Pictures
Seite 64 unten links Popper Foto/Vision
Seite 64 oben rechts Double's
Seite 64 unten rechts Double's
Seite 65 Aviation Picture Library
Seite 65 unten links Roger Viollet/ Contrasto
Seite 65 unten rechts TRH Pictures
Seite 66 oben TRH Pictures
Seite 66 unten links Aviation Picture Library
Seite 66 unten rechts TRH Pictures
Seite 67 oben links TRH Pictures
Seite 67 Mitte links TRH Pictures
Seite 67 Mitte rechts TRH Pictures
Seite 67 unten links TRH Pictures
Seite 68 oben Aviation Pictures Library
Seite 68 unten Aviation Pictures Library
Seite 69 oben links Photos12
Seite 69 Mitte links Photos12
Seite 69 unten links Photos12
Seite 69 unten rechts Aviation Pictures Library
Seite 70-71 Aviation Picture Library
Seite 70 unten Aviation Picture Library
Seite 71 oben Hulton Archive/Laura Ronchi
Seite 71 Mitte A.J. Jackson Collection
Seite 71 unten Aviation Picture Library
Seite 72 oben Popper Foto/Vision
Seite 72 Mitte links Corbis/Grazia Neri
Seite 72 Mitte rechts TRH Pictures
Seite 72 unten Hulton Archive/Laura Ronchi
Seite 73 oben links TRH Pictures
Seite 73 oben rechts Library Of Congress
Seite 73 unten TRH Pictures
Seite 74 oben A.J. Jackson Collection
Seite 74 links Corbis/Grazia Neri
Seite 74 unten TRH Pictures
Seite 75 oben Denver Public Library
Seite 75 unten Aviation Picture Library
Seite 76/77 TRH Pictures
Seite 76 Mitte Archiv R. Niccoli
Seite 77 oben Hulton Archive/Laura Ronchi
Seite 77 Mitte Aviation Picture Library
Seite 77 unten links Aviation Picture Library
Seite 78 oben TRH Pictures
Seite 78 unten links A.J. Jackson Collection
Seite 78 unten rechts A.J. Jackson Collection
Seite 79 oben links TRH Pictures
Seite 79 oben rechts Corbis/Grazia Neri
Seite 79 unten Hulton Archive/Laura Ronchi

KAPITEL 6

Seite 80 unten Il Dagherrotipo
Seite 80-81 Photos12
Seite 81 oben rechts Roger Viollet/ Contrasto
Seite 81 unten links Aviation Picture Library
Seite 81 unten rechts Photos12
Seite 82-83 oben Roger Viollet/Contrasto
Seite 82-83 unten Archiv R. Niccoli
Seite 83 oben Aviation Picture Library
Seite 83 Mitte TRH Pictures
Seite 83 unten F. Selinger Collection/ Aviation Picture Library
Seite 84 oben links Hulton Archive/Laura Ronchi
Seite 84 oben rechts Gentile concessione del Museo Gianni Caproni
Seite 84-85 Boeing Co. Archives
Seite 85 rechts TRH Pictures
Seite 85 unten links Musée De L'Air
Seite 86 Mitte Il Dagherrotipo
Seite 86 unten links Archiv R. Niccoli
Seite 86 unten rechts Il Dagherrotipo
Seite 86-87 Musée Municipal Historique de l'Hydraviation
Seite 87 oben rechts Il Dagherrotipo
Seite 87 Mitte links Aviation Picture Library
Seite 88 oben TRH Pictures
Seite 88 Mitte Photos12
Seite 88 unten Musée Municipal Historique de l'Hydraviation
Seite 89 oben Photos 12
Seite 89 oben rechts Musée Municipal Historique de l'Hydraviation
Seite 89 unten TRH Pictures
Seite 90 oben A. J. Jackson Collection
Seite 90 Mitte TRH Pictures
Seite 90 unten Aviation Picture Library
Seite 90-91 Musée Municipal Historique de l'Hydraviation
Seite 92 oben Aviation Picture Library
Seite 92 Mitte Musée Municipal Historique de l'Hydraviation
Seite 93 oben A. J. Jackson Collection
Seite 93 unten Archiv G. Apostolo
Seite 94 oben Archiv G. Apostolo
Seite 94 unten TRH Pictures
Seite 95 oben TRH Pictures
Seite 95 unten Aviation Picture Library
Seite 96 oben Photos12
Seite 96 unten rechts Thopam/ICP/Double's
Seite 97 oben links Aviation Picture Library
Seite 97 oben rechts Photos12
Seite 97 unten links Mary Evans Picture Library
Seite 97 unten rechts Publifoto Olimpia
Seite 98 oben TRH Pictures
Seite 98 unten TRH Pictures
Seite 99 oben links Mary Evans Picture Library
Seite 99 oben rechts TRH Pictures

KAPITEL 7

Seite 100-101 Musée De l'Air
Seite 100 Popper Foto/Vision
Seite 101 oben Publifoto Olimpia
Seite 101 Mitte oben Musée De L'Air
Seite 101 Mitte unten Archiv G. Apostolo
Seite 101 unten Aviation Picture Library
Seite 102 links Roger Viollet/Contrasto
Seite 102 rechts Archiv R. Niccoli
Seite 102 unten Corbis/Grazia Neri
Seite 103 oben Hulton Archive/Laura Ronchi
Seite 103 unten AP Photo
Seite 104 Archiv G. Apostolo
Seite 104-105 The Flight Collection/Quadrant Pictures Library
Seite 105 oben links Peter March/R. Cooper
Seite 105 unten rechts Archiv R. Niccoli
Seite 105 unten Archiv G. Apostolo
Seite 106 oben Richard Cooper
Seite 106 Mitte Peter March/R. Cooper
Seite 106-107 AP Photo
Seite 107 Hulton Archive/Laura Ronchi
Seite 108 oben links Roger Viollet/ Contrasto
Seite 108 oben rechts Archiv G. Apostolo
Seite 108 unten links Archiv G. Apostolo
Seite 109 oben links The Flight Collection/ Quadrant Pictures Library
Seite 109 oben rechts Archiv G. Apostolo
Seite 109 unten The Flight Collection/ Quadrant Pictures Library
Seite 110 Philip Makanna/Ghosts
Seite 110 oben rechts Philip Makanna/Ghosts
Seite 111 oben Hulton Archive/Laura Ronchi
Seite 111 links Peter March/R. Cooper
Seite 112 oben Hulton Archive/Laura Ronchi
Seite 112 unten links Philip Makanna/Ghosts
Seite 112 unten rechts Mark Wagner
Seite 113 links Mark Wagner
Seite 113 rechts Philip Makanna/Ghosts
Seite 114 oben rechts Archiv G. Apostolo
Seite 114 Mitte links Aviation Picture Library
Seite 114 unten Aviation Picture Library
Seite 114-115 Roger Viollet/Contrasto
Seite 115 unten Roger Viollet/Contrasto
Seite 116 Hulton Archive/Laura Ronchi
Seite 116 Mitte Roger Viollet/Contrasto
Seite 117 oben Imperial War Museum, London
Seite 117 Mitte links Roger Viollet/ Contrasto
Seite 117 Mitte rechts Roger Viollet/ Contrasto
Seite 117 unten Hulton Archive/Laura Ronchi
Seite 118 oben Photos12
Seite 118 Mitte Roger Viollet/Contrasto
Seite 118 unten Archiv R. Niccoli
Seite 119 oben Aviation Picture Library
Seite 119 Mitte Aviation Picture Library
Seite 119 unten Hulton Archive/Laura Ronchi
Seite 120 oben Aviation Picture Library
Seite 120 Mitte La Presse
Seite 120 unten links TRH Pictures
Seite 120 unten rechts Archiv R. Niccoli
Seite 121 oben Archiv G. Apostolo
Seite 121 Mitte Archiv G. Apostolo
Seite 121 unten Musée De l'Air

KAPITEL 8

Seite 122-123 Hulton Archive/Laura Ronchi
Seite 123 oben links Hulton Archive/ Laura Ronchi
Seite 123 unten rechts Aisa
Seite 124 oben links Roger Viollet/ Contrasto
Seite 124 oben rechts Roger Viollet/ Contrasto
Seite 124 unten Roger Viollet/Contrasto
Seite 125 oben links Archiv G. Apostolo
Seite 125 oben rechts Musée De l'Air
Seite 125 unten links Roger Viollet/ Contrasto
Seite 125 unten rechts AP Photo
Seite 126 oben Corbis/Grazia Neri
Seite 126 Mitte links Roger Viollet/ Contrasto
Seite 127 oben links Roger Viollet/ Contrasto
Seite 127 oben rechts Il Dagherrotipo
Seite 127 Mitte Il Dagherrotipo
Seite 127 unten Il Dagherrotipo
Seite 128 oben Aviation Picture Library
Seite 128 Mitte Archiv R. Niccoli
Seite 128-129 unten Aviation Picture Library
Seite 129 Mitte Archiv G. Apostolo
Seite 129 unten TRH Pictures
Seite 130 oben Il Dagherrotipo
Seite 130 unten links La Presse
Seite 130 unten rechts Musée De l'Air
Seite 131 oben La Presse
Seite 131 Mitte links Musée De l'Air
Seite 131 Mitte rechts Il Dagherrotipo
Seite 131 unten Musée De l'Air
Seite 132 links La Presse
Seite 132 unten Publifoto Olimpia
Seite 133 oben Musée De l'Air
Seite 133 unten Musée De l'Air
Seite 134 oben Roger Viollet/Contrasto
Seite 134 Mitte Archiv G. Apostolo
Seite 134 unten Aviation Picture Library
Seite 135 oben AP Photo
Seite 135 Mitte Aviation Picture Library
Seite 135 unten AP Photo

KAPITEL 9

Seite 136 oben TRH Pictures
Seite 136-137 A. Toresani/Photoskynet
Seite 137 oben Il Dagherrotipo
Seite 137 unten Hulton Archive/Laura Ronchi
Seite 138 oben John M. Dibbs/The Plane Picture Company
Seite 138 Mitte John M. Dibbs/The Plane Picture Company
Seite 139 oben links Aviation Picture Library
Seite 139 oben rechts TRH Pictures
Seite 139 Mitte TRH Pictures
Seite 138-139 TRH Pictures
Seite 139 unten rechts TRH Pictures
Seite 140 oben AP Photo
Seite 140 Mitte rechts Aviation Picture Library
Seite 140 unten Corbis/Grazia Neri
Seite 141 oben TRH Pictures
Seite 141 unten TRH Pictures
Seite 142 oben Peter March/R. Cooper
Seite 142 unten Archiv G. Apostolo
Seite 143 oben Archiv R. Niccoli
Seite 143 unten John M. Dibbs/The Plane Picture Company

KAPITEL 10

Seite 144 oben Aviation Picture Library
Seite 144 unten Aviation Picture Library
Seite 145 oben TRH Pictures
Seite 145 Mitte Roger Viollet/Contrasto
Seite 145 unten A. J. Jackson Collection
Seite 146 oben Archiv G. Apostolo
Seite 146 Mitte Archiv R. Niccoli
Seite 147 oben links A. J. Jackson Collection
Seite 147 oben rechts Boeing Co. Archives
Seite 147 unten Corbis/Grazia Neri
Seite 148 oben Peter March/R. Cooper
Seite 148 unten Archiv R. Niccoli
Seite 149 oben Boeing Co. Archives
Seite 149 Mitte rechts Archiv R. Niccoli
Seite 150 oben The Flight Collection/ Quadrant Pictures Library
Seite 151 oben Archiv G. Apostolo
Seite 151 Mitte Archiv G. Apostolo
Seite 151 unten John M. Dibbs/The Plane Picture Company

KAPITEL 11

Seite 152 oben The Flight Collection/ Quadrant Pictures Library
Seite 152 unten TRH Pictures
Seite 152-153 Archiv R. Niccoli
Seite 153 unten Corbis/Grazia Neri
Seite 154 oben Corbis/Grazia Neri
Seite 154 Mitte Corbis/Grazia Neri
Seite 155 oben TRH Pictures
Seite 155 unten K. Tokunaga/Dact Inc.
Seite 156 oben Corbis/Grazia Neri
Seite 156 Mitte Corbis/Grazia Neri
Seite 156 unten Peter March/R. Cooper
Seite 157 oben Peter March/R. Cooper
Seite 157 unten Luigino Caliaro/Aerophoto

KAPITEL 12

Seite 158 Mitte Archiv G. Apostolo
Seite 159 oben TRH Pictures
Seite 159 unten Corbis/Grazia Neri
Seite 160 oben Aviation Picture Library
Seite 160 unten Rick Llinares/Dash2 Aviation Photography
Seite 161 oben Archiv G. Apostolo
Seite 161 unten Archiv G. Apostolo
Seite 162 John M. Dibbs/The Plane Picture Company
Seite 162-163 TRH Pictures
Seite 163 unten Archiv R. Niccoli
Seite 164 oben Archiv G. Apostolo
Seite 164 Mitte Corbis/Grazia Neri
Seite 164 unten Corbis/Grazia Neri
Seite 165 oben Richard Cooper
Seite 165 unten Richard Cooper
Seite 166-167 John M. Dibbs/The Plane Picture Company
Seite 167 oben Corbis/Grazia Neri
Seite 167 Mitte rechts Gamma/Contrasto
Seite 167 unten Photos12

KAPITEL 13

Seite 168 oben Il Dagherrotipo
Seite 168-169 Hulton Archive/Laura Ronchi
Seite 168 unten Photos12
Seite 169 oben Hulton Archive/Laura Ronchi
Seite 169 unten Hulton Archive/Laura Ronchi
Seite 170 oben links Il Dagherrotipo
Seite 170 Mitte Royal Aeronautical Society
Seite 170 unten rechts Il Dagherrotipo
Seite 171 oben rechts Archiv A. Colombo
Seite 171 unten TRH Pictures
Seite 172 oben TRH Pictures
Seite 172 Mitte Anodos Foundation
Seite 172 unten Anodos Foundation
Seite 173 Mitte Aviation Picture Library
Seite 173 unten Hulton Archive/Laura Ronchi
Seite 174 oben Archiv G. Apostolo
Seite 174 Mitte links TRH Pictures
Seite 174 unten TRH Pictures

Seite 175 oben Igor Sikorsky Historical Archives
Seite 175 Mitte TRH Pictures
Seite 175 unten AP Photo
Seite 176 oben P. Steinemann/Skyline APA
Seite 176 unten Peter March/R. Cooper
Seite 177 oben Photos12
Seite 177 Mitte John M. Dibbs/The Plane Picture Company
Seite 177 unten links Contrasto
Seite 177 unten rechts P. Steinemann/ Skyline APA
Seite 178-179 TRH Pictures
Seite 178 unten John M. Dibbs/The Plane Picture Company
Seite 179 oben Igor Sikorsky Historical Archives
Seite 179 unten Stephen Jaffe/AFP Photo/ De Bellis
Seite 180-181 AP Photo
Seite 180 unten Photos12
Seite 181 oben Archiv R. Niccoli
Seite 181 Mitte AP Photo
Seite 181 unten TRH Pictures
Seite 183 Richard Cooper
Seite 183 oben AP Photo
Seite 183 Mitte Corbis Stock Market/ Contrasto
Seite 183 unten Corbis/Grazia Neri
Seite 184 oben AP Photo
Seite 184-185 A. Toresani/Photoskynet
Seite 185 Mitte Archiv R. Niccoli
Seite 185 unten rechts K. Tokunaga/Dact Inc.
Seite 186 oben Archiv R. Niccoli
Seite 186 Mitte links TRH Pictures
Seite 187 oben Archiv R. Niccoli
Seite 187 Mitte Archiv R. Niccoli
Seite 187 unten Archiv R. Niccoli

KAPITEL 14
Seite 188 oben Denver Public Library
Seite 188 unten links Hulton Archive/Laura Ronchi
Seite 188 unten rechts Hulton Archive/Laura Ronchi
Seite 189 oben Hulton Archive/Laura Ronchi
Seite 189 Mitte Hulton Archive/Laura Ronchi
Seite 189 unten The Flight Collection/ Quadrant Pictures Library
Seite 190 oben Archiv R. Niccoli
Seite 190 Mitte Archiv G. Apostolo
Seite 190 unten The Flight Collection/ Quadrant Pictures Library
Seite 190-191 John M. Dibbs/The Plane Picture Company
Seite 191 Mitte rechts Archiv R. Niccoli
Seite 191 unten Philip Makanna/Ghosts
Seite 192 oben K. Tokunaga/Dact Inc.
Seite 192 unten John M. Dibbs/The Plane Picture Company
Seite 193 oben Peter March/R. Cooper
Seite 193 Mitte links Peter March/R. Cooper
Seite 193 Mitte rechts R. Lorenzon
Seite 193 unten P. Steinemann/Skyline APA
Seite 194 oben links Peter March/R. Cooper
Seite 194 oben rechts P. Steinemann/ Skyline APA
Seite 194 Mitte Peter March/R. Cooper
Seite 195 P. Steinemann/Skyline APA
Seite 196 oben links Luigino Caliaro/ Aerophoto
Seite 196 Mitte links Boeing Co. Archives
Seite 196-197 P. Steinemann/Skyline APA
Seite 197 oben John M. Dibbs/The Plane Picture Company
Seite 197 Mitte rechts Archiv R. Niccoli
Seite 197 unten rechts Aviation Picture Library
Seite 198-199 K. Tokunaga/Dact Inc.
Seite 199 oben A. Pozza
Seite 199 Mitte Richard Cooper
Seite 199 unten Richard Cooper

Seite 200-201 John M. Dibbs/The Plane Picture Company
Seite 200 unten Philip Makanna/Ghosts
Seite 201 unten Aviation Picture Library
Seite 202-203 P. Steinemann/Skyline APA
Seite 203 oben P. Steinemann/Skyline APA
Seite 203 Mitte John M. Dibbs/The Plane Picture Company
Seite 203 unten Archiv R. Niccoli
Seite 204-205 Archiv R. Niccoli
Seite 204 unten Archiv R. Niccoli
Seite 205 unten Archiv R. Niccoli

KAPITEL 15
Seite 206 Corbis/Grazia Neri
Seite 207 oben Corbis/Grazia Neri
Seite 207 oben links Mark Wagner
Seite 207 unten links Aviation Picture Library
Seite 207 unten rechts Aviation Picture Library
Seite 208 oben Aviation Picture Library
Seite 208 Mitte Aviation Picture Library
Seite 208 unten Corbis/Grazia Neri
Seite 209 Mitte Aviation Picture Library
Seite 209 unten Aviation Picture Library
Seite 210-211 Aviation Picture Library
Seite 210 Mitte Aviation Picture Library
Seite 211 oben Aviation Picture Library
Seite 211 unten Aviation Picture Library
Seite 212 oben Archiv R. Niccoli
Seite 212-213 Archiv R. Niccoli
Seite 213 oben Aviation Picture Library
Seite 213 Mitte Aviation Picture Library
Seite 213 unten Aviation Picture Library
Seite 214 oben Archiv R. Niccoli
Seite 214 Mitte A. Pozza
Seite 215 oben Aviation Picture Library
Seite 215 Mitte Aviation Picture Library
Seite 215 unten Aviation Picture Library
Seite 216 oben links und rechts Archiv R. Niccoli
Seite 216 unten Archiv R. Niccoli
Seite 217 oben Archiv R. Niccoli
Seite 217 unten Archiv R. Niccoli

KAPITEL 16
Seite 218 Archiv R. Niccoli
Seite 219 oben Archiv R. Niccoli
Seite 219 unten Archiv R. Niccoli
Seite 220 oben Archiv R. Niccoli
Seite 220 unten Archiv R. Niccoli
Seite 221 oben Archiv R. Niccoli
Seite 221 unten links und rechts Archiv R. Niccoli
Seite 222 oben Archiv R. Niccoli
Seite 222 unten links und rechts Archiv R. Niccoli
Seite 223 oben Archiv R. Niccoli
Seite 223 unten Archiv R. Niccoli
Seite 224 oben Archiv R. Niccoli
Seite 224 unten Archiv R. Niccoli
Seite 225 oben Archiv R. Niccoli
Seite 225 Mitte Archiv R. Niccoli
Seite 223 oben Archiv R. Niccoli
Seite 226-227 Archiv R. Niccoli
Seite 227 oben Archiv R. Niccoli
Seite 227 Mitte Archiv R. Niccoli
Seite 227 unten Archiv R. Niccoli

KAPITEL 17
Seite 228 oben Archiv G. Apostolo
Seite 228-229 Luigino Caliaro/Aerophoto
Seite 229 oben Archiv G. Apostolo
Seite 230 K. Tokunaga/Dact Inc.
Seite 231 John M. Dibbs/The Plane Picture Company
Seite 232 oben Archiv R. Niccoli
Seite 232 unten John M. Dibbs/The Plane Picture Company
Seite 233 oben John M. Dibbs/The Plane Picture Company

Seite 233 Mitte links The Artarchive
Seite 234 oben links Richard Cooper
Seite 234 oben rechts Lassi Tolvanen/Fly High
Seite 234 Mitte Archiv R. Niccoli
Seite 234 unten K. Tokunaga/Dact Inc.
Seite 234-235 Archiv R. Niccoli

KAPITEL 18
Seite 236-237 Horst Faas/AP Photo
Seite 236 Mitte links Henri Huet/AP Photo
Seite 236 unten Corbis/Grazia Neri
Seite 237 unten Corbis/Grazia Neri
Seite 238-239 Hulton Archive/Laura Ronchi
Seite 238 unten Corbis/Grazia Neri
Seite 239 oben Boeing Co. Archives
Seite 239 Mitte Archiv R. Niccoli
Seite 239 unten links Archiv R. Niccoli
Seite 240 oben Archiv R. Niccoli
Seite 240-241 Corbis/Grazia Neri
Seite 241 oben Aviation Picture Library
Seite 241 Mitte oben Aviation Picture Library
Seite 241 Mitte unten The Flight Collection/Quadrant Picture Library
Seite 241 unten Archiv R. Niccoli
Seite 242 oben Corbis/Grazia Neri
Seite 242 unten AP Photo
Seite 242-243 Archiv R. Niccoli
Seite 242 Mitte oben Archiv R. Niccoli
Seite 243 Mitte unten Rick Llinares/ Dash2 Aviation Photography
Seite 243 unten links Aviation Picture Library
Seite 244-245 AP Photo
Seite 244 Mitte rechts AP Photo
Seite 244 unten Corbis/Grazia Neri
Seite 245 unten Photos12

KAPITEL 19
Seite 246 oben Israeli Air Force
Seite 246 Mitte Israeli Air Force
Seite 246 unten Archiv R. Niccoli
Seite 247 Mitte rechts Israeli Air Force
Seite 247 unten Israeli Air Force
Seite 248 oben Archiv R. Niccoli
Seite 248 unten Archiv R. Niccoli
Seite 248-249 Archiv R. Niccoli
Seite 249 Mitte links Archiv R. Niccoli
Seite 249 Mitte rechts AP Photo
Seite 250 oben Archiv R. Niccoli
Seite 250 unten Archiv R. Niccoli
Seite 251 oben Archiv R. Niccoli
Seite 251 unten Archiv R. Niccoli

KAPITEL 20
Seite 252 oben Stefano Pagiola
Seite 252 unten John M. Dibbs/ The Plane Picture Company
Seite 253 Mitte Corbis/Grazia Neri
Seite 253 unten Mark Wagner
Seite 254-255 Grover Paul/FSP/ Gamma/ Contrasto
Seite 254 Mitte Daher/Gamma/Contrasto
Seite 255 unten Keystone/Grazia Neri
Seite 256-257 De Malglaive Etienne/ Gamma/Contrasto
Seite 257 oben John M. Dibbs/The Plane Picture Company
Seite 257 Mitte John M. Dibbs/The Plane Picture Company
Seite 258-259 Stefano Pagiola
Seite 259 Mitte Peter March/R. Cooper
Seite 260 unten Aviation Picture Library

KAPITEL 21
Seite 260 Rick Llinares/Dash2 Aviation Photography
Seite 261 oben K. Tokunaga/Dact Inc.
Seite 261 unten Gamma/Contrasto
Seite 262 oben links John M. Dibbs/The Plane Picture Company
Seite 263 Mark Wagner
Seite 263 Jamie Hunter/R.Cooper
Seite 264 Mitte K. Tokunaga/Dact Inc.

Seite 264 unten G. Agostinelli
Seite 264-265 Gamma/Contrasto
Seite 265 unten Mark Wagner
Seite 266-267 John M. Dibbs/The Plane Picture Company
Seite 267 Mitte Rick Llinares/Dash2 Aviation Photography
Seite 267 unten Richard Cooper
Seite 268 Mitte Archiv R. Niccoli
Seite 268 unten Archiv R. Niccoli
Seite 268-269 P. Steinemann/Skyline APA
Seite 269 Mitte K. Tokunaga/Dact Inc.
Seite 270 oben K. Tokunaga/Dact Inc.
Seite 270 unten Archiv R. Niccoli
Seite 271 oben Mark Wagner
Seite 271 unten rechts K. Tokunaga/Dact Inc.
Seite 272-273 John M. Dibbs/The Plane Picture Company
Seite 272 unten Archiv R. Niccoli
Seite 273 oben Aeronautica Militare Italiana
Seite 273 Mitte Richard Cooper
Seite 273 unten Richard Cooper
Seite 274 oben Archiv R. Niccoli
Seite 274 unten Archiv R. Niccoli
Seite 275 Luigino Caliaro/Aerophoto
Seite 275 unten Mark Wagner

KAPITEL 22
Seite 276 oben Aviation Picture Library
Seite 276 unten P. Steinemann/Skyline APA
Seite 277 oben Aviation Picture Library
Seite 277 Mitte links Aviation Picture Library
Seite 277 Mitte rechts Peter March/R. Cooper
Seite 277 unten Aviation Picture Library
Seite 278 oben Peter March/R. Cooper
Seite 278 Mitte Aviation Picture Library
Seite 278 unten Aviation Picture Library
Seite 278-279 Aviation Picture Library
Seite 279 Mitte Jamie Hunter/R. Cooper
Seite 279 unten Aviation Picture Library
Seite 280 oben Aviation Picture Library
Seite 280 Mitte links Peter March/R. Cooper
Seite 280 Mitte rechts Peter March/R. Cooper
Seite 281 oben Jamie Hunter/R. Cooper
Seite 281 Mitte Aviation Picture Library
Seite 281 unten Aviation Picture Library
Seite 282 Archiv R. Niccoli
Seite 283 oben Archiv R. Niccoli
Seite 283 Mitte Aviation Picture Library
Seite 283 Mitte Aviation Picture Library

KAPITEL 23
Seite 284 Magnum/Contrasto
Seite 284-285 Hulton Archive/Laura Ronchi
Seite 285 oben Archiv R. Niccoli
Seite 285 Mitte Gamma/Contrasto
Seite 286 oben Archiv R. Niccoli
Seite 286 unten Archiv R. Niccoli
Seite 287 oben K. Tokunaga/Dact Inc.
Seite 287 unten Archiv R. Niccoli
Seite 288 oben Gamma/Contrasto
Seite 288-289 Gamma/Contrasto
Seite 289 oben AP Photo
Seite 290-291 Corbis/Grazia Neri
Seite 290 unten Archiv R. Niccoli
Seite 291 oben Gamma/Contrasto
Seite 291 Mitte John M. Dibbs/The Plane Picture Company
Seite 291 unten K. Tokunaga/Dact Inc.
Seite 292-293 Luigino Caliaro/Aerophoto
Seite 292 unten AP Photo
Seite 293 unten links Georges Merillon/ Gamma/Contrasto
Seite 293 unten rechts Jean Luc Moreau/ Gamma/Contrasto
Seite 294 oben Richard Cooper
Seite 294-295 Angelo Toresani/Photoskynet
Seite 295 oben John M. Dibbs/The Plane Picture Company
Seite 295 unten Mark Wagner
Seite 296 Johnny Bivera/U.S. Navy/Getty Images/La Presse
Seite 297 oben Archiv R. Niccoli
Seite 297 Mitte Archiv R. Niccoli
Seite 297 unten Archiv R. Niccoli
Seite 298 oben Archiv R. Niccoli
Seite 298 Mitte Archiv R. Niccoli
Seite 298 unten Archiv R. Niccoli
Seite 299 oben Archiv R. Niccoli
Seite 298-299 Archiv R. Niccoli

KAPITEL 24
Seite 300 oben Peter March/R. Cooper
Seite 300 unten De Malglaive Etienne/ Gamma/Contrasto
Seite 300-301 Peter March/R. Cooper
Seite 301 Mitte Peter March/R. Cooper
Seite 302 oben Corbis/Grazia Neri
Seite 302-303 Boeing Co. Archives
Seite 303 Mitte rechts John M. Dibbs/ The Plane Picture Company
Seite 303 unten Archiv R. Niccoli
Seite 304 oben Archiv R. Niccoli
Seite 305 oben Archiv R. Niccoli
Seite 305 unten Archiv R. Niccoli

KAPITEL 25
Seite 306 Archiv R. Niccoli
Seite 307 oben Archiv R. Niccoli
Seite 307 unten Archiv R. Niccoli
Seite 308 oben Archiv R. Niccoli
Seite 308 unten Archiv R. Niccoli
Seite 309 oben Archiv R. Niccoli
Seite 309 unten Archiv R. Niccoli
Seite 310 oben Archiv R. Niccoli
Seite 310-311 Archiv R. Niccoli
Seite 311 oben Archiv R. Niccoli
Seite 312 oben Archiv R. Niccoli
Seite 312 unten Archiv R. Niccoli
Seite 313 oben Archiv R. Niccoli
Seite 313 unten Archiv R. Niccoli

KAPITEL 26
Seite 314 oben Archiv R. Niccoli
Seite 314 unten Archiv R. Niccoli
Seite 315 Archiv R. Niccoli
Seite 316 oben Archiv R. Niccoli
Seite 316 unten Archiv R. Niccoli
Seite 317 oben Archiv R. Niccoli
Seite 317 unten Archiv R. Niccoli
Seite 318 oben Archiv R. Niccoli
Seite 318-319 Archiv R. Niccoli
Seite 319 links oben Archiv R. Niccoli
Seite 319 rechts oben Archiv R. Niccoli
Seite 320 oben Archiv R. Niccoli
Seite 320 Mitte oben Archiv R. Niccoli
Seite 320 Mitte unten Archiv R. Niccoli
Seite 320 unten Archiv R. Niccoli
Seite 321 oben Archiv R. Niccoli
Seite 321 Mitte Archiv R. Niccoli
Seite 321 unten Archiv R. Niccoli
Seite 322 oben Archiv R. Niccoli
Seite 322 Mitte Archiv R. Niccoli
Seite 322 unten Archiv R. Niccoli
Seite 323 erstes Bild Archiv R. Niccoli
Seite 323 zweites Bild Archiv R. Niccoli
Seite 323 drittes Bild Archiv R. Niccoli
Seite 323 viertes Bild Archiv R. Niccoli
Seite 323 fünftes Bild Archiv R. Niccoli

KAPITEL 27
Seite 324 oben NASA Archives
Seite 324 unten NASA Archives
Seite 325 oben Archiv R. Niccoli
Seite 325 Mitte Corbis/Grazia Neri
Seite 325 unten Gamma/Contrasto
Seite 326 oben Contrasto
Seite 327 unten NASA Archives
Seite 327 Mitte links NASA/AP Photo
Seite 328-329 Hulton Archive/Laura Ronchi

Der Verlag dankt:

Italian Airforce
Agusta spa
Arthur Block, Joan Schleicher (Anodos Foundation)
Barbara Waibel (Zeppelin Museum)
Bernd Lukasch (Otto Lilienthal Museum)
Carol Henderson, Jim Lyons, Dave Black (Moffet Field Historical Society)
Cauntess Maria Fede Caproni
Igor Sikorsky Historical Archives
Israeli Air Force Magazine
NASA Johnson Space Center - Media Resource Center
Paolo Franzini